Año 6

Las Matemáticas de Addison-Wesley

Robert E. Eicholz
Sharon L. Young

Phares G. O'Daffer
Carne S. Barnett

Randall I. Charles
Charles R. Fleenor

Stanley R. Clemens
Andy Reeves

Carol A. Thornton
Joan E. Westley

Addison-Wesley Publishing Company

Menlo Park, California ▪ Reading, Massachusetts ▪ New York
Don Mills, Ontario ▪ Wokingham, England ▪ Amsterdam ▪ Bonn
Sydney ▪ Singapore ▪ Tokyo ▪ Madrid ▪ San Juan

PROGRAM ADVISORS

John A. Dossey
Professor of Mathematics
Illinois State University
Bloomington, Illinois

Freddie Renfro
K-12 Mathematics Coordinator
La Porte Independent School District
La Porte, Texas

Bonnie Armbruster
Associate Professor
Center for the Study of Reading
University of Illinois
Champaign, Illinois

David C. Brummett
Educational Consultant
Palo Alto, California

William J. Driscoll
Chairman
Department of Mathematical Sciences
Central Connecticut State University
Burlington, Connecticut

Betty C. Lee
Assistant Principal
Ferry Elementary School
Detroit, Michigan

Irene Medima
Mathematics Coordinator
Tom Brown Middle School
Corpus Christi, Texas

Rosalie C. Whitlock
Educational Consultant
Stanford, California

CONTRIBUTING WRITERS

Betsy Franco
Marilyn Jacobson
Marny Sorgen
Judith K. Wells
Mary Heinrich
Ann Muench
Connie Thorpe
Penny Holland
Gini Shimabukuro
Sandra Ward

EXECUTIVE EDITOR

Diane H. Fernández

Cover Photo credit: *Orion Press/West Light*

ISBN: 0-201-27650-x

ABCDEFGHIJKL-KR- 93210

Contenido

3

MULTIPLICACIÓN: NÚMEROS ENTEROS Y DECIMALES

4

DIVISIÓN: NÚMEROS ENTEROS Y DECIMALES

5

DATOS, GRÁFICAS Y ESTADÍSTICAS

6

LAS FRACCIONES Y LAS UNIDADES USUALES

8

MULTIPLICACIÓN Y DIVISIÓN: FRACCIONES Y NÚMEROS MIXTOS

9

GEOMETRÍA

10

RAZÓN PROPORCIÓN Y PORCENTAJE

11

USA EL PORCENTAJE

12

ENTEROS

13

MEDICIÓN

14

PERÍMETRO, SUPERFICIE Y VOLUMEN

15

PROBABILIDAD

16

INTRODUCCIÓN AL ÁLGEBRA

BANCO DE RECURSOS Y APÉNDICE

Estimado alumno o alumna:

Este año vivirás una emocionante aventura con las matemáticas. El aprender estas destrezas, te prepará para resolver problemas importantes en tu vida, ahora y . . . ¡también por el resto de tu vida!

Por ejemplo, el explorar porcentajes te permitirá calcular los precios rebajados y los descuentos en una tienda. ¡Podrás ahorrar dinero! También te presentaremos la probabilidad y las estadísticas para que puedas entender mejor el significado de gráficas y tablas, y para que puedas tomar decisiones más acertadas.

A través del año, vas a trabajar en parejas y en equipos para resolver problemas, descubrir conceptos nuevos y consolidar lo que ya sabes. Practicarás estos conceptos al mirar de una manera distinta el mundo que te rodea. Te vas a divertir con el papel cuadriculado, la geometría, los números enteros y muchas cosas más.

Revisa la parte posterior del libro, donde se proporciona un Banco de datos, un Banco de la calculadora, un Banco de la computadora, un Glosario y muchas otras cosas que te harán útil e interesante este libro.

Te deseamos buena suerte. Estamos seguros de que este año disfrutarás las matemáticas.

De tus amigos de Addison-Wesley

1

NÚMEROS ENTEROS, PROPIEDADES Y VALOR DE ORDEN

MATEMÁTICAS Y ESTUDIOS SOCIALES

BANCO DE DATOS

Los Bancos de datos de las páginas 468 a 483 se usarán a lo largo del libro. Usa el de estudios sociales para contestar las preguntas.

1 La escritura más antigua fue inventada por los sumerios. Este pueblo vivió en lo que ahora es el sur de Irak. ¿Hace alrededor de cuántos años escribieron los sumerios su sistema numérico?

2 Los antiguos egipcios fueron los primeros que desarrollaron un sistema numérico basado en el 10. ¿Alrededor de cuántos años después de los sumerios, desarrollaron su sistema numérico los egipcios?

3 Los antiguos hindúes fueron los primeros en usar un sistema numérico con el cero como valor de orden. ¿Alrededor de cuántos años después del primer sistema numérico se comprendió la función del cero?

4 **Pensamiento crítico**
Estudia cómo los egipcios y los hindúes escribían los números. Escribe 2,079 en egipcio y en hindú. ¿Qué ventajas y desventajas ves en cada sistema? ¿Cuál de los dos usarías? Explica.

Valor de orden hasta los millares

APRÉNDELO

EXPLORA **Lee la información**

Hace 5,000 años, la superficie de Egipto era de 8,000 millas cuadradas. Hoy en día, Egipto tiene una superficie de 386,662 millas cuadradas. Durante la era de la pirámides, 100,000 campesinos completaron en 20 años la gran pirámide de Egipto, que ocupa una superficie de 566,280 pies cuadrados.

COMÉNTALO

1. ¿Cuántos números de la información sobre Egipto son menores de diez mil?
2. ¿Qué números son mayores de cien mil?
3. ¿Por qué tiene Egipto más habitantes ahora que antes?

Cuando escribimos números grandes, separamos con una coma cada grupo de tres números y lo llamamos un **período.**

	Período de los millares				Período de las unidades			Períodos
Escribimos de la **forma usual:**	5	6	6	,	2	8	0	
	centenas de millar	decenas de millar	millares		centenas	decenas	unidades	Valores de orden

Leemos: "quinientos sesenta y seis mil doscientos ochenta"

Escribimos de **forma desarrollada:** 500,000 + 60,000 + 6,000 + 200 + 80

INTÉNTALO

Usa el valor de orden para decir qué significan los números en rojo.

1. 6,384 **2.** 502,749 **3.** 45,204 **4.** 72,521

5. 86,074 **6.** 197,600 **7.** 647,938 **8.** 425

PRACTÍCALO

Indica el valor de orden de los dígitos del número siguiente. La superficie de Egipto es de unas **386,702** millas cuadradas.

1. decenas de millar **2.** centenas **3.** millares

4. unidades **5.** centenas de millar **6.** decenas

Escribe el número de la forma usual.

7. 40,000 + 600 + 70 + 8 **8.** 485 mil 63 **9.** 369 mil

10. quinientos treinta y dos mil setecientos sesenta y cinco

Escribe cada número de forma desarrollada y en palabras.

11. 267 **12.** 48,541 **13.** 924,687 **14.** 8,309

APLÍCALO

RAZONAMIENTO MATEMÁTICO

Diez veces 10 son 100. ¿Cuántas veces 10 son

15. 200 **16.** 500 **17.** 1,000

Diez veces 100 son 1,000. ¿Cuántas veces 100 son

18. 2,000 **19.** 5,000 **20.** 10,000

RESOLUCION DE PROBLEMAS

21. ¿Qué números de los que hay en Explora de la página 4 están entre 5,000 y 80,000?

BANCO DE DATOS

22. **Banco de datos de estudios sociales** Usa la información de las páginas 468 a 483, para problemas referentes al Banco de datos. Busca en el Banco de datos de estudios sociales el sistema numérico egipcio. Los egipcios crearon un calendario de 365 días. Usando jeroglíficos, escribe 365 de dos maneras para demostrar que el sistema numérico de los egipcios no usaba valores de orden.

▶ PENSAMIENTO CRÍTICO Busca la regla

Los números romanos pueden ser combinados de diferentes maneras. A continuación se dan algunos ejemplos.

6	VI	4	IV
11	XI	9	IX
20	XX	40	XL
60	LX	90	XC
110	CX	900	CM

Valores de algunos números romanos

1	I	100	C
5	V	500	D
10	X	1,000	M
50	L		

23. Nombra las reglas que rigen la formación de los anteriores números romanos.

Más práctica, página 500, grupo A

Números grandes hasta los trillones

APRÉNDELO

EXPLORA Examina los datos

Los historiadores calculan que hace 12,000 años había en la Tierra unos 10 millones de habitantes. La tabla muestra otros cálculos de población del pasado.

Población mundial aproximada

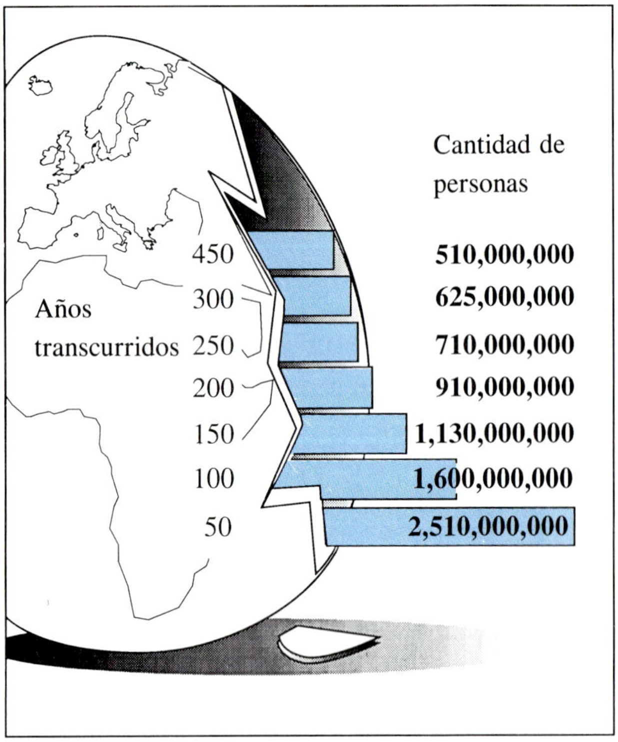

COMÉNTALO

1. ¿Está la población mundial aumentando más rápido hoy que hace 200 años? ¿Cómo lo sabes?
2. ¿Cuántos períodos tiene la cantidad referente a la población de hace 200 años?
3. ¿Cuántos períodos tiene la cantidad referente a la población de hace 150 años?

El diagrama muestra la población mundial estimada para el año 2000. Se indican los períodos y valores de orden.

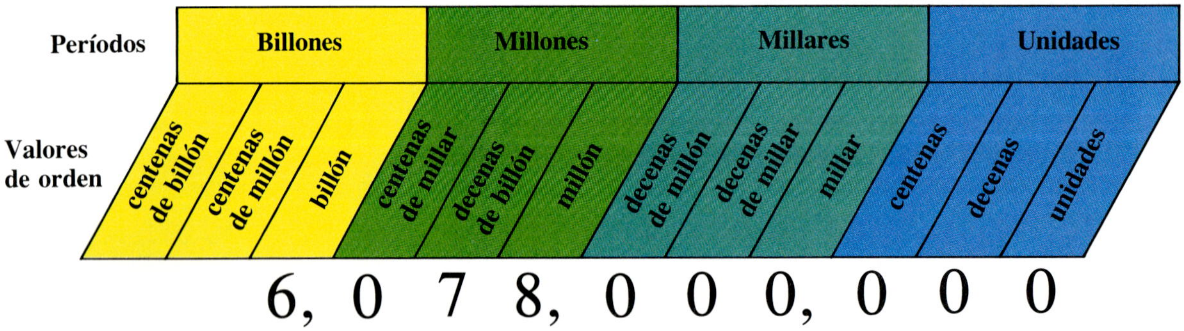

Pensamos en los períodos y leemos: “seis billones setenta y ocho millones”.
Después de los billones vienen los trillones. 75 trillones se escribe 75,000,000,000,000.

INTÉNTALO

Da los dígitos del período que se indica. Luego lee el número.

1. 238,938,000 (Millones)
2. 22,391,000,000,000 (Trillones)
3. 730,294,932,000,000 (Billones)

PRACTÍCALO

Para este número, indica los dígitos de los períodos que se mencionan.

483,458,728,493

1. período de los millares
2. período de los millones
3. período de las unidades
4. período de los billones

Escribe el número de la forma usual.

5. 5,000,000 + 300,000 + 80,000 + 4,000 + 600 + 2
6. 3,000,000,000 + 400,000,000 + 70,000,000 + 6,000,000
7. Tres billones, setecientos seis millones quinientos cuarenta mil

Escribe éstos en palabras.

8. 8,000,000
9. 80,000,000,000
10. 384,000,000

APLÍCALO

RAZONAMIENTO MATEMÁTICO

Calcula mentalmente y piensa en los valores de orden.
Di cuánto más grande es **A** que **B**.

11. **A** = 39,824,000,000
B = 39,724,000,000

12. **A** = 538,490,000,000
B = 537,490,000,000

RESOLUCIÓN DE PROBLEMAS

13. Más de una respuesta Escribe dos números de 12 cifras, de modo que un número sea exactamente un millón más grande que el otro.

14. Banco de datos de estudios sociales ¿Qué sistema numérico fue creado en la Edad de Bronce, entre 3,000 y 5,000 años atrás? ¿Y en la Edad Media, entre 500 y 1,500 años atrás?

CALCULADORA

Usa tu calculadora y los valores de orden para hallar estas sumas.

15. 41,257,000,000 + 37,122,000,000
16. 216,039,000,000 + 442,160,000,000
17. ¿Intentaste poner los números en tu calculadora? ¿Qué pasó? ¿Cómo has usado la calculadora para hallar las sumas?

Más práctica, página 500, grupo B

Compara y organiza

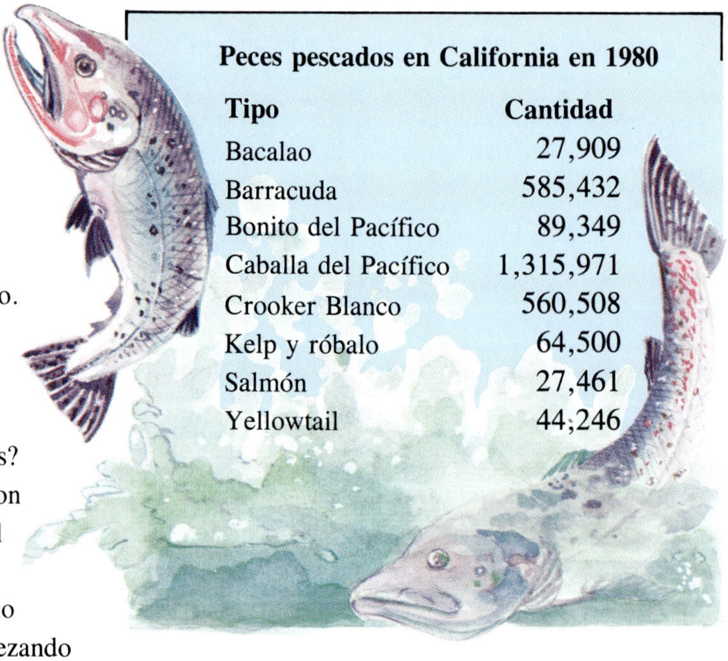

Peces pescados en California en 1980

Tipo	Cantidad
Bacalao	27,909
Barracuda	585,432
Bonito del Pacífico	89,349
Caballa del Pacífico	1,315,971
Crooker Blanco	560,508
Kelp y róbalo	64,500
Salmón	27,461
Yellowtail	44,246

APRÉNDELO

EXPLORA Compara los datos

La lista de pescados está en orden alfabético.

COMÉNTALO

1. ¿Puedes decir rápidamente qué peces fueron pescados en mayores cantidades?
2. Nombra cinco tipos de peces que fueron pescados en menores cantidades que el Bonito del Pacífico.

Así se puede comparar la cantidad de róbalo con la de bonito. Alinea los números, empezando por las unidades. Halla el primer lugar, desde la izquierda, en que los dígitos sean diferentes.

585,432
560,508

(el lugar de las decenas de millar es diferente)

Compara los dígitos. El dígito más grande indica el número mayor.

(es mayor que) (es mayor que) (es menor que) (es menor que)

8 > 6 así que 585,432 > 560,508 ó 6 < 8 así que 560,508 < 585,432

Para ordenar un conjunto de números, compáralos de dos en dos.

Mayor → 157,823 ← La cifra con más dígitos es la mayor.
57,548
56,924 } 7 > 6
Menor → 56,907 } 2 > 0

INTÉNTALO

Escribe >, <, o = para cada ▒.

1. 7,280 ▒ 7,301 **2.** 789 ▒ 802 **3.** 23,829 ▒ 23,289

4. 5,623 ▒ 6,123 **5.** 597 ▒ seiscientos uno **6.** 824,000 ▒ 824 mil

PRACTÍCALO

Escribe >, < o = para cada ▒.

1. 385,267 ▒ 385,249
2. 1,267,285 ▒ 1,273,285
3. 48,267 ▒ 48,304
4. 426,785 ▒ 397,876
5. 5,287,643 ▒ 5,290,588
6. 672,011 ▒ 672,008

Lista A	Lista B	Lista C
45,258	424,468	1,298,121
4,467,395	423,849	1,287,287
425,426	421,490	1,310,246

7. Ordena de mayor a menor los números de la lista A.
8. Ordena de menor a mayor los números de la lista B.
9. ¿Qué números de la lista A están entre 10,000 y 1,000,000?
10. ¿Qué número de la lista B está más próximo a 400,000?
11. ¿Cuál es el número mayor de la lista C?
12. ¿Qué número de la lista C está más próximo a 1,300,000?

APLÍCALO

RAZONAMIENTO MATEMÁTICO

Decide si tiene sentido redondear la siguiente información.

13. El número de teléfono de la escuela
14. La cantidad de libros de la biblioteca
15. La antigüedad de una vasija de barro
16. El costo de una bicicleta

RESOLUCIÓN DE PROBLEMAS

17. Escribe el número más pequeño y el más grande posibles, usando los dígitos sólo una vez. 6, 2, 0, 3, 5
18. El número 28,356 es mayor que el número 27,356. ¿Por cuánto es mayor?

REPASO COMBINADO

Suma, resta, multiplica o divide.

19. $9 + 6$
20. 4×8
21. $90 - 30$
22. $160 \div 4$
23. $5{,}000 \times 20$
24. $10 + 3 + 7$
25. $49 \div 7$
26. $20{,}000 - 10{,}000$
27. $400 + 800 + 10$
28. $640 \div 8$
29. 20×50
30. $180 \div 6$
31. $26 + 9 + 11$
32. $65 - 43$
33. $86 + 7$
34. $5 + 6 + 45$

Más práctica, página 500, grupo C

Resolución de problemas
Entiende la operación

ENTIENDE
ANALIZA DATOS
PLANEA
ESTIMA
RESUELVE
EXAMINA

APRÉNDELO

Acciones → sugieren	Operaciones	Acciones → sugieren	Operaciones
Juntar	Adición	Juntar grupos iguales	Multiplicación
Quitar			
Comparar Hallar cuántos más se necesitan	Sustracción	Hallar cuántos grupos iguales Hallar cuántos en cada grupo	División

La acción de un problema se refiere a la operación necesaria para resolverlo. El diagrama repasa las acciones que has aprendido en los años anteriores. A veces las acciones de los problemas no son fáciles de reconocer. Estudia los ejemplos siguientes.

Betsy y algunos amigos jugaron al fútbol. Al atardecer, 7 de sus amigos se marcharon a sus casas. Quedaron solamente 15 para continuar con el partido. ¿Cuántos jugadores había al principio del partido?

Dado que debo saber cuántas personas había antes de que algunos se marcharan, necesito invertir la diferencia. Sumaré.

$15 + 7 = 22$

Betsy y 14 compañeros trabajaban en un proyecto de arte. Algunos tuvieron que irse antes del almuerzo. Quedaron solamente 8 para continuar con el proyecto. ¿Cuántos se fueron temprano?

Quiero saber cuántos se fueron temprano. Sé el total, de manera que puedo restar el número de personas que quedaron.

$14 - 8 = 6$

INTÉNTALO

Nombra la operación que necesitas usar. Después resuelve.

1. Había 4 grupos de estudio en la clase de Nora, con 8 alumnos en cada grupo. ¿Cuántos alumnos había?

2. Había 15 papeles en la obra de teatro y 24 alumnos. Los que no iban a participar en la obra ayudaron en el escenario. ¿Cuántos ayudaron en el escenario?

3. 24 alumnos de la clase de Jody se fueron de viaje de estudios. Si viajaban 4 en cada auto, ¿cuántos autos fueron necesarios?

4. Tres clases hicieron un viaje de estudios. Una tenía 27 alumnos, otra 26 y la tercera 24. ¿Cuántos alumnos se fueron de viaje de estudios?

PRÁCTICA COMBINADA

Nombra la operación que tienes que usar. Después resuelve.

1. En la escuela de Sadako, había 27 alumnos en el coro y 35 en la banda. ¿Cuántos había entre los dos grupos?

2. La clase de Luz recaudó $240 para obras de caridad y decidió donar el mismo importe a 4 diferentes obras de caridad. ¿Cuanto recibió cada una?

3. Wayne y 12 amigos decidieron jugar al baloncesto. Si querían 18 jugadores para formar los dos equipos, ¿cuántos jugadores más necesitaban?

4. En el partido de baloncesto, Wayne encestó 5 canastas de dos puntos. ¿Cuántos puntos anotó?

5. La nueva clase de Keiko tiene 26 alumnos. Solamente había 17 presentes durante un día de tormenta. ¿Cuántos alumnos estuvieron ausentes?

6. Steven necesitaba 40 panecillos para una piñata. Los panecillos vienen en paquetes de a 8 por $1.29. ¿Cuántos paquetes debe comprar?

7. A las 6 p.m., llegaron a la fiesta 4 autos con alumnos. Steven contó 4 en el primero, 5 en el segundo, 4 en el tercero y 6 en el cuarto auto. ¿Cuántos alumnos llegaron a las 6 p.m.?

8. En un juego de la fiesta había premios que costaban 8 centavos cada uno. De 25 alumnos que jugaron, sólo 6 ganaron un premio. ¿Cuánto costaron los premios distribuidos?

9. Hay 180 días de clase en el año escolar. Cuando Susan complete 120 días de clase, ¿cuántos le quedarán?

10. Formula un problema por escrito Escribe una pregunta que puedas responder usando los datos siguientes. Luego responde a tu propia pregunta.

La clase de Bev: 13 niñas, 11 niños
La clase de Everett: 12 niñas, 15 niños
La clase de María: 14 niñas, 13 niños

Más práctica, página 522, grupo A

Cálculo mental
Números compatibles y cómo descomponerlos

APRÉNDELO

EXPLORA **Analiza el proceso**

Trabaja en grupo. Las propiedades de los números te pueden ayudar a hacer operaciones usando el cálculo mental. Calcula mentalmente las sumas y multiplicaciones que puedas.

A $2 \times 8 \times 5$ **B** $75 + 87 + 25$
C 4×35 **D** 3×125

COMÉNTALO

1. ¿Descubriste alguna forma fácil de hallar el resultado de **A**? ¿Cuál es?
2. ¿Hubo alguna forma fácil de hallar el resultado de **B**?
3. ¿Cómo encontraste los resultados de **C** y **D**?

A continuación hay dos métodos que puedes usar para calcular mentalmente.

Números compatibles son aquellos que pueden juntarse para facilitar el cálculo mental.

$2 \times 6 \times 15 = 6 \times 30 = 180$

Descomponer los números y usar la propiedad distributiva puede facilitar los cálculos mentales.

(600) (100)

$2 \times 350 = (2 \times 300) + (2 \times 50) = 700$

Propiedades de los números

Propiedad del cero en la adición
Un número sumado a cero es igual a sí mismo.
$35 + 0 = 35$

Propiedad del cero en la multiplicación
Un número multiplicado por cero es cero.
$21 \times 0 = 0$

Propiedad del uno en la multiplicación
Un número multiplicado por uno es igual a sí mismo.
$46 \times 1 = 46$

Propiedad conmutativa (de orden)
El orden de los factores o de los sumandos no altera el producto o la suma.
$20 + 4 = 24$ $4 + 20 = 24$
$10 \times 5 = 50$ $5 \times 10 = 50$

Propiedad asociativa (de agrupación)
La agrupación de los factores o de los sumandos no altera el producto o la suma.
$(4 + 8) + 2 = 14$ $4 + (8 + 2) = 14$
$(5 \times 6) \times 2 = 60$ $5 \times (6 \times 2) = 60$

Propiedad distributiva
Multiplicar una suma por un número es lo mismo que multiplicar cada sumando por el número y luego sumar los resultados.
$3 \times (20 + 5) = 75$
$(3 \times 20) + (3 \times 5) = 75$

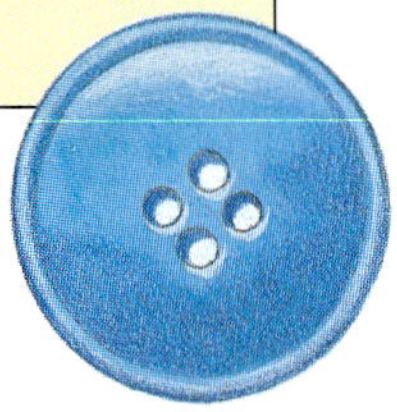

INTÉNTALO

Resuelve usando el cálculo mental.

1. $17 + 38 + 13$
2. $9 \times 2 \times 50$
3. $5 \times 27 \times 2$
4. $80 + 43 + 20$
5. 6×35
6. 3×28
7. 3×104
8. 6×16

PRACTÍCALO

Usa números compatibles para calcular mentalmente.

1. 22 + **14** + **6** **2.** **30** + 48 + **70** **3.** **25** + 45 + **25**

4. 130 + 150 + 150 **5.** 80 + 40 + 20 **6.** 375 + 138 + 125

7. 8 × 5 × 20 **8.** 25 × 6 × 4 **9.** 35 × 50 × 2

10. 500 × 35 × 2 **11.** 9 × 25 × 4 **12.** 5 × 15 × 20

Descompón los números para resolver mentalmente.

13. 5 × 15 **14.** 4 × 17 **15.** 325 × 2 **16.** 52 × 6

17. 5 × 43 **18.** 72 × 3 **19.** 125 × 3 **20.** 5 × 208

APLÍCALO

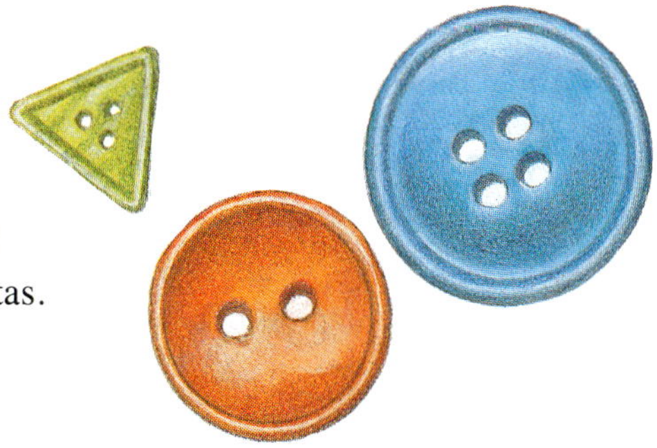

RAZONAMIENTO MATEMÁTICO

21. ¿Puede aplicarse la propiedad conmutativa a la resta? ¿Y a la división? Da ejemplos para basar tus respuestas.

RESOLUCIÓN DE PROBLEMAS

22. Ricardo colecciona botones. Tiene 52 grupos de 4 botones. ¿Cuántos botones tiene Ricardo en su colección?

23. **Formula un problema por escrito** Descompón o usa números compatibles para formular un problema que dé 6,480.

▶ ÁLGEBRA

Asume que A = \$1, B = \$2, C = \$3, . . . , Z = \$30. ¿Cuál es el "valor" de un nombre?

Ejemplo: S + U + S + A + N
\$23 + \$25 + \$23 + \$1 + \$16
"Susan" vale \$88.

24. Busca el valor de tu nombre. ¿Puedes encontrar algunos nombres que valgan \$100 o más?

El orden de las operaciones

APRÉNDELO

EXPLORA **Analiza los ejemplos**

A veces para resolver un problema hay que usar más de una operación. Los resultados pueden variar según el orden en que hagas las operaciones. He aquí algunos ejemplos:

A $4 + 5 \times 3$ **B** $12 \div 4 - 1$ **C** $8 + 4 \div 2$

COMÉNTALO

1. ¿Cuál es el resultado de **A,** si sumas primero? ¿Y si multiplicas primero?

2. ¿Puedes hallar dos respuestas diferentes para **B**? Explica.

3. **C** puede ser 6 ó 10. ¿Cómo es posible?

Los matemáticos han creado reglas acerca del orden en que se hacen las operaciones. Siguiendo estas reglas, hallamos exactamente una respuesta.

El orden de las operaciones

- Calcula la operación entre paréntesis.
- Multiplica y divide de izquierda a derecha.
- Suma y resta de izquierda a derecha.

Ejemplos

A $(14 - 4) \times 2$ — Calcula dentro del paréntesis.

↓

10×2 — Después multiplica.

↓

20

B $14 - 4 \times 2$ — Multiplica primero.

↓

$14 - 8$ — Después resta.

↓

6

PRACTÍCALO

Resuelve.

1. $12 \div (3 + 1)$ **2.** $12 \div 3 + 1$ **3.** $5 \times (3 + 4)$

4. $5 \times 3 + 4$ **5.** $6 + 10 \div 2$ **6.** $(6 + 10) \div 2$

7. $(5 + 4) \times 2$ **8.** $5 + 4 \times 2$ **9.** $9 \div 3 + 6$

10. $9 \div (3 + 6)$ **11.** $(8 - 2) \times 3$ **12.** $8 - 2 \times 3$

13. $6 \times (4 - 3)$ **14.** $6 \times 4 - 3$ **15.** $5 + 8 \div 2$

Más práctica, página 500, grupo E

REPASO PARCIAL/EXAMEN

Por cada número, nombra el orden y da el valor del número 5.

1. 4,253 **2.** 1,500,724 **3.** 75,268,401

Escribe el número de la forma usual y de forma desarrollada.

4. doce mil cuarenta y dos **5.** 257 trillones, 5 millones, 2

Escribe >, <, o = para cada ■.

6. 2,537 ■ 537 **7.** 1,000,012 ■ 1,000,120 **8.** 13,452 ■ 13,542

Usa los números de la casilla.

9. Indica los números que están entre 725,000 y 1,000,000. Haz una lista de mayor a menor.

980,274	724,109	7,243,154
742,835	1,000,012	570,246

Calcula mentalmente.

Usa números compatibles: **10.** 275 + 125 + 248 **11.** 4 × 9 × 25 **12.** 15 × 5 × 20

Descompón los números: **13.** 3 × 72 **14.** 52 × 4 **15.** 450 × 2

RESOLUCIÓN DE PROBLEMAS

Di qué operación sugiere cada pregunta.

16. ¿Cuántos habitantes más tiene el Egipto de hoy que el de hace 5,000 años?

17. Si los egipcios construían una pirámide en 20 años, ¿cuánto tiempo les llevaría construir 4 pirámides?

18. ¿Cuál es la población total de los países del Medio Oriente?

19. Si cada agricultor egipcio araba 4 acres, ¿cuántos agricultores se necesitaban para arar 112 acres?

Usa la tabla que muestra la población estimada en intervalos de 5 años.

20. Cuánto mayor fue la población estimada para 1985 que para 1980?

21. Escribe un número que sea exactamente 1 billón más que la estimación para 1980. ¿Durante qué intervalo puede esperarse que la población estimada alcance el número que escribiste?

Población mundial estimada	
1980	4,473,000,000
1985	4,873,000,000
1990	5,259,000,000
1995	5,643,000,000
2000	6,078,000,000

Estima sumas y diferencias
Redondea

Promedio anual de consumo en kilovatios/hora

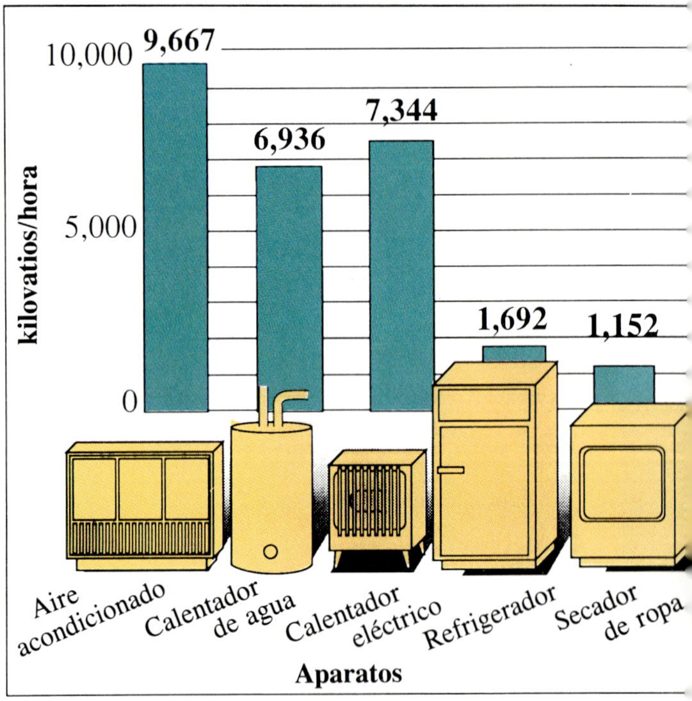

APRÉNDELO

Puedes estimar cuando no necesites encontrar la respuesta exacta. También puedes estimar para verificar si una respuesta es razonable.

EXPLORA **Resuelve para comprender**

La electricidad que usamos se mide en kilovatios/hora. En la gráfica se muestra el número de kilovatios/hora que consumen por año los aparatos eléctricos. ¿Alrededor de cuántos kilovatios/hora consumen por año un sistema de aire acondicionado y un secador de ropa juntos?

COMÉNTALO

1. ¿El problema requiere una respuesta exacta o una estimación? ¿Cómo lo decidiste?
2. ¿Qué cantidades de la gráfica necesitas?

Puedes estimar la suma o la diferencia al redondear los números. Mira el dígito que hay a la derecha del lugar al que quieres redondear. Si es 5 o más, redondea al número mayor. Si es menos de 5, redondea al número menor y pon ceros en todos los lugares a su derecha.

Decena más cercana	Centena más cercana	Millar más cercano
48 → 50	\$318 → \$300	9,667 → 10,000
+ 72 → + 70	+ 589 → + 600	+ 1,152 → + 1,000
Estimación 120	Estimación \$900	Estimación 11,000

INTÉNTALO

Estima las sumas y las restas. Redondea

a la decena más cercana: **1.** 55 + 87 **2.** 147 − 23

al millar más cercano: **3.** 8,638 + 9,299 **4.** 15,386 − 6,899

al dólar más cercano: **5.** \$9.89 + \$5.27 **6.** \$13.39 − \$8.53

PRACTÍCALO

Redondea a la decena más cercana para estimar.

1. 69 + 44
2. 48 + 75
3. 132 − 57

Redondea a la centena más cercana para estimar.

4. 546 + 808
5. 775 − 199
6. 1,458 + 376

Redondea al millar más cercano para estimar.

7. 16,552 + 8,263
8. 8,446 + 8,595
9. 12,916 − 5,878

Redondea al dólar más cercano para estimar.

10. $7.74 + 6.23
11. $16.89 − 8.39
12. $13.67 − 6.99

APLÍCALO

RAZONAMIENTO MATEMÁTICO

¿Qué estimación es más alta y qué más baja que la respuesta exacta?

13. $7.95 → $8.00
    + 6.79 → + 7.00
    Estimación $15.00

14. $10.00 → $10.00
    − 6.79 → − 7.00
    Estimación $3.00

RESOLUCIÓN DE PROBLEMAS

15. ¿Alrededor de cuántos kilovatios/hora por año consumen, combinados, el calentador de agua y el calentador eléctrico?

16. ¿Cuánta electricidad más consume por año el calentador de agua que el refrigerador?

REPASO COMBINADO

Escribe >, <, o = para cada ■.

17. 6,378 ■ 6,380
18. 67,012 ■ 67,102
19. 6,000,000,001 ■ 5,829,125

Multiplica o divide. Calcula mentalmente cuando sea posible.

20. 9 × 80
21. 100 × 8
22. 84 ÷ 4
23. 2,000 ÷ 5
24. 345 ÷ 15
25. 687 × 73
26. 8,009 × 6
27. 979 ÷ 11
28. 8 × 506
29. 9 × 25 × 4
30. 4 × 82
31. 5 × 76 × 20

Repaso de adición y sustracción
Números enteros

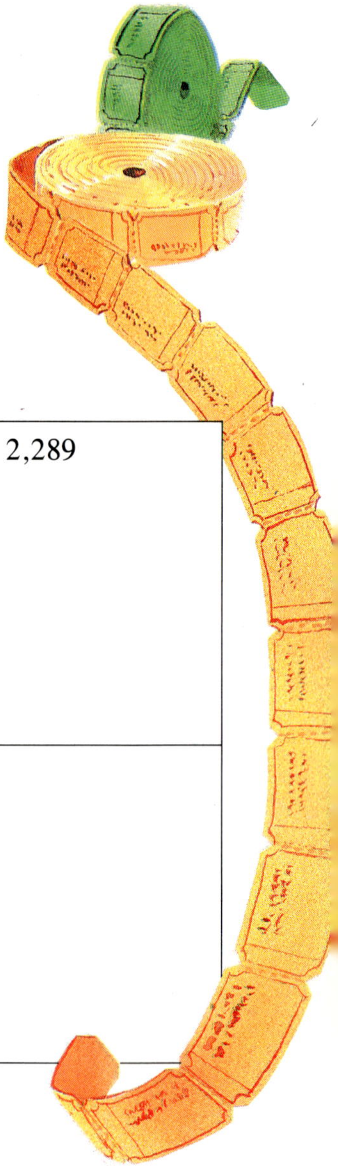

APRÉNDELO

En esta lección podrás repasar el sistema de papel y lápiz para sumar y restar números. Los ejemplos te ayudarán a ello.

A Suma 7,562 + 4,386.

Alinea los números.
Comienza con las unidades.
Cambia si es necesario.

14 decenas = 1 centena y 4 decenas

```
     1
  7,5 6 2
+ 4,3 8 6
---------
1 1,9 4 8
```

B 1,243 + 825 + 432 + 2,289

```
  1 1 1
  1,2 4 3
    8 2 5
    4 3 2
+ 2,2 8 9
---------
  4,7 8 9
```

C Resta 358 de 400.

```
  3 9 10
  4 0 0
- 3 5 8
-------
    4 2
```

40 decenas = 39 decenas y 10 unidades

D 7,253 − 2,796

```
  6 11 14 13
  7,2 5 3
- 2,7 9 6
---------
  4,4 5 7
```

INTÉNTALO

Suma o resta.

1. 3,524 + 5,832

2. 4,380 + 1,464

3. 700 − 561

4. 5,352 + 2,355

5. 23 + 6,345 + 9,567 + 825

6. 37 + 678

7. 8,006 − 491

8. 33,903 − 4,827

9. 796 + 8,245

10. 473 + 2,452 + 379 **11.** 3,513 + 1,385 + 311 **12.** 802 − 557 **13.** 5,482 − 495

14. 6,045 + 29,987 **15.** 37,600 − 841 **16.** 106 − 28 **17.** 720 − 152

PRACTÍCALO

Halla las sumas y las diferencias.

1. 895 − 237 **2.** 18 + 75 **3.** 9,700 − 8,148 **4.** 456 + 212

5. 1,429 − 674 **6.** 13,089 − 3,865 **7.** 11,000 − 5,989 **8.** 5,044 − 3,897

9. 975 + 123 + 59 **10.** 875 + 785 + 367 **11.** 527 + 717 + 285 **12.** 3,757 + 4,632 + 5,508

13. 42,193 − 5,898 **14.** 1,020 − 429 **15.** 58,467 − 34,276 **16.** 1,672 + 854

17. Suma: 3,425 + 726 + 1,258 + 1,193

18. Resta 438 de 1,205.

19. Halla la suma de 6,284, 1,384, 4,390 y 998.

20. Halla la diferencia entre 4,004 y 3,479.

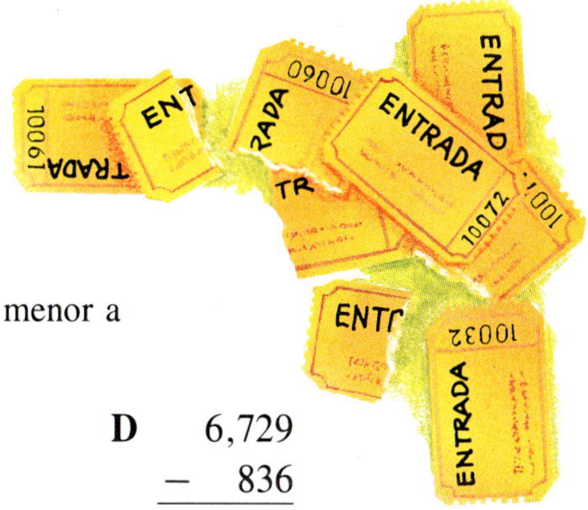

APLÍCALO

RAZONAMIENTO MATEMÁTICO

21. No sumes ni restes. Ordena las letras de los problemas de menor a mayor, según la respuesta.

A 6,729 − 1,836 **B** 6,729 + 1,836 **C** 6,729 + 836 **D** 6,729 − 836

RESOLUCIÓN DE PROBLEMAS

22. Una sociedad benéfica se propuso recaudar $7,500 durante una recogida de fondos. Si ha recolectado $5,687, ¿cuánto dinero le falta para alcanzar el objetivo?

23. Al final de la campaña, la sociedad había sobrepasado su objetivo en $1,862. Para celebrarlo, una tienda donó $150. ¿Cuánto dinero se recaudó en total?

▶ PENSAMIENTO CRÍTICO Razona con atención

Copia cada problema y suministra los números que faltan.

24. ■,6■■ + 5,■12 = 9,506

25. ■,61■ − 2,8■9 = 2,■78

26. ■,■7■ − 3■6 = 7,678

27. ■,3■9 + 6,54■ = ■0,■02

Más práctica, página 501, grupo B

Resolución de problemas
Introducción

ENTIENDE
ANALIZA DATOS
PLANEA
ESTIMA
RESUELVE
EXAMINA

APRÉNDELO

Algunos problemas pueden ser resueltos, escogiendo una de estas operaciones: adición, sustracción, multiplicación o división. A éstos se les llama problemas simples. Los problemas simples pueden solucionarse usando la estrategia **Escoge la operación.**

Varios televidentes nombraron sus programas favoritos. ¿Cuántos mencionaron *Clave* o *La Frontera?*

Programas favoritos

La Frontera	51	*Clave*	58
Novedades	49		

Entiende la situación — Quiero encontrar el número total de personas que mencionaron *Clave* o *La Frontera.*

Analiza los datos — Número de personas que mencionaron *Clave:* 58
Número que mencionaron *La Frontera:* 51

Planea la solución — Sumo los dos números para conseguir el total.

Estima la respuesta — 58 + 51 es casi 60 + 50, ó 110.

Resuelve el problema — 58 + 51 = 109
El número que nombraron *Clave* o *La Frontera* fue 109.

Verifica la respuesta — 109 es cercano a la estimación 110;
109 es una respuesta razonable.

INTÉNTALO

Escoge la letra que muestre como puedes resolver el problema. No lo resuelvas.

1. ¿A cuántos televidentes se les preguntó acerca de su programa favorito?

A 58 + (51 + 49) **B** 58 − (51 − 49) **C** 58 × (51 × 49) **D** 58 ÷ (51 ÷ 49)

2. ¿Cuántos más televidentes mencionaron *Clave* que *Novedades?*

A 58 + 49 **B** 58 − 49 **C** 58 × 49 **D** 58 ÷ 49

PRÁCTICA COMBINADA

Escoge la operación que usarías para solucionar el problema. No lo resuelvas.

1. Tara vio la televisión 6 noches en una semana. Cada noche la vio durante 2 horas. ¿Cuántas horas vio Tara la televisión esa semana?

A $6 + 2$ **B** $6 - 2$
C 6×2 **D** $6 \div 2$

2. Jon gastó \$18 en alquilar 6 videos. ¿Cuánto costó el alquiler de cada uno?

A \$18 + 6 **B** \$18 − 6
C \$18 × 6 **D** \$18 ÷ 6

3. En una semana, Julie vio en la televisión 6 comedias, 2 películas y 3 programas de juegos. ¿Cuántos programas vio Julie esa semana?

A $(6 + 2) + 3$ **B** $(6 - 2) - 3$
C $(6 \times 2) \times 3$ **D** $(6 \div 2) \div 3$

4. Un programa de televisión fue de 21 minutos de espectáculo y 7 minutos de publicidad. ¿Cuánto más tiempo fue espectáculo que publicidad?

A $21 + 7$ **B** $21 - 7$
C 21×7 **D** $21 \div 7$

Resuelve estos problemas.

5. Television City está de rebajas. Usa la lista para saber cuánto costarán en total un aparato de televisión a color de 27 pulgadas y una grabadora de video.

6. Vic compró 3 paquetes de cintas de video. ¿Cuánto gastó?

7. ¿Cuánto costaría 1 cinta de video si pudieras comprar sólo una?

8. Usa la lista para saber cuánto te ahorras si compras un televisor a color de 21 pulgadas en vez de uno a color de 27 pulgadas.

9. Kayla compró un televisor portátil. El impuesto fue de \$9. ¿Cuánto pagó?

OFERTAS ESPECIALES

TV de color, 27 pulgadas

TV de color, 21 pulgadas

TV portátil

Grabadoras de video

Cintas de video, cada 6

10. **Entiende las operaciones** Escoge la operación que usarías para resolver este problema.
La semana pasada, Mario vio 12 horas de televisión. Vio fútbol americano durante 4 horas y el resto del tiempo vio películas. ¿Cuántas horas se pasó viendo películas?

A $12 + 4$ **B** $12 - 4$ **C** 12×4 **D** $12 \div 4$

Más práctica, página 522, grupo B

Explora el álgebra
Variables y expresiones algebraicas

APRÉNDELO

A lo largo de este libro vas a estudiar temas de **álgebra.** Uno de los elementos más importantes del álgebra es la idea de **variable.** Una **variable** es una letra, como n, que está en lugar de un número. Una expresión como $n + 12$ que contiene por lo menos una variable, se llama **expresión algebraica.**

Para **resolver** la expresión algebraica $n + 12$, cuando $n = 26$, puedes seguir los siguientes pasos.

Escribe la expresión:	$n + 12$
Sustituye la variable:	$26 + 12$
Luego calcula:	38

COMÉNTALO

1. ¿Puedes resolver $n + 12$, para $n = 3$? ¿Luego para $n = 79{,}312$? ¿Y después para cualquier valor de n?
2. En la expresión $m + 3 + n$, ¿crees que m y n pueden tener valores diferentes? ¿Y el mismo valor?
3. En la expresión $m + 4 + m$, ¿crees que la primera m puede ser igual a 2 si la segunda m es igual a 3? Explica.

Otros ejemplos

A Resuelve para $c = 9$

$(3 \times c) + 5$

$(3 \times 9) + 5$ — Sustituye c por 9.

$27 + 5$

32 — Calcula dentro del ( ) primero.

B Resuelve para $m = 5$ y $n = 3$

$(m \times n) - 4$

$(5 \times 3) - 4$ — Sustituye m por 5 y n por 3.

$15 - 4$

11

INTÉNTALO

Resuelve cada una de las expresiones algebraicas siguientes.

1. $35 - x$, para $x = 27$

2. $y \div 6$, para $y = 42$

3. $(a + b) - 6$, para $a = 22$ y $b = 25$

4. $p + 36$, para $p = 17$

5. $(6 \times z) + 8$, para $z = 5$

6. $(y - 3) \times z$, para $y = 33$ y $z = 2$

PRACTÍCALO

Resuelve cada ecuación algebraica.

1. $r + 36$, para $r = 75$ **2.** $n - 16$, para $n = 61$ **3.** $z \div 6$, para $z = 36$

4. $b \times 4$, para $b = 3$ **5.** $29 - r$, para $r = 29$ **6.** $3 + x + 12$, para $x = 4$

7. $(2 \times y) + 3$, para $y = 8$ **8.** $10 - (c \div 5)$, para $c = 10$ **9.** $8 \times (7 - p)$, para $p = 3$

10. $17 + a$, para $a = 0$ y para $a = 20$ **11.** $2 \times g$, para $g = 0$ y para $g = 40$

Resuelve cada expresión algebraica para $a = 3$, $b = 7$ y $c = 4$.

12. $(a \times b) + 11$ **13.** $6 \times (b - c)$ **14.** $b + (a \times c)$

Copia y completa la tabla. Resuelve la expresión algebraica para los números que se indican.

	x	y	$(x \times y) - x$
	3	4	$(3 \times 4) - 3 = 9$
15.	10	5	
16.	20	30	
17.	0	6	

APLÍCALO

RAZONAMIENTO MATEMÁTICO

18. Cada letra representa un número. Distintas letras representan diferentes números. Razona y explica qué número representa cada letra.

E + C = 15 A × B = A D × D = 16 D × C = 24 A + B = 8

RESOLUCIÓN DE PROBLEMAS

19. Banco de datos de estudios sociales Resuelve las expresiones en estos antiguos sistemas numéricos.

BANCO DE DATOS

$a -$ 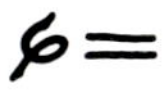 para $a =$ 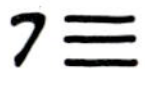 (hindú)

$a +$  para $a =$  (egipcio)

PENSAMIENTO CRÍTICO Descubre la relación

20. ¿Para qué valores de n daría $2 \times n$ un número par?

21. ¿Para qué valores de n daría $n + 2$ un número par?

22. ¿Para qué valores de n daría $n + 1$ un número impar?

Decisión de grupo

ENTIENDE
ANALIZA DATOS
PLANEA
ESTIMA
RESUELVE
EXAMINA

Destrezas de grupo
Escucha a los demás
Anima y respeta a los demás
Explica y resume
Verifica para comprender
Opina para llegar a un acuerdo

Trabajar en grupo significa algo más que hacer la parte que te corresponde. También significa hacerse responsable de ayudar y animar a otros miembros del grupo. En la tabla se muestran varias maneras de ayudar a los miembros de tu grupo a trabajar en cooperación.

Supón que alguien de tu grupo se desanime al tratar de resolver un problema y dice: “Lo dejo, es demasiado difícil”. Piensa en tres o cuatro cosas que podrías hacer para ayudarle de una forma positiva y respetuosa. Recuerda estas ideas mientras tu grupo trabaja en la actividad que hay a continuación.

Actividad cooperativa

Tu grupo tiene que encontrar formas de hacer tantos números del 1 al 20 como pueda, usando sólo cuatros. Pueden usar tantos cuatros como quieran y cualquier combinación de sumas, restas, multiplicaciones y divisiones. Por ejemplo, pueden hacer el número 2 de esta manera: $(4 + 4) \div 4 = 2$. Hagan una tabla como la que hay a continuación para mostrar los métodos usados. Si encuentran más de una forma de hacer un número, agréguenla a la tabla.

Desafío con cuatros

Números	Expresiones	Números	Expresiones
1		11	
2	(4+4)÷4	12	
3		13	
4		14	
5		15	
6		16	4+4+4+4
7		17	
8		18	
9		19	
10		20	

Preguntas para contestar

1. ¿Cuántos números fueron capaces de hacer?
2. ¿Qué números fueron los más complicados de hacer?
3. ¿Inventaron algún truco para hacer los números? Explica.

Verifica tus destrezas

4. ¿Hubo algún miembro de tu grupo que se desanimó? ¿Qué hiciste para ayudarle?

RESUMEN

Relaciona los números

Relaciona el número a la izquierda con la expresión a la derecha.

1. 6,500,030

2. 3,000,000,001,000

3. 85,025,362

4. 3,001,000

5. 85,250,003,620

a. tres millones un mil

b. ochenta y cinco billones, doscientos cincuenta millones, tres mil seiscientos veinte

c. seis millones, quinientos mil treinta

d. ochenta y cinco millones, veinticinco mil trescientos sesenta y dos

e. tres trillones un mil

Algunas veces, siempre, nunca

Determina cuál completa mejor las oraciones: *algunas veces, siempre* o *nunca.* Explica tus elecciones.

6. Si el producto de dos factores es cero, _____ ambos factores son cero.

7. Las reglas del orden de las operaciones dicen que _____ se multiplica antes de sumar o restar.

8. Si primero calculas fuera de los ( ), la respuesta _____ será la misma que si primero calculas dentro de los ( ).

9. _____ es mejor hacer una estimación baja que una alta.

10. Cuando se suman dos números enteros, la respuesta _____ es menor que cualquiera de los sumandos.

11. Cuando se evalúa una expresión algebraica, _____ se reemplaza la variable por un número.

Proyecto

Usa la tabla para inventar problemas que puedan resolver tus compañeros de clase. Incluye algunos que puedan resolverse con números compatibles y con las propiedades conmutativa, asociativa y distributiva.

Los cassettes de Yvette

Video de alta calidad	$5.75
Cintas de audio	$3.29
Limpiador del cabezal	$8.50
Video de buena calidad	$4.25
Asociación al club	$35.00

Repaso del capítulo/Examen

1ª parte   Entendimiento

Di cuánto menos es el primer número que el segundo.

1. 56,549
57,549

2. 347,926,000,000
387,926,000,000

Redondea al dólar más cercano para estimar. Di si la estimación es más alta o más baja que la respuesta exacta.

3. $\begin{array}{r} \$8.95 \\ +\ 4.69 \\ \hline \end{array}$

4. $\begin{array}{r} \$12.27 \\ -\ 5.29 \\ \hline \end{array}$

2ª parte   Destrezas

5. Escribe el número *diez billones, cuatrocientos sesenta millones, setenta y tres mil doce.*

Escribe >, < o = para cada ▮.

6. 64,423 ▮ 64,433

7. 9,862,340 ▮ 9,852,340

Resuelve mentalmente. Descompón los números o usa números compatibles.

8. $85 + 27 + 15$

9. 5×46

10. $20 \times 7 \times 5$

Resuelve.

11. $15 \div (7 - 4)$

12. $9 + 12 \div 4$

13. $389 + 28 + 9 + 715$

14. $503 - 267$

Evalúa:

15. $x \div 8$ para $x = 64$

16. $(a - 3) \times b$ para $a = 5$ y $b = 7$

3ª parte   Aplicaciones

17. Nombra la operación que necesitas usar. Luego resuelve. Había 28 alumnos en el autobús y 34 en la clase. Los alumnos que no iban en el autobús iban en la camioneta. ¿Cuántos iban en la camioneta?

18. Desafío   Usa la lista para resolver. Juan tiene $300 para gastar. ¿Qué dos cosas puede comprar y aún quedarse con unos $25?

Artículos deportivos Stan	
raqueta de tenis	$75.79
raqueta de squash	$35.95
palos de golf	$179.95
bolsa de golf	$59.95
balón de fútbol americano	$29.95
zapatos de golf	$94.99

Enriquecimiento
Base cinco

En nuestro sistema numérico agrupamos por decenas usando los dígitos del 0 al 9, pero el número favorito de Aurora es el cinco. Tiene cinco estrellas de televisión favoritas, cinco amigos a quienes escribe, cinco fotos de los Beatles y cinco hámsteres. Aurora aprendió que algunos sistemas numéricos pueden usar agrupaciones de números que no sean de diez. Aurora mostró el número 14 en base cinco (que se lee "uno, cuatro") con unos puntos.

14_{cinco}

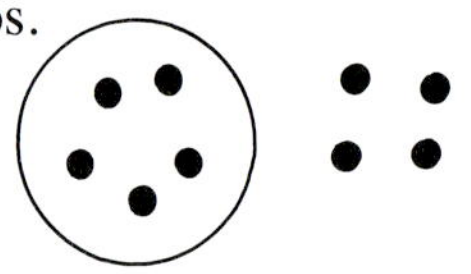

El conjunto muestra 1 cinco y 4 unidades. En base diez, este número se escribe 9.

El conjunto de Aurora que está a la derecha muestra 23_{cinco}. Muestra 2 cincos y 3 unidades.

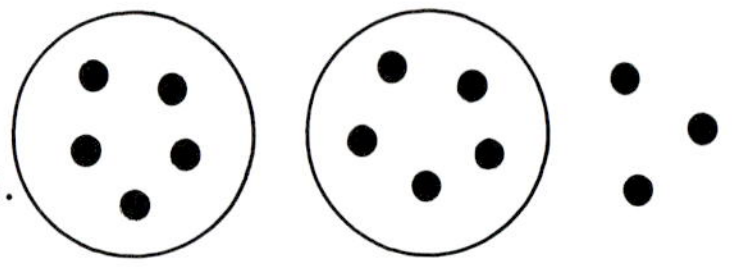

1. Muestra un conjunto de puntos que represente el 31 en base cinco.

2. ¿Se usan los mismos dígitos que en base diez en el sistema de base cinco? Explica.

3. El número 10_{cinco} significa 1 cinco y 0 unidades, es decir, 5 en base diez. Si 20_{cinco} significa 2 cincos y 0 unidades en base cinco, ¿qué significa en base 10? ¿Y 30_{cinco}? ¿Y 40_{cinco}?

Se muestra la gráfica de valor de orden de un sistema de base cinco. Usa la gráfica para contestar las preguntas.

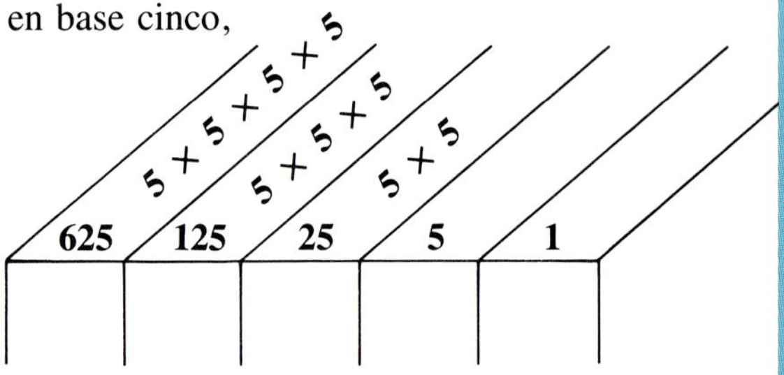

4. El número 100 en base cinco significa $1 \times (5 \times 5)$, es decir, 25 en base diez. ¿Qué significan $1{,}000_{\text{cinco}}$ y $10{,}000_{\text{cinco}}$ en base diez?

Escribe cada número en base cinco en base diez.

5. 200_{cinco} **6.** $3{,}000_{\text{cinco}}$ **7.** $40{,}000_{\text{cinco}}$ **8.** 32_{cinco}

9. 231_{cinco} **10.** $1{,}223_{\text{cinco}}$ **11.** $3{,}111_{\text{cinco}}$ **12.** $21{,}342_{\text{cinco}}$

13. Escribe el año en curso en base cinco.

REPASO GENERAL

Suma, resta, multiplica o divide.

1. 808 + 433 + 272

A. 1,413 B. 1,513
C. 1,613 D. 1,713

2. 6,517 − 79

A. 7,307 B. 5,808
C. 5,727 D. 7,226

3. 5,062 − 483

A. 4,579 B. 5,579
C. 5,545 D. 4,689

4. 363 × 9

A. 2,661 B. 32,427
C. 3,357 D. 3,267

5. $3\overline{)1{,}527}$

A. 509 B. 59
C. 5,009 D. 508

6. Un polígono con dos pares de lados de la misma longitud y cuatro ángulos rectos es un

A. triángulo recto B. trapecio
C. pentágono D. rectángulo

7. Un polígono con seis lados es un

A. pentágono B. hexágono
C. rombo D. seiságono

8. ¿Qué tipo dc ángulo cs uno dc 50°?

A. recto B. obtuso
C. escaleno D. agudo

9. Da los dígitos del período de los billones: 435,274,905,619,005.

A. 905 B. 435
C. 274 D. 619

10. ¿Qué número está más cerca de 600,000?

A. 627,948 B. 672,881
C. 629,156 D. 625,999

11. Usa factores compatibles para calcular el producto mentalmente: 50 × 18 × 2

A. 136 B. 18,00
C. 1,800 D. 1,000

12. Evalúa: $(a \times b) - 3$ para $a = 3$ y $b = 4$

A. 9 B. 3
C. 4 D. 0

13. Eric pagó $7.95 y $8.19 por unas cintas. ¿Cerca de cuánto gastó?

A. cerca de $17 B. cerca de $16
C. cerca de $18 D. cerca de $19

14. Dolores hizo tareas durante 3 horas cada día por 18 días. ¿Durante cuántas horas hizo tareas?

A. 21 B. 6
C. 15 D. 54

2

DECIMALES Y UNIDADES MÉTRICAS

MATEMÁTICAS Y SALUD Y APTITUD FÍSICA

BANCO DE DATOS

Usa el Banco de datos de salud y aptitud física (p. 473) para contestar las preguntas.

1 Si hicieras una lista de los deportes de equipo en orden de menor a mayor, según el número de jugadores que hay en la cancha, ¿qué deporte pondrías primero? ¿Dónde colocarías el water polo?

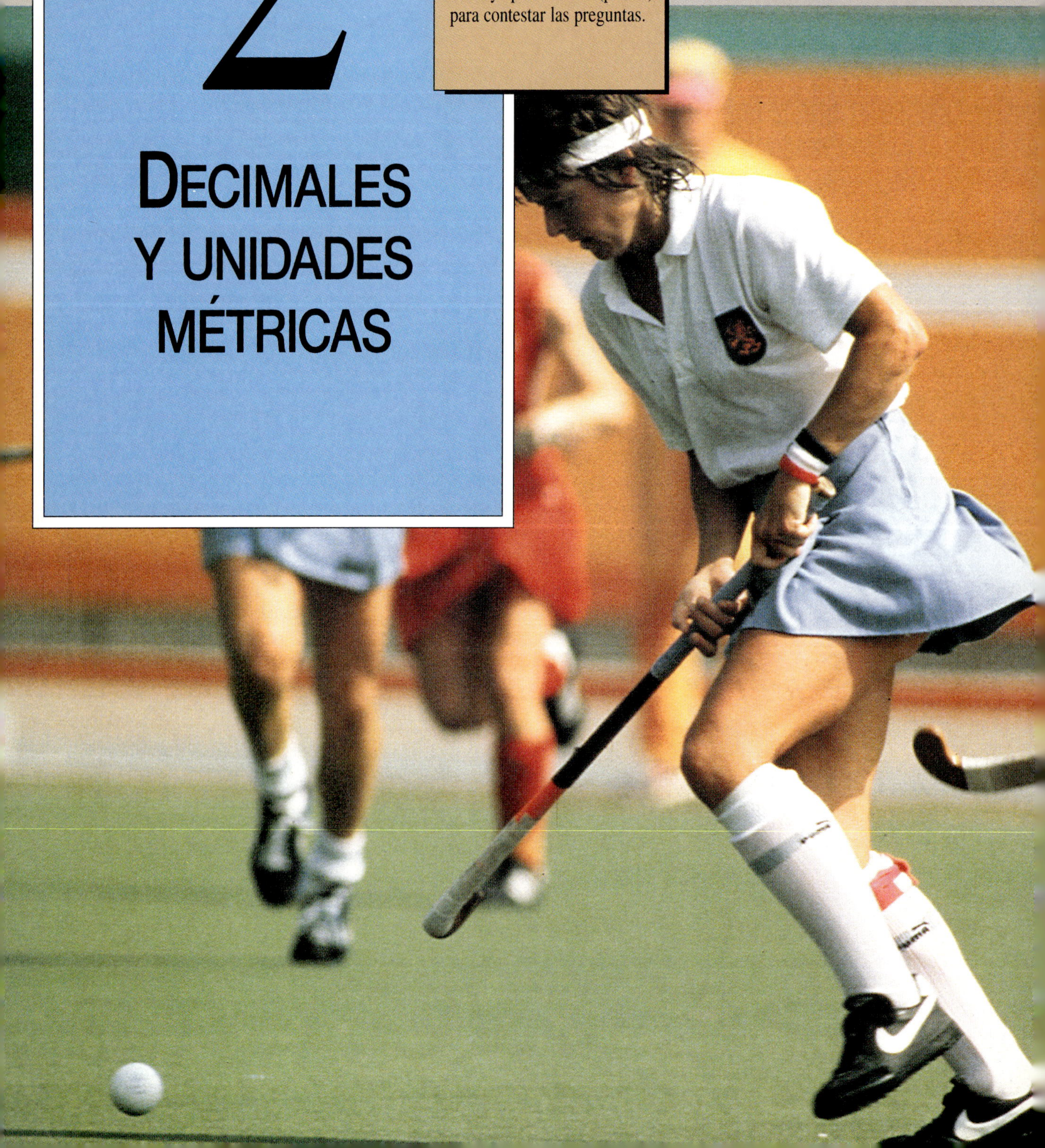

2 ¿Qué pesa más: una bolsa con una pelota de baloncesto y una de vóleibol o una bolsa con una pelota de hockey sobre hierba y una pelota de water polo?

3 El juego de vóleibol, inventado en 1895, se jugaba originalmente con una pelota de baloncesto. ¿Cuánto más pesa una pelota de baloncesto que una de vóleibol?

4 **Pensamiento crítico**
43 jugadores de fútbol americano se reparten entre cinco equipos de otros deportes de la lista. Cada equipo es de un deporte diferente y cada jugador sólo puede estar en un equipo. ¿Qué deportes se excluyen? Explica.

Valor de orden de los decimales
Décimas y centésimas

APRÉNDELO

Para entender los decimales, puedes usar lo que ya sabes sobre el valor de orden de los números enteros.

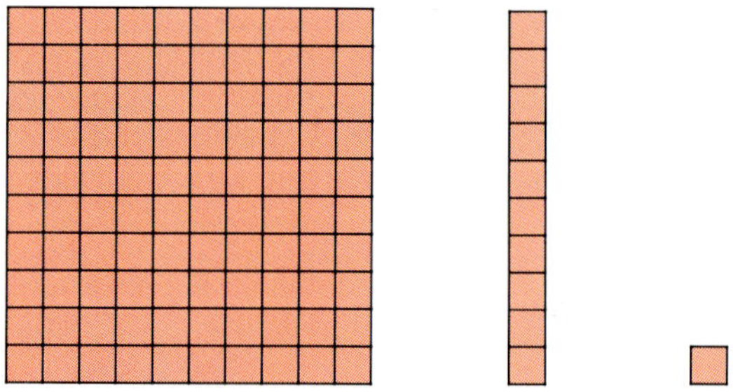

EXPLORA **Usa modelos de valor de orden**

Trabaja en grupo. Colorea papel cuadriculado como ayuda para explicar lo siguiente.

a. 3 décimas equivalen a 30 centésimas.

b. 26 décimas equivalen a 2 unidades y 6 décimas.

COMENTALO

1. ¿Cuántas centésimas se necesitan para hacer 1 décima?
2. ¿Cuántas décimas se necesitan para hacer 1 unidad?
3. ¿Cuántas centésimas coloreaste para representar 26 décimas?

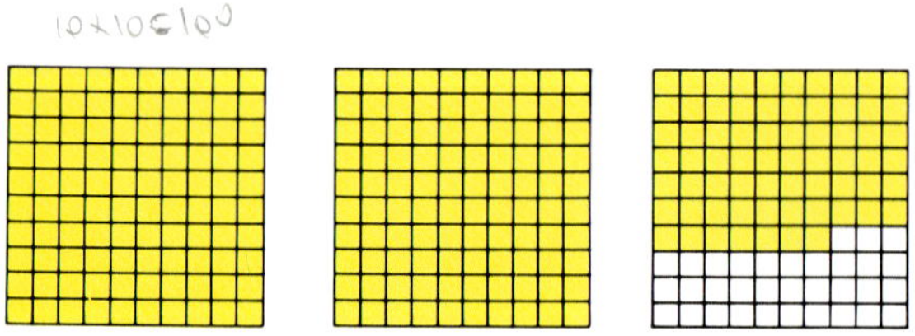

He aquí cómo leer y escribir decimales.

Los colores del papel cuadriculado representan 2 unidades y 67 centésimas.

	unidades	décimas	centésimas
Pensamos:	2 .	6	7

Escribimos:

Usando un número mixto: $2\frac{67}{100}$

Usando un decimal: 2.67

Leemos: "dos unidades y sesenta y siete centésimas"

INTÉNTALO

1. Colorea papel cuadriculado para representar 2.36.
2. Colorea papel cuadriculado para representar 3.04.
3. Escribe el decimal.

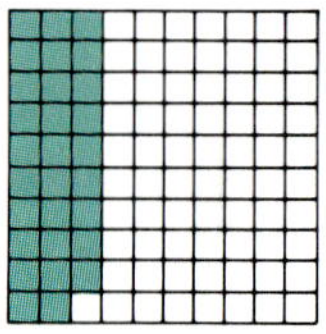

PRACTÍCALO

Escribe el decimal que se muestra.

1. 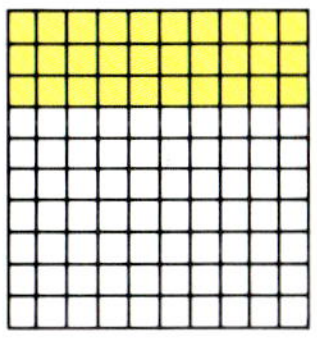

2. 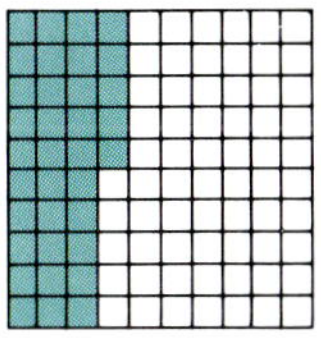

3. 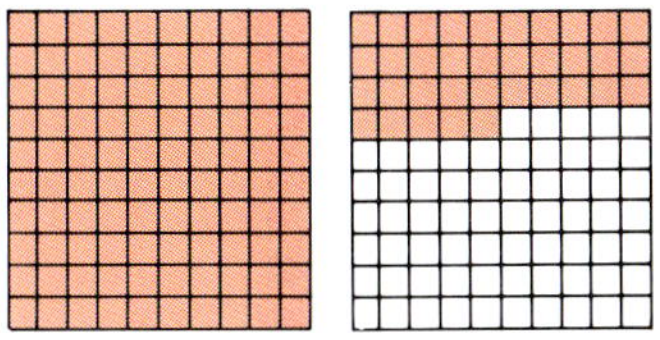

Escribe el decimal.

4. uno y cincuenta centésimas

5. treinta y dos centésimas

6. dieciséis y sesenta y tres centésimas

7. siete centésimas

Pon en palabras cada uno de los siguientes decimales.

8. 0.4 **9.** 0.63 **10.** 1.25 **11.** 2.58

¿Entre qué dos letras de la recta numérica se encuentra cada decimal?

12. 3.28 **13.** 3.82 **14.** 5.07 **15.** 5.70 **16.** 5.92 **17.** 6.29

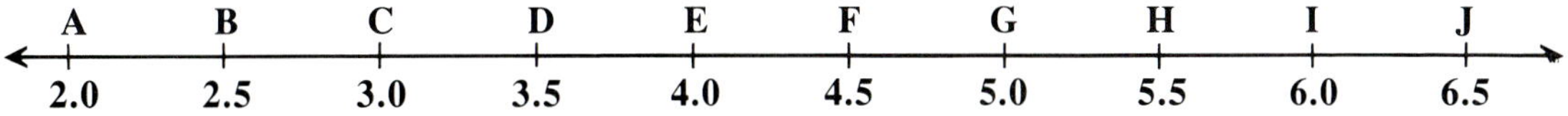

APLÍCALO

RAZONAMIENTO MATEMÁTICO

18. Felipe dijo: "Sé que 0.25 equivale a $\frac{1}{4}$". Colorea papel cuadriculado para probar que está en lo cierto.

RESOLUCIÓN DE PROBLEMAS

19. Michael coloreó cuadrados en una hoja cuadriculada de 10 por 10 para representar 0.37. Luego coloreó 25 cuadrados más. ¿Qué porción decimal de papel cuadriculado coloreó?

▶ ESTIMACIÓN

Escribe un decimal para estimar cuán lleno está cada frasco.

20. 

21. 

22. 

Valor de orden de los decimales
Milésimas

APRÉNDELO

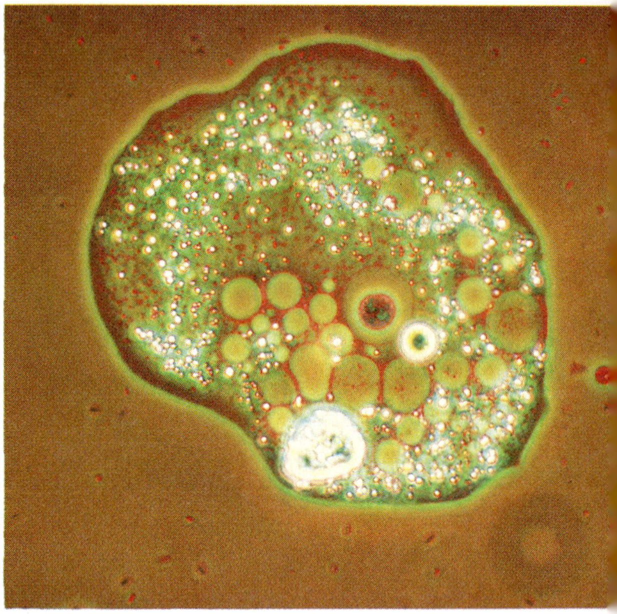

EXPLORA **Lee la información**

Las amebas son animales unicelulares muy pequeños cuyos tamaños varían entre 0.1 y 0.01 pulgadas. La mayoría de las amebas sólo se pueden ver con microscopio. Kathleen usó uno para examinar una ameba que según ella tenía entre 0.02 y 0.03 pulgadas. Usando **milésimas** se puede conseguir una medida más precisa de la ameba.

COMÉNTALO

1. Da los números que faltan:

1 centésima = 10 milésimas
2 centésimas = ____ milésimas
3 centésimas = ____ milésimas

2. ¿Podía tener un diámetro de 25 milésimas de pulgada la ameba que Kathleen vio por el microscopio? ¿Por qué?

Los colores del papel cuadriculado son para darte una idea del tamaño de las milésimas.

Vemos:

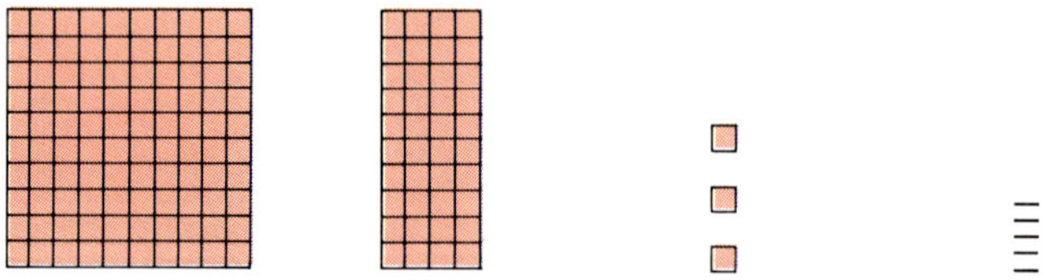

Pensamos:

unidades	décimas	centésimas	milésimas
1 .	4	3	5

Escribimos: 1.435

Leemos: "una unidad y cuatrocientas treinta y cinco milésimas"

Escribimos de forma desarrollada: 1 + 0.4 + 0.03 + 0.005

INTÉNTALO

Lee cada decimal. Usa el valor de orden para decir qué representa cada dígito rojo.

1. 5.263 **2.** 7.076 **3.** 0.324 **4.** 2.008 **5.** 0.029 **6.** 2.101

PRACTÍCALO

Lee cada decimal. Escríbelo de forma desarrollada. Luego ponlo en palabras.

1. 4.286 **2.** 0.753 **3.** 0.042 **4.** 1.54 **5.** 7.008

6. 25.34 **7.** 4.622 **8.** 18.531 **9.** 0.427 **10.** 0.050

Escribe el decimal.

11. trescientas sesenta y cinco milésimas **12.** uno y ciento dos milésimas **13.** cincuenta y cuatro milésimas

Escribe todos los números de la casilla en que:

14. el 4 tenga el valor de 0.04

15. el 3 tenga el valor de 0.003

16. el 8 tenga el valor de 0.8

27.348	29.083
47.825	0.837
7.493	0.047

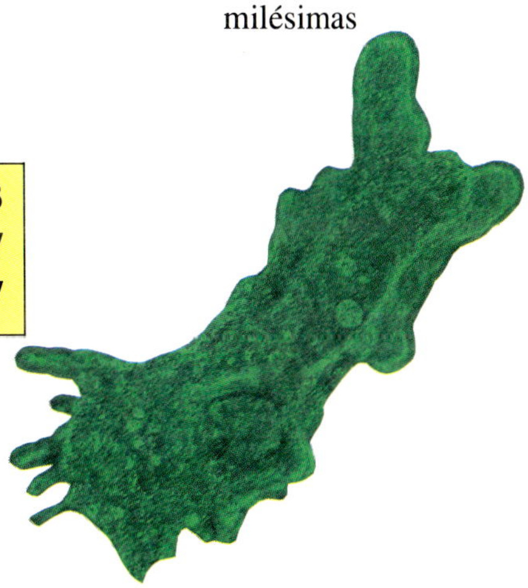

APLÍCALO

RAZONAMIENTO MATEMÁTICO

17. Pon un punto decimal en el número en rojo para que todos los números estén en orden de menor a mayor. Ejemplo: 0.1 0.581 1

A 1 215 10 **B** 10 5765 100 **C** 0.01 00384 .1

RESOLUCIÓN DE PROBLEMAS

18. Estudia la serie que siguen estos decimales. Sigue la serie para escribir los próximos 5 decimales. 0.343, 0.346, 0.349, 0.352

19. Gina representó 0.74, coloreando un cuadrado de 10 por 10. Flora representó 0.49 en otro cuadrado del mismo tamaño. ¿Cuántos cuadrados más tuvo que colorear Gina que Flora?

▶ CALCULADORA

20. Intenta este juego para dos personas. Un jugador entra 123.456 en su calculadora. El otro entra 654.321 en otra calculadora. Los jugadores se turnan para lanzar un cubo numerado del 1 al 6. Cada jugador tiene que usar el dígito que sale en el cubo numerado y uno o dos ceros, para formar un número que se pueda restar del que muestra la calculadora. El primer jugador que llegue a cero es el ganador.

Unidades métricas y decimales

APRÉNDELO

EXPLORA **Examina las figuras**

Puedes usar decimales para relacionar las unidades métricas. Un paso largo es cerca de 1 metro. Las figuras a continuación muestran otras tres unidades relacionadas con el metro.

1 decímetro (dm) = 0.1 metro (m)

1 centímetro (cm) = 0.01 m

1 milímetro (mm) = 0.001 m

1 metro (m)

COMÉNTALO

1. ¿Cuántos centímetros hay en 1 decímetro? ¿Qué decimal relaciona el centímetro con el decímetro?
2. ¿Cuál es la relación entre el milímetro y el decímetro?
3. En un **kilómetro (km)** hay 1,000 metros. ¿Qué decimal relaciona el metro con el kilómetro?

Ejemplos

Los ejemplos muestran formas de usar los decimales con unidades métricas.

A 10 mm = 1 cm
9 mm = 0.9 cm
39 mm = 3.9 cm

B 100 cm = 1 m
75 cm = 0.75 m
375 cm = 3.75 m
375 cm = 3 m 75 cm

C 0.5 m = 5 dm
0.5 m = 50 cm
2.5 m = 2 m 5 dm

INTÉNTALO

Da los números que faltan.

1. 1 cm = ▒ m
2. 1 m = ▒ km
3. 1 dm = ▒ m
4. 250 cm = ▒ m
5. 2,500 m = ▒ km
6. 25 dm = ▒ m
7. 3.4 m = ▒ cm
8. 3.4 km = ▒ m
9. 3.4 m = ▒ dm

PRACTÍCALO

Da cada medida en metros.

ACUARIO

1. longitud

2. ancho

3. profundidad

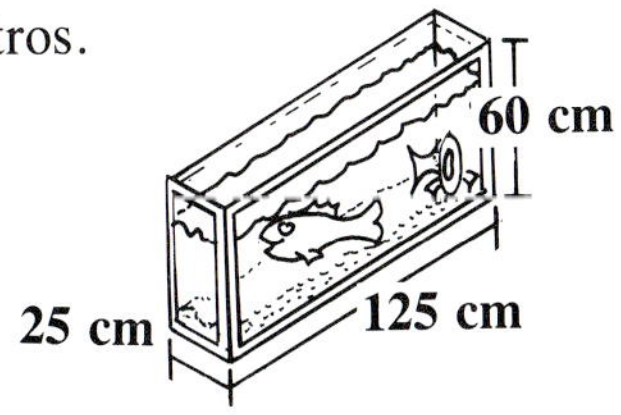

CUERO

4. cadena del perro

5. collar del perro

6. collar del gato

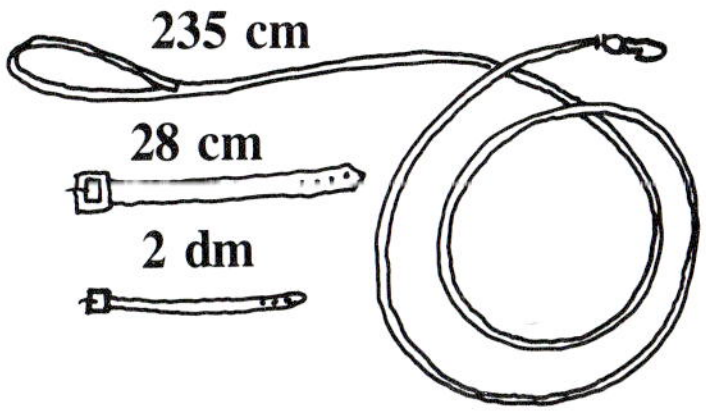

Da las medidas en centímetros.

CASA DEL PERRO

7. longitud

8. ancho

9. altura

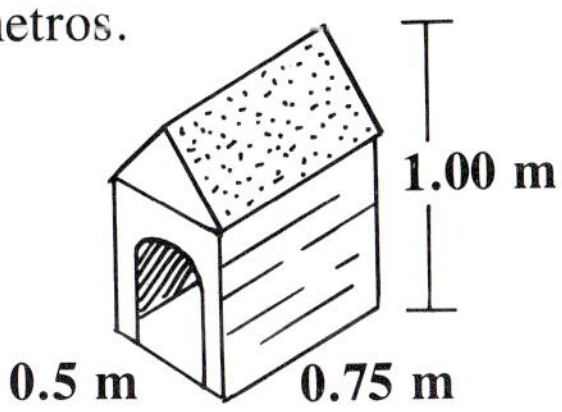

CONEJERA

10. longitud

11. ancho

12. altura

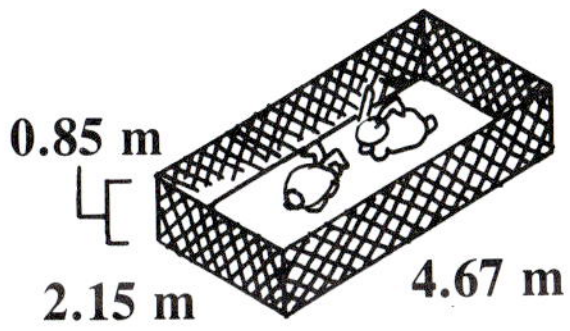

APLÍCALO

RAZONAMIENTO MATEMÁTICO

La ilustración da la vista lateral de una pajarera.

13. ¿Cuál es la altura en centímetros?

14. Usando la altura como patrón, estima la longitud de la pajarera en centímetros.

RESOLUCIÓN DE PROBLEMAS

15. La altura del perro de Erin es 36 cm y la de su gato 19 cm. ¿Cuánto más alto es el perro? Da la respuesta en metros.

REPASO COMBINADO

Escribe de forma desarrollada.

16. 245 **17.** 28,001 **18.** 1,080,000 **19.** 271,000

Indica los dígitos que hay en cada período del número 821,403,123,456.

20. millares **21.** millones **22.** unidades

Resuelve cada expresión algebraica para $a = 15$ y $b = 26$.

23. $a + b$ **24.** $(2 \times a) + b$ **25.** $b - 17$ **26.** $(b + a) - 38$

Más práctica, página 502, grupo A

Resolución de problemas
Haz un dibujo

ENTIENDE
ANALIZA DATOS
PLANEA
ESTIMA
RESUELVE
EXAMINA

APRÉNDELO

Una estrategia que puede ayudarte a entender y resolver problemas es **Haz un dibujo.**

Al ir a la escuela, Kelly pasa un parque, un mercado, una piscina y una tienda de refrescos. El parque está junto a la escuela, y la piscina entre la tienda de refrescos y el parque. Cuando sale de su casa, pasa primero frente al mercado. ¿En qué orden encuentra Kelly cada uno de estos lugares, camino de la escuela?

Trazaré una línea para mostrar la ruta de su casa a la escuela.

Luego, colocaré el parque junto a la escuela.

Ahora, colocaré la piscina entre el parque y la tienda de refrescos.

Colocaré la tienda de comestibles después de la casa de Kelly.

Al ir a la escuela, Kelly pasa primero la tienda de comestibles y luego la tienda de refrescos, la piscina y el parque.

INTÉNTALO

Lee el problema y termina de resolverlo.

Eric y sus tres amigos tuvieron que hacer cola para entrar a la piscina. Eric estaba detrás de Juan. Bill era el último. Dylan estaba delante de Juan. ¿Quién llegó primero a la piscina?

- ¿Pudo ser Eric el primero?
- ¿Quién fue el último?
- ¿Quién estaba delante de Juan?

- Copia y termina el dibujo para resolver el problema.

PRACTÍCALO

Haz un dibujo para resolver los siguientes problemas.

1. Cinco niñas hicieron una carrera hasta el tobogán acuático. Erica llegó detrás de María y Molly. Molly fue la primera en llegar. Erica llegó entre María y Dennie. Beth fue la última. ¿En qué orden llegaron las niñas al tobogán acuático?

2. Hay 4 máquinas de yogurt helado. La máquina del yogurt de vainilla es de las que están en medio. La de chocolate está a su izquierda. La de frambuesa y la de menta están a la derecha de la de vainilla. La de menta está junto a la de vainilla. Garth escogió el yogurt de la máquina que estaba en el extremo de la derecha. ¿Qué sabor escogió?

PRÁCTICA COMBINADA

Alguna estrategias	
Represéntalo	Escoge una operación
Usa objetos	Haz un dibujo

Resuelve. Escoge una estrategia de la lista o usa otra estrategia que ya sepas.

3. El sábado fueron 203 niños a la piscina. El domingo fueron 128 niños. ¿Cuántos niños más fueron el sábado que el domingo?

4. El boleto para el tobogán acuático cuesta 50¢. Kenji bajó por él 7 veces en un día. ¿Cuánto gastó en boletos?

5. La cerca de la escuela tiene 140 pies de largo. Para el carnaval, los alumnos quieren decorar cada poste con un globo. Si hay una separación de 10 pies entre cada poste y hay un poste en cada extremo, ¿cuántos globos necesitan?

6. Durante el carnaval se celebraron cuatro carreras. Si cada alumno participó sólo en una, ¿cuántos alumnos participaron?

Carrera	*Alumnos*
3 pies	40
Carretilla	28
Saco	60
De espaldas	12

7. 24 alumnos se inscribieron en la carrera de patines, modalidad relevos. Cada equipo tenía 3 miembros. ¿Cuántos equipos había?

8. Cuatro equipos participaron en el campeonato de béisbol. Los Sun Devils quedaron en segundo lugar. Los Marauders ganaron a los Dragons. Los Speed Demons ganaron el campeonato. ¿En qué orden terminaron los cuatro equipos?

Más práctica, página 522, grupo C

Decimales hasta cienmilésimas

APRÉNDELO

EXPLORA **Estudia la información**

El oro y la plata pueden ser convertidos en láminas tan delgadas que se requeriría una gran cantidad de ellas, puestas una encima de la otra, para alcanzar el espesor de una hoja de papel. 70 láminas de plata de 0.0001 cm (una diezmilésima de centímetro) o 700 láminas de oro de 0.00001 cm (una cienmilésima de centímetro) serían necesarias para alcanzar el espesor de esta página.

COMÉNTALO

1. ¿Cuántas láminas de oro necesitarías colocar juntas para alcanzar el mismo espesor que una hoja de plata?
2. ¿Qué espesor tienen 10 láminas de plata juntas?
3. ¿Qué pasa con el punto decimal cuando multiplicas un decimal por 10? ¿Por qué? Ejemplo: 0.0001 × 10 = 0.001

La siguiente tabla te ayudará a entender números muy pequeños, como 0.00025.

unidades	décimas	centésimas	milésimas	diezmilésimas	cienmilésimas
0.	0	0	0	2	5

Leemos: "veinticinco cienmilésimas"

Observación matemática
Un decimal se denomina de acuerdo al valor de orden del dígito que está en último lugar.

Otro ejemplo

Escribimos: 3.0286

Leemos: "tres unidades y doscientos ochenta y seis diezmilésimas"

INTÉNTALO

Lee cada decimal. Usa el valor de orden para decir qué significa cada dígito rojo.

1. 0.0792 **2.** 0.00792 **3.** 0.792 **4.** 7.92

5. 3.00864 **6.** 3.0864 **7.** 3.864 **8.** 38.64

PRACTÍCALO

Lee cada decimal. Luego escríbelo en palabras.

1. 0.0006 **2.** 0.00006 **3.** 0.00645 **4.** 14.02 **5.** 6.007

6. 1.2005 **7.** 12.0054 **8.** 12.00540 **9.** 0.9262 **10.** 0.42873

Escribe el decimal.

11. novecientas cuarenta y cinco milésimas

12. seis unidades y quince diezmilésimas

13. doscientas seis cienmilésimas

Escribe los números de la casilla en que

14. el 7 tenga un valor de 0.0007.

15. el 2 tenga un valor de 0.002

16. el 4 tenga un valor de 0.00004.

32.4625	0.34678
1.24354	567.283
5.0067	4.3628
4.00724	32.0865

APLÍCALO

RAZONAMIENTO MATEMÁTICO

17. Escribe los próximos tres decimales de la serie.

5.2069
5.2168
5.2267
5.2366

RESOLUCIÓN DE PROBLEMAS

18. Una lámina de plata tiene 0.00025 cm de espesor. Una de oro tiene sólo una décima de ese espesor. ¿Cuál es el espesor de la lámina de oro?

19. Más de una respuesta Escribe un decimal que tenga un 3 en el lugar de las milésimas y un 7 en el lugar de las cienmilésimas.

▶ COMUNICACIÓN Entiende términos matemáticos

La medida de longitud correspondiente a una diezmilésima de centímetro se llama *micra*.

1 micra = 0.0001 cm

20. El oro y la plata se mezclan para formar hojas muy delgadas que se llaman láminas de oro. Estas láminas se usan en el rotulado artístico y para dar una capa a ciertos artículos. Una lámina de oro tiene un espesor de 13 micras. ¿Cuántos centímetros tiene de grosor?

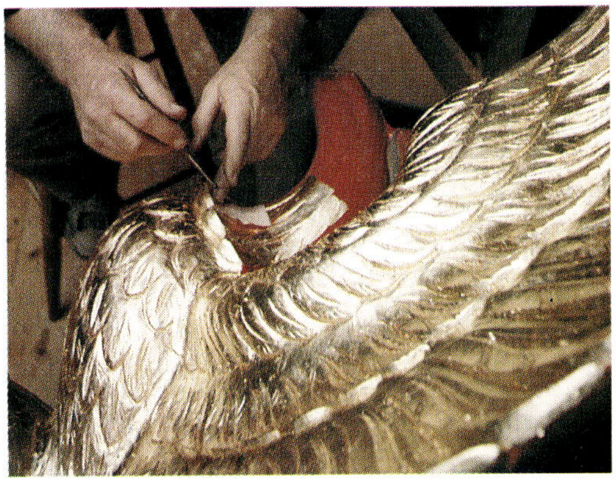

Más práctica, página 502, grupo B

Compara y ordena decimales

APRÉNDELO

Promedio de bateo del campeón de la Liga Nacional en los años indicados

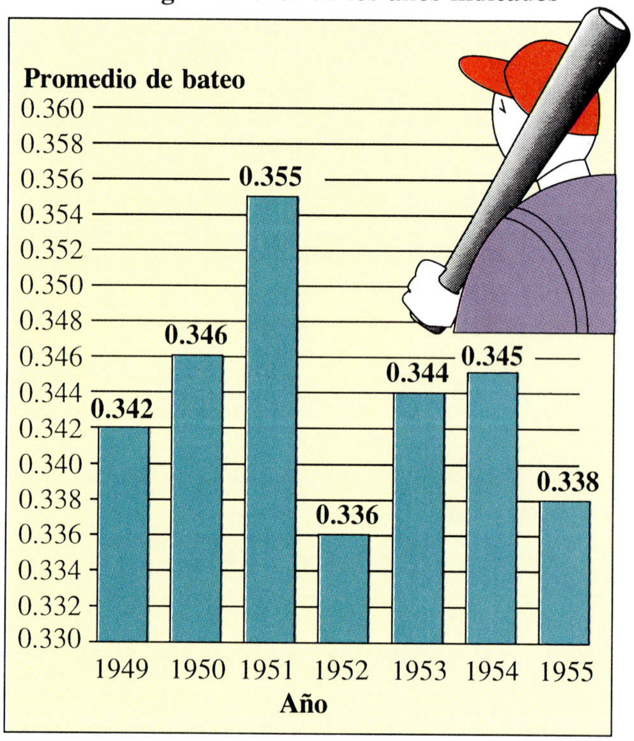

EXPLORA **Compara los datos**

En béisbol, el promedio de bateo es el decimal de tres dígitos que se obtiene al dividir el número de veces en que golpea la pelota por el número de veces en que batea.

COMÉNTALO

1. Si pones los promedios en orden de menor a mayor, ¿qué año ocupará el penúltimo lugar? ¿Y el antepenúltimo?
2. ¿En que años están los promedios entre 0.330 y 0.340?

Para comparar dos decimales, primero alinea los puntos decimales. Luego sigue las reglas usadas con los números enteros.

Ejemplos

0.356
0.362
(5 < 6)

así que 0.356 < 0.362
ó 0.362 > 0.356

0.923
0.93
(2 < 3)

así que 0.923 < 0.93
ó 0.93 > 0.923

6.007
6.0007
(7 > 0)

así que 6.007 > 6.0007
ó 6.0007 < 6.007

INTÉNTALO

Escribe >, <, o = para cada ▒.

1. 9.05 ▒ 9.01
2. 0.039 ▒ 0.390
3. 0.90 ▒ 0.89
4. 0.052 ▒ 0.0520
5. 0.008 ▒ 0.01
6. 4.96 ▒ 5.02
7. 1.6840 ▒ 1.685
8. 1.336 ▒ 1.431
9. Ordena los siguientes decimales de menor a mayor.
   3.549 3.954 3.459 3.594 4.359

PRACTÍCALO

Escribe >, <, o = para cada ■.

1. 0.67 ■ 0.68
2. 0.742 ■ 0.80
3. 9.32 ■ 9.3
4. 0.006 ■ 0.0060
5. 0.7502 ■ 0.752
6. 3.0740 ■ 3.047
7. 4.7 ■ 4.6999
8. 2.0234 ■ 2.0243

Ordena cada grupo de decimales de menor a mayor.

9. 0.0375
0.0369
0.0381
0.0372

10. 34.268
34.259
34.264

11. 0.3046
0.3027
0.3102
0.3090
0.3051

Relaciona los decimales con las letras.

12. 0.437 **13.** 0.367 **14.** 0.473

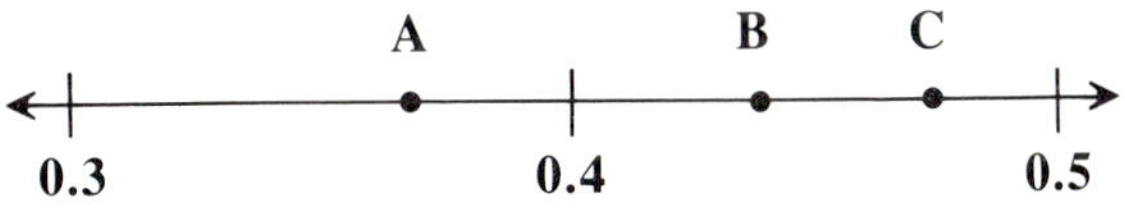

APLÍCALO

RAZONAMIENTO MATEMÁTICO

15. Agrupa los decimales en dos grupos, uno con los mayores de 0.5 y otro con los menores de 0.5.
0.496 0.5001 0.384 0.00069 1.0003 0.600

RESOLUCIÓN DE PROBLEMAS

16. Al final de la temporada de béisbol, los tres mejores bateadores eran Jenny, Sam y Bud. Jenny tuvo un promedio de 0.228, Sam un promedio de 0.232 y Bud un promedio de 0.227. ¿Quién fue el ganador?

17. Jamie y Georgia batearon por debajo de 0.300. El promedio de Jamie fue de 0.298 y el de Georgia fue mayor que el de él. ¿Cuál fue el promedio de Georgia?

18. Banco de datos de salud y aptitud física Stan Musial fue campeón de bateo de la Liga Nacional siete veces. ¿Cuál fue su mejor promedio? ¿Empeoró o mejoró su promedio entre 1943 y 1948?

BANCO DE DATOS

▶ ÁLGEBRA

Pon un decimal en lugar de n. Hay varias respuestas correctas.

19. $2 < n < 3$ **20.** $0.3 < n < 0.8$ **21.** $1.4 < n < 1.5$ **22.** $0.36 < n < 0.37$

Más práctica, página 502, grupo C

Redondea decimales

APRÉNDELO

EXPLORA **Estudia la información**

La Luna tarda unos 27.32167 días en girar alrededor de la Tierra. Para entender este período de tiempo, no se necesita un número con tantos decimales. Sería suficiente con escribir el número redondeado a la milésima o incluso a la décima más cercana.

COMÉNTALO

1. ¿Este período de tiempo se acerca más a 27 ó a 28 días?
2. ¿El período se acerca más a $27\frac{3}{10}$ ó a $27\frac{1}{2}$ días?

Las reglas para redondear decimales son iguales a las de redondear números enteros.

Ejemplos

Milésima más cercana

5 o más — el siguiente mayor

$27.32\underline{1}67 \rightarrow 27.32\underline{2}$

Décima más cercana.

menos de 5 — lo mismo

$27.\underline{3}2167 \rightarrow 27.\underline{3}$

PRACTÍCALO

Redondea a la décima más cercana. **1.** 0.47 **2.** 5.662 **3.** 12.443 **4.** 0.6372

Redondea a la centésima más cercana. **5.** 0.897 **6.** 5.006 **7.** 0.523 **8.** 22.2312

Redondea al número entero más cercano. **9.** 4.73 **10.** 11.07 **11.** 0.58 **12.** 19.6

Redondea cada número al lugar del dígito subrayado.

13. $2.\underline{6}7$ **14.** $\underline{8}.47$ **15.** $5.4\underline{7}8$ **16.** $0.00\underline{2}6$ **17.** $4\underline{2}.81$

18. $2.8\underline{2}4$ **19.** $7.\underline{3}19$ **20.** $0.32\underline{7}5$ **21.** $\underline{0}.093$ **22.** $0.\underline{8}84$

REPASO PARCIAL/EXAMEN

Usa los decimales de la casilla.

0.00005
5.002
0.0520
5.2
0.500
0.052
2.5

1. ¿En qué decimales tiene el dígito 5 un valor de 0.05?

2. ¿Qué decimales tienen un 2 en el lugar de las milésimas?

3. ¿Qué decimales son iguales?

4. ¿Qué decimal es el mayor?

5. ¿Qué decimal es el menor?

6. ¿Qué decimales son mayores de 0.05?

7. ¿Qué decimales son menores de 0.5? Haz una lista de mayor a menor.

Lee atentamente cada denominación y luego relaciónala con el decimal correspondiente de la lista anterior.

8. cincuenta y dos milésimas

9. cinco unidades y 2 milésimas

10. quinientos veinte diezmilésimas

11. cinco cienmilésimas

12. dos unidades y cinco décimas

13. cinco unidades y dos décimas

Convierte cada medida a metros.

14. 476 cm **15.** 9 mm **16.** 5 dm **17.** 0.12 km

Convierte cada medida a centímetros.

18. 5 m **19.** 2 mm **20.** 3.8 dm **21.** 1.25 dm **22.** 2.175 mm

Escribe <, > o = para cada ▒.

23. 6.08 ▒ 6.008 **24.** 3.0250 ▒ 3.052 **25.** 1.059 ▒ 1.06

26. 5.1823 ▒ 5.18023 **27.** 1.740 ▒ 1.74 **28.** 6.12154 ▒ 6.12145

RESOLUCIÓN DE PROBLEMAS

29. Para llegar al parque desde su casa, Ben fue en bicicleta 5 km al norte y 3 km al oeste. Glen salió de su casa y recorrió 3 km al sur y 5 km al oeste para reunirse con Ben. Describe el camino para ir de la casa de Ben a la de Glen.

Resolución de problemas
Problemas complejos

ENTIENDE
ANALIZA DATOS
PLANEA
ESTIMA
RESUELVE
EXAMINA

APRÉNDELO

Algunos problemas se pueden resolver usando dos o más de las operaciones de suma, resta, multiplicación o división. Estos problemas se llaman complejos porque es necesario usar más de una operación para resolverlos.

En la ciudad de McKinleyville hay 6 equipos de fútbol. Estos equipos compiten con los de otras ciudades los martes y sábados. Cada equipo juega mensualmente 3 partidos en martes y 2 en sábado. ¿Cuántos partidos se juegan al mes en martes y sábados?

Primero, hallo el número de partidos de los martes.

Luego, hallo el número de partidos de los sábados.

Ahora, sumo los dos resultados y obtengo el número de partidos mensuales.

$6 \times 3 = 18$

$6 \times 2 = 12$

$18 + 12 = 30$

Los equipos de McKinleyville juegan 30 partidos mensuales.

INTÉNTALO

Resuelve. Puedes usar una calculadora. Acuérdate de seguir las reglas del orden de las operaciones.

1. El equipo de Red Boy Pizza tiene 7 miembros nuevos. Si las camisas cuestan \$9 cada una y las gorras \$3 cada una, ¿cuál será el costo total de las camisas y las gorras para los nuevos miembros?

2. Durante la celebración de un partido de fútbol en beneficio de la liga, se pedía una donación de \$1 por cada niño y \$3 por cada adulto. Si el padre de Laura pagó por 6 adultos y 4 niños, ¿cuánto donó?

3. El equipo de Elena entrena dos veces por semana. La primera semana entrenó por 35 y 20 minutos. La segunda, entrenó por 15 y 25 minutos. ¿Cuánto más duraron los entrenamientos la primera semana?

4. Después de cada partido, los 15 jugadores de Miracle Cleaners van a comer pizza y a beber leche. Una pizza grande para 3 jugadores cuesta \$12. ¿Cuánto gasta el equipo en pizzas?

PRÁCTICA COMBINADA

Resuelve. Usa cualquier estrategia para resolver problemas. Puedes usar una calculadora.

1. El centro de la comunidad patrocina actividades recreativas. Usa la tabla para hallar cuántas personas más jugaron vóleibol que ping-pong.

Actividad	**Número de personas**		
	Jóvenes	*Adultos*	*Ancianos*
Vóleibol	55	31	46
Badminton	36	31	27
Tenis	21	24	15
Natación	10	42	13
Ping-pong	37	35	30
Yoga	7	22	11

2. En un campeonato de natación, Matt nadó los 50 metros de estilo libre en poco más de 42 segundos y los 100 metros en algo menos de 69 segundos. Aproximadamente, ¿cuánto más tardó en nadar los 100 metros?

3. Un paracaidista en caída libre desciende a una velocidad de 185 millas por hora. Un caminante avanza a 5 millas por hora. ¿A cuánta más velocidad va el paracaidista?

4. El primer patín de ruedas fue inventado en 1760. El patín de ruedas que hoy día conocemos fue inventado 103 años más tarde. ¿En qué año se inventó el nuevo patín de ruedas?

5. Cuatro equipos jugaron en el campeonato de fútbol. Los Stars quedaron en tercer lugar. Los Comets quedaron detrás de los Wizards y antes de los Stars. Los Stars ganaron a los Bears. ¿Qué equipo ganó el campeonato?

6. Durante su carrera de fútbol, Pelé anotó 1,285 tantos. Franz Binder, por su parte, anotó 1,006. ¿Cuántos tantos más anotó Pelé que Binder?

7. Una pelota de vóleibol tiene una circunferencia (distancia alrededor) de 67 centímetros. ¿Cuántos metros significa esto? ¿Cuántos milímetros?

8. **Supón...** El club de padres compró, para después del partido, 20 barras de granola a $1 cada una y 4 botellas de jugo de manzana a $3 cada una. ¿Cuánto gastaron en total?

Supón que los datos fueran distintos. ¿Qué datos cambiarían la solución?

a. Compraron 16 barras de granola.

b. Cada padre contribuyó con $2.

c. Compraron el jugo de manzana a un precio especial de 2 botellas por $5.

Más práctica, página 522, grupo D

Estima sumas y diferencias de decimales

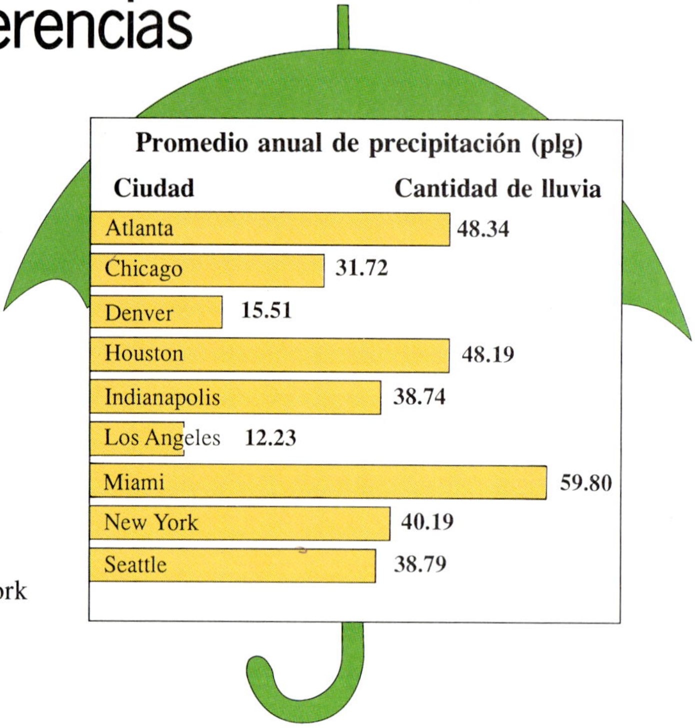

APRÉNDELO

EXPLORA **Examina los datos**

La tabla muestra el promedio anual de precipitación de varias ciudades de los Estados Unidos. Estima cuánto más llueve en New York que en Los Angeles.

COMÉNTALO

1. ¿Cuál es la cantidad de lluvia en New York redondeando al entero más cercano?
2. ¿Cuál es en Los Angeles?
3. ¿Cuánto más llueve en New York que en Los Angeles?

Has estimado la diferencia entre los decimales 12.23 y 40.19 redondeando al entero más cercano. También puedes estimar las sumas y diferencias de decimales con los primeros dígitos y números compatibles.

Ejemplos

Redondeo

72.89 →	70
+ 40.24 →	+ 40
	110

Primeros dígitos

62.38	
+ 78.76	2 + 8
130	140 Mejorada

Números compatibles

24.92	
67.21	Cerca de 100
+ 76.38	
167	

INTÉNTALO

Estima la suma y la diferencia. Usa el método que prefieras.

1. 8.92 + 7.23

2. 48.32 + 37.68 + 53.17

3. \$92.87 − 38.98

4. 7.832 − 1.964

5. \$74.89 + 27.36 + 56.03

PRACTÍCALO

Estima la suma y la diferencia.
Usa el método que prefieras.

1. 4.63 + 7.71

2. 12.4 − 10.66

3. 19.89 + 4.52

4. 19.055 − 4.41

5. 32.79 − 13.19

6. 4.53 + 0.72

7. 20.263 + 4.46 + 19.55

8. 124.95 + 59.50 + 100.40

9. 60.88 + 41.45 + 9.95

10. 57.34 + 26.59

11. 80.03 + 46.57

12. 12.89 − 5.24

APLÍCALO

RAZONAMIENTO MATEMÁTICO

¿Qué suma es mayor de 60?

13. 23.87 + 35.92

14. 24.87 + 35.92

¿Qué diferencia es menor de 30?

15. 70.38 − 39.99

16. 39.06 − 9.95

RESOLUCIÓN DE PROBLEMAS

17. ¿Qué ciudad tiene un promedio de precipitación entre el de New York y el de Atlanta?

18. Durante una sequía, en Seattle sólo cayeron 24.96 pulgadas de lluvia. Al año siguiente, cayeron 39.87 pulgadas. ¿Qué cantidad aproximada cayó en los dos años?

REPASO COMBINADO

Redondea para estimar.

19. 28 + 57

20. 189 + 129

21. 80 − 18

22. 851 + 458

23. 256 − 217

Resuelve la expresión $(8 \times a) + (8 \times b)$ para los valores que se dan.

24. $a = 18$ and $b = 32$

25. $a = 25$ and $b = 15$

26. $a = 200$ and $b = 600$

Más práctica, página 502, grupo E

Repaso de adición y sustracción
Decimales

APRÉNDELO

La adición y sustracción de decimales es parecida a la adición y sustracción de números enteros. Estos ejemplos te ayudarán a repasar estas destrezas.

A. Suma 17.6 y 38.93.

Alinea los puntos decimales.
Cambia si es necesario.

```
  1 1↓
  1 7.6
+ 3 8.9 3
---------
  5 6.5 3
```

15 décimas = 1 y 5 décimas

B 3.88 + 0.6 + 9.872

```
  2 1
  3.8 8
  0.6
+ 9.8 7 2
---------
 1 4.3 5 2
```

C. Resta 2.617 de 7.342.

```
  6 13 3 12
  7.3  4  2
– 2.6  1  7
-----------
  4.7  2  5
```

1 centésima y 12 milésimas = 12 milésimas

D. 80 = 79 + 10 décimas

```
    7 9 13
  6 8 0.3
– 1 3 6.9
---------
  5 4 3.4
```

80 = 79 + 10 décimas

INTÉNTALO

Suma o resta.

1. 0.68 + 0.4

2. 14.75 + 72.88

3. 265.3 − 121.44

4. 703.02 − 98.86

5. 12.5265 + 24.69 + 0.347 + 6.8

6. 61.3 − 16.95

7. 8.004 − 2.5721

8. \$42.69 + 9.89

9. \$0.73 + 0.25

10. 4.7 + 8.8 + 0.45

11. 0.472 − 0.0892

12. 0.61 − 0.17

13. 5.9 + 6.057

14. 213.060 − 4.8

15. 1.04 −0.9999

16. 439.6 + 7.049 + 12.32 + 0.0009

PRACTÍCALO

Suma o resta.

1. 62.74 − 17.26	**2.** 0.362 − 0.19	**3.** 3.825 + 4.769	**4.** 375.2 − 183.9	**5.** 83.45 17.69 0.094 + 13.98
6. 32.6 + 78.9	**7.** 67.85 + 34.9	**8.** 0.862 − 0.195	**9.** 3.826 + 1.79	
10. 803.7 − 136.9	**11.** $19.95 − 8.89	**12.** $10.00 − 5.98	**13.** $5.00 − 3.95	**14.** $20.00 − 13.88

15. 2.36 + 3.78 + 2.67

16. 0.381 + 0.2 + 0.377

17. 42.83 + 36.356 + 75.6

18. 36.2 − 27.75

19. 30.86 − 24.9

20. 92.03 − 29.28

21. Suma 28.75 y 36.29.

22. Resta 26.34 de 95.

23. Halla la suma de 0.836 y 0.92.

24. Halla la diferencia entre 2.836 y 7.9.

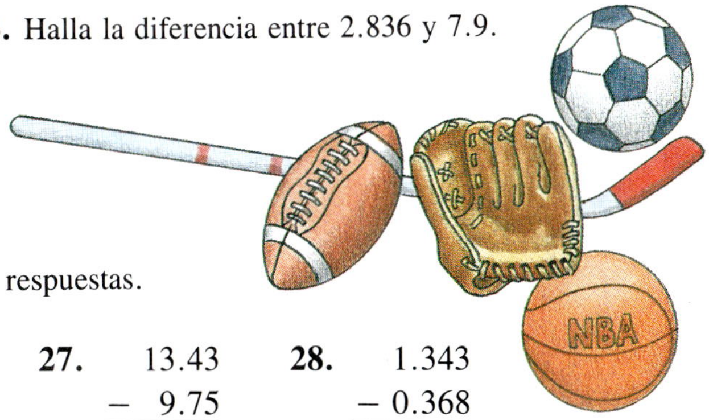

APLÍCALO

RAZONAMIENTO MATEMÁTICO

Calcula mentalmente y usa el ejemplo para escribir las respuestas.

Ejemplo				
368 + 975 = 1,343	**25.** 0.368 + 0.975	**26.** 3.68 + 9.75	**27.** 13.43 − 9.75	**28.** 1.343 − 0.368

RESOLUCIÓN DE PROBLEMAS

29. Un tubo de 3.8629 cm de diámetro tiene que pasar por un agujero que mide 3.8634 cm. Di si cabe por el agujero y por cuánto.

30. **Banco de datos de salud y aptitud física** ¿Cuál tiene mayor circunferencia, un balón de fútbol o uno de baloncesto? ¿Cuánto mayor es el más grande?

BANCO DE DATOS

PENSAMIENTO CRÍTICO Basa tu conclusión

31. Escoge la respuesta correcta. Da ejemplos que fundamenten tu decisión.

- La suma de dos decimales menores de 1 siempre es menos de 1.
- La suma de dos decimales menores de 1 algunas veces es menos de 1.
- La suma de dos decimales menores de 1 nunca es menos de 1.

Más práctica, página 503, grupo A

Resolución de problemas
Escoge un método de cálculo

ENTIENDE
ANALIZA DATOS
PLANEA
ESTIMA
RESUELVE
EXAMINA

APRÉNDELO

Con frecuencia, al resolver un problema necesitas decidir qué método usar. Puedes usar diferentes métodos para resolver distintas clases de problemas.

Métodos de Cálculo
- Papel y lápiz
- Cálculo mental
- Calculadora

REBAJAS **EQUIPO PROFESIONAL DE DEPORTES** REBAJAS

	Precio regular	Precio de rebaja		Precio regular	Precio de rebaja
Caña de pescar	$80.00	$69.95	Palos de golf (12)	$198.00	$144.50
Raquetas de tenis	$75.00	$59.50	Zapatos para correr	$67.50	$47.50
Balones de baloncesto	$29.00	$20.00	Sacos de dormir	$127.40	$98.79

¿Cuánto ahorrarías si compraras un balón de baloncesto de rebaja?

$29.00 – $20.00. Es fácil hacerlo mentalmente. Puedo usar el cálculo mental.

¿Cuánto ahorrarías si compraras un saco para dormir de rebaja?

$127.40 – $98.79. Podría usar papel y lápiz, pero será más conveniente una calculadora.

Hay dos reglas que se pueden seguir al decidir qué método usar.

- **Primero calcula mentalmente.** Busca números que puedan ser calculados fácilmente en tu mente.
- **Si no puedes usar el cálculo mental, escoge entre papel y lápiz o una calculadora.** Los problemas que tienen muchos cambios o pasos, son más fáciles de resolver si se usa una calculadora.

INTÉNTALO

Di qué método de calcular escogerías y por qué. Luego resuelve.

1. $236.25 – $197.78 **2.** $100 – $75 **3.** 24.30 + 28.70

4. 8 × $37.95 **5.** 25 + 87 + 75 **6.** 426 + 38 + 111

7. 89 + 97 + 68 + 79 **8.** 2,003 – 1,876 **9.** $56.20 + $29.00

PRÁCTICA COMBINADA

Escoge un método de cálculo y di por qué. Luego resuelve los problemas.

1. 283 + 174	**2.** 50 + 93 + 50	**3.** \$30.00 − \$17.95	**4.** 134.15 − 17.89
5. 9 × 9,000	**6.** \$69.95 + \$95.00	**7.** 125 − 50	**8.** \$38.59 × 6
9. 25 + 68 + 75	**10.** 39.83 ÷ 7	**11.** 784 − 58	**12.** \$1.00 − \$0.15
13. \$20.00 − \$7.95	**14.** 624 + 111	**15.** 4,007 − 1,888	**16.** 28 + 35 + 16

Resuelve. Escoge un método de cálculo apropiado.

17. El impuesto de venta sobre un balón de baloncesto es de \$1.20. ¿Cuánto necesitarás para comprar uno que esté de rebaja?

18. El entrenador compró de rebaja 12 pares de zapatos de correr. ¿Cuánto costaban los zapatos sin el impuesto de venta?

19. ¿Cuánto dinero ahorró el entrenador comprando de rebaja 12 pares de zapatos para correr?

20. El impuesto sobre un juego de palos de golf de rebaja fue de \$8.67. ¿Cuál fue el costo total de los palos incluido el impuesto?

21. **Búsqueda de datos** Escoge uno de los artículos que te gustaría tener. Averigua qué impuesto tendrías que pagar en la ciudad donde vives. Luego calcula el costo total del artículo al precio regular.

22. ¿Cuánto ahorrarías en total si compraras una caña de pescar y una raqueta de tenis de rebaja?

23. Los sacos para dormir no se estaban vendiendo bien, ni siquiera de rebaja. El gerente decidió reducir el precio de rebaja en \$10. ¿A qué precio quedaron los sacos de dormir?

24. **Formula un problema por escrito** Inventa y resuelve un problema usando los datos de la tabla en la página anterior.

Recopilación y análisis de datos
Decisión de grupo

ENTIENDE
ANALIZA DATOS
PLANEA
ESTIMA
RESUELVE
EXAMINA

Haz una encuesta
Destreza de grupo
Escucha a los demás

Algunos anuncios de la televisión y la radio usan pareados (versos cortos o canciones) para que el público recuerde fácilmente un producto. Probablemente tú te debes acordar de algunos pareados que se hayan usado para anunciar ciertos productos, como alimentos, perfumes o jabones. ¿Qué pareados crees que son más efectivos para recordar un producto? Organiza una encuesta entre tus compañeros.

Recopila los datos

1. Trabaja con tu grupo para pensar en por lo menos cinco anuncios con pareados. Numéralos y escríbelos en una hoja de papel. Si el nombre del producto se menciona en la canción, deja un espacio en blanco en su lugar.
2. Muestra tu lista de anuncios a un mínimo de 20 personas. Pregúntale a cada una el nombre del producto de que trata cada anuncio. Usa rayas para anotar si la persona reconoce o no el producto cuando lee los pareados.

	Pueden reconocer el producto	No pueden reconocer el producto
Pareado 1		
Pareado 2		
Pareado 3		
Pareado 4		
Pareado 5		

Organiza los datos

3. Haz una gráfica de barras que muestre los datos recopilados en tu encuesta. Escoge los títulos para tu gráfica. Dibuja una barra para cada anuncio que usaste en la encuesta. Escoge una escala para tu gráfica con espacio suficiente para mostrar el mayor número posible de barras. Usa la gráfica que se muestra coma ayuda para preparar la tuya.

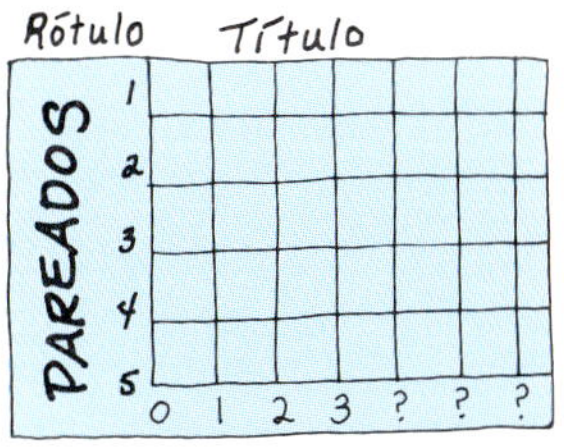

Presenta tu análisis

4. Presenta tu gráfica y da un breve informe verbal sobre tu encuesta. Cuando prepares tu presentación, piensa en los siguientes puntos:

- ¿Qué pareados fueron reconocidos por más de la mitad de las personas?
- ¿Qué pareado crees que fue más efectivo?
- ¿Cuál fue menos efectivo?
- ¿Te sorprendieron los resultados de la encuesta? ¿Cuáles serían tus predicciones acerca de los resultados si hicieras la misma encuesta con otro grupo de personas?

RESUMEN

Relaciona las medidas

Relaciona cada expresión a la izquierda con una medida a la derecha.

1. otro nombre para 0.023 metros
2. cuatro metros y dos milésimas
3. dos centímetros y tres centésimas
4. otro nombre para 4.12 metros
5. dos centímetros y tres milésimas
6. cuatro decímetros y dos centésimas
7. la suma de 1.5 metros y 25 metros
8. la diferencia entre 25 metros y 1.5 metros

a. 2.03 cm
b. 2.003 cm
c. 4.002 m
d. 4.02 dm
e. 26.5 m
f. 41.2 dm
g. 23.5 m
h. 2.3 cm

Algunas veces, siempre, nunca

Determina cuál completa mejor las oraciones: *algunas veces, siempre* o *nunca.*

Explica tus elecciones.

9. El número 4.76 _____ puede redondearse a 4.7.
10. El nombre de un decimal _____ se determina de acuerdo al valor de orden del dígito en el último lugar.
11. La suma de dos decimales, cada uno menor de 2, _____ es más de 1.
12. La diferencia entre dos decimales, cada uno menor de 1, _____ es menor de 1.

Proyecto

Diseña un juego con decimales en que los jugadores inventen problemas según las claves que se dan. Una clave sería, por ejemplo, "dos decimales cuya suma sea 8.43". Un problema que corresponde a esta clave es "5.06 + 3.37". Inventa un nombre para este juego, las reglas, el tablero (si es necesario), la duración, el puntaje y la manera de anotar el puntaje.

Repaso del capítulo/Examen

1ª parte Entendimiento

Escribe un decimal para estimar cuán lleno está cada vaso. **1.**  **2.** 

3. Pon estos números en orden de menor a mayor.

3.6508   3.665   0.3709   3.658   0.36589

Estima cada suma o diferencia. ¿Es la respuesta más de 20?

4. $\begin{array}{r} 27.24 \\ -\ 0.57 \\ \hline \end{array}$ **5.** $\begin{array}{r} 13.6 \\ +\ 4.5 \\ \hline \end{array}$ **6.** $\begin{array}{r} 12.7 \\ +\ 9.9 \\ \hline \end{array}$ **7.** $\begin{array}{r} 42.29 \\ -\ 26.07 \\ \hline \end{array}$

2ª parte Destrezas

Escribe el decimal. **8.** doscientos treinta y seis milésimas **9.** cuatro y veintinueve cienmilésimas

Da los números que faltan. **10.** 23 cm = ▯ mm **11.** 45 dm = ▯ m

Compara. Escribe >, < o = para cada ▯.

12. 9.002 ▯ 9.02 **13.** 1.0330 ▯ 1.033

Redondea cada número al lugar del dígito subrayado.

14. $24.4\underline{7}6$ **15.** $0.\underline{3}682$ **16.** $7\underline{8}.453$

Suma o resta.

17. 4.79 + 59.0398 + 0.847 **18.** 88.04 − 27.35 **19.** 71 − 39.09

3ª parte Aplicaciones

20. Di qué método escogiste. Luego resuelve el problema. Fran compró un cartel por $3.50 y una tarjeta por $1.50. ¿Cuánto gastó?

21. Cuatro buceadores compitieron en el concurso de zambullidas. John salpicó más agua que Bo. Ann terminó tercera. Meg terminó primera salpicando la mayor cantidad de agua. ¿En qué orden terminaron?

22. Desafío Kim trabajó cinco días para el profesor de matemáticas. Cada día recibió dos veces el pago que había recibido el día anterior. Si ganó $10 el tercer día, ¿cuánto ganó en total?

ENRIQUEIMIENTO:
Series de adición y sustracción

En estos problemas hay dígitos que están ocultos por las casillas negras. Copia cada problema sin las casillas y reemplaza las casillas por los dígitos correctos. Busca casos en que haya que cambiar.

1.
```
  8.■ 9
+ 6.■ ■
-------
 15.9 6
```

2.
```
  ■ ■ . 6 ■ 1
+     7 . ■ 1 ■
---------------
  1 0 0 . 0 0 0
```

3.
```
  1 ■ . ■ ■
+   0 . ■ 8
-----------
  2 ■ . 9 0
```

4.
```
  4 ■ . 0 ■
− ■ 9 . ■ 7
-----------
      6 . 6 8
```

5.
```
  7 0 . 0 ■ 0
−   ■ . 2 3 4
-------------
  6 8 . 7 6 ■
```

6.
```
  1 3 . ■ 0 ■
−   ■ . 4 ■ 2
-------------
    4 . 1 2 2
```

7.
```
   ■ ■ ■
   3 7 5
+  6 1 9
--------
1, 6 0 4
```

8.
```
  7, 8 1 3
− ■ ■ ■ ■
----------
  2, 9 0 5
```

Completa estos cuadrados mágicos. Cada hilera, columna y diagonal da la misma suma mágica.

9.

■	■	0.93
■	■	■
0.65	1.35	0.37

Suma mágica = ■

10.

3.15	■	1.47
■	■	■
2.73	■	1.05

Suma mágica = 6.3

Completa el cuadrado mágico con los números del 151 al 159.

11.

■	157	■
159	■	151
■	153	■

Suma mágica = ■

REPASO GENERAL

Resta o multiplica.

1. $\begin{array}{r} 15 \\ -\ 7 \\ \hline \end{array}$

A. 22 B. 8
C. 9 D. 6

2. 9×7

A. 56 B. 16
C. 63 D. 2

3. Un triángulo cuyos lados no son de la misma longitud se llama

A. equilátero B. escaleno
C. isósceles D. rombo

4. Un cuadrilátero con un par de lados paralelos es un

A. cuadrado B. rombo
C. trapecio D. rectángulo

5. ¿Cuántas veces 100 son 8,000?

A. 8 B. 80
C. 80,000 D. 800

6. En 436,907,364,321, halla el dígito del lugar de los millones.

A. 6 B. 7
C. 0 D. 4

7. ¿Cuánto más es 42,593 que 41,593?

A. 1 B. 100
C. 10 D. 1,000

8. ¿Qué expresión numérica tiene una respuesta de 30?

A. $6 - 2 \times 3$ B. $6 \times 2 + 3$
C. $6 \times (2 + 3)$ D. $(6 + 2) \times 3$

Suma o resta.

9. $56{,}507 - 38{,}009$

A. 18,508 B. 28,498
C. 18,498 D. 94,516

10. $5{,}688 + 429 + 7{,}007$

A. 13,104 B. 13,224
C. 13,124 D. 13,114

11. Redondea a la unidad de millar más cercana para estimar: $18{,}213 - 6{,}775$.

A. 24,000 B. 25,000
C. 27,000 D. 26,000

12. Halla el decimal correspondiente a treinta y cuatro centésimas.

A. 0.034 B. 3,400
C. 0.34 D. 34.01

13. El sapo de Carl saltó 5.59 m. ¿Cuántos centímetros saltó?

A. 55.9 cm B. 500.59 cm
C. 0.559 cm D. 559 cm

14. Halla el decimal que tenga un 4 en el lugar de las milésimas y un 2 en el lugar de las décimas.

A. 4,127 B. 5.274
C. 0.2554 D. 4,006.2

3

MULTIPLICACIÓN: NÚMEROS ENTEROS Y DECIMALES

MATEMÁTICAS Y CIENCIAS

BANCO DE DATOS

Usa el Banco de datos de ciencias (p. 473) para contestar las preguntas.

1 ¿Cuál de los planetas tiene aproximadamente el mismo tamaño (la misma área) que la Tierra? ¿Qué planeta es unas 90 veces más grande que la Tierra?

2 ¿Cuánto más lejos del sol está Saturno que Júpiter, en unidades astronómicas? ¿Cuánto más lejos del sol está Saturno que Mercurio?

3 ¿Qué planeta se mueve tres veces más despacio que la Tierra? ¿Qué planeta se mueve seis veces más despacio que la Tierra?

4 **Pensamiento crítico**
Supón que se descubre un planeta que está a 50.18 UA del sol. ¿A qué velocidad aproximada crees que se movería alrededor del sol? Usa los datos para justificar tu predicción.

Cálculo mental y estimación de productos

APRÉNDELO

EXPLORA **Analiza el proceso**

En el sol, la fuerza de gravedad es mucho más fuerte que en la Tierra. Un astronauta que pesa 187 libras en la Tierra pesaría unas 28 veces más en el sol. ¿Alrededor de cuánto pesaría en el sol?

Multiplicas porque necesitas calcular cuántas veces más. Puedes estimar el producto redondeando y calculando mentalmente.

Puedes estimar este producto,	28 × 187	si puedes redondear estos números	28 → 30 187 → 200	y hallar el producto.	30 × 200

COMÉNTALO

1. ¿Cómo puedes usar el producto 3 × 2 para hallar 30 × 200?
2. ¿Cuántos ceros hay en 30 × 200?
3. Estima el resultado de 28 × 187.
4. Usa un oración completa para dar una respuesta razonable al problema de Explora.

Otros ejemplos

A 7 × 814
↓
7 × 800 = 5,600

B 25 × 319
↓ ↓
30 × 300 = 9,000

C 462 × 536
↓ ↓
500 × 500 = 250,000

INTÉNTALO

Primero redondea los números. Luego halla el producto provisional para estimar.

1. 28 × 43 **2.** 7 × 394 **3.** 4 × 2,876 **4.** 34 × 278 **5.** 298 × 216

PRACTÍCALO

Halla los productos.

1. 30 × 40 **2.** 3 × 600 **3.** 70 × 200 **4.** 60 × 80 **5.** 8 × 700

6. 600 × 300 **7.** 50 × 80 **8.** 400 × 900 **9.** 30 × 800 **10.** 5 × 400

Redondea y calcula mentalmente para estimar cada producto.

11. 38 × 45 **12.** 41 × 56 **13.** 74 × 38 **14.** 56 × 45 **15.** 38 × 56

16. 8 × 337 **17.** 7 × 375 **18.** 4 × 624 **19.** 6 × 924 **20.** 5 × 729

21. 41 × 624 **22.** 87 × 337 **23.** 45 × 589 **24.** 56 × 624 **25.** 74 × 337

26. 44 × 295 **27.** 382 × 516 **28.** 494 × 812 **29.** 276 × 48 **30.** 399 × 408

APLÍCALO

RAZONAMIENTO MATEMÁTICO

Estima para saber si la respuesta es razonable o no.

31. 37 × 286 = 10,582 **32.** 8 × 798 = 4,384 **33.** 78 × 83 = 64,740

34. 286 × 844 = 24,138 **35.** 327 × 48 = 15,696 **36.** 584 × 672 = 592,440

RESOLUCIÓN DE PROBLEMAS

Estima las respuestas de estos problemas.

37. La Tierra se mueve a 30 km por segundo. ¿Alrededor de qué distancia recorre la Tierra en 13 minutos?

38. Banco de datos de ciencias Aproximadamente, ¿qué distancia recorre Júpiter en 191 segundos?

PENSAMIENTO CRÍTICO Basa tu conclusión

Da un ejemplo contrario para mostrar que la siguiente afirmación es falsa.

39. Cuando se redondea una cifra a un número mayor y otra a un número menor, la estimación siempre será menor que el producto verdadero.

Repaso de la multiplicación
Números enteros

APRÉNDELO

Estos ejemplos te ayudarán a repasar la multiplicación de números enteros.

<table>
<tr>
<td>

A

```
  6 6 3
 $5,9 9 5
×        7
$41,9 6 5
```

7 × 5 = 3 decenas y 5 unidades

</td>
<td>

B

```
 1 3 2
 6,3 8 7
×      4
25,5 4 8
```

4 × 8 decenas más 2 decenas = 34 decenas

</td>
</tr>
<tr>
<td>

C

```
      3 2
  7,0 6 4
×     6 0
423,8 4 0
```

6 decenas × 4 = 24 decenas

</td>
<td>

D

```
  9,2 8 6
×     5 3
  2 7 8 5 8
4 6 4 3 0 0
492,1 5 8
```

3 × 6 = 1 decena y 8 unidades. Escribe 8. Acuérdate de 1.

</td>
</tr>
</table>

INTÉNTALO

Halla los productos.

1. 3,684 × 6

2. 365 × 27

3. 6,843 × 74

4. 4,006 × 37

5. 7,284 × 30

6. 1,093 × 5

7. 12,720 × 73

8. 21,139 × 51

9. 293 × 3

10. 468 × 37

11. 4,538 × 40

12. 8,217 × 52

13. 47 × 492

14. 6,250 × 76

15. 889 × 47

16. 354 × 76

17. 24 × 32

PRACTÍCALO

Halla los productos.

1. 86 × 8 **2.** 75 × 7 **3.** 86 × 4 **4.** 678 × 7 **5.** 394 × 5

6. 6,038 × 9 **7.** 7,954 × 3 **8.** 5,009 × 4 **9.** 32,947 × 8 **10.** 27,306 × 7

11. 965 × 6 **12.** 3,198 × 3 **13.** 94 × 30 **14.** 638 × 60 **15.** 4,387 × 40

16. 52 × 23 **17.** 96 × 74 **18.** 374 × 65 **19.** 1,537 × 28 **20.** 3,605 × 18

21. 74 × 25 **22.** 86 × 32 **23.** 27 × 205 **24.** 590 × 62

25. 54 × 618 **26.** 1,370 × 69 **27.** 83 × 2,431 **28.** 5,046 × 29

29. ¿Cuál es el producto de 426 por 37? **30.** Halla el producto de 786 por 9.

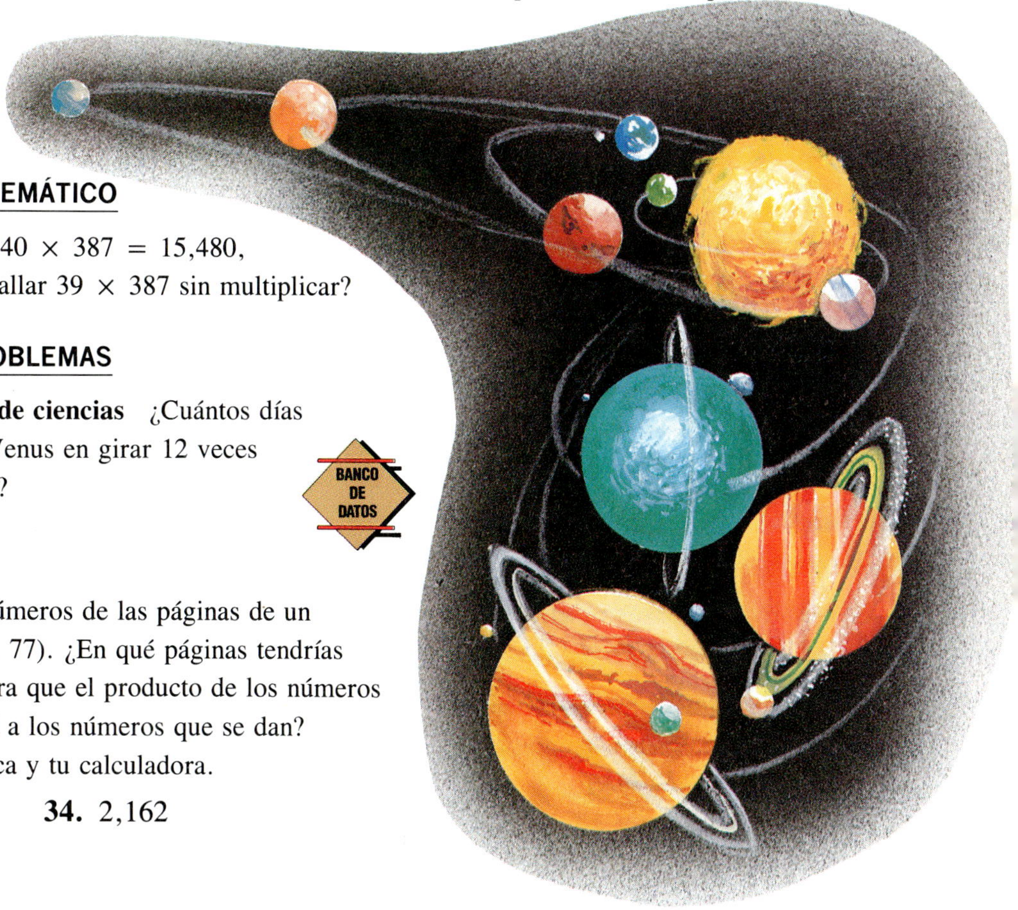

APLÍCALO

RAZONAMIENTO MATEMÁTICO

31. Si ya sabes que 40 × 387 = 15,480, ¿cómo puedes hallar 39 × 387 sin multiplicar?

RESOLUCIÓN DE PROBLEMAS

32. Banco de datos de ciencias ¿Cuántos días terrestres tarda Venus en girar 12 veces alrededor del sol?

BANCO DE DATOS

CALCULADORA

El producto de los números de las páginas de un libro es 5,852 (76 × 77). ¿En qué páginas tendrías que abrir un libro para que el producto de los números de página fuera igual a los números que se dan? Usa Adivina y verifica y tu calculadora.

33. 7,832 **34.** 2,162

35. 39,402

Resolución de problemas
Adivina y verifica

ENTIENDE
ANALIZA DATOS
PLANEA
ESTIMA
RESUELVE
EXAMINA

APRÉNDELO

En el refugio de Bell Canyon hay 35 águilas, entre las con polainas y las serpiente. Si hay 7 con polainas más que serpiente, ¿cuántas hay de cada tipo?

Para resolver ciertos problemas, hay que hacer algo más que escoger una operación. La estrategia **Adivina y verifica** te puede servir de ayuda.

Comenzaré por tratar de adivinar el número de águilas serpiente.

Luego verificaré mi suposición. Es demasiado baja.

Adivina — Águila serpiente 10, Águila con botas 17

Verifica — $10 + 17 = 28$

Trataré de adivinar otra vez y escogeré un número más grande.

Luego, verificaré mi suposición. Es demasiado alta.

Adivina — Águila serpiente 15, Águila con botas 22

Verifica — $15 + 22 = 37$

Trataré otra vez y escogeré un número entre mis otras suposiciones. Luego verificaré.

Está bien. El refugio de pájaros de Bell Canyon tiene 14 águilas serpiente y 21 águilas con polainas.

Adivina — Águila serpiente 14, Águila con botas 21

Verifica — $14 + 21 = 35$

INTÉNTALO

Completa la solución del problema.

El zoológico de Crestview tiene 2 águilas calvas, una hembra y un macho. Juntas pesan 27 libras. La hembra pesa dos veces más que el macho. ¿Cuánto pesa cada águila?

- ¿Cuánto pesan las 2 águilas juntas?
- ¿Qué águila pesa más? ¿Cuánto más?
- Usa Adivina y verifica y la tabla para resolver este problema.

	Macho	Hembra
Adivina	**5**	**10**
Verifica	**5 + 10 = 15**	**Demasiado bajo**
Adivina	**?**	**?**
Verifica	**?**	

PRACTÍCALO

Usa adivina y verifica para resolver.

1. El período de incubación del águila dorada es de unas 56 horas. El pichón tarda 3 veces más en salir de la cáscara que en abrir el primer agujero. ¿Cuánto tarda en abrir el primer agujero?

2. El refugio de pájaros abre al público los fines de semana. Las entradas normales cuestan $3 y las de estudiantes $2. Un sábado se vendieron 36 entradas y se recogieron $93. ¿Cuántas se vendieron de cada clase?

PRÁCTICA COMBINADA

Resuelve. Escoge una estrategia de la lista o usa otra estrategia que conozcas.

Algunas estrategias	
Represéntalo	Haz un dibujo
Usa objetos	Adivina y verifica
Escoge una operación	

3. Un águila dorada pesa unas 3 onzas al nacer. Si en menos de 2 meses pesa 40 veces más, ¿cuál es su peso a los tres meses?

4. Las plumas de un águila calva pesan en total un poco menos de 21 onzas. Si 349 plumas pesan alrededor de 1 onza, ¿cuántas plumas tiene el águila?

5. Usa la tabla para calcular el número total de águilas.

Grupos de Águilas

Nombre	Número
Águila de mar	11
Águila harpía	6
Águila serpiente	12
Águila con polainas	30

6. El águila comechangos filipina está en segundo lugar en cuanto a tamaño. El águila australiana es más pequeña que el águila serpiente. Si el águila harpía es más grande que el águila serpiente, ¿cuál es la más grande? ¿Cuál la más pequeña?

7. Un águila grande ingiere 12 libras de comida al día. ¿Cuántas libras se necesitan para alimentar a 8 águilas grandes durante un año?

8. El centro de rescate de animales recibió, en 4 semanas, 152 pájaros lastimados. La segunda semana recibió 8 pájaros más que la primera; la tercera, 8 pájaros más que la segunda, y la cuarta, 8 más que la tercera. ¿Cuántos pájaros recibió el centro la primera semana?

Más práctica, página 523, grupo B

Estima productos decimales

APRÉNDELO

Puedes usar las operaciones básicas de los números enteros como ayuda para estimar los productos decimales.

EXPLORA **Analiza el proceso**

Carmen alcanzó un promedio de 18.9 millas por hora durante una carrera de ciclismo de larga distancia que duró 3.75 horas. ¿Cuántas millas cubrió durante ese tiempo? Tres alumnos calcularon la respuesta al problema.

Michelle

Leroy

Danny

COMÉNTALO

1. ¿Por qué no es razonable la respuesta de Michelle?
2. ¿Crees que podrías recorrer en auto más de 700 millas en 4 horas? ¿Qué te indica esto sobre la respuesta de Danny?
3. Si redondeas 18.9 a 20 y 3.75 a 4, ¿cuál es tu estimación para 18.9 × 3.75? ¿Es razonable la respuesta de Leroy?
4. Explica por qué Michelle, Leroy y Danny encontraron tres respuestas tan diferentes.

Otros ejemplos

A Redondea para estimar.

42.86×2.93

$\downarrow \quad \downarrow$

$40 \times 3 = 120$

B Busca números compatibles para estimar.

27.48×3.96

$\downarrow \quad \downarrow$

$25 \times 4 = 100$

INTÉNTALO

Estima redondeando.

1. 3.92 × 8.19 **2.** 32.9 × 8.6 **3.** 17.9 × 43.82 **4.** 56.3 × 8.97

Estima buscando números compatibles.

5. 27.87 × 3.56 **6.** 56.3 × 1.87 **7.** 18.97 × 4.95 **8.** 24.6 × 4.28

PRACTÍCALO

Estima cada producto. Escoge cualquier método que conozcas.

1. 3.7 × 8.3 **2.** 6.47 × 7.19 **3.** 8.96 × 4 **4.** $48.36 × 5

5. 71.974 × 8.6 **6.** 67.46 × 39.28 **7.** 319.3 × 86.76 **8.** $909.36 × 6.2

9. 7.4 × 3.826 **10.** 9.324 × 6.7 **11.** 57.8 × 9.15 **12.** 6.45 × 8.59

APLÍCALO

RAZONAMIENTO MATEMÁTICO

Observa este producto:

4,837 × 729 = 3,526,173.

Estima para escoger **a, b** o **c** como respuesta correcta.

13. 48.37 × 7.29
a. 3526.173 **b.** 352.6173 **c.** 35.26173

14. 4.837 × 0.729
a. 3.526173 **b.** 35.26173 **c.** 0.3526173

15. 48.37 × 72.9
a. 352.6173 **b.** 35.26173 **c.** 3526.173

RESOLUCIÓN DE PROBLEMAS

16. Chris fue en bicicleta 2.5 horas contra el viento, a un promedio de 12.96 millas por hora. Y luego con viento a favor por 1.75 horas, a 19.67 millas por hora. ¿Alrededor de qué distancia cubrió?

17. Los caminos para bicicletas del parque estatal eran de 12.9, 17.6, 14.9 y 15.6 millas de largo respectivamente. Flora fue en bicicleta por dos de ellos durante 30.5 millas. ¿Qué dos caminos siguió?

REPASO COMBINADO

Redondea 241.71284 al lugar que se indica.

18. décimas **19.** milésimas **20.** centenas **21.** centésimas **22.** número entero

Estima.

23. 4.812 + 2.142 **24.** 28.02 − 26.7 **25.** 2.06 + 17.83

26. 9.187 + 2.87 + 10 **27.** 800 − 30.007 **28.** 23.1998 + 14.6 + 36.512

Pensamiento crítico

APRÉNDELO

Erin y Doug están jugando a un juego llamado Adivina Mi Regla. Erin dice que la mejor manera de entenderlo es pensando en una máquina de operaciones: se entra un número en la máquina, algo le pasa a ésta y aparece un resultado.

—4 de entrada —dice Erin.

—8 de salida —dice Doug.

—La regla es × 2 —replica Erin.

—Esta no es la regla —dijo Doug. —Inténtalo con otro número.

COMÉNTALO

1. ¿Cuál era el número de entrada? ¿Cuál el de salida?
2. ¿Podría ser correcta la regla dada por Erin? ¿Puedes estar seguro de ella con sólo este ejemplo? ¿Por qué sí o por qué no?
3. Erin dice 7 y Doug responde 11. Erin dice 15 y Doug responde 19. ¿Estas seguro de la regla? ¿Cuál es?

INTÉNTALO

Piensa en las tablas siguientes como si fueran anotaciones del juego. Da la regla que se usa y cualquier número que falte.

1.

Entrada	Salida
10	22
5	12
4	10
2	6
0	2
3	8

2.

Entrada	Salida
50	150
4	12
2	6
0	0
22	66
15	45

3.

Entrada	Salida
8	15
6	11
9	17
3	░
2	░
1	░

4.

Entrada	Salida
6	20
5	17
3	11
9	░
░	2
4	░

5. Juega a Adivina Mi Regla con un compañero.

REPASO PARCIAL/EXAMEN

Halla los productos.

1. 30 × 8 **2.** 60 × 70 **3.** 80 × 900 **4.** 5 × 600 **5.** 200 × 500

Redondea y calcula mentalmente para estimar los productos.

6. 6 × 786 **7.** 27 × 43 **8.** 49 × 51 **9.** 207 × 81 **10.** 427 × 68

11. 12 × 258 **12.** 3 × 419 **13.** 898 × 906 **14.** 327 × 682 **15.** 507 × 198

Halla los productos.

16. 423 × 6 **17.** 94 × 51 **18.** 607 × 83 **19.** 2,198 × 30 **20.** 35,386 × 7

21. 23 × 2 **22.** 672 × 94 **23.** 80 × 87 **24.** 3,406 × 65 **25.** 12,856 × 3

26. 18 × 32 **27.** 25 × 476 **28.** 89 × 567 **29.** 1,231 × 54 **30.** 3,805 × 36

Redondea o usa números compatibles para estimar los productos.

31. 2.7 × 4.5 **32.** 15.98 × 2.3 **33.** 4 × $26.54

34. 432.6 × 7 **35.** 28.54 × 43.95 **36.** 825.9 × 124.8

37. 12.125 × 93.984 **38.** 503.27 × 390.841 **39.** 8.23 × 6.459

RESOLUCIÓN DE PROBLEMAS

Usa adivina y verifica para resolver.

40. Latisha es dos veces mayor que su hermana Lavonne. Si la suma de sus edades es 24, ¿qué edad tiene cada una?

41. En una recogida de fondos para la escuela, Andrew vendió postales a razón de $5 la caja y papel de carta a $4 la caja. Si vendió 12 cajas y obtuvo $52, ¿cuántas cajas de cada tipo vendió?

42. Larry tiene en su bolsillo $1 en cambio. Si tiene 9 monedas y la más grande es de 25 centavos, ¿cuáles tiene?

43. Susan se está entrenando para un maratón. Cada semana corre 5 km más que la semana anterior. Si en las próximas cuatro semanas piensa correr 130 km, ¿cuánto correrá durante cada una de las semanas?

Multiplicación de decimales
Establece la relación

APRÉNDELO

EXPLORA Usa modelos de decimales

- Trabaja con un compañero. Traza un cuadrado de 10 × 10 en una hoja de papel cuadriculado. Decidan quién usará el creyón rojo y quién el azul.
- El que use el creyón azul coloreará algunas pero no todas las filas del cuadro. Expresa en números decimales la parte del cuadrado coloreada.
- El que use el creyón rojo coloreará algunas pero no todas las columnas. Expresa en decimales esta parte.
- Determinen juntos la parte que es morada. (Azul y rojo hacen morado.) Exprésala en números decimales.

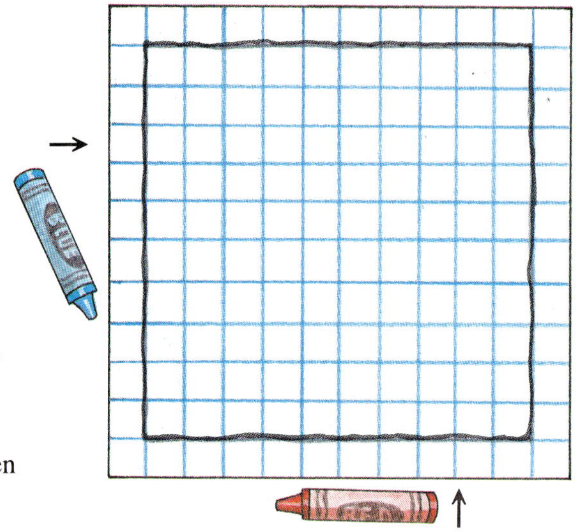

Colorea algunas filas (→) de azul.
Colorea algunas columnas (↑) de rojo.

COMÉNTALO

1. ¿Qué significa en decimales cada fila del cuadrado?
2. ¿Qué partes decimales podrías colorear, si colorearas algunas pero no todas las filas?
3. ¿Cuál es la relación, expresada en decimales, entre la parte morada y las filas? ¿Y entre ella y las columnas?

Has coloreado las partes decimales de un cuadrado y has hallado la parte decimal coloreada por ambos colores. Ahora aprenderás a registrarlo. Esto te ayudará a hallar la parte decimal de un decimal, o productos tales como 0.5 × 2.6.

Lo que haces	**Lo que registras**
■ Colorea filas de azul para representar 2.6.	

2.60

■ Colorea un 0.5 de las columnas con el creyón rojo.

0.5 de 2.6 es 1.30

■ Explica por qué la parte morada de la figura representa 1.30.

Observación matemática

Encontrar la parte decimal de un decimal es igual a multiplicar decimales.

0.5 de 2.6 es 1.30 → 0.5 × 2.6 = 1.30

INTÉNTALO

Usa papel cuadriculado y creyones para representar lo siguiente. Luego resuelve.

1. 0.5 de 2.8 → 0.5 × 2.8 = *n*

2. 0.4 de 1.5 → 0.4 × 1.5 = *n*

3. 0.6 de 0.9 → 0.6 × 0.9 = *n*

4. 0.2 de 0.4 → 0.2 × 0.4 = *n*

Multiplicación de decimales

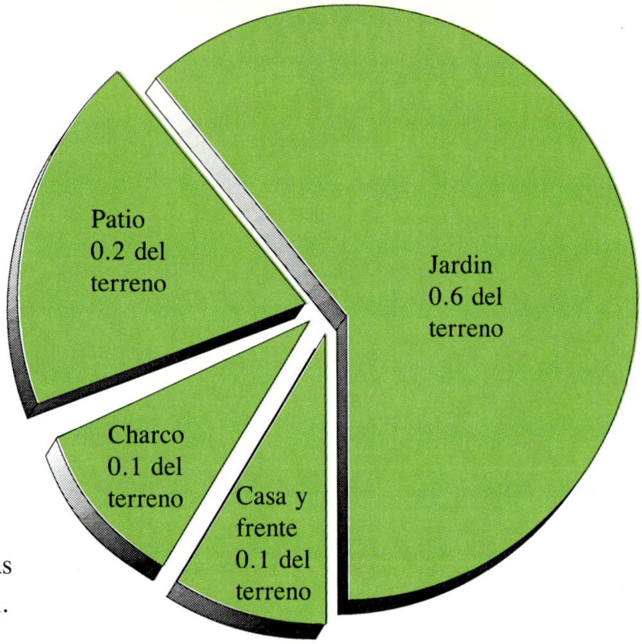

APRÉNDELO

EXPLORA **Analiza el proceso**

La gráfica circular muestra cómo usa Jason un terreno de 2.3 acres. ¿Cuán grande es el jardín?

Sabes qué parte del terreno de Jason es jardín y el número total de acres que tiene el terreno. Necesitas multiplicar para hallar los acres que ocupa el jardín.

Multiplica como con números enteros.

$$\begin{array}{r} 2.3 \\ \times\ 0.6 \\ \hline 138 \end{array}$$

Escribe el producto con tantos lugares decimales como la suma de los lugares decimales de los factores.

$$\begin{array}{rl} 2.3 & \leftarrow 1 \text{ decimal} \\ \times\ 0.6 & \leftarrow 1 \text{ decimal} \\ \hline 1.38 & \leftarrow 2 \text{ decimales} \end{array}$$

COMÉNTALO

1. ¿Suman 1 las partes decimales del terreno de Jason? ¿Deberían?
2. Explica por qué crees que 13.8 y 138 no son respuestas razonables al problema.
3. Usa una oración completa para dar una respuesta razonable al problema.

Otros ejemplos

A
$$\begin{array}{rl} 9.43 & \leftarrow 2 \text{ decimales} \\ \times\ 0.6 & \leftarrow 1 \text{ decimal} \\ \hline 5.658 & \leftarrow 3 \text{ decimales} \end{array}$$

B
$$\begin{array}{r} 0.276 \\ \times\ 3 \\ \hline 0.828 \end{array}$$

C
$$\begin{array}{r} 1.32 \\ \times\ 0.87 \\ \hline 924 \\ 10560 \\ \hline 1.1484 \end{array}$$

INTÉNTALO

Multiplica.

1. $\begin{array}{r} 4.27 \\ \times\ 0.7 \\ \hline \end{array}$ **2.** $\begin{array}{r} 1.374 \\ \times\ 6 \\ \hline \end{array}$ **3.** $\begin{array}{r} 2.41 \\ \times\ 0.68 \\ \hline \end{array}$ **4.** $\begin{array}{r} 3.45 \\ \times\ 2.4 \\ \hline \end{array}$ **5.** $\begin{array}{r} \$9.56 \\ \times\ 0.15 \\ \hline \end{array}$

PRACTÍCALO

Multiplica.

1. $\begin{array}{r} 4.3 \\ \times\ 0.6 \\ \hline \end{array}$ **2.** $\begin{array}{r} 2.7 \\ \times\ 5.9 \\ \hline \end{array}$ **3.** $\begin{array}{r} 0.53 \\ \times\ 6 \\ \hline \end{array}$ **4.** $\begin{array}{r} 3.28 \\ \times\ 9 \\ \hline \end{array}$ **5.** $\begin{array}{r} 25.6 \\ \times\ 0.46 \\ \hline \end{array}$

6. $\begin{array}{r} 2.675 \\ \times\ 8 \\ \hline \end{array}$ **7.** $\begin{array}{r} 3.64 \\ \times\ 2.9 \\ \hline \end{array}$ **8.** $\begin{array}{r} 0.56 \\ \times\ 8.41 \\ \hline \end{array}$ **9.** $\begin{array}{r} \$7.25 \\ \times\ 1.89 \\ \hline \end{array}$ **10.** $\begin{array}{r} \$7.23 \\ \times\ 5.4 \\ \hline \end{array}$

11. 6.8×3.2 **12.** 9.7×0.56 **13.** 4.75×0.9 **14.** 5.62×3.84

15. Estima y luego halla 8.6×2.4.

16. Estima y luego halla 28.67×72.46.

APLÍCALO

RAZONAMIENTO MATEMÁTICO

Sin multiplicar, di qué producto es mayor, **a** o **b**.

17. a. $\begin{array}{r} 3.7 \\ \times\ 5.8 \\ \hline \end{array}$ **b.** $\begin{array}{r} 0.37 \\ \times\ 5.8 \\ \hline \end{array}$

18. a. $\begin{array}{r} 28.6 \\ \times\ 0.395 \\ \hline \end{array}$ **b.** $\begin{array}{r} 28.6 \\ \times\ 0.4 \\ \hline \end{array}$

RESOLUCIÓN DE PROBLEMAS

19. ¿Cuántos acres ocupan el jardín y el estanque de Jason juntos?

20. Formula un problema por escrito Escribe y resuelve un problema acerca del terreno de Jason. Usa números de la gráfica circular.

REPASO COMBINADO

Da los números que faltan.

21. 1 cm = ____ m **22.** 5 m = ____ cm

23. 1 m = ____ km **24.** 18 m = ____ km

Suma o resta.

25. $2.13 + 1.48 + 8.01$ **26.** $18.02 + 6.8 + 14$ **27.** $30.48 - 24.82$

28. $10 + 4.56 + 0.002$ **29.** $200 - 1.28$ **30.** $81.1 - 0.482$

Más práctica, página 503, grupo C

Más sobre la multiplicación de decimales

APRÉNDELO

Lo aprendido acerca de cómo colocar el punto decimal al multiplicar decimales te ayudará a entender los casos especiales de esta lección.

EXPLORA **Analiza el proceso**

Las páginas de una enciclopedia tienen 0.007 cm de espesor. Si las de un diccionario tienen sólo la mitad, ó 0.5, ¿qué espesor tienen las de un diccionario?

COMÉNTALO

1. ¿Qué hay en este problema que te sugiere que debes multiplicar?
2. ¿Las páginas del diccionario tendrán más o menos de 0.007 cm de espesor? ¿Cómo lo sabes?

```
   0.007  ← 3 decimales
×    0.5  ← 1 decimal
  0.0035  ← 4 decimales
```

Escribe a la izquierda tantos ceros adicionales como sea necesario para representar en el producto el número correcto de decimales.

El espesor de cada página del diccionario es de 0.0035 cm.

Otros ejemplos

A	B	C	D
0.08 × 0.4 = 0.032	0.03 × 0.02 = 0.0006	435 × 0.0002 = 0.0870	\$0.73 × 0.05 = \$0.0365 ó \$0.04 (redondeado al centavo más próximo)

INTÉNTALO

Multiplica.

1. 2.3 × 0.004 **2.** \$0.59 × 0.06 **3.** 0.006 × 0.05 **4.** 0.012 × 1.1

5. 0.036 × 0.4 **6.** 0.016 × 2.1 **7.** 0.007 × 0.002 **8.** \$12.25 × 0.004

PRACTÍCALO

Multiplica.

1. 3.4×5.7
2. 0.05×0.08
3. 3.2×0.004
4. 5.765×7.2
5. 6.2×0.0005
6. 1.2×0.04
7. 6.375×0.03
8. 0.007×4.3
9. 5.67×1.98
10. $\$4.77 \times 0.05$
11. 0.0012×6.4
12. 238×0.01
13. 50×0.8
14. $\$9.65 \times 0.20$
15. $\$46.06 \times 0.06$
16. 0.08×0.015
17. 8.46×9.573
18. 0.0054×0.025
19. 0.075×5.75
20. 1.34×5.062
21. $0.205 \times \$9.67$
22. ¿Cuál es el producto de 0.016 por 0.025?
23. Estima y luego halla el producto de los factores 3.87 y 19.605.

APLÍCALO

RAZONAMIENTO MATEMÁTICO

24. Multiplica 0.0075 por 10. Multiplica por 10 otra vez. ¿Qué ocurre con el punto decimal?

RESOLUCIÓN DE PROBLEMAS

25. Si el impuesto de venta es de un 0.06, ¿cuánto impuesto pagarás por una bicicleta de $97.95? Redondea al centavo más cercano.
26. **Datos que faltan** Si un televisor vale $87.49, ¿cuánto te costará incluyendo el impuesto? Inventa los datos que faltan y completa el problema.

▶ ESTIMACIÓN

Cuando comes en un buen restaurante, se espera que dejes una propina de un 0.15 de la cuenta total. Puedes usar la estimación y el cálculo mental para saber cuánto dar de propina.

Ejemplo: $0.15 \times \$38.95$

Piensa: $0.10 \times \$40$ más la mitad de esto

$\$4 + \$2$, que es $6

Estima las propinas.

27. $19.95
28. $59.89
29. $24.12

Resolución de problemas
Datos extra

ENTIENDE
ANALIZA DATOS
PLANEA
ESTIMA
RESUELVE
EXAMINA

APRÉNDELO

A veces un problema tiene datos que no se necesitan para resolverlo.

El "Meteor Crater" de Arizona tiene 1,219 metros de largo y 174 de profundidad. Los científicos piensan que el meteorito que hizo el hueco pesaba unas 100,000 toneladas. ¿Cuánto más ancho que profundo es?

Primero, encontraré los datos que necesito para resolver este problema.

El cráter tiene 1,219 metros de ancho y 174 metros de profundidad.

Los demás datos no son necesarios.

No se necesita saber el peso del meteorito.

Ahora resolveré el problema usando sólo los datos necesarios.

$1{,}219 - 174 = 1{,}045$

El Meteor Crater tiene 1,045 metros más de ancho que de profundidad.

INTÉNTALO

Resuelve. ¿Qué datos no son necesarios?

1. Un meteorito viaja por el espacio a 19 kilómetros por segundo. Se empieza a ver desde la Tierra cuando está a 96 kilómetros de su superficie. ¿Qué distancia recorre en 60 segundos?

2. En la Luna, la temperatura puede alcanzar los 243°F al mediodía y descender a 58°F al atardecer. Por la noche, llega a descender hasta 260°F bajo cero. ¿Cuánto cambia la temperatura entre el mediodía y el atardecer?

3. Un club de astronomía tiene 12 miembros. Ellos contaron 17 meteoritos una noche y 9 a la siguiente. ¿Cuántos meteoritos contaron en total?

PRÁCTICA COMBINADA

Resuelve. Usa cualquier estrategia para la resolución de problemas.

1. Usa la tabla para calcular el peso combinado de los tres meteoritos más grandes que se conocen.

Los meteoritos más grandes

Ubicación	*Peso*
África (SO)	69 toneladas
New York	34 toneladas
Oregon	15 toneladas

2. La Tierra está a 148.8 millones de kilómetros del Sol. Júpiter está 5.2 veces más lejos del Sol. Calcula la distancia entre Júpiter y el Sol.

3. Se conocen aproximadamente unos 1,600 asteroides. Los astrónomos creen que existen alrededor de 20 veces más. ¿Cuántos asteroides creen los astrónomos que existen?

4. La Tierra tarda un poco más de 365 días en girar alrededor del sol. Marte tarda 687 días terrestres. ¿Cuánto tiempo más que la Tierra tarda Marte en girar alrededor del sol?

5. El telescopio más grande del mundo tiene un espejo reflector de 984.3 centímetros. El siguiente telescopio en tamaño tiene uno de 590.5 centímetros y pesa 78 toneladas. ¿Cuánto más grande es el espejo reflector del telescopio mayor?

6. La entrada al planetario cuesta $4.50 para los adultos y $2.75 para los estudiantes. El señor Emery llevó a su clase de 27 alumnos. ¿Cuánto pagarón el señor Emery y su clase por las entradas?

7. Según el cartel, ¿cuántas funciones semanales ofrece el Planetario Hall?

8. **Comenta tu decisión** Las clases de ciencias de la escuela de Mimi hicieron una excursión al planetario. Fueron sesenta y cinco alumnos. Había 13 más del sexto año que del séptimo año. ¿Cuántos alumnos del sexto año fueron a la excursión? Explica a un compañero cómo hallaste la solución. ¿Obtuvieron ambos la misma respuesta?

Exponentes

APRÉNDELO

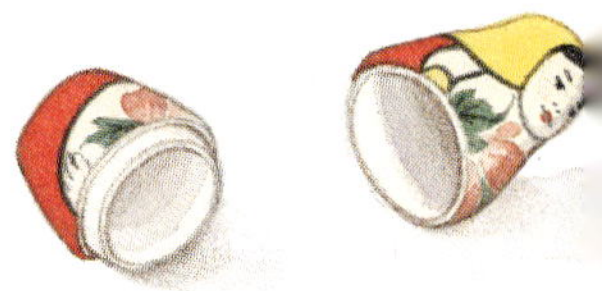

EXPLORA Descubre la serie

En ocasiones, un número se usa como factor varias veces. Trata de descubrir la serie de multiplicación para estas secuencias. Da el siguiente número para mostrar que has encontrado la serie.

2,4,8,16, ____
3,9,27,81, ____
5,25,125,625, ____

COMÉNTALO

1. ¿Cuántas veces se usa 2 como factor para obtener 16?
2. ¿Cuál es el resultado si se usa 3 como factor 5 veces?
3. ¿Qué obtienes cuándo se usa 5 como factor 3 veces?

Un **exponente** indica cuántas veces un número, llamado **base,** se usa como factor.

3 factores → $4 \times 4 \times 4 =$ ____ ← Exponente

$3 \times 3 = 3^2$

Lee: "4 a la tercera potencia" o "4 al cubo"

Lee: "3 a la segunda potencia" o "3 al cuadrado"

Otros ejemplos

$6 \times 6 \times 6 = 6^3$
$7 \times 7 \times 7 \times 7 \times 7 = 7^5$
$100 \times 100 = 100^2$

La forma usual

$4^2 = 4 \times 4 = 16$
$8^4 = 8 \times 8 \times 8 \times 8 = 4{,}096$
$10^5 = 10 \times 10 \times 10 \times 10 \times 10 = 100{,}000$

INTÉNTALO

Escribe el exponente y la forma usual.

1. $2 \times 2 \times 2 \times 2 \times 2 = 2^{\square}$ **2.** $10 \times 10 \times 10 \times 10 = 10^{\square}$

Escribe cada número de la forma usual.

3. 2^6 **4.** 0.2^2 **5.** 30^2 **6.** 4^4 **7.** 7^5

PRACTÍCALO

Escribe la base, el exponente y la forma usual.

1. $5 \times 5 \times 5 \times 5 \times 5 \times 5$

2. $7 \times 7 \times 7 \times 7$

3. $2 \times 2 \times 2 \times 2 \times 2 \times 2 \times 2$

4. $8 \times 8 \times 8$

Escribe los números de la forma usual.

5. 3^3 **6.** 4^2 **7.** 5^4 **8.** 10^6 **9.** 0.3^2 **10.** 0.2^3

11. 1^7 **12.** 2^3 **13.** 6^3 **14.** 0^8 **15.** 9^2 **16.** 7^3

Escribe en palabras de dos maneras.

17. 25^2 **18.** 204^3

APLÍCALO

RAZONAMIENTO MATEMÁTICO

Estos números, ¿aumentan o disminuyen?

19. $2^2, 2^3, 2^4, 2^5, \ldots$

20. $0.3^2, 0.3^3, 0.3^4, 0.3^5, \ldots$

RESOLUCIÓN DE PROBLEMAS

21. La figura muestra cómo calcular el volumen de un cubo. ¿Cuál es el volumen si $a = 2.8$ cm?

22. ¿Cuál es la longitud de cada lado si el volumen es 8 cm cúbicos?

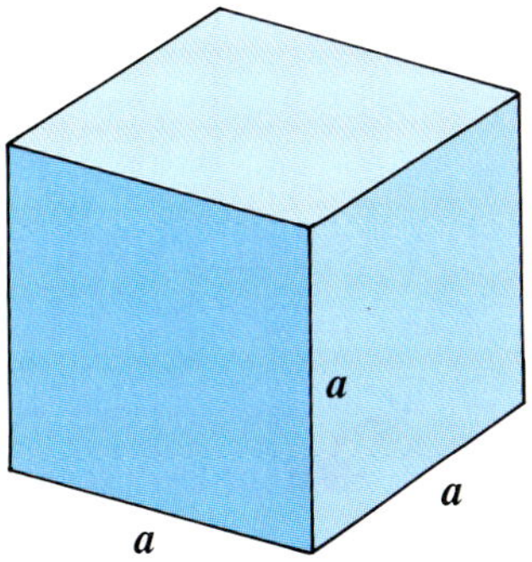

▶ CALCULADORA

Usa la constante de multiplicación de tu calculadora para hallar la forma usual de cada uno de estos números.

Ejemplo: 6^4 ⟶ [ON/AC] 6 [×] 6 [=] [=] [=] → **1,296**

(las teclas [=] dan 6^2, 6^3, 6^4)

23. 8^5 **24.** 0.8^5 **25.** 12^5 **26.** 1.2^5 **27.** 10^7 **28.** 0.1^7

Estima la forma usual. Verifica con tu calculadora.

Ejemplo: 9.6^3 → Piensa: alrededor de 10^3, ó 1,000

29. 2.9^2 **30.** 1.9^3 **31.** 5.1^2 **32.** 9.75^4 **33.** 98.6^2 **34.** 49.3^2

Más práctica, página 503, grupo E

Números primos y descomposición en factores primos

APRÉNDELO

EXPLORA **Analiza los datos**

Candice distribuye números enteros mayores de 1 en dos grupos. ¿Puedes decir qué tienen de especial los grupos?

Grupo P: 2, 3, 5, 7, 9, 11, 13, . . .
Grupo C: 4, 6, 8, 9, 10, 12, 14, 15, . . .

COMÉNTALO

1. Sin usar el 1, halla algunos números que multiplicados entre sí den como resultado uno de los del grupo P. ¿Cuál es el número siguiente del grupo P?
2. Sin usar el 1, halla algunos números que multiplicados entre sí den como resultado uno de los del grupo C. Da ejemplos. ¿Cuál es el número siguiente del grupo C?

Los **factores** de un número son aquellos números que multiplicados entre sí dan como producto ese número.

Ejemplo: $1 \times 6 = 6$ $\quad$ $2 \times 3 = 6$

Factores de 6 → 1, 2, 3, 6

Los **números primos** sólo tienen dos factores, ellos mismos y 1.

Ejemplos: $1 \times 3 = 3$ $\quad$ $1 \times 5 = 5$ $\quad$ $1 \times 13 = 13$

Los **números compuestos** tienen más de dos factores

Ejemplos: $1 \times 6 = 6$ y $2 \times 3 = 6$ → 6 es compuesto.

Los números compuestos pueden expresarse como el producto de dos número primos. He aquí la **descomposición en factores primos** del número 40. Un árbol de factores te puede ayudar a encontrar los números primos que son factores de un número. El nivel más bajo del árbol contiene sólo números primos.

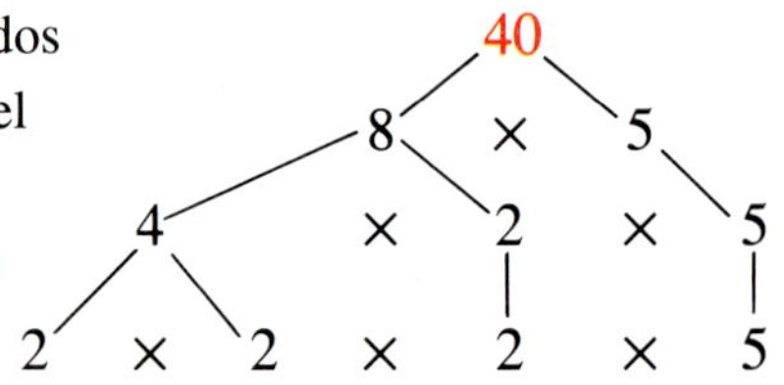

Puedes usar exponentes para expresar la descomposición en factores primos.

$40 = 2 \times 2 \times 2 \times 5$

$40 = 2^3 \times 5$

INTÉNTALO

Haz un árbol de factores para demostrar que cada una de las siguientes descomposiciones en factores primos es correcta.

1. $28 = 2^2 \times 7$ $\quad$ **2.** $30 = 2 \times 3 \times 5$ $\quad$ **3.** $45 = 3^2 \times 5$

4. Da la descomposición en factores primos de 24. Usa exponentes cuando sea posible.

PRACTÍCALO

Escribe todos los factores de cada número. Luego indica si es *primo* o *compuesto.*

1. 8 **2.** 10 **3.** 19

4. 20 **5.** 23 **6.** 25

Copia y completa los árboles de factores. Luego escribe la descomposición en factores primos, usando exponentes si es posible.

7.

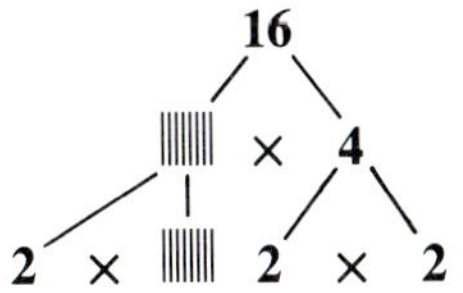

8.

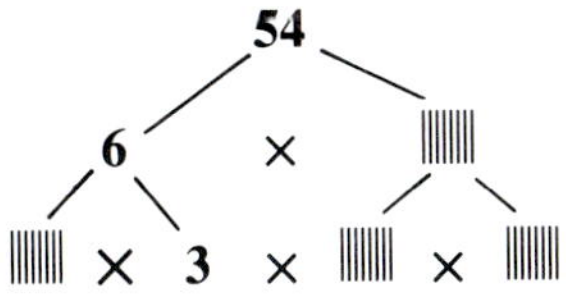

9.

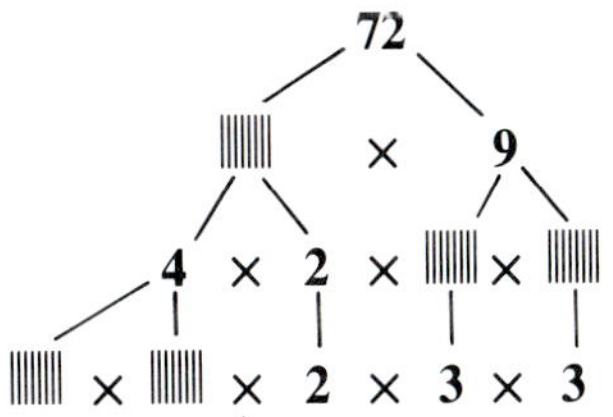

Haz un árbol de factores para cada número. Luego escribe la descomposición en factores primos, usando exponentes si es posible.

10. 44 **11.** 81 **12.** 66 **13.** 80

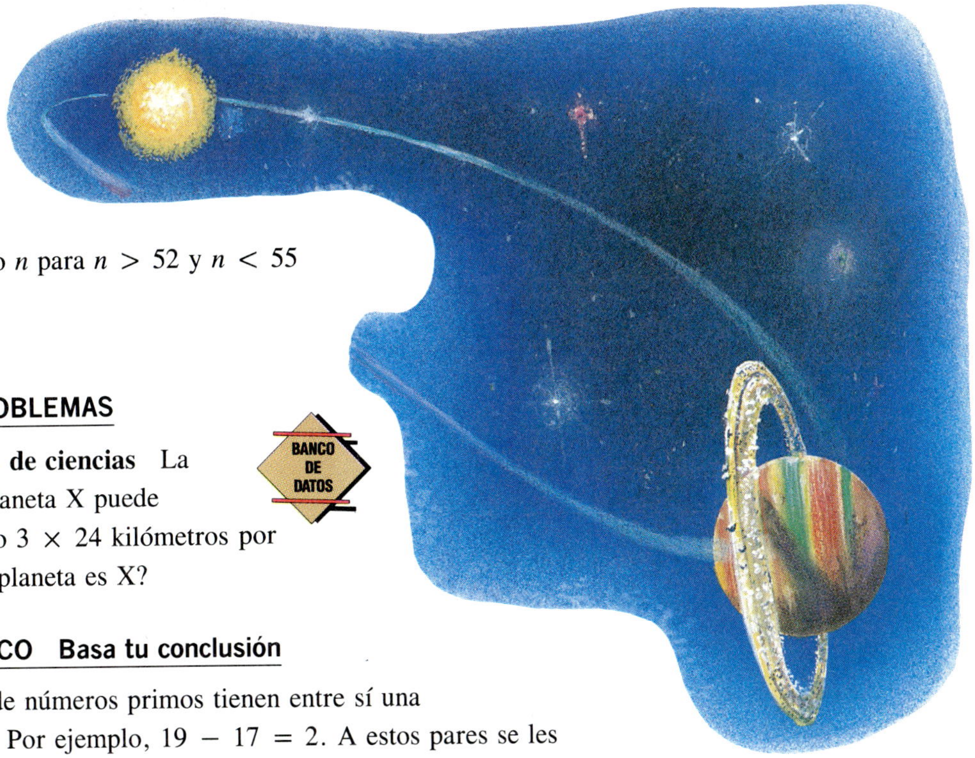

APLÍCALO

RAZONAMIENTO MATEMÁTICO

Halla n.

14. un número primo n para $n > 52$ y $n < 55$

15. $n = 5^2 \times 3$

RESOLUCIÓN DE PROBLEMAS

16. Banco de datos de ciencias La velocidad del planeta X puede expresarse como 3×2^4 kilómetros por segundo. ¿Qué planeta es X?

BANCO DE DATOS

PENSAMIENTO CRÍTICO Basa tu conclusión

17. Algunos pares de números primos tienen entre sí una diferencia de 2. Por ejemplo, $19 - 17 = 2$. A estos pares se les llama **primos relacionados.** ¿Por qué crees que se les llama así? Cuántos primos relacionados hay entre 2 y 35? ¿Cuáles son?

Más práctica, página 504, grupo A

Explora el álgebra
Expresiones algebraicas

APRÉNDELO

La oraciones que sugieren una operación pueden escribirse como expresiones. Una **expresión numérica** es el nombre que se le da a un número. Puedes usar lo que ya sabes acerca de expresiones numéricas como $23 + 16$ y $(340 + 12) - 15$ para trabajar con **expresiones algebraicas.**

La expresión numérica	*La expresión algebraica*
5 aumentado en 3 → $5 + 3$	un número n aumentado en 3 → $n + 3$
4 restado de 12 → $12 - 4$	4 restado de un número n → $n - 4$
2 veces 8 → 2×8	2 veces un número n → $n \times 19$
10 dividido entre 2 → $10 \div 2$	un número n dividido entre 2 → $n \div 2$

COMÉNTALO

1. Escribe una oración que equivalga a $5 + 3$. Escribe una oración que equivalga a $n + 3$.
2. ¿Se puede usar la misma expresión para 12 menos de 4 que para 4 menos de 12? ¿Y para un número n menos de 4 que para 4 menos de que un número n?
3. Cuatro alumnos escribieron 7 por un número n, cada uno de forma distinta. ¿Pueden ser correctas las cuatro? Explica.

Observación matemática

Las expresiones algebraicas con multiplicación pueden escribirse de cuatro formas. Cada una equivale a "2 multiplicado por n".

$2 \times n$ $\quad 2 \cdot n \quad$ $2(n)$ $\quad 2n$

Otros ejemplos

A seis más doce → $12 + 6$

B el producto de ocho por un número n → $8n$

INTÉNTALO

Escribe en forma de expresión algebraica.

1. un número n más 4
2. un número n disminuido en 9
3. 11 más de un número n
4. el producto de un número n por 7
5. 6 por un número n
6. 34 menos de un número n

PRACTÍCALO

Escribe en forma de expresión numérica.

1. la suma de 15 y 6

2. 16 dividido entre 8

3. 8 por 21

4. el producto de 11 y 5

5. la diferencia entre 14 y 6

6. resta 9 de 10

Escribe en forma de expresión algebraica.

7. dos veces un número n

8. 5 menos de un número n

9. un número n disminuido en 6

10. un número n por 15

11. la suma de cuatro y un número n

12. el doble de un número n

13. un número n menos 8

14. 9 más de un número n

APLÍCALO

RAZONAMIENTO MATEMÁTICO

Empareja cada oración con una expresión algebraica.

15. 3 incrementado por el doble de n

16. 3 más que el doble de n

17. 2 menos que 3 veces n

18. 3 menos que el doble de n

$3 + 2n$
$2n - 3$
$2n + 3$
$3n - 2$

RESOLUCIÓN DE PROBLEMAS

19. Roger caminó cierta cantidad de millas. Luego caminó 6 más. Escribe una expresión algebraica para representar cuan lejos caminó.

PENSAMIENTO CRÍTICO Descubre la regla

20. Analiza el producto de $x \cdot y$. Supón que x y y son reemplazadas por números impares o pares. Copia y completa la tabla para decir si el producto es *par* o *impar*.

x	y	
par	par	▥
impar	impar	▥
par	impar	▥
impar	par	▥

21. ¿Para qué valores de m será par $m + 1$?

22. ¿Para qué valores de m será par $2m$? ¿Para cuáles impar?

Aplicación de Resolución de problemas
Decisión de grupo

ENTIENDE
ANALIZA DATOS
PLANEA
ESTIMA
RESUELVE
EXAMINA

Destreza de grupo
Verifica para comprender

Para obtener $500 para pagar excursiones, tu escuela va a organizar un maratón de lectura. Esto significa que los alumnos leerán libros y buscarán patrocinadores. Cada patrocinador se comprometerá a pagar cierta cantidad por cada libro leído. Una vez leídos los libros, los alumnos recogerán el dinero de sus patrocinadores. Calcula cuántos libros y cuántos patrocinadores deberá conseguir cada alumno para que se puedan alcanzar los $500 propuestos.

Datos a considerar

- Los patrocinadores generalmente donan entre $0.10 y $0.30 por libro leído.
- Los alumnos tienen 6 semanas para leer.
- Alrededor de 75 alumnos participan.
- Abajo hay una muestra de una hoja de patrocinador.

Preguntas para contestar

1. ¿Cuál es la cantidad razonable de libros que un alumno puede leer?
2. Aproximadamente, ¿cuánto dinero necesita ganar cada alumno?
3. ¿Cuánto dinero crees que un patrocinador típico se compromete a pagar por libro?
4. Si encuentras a 2 patrocinadores y cada uno se compromete a pagar $0.15 por libro, ¿cuánto obtendrás en total?
5. ¿Cómo podría ayudarte a resolver este problema la estrategia de Adivina y verifica?

¿Cuál es tu decisión?

¿Qué recomiendas acerca del número de patrocinadores y de libros que cada alumno debería tratar de conseguir? Muestra cómo la escuela podrá lograr el dinero que se propuso si usa tu recomendación.

RESUMEN

Relaciona las frases

Relaciona cada frase con el número o expresión algebraica.

1. un producto estimado de 9.8 y 21.37

2. la suma de un número y 6

3. 98.98 redondeado a la décima más cercana

4. dos veces un número disminuido en 6

5. un número menos 9

6. un producto estimado de 28 y 11

7. 9 más que un número

8. un producto estimado de 22.9 y 5.1

a. $n + 6$

b. $n - 9$

c. $n + 9$

d. 200

e. 300

f. $2n - 6$

g. 100

h. 99

Algunas veces, siempre, nunca

Determina cuál completa mejor las oraciones: *algunas veces, siempre* o *nunca.* Explica tus elecciones.

9. El producto de dos decimales _____ es mayor que cualquiera de los factores.

10. Para hallar la parte decimal de un decimal _____ se multiplica.

11. _____ se puede determinar el número de lugares decimales en el producto, sumando el número de lugares decimales de los factores.

12. Una expresión algebraica _____ sugiere una operación.

Proyecto

Usa la calculadora para investigar las series de números que ocurren al elevarse éstos a diferentes potencias.

1. Halla cada número usual para 4^1, 4^2, 4^3, etc., hasta 4^9. Observa el dígito en el lugar de las unidades. Encuentra la serie. Predice el dígito de las unidades para 4^{43}.

2. Halla cada número usual para 7^1, 7^2, 7^3, etc., hasta 7^9. Observa los dígitos de las unidades y decenas. Encuentra las series. Predice el dígito de las unidades para 7^{34} y el de las decenas para 7^{66}.

3. Intenta otras potencias. ¿Qué series encuentras?

REPASO DEL CAPÍTULO/EXAMEN

1ª parte Entendimiento

Estima para determinar si el producto es razonable o no. Redondea o usa números compatibles.

1. $47 \times 61 = 2{,}867$ **2.** $21.22 \times 4.87 = 103.3414$ **3.** $1.9 \times 24.7 = 25.63$

Escríbelos en palabras de dos maneras distintas.

4. 32^2 **5.** 817^3

Escríbelos como expresión algebraica.

6. un número disminuido en 6 **7.** 2 más de 3 veces un número

2ª parte Destrezas

Redondea y calcula mentalmente para estimar cada producto.

8. 86×47 **9.** 534×7 **10.** 466×921

Redondea o encuentra números compatibles para estimar.

11. 39.8×9.2 **12.** 26.28×4.34 **13.** 48.1×1.64 **14.** 6.6×5.5

Multiplica.

15. 39×9 **16.** 48×56 **17.** 728×45 **18.** $1{,}085 \times 90$

19. 0.47×21.4 **20.** 6.4×5.2 **21.** 0.003×4.1 **22.** 0.06×0.007

Escribe la base, el exponente y la forma usual.

23. $2 \times 2 \times 2 \times 2$ **24.** $5 \times 5 \times 5$

3ª parte Aplicaciones

25. Da los factores primos de 63. Usa exponentes cuando sea posible.

26. La madre de Ken tiene 4 veces la edad de él. La suma de sus edades es 45. ¿Cuántos años tienen?

27. **Desafío** Para el picnic, Sue gastó \$8.50 en emparedados, \$1.75 en cada uno de 4 postres, \$5.95 en repelente de insectos y \$2.60 en la ensalada. ¿Cuánto gastó en la comida para el picnic?

ENRIQUECIMIENTO
La multiplicación de los campesinos rusos

La multiplicación de los campesinos rusos fue uno de los primeros métodos usados para hallar el producto de dos números. Aquí se usa para hallar el producto de 27 × 63.

	A	*B*
	27	63
Paso 1	13	126
Paso 2	6	252
Paso 3	3	504
Paso 4	1	1,008

En el Paso 1, el número de la columna A se divide entre dos. Se ignora el residuo. El número de la columna B se duplica.

$27 \div 2 = 13$; R1 se ignora
$63 \times 2 = 126$

En los Pasos del 2 al 4, se repite el proceso.

1. ¿Qué pasa en el Paso 2

2. ¿Qué pasa en el Paso 3?

3. ¿Qué pasa en el Paso 4?

Una vez que todos los números se hayan dividido entre dos o se hayan duplicado, se tacha cada fila de la columna A que contenga un número par.

4. ¿Qué fila o filas se deben tachar?

5. Suma todos los números de la columna B que no se hayan tachado. ¿Cuál es el total?

6. Multiplica de la manera usual para verificar el producto final.

7. Haz un resumen con tus propias palabras del método de multiplicar de los campesinos rusos.

Usa la multiplicación de los campesinos rusos. Muestra los pasos.

8. 12 × 42 **9.** 23 × 35 **10.** 18 × 49 **11.** 78 × 96

12. 54 × 73 **13.** 101 × 101 **14.** 365 × 42 **15.** 546 × 695

REPASO GENERAL

Suma, multiplica o divide.

1. $200 + 43 + 1{,}650$
   A. 2,280 B. 1,893
   C. 1,993 D. 1,807

2. 37×395
   A. 14,585 B. 3,950
   C. 13,615 D. 14,615

3. $1{,}001 \div 11$
   A. 910 B. 90
   C. 91 D. 100

4. $250 \times 13 \times 4$
   A. 13,000 B. 4,250
   C. 1,300 D. 1,052

5. $\begin{array}{r} 0.83 \\ \times\ \ 0.7 \\ \hline \end{array}$
   A. 5.81 B. 0.581
   C. 0.0581 D. 0.00581

6. 0.0004×0.08
   A. 0.000032 B. 0.00032
   C. 0.0032 D. 0.0000032

7. ¿Cuánto más de 41.555 es 41.557?
   A. 0.02 B. 0.002
   C. 2 D. 0.2

8. ¿Cuál es el producto estimado de 43×587?
   A. 30,000 B. 20,000
   C. 2,400 D. 24,000

9. ¿Cuál es el producto, cuando 4,097 se multiplica por 86?
   A. 342,342 B. 352,342
   C. 351,242 D. 342,352

10. Estima para escoger el producto correcto de 23.7×3.95.
    A. 69.35 B. 93.615
    C. 103.65 D. 936.635

11. ¿Qué expresión tiene una respuesta de 43?
    A. $8 \times 7 + 5$ B. $(8 + 5) \times 7$
    C. $8 \times 5 + 7$ D. $8 + 5 \times 7$

12. ¿En qué número tiene el 6 un valor de 0.06?
    A. 0.056 B. 34.675
    C. 6.587 D. 0.963

Resuelve.

13. La entrada al acuario cuesta $2.25 para alumnos y $4.75 para adultos. El maestro y un padre fueron con una clase de 23 alumnos. ¿Cuánto gastó el grupo en entradas?
    A. $61.25 B. $51.75
    C. $56.25 D. $42.25

14. Louise tiene una cinta de 180 cm de largo. Quiere cortarla en trozos de 20 cm de largo. ¿Cuántas veces tendrá que cortar?
    A. 10 veces B. 8 veces
    C. 9 veces D. 90 veces

4

DIVISIÓN: NÚMEROS ENTEROS Y DECIMALES

MATEMÁTICAS Y ESTUDIOS SOCIALES

BANCO DE DATOS

Usa el Banco de datos de estudios sociales (p. 470) para contestar las preguntas.

1 La superficie de la Tierra se puede dividir en grandes zonas de tierra y grandes extensiones de océano. ¿Qué zona de tierra tiene el área más grande? ¿Qué océano tiene el área más grande?

2 ¿Qué tres zonas de tierra combinadas casi llenarían el Océano Índico?

3 Estima cuántas veces cabría Norteamérica en el Océano Pacífico. Aproximadamente, ¿cuántas veces cabría Europa en el Océano Pacífico?

4 **Pensamiento crítico**
Algunas personas llaman a la Tierra el planeta acuático. ¿Estás de acuerdo con ellas? Usa números para explicar por qué.

Cálculo mental
Cocientes especiales

Cada equivale a 30 libras.

APRÉNDELO

EXPLORA Examina los datos

Seis alumnos recogieron periódicos para reciclarlos. La tabla que hay bajo la gráfica muestra el número aproximado de libras que cada uno ha recogido. Liz decidió hacer una gráfica de dibujos para mostrar los resultados. ¿Cuántos paquetes de papel debe dibujar para Kris?

COMÉNTALO

1. ¿Dibujó Liz el número correcto de paquetes para Russ? ¿Cómo lo sabes?
2. ¿Cómo puede saber Liz el número de paquetes para Kris?
3. ¿Cómo puedes usar las operaciones básicas de la división para hallar cocientes como 240 ÷ 30?

Periódicos recolectados

Alumno	Libras (lb)
Russ	150 lb
Kris	240 lb
Liz	180 lb
Phil	120 lb
Tanya	210 lb
Cory	180 lb

Si sabes esta operación básica: 24 ÷ 3
puedes hallar este cociente: 240 ÷ 30

24 ÷ 3 = 8, → 240 ÷ 30 = 8

Otros ejemplos

A 48 ÷ 6 = 8
así que
4,800 ÷ 6 = 800

B 40 ÷ 5 = 8
así que
40,000 ÷ 50 = 800

C $\begin{array}{r}7\\9\overline{)63}\end{array}$ así que $\begin{array}{r}70\\90\overline{)6,300}\end{array}$

INTÉNTALO

Divide.

1. 32 ÷ 4
   320 ÷ 4
   3,200 ÷ 4
   32,000 ÷ 4
2. 35 ÷ 7
   350 ÷ 70
   3,500 ÷ 70
   35,000 ÷ 70
3. 210 ÷ 7
4. 420 ÷ 70
5. 540 ÷ 60
6. 3,600 ÷ 40
7. $6\overline{)420}$
8. $6\overline{)4,200}$
9. $60\overline{)4,200}$
10. $30\overline{)2,400}$

PRACTÍCALO

Calcula mentalmente. Usa el lápiz para la respuesta solamente.

1. $240 \div 6$ **2.** $420 \div 60$ **3.** $5{,}400 \div 9$ **4.** $1{,}800 \div 9$

5. $400 \div 5$ **6.** $180 \div 20$ **7.** $240 \div 30$ **8.** $4{,}000 \div 80$

9. $180 \div 3$ **10.** $2{,}400 \div 80$ **11.** $4{,}200 \div 70$ **12.** $2{,}400 \div 60$

13. $4{,}800 \div 8$ **14.** $3{,}500 \div 5$ **15.** $2{,}800 \div 40$ **16.** $18{,}000 \div 60$

17. $24{,}000 \div 60$ **18.** $5{,}400 \div 60$ **19.** $1{,}800 \div 30$ **20.** $4{,}200 \div 6$

21. $3\overline{)210}$ **22.** $6\overline{)4{,}800}$ **23.** $4\overline{)3{,}600}$ **24.** $7\overline{)350}$

25. $50\overline{)3{,}000}$ **26.** $80\overline{)32{,}000}$ **27.** $30\overline{)1{,}200}$ **28.** $60\overline{)3{,}600}$

APLÍCALO

RAZONAMIENTO MATEMÁTICO

Para cada par, di si son iguales o cuál es el mayor.

29. $280 \div 7$
$2{,}800 \div 70$

30. $350 \div 50$
$3{,}500 \div 50$

31. $4{,}200 \div 7$
$4{,}200 \div 70$

32. $7{,}200 \div 80$
$720 \div 8$

RESOLUCIÓN DE PROBLEMAS

33. **Más de una respuesta** Tiffany recogió 180 libras de papel. Quería empaquetar el papel para repartirlo en menos de 10 paquetes. Quería también que cada paquete tuviera el mismo peso y que no pesara más de 40 libras. ¿Cómo podía hacerlo?

34. La clase de Brad recogió 3,600 libras de papel. Los alumnos hicieron paquetes de 40 libras con los periódicos. ¿Cuántos paquetes hicieron?

▶ PENSAMIENTO CRÍTICO Saca conclusiones

35. Nuestro producto es 1,200. Nuestra suma es 70. ¿Quiénes somos?

36. Soy ambos el cociente y el divisor. El número que se divide es 4,900. ¿Quién soy?

Más práctica, página 504, grupo B

Estima los cocientes
Usa números compatibles

APRÉNDELO

EXPLORA **Compara los datos**

Algunas ciudades se extienden sobre una superficie muy grande. Otras crecen en una superficie pequeña. La tabla muestra ciudades de Texas con superficies y poblaciones grandes. Miami, en Florida, tiene una superficie pequeña (89 km^2) y una gran población. Estima cuántas veces cabe la superficie de Miami en la de San Antonio.

Ciudades de Texas	Superficie en kilómetros cuadrados (km^2)
Austin	300
Dallas	979
El Paso	621
Fort Worth	622
Houston	1,501
San Antonio	697

COMÉNTALO

1. ¿Qué datos de la tabla necesitas para resolver el problema?
2. ¿Qué cosa en el problema te sugiere que debes dividir para hallar una solución?
3. ¿Cuál es la solución del problema?

Puedes estimar un cociente, redondeando o usando números compatibles. A veces puedes encontrar el número compatible, redondeando primero.

	Redondea		**Escoge un número compatible**
Estima $697 \div 89$	$700 \div 90$	⟶	$720 \div 90 = 8$

Otros ejemplos

A $537 \div 6$ ↓ $540 \div 6 = 90$ ← Estimación

B $3{,}640 \div 9$ ↓ $3{,}600 \div 9 = 400$ ← Estimación

C $23{,}465 \div 82$ ↓ $24{,}000 \div 80 = 300$ ← Estimación

INTÉNTALO

Escoge los números compatibles para estimar los cocientes.

1. $249 \div 6$ **2.** $174 \div 3$ **3.** $274 \div 40$ **4.** $4{,}906 \div 8$

5. $90\overline{)727}$ **6.** $63\overline{)480}$ **7.** $33\overline{)1{,}710}$ **8.** $76\overline{)36{,}104}$

PRACTÍCALO

Reemplaza cada número en negrilla para poder usar una operación básica al estimar el cociente. Luego estima.

1. **259** ÷ 50 **2.** **3,437** ÷ 7 **3.** **6,234** ÷ 9 **4.** **5,565** ÷ 60

5. 270 ÷ **32** **6.** **8,215** ÷ 9 **7.** 6,400 ÷ **79** **8.** **4,325** ÷ 11

Escoge números compatibles para estimar los cocientes.

9. 125 ÷ 3 **10.** 427 ÷ 6 **11.** 163 ÷ 2 **12.** 306 ÷ 50 **13.** 342 ÷ 70

14. 8)3,372 **15.** 9)4,567 **16.** 4)3,517 **17.** 90)6,400 **18.** 60)4,325

19. 6)54,631 **20.** 8)62,479 **21.** 5)46,235 **22.** 60)29,247 **23.** 70)54,896

APLÍCALO

RAZONAMIENTO MATEMÁTICO

Una respuesta es correcta. Estima para hallarla.

24. 1,722 ÷ 6 **a.** 187 **b.** 287 **c.** 387
25. 4,952 ÷ 8 **a.** 619 **b.** 519 **c.** 719
26. 19,560 ÷ 40 **a.** 389 **b.** 589 **c.** 489

RESOLUCIÓN DE PROBLEMAS

27. Cada 24 horas, más de 3,600 acres de espacio verde de la tierra (árboles, bosques, ciénagas, etc.) son reemplazados por edificios. Aproximadamente, ¿cuántos acres son por hora? ¿Y por año?

28. **Banco de datos de estudios sociales** En los Estados Unidos, el río más corto es el río D, en Oregón Tiene 0.133 km de largo. ¿Cuánto más corto es el río D que el Red River?

BANCO DE DATOS

▶ ESTIMACIÓN

La longitud de la vara corta es de 2 unidades. La de la larga es de 12. Estima la longitud de las otras varas.

29. 

30. 

Más práctica, página 504, grupo C

Repaso de la división
Números enteros

APRÉNDELO

He aquí ejemplos para repasar la división de números enteros.

A 163 R3 4)655 4 25 24 15 12 3 25 ÷ 4 = 6 R1	**B** 46 6)276 24 36 36 0 2 ÷ 6. Insuficientes centenas. Empieza con las decenas.
C 608 R2 7)4,258 4 2 05 0 58 56 2 05 ÷ 7 = 0 R5	**D** División corta 3 7 5 R2 $6\overline{)2{,}2^{4}5^{3}2}$ 22 ÷ 6 = 3 R4 Escribe el residuo al lado del próximo dígito. Luego divide en ese lugar. (45 ÷ 6)

INTÉNTALO

Copia y completa el problema de división.

1. 3)87, cociente parcial: 2
 6
 27

2. 8)576, cociente parcial: 7
 56

3. 5)4,215, cociente parcial: 84
 4 0
 21
 20
 1

4. $6\overline{)28^{4}1^{5}7}$, cociente: 4 6 9

Divide.

5. 7)99 **6.** 4)317 **7.** 8)4,608 **8.** 6)25,091

PRACTÍCALO

Divide. Usa la división larga o la corta.

1. $6\overline{)84}$ 2. $3\overline{)86}$ 3. $9\overline{)198}$ 4. $4\overline{)332}$ 5. $6\overline{)380}$

6. $3\overline{)547}$ 7. $2\overline{)972}$ 8. $6\overline{)278}$ 9. $5\overline{)2{,}076}$ 10. $2\overline{)19{,}712}$

Halla los cocientes.

11. $875 \div 5$ 12. $3{,}604 \div 4$ 13. $2{,}880 \div 6$ 14. $30{,}065 \div 5$

15. Divide 4,242 entre 7.

16. Divide 2,760 entre 4.

17. Estima y luego halla: $8{,}865 \div 3$

18. Estima y luego halla: $23{,}574 \div 6$

APLÍCALO

RAZONAMIENTO MATEMÁTICO

Responde *algunas veces, siempre* o *nunca.*

19. El residuo _____ es mayor que el divisor.

20. Cuando el residuo es 0, el divisor multiplicado por el cociente _____ es igual al dividendo.

21. El residuo _____ es menor que el cociente.

RESOLUCIÓN DE PROBLEMAS

22. Entre Los Angeles y New York, un avión voló a un promedio de 547 millas por hora en 2 horas y de 498 millas por hora en 3 horas. ¿Qué distancia voló?

23. En un viaje de Honolulu a Chicago, un avión viajó 4,304 millas en 8 horas. ¿Cuál fue la distancia promedio recorrida cada hora?

PENSAMIENTO CRÍTICO Analiza la situación

Cada ejemplo tiene algo incorrecto. Escoge cuál de las afirmaciones es la verdadera. No dividas.

A Hay demasiados dígitos en el cociente.

B No hay suficientes dígitos en el cociente.

C El residuo es demasiado grande.

24. $\begin{array}{r} 189 \text{ R3} \\ 7\overline{)8{,}326} \end{array}$ 25. $\begin{array}{r} 425 \text{ R5} \\ 4\overline{)1{,}705} \end{array}$ 26. $\begin{array}{r} 185 \text{ R4} \\ 8\overline{)14{,}804} \end{array}$ 27. $\begin{array}{r} 1{,}246 \text{ R4} \\ 5\overline{)62{,}304} \end{array}$ 28. $\begin{array}{r} 5{,}293 \\ 5\overline{)2{,}648} \end{array}$

Más práctica, página 504, grupo D

Resolución de problemas
Escoge un método de cálculo

ENTIENDE
ANALIZA DATOS
PLANEA
ESTIMA
RESUELVE
EXAMINA

APRÉNDELO

Cuando resuelves un problema, a menudo tienes que decidir el método de cálculo.

Métodos de cálculo

- Cálculo mental
- Papel y lápiz
- Calcuíadora

Datos sobre el Ford modelo T	
Fabricado primero en 1908	Auto más popular durante 20 años
Precio en 1908: \$850	Velocidad de producción: 5 autos
Precio en 1916: \$400	por cada turno de 8 horas
(debido a producción en masa)	

¿Cuánto había bajado el precio en 1916?

\$850 − \$400. Eso es fácil de hacer.
Calcularé mentalmente.
\$850 − \$400 = \$450

¿Cuántos minutos se tardaba en producir un auto?

8 × 60 min. Luego divide entre 5. Puedo usar papel y lápiz, o quizá una calculadora.
8 × 60 min = 480 min
480 min ÷ 5 = 96 min

Cuando tengas que elegir un método de cálculo,

- primero trata el cálculo mental. Intenta hacer la operación en tu cabeza.
- si no puedes usar el cálculo mental, usa papel y lápiz o una calculadora. Los problemas con muchos pasos y cambios se pueden resolver mejor con una calculadora.

INTÉNTALO

Di qué método de cálculo eliges y por qué. Luego resuelve.

1. 7 × 38.96
2. 4,000 ÷ 50
3. 7.638 − 1.296
4. 20,286 ÷ 9, luego suma 10
5. 468 ÷ 2
6. \$3,600 − \$1,600
7. \$4,003 − \$768.40
8. \$12.21 − \$3.50, luego duplica
9. 0.58 + 0.42 + 3.5

PRÁCTICA COMBINADA

Di qué método de cálculo eliges y por qué. Luego resuelve.

1. 3,200 ÷ 80	**2.** 384 − 169	**3.** 60 × 700	**4.** 7,040 − 3,876
5. 57.69 + 287.92	**6.** 6,000 + 7,000	**7.** 248 × 3	**8.** 395 + 287
9. 693 ÷ 3	**10.** 7,074 ÷ 9	**11.** 912 ÷ 2	**12.** 540 ÷ 60
13. 283.89 × 27	**14.** 120 − 50	**15.** 627 + 89 + 495	**16.** 372 × 4
17. 28,000 ÷ 7	**18.** 482 − 258	**19.** 6,636 ÷ 7	**20.** 23 + 56

Escoge un método de cálculo apropiado. No resuelvas.

21. El modelo T costaba $850 en 1908. En 1990, un auto económico costaba 9 veces más. ¿Cuánto menos costaba el modelo T que un auto en 1990?

22. En 1903, una compañía de autos fabricó 600 en 6 meses. ¿Cuál fue el promedio de autos fabricados por mes?

23. En 1900, se fabricaron cerca de 350 autos por mes. Cincuenta años más tarde, 1,909 veces más autos. ¿Cuántos autos se fabricaron en 1950?

24. El primer auto a gasolina se patentó en 1886. El primer auto americano se fabricó 6 años después. ¿En qué año se fabricó el primer auto americano?

25. Felipe empezó a conducir en el parque y condujo 9 cuadras al oeste, 12 al norte, 15 al este y 20 al sur. ¿Cuántas cuadras condujo?

26. En 1908, se fabricaba un Modelo T en unas 12 horas y media. En 1914, con las cadenas de montaje, se acortó el tiempo en cerca de 1 hora y media. ¿Cuánto tiempo se ahorró?

Escoge un método de cálculo apropiado. Luego resuelve.

27. **Datos extras** En 1914, un trabajador de una fábrica de autos podía ganar $5.04 en 8 horas. En 1984, sólo 70 años después, ganaba hasta $112 por 8 horas. ¿Cuánto más ganaba, en 8 horas, un trabajador en 1984 que uno en 1914?

Halla los promedios

APRÉNDELO

EXPLORA **Analiza el proceso**

Tina lanzó cuatro pelotas y obtuvo un puntaje de 25, 15, 10 y 10. ¿Cuál es su puntaje promedio?

Para hallar el puntaje promedio, halla los puntos que habrías hecho si hubieras obtenido el mismo puntaje cada vez.

Halla la suma de los números.	Divide entre el número de sumandos.	El cociente es el promedio de los números.
25 + 15 + 10 + 10 = **60**	15 4)60	**15**

COMÉNTALO

1. ¿Cuál fue el puntaje total de Tina en el juego?

2. ¿Podía el promedio de Tina ser menos de 10? ¿Más de 25? Explica.

3. Busca otra forma en que Tina hubiera podido lanzar la pelota cuatro veces y obtenido un puntaje promedio de 15.

ON/AC **25** + **15** +
10 + **10** = ÷ **4** =

Otro ejemplo

Redondea el promedio de las pruebas al entero más cercano.

Prueba	1	2	3	4
Puntos	87	79	92	87

87 + 79 + 92 + 87 = 345

8 6 R1
4)34²5

El residuo 1, está más cerca de 0 que del divisor 4, de forma que el promedio redondeado al entero más cercano es 86.

0.25 está más cerca de 0 que de 1.

INTÉNTALO

Redondea el promedio de las pruebas al entero más cercano. Busca el promedio con tu calculadora.

1. 74, 86, 90, 86

2. 64, 76, 85, 92, 96

3. 72, 74, 84, 96, 84, 72

PRACTÍCALO

Redondea el promedio de los grupos al entero más cercano.

1. 76, 84, 96, 80 **2.** 97, 91, 86, **3.** 70, 72, 62

4. 67, 84, 86, 92, 95 **5.** 70, 75, 86, 94, 82, 75 **6.** 87, 98, 79, 80,

7. 92, 88, 96, 97, 89, 100 **8.** 74, 86, 92, 82, 79 **9.** 64, 73, 71,

APLÍCALO

RAZONAMIENTO MATEMÁTICO

10. Uno de los números siguientes es el promedio del grupo de números de la izquierda. Sin hallar el promedio, ¿cómo puedes estar seguro de cuál es?

Grupo	*Promedio*
54, 63, 47, 58, 49, 65	46 56 66

RESOLUCIÓN DE PROBLEMAS

11. ¿Cuál es el promedio de Héctor en los tres juegos de boliche?

12. ¿Cuánto mayor es el puntaje más alto de Héctor comparado con su promedio?

13. ¿Cuál es la altura promedio de los alumnos? ¿Y el peso promedio?

14. ¿Cuál es la diferencia entre la altura promedio de las niñas y la altura promedio de los niños?

Puntaje de Héctor

Juego	Puntos
1	174
2	190
3	158

Nombre	Altura (cm)	Peso (kg)
Doug	149	40
Juanita	148	38
Raúl	143	35
Ann	152	42
Vance	145	37
Joan	155	39

REPASO COMBINADO

Estima.

15. 432 × 48 **16.** 389 − 213 **17.** 1,688 + 210 **18.** 8.91 × 4.15 **19.** 42.3 × 18.8

Halla las respuestas.

20. $\begin{array}{r} 2.19 \\ +\ 8.01 \\ \hline \end{array}$ **21.** $\begin{array}{r} 8.12 \\ \times\ \ \ 9 \\ \hline \end{array}$ **22.** $\begin{array}{r} 2.17 \\ \times\ 1.01 \\ \hline \end{array}$ **23.** $\begin{array}{r} 851.8 \\ -\ 458.21 \\ \hline \end{array}$ **24.** $\begin{array}{r} 256 \\ \times\ \ 17 \\ \hline \end{array}$

Resolución de problemas
Haz una tabla

- ENTIENDE
- ANALIZA DATOS
- PLANEA
- ESTIMA
- RESUELVE
- EXAMINA

Colocar los datos en una tabla ayuda a resolver algunos problemas. Esta estrategia se llama **Haz una tabla.**

Sean trabaja en Bradley Video. Un sábado observó que por cada 2 videos antiguos, se alquilaban 5 videos recién llegados. Si se alquilaron 12 videos antiguos, ¿cuántos videos recientes se alquilaron?

Haré una tabla usando los datos del problema.

Datos que se dan en el problema

Viejos	2	4	6	8	10	12
Nuevos	5					

Luego, buscaré una serie en la tabla como ayuda para hallar la respuesta.

Viejos	2	4	6	8	10	12
Nuevos	5	10	15	20		

Ahora, terminaré de llenar la tabla y hallaré la respuesta.

Respuesta del problema

Viejos	2	4	6	8	10	12
Nuevos	5	10	15	20	25	30

Bradley Video alquiló 30 videos recién llegados.

INTÉNTALO

Lee el problema y halla la solución.
Los videos de hace más de un año pueden alquilarse por el fin de semana a un precio especial de 3 videos por \$7. El fin de semana pasado, Bradley Video alquiló 21 videos al precio especial. ¿Cuánto dinero recaudaron?

- ¿Cuál es el precio especial de fin de semana?
- A este precio, ¿cuánto dinero recibirían por 6 videos?
- ¿Cuántos videos se alquilaron al precio especial?
- Copia y completa esta tabla para resolver el problema.

Número de videos	3	6		
Precio	\$7			

PRACTÍCALO

Resuelve haciendo una tabla.

1. Videomanía da a sus miembros una tarjeta que se perfora cada vez que se alquila un video. Por cada 8 perforaciones, dan 1 video gratis. La semana pasada los miembros tenían 72 perforaciones. ¿Cuántos videos gratis se repartieron?

2. Por cada 3 videos de humor, la tienda alquila 5 videos de drama. Si alquilan 35 videos de drama, ¿cuántos videos de humor alquilarán?

PRÁCTICA COMBINADA

Resuelve. Escoge una estrategia de la lista o usa otra que ya sepas.

Algunas estrategias	
Represéntalo	Haz un dibujo
Usa objetos	Adivina y verifica
Escoge una operación	Haz una tabla

3. Usa el letrero para hallar cuánto más cuesta un video recién llegado que los otros videos.

4. Starburst Video vendió 11 videos de ejercicios. Aproximadamente, ¿cuánto dinero recaudaron?

5. Cada vez que Jen alquila un video escoge 2 videos recién llegados. En el mes de octubre gastó $35. ¿Cuántos videos recién llegados alquiló?

6. En 4 semanas, Starburst Video recaudó $525 por alquileres de otros videos. ¿Cuántos alquileres de otros videos tuvieron?

7. Usa esta tabla para hallar el promedio de videos infantiles alquilados por día.

Videos infantiles

Día	*Cantidad alquilada*	*Día*	*Cantidad alquilada*
domingo	10	jueves	9
lunes	5	viernes	12
martes	8	sábado	15
miércoles	4		

8. La tienda vendió 43 videos. Si han vendido 7 más de drama que de humor, ¿cuántos vendieron de cada uno?

Más práctica, página 523, grupo D

Repaso de la división
Divisores de dos dígitos

APRÉNDELO

Las destrezas de estimar son muy útiles al dividir entre un número de dos dígitos. Los ejemplos te ayudarán a repasarlas.

A

```
      3 2 4
60)1 9,4 4 0
   1 8 0
     1 4 4
     1 2 0
       2 4 0
       2 4 0
           0
```

194 ÷ 60
Piensa: 19 ÷ 6

B

```
(70)     6 R 7
    72)4 3 9
       4 3 2
           7
```

439 ÷ 72
Piensa: 43 ÷ 7

C

```
      1 4 3
46)6,5 7 8
   4 6
   1 9 7
   1 8 4
     1 3 8
     1 3 8
         0
```

197 ÷ 46 = 4 R13

D

```
        3 0 7 R8
43)1 3,2 0 9
   1 2 9
       3 0 9
       3 0 1
           8
```

Cero decenas. Escribe 0 en el cociente.

INTÉNTALO

Copia y completa cada problema.

1.
```
     14
68)9,658
   6 8
   2 85
   2 72
    138
```

2.
```
      61
42)25,762
   25 2
      56
```

3.
```
      30
43)13,201
   12 9
     301
```

4.
```
      40
57)22,971
   22 8
     171
```

Halla los cocientes.

5. $26\overline{)2{,}744}$ **6.** $53\overline{)425}$ **7.** $34\overline{)50{,}112}$ **8.** $15\overline{)16{,}001}$

PRACTÍCALO

Halla los cocientes.

1. $60\overline{)252}$	**2.** $30\overline{)2,520}$	**3.** $20\overline{)14,160}$	**4.** $67\overline{)217}$
5. $62\overline{)558}$	**6.** $19\overline{)6,097}$	**7.** $76\overline{)460}$	**8.** $64\overline{)350}$
9. $43\overline{)2,322}$	**10.** $68\overline{)1,564}$	**11.** $20\overline{)1,030}$	**12.** $27\overline{)1,975}$
13. $78\overline{)3,120}$	**14.** $85\overline{)88,740}$	**15.** $46\overline{)9,752}$	**16.** $92\overline{)37,998}$
17. $57\overline{)19,762}$	**18.** $34\overline{)21,270}$	**19.** $62\overline{)58,967}$	**20.** $25\overline{)24,951}$
21. 9,374 ÷ 86	**22.** 782 ÷ 34	**23.** 9,658 ÷ 58	**24.** 94,725 ÷ 75
25. 1,836 ÷ 27	**26.** 2,668 ÷ 58	**27.** 7,875 ÷ 35	**28.** 48,269 ÷ 79

29. Divide 31,605 entre 49.

30. Divide 57,932 entre 28.

APLÍCALO

RAZONAMIENTO MATEMÁTICO

No dividas. Sólo di qué cociente es mayor.

31. 4,367 ÷ 68
4,367 ÷ 62

32. 25,384 ÷ 62
24,384 ÷ 62

RESOLUCIÓN DE PROBLEMAS

33. En 1986, Voyager dio la vuelta al mundo sin parar. Llevaba 1,200 galones de combustible en 17 tanques. ¿Cuántos galones había en cada tanque?

CALCULADORA

Usa la calculadora para hallar el cociente y el residuo de 8,712 ÷ 64.

Divide. El número entero es el cociente.	**8712**	÷	**64**	=	**136.125**
Multiplica el cociente por el divisor.	**136**	×	**64**	=	**87.04**
Resta el producto del dividendo para hallar el residuo.	**8712**	−	**8704**	=	**8**

Usa una calculadora para hallar estos cocientes.

34. $76\overline{)12,787}$ **35.** $38\overline{)27,694}$ **36.** $96\overline{)38,948}$

Más práctica, página 504, grupo F

Estima cocientes decimales

APRÉNDELO

Para estimar cocientes decimales se usan dos métodos de estimar que conoces: redondear y usar números compatibles.

EXPLORA **Examina los datos**

La mayor precipitación registrada en un período de 24 horas fue de 73.62 pulgadas en una estación cerca del Océano Índico, en el mes de marzo de 1952. Estima la cantidad promedio de lluvia que cayó por hora.

COMÉNTALO

1. ¿Qué datos necesitas para resolver el problema?
2. ¿Qué cosa en el problema sugiere que debes dividir para hallar la respuesta?

Para estimar 73.62 ÷ 24, puedes usar números compatibles.

$$\begin{array}{ccc} 73.62 & \div & 24 \\ \downarrow & & \downarrow \\ 75 & \div & 25 = 3 \end{array}$$

Cayeron unas 3 pulgadas de lluvia por hora.

Otros ejemplos

Redondeo

A 412.88 ÷ 5.2

$$\begin{array}{ccc} 412.88 & \div & 5.2 \\ \downarrow & & \downarrow \\ 400 & \div & 5 = 80 \end{array}$$

Números compatibles

B 362.76 ÷ 6.9

$$\begin{array}{ccc} 362.76 & \div & 6.9 \\ \downarrow & & \downarrow \\ 350 & \div & 7 = 50 \end{array}$$

PRACTÍCALO

Estima cada cociente. Redondea o usa números compatibles.

1. 283.64 ÷ 4 **2.** 478.34 ÷ 6 **3.** 724.62 ÷ 8 **4.** 265.98 ÷ 3

5. 14.862 ÷ 3.2 **6.** 322.47 ÷ 7.6 **7.** 355.93 ÷ 5.8 **8.** 536.71 ÷ 9.1

9. 55.982 ÷ 7.8 **10.** 483.7 ÷ 63 **11.** 34.967 ÷ 4.7 **12.** 55.63 ÷ 9.25

Más práctica, página 505, grupo A

REPASO PARCIAL/EXAMEN

Divide.

1. 270 ÷ 9 **2.** 540 ÷ 60 **3.** 5,600 ÷ 800 **4.** 4,800 ÷ 60 **5.** 18,000 ÷ 90

6. 2,400 ÷ 80 **7.** 40,000 ÷ 50 **8.** 36,000 ÷ 90 **9.** 63,000 ÷ 7 **10.** 10,000 ÷ 50

11. $30\overline{)2{,}100}$ **12.** $4\overline{)3{,}200}$ **13.** $700\overline{)4{,}900}$ **14.** $80\overline{)640}$ **15.** $70\overline{)35{,}000}$

Divide y verifica.

16. $6\overline{)96}$ **17.** $7\overline{)249}$ **18.** $4\overline{)725}$ **19.** $8\overline{)8{,}320}$ **20.** $9\overline{)24{,}354}$

21. 3,402 ÷ 6 **22.** 13,015 ÷ 5 **23.** 22,244 ÷ 3 **24.** 4,993 ÷ 7 **25.** 24,028 ÷ 2

Redondea el promedio de los grupos al entero más cercano.

26. 12, 17, 22, 18, 21 **27.** 41, 54, 60, 44

28. 7, 6, 8, 9, 3, 6, 5 **29.** 89, 97, 85, 80, 91, 93

Divide.

30. $80\overline{)4{,}097}$ **31.** $54\overline{)330}$ **32.** $23\overline{)7{,}251}$ **33.** $38\overline{)27{,}000}$

34. $78\overline{)16{,}070}$ **35.** $62\overline{)31{,}620}$ **36.** $26\overline{)21{,}034}$ **37.** $47\overline{)18{,}824}$

RESOLUCIÓN DE PROBLEMAS

Escoge un método de cálculo y resuelve. Intenta la estrategia **Haz una tabla.**

38. Durante su primer año en el equipo de béisbol, Donna llegó a base 3 de cada 7 veces que estuvo bateando. ¿Cuántas veces bateó Donna, si llegó 21 veces a base?

39. Durante la temporada de béisbol, Gordon bateó 2 elevados por cada 3 rodados. Si obtuvo un total de 30 elevados, ¿cuántos bateos realizó en total?

40. Si Sue camina 4 millas en 1 hora, ¿qué distancia caminará en 2 horas? ¿Y en 25 minutos?

41. Cuando Jeannie va a nadar, nada el doble en el estilo de costado que en el estilo libre. Si nada 18 largos en el estilo de costado, ¿cuántos largos nadará en el estilo libre?

42. Durante la temporada de baloncesto, Arne hizo 4 de cada 5 tiros libres desde la línea de tiro libre. Si terminó la temporada habiendo hecho 40 tiros libres, ¿cuántas veces estuvo en la línea de tiro libre? ¿Cuántas veces falló?

43. Geraldo hizo 566 puntos en 3 juegos de boliche. ¿Cuál fue su puntaje promedio?

Divide decimales
Establece la relación

APRÉNDELO

EXPLORA Usa un modelo de decimal

Trabaja en grupo. Utiliza dólares y monedas de diez y de un centavo de juguete.

- Muestra 4 billetes de dólar y 2 monedas de diez.
- ¿Cuántas formas de repartir el dinero en partes iguales puede encontrar tu grupo? ¿Puede dividirse el dinero en 2 partes iguales? ¿Y en tres?
- Haz cambios para mostrar cada forma que usaste. Apunta entre cuántos se dividió el dinero y cuánto le tocó a cada uno.

$4.20

Cambios

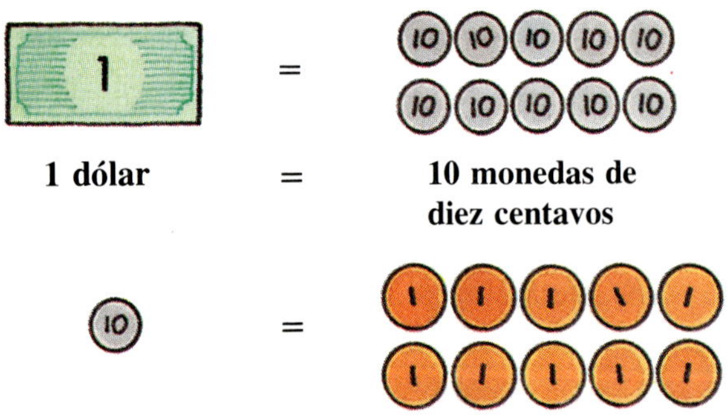

1 dólar = 10 monedas de diez centavos

1 moneda de diez centavos = 10 monedas de un centavo

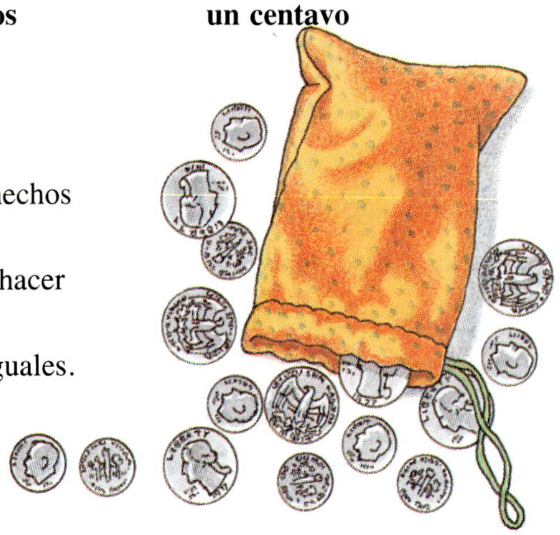

COMÉNTALO

1. Usa dinero de juguete para describir algunos de los cambios hechos al repartir el dinero de diferentes maneras.
2. ¿Has encontrado una forma de dividir el dinero sin tener que hacer ningún cambio?
3. Supón que cierto dinero puede ser repartido en 3 y 5 partes iguales. ¿Quién recibirá más, los del grupo de 3 o los del grupo de 5? ¿Por qúe?

Has hallado formas de dividir el dinero en partes iguales entre los diferentes grupos. Aquí se expone una forma conveniente de registrar lo que has hecho. Este ejercicio con dinero te ayudará a entender las divisiones con decimales, tales como $8.25 ÷ 3 ó 8.25 ÷ 3.

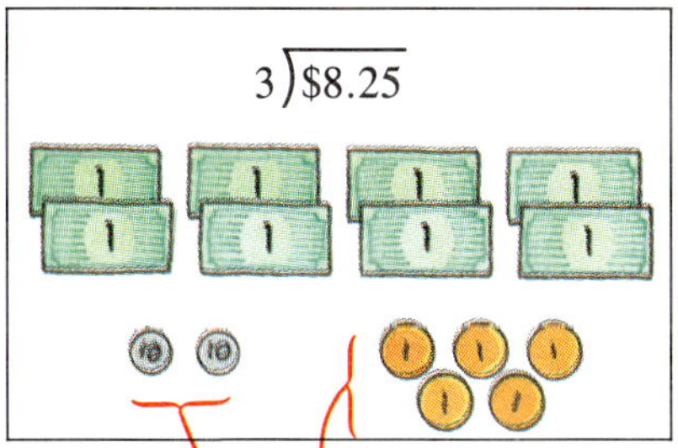

Lo que haces

1. Reparte los dólares.

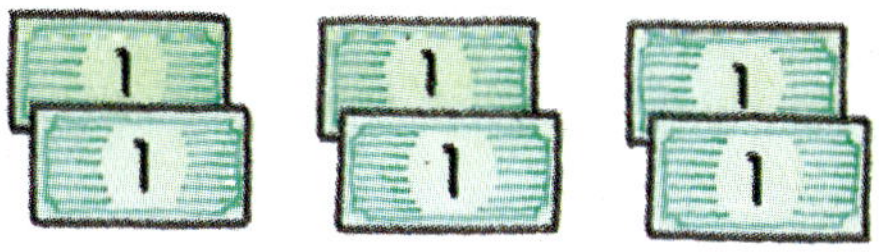

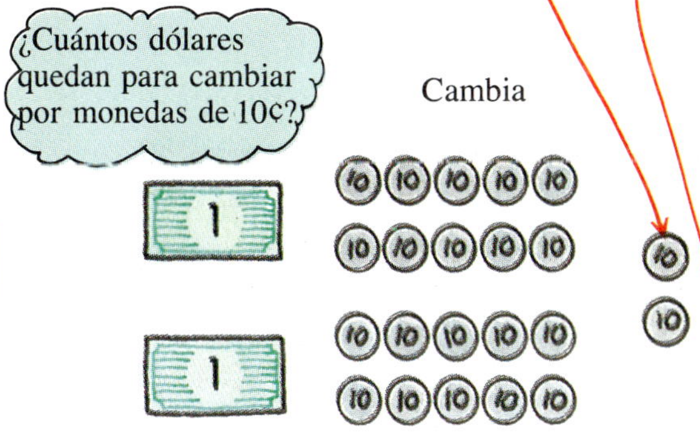

Lo que escribes

$2
3)$8.25
6
22

2. Reparte las monedas de 10¢.

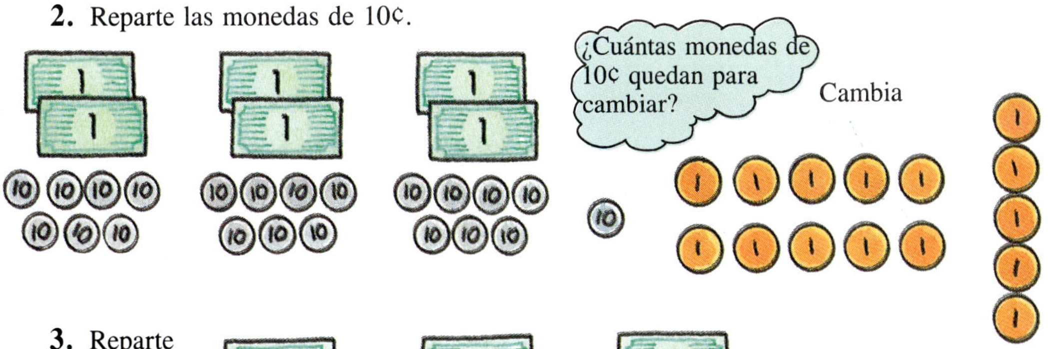

$2.7
3)$8.25
6
22
21
15

3. Reparte los centavos.

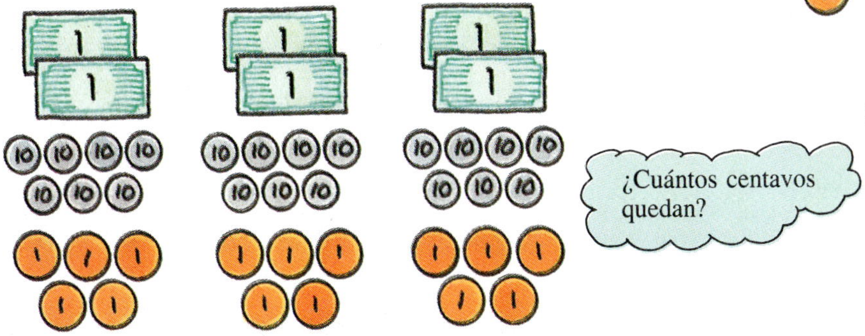

$2.75
3)$8.25
6
22
21
15
15
0

4. ¿Cuánto hay en cada grupo? ¿Cuánto es $8.25 dividido entre 3?

INTÉNTALO

Usa dólares, monedas de diez y de un centavo para dividir las cantidades. Regístralo como en los ejemplos anteriores.

1. Divide $7.38 entre 2.

2. Divide $7.38 entre 3.

3. Inventa y resuelve un problema de división.

Divide un decimal por un número entero

APRÉNDELO

EXPLORA Analiza el proceso

En las Olimpíadas de 1988, Bonnie Blair estableció un nuevo récord en patinaje de velocidad de 500 metros femenino. ¿Cuál fue su tiempo promedio por cada 100 metros? ¿Por qué divides para resolver este problema?

Divide la parte del número entero.	Coloca el punto decimal. Divide las décimas.	Divide las centésimas.
$5\overline{)39.10}$ = 7	$5\overline{)39.10}$ = 7.8 35 4 1 4 0	$5\overline{)39.10}$ = 7.82 35 4 1 4 0 10 10 0

COMÉNTALO

1. ¿Cómo sabes que 782, 78.2 y 0.782 no son respuestas razonables?
2. ¿Cómo podrías estimar mentalmente la división para saber si la respuesta es razonable?
3. ¿Cómo podrías usar la multiplicación para verificar la respuesta?
4. Usa una oración completa para dar una respuesta razonable al problema de Explora.

INTÉNTALO

Divide. Verifica tus respuestas.

1. $4\overline{)25.92}$
2. $9\overline{)5.166}$
3. $32\overline{)\$45.76}$
4. $3\overline{)0.87}$
5. $5\overline{)24.55}$
6. $2\overline{)72.238}$
7. $57\overline{)59.85}$
8. $26\overline{)13.10}$

PRACTÍCALO

Divide. Verifica tus respuestas.

1. $2\overline{)6.42}$ **2.** $4\overline{)32.67}$ **3.** $3\overline{)18.25}$ **4.** $4\overline{)20.16}$ **5.** $7\overline{)123.85}$

6. $6\overline{)2.898}$ **7.** $8\overline{)8.344}$ **8.** $9\overline{)0.5733}$ **9.** $4\overline{)93.04}$ **10.** $3\overline{)168.6}$

11. $19\overline{)28.5}$ **12.** $24\overline{)59.28}$ **13.** $43\overline{)165.55}$ **14.** $26\overline{)244.4}$ **15.** $35\overline{)819.7}$

16. $2\overline{)19.6}$ **17.** $7\overline{)17.738}$ **18.** $5\overline{)1.835}$ **19.** $8\overline{)288.24}$ **20.** $6\overline{)340.2}$

21. $37\overline{)9.361}$ **22.** $85\overline{)158.95}$ **23.** $73\overline{)\$33.58}$ **24.** $3\overline{)\$50.25}$ **25.** $24\overline{)\$245.28}$

26. $61.38 \div 9$ **27.** $9.506 \div 7$ **28.** $68.8 \div 8$ **29.** $4.737 \div 3$ **30.** $4.842 \div 6$

31. Estima y luego halla $8.85 \div 3$.

32. Estima y luego halla $381.6 \div 9$.

APLÍCALO

RAZONAMIENTO MATEMÁTICO

Halla el número que falta sin dividir.

33. $3\overline{)}$ con cociente 71 R1

34. $53\overline{)2{,}496}$ con cociente 47 R

35. $7\overline{)}$ con cociente 2.84

RESOLUCIÓN DE PROBLEMAS

36. ¿Cuánto menor fue el tiempo de Bonnie Blair que el tiempo de Christa Rothenburger en las Olimpíadas de 1988?

37. ¿Cuál fue el tiempo promedio para esta carrera de las Olimpíadas entre 1976 y 1988?

CÁLCULO MENTAL

Halla cada cociente. Si quieres, usa la calculadora. Busca una serie.

38. $7{,}386.4 \div 10$
$7{,}386.4 \div 100$
$7{,}386.4 \div 1{,}000$

39. $296.54 \div 10$
$296.54 \div 100$
$296.54 \div 1{,}000$

40. $28{,}374 \div 10$
$28{,}374 \div 100$
$28{,}374 \div 1{,}000$

Usa la serie que has hallado para calcular las respuestas mentalmente. Escribe sólo las respuestas.

41. $9.6 \div 10$ **42.** $27.54 \div 10$ **43.** $75 \div 10$ **44.** $34.2 \div 100$

45. $536.5 \div 100$ **46.** $278 \div 100$ **47.** $496.4 \div 1{,}000$ **48.** $387.25 \div 1{,}000$

Más práctica, página 505, grupo B

Resolución de problemas
Decide cuándo estimar

ENTIENDE
ANALIZA DATOS
PLANEA
ESTIMA
RESUELVE
EXAMINA

APRÉNDELO

Cuando resuelves problemas, debes decidir si necesitas una **estimación** o una **respuesta exacta.**

Imagina que estás a cargo de hacer el pedido de los refrescos que se venderán en la fiesta de tu escuela. Calculas que habrá por lo menos 190 alumnos y que venderás un promedio de $1\frac{1}{2}$ refrescos por persona. ¿Cuántos refrescos debes pedir?

Como no estoy seguro de cuántas personas asistirán ni de lo que van a beber, debo estimar cuánto tengo que comprar.

Tendrás que pagar 18¢ por cada refresco que vendas. ¿Cuánto tendrás que pagar si vendes 286 refrescos?

Necesito saber la cantidad exacta para saber cuánto tendré que pagar.

Debes entender la situación presentada en el problema antes de decidir si necesitas una respuesta exacta o si bastará con una estimación para responder a la pregunta.

INTÉNTALO

Usa la situación anterior para decidir si se necesita una estimación o una respuesta exacta. Di por qué.

1. Informas a tu clase de las ganancias de la venta de refrescos en la fiesta.

2. Explicas a tu clase que el promedio de refrescos por persona fue más o menos de 2.

PRÁCTICA COMBINADA

Decide si necesitas una respuesta exacta o una estimación. Di por qué.

1. Le dices a alguien la cantidad que piensas ganar vendiendo refrescos en la escuela el día de San Valentín.

2. Le dices a alguien la cantidad que ganas por cada refresco vendido.

3. Explicas a la clase cuánto recibirás de cada persona que asista a la fiesta del día de San Valentín, si cada una gasta 95¢ en refrescos.

4. Explicas a la clase cuánto costará comprar 350 refrescos del distribuidor.

5. Quieres saber si un alumno de sexto año gastó más o menos de $2 en la última fiesta.

6. Quieres saber cuánto le costará a un alumno comprar un cmparedado y 2 refrescos.

7. Explicas a la clase alrededor de cuánto costará comprar los ingredientes para preparar 25 emparedados.

8. En la fiesta de quinto año, 69 alumnos gastaron $152 en comida y refrescos. Los de sexto año tuvieron 56 alumnos y gastaron $149. ¿Quiénes gastaron más por alumno, los de quinto o los de sexto?

9. Jason tuvo que pagar 19¢ por cada refresco. Vendió 358 refrescos a 35¢ cada uno. ¿Cuál fue su ganancia si tuvo que pagar $15 por hielo y vasos?

10. **Datos que faltan** Completa los datos que faltan y resuelve el problema. Amanda ganó 18¢ por cada emparedado de pavo y 21¢ por cada uno de atún. ¿Cuánto dinero ganó con estos emparedados?

Redondea cocientes decimales

Promedio nacional

APRÉNDELO

EXPLORA Resuelve para comprender

Seis alumnos de 11 años de edad pesaban 69, 82, 78, 68, 75 y 83 libras, por un total de 455 libras. ¿Cuál era el peso promedio de los alumnos aproximado a la décima de libra?

Como queremos un promedio, dividimos el total por el número de sumandos.

Divide.

```
   75.8
6)455.0
  42
   35
   30
    50
    48
     2
```

Pon los ceros necesarios para completar la división.

Divide hasta un lugar más allá del lugar al que estás redondeando.

```
   75.83
6)455.00
  42
   35
   30
    50
    48
     20
     18
      2
```

Redondea el cociente. Si el último dígito es menos de 5, quítalo. Si es 5 o más, quítalo y redondea.

75.83 → 75.8

Redondea a la décima más cercana.

COMÉNTALO

1. ¿Por qué puedes agregar ceros después del punto decimal sin cambiar el problema?
2. ¿Qué harías para convencer a alguien de que 75.8 es un promedio razonable para los pesos dados? Clave: Mira la tabla.
3. Da una respuesta al problema con una oración completa.

INTÉNTALO

Divide. Redondea como se indica.

1. 9)24 (a la décima más cercana) **2.** \$25.43 ÷ 7 (al centavo más cercano) **3.** 9)17 (a la milésima más cercana)

PRACTÍCALO

Divide. Redondea a la décima más cercana.

1. $3\overline{)11}$ **2.** $7\overline{)5}$ **3.** $9\overline{)4}$ **4.** $6\overline{)13}$ **5.** $8\overline{)3}$

6. $14\overline{)7.34}$ **7.** $18\overline{)6.45}$ **8.** $25\overline{)3}$ **9.** $27\overline{)96}$ **10.** $43\overline{)287}$

Halla los cocientes. Redondea a la centésima o al centavo más cercano.

11. $6\overline{)5}$ **12.** $6\overline{)31}$ **13.** $7\overline{)5}$ **14.** $19\overline{)6}$ **15.** $20\overline{)87.2}$

16. $8\overline{)\$10.06}$ **17.** $3\overline{)\$19.06}$ **18.** $7\overline{)\$3.94}$ **19.** $25\overline{)\$64.75}$ **20.** $36\overline{)\$38.93}$

APLÍCALO

RAZONAMIENTO MATEMÁTICO

Usa el número entero del cociente para dar cada cociente decimal.

$$\begin{array}{r} 1{,}428 \text{ R4} \\ 7\overline{)10{,}000} \end{array}$$

21. $10 \div 7$ (décima más cercana)

22. $10 \div 7$ (centésima más cercana)

23. $100 \div 7$ (décima más cercana)

24. $1 \div 7$ (milésima más cercana)

RESOLUCIÓN DE PROBLEMAS

Usa los datos de la página opuesta para resolver los problemas.

25. ¿Por cuántas libras no coincidió el peso promedio de los seis alumnos con el promedio nacional para 11 años de edad?

26. **Más de una respuesta** Tres alumnos tenían pesos diferentes. Encuentra los pesos posibles de manera que el peso promedio sea de 75 libras.

27. Siete alumnos pesan un total de 481 libras. Halla el peso promedio aproximado a la décima más cercana. ¿Qué edad piensas que tendrán?

28. **Búsqueda de datos** Junta un grupo de 3,4 ó 5 compañeros. Halla su peso promedio, a la décima más cercana.

CALCULADORA

Si divides, puedes escribir una fracción en forma decimal. **Ejemplo:** $\frac{3}{8} = 3 \div 8 = 0.375$

Usa tu calculadora para representar una fracción en forma decimal. Redondea a la milésima más cercana cuando sea necesario.

29. $\frac{1}{8}$ **30.** $\frac{5}{8}$ **31.** $\frac{7}{8}$ **32.** $\frac{1}{6}$ **33.** $\frac{5}{6}$

34. $\frac{1}{3}$ **35.** $\frac{2}{3}$ **36.** $\frac{1}{12}$ **37.** $\frac{5}{12}$ **38.** $\frac{1}{16}$

Más práctica, página 505, grupo C

Resolución de problemas
Entiende la pregunta

ENTIENDE
ANALIZA DATOS
PLANEA
ESTIMA
RESUELVE
EXAMINA

APRÉNDELO

Uno de los primeros pasos para resolver un problema es entender la pregunta. A veces ayuda el hacer la pregunta de otra manera.

El Parque Nacional de Yellowstone tiene 120 géiseres con nombre y alrededor de 60 sin nombre. ¿Cuántos géiseres hay en el parque?

Primero, leeré la pregunta.

¿Cuántos géiseres hay en el parque?

Después, haré la pregunta de otra manera.

¿Cuál es el número total de géiseres del parque?

INTÉNTALO

Lee cada problema. Luego decide qué pregunta quiere decir lo mismo.

1. Norris Geyser Basin tiene por lo menos 24 géiseres activos. Lower Geyser Basin tiene por lo menos 18. ¿Cuántos géiseres hay en los dos lugares?

- **a.** ¿Cuántos géiseres tienen los dos lugares juntos?
- **b.** ¿Cuántos géiseres más tiene Norris Geyser Basin?

2. La erupción del géiser Valentine alcanza 75 pies de altura. La del géiser Minute 20 pies de altura. ¿Cuánto más alta es la erupción del géiser Valentine?

- **a.** ¿Cuántos pies de altura alcanzan las dos erupciones juntas?
- **b.** ¿Cuánto menor es la erupción de Minute?

Ahora escribe la pregunta para completar cada problema.

3. Un grupo de alumnos del sexto año fue a ver los géiseres. Hay 12 niñas y 9 niños en el grupo.

4. Los alumnos observaron la erupción de un géiser por 4 minutos y la erupción de otro por 7 minutos.

PRÁCTICA COMBINADA

Resuelve. Usa cualquier estrategia para resolver el problema.

1. El salto de agua Lower Yellowstone es de 310 pies de altura. El salto Ribbon de Yosemite es de 1,612 pies de altura y es el más alto de Estados Unidos. ¿Cuánto más alto es el salto Ribbon?

2. Usa los datos de la tabla para hallar cuántos galones de agua descarga al día el géiser Old Faithful.

3. La tienda de regalos del parque vende postales a 50¢ cada 3. Stacy compró 21 postales. ¿Cuánto dinero gastó?

4. El géiser Little Cub entra en erupción cada 1.8 horas. ¿Cuántas veces hace erupción en 24 horas?

Old Faithful (cada erupción)
La erupción es de 116 a 175 pies de altura.
Entra en erupción 4 minutos cada hora.
Descarga cerca de 12,000 galones de agua.

5. Mei compró regalos para sus amigos. Gastó $23.85 en 3 camisetas y $7.50 en carteles. ¿Cuánto costó cada camiseta?

6. La familia de Darryl viajó al Parque Nacional de Yellowstone el verano pasado. El viaje duró 3 días. Condujeron 425 millas el primer día, 378 el segundo día y 214 millas el tercero. Halla el promedio de millas recorridas en 1 día.

7. La familia salió a acampar durante 12 días. La tarifa por acampar fue de $4.50 por día. ¿Cuánto les costó acampar?

8. **Banco de datos de estudios sociales** El río Yellowstone es 318.4 km más corto que el río Brazos. ¿Cuál es su longitud?

BANCO DE DATOS

9. **Comprende las operaciones** Di qué operación usarías para resolver este problema.

   Un grupo de personas observaba la erupción del Old Faithful. Cinco personas se fueron. Quedaron sólo 8 mirando el Old Faithful. ¿Cuántas personas había en el primer grupo?

Más práctica, página 524, grupo A

Divide entre un decimal

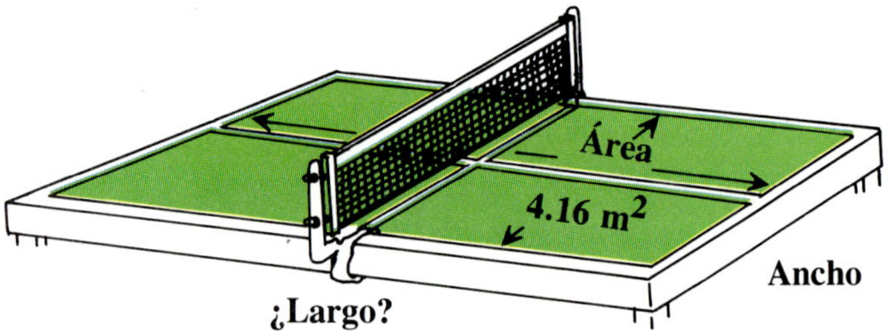

APRÉNDELO

EXPLORA **Resuelve para entender**

El área de esta mesa de tenis es de 4.16 metros cuadrados y el ancho de 1.52 metros. ¿Cuál es el largo redondeado a la centésima más cercana?

Al conocer el área y un lado, dividimos para encontrar el otro lado.

Multiplica el divisor entre una potencia de 10 para hacer un número entero.

× 100

1.5 2$_\wedge$)4.1 6

Multiplica el dividendo por la misma potencia de 10.

× 100

1.5 2$_\wedge$)4.1 6$_\wedge$

Divide.

```
          2.7 3 6
1.5 2^)4.1 6^0 0 0
       3 0 4
       1 1 2 0
       1 0 6 4
           5 6 0
           4 5 6
           1 0 4 0
             9 1 2
             1 2 8
```

Multiplicar el divisor y el dividendo por el mismo número no cambia el cociente. Observa estos ejemplos de números enteros.

$6\overline{)42} = 7$ $\quad 60\overline{)420} = 7$ $\quad 600\overline{)4{,}200} = 7$

COMÉNTALO

1. ¿Por qué dividir por un decimal es como dividir por un número entero, excepto por la posición del punto decimal?
2. Usa una oración completa para dar una respuesta razonable al problema de Explora.

INTÉNTALO

Divide. Redondea a la centésima más cercana si es necesario.

1. $4.3\overline{)201.24}$ **2.** $0.7\overline{)6.65}$ **3.** $0.54\overline{)4.433}$ **4.** $0.038\overline{)3.0666}$

PRACTÍCALO

Divide. Redondea a la centésima más cercana si es necesario.

1. $3.4\overline{)12.92}$ **2.** $0.8\overline{)26.08}$ **3.** $0.67\overline{)3.643}$ **4.** $0.03\overline{)0.294}$

5. $9.5\overline{)0.8265}$ **6.** $0.6\overline{)0.576}$ **7.** $0.09\overline{)34.283}$ **8.** $0.08\overline{)7.221}$

9. $0.7\overline{)224}$ **10.** $0.003\overline{)5.1}$ **11.** $0.007\overline{)0.0868}$ **12.** $0.046\overline{)3.0084}$

Halla los cocientes. Redondea a la centésima más cercana si necesario.

13. $1.44 \div 0.45$ **14.** $0.3904 \div 0.061$ **15.** $0.5318 \div 0.49$

16. $42 \div 0.06$ **17.** $12 \div 0.005$ **18.** $32.2 \div 0.46$

19. Estima y luego halla el cociente: $63.96 = 7.8$

20. Estima y luego halla el cociente: $242 \div 0.55$

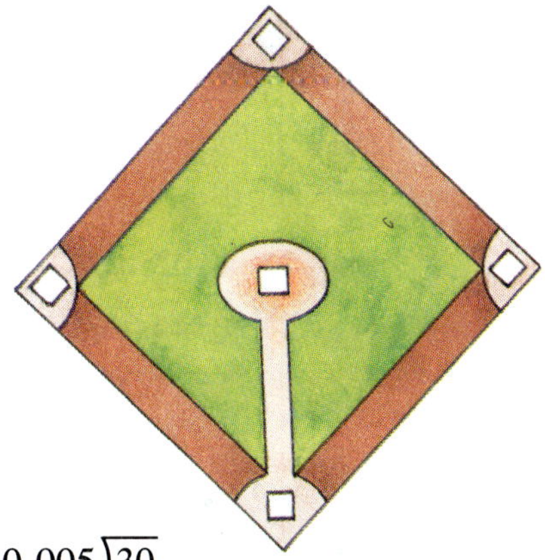

APLÍCALO

RAZONAMIENTO MATEMÁTICO

Usa lo que sabes de división de números enteros para hallar los cocientes. Escribe sólo las respuestas.

$\begin{array}{r} 6 \\ 5\overline{)30} \end{array}$

21. $0.5\overline{)30}$ **22.** $0.05\overline{)30}$ **23.** $0.005\overline{)30}$

RESOLUCIÓN DE PROBLEMAS

24. Una cancha de tenis mide 10.97 m de ancho. Su área es de 260.75 m^2. ¿Cuál es el largo redondeado a la centésima más cercana?

25. Un campo de béisbol es un cuadrado de 27.45 m por lado. ¿Cuál es el área del campo?

REPASO COMBINADO

Evalúa las expresiones para $a = 20$ y $b = 30$.

26. $(a \times b) + a$ **27.** $1.2 \times a$ **28.** $3 \times (a + b)$ **29.** $(3 \times a) + (3 \times b)$

Escribe la expresión algebraica.

30. un número incrementado **31.** el doble de un número **32.** 5 menos de un número

Más práctica, página 505, grupo D

Resolución de problemas
Usa la calculadora

ENTIENDE
ANALIZA DATOS
PLANEA
ESTIMA
RESUELVE
EXAMINA

APRÉNDELO

Para comparar con precisión cuando vayas de compras, tienes que comprender y saber calcular los precios por unidad. Esto se hace más facilmente con la calculadora.

El precio de 1 unidad (onza, libra, etc.) de un artículo se llama **precio por unidad** o **precio unitario.**

El problema que se presenta a continuación te ayudará a hallar los precios por unidad si conoces el precio total y la cantidad de unidades.

Un saco de 20 libras de papas cuesta \$1.98. Halla el precio por libra. Redondea al centavo más cercano.

Precio ÷ Cantidad de unidades = Precio por unidad

\$1.98 ÷ 20 = \$0.099 → \$0.10

1.98 [÷] 20 [=] [**0.099**]

Redondea al centavo más cercano.

INTÉNTALO

Usa tu calculadora para hallar el precio por unidad. Redondea al centavo más próximo.

1.

GALLETAS
9.5 oz \$1.19

2.

TOMATES
15 oz \$0.89

3.

ATÚN
5.5 oz \$0.99

4.

HARINA
5 lbs \$1.29

PRÁCTICA COMBINADA

Resuelve. Usa cualquier estrategia para resolver problemas.

1. Alejandro compró un paquete de 80 servilletas por $1.69. ¿Cuánto costó cada una? Redondea al centavo más cercano.

2. Liz pagó $11.06 por 12.3 galones de gasolina. ¿Cuánto pagó por galón? Redondea a la décima de centavo más cercana.

3. Muriel compró una sandía de 18 libras por $3.00. ¿Cuál fue el precio por libra, redondeado al centavo más cercano?

4. La señora Washington viajó 2.2 millas desde su casa a la tienda de comestibles. Luego fue hasta el centro médico, que está a 4.2 millas de la tienda de comestibles, para una consulta con el dentista. Más tarde, viajó otras 5.3 millas para visitar a su madre. ¿Cuántas millas viajó la señora Washington?

5. Tim tenía el doble de tarjetas de béisbol que Tom. Sally, con 9 tarjetas, tenía cuatro menos que Tom. ¿Cuántas tarjetas tenía Tim?

6. Las tarjetas de béisbol estaban de rebaja en la tienda de comestibles. Los paquetes de 5 tarjetas valían 25¢ mientras que los de 4 tarjetas valían 20¢. Ginger gastó $1.20 en tarjetas de béisbol. ¿Cuántas tarjetas compró?

7. Un saco de cinco libras de comida para gato cuesta $1.25. El gato de Sam come 2 sacos de comida al mes. ¿Cuál es el precio por unidad de la comida para gatos?

8. Una caja de 38 onzas de mezcla para panqueques vale $2.49. Una caja de 24 onzas vale $1.79. Compara los precios por unidad para decidir cuál es la mejor compra.

9. Las manzanas cuestan $0.39 por libra. Maurice compró 5 libras. ¿Cuánto pagó por las manzanas?

10. Cindy compró 2 libras de plátanos a 29¢ la libra y 6 libras de peras a 69¢ la libra. Si le dió $5 al cajero, ¿cuánto cambio recibió?

11. **Determina respuestas razonables** Ginny, George y Rina calcularon el precio por unidad del jugo de uva. Di por qué las respuestas de Ginny y George no son razonables. ¿Está en lo cierto Gina?

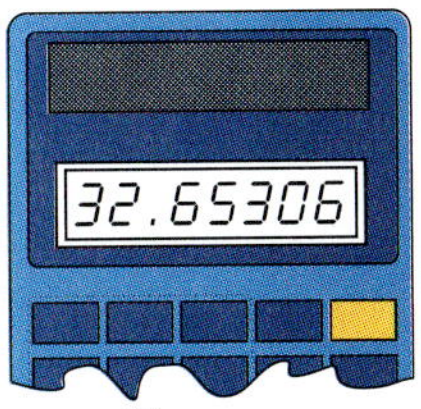

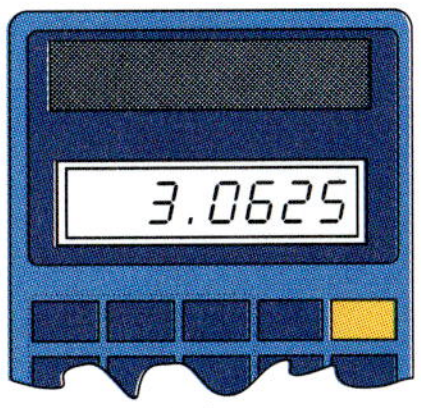

Recopilación y análisis de datos

Decisión de grupo

ENTIENDE
ANALIZA DATOS
PLANEA
ESTIMA
RESUELVE
EXAMINA

Haz una simulación

Destreza de grupo

Anima y respeta a los demás

¿Es probable que en grupo de seis personas dos de ellas hayan nacido el mismo mes? Adivina si habrá dos personas del mismo mes la mitad de las veces, más de la mitad de las veces o aproximadamente la mitad de las veces. Tú y tu grupo pueden hacer una **simulación** en la que representarán la situación para ver qué pasaría en la realidad.

Recopila los datos

1. Trabaja con tu grupo para recortar 12 tarjetas y escribe el nombre de cada mes en una tarjeta.
2. Saquen al azar una tarjeta que representará el mes de una persona. Anoten el mes. Reemplacen la tarjeta y saquen otra que representará la segunda persona del grupo. Continúen hasta sacar y anotar seis meses. Esto completará la primera serie, o sea una **prueba**. ¿Han coincidido alguno de los meses? Hagan un tabla como la que hay a continuación para anotar 30 pruebas.

Organiza los datos

3. Cuenta el número total de veces que coinciden y el que no coinciden. Haz una gráfica para comparar.

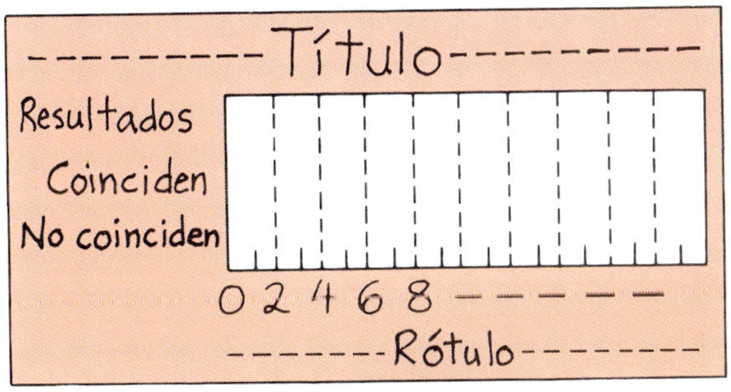

Presenta tu analisis

4. Compara los resultados con tus predicciones. Escribe un resumen de lo que tu grupo ha averiguado.

5. ¿Lograron otros grupos resultados similares? ¿Lograrías los mismos resultados si hicieras la simulación con más pruebas? ¿Por qué sí o por qué no?

RESUMEN

Términos de cálculo mental y estimación

¿Qué técnica de estimación o cálculo mental se usa en cada ejemplo? Escoge: *números compatibles, agrupación, descomponer, redondeo.*

1. $247 \div 7 \rightarrow 240 \div 8$

2. $87 + 78 + 83 + 90 \rightarrow 4 \times 80$

3. $587 + 562 + 615 \rightarrow 590 + 560 + 620$

4. $\$24.84 \div 4 \rightarrow (\$24.00 \div 4) + (80¢ \div 4) + (4¢ \div 4)$

5. $554.6 \div 66 \rightarrow 560 \div 70$

6. $2{,}427 \div 3 \rightarrow (2{,}400 \div 3) + (27 \div 3)$

7. $5{,}982 + 6{,}305 + 6{,}019 \rightarrow 3 \times 6{,}000$

Algunas veces, siempre, nunca

Determina cuál completa mejor las oraciones: *algunas veces, siempre* o *nunca.* Explica tus elecciones.

8. Un cociente estimado _____ es suficiente para dar la respuesta correcta.

9. El residuo en la división _____ es menor que el divisor.

10. Si el divisor es más de 1, el número que se divide _____ es mayor que el cociente.

11. El promedio de un conjunto de números _____ es menos del número menor.

Proyecto

Quieres abrir una tienda de comestibles. Para comenzar, lees anuncios de tiendas locales. Comparas los precios unitarios de los artículos que se venden por cantidades de 2, 3, 4, etc. Por ejemplo, las toronjas se podrían vender a 4 por $1.25. Quieres vender tu mercancía a alrededor de $.02 menos que el precio más bajo de las demás tiendas. Sólo venderás en paquetes de 5. Escoge un nombre y un lema. Haz una tabla con una lista de los precios por unidad y por paquetes de 10 para los artículos que venderás.

REPASO DEL CAPÍTULO/EXAMEN

1ª parte Entendimiento

Sin dividir, di qué cociente es más grande.

1. 2,482 ÷ 41 ó 2,482 ÷ 51

2. 16,667 ÷ 47 ó 12,667 ÷ 47

3. Sin dividir, escoge el promedio de este conjunto de números: 44, 53, 37, 48, 39, 55 **a.** 36 **b.** 46 **c.** 56

Determina si necesitas una estimación o una respuesta exacta.

4. Le dices a alguien la cantidad de dinero que tu puesto de limonada probablemente ganará el próximo fin de semana.

5. Quieres saber cuánto costará comprar 100 tazas para tu puesto de limonada.

2ª parte Destrezas

Calcula mentalmente los cocientes.

6. 320 ÷ 8

7. 24,000 ÷ 60

Estima cada cociente. Redondea o usa números compatibles.

8. 423.96 ÷ 6 **9.** 552.5 ÷ 8.13 **10.** 217 ÷ 7 **11.** 3,466 ÷ 50

Escoge un método de cálculo. Luego resuelve.

12. 371 × 5

13. 2,800 ÷ 70

Divide.

14. 26,452 ÷ 8 **15.** 58,966 ÷ 55 **16.** 36.729 ÷ 21 **17.** 0.0444 ÷ 0.006

18. Divide $5.35 entre 3. Redondea al centavo más cercano.

19. Divide 70.2 entre 0.96. Redondea a la centésima más cercana.

3ª parte Aplicaciones

20. Horace marcó puntajes de 132, 152, 108 y 140 en el boliche. ¿Cuál es su puntaje promedio en los 4 juegos?

21. Por cada 5 videos del Oeste, la tienda alquila 8 de deportes. Si la tienda alquila 48 videos de deportes, ¿cuántos del Oeste se alquilan?

22. **Desafío** Una bolsa de 6 libras de comida para perros cuesta $2.70. Kay tiene 3 perros. Compró 3 bolsas. ¿Cuál es el precio por libra de la comida?

ENRIQUECIMIENTO
Notación científica

El Sol está a 93,000,000 millas de la Tierra. Esta distancia es tan grande que la luz tarda más de 8 minutos en llegar a la Tierra. Las distancias a través del universo son tan enormes que los científicos usan una medida especial, el año luz, para medirlas. Un año luz es la distancia que la luz viaja en 1 año, casi 6,000,000,000,000 millas.

¿Puedes mostrar en la calculadora la distancia de la Tierra al Sol de la forma usual ? ¿Y la que la luz viaja en 1 año? Explica.

Un número escrito con la notación científica es el producto de dos factores. Un factor es un número entre 1 y 10. El otro es una potencia de diez y se escribe con exponentes.

1. Cuando se escribe un número con notación científica, ¿cambia

Escribe con notación científica.

2. 4,700 **3.** 210,000 **4.** 6,800,000 **5.** 345,000,000,000

Resuelve.

6. Plutón tiene un diámetro de 1,500 millas. Escribe este número con notación científica.

7. El cráter más grande de la luna se llama Bailly. Es de casi 26,000 millas cuadradas. Expresa su área, usando notación científica.

8. La luz viaja a una velocidad de 186,000 millas por segundo. Escribe esta velocidad con notación científica.

9. Los astrónomos concuerdan en que el universo comenzó hace casi 15,000,000,000 años. Escribe este número con notación científica.

10. La nebulosa Orión, que se puede ver a simple vista, está a 1.6×10^3 años luz de nosotros. Escribe la distancia en años luz de la forma usual.

11. La luna gira alrededor de la Tierra a una distancia promedio de 2.39×10^5 millas. Escribe este número de la forma usual.

REPASO GENERAL

Halla el número.

1. ochcnta mil

A. 8,000 **B.** 80,000
C. 8,000,000 **D.** 800,000

2. ocho billones

A. 8,000,000,000 **B.** 8,000,000
C. 800,000 **D.** 80,000,000,000

3. Escoge el número que complete correctamente 1,684,328 < ▯.

A. 1,684,328 **B.** 1,684,229
C. 1,684,332 **D.** 1,684,325

4. Escribe el decimal: uno y treinta y dos centésimas.

A. 0.132 **B.** 1.032
C. 13.2 **D.** 1.32

5. Escribe el número siguiente de la serie: 0.214, 0.234, 0.254, 0.274

A. 0.314 **B.** 0.294
C. 0.254 **D.** 0.239

6. 4.3 m = ▯ cm

A. 43 **B.** 0.43
C. 430 **D.** 4,300

7. Calcula mentalmente $25 + 37 + 75$.

A. 87 **B.** 63
C. 137 **D.** 40

8. Meg cantó por un cierto número de minutos. Luego cantó 5 minutos más. ¿Cuál indica por cuánto tiempo cantó?

A. $n + 5$ **B.** $n - 5$
C. $5 - n$ **D.** $n \times 5$

9. ¿Cuál es el valor del 6 en el decimal 2.0346?

A. 0.0006 **B.** 0.006
C. 0.6 **D.** 0.06

10. Redondea 2.381 a la centésima más cercana.

A. 2.39 **B.** 2.38
C. 2.40 **D.** 2.9

11. Estima la suma: $14.04 + 7.89$.

A. 14.7 **B.** 21
C. 6 **D.** 22

12. ¿Cuáles son los factores primos de 78?

A. 2×39 **B.** 7×2^3
C. $7 \times 10 \times 2^3$ **D.** $2 \times 3 \times 13$

13. Boletos de adultos (A) cuestan $3 cada uno y de estudiantes (E) $1.50. Se vendieron diez boletos y se recaudó $24. ¿Cuántos de cada clase se vendieron?

A. 4 A, 6 E
B. 5 A, 5 E
C. 6 A, 4 E
D. 4 A, 4 E

14. ¿Qué factores darían el producto que muestra el dibujo?

A. 0.9×0.8
B. 9×0.8
C. 0.09×0.08
D. 0.09×0.8

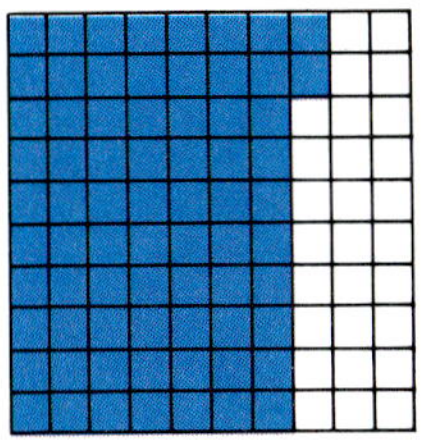

5

DATOS, GRÁFICAS Y ESTADÍSTICAS

MATEMÁTICAS Y SALUD Y APTITUD FÍSICA

BANCO DE DATOS

Usa el Banco de datos de salud y aptitud física (p. 474) para contestar las preguntas.

1 ¿En qué deporte de equipo se gasta la mayor cantidad de calorías por hora? ¿En qué deporte de equipo se gasta la menor cantidad de calorías por hora?

2 Una bola de helado puede contener fácilmente 100 calorías. ¿Qué actividades podrías hacer tú solo para gastar esas calorías en 15 minutos o menos?

3 Haz una gráfica de barras simple. Muestra cuántas actividades gastan 200, 300, 400 y 500 calorías en una hora.

4 **Pensamiento crítico**
¿Crees que gastas más o menos de 2,500 calorías en las 24 horas de cualquier día de la semana escolar? ¿Cómo puedes usar la tabla como ayuda para decidir? Explica tu razonamiento.

Lee gráficas

Tiempos de natación de José

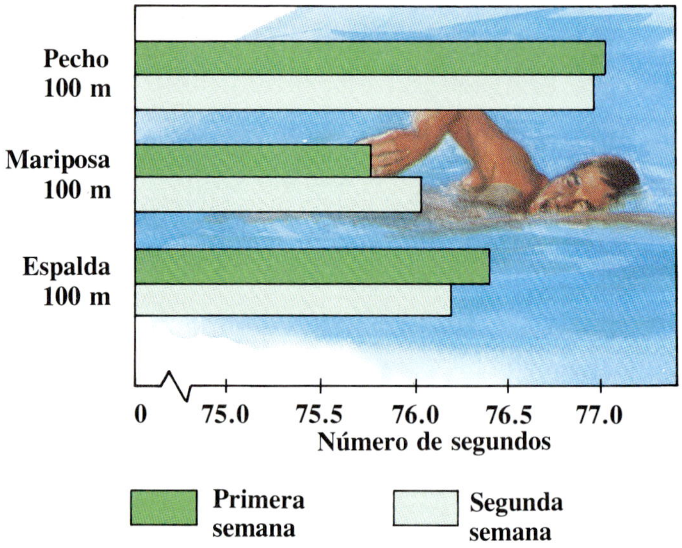

APRÉNDELO

EXPLORA **Estudia los datos**

Cada semana, José intenta mejorar su tiempo en natación. Esta **gráfica de doble barra** muestra sus mejores tiempos durante dos semanas en tres diferentes pruebas. Los números bajo la gráfica se llaman la **escala.**

COMÉNTALO

1. ¿Por qué crees que se llama gráfica de doble barra?
2. ¿Qué números faltan a lo largo de la escala? ¿Por qué crees que no han sido colocados?
3. ¿Qué están relacionando las dos barras de cada prueba?

- Un garabato al principio de la escala significa que una parte ha sido omitida.
- En la mayoría de las gráficas hay que estimar para hallar el número aproximado representado por la barra o los puntos.

Esta barra representa cerca de 76.2 en la escala.

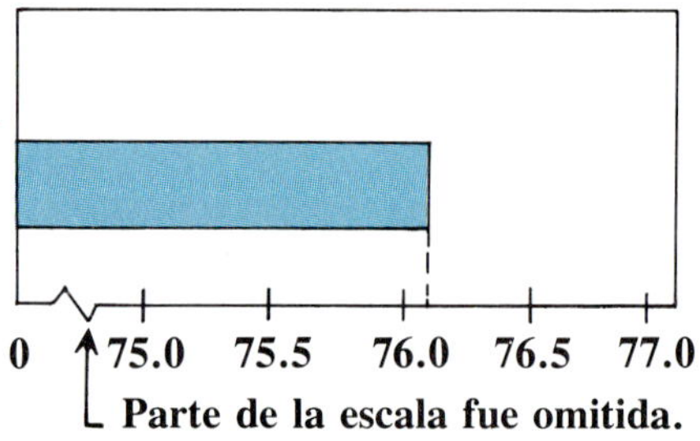

INTÉNTALO

1. ¿Cuán rápido nadó José en la modalidad de pecho la primera semana? ¿Y la segunda semana?
2. ¿En qué pruebas mejoró su tiempo la segunda semana? ¿En cuál mejoró más?
3. ¿Cuál fue su mejor tiempo en la modalidad de espalda?

PRACTÍCALO

Usa la gráfica anterior para los ejercicios del 1 al 3.

1. ¿En qué prueba obtuvo José un tiempo de 76.2 segundos? ¿Fue en la primera o en la segunda semana?

2. ¿En qué prueba fue su tiempo casi igual en ambas semanas?

3. ¿Nadó José mejor la primera o la segunda semana? Usa los datos para basar tu conclusión.

José entrenó durante seis semanas para un gran torneo de natación. Esta gráfica muestra las horas que entrenó por semana.

4. ¿Cuántas horas entrenó José la tercera semana?

5. ¿Qué crees que significa el medio reloj de la cuarta semana? ¿Cuántas horas entrenó José esa semana?

6. ¿En qué semana entrenó 16 horas?

7. ¿Por qué crees que José entrenó sólo 12 horas la sexta semana?

Entrenamiento
Horas cada semana

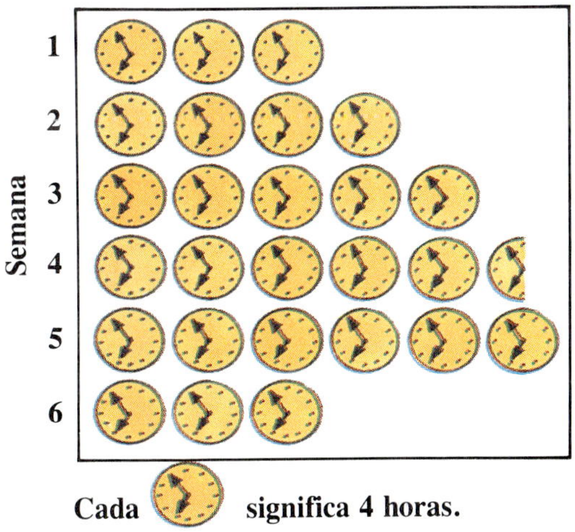

APLÍCALO

RAZONAMIENTO MATEMÁTICO

8. Si  significa 10 horas, estima lo que significa 

RESOLUCIÓN DE PROBLEMAS

9. **Banco de datos de salud y aptitud física** Si José nada 10 horas cada semana, ¿cuántas más calorías gasta nadando en una competición que nadando para relajarse?

BANCO DE DATOS

PENSAMIENTO CRÍTICO Evalúa la situación

10. Di por qué esta gráfica no indica bien cuán reñida fue la carrera.

Resultados de la carrera

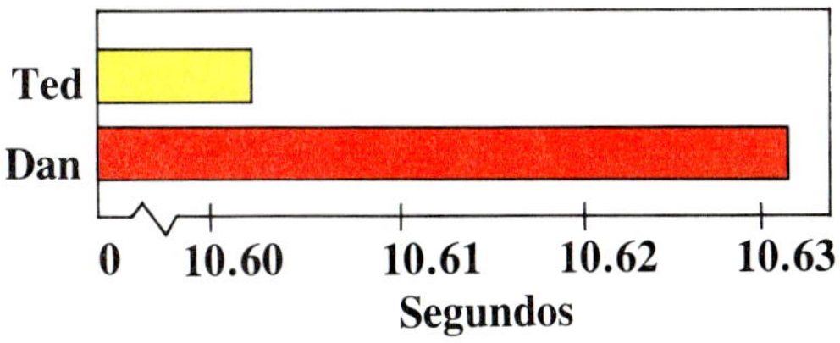

Rango y escalas

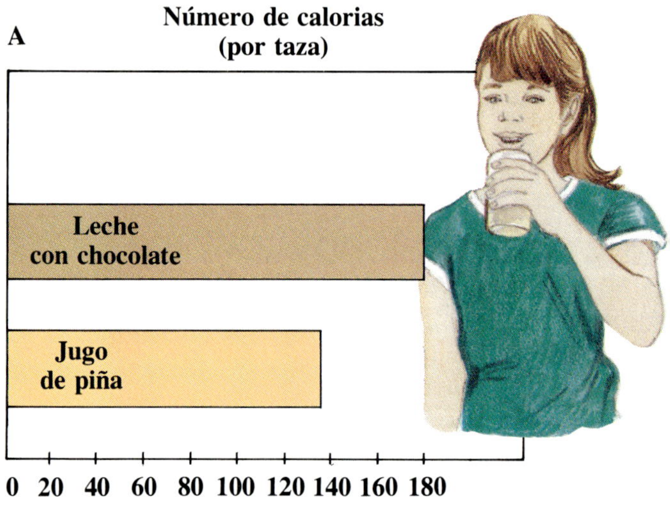

APRÉNDELO

EXPLORA **Estudia los datos**

Un vaso de leche con chocolate (180 calorías) contiene unas 45 calorías más que uno de jugo de piña (135 calorías). Las dos gráficas muestran cuán diferentes pueden parecer los datos según la escala.

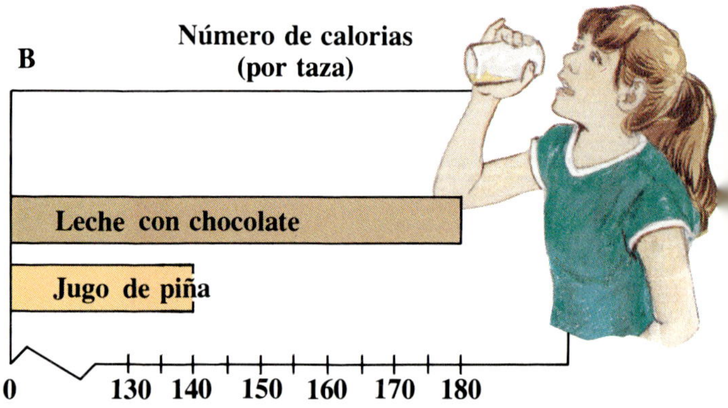

COMÉNTALO

1. ¿Qué números están representados en cada una de las escalas?
2. ¿Qué escala exagera la diferencia de calorías?
3. ¿Qué escala tendrías que usar si quisieras incluir leche descremada (90 calorías) y jugo de tomate (45 calorías)?

El **rango** de un conjunto de números es la diferencia entre el número más alto y el más bajo. El rango para el conjunto de números 180, 135, 90, 45 es (180 − 45) ó 135.

El **intervalo** de una gráfica es el número de unidades entre los espacios de la escala. En la gráfica A es 20 y en la B, 5.

A continuación se indica cómo crear una escala.

- Primero decide si quieres mostrar la escala entera u omitir algunos números al principio.
- Decide cuántos intervalos utilizarás.
- Determina el tamaño de cada intervalo según el rango de los números que irán en la gráfica.

Números: 19.5, 17.8, 18.0, 16.4, 17.1
Rango: Aproximadamente 20 − 16, ó 4

Usa 8 intervalos, 0.5 cada uno.

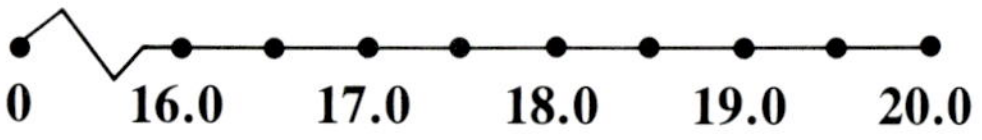

INTÉNTALO

1. Haz una escala para el conjunto 17, 12, 32, 26.
2. Haz una escala para el rango de 40 a 110. Haz el intervalo a 10.

PRACTÍCALO

1. ¿Cuál es el rango aproximado de los números de esta gráfica?

2. ¿Cuántos intervalos hay?

3. ¿Cuál es el número de unidades en cada intervalo?

4. Crea una escala para los datos de esta gráfica en la que se omitan los números menores de 40.

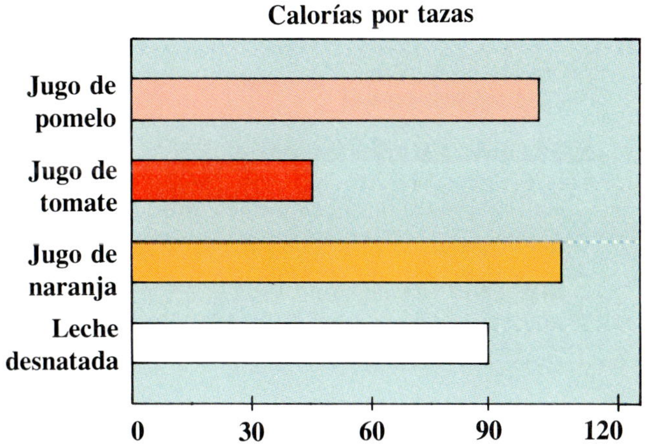

5. Traza una escala para un rango de 0.2 a 2.0. Haz 10 intervalos.

APLÍCALO

RAZONAMIENTO MATEMÁTICO

6. ¿Qué operación usarías para obtener el tamaño aproximado del intervalo si tienes un rango de 200 y piensas usar 7 intervalos?

RESOLUCIÓN DE PROBLEMAS

7. ¿Qué intervalo usarías si fueras a hacer una gráfica del contenido de calorías de la leche con chocolate y de la leche descremada anteriores?

8. **Banco de datos de salud y aptitud física** Crea una escala, señala los intervalos y haz una gráfica de barras para las calorías que se gastan al caminar, al correr despacio y al correr rápido. Incluye todos los tipos.

BANCO DE DATOS

REPASO COMBINADO

Estima.

9. 289 × 68 **10.** 8.79 × 22.13 **11.** 326 ÷ 5 **12.** 812 ÷ 18 **13.** 82.551 ÷ 3.576

Halla las respuestas.

14. 305 × 400 **15.** 4.73 × 8.4 **16.** $72\overline{)597.6}$ **17.** $89\overline{)0.2047}$

Más práctica, página 505, grupo E

Lee y haz gráficas lineales

APRÉNDELO

EXPLORA **Estudia los datos**

La tabla muestra el cambio del ritmo del corazón al pasar del descanso al ejercicio y luego al descanso. La **gráfica lineal** muestra los datos de la tabla.

Tiempo	Latidos
0 min	70
5 min	127
10 min	142
15 min	158
20 min	130
25 min	87

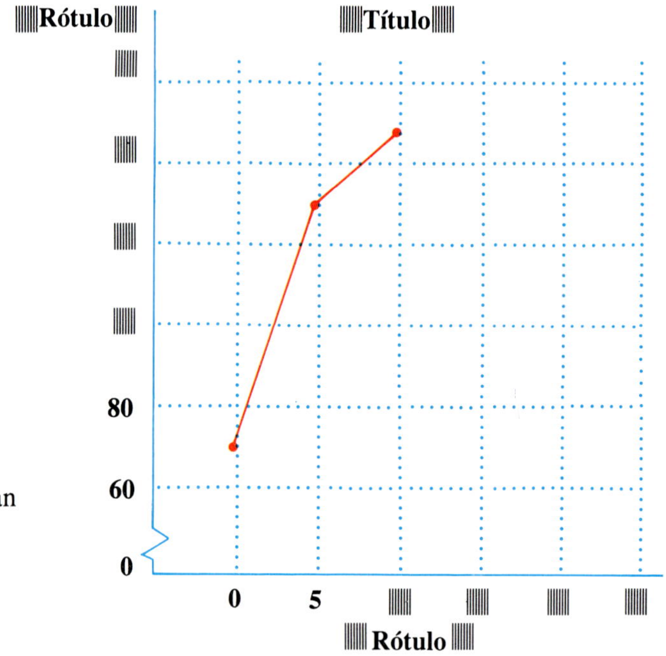

COMÉNTALO

1. ¿Qué muestran los números que hay en la escala de la base?
2. ¿Qué muestra la escala del lado?
3. ¿Qué números de la tabla se representan por tres puntos en la gráfica? ¿Qué punto mostrarías a continuación?

Así se hace una gráfica lineal.

- Elige un rótulo para cada escala.
- Haz cada escala de forma que los datos quepan y las escalas sean del mismo largo.
- Marca los puntos para los datos y traza la línea que conecta los puntos.
- Ponle un título a la gráfica.

INTÉNTALO

1. Copia y completa la gráfica anterior.
2. Observa tu gráfica. ¿Qué muestra la parte descendiente de la línea de la gráfica?

PRACTÍCALO

1. Esta tabla muestra cómo ciertos gatos enfermos del corazón mejoraron el bombeo de éste con una medicación suministrada por 10 semanas. Usa estos datos para hacer una gráfica lineal. Esta figura te ayudará a empezar la gráfica.

Número de semanas	Capacidad para bombear unidades de sangre
0	0.23
1–2	0.26
3–4	0.34
5–6	0.35
7–8	0.37
9–10	0.40

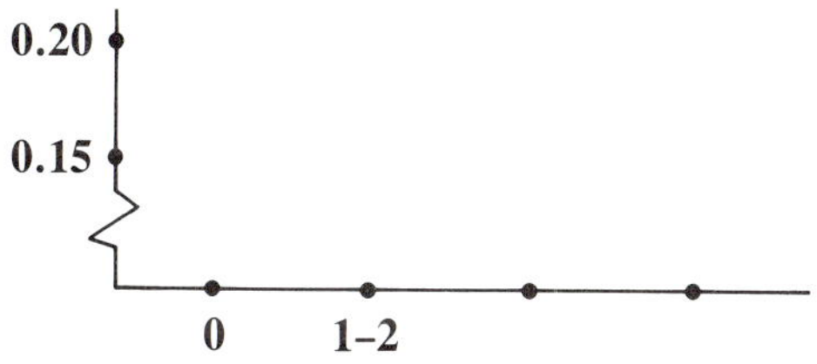

2. ¿Cuál de estas gráficas no cambia al ser leída de izquierda a derecha?

3. ¿Cuál disminuye?

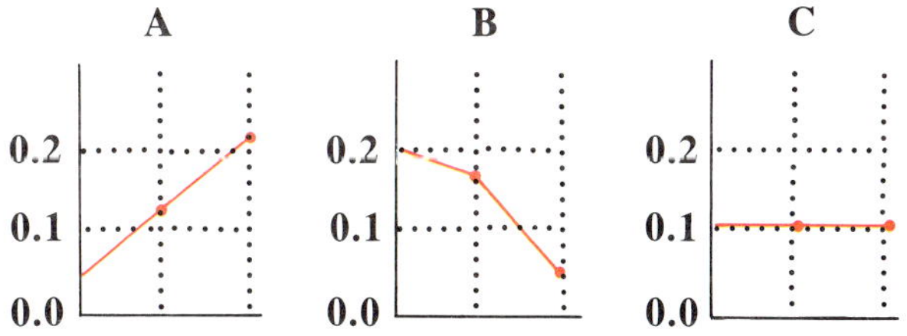

APLÍCALO

RAZONAMIENTO MATEMÁTICO

4. Supón que esta es la escala del salario de un empleo. Muestra cuántas horas necesitas trabajar para ganar $100. ¿Te gustaría que la línea de tu gráfica aumentara o disminuyera con los años? ¿Por qué?

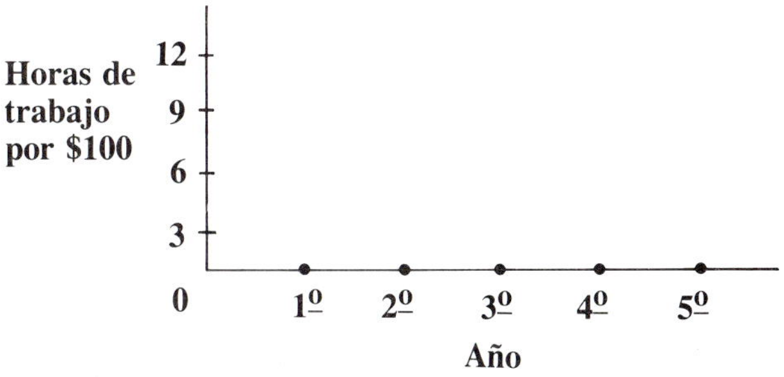

RESOLUCIÓN DE PROBLEMAS

5. ¿Cuánto mejoró la capacidad de bombeo de los gatos en las 10 semanas?

6. Usa la gráfica y los datos de la página anterior para estimar cuándo vuelve a ser de 70 el pulso.

ÁLGEBRA

7. Si haces una gráfica con los datos de la tabla de abajo, aumentará o disminuirá tu gráfica lineal al hacerse más grande n?

n	2	3	4	5	...
$2 \times n - 3$					

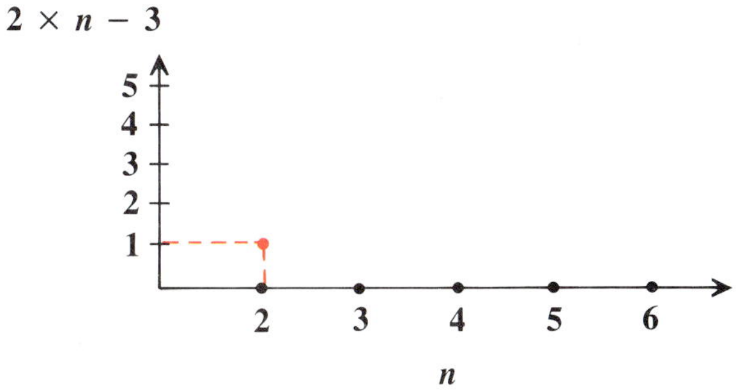

Más práctica, página 506, grupo A

Lee y haz gráficas circulares

APRÉNDELO

Lo que sabes de estimar fracciones y decimales te ayudará a entender la información de las **gráficas circulares.**

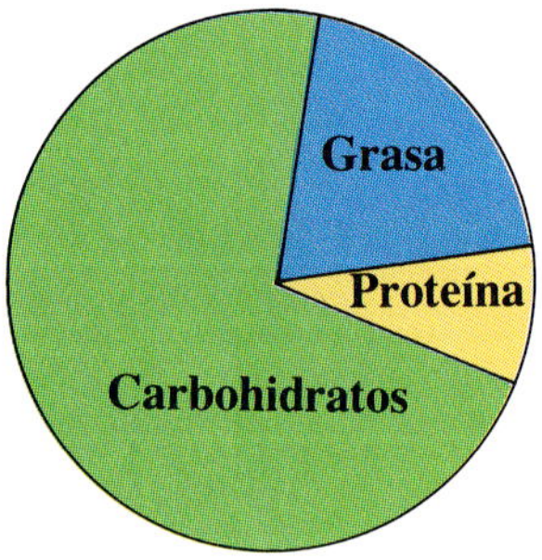

Dieta de la persona A

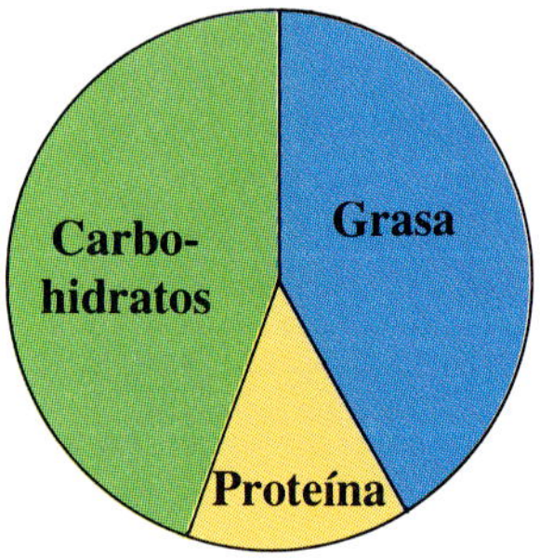

Dieta de la persona B

EXPLORA **Estudia las gráficas**

Muchos expertos en nutrición creen que una dieta baja en grasas es más sana que una alta. Las dos gráficas circulares muestran dietas de dos personas.

COMÉNTALO

1. Según los expertos, ¿qué persona crees que hace una dieta más sana? ¿Cómo lo sabes?
2. ¿Qué es lo que compensa la grasa en la dieta de la persona A, las proteínas o los carbohidratos? ¿Cómo lo sabes?
3. ¿Qué dieta consiste en más de la mitad de carbohidratos? ¿Cómo lo sabes?

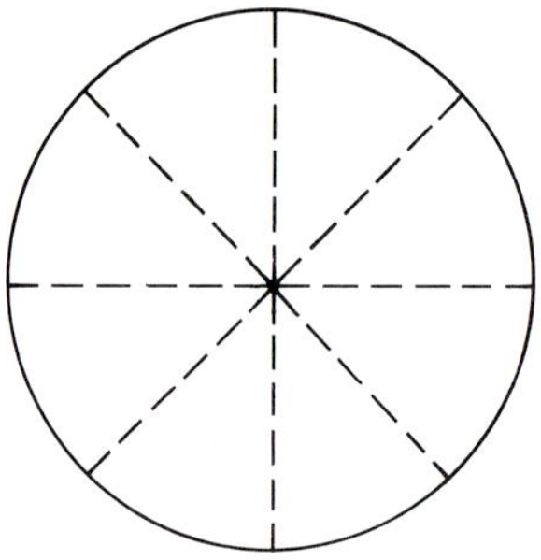

Octavos

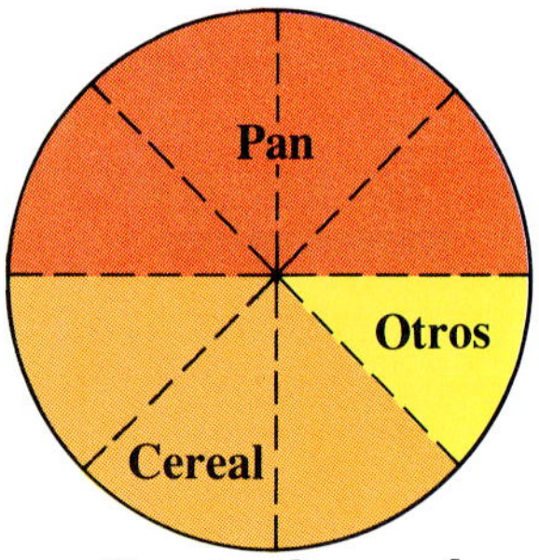

Fuentes de cereal

En una gráfica circular, el círculo es el entero, ó 1. Para mostrar que este entero está dividido, se sombrean o colorean distintas partes del círculo. Puedes hacer gráficas circulares al estimar las partes para mostrar los datos. Doblar un círculo en octavos te ayudará a estimar las partes. Este ejemplo muestra cómo señalar datos en la gráfica circular.

Fuentes de grano

Pan	0.48	→ cerca de $\frac{1}{2}$
Cereales	0.37	→ cerca de $\frac{3}{8}$
Otros	0.15	→ cerca de $\frac{1}{8}$

INTÉNTALO

1. Haz una gráfica circular para mostrar los datos de esta tabla.

Componentes nutritivos de la trucha

Proteínas	0.3	→	un poco más de $\frac{1}{4}$
Carbohidratos	0.0	→	0
Grasa	0.7	→	un poco menos de $\frac{3}{4}$

PRACTÍCALO

Usa las cuatro gráficas circulares para contestar las preguntas.

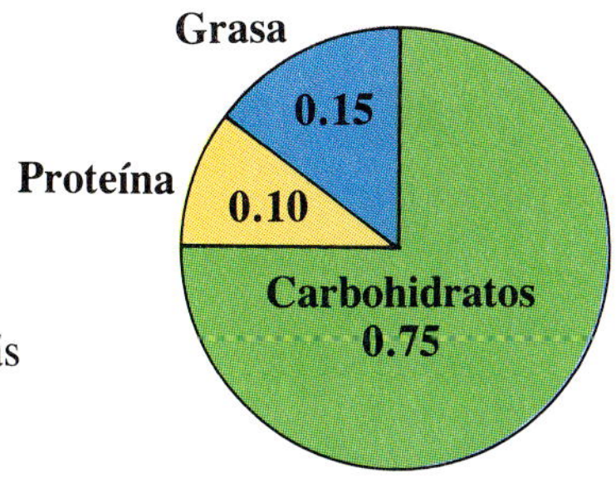

Galletas de soda

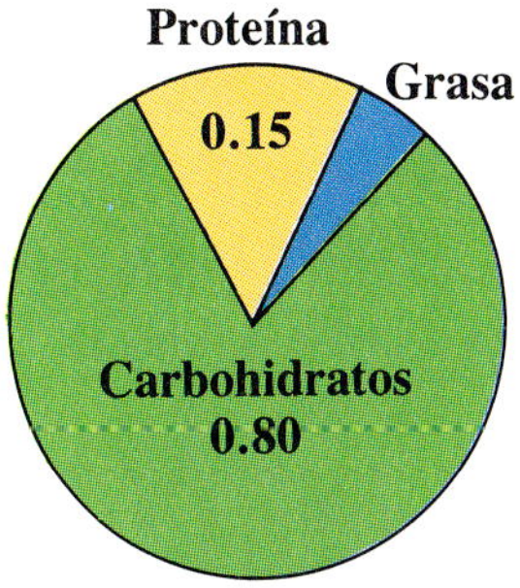

Pan blanco

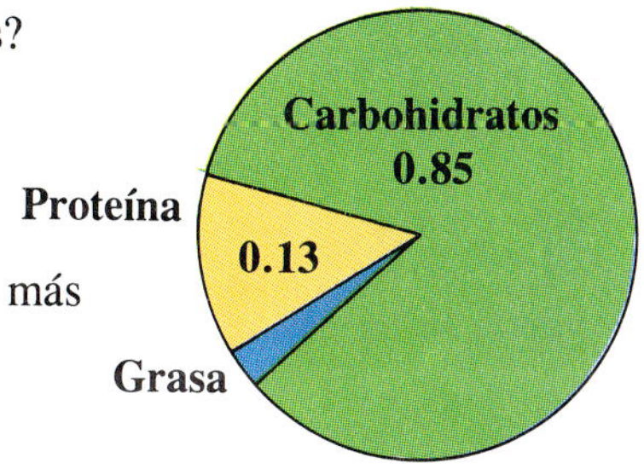

Espaguetis

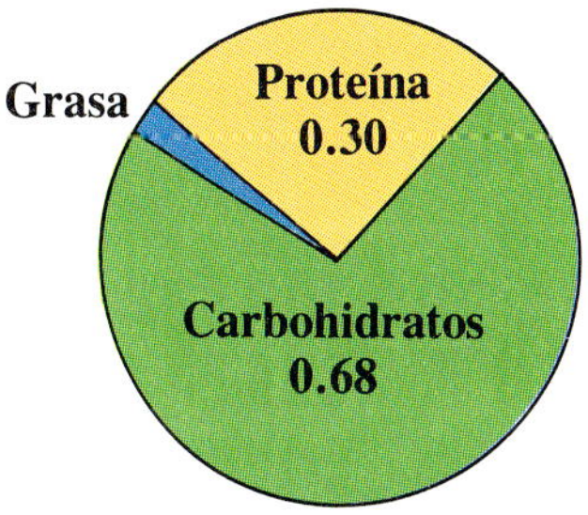

Guisantes

1. ¿Cuál de los cuatro alimentos tiene más carbohidratos?
2. ¿Puedes decir qué alimento tiene menos grasa con sólo mirar las gráficas? ¿Cuál es?
3. ¿Qué alimento tiene más proteínas?
4. ¿Qué alimentos están compuestos en más de $\frac{3}{4}$ de carbohidratos?
5. Haz dos gráficas circulares con los datos de estas hamburguesas. Imagina que estas hamburguesas no contienen carbohidratos.

Hamburguesa regular

proteína	0.70
grasa	0.30

Hamburguesa sin grasa

proteína	0.85
grasa	0.15

APLÍCALO

RAZONAMIENTO MATEMÁTICO

6. ¿Cómo sabes cuánta grasa hay en el pan blanco? ¿Cuánta hay? ¿Cuál es la suma de las partes de una gráfica circular?

RESOLUCIÓN DE PROBLEMAS

7. El halibut tiene 0.95 proteína y el pescado blanco 0.86. Si ninguno tiene carbohidratos, ¿cuánta más grasa tiene el halibut que el pescado blanco?

8. **Banco de datos de salud y aptitud física** El pollo asado tiene 216 calorías por ración, la papa asada 145 y los ejotes 30. ¿Cuántas horas de sueño se necesitan para quemar todas las calorías de una ración de cada uno?

▶ CALCULADORA

9. Azul = 0.46875 Anaranjado = 0.2512
Rojo = Amarillo. ¿Cuál es el valor del rojo?

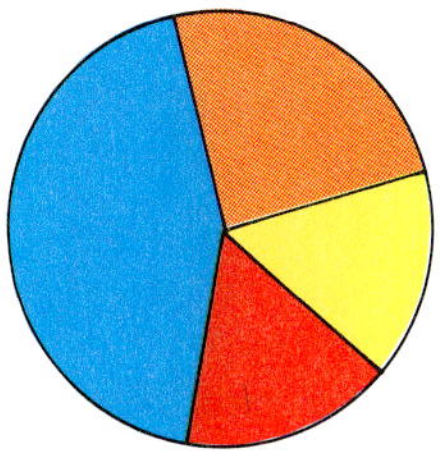

Más práctica, página 506, grupo B

Explora el álgebra
Entiende las variables

APRÉNDELO

Sabes que una variable puede representar un número. También puede representar un rango de números.

EXPLORA Resuelve para comprender

–Quiero gastar mis $12 enteros en el boliche –dijo Fran.

–¡Yo también! –dijo Danielle.

Copia y completa la tabla para hallar cuántos partidos puede jugar cada una.

Número de partidos	Precio por partido ($2)	Precio de los zapatos ($1)	Costo total
1	2	1	3
2	4	1	5
3	6	1	7
4		1	
5		1	
6			

COMÉNTALO

1. ¿Cuánto cuesta alquilar zapatos?
2. Al aumentar el número de partidos, ¿aumenta el precio de los zapatos?
3. Al aumentar el número de partidos, ¿qué pasa con el costo total?

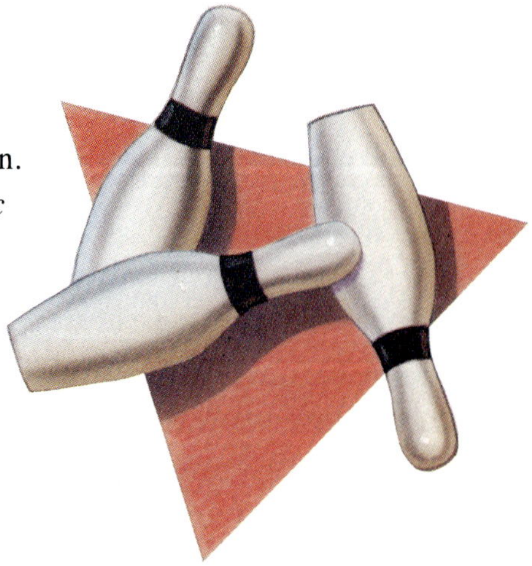

En la situación anterior, el número de partidos y el precio total varían. *P* representa el número de partidos y *c* el costo total. Las letras *p* y *c* son variables. En esta situación varían. Puedes dar una regla que indique cómo hallar el costo, *c,* si sabes el número de partidos, *p:* Multiplica *p* por 2 y suma 1 para hallar *c*.

INTÉNTALO

1. En la situación anterior, halla *c* si *p* es 8. Halla *c* si *p* es 10.
2. Cómo hallas el precio de inscripción si sabes el número de estudiantes?
3. Usa variables para dar una regla para hallar el costo total si sabes el número de estudiantes.
4. ¿Cuál es el costo total para 5 estudiantes?

Número de estudiantes (*n*)	Inscripción ($5 por persona)	Foto del equipo ($2)	Costo total (*c*)
1	5	2	7
2	10	2	12
3	15	2	17
4	20	2	22
5			

REPASO PARCIAL/EXAMEN

La gráfica lineal muestra cuánto gastó la familia Chin en comida los primeros 6 meses del año pasado. La tabla muestra los gastos en lo que resta del año. Copia y completa la gráfica para mostrar los gastos de comida del año.

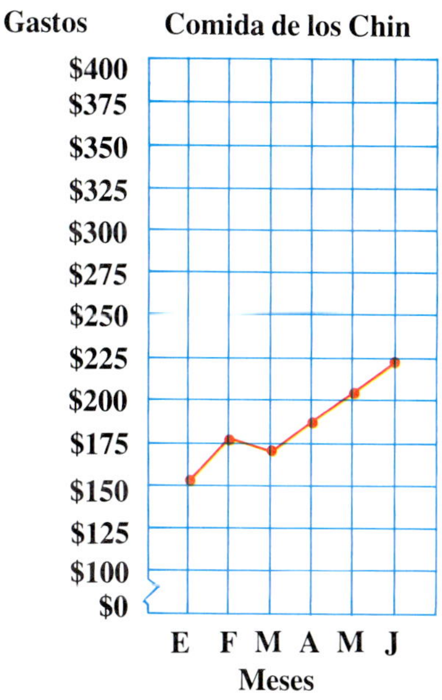

julio	$350	octubre	$180
agosto	$375	noviembre	$220
septiembre	$280	diciembre	$300

1. ¿Qué significa el garabato que hay al principio de la escala?

2. ¿Cuál es el rango de los datos? ¿Qué intervalo se usa?

3. Aproximadamente, ¿cuánto gastaron los Chin en cada uno de los 3 primeros meses?

4. ¿Entre qué dos meses aumentó más la cantidad de gastos?

5. ¿En qué meses podrían haber estado los mellizos Chin en casa de vacaciones?

Usa la gráfica circular para responder.

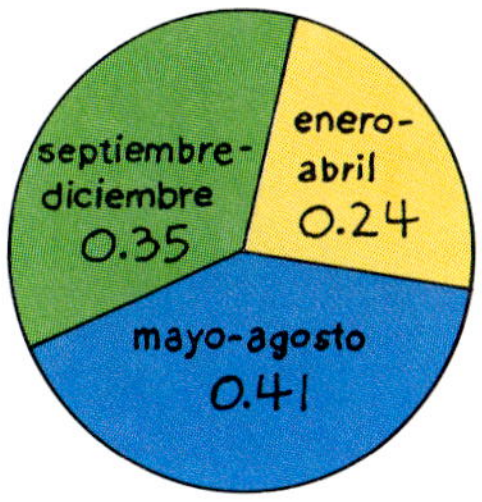

Gastos en comida

6. ¿Durante qué período de 4 meses los Chin gastaron $\frac{1}{4}$ parte del presupuesto anual para comida? ¿Y $\frac{1}{3}$? ¿Y $\frac{2}{5}$?

RESOLUCIÓN DE PROBLEMAS

Esta gráfica muestra 4 semanas de cuentas de comida.

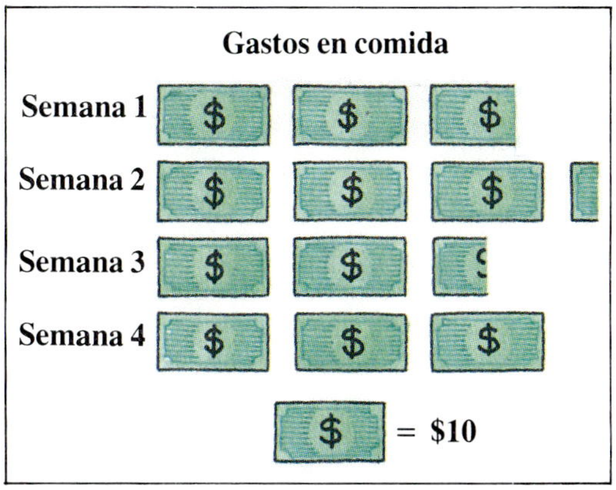

7. Determina cuánto se gastó cada semana e indica el rango de los datos.

8. Haz una gráfica de barras para mostrar los datos. Rotula las partes de la gráfica. ¿Qué intervalo usaste?

9. Dibuja una gráfica circular que muestre que un 0.58 del dinero se gastó en las primeras dos semanas. Qué parte se gastó en las siguientes dos semanas?

Resolución de problemas
Resuelve un problema más sencillo

En un torneo de baloncesto hay 18 equipos. Cada equipo juega hasta que pierde. ¿Cuántos partidos se deben jugar para que quede un campeón?

- ENTIENDE
- ANALIZA DATOS
- PLANEA
- ESTIMA
- RESUELVE
- EXAMINA

APRÉNDELO

Cuando un problema tiene números grandes, puedes tratar de resolver el mismo problema con números más pequeños. Esta estrategia se llama **Resuelve un problema más sencillo.**

Empiezo con 3 equipos (A, B y C) para ver cuántos partidos se deben jugar.

A juega con B. El ganador juega con C. — 3 equipos, 2 juegos

Luego, intento con 4 (A, B, C y D) para ver cuántos partidos se deben jugar.

A juega con B y C juega con D. — 4 equipos

¡Ajá! El número de partidos es 1 menos que el número de equipos.

El ganador de A-B juega con el ganador de C-D. — 3 juegos

Se deben jugar 17 partidos para determinar el campeón.

INTÉNTALO

En una fiesta había 10 niñas y 10 niños. Cada niña dio la mano a cada niño una vez. ¿Cuántos apretones de manos hubo?

1. ¿Cuántas niñas había en la fiesta? Cuántos niños?

2. ¿Cuántas veces se dieron la mano cada niña con cada niño?

3. ¿Cuántas veces se dieron la mano cada niño con cada niña?

4. Imagina que hubiera sólo 2 niñas y 2 niños. ¿Cuántos apretones de manos recibiría una niña? ¿Cuántos recibirían 2 niñas?

5. ¿Qué relación ves entre el número de niños y el número de apretones de manos que una niña puede recibir? Usa la relación para resolver el problema.

PRACTÍCALO

Resuelve. Intenta con un problema más sencillo.

1. El señor Aaron compró suficiente cuerda para hacer 18 cuerdas para saltar. ¿Cuántos cortes tendrá que hacer?

2. Hay 9 niños y 9 niñas que juegan bádminton. Cada niño juega con cada niña una vez. ¿Cuántos partidos se juegan?

PRÁCTICA COMBINADA

Resuelve. Elige una estrategia de la lista o usa otra estrategia que conozcas.

3. Karna nadó el mismo número de largos de piscina cada mañana por 5 días. En total nadó 325 largos. ¿Cuántos nadó cada día?

4. La inscripción en el Club de Natación Seal cuesta $250. Cada miembro también paga $35 de cuota al mes. ¿Cuánto hay que pagar en total en un año?

5. En una encuesta se preguntó a 500 personas cuántos días por semana hacían ejercicio. Usa la gráfica para saber cuántas personas hacen ejercicio más de 4 veces por semana.

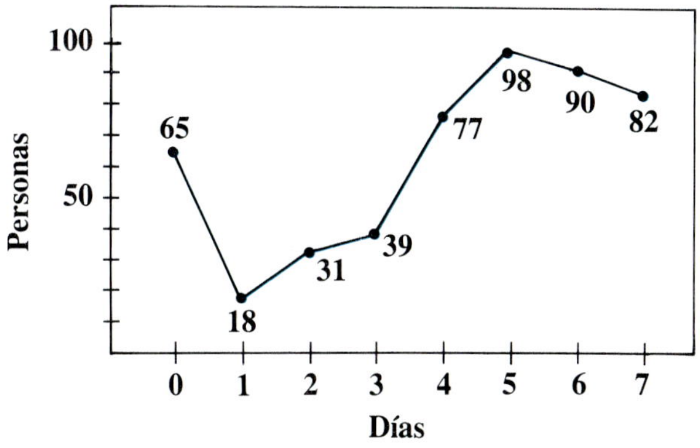

Algunas estrategias	
Represéntalo	Adivina y verifica
Usa objetos	Haz una tabla
Elige una operación	Resuelve un problema más sencillo
Haz un dibujo	

6. En un torneo de vóleibol hay 15 equipos. Cada equipo juega hasta que pierde. ¿Cuántos partidos se necesitan para determinar el campeón?

7. El gimnasio ofrece clases semanales. Hay 3 clases el martes y 4 el sábado. Cada clase tiene 20 personas. ¿Cuántas personas asisten a las clases del gimnasio cada semana?

8. En el ejercicio de trepar por la cuerda, Rick trepó 2 pies más que Kim. Ethan estaba a sólo 4 pies del final. Kim estaba 3 pies por debajo de Ethan. ¿Cuánto más trepó Ethan que Rick?

Recopilación de datos
Formula preguntas

Cuestionario

Rodea la opción que te describa mejor.

1. Hago mucho ejercicio.

1	2	3	4	5
nunca				a menudo

2. Intento comer alimentos saludables.

1	2	3	4	5
rara vez				a menudo

3. Duermo un promedio de

6	7	8	9	10
		horas		

4. Mi deporte preferido es
   (a) fútbol americano (b) béisbol (c) correr
   (d) baloncesto (e) fútbol (f) otros

APRÉNDELO

EXPLORA **Piensa en la situación**

A continuación hay un **cuestionario** para averiguar el interés de los alumnos sobre su propia salud física.

COMÉNTALO

1. ¿Crees que estas cuatro preguntas te ayudan a hallar lo que quieres saber?
2. ¿Qué pregunta crees que da menos información sobre los hábitos de salud de una persona?
3. ¿Cuál da más información?

A continuación están los dos tipos de preguntas usadas en el cuestionario.

Respuestas de evaluación

Yo desayuno	1	2	3	4	5
	nunca				siempre

Selección múltiple

Mis alimentos favoritos son (a) pescado (b) frutas (c) verduras
(d) carnes (e) ensaladas (f) otras

INTÉNTALO

1. Escribe una pregunta de evaluación sobre la salud.

2. Escribe una pregunta de selección múltiple sobre la salud.

PRACTÍCALO

Termina la escala para cada respuesta de evaluación.

1. Creo que comer verduras es 1 2 3 . . .
no muy importante

2. Hago ejercicio 0 1 2 3 . . .
veces por . . .

3. Anota cuatro selecciones para esta pregunta:
Mi fruta favorita es...

4. Escribe una pregunta de evaluación sobre dieta.

5. Escribe una pregunta de selección múltiple sobre hábitos de dormir.

6. Escribe una pregunta que tú elijas sobre la salud.

APLÍCALO

RAZONAMIENTO MATEMÁTICO

7. Jan hace ejercicio como mínimo 1 y como máximo 2 horas al día. Un mes Jan hizo menos de 30 horas de ejercicio. ¿Qué mes era?

RESOLUCIÓN DE PROBLEMAS

8. El pulso normal de Todd es de 72 pulsaciones por minuto. Cuando nada, aumenta en 59 por minuto. ¿Cuántas pulsaciones tendrá si nada durante 5 minutos?

9. Cada semana, Ed corre 4 millas más que Shelly. Shelly corre 7 millas menos que Chip. En 3 semanas, ¿cuántas millas más que Ed corre Chip?

REPASO COMBINADO

Calcula mentalmente para hallar las respuestas.

10. 360 ÷ 6 **11.** 5 × 307 **12.** 999 + 999 **13.** 450 ÷ 50 **14.** 300 × 80

Halla los cocientes. Redondea a la centésima más cercana.

15. $18\overline{)32.074}$ **16.** $31\overline{)1.1679}$ **17.** $0.7\overline{)8.012}$ **18.** $4.8\overline{)18.1}$

Interpretación de datos
Media, mediana y moda

APRÉNDELO

EXPLORA **Estudia la tabla**

Este cuadro muestra 4 evaluaciones de una grabación.

	Respuesta del público	Calidad vocal	Calidad instrumental	Arreglo	Letra
Juez 1	9	6	7	9	7
Juez 2	8	7	8	7	7
Juez 3	5	4	5	5	5
Juez 4	8	7	8	8	8

COMÉNTALO

1. ¿A qué juez parece que le gustó menos la grabación?
2. ¿Qué número usarías para describir la opinión de los jueces sobre la respuesta del público? ¿Y sobre la letra?

A continuación hay tres maneras de usar un número para describir un conjunto de números. Conjunto de números: 7, 8, 8, 9, 8, 6

Media o promedio

Suma los valores y divide por el número de valores.

7 + 8 + 8 + 9 + 8 + 6 = 46
46 ÷ 6 = 7.66 o aproximadamente 7.7
Por lo tanto 7.7 es el promedio o media.

Mediana

Pon los números en orden. Halla el número del medio. Si no hay un número en el medio, suma los dos números del medio y divide por 2.

6, 7, 8, 8, 8, 9
Los dos números del medio suman 8.
(8 + 8) ÷ 2 = 8.
Por lo tanto 8 es la mediana.

Moda

Halla el valor que se da más a menudo.

8 es el valor que se da más a menudo.
Por lo tanto 8 es la moda.

¡INTÉNTALO

Usa los datos de la tabla anterior para contestar estas preguntas.

1. ¿Cuál es la mediana de las evaluaciones de los cuatro jueces sobre la calidad instrumental?
2. ¿Cuál es la moda de las evaluaciones sobre la letra?

PRACTÍCALO

Usa los datos de la tabla que sigue para contestar las preguntas.

Evaluación de las bicicletas de motocross					
	Durabilidad	**Apariencia**	**Peso**	**Garantía**	**Precio**
Pro Rider	30 puntos	42 puntos	31 lbs	2 años	$178
Dirt Wheels	48 puntos	25 puntos	32 lbs	10 años	$210
Lightning V	32 puntos	36 puntos	28 lbs	1 años	$146
2XK Climber	43 puntos	40 puntos	29 lbs	5 años	$188
Free Wheeler	45 puntos	45 puntos	32 lbs	2 años	$250

1. Halla la mediana del número de puntos de la durabilidad de las bicicletas.

2. Halla la moda del peso de las bicicletas.

3. ¿Cuál es la media de la evaluación de la apariencia? ¿Qué bicicleta está más próxima a la evaluación de la media?

4. ¿Cuál es la mediana de la evaluación de la apariencia?

Copia y completa esta tabla.

	Mediana	**Media**
5. Precios de las cinco bicicletas	______	______
6. Precios de todas las bicicletas menos la más cara	______	______

APLÍCALO

RAZONAMIENTO MATEMATICO

7. En los ejercicios 7 y 8, ¿subió o bajó la mediana y la media cuando se sacó de la lista la bicicleta más cara?

RESOLUCIÓN DE PROBLEMAS

8. **Datos que faltan** En este problema faltan algunos datos. Di qué datos faltan para resolver el problema.

   Jimmy sumó todas sus calificaciones de exámenes y obtuvo 415. Cuál es el promedio de sus calificaciones?

▶ CALCULADORA

Usa tu calculadora y adivina y verifica para hallar los números que faltan.

9. La media de cinco números es 18. Cuatro de ellos son 12, 25, 18 y 17.

10. La media de cuatro números es 203. Tres de los números son: 235, 188 y 172.

Más práctica, página 506, grupo C

Pensamiento crítico

APRÉNDELO

Antes de la película, Erica y Devin compraron cada uno una cubeta de 8 pulgadas de palomitas y empezaron a comer en cuanto se sentaron.

Después de un rato, Erica dijo: "Estoy llena, te doy un poco de las mías". Devin sostuvo su cubeta mientras Erica vertía un poco de sus palomitas.

Luego Erica dijo: "Apuesto que aun así vas a terminar antes que yo". Devin exclamó: "¡De ninguna manera! Tengo muchas más que tú".

Las dos gráficas muestran la cantidad de palomitas de las dos cubetas durante los primeros 24 minutos.

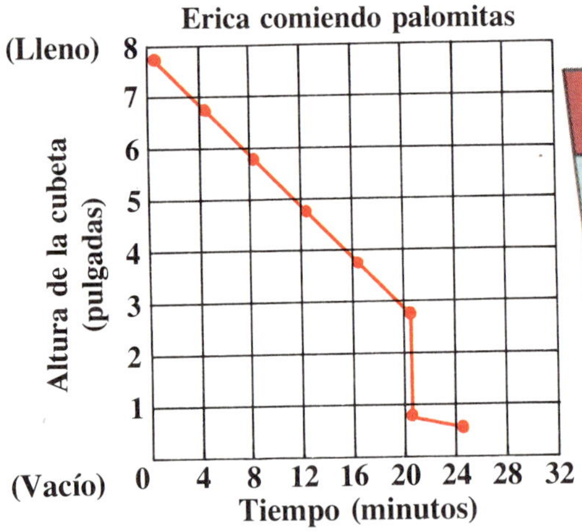

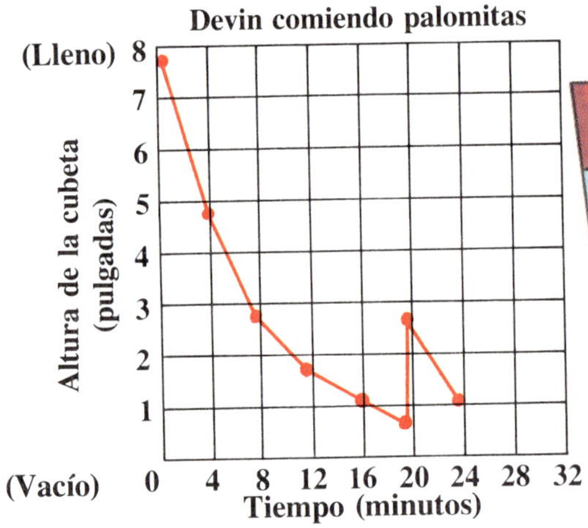

COMÉNTALO

1. ¿Quién come más rápido, Erica o Devin? ¿Cómo lo sabes?
2. ¿Cuánto tiempo habían estado comiendo antes de que Erica le diera a Devin un poco de sus palomitas? ¿Cómo lo sabes?
3. Después de examinar las gráficas, ¿quién crees que terminará primero? ¿Puedes estar seguro? Explica.

INTÉNTALO

Estas dos gráficas representan a Raúl y a Dana comiendo palomitas. Averigua a qué hora va a terminar cada uno.

1.

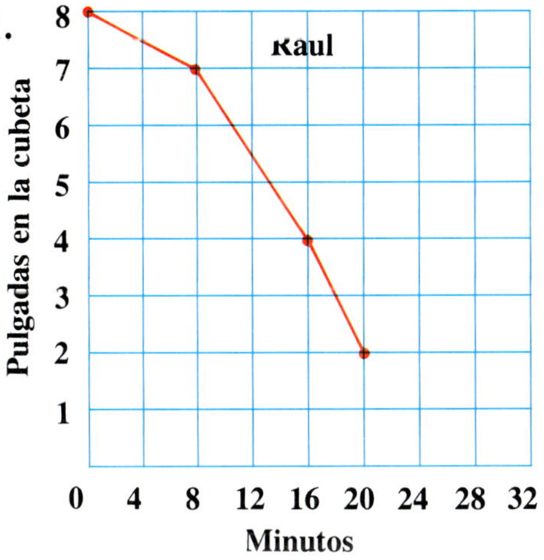

2.

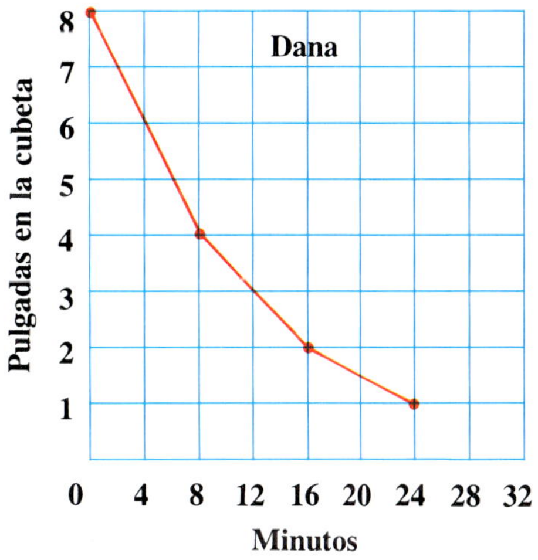

Estas dos gráficas representan a Amy y a Cory comiendo palomitas. Examina la gráfica y di qué crees que puede haber pasado.

3.

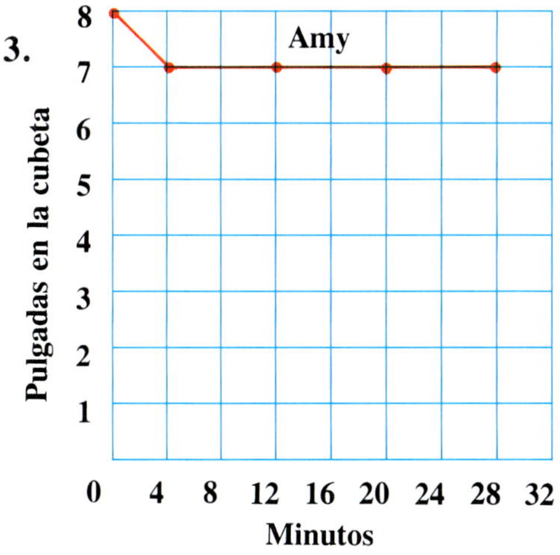

4.

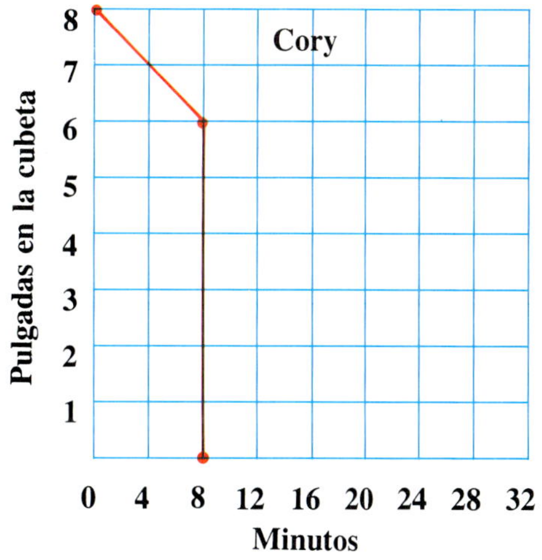

Estas dos gráficas representan a Brett y a Trudy comiendo palomitas.

5. ¿A qué persona la visitó un amigo que le ayudó a comer palomitas? ¿Cómo lo sabes?

6. ¿Qué persona no tenía mucha hambre? ¿Cómo lo sabes?

7. Predice cuándo va a terminar cada persona.

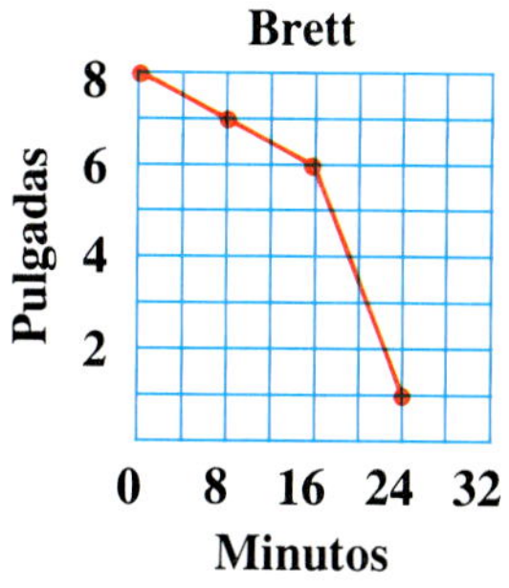

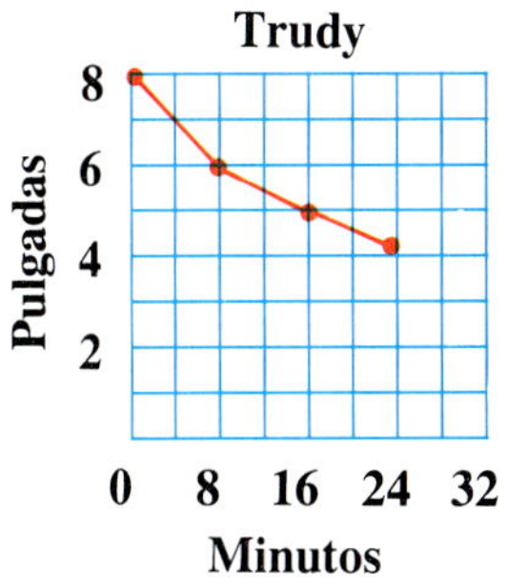

Resolución de problemas
Datos de una tabla

- ENTIENDE
- ANALIZA DATOS
- PLANEA
- ESTIMA
- RESUELVE
- EXAMINA

APRÉNDELO

Para resolver ciertos problemas necesitas datos de una tabla, de una gráfica o de otra fuente externa al problema.

Charlie pesa 95 libras. Necesita unos 45 gramos de proteínas al día. ¿Cuántas tazas de leche descremada necesita para obtener los 45 gramos?

Comida	Ración	Gramos de proteínas	Comida	Ración	Gramos de proteínas
Carne sin grasa, cocida	2 onzas	16	Avena	1 taza	5
Pan de trigo entero	2 rebanadas	5	Panqueques	3 panqueques	6
Queso, cheddar	1 onza	7	Crema de cacahuate	2 cucharadas	8
Requesón	½ taza	15	Pizza	¼ de pizza mediana	16
Pollo, muslo	1 pequeño	12	Papas	7 onzas	4
Maíz	½ taza	3	Arroz, moreno	1 taza, cocido	5
Huevos	2 medianos	11	Espaguetis	1 taza	7
Lentejas	½ taza	8	Atún, en lata	3 onzas	24
Macarrones	1 taza, cocidos	7	Nueces	6 grandes	4
Leche, descremada	1 taza	9	Yogurt, descremado	1 taza	8

Primero busco en el problema los datos que necesito.

Charlie necesita 45 gramos de proteína.

Luego busco en la tabla los datos que necesito.

Una taza de leche tiene 9 gramos.

Ahora uso los datos para resolver el problema.

$45 \div 9 = 5$

Charlie debería beber 5 tazas de leche descremada.

INTÉNTALO

Resuelve.

1. El papá de Erin necesita comer unos 70 gramos de proteínas al día. Para la cena comió 4 muslos de pollo. ¿Cuántos gramos más necesita?

2. Para el almuerzo, Zack comió 1 taza de requesón y 3 nueces. Cuántos gramos de proteínas comió?

PRÁCTICA COMBINADA

Resuelve. Usa los datos de la tabla anterior cuando los necesites.

1. Jeff quiere comer por lo menos 15 gramos de proteínas para el almuerzo. Tiene una taza de leche y un emparedado con 2 cucharadas de crema de cacahuate. ¿Tiene suficiente proteína?

2. Ken hizo macarrones con queso usando 2 tazas de macarrones y 4 onzas de queso cheddar. ¿Cuántos gramos de proteínas tienen sus macarrones con queso?

3. Peter anotó los gramos de proteínas que comió durante una semana. Usa estos datos para hallar la media de gramos que comió por día.

Gramos de proteínas	
lunes	37
martes	41
miércoles	36
jueves	45
viernes	49
sábado	42
domingo	44

4. Un restaurante tiene 35 mesitas cuadradas para banquetes. En cada lado de la mesa se puede sentar sólo una persona. Si ponen las mesitas juntas para hacer una mesa larga, ¿cuántas personas pueden sentarse?

5. Una libra de pavo tiene 144 gramos de proteínas y alcanza para 4 personas. ¿Cuántos gramos de proteínas comerá cada persona?

6. Un adulto que pese 150 libras necesita unos 0.36 gramos de proteínas por libra cada día. ¿Cuántos gramos de proteínas necesita un adulto?

7. Una niña de 12 años necesita unos 1,200 miligramos de calcio cada día. Un vaso de leche tiene 350 mg. Si Sherry bebió 3 vasos de leche, ¿cuántos miligramos de calcio tomó?

8. Formula un problema por escrito Escribe un problema que se pueda resolver con estos datos.

Calorías recomendadas		
Edad	**Peso (lb)**	**Calorías**
4–6	44	1,700
7–10	62	2,400
11–14	100	2,220 (niñas)
		2,700 (niños)

Aplicación de Resolución de problemas
Decisión de grupo

ENTIENDE
ANALIZA DATOS
PLANEA
ESTIMA
RESUELVE
EXAMINA

Destreza de grupo:
Escucha a los demás

Estás haciendo una investigación para hallar la mejor pizza. El periódico de la escuela te ha pedido que escribas un artículo sobre tu investigación para la edición de diciembre.

Datos a considerar

1. Aquí hay unos precios de Papa's Pizza.

Menu de *Papa's Pizza*

Pizza	Pequeña	Mediana	Grande
Un ingrediente	$5.00	$7.85	$9.85
Cada ingrediente adicional	$0.65	$1.00	$1.20
Pizza combinada (con todo)	$6.95	$10.85	$13.65

Bebidas

Pequeña	Mediana	Grande	Jarra
$0.55	$0.70	$0.90	$2.75

CUPÓN – *Papa's Pizza*
Descuento de $1.00 en una pizza mediana
Válido hasta 12–31

CUPÓN – *Papa's Pizza*
Descuento $1.50 en una pizza grande
Válido hasta 12–31

2. A continuación tienes información sobre la Pizzería Alley.

- Este mes tienen una oferta por $10.60 de una pizza grande de un ingrediente con una jarra de limonada.
- Normalmente cobran $9.99 por una pizza grande y $2.70 por una jarra de limonada.
- Cobran $1.40 por cada ingrediente adicional y $3.60 de más por una pizza combinada.

3. Tus compañeros evaluaron las pizzerías en una escala de 1 a 5, donde 1 era la mejor calificación y 5 la peor. La media para Papa's Pizza fue 1. La media para la Pizzería Alley fue 2.
4. Hay juegos de video en la Pizzería Alley.

Preguntas para contestar

1. ¿Cuánto cuesta normalmente la pizza grande de un ingrediente en Papa's Pizza? ¿Y en la Pizzería Alley?
2. ¿Cuánto cuesta este mes una jarra de limonada y una pizza grande en Papa's? ¿Y en la Pizzería Alley?
3. Completa una tabla como la que sigue para poder comparar las dos pizzerías.

	Papa's	Pizzería Alley
Jarra de limonada		
Pizza grande de un ingrediente		
Ingrediente adicional		
Pizza grande de dos ingredientes		
Pizza grande y jarra con cupón		
Pizza combinada		
Pizza combinada con cupón		
Clasificaciones		
Extras		

¿Cuál es tu decisión?

Escribe un artículo de periódico comparando ambas pizzerías e incluye tu recomendación.

Resumen

Ejercicio de lenguaje

Durante un período de 7 días, Felicia hizo 18, 24, 26, 33, 37, 37 y 42 abdominales. Completa cada oración. Usa los datos y estas palabras: *intervalos, lineal, moda, rango, escala, mediana, media.*

1. El _____ del conjunto de números es de 18 a 42, o sea, 24.
2. Se usa una gráfica _____ para mostrar información que cambia a lo largo del tiempo.
3. Una _____ razonable del eje vertical podría ser de 0 a 50.
4. Se podrían usar _____ de 5 en esta escala.
5. La _____ de este conjunto de números es 37.
6. La _____ del conjunto de números es 31.
7. La _____ del conjunto de números es 33.

Algunas veces, siempre, nunca

Determina cuál completa mejor las oraciones: *algunas veces, siempre* o *nunca.* Explica tus elecciones.

8. Una gráfica lineal _____ debe tener una escala vertical y una escala horizontal.
9. La suma de todas las partes de una gráfica circular _____ debe ser 1.
10. El intervalo de una escala _____ es mayor que el rango de la escala.
11. El modo y la mediana de un conjunto de números _____ son iguales.
12. La moda de un conjunto de números _____ es mayor que la media.

Proyecto

Haz una predicción, luego haz una encuesta a diez compañeros para averiguar cuántas horas por semana pasan viendo televisión. Muestra los resultados en una gráfica de barras. Da la media, mediana y moda. Explica cómo se comparan los resultados con tu predicción.

Repaso del capítulo/Examen

1ª parte Entendimiento

1. Los números al lado o debajo de una gráfica se llaman la _____.

2. Describe los 4 pasos para seguir al hacer una gráfica lineal.

3. ¿Qué clase de gráfica representa un entero dividido en sus partes?

4. Dan jugó *r* juegos de boliche a un costo de $2 el juego y alquiló zapatos por $1. Usa una variable para representar cuánto gastó.

2ª parte Destrezas

Cinco jueces dieron al Perro Ladrador los siguientes puntajes por calidad vocal en su disco de éxito: 9, 7, 9, 8 y 5.

5. ¿Cuál es el rango del puntaje?

6. ¿Cuál es la media?

7. ¿Cuál es la mediana?

8. ¿Cuál es la moda?

3ª parte Aplicaciones

9. En un torneo de tenis participan 12 niños y 12 niñas. Cada niña juega contra cada niño una vez. ¿Cuántos partidos se juegan?

10. El puntaje más bajo es 3. El más alto es 77. Piensas usar 5 intervalos en la escala de una gráfica. ¿Qué tamaño es el más indicado para cada intervalo?

11. Escribe una pregunta de puntaje para averiguar con qué frecuencia ven los alumnos la televisión después de clases. Escribe otra de selección múltiple para averiguar qué tipos de programas ven.

12. **Desafío** En el desayuno Jan comió una ración de avena con media taza de leche descremada y 2 huevos. En el almuerzo se sirvió un emparedado de atún y dos raciones de leche. ¿Cuántos gramos de proteína obtuvo?

Alimento	Ración	Proteína
pan	2 rebanadas	5 g
huevos	2 medianos	11 g
leche descremada	1 taza	9 g
avena	1 taza	5 g
atún enlatado	3 onzas	24 g

Enriquecimiento
Usa gráficas de puntos dispersos

Una gráfica de puntos dispersos representa un conjunto de puntos. Al observarlos, podrías ver si hay una relación entre dos conjuntos de datos.

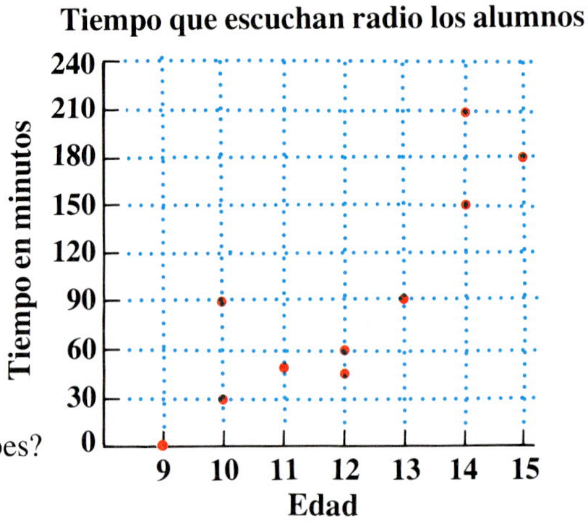

¿Hay una relación entre la cantidad de tiempo que los alumnos escuchan radio y su edad? Se hizo una encuesta de un grupo de alumnos. Se les preguntó la edad y la cantidad de tiempo que escuchaban radio al día. Se representaron las coordenadas de edad y tiempo en una gráfica de puntos dispersos.

1. ¿Cuántos minutos por día escucha un niño de 13 años? ¿Y los dos de 10 años?

2. ¿A cuántos alumnos se les hizo la encuesta? ¿Cómo lo sabes?

3. ¿Crees que hay una relación entre la cantidad de tiempo que se escucha radio y la edad? Explica cómo muestra esto la gráfica.

Si en una gráfica los puntos están agrupados en cierto patrón, probablemente habrá una relación entre los grupos de datos.

Observa las dos gráficas de la derecha.

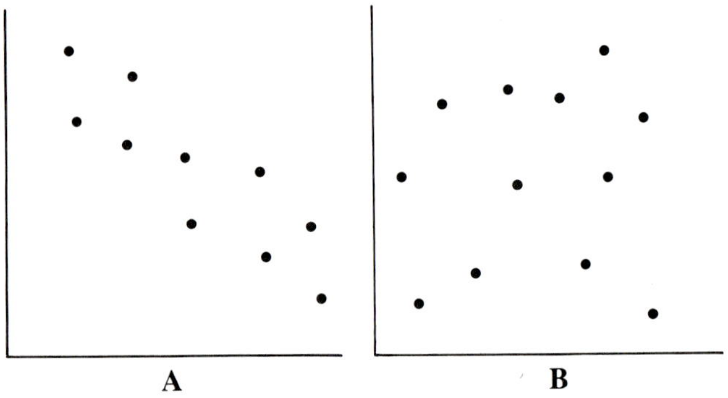

4. ¿Qué gráfica muestra un patrón? Descríbela.

5. ¿Cómo describirías los puntos de la otra gráfica?

6. Escoge dos cosas de la tabla que creas que están relacionadas entre sí. Escribe un cuestionario.

■ Edad	■ Haciendo tareas
■ Calificaciones	■ Hora de acostarse
■ Libros leídos	■ Viendo TV

7. Haz una encuesta a por lo menos 12 alumnos para determinar si están relacionadas las selecciones. Organiza los datos y muestra los resultados en una gráfica de puntos dispersos.

Repaso general

1. En la fila para el cine, Tom estaba delante de Sonya. Henry era el último. Kate estaba detrás de Sonya. ¿Quién entró primero?

   A. Henry B. Sonya
   C. Tom D. Kate

2. Los 12 socios del club de viajes salieron a comer chow mein. Un envase cuesta $4 y es suficiente para 3 personas. ¿Cuánto gastó el club en el chow mein?

   A. $20 B. $16
   C. $48 D. $12

3. Redondea y calcula mentalmente para estimar el producto: 492×81.

   A. 4,000 B. 60,000
   C. 32,000 D. 40,000

4. Redondea para estimar la diferencia: $82.06 - 29.4$.

   A. 80 B. 50
   C. 60 D. 110

5. Escribe 4^3 en la forma usual.

   A. 64 B. 12
   C. 7 D. 81

6. Halla la suma de 0.784 y 0.76.

   A. 8.384 B. 0.86
   C. 1.544 D. 0.1544

7. Halla el cociente mentalmente: $42{,}000 \div 60$.

   A. 7 B. 7,000
   C. 70 D. 700

8. Usa números compatibles para estimar el cociente: $472 \div 8$.

   A. 5 B. 60
   C. 50 D. 6

9. Halla el promedio del conjunto al número entero más cercano: 54, 38, 49, 44.

   A. 44 B. 45
   C. 47 D. 46

10. Halla el cociente: $13{,}708 \div 24$.

    A. 5.714 B. 570 R4
    C. 571 R4 D. 572

11. Divide 130.52 entre 26.

    A. 5.2 B. 5.02
    C. 0.502 D. 5.002

12. Divide 86 entre 31. Redondea a la décima más cercana.

    A. 2.8 B. 2.7
    C. 3.0 D. 2.78

6

LAS FRACCIONES Y LAS UNIDADES USUALES

MATEMÁTICAS Y CIENCIAS

BANCO DE DATOS

Usa el Banco de datos de ciencias (p. 476) para contestar las preguntas.

1 Los meteórologos pronostican el tiempo, analizando la información sobre el clima del pasado. ¿Cuántos días generalmente está despejado el cielo en Miami, durante un año normal?

2 Las condiciones atmosféricas pueden variar de una estación a otra. Si hay 91 días de otoño, ¿durante cuántos días de otoño es improbable que esté despejado el cielo en Miami?

3 Durante una primavera normal de Miami, ¿está el cielo parcialmente nublado, más o menos de la mitad de los días?

4 **Pensamiento crítico**
Completa esta oración. Usa la palabra *aumenta* o *disminuye*. En Miami, cuando aumenta el número de días despejados, el promedio de la temperatura ______ y el promedio de la precipitación ______.

Entiende las fracciones

APRÉNDELO

EXPLORA Analiza el proceso

Tampa, en Florida, recibe un promedio de 48.60 pulgadas de precipitación anual. En 1956, uno de los años más secos, recibió sólo 28.89 pulgadas. Los colores del calendario muestran los meses bajo el promedio en rojo y sobre el promedio en amarillo.

Una **zona:** Una parte del calendario es roja.

Un **conjunto:** Parte de los cuadrados son rojos.

COMÉNTALO

1. ¿Cuántos de los 12 cuadrados son rojos?
2. ¿Cambia el número de cuadrados rojos cuando se les saca del calendario?
3. ¿Dirías que la parte de la región que es roja equivale a la parte del conjunto que es roja?

Pensamos: 10 de los 12 cuadrados iguales

Escribimos: $\frac{10}{12}$ ← numerador, ← denominador

Leemos: "Diez doceavos del calendario son rojos."

■ Al hablar de la parte fraccionaria de un objeto o zona pensamos que el objeto está dividido en el número de partes **iguales** que indica el denominador.

Pensamos: 10 de los 12 cuadrados

Escribimos: $\frac{10}{12}$ ← numerador, ← denominador

Leemos: "Diez doceavos de los cuadrados son rojos."

■ Al hablar de la parte fraccionaria de un conjunto, los objetos del conjunto pueden o no ser del mismo tamaño.

INTÉNTALO

Escribe la fracción correspondiente a cada dibujo.

1. ▥ de las pelotas son pelotas de béisbol.

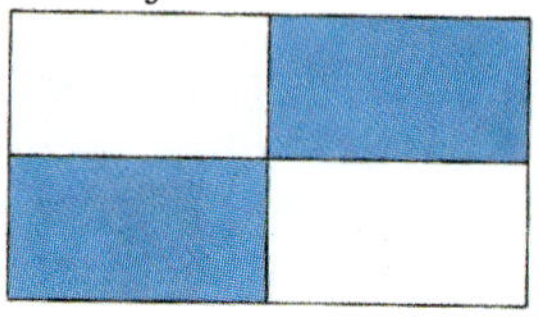

2. ▥ de la bandera es azul.

3. ▥ de las manzanas son verdes.

PRACTÍCALO

Escribe la fracción correspondiente a cada dibujo.

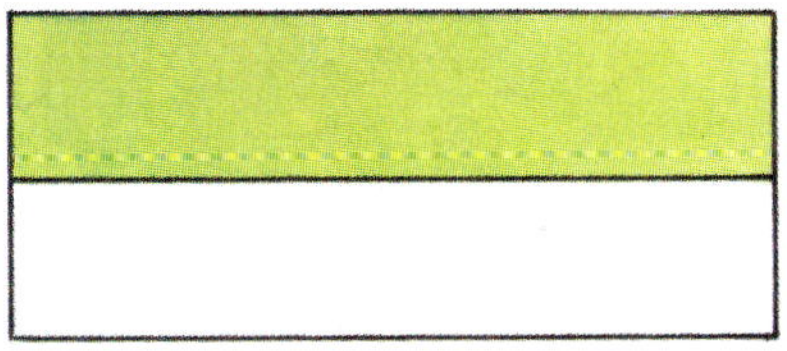

1. ▥ de la tira es verde.

2. ▥ de las pelotas son pelotas de fútbol.

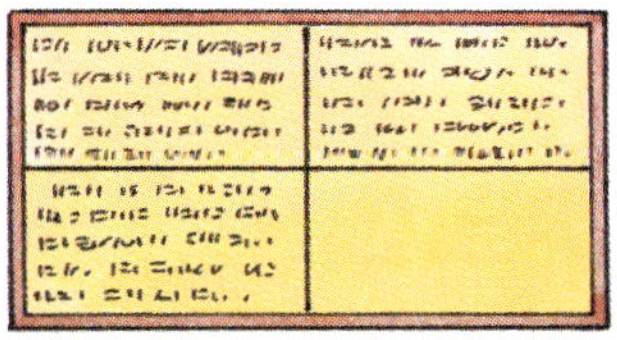

3. ▥ del tablón de horarios está lleno.

4. ▥ de las estrellas son azules.

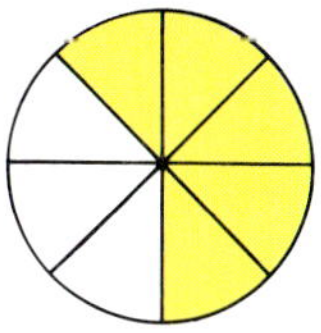

5. ▥ del círculo es amarillo.

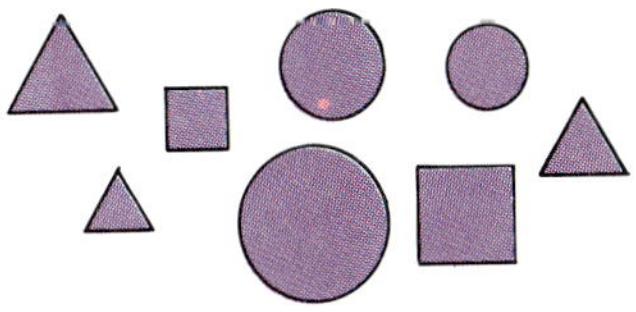

6. ▥ de las figuras son triángulos.

Escribe la fracción.

7. tres quintos
8. cuatro sextos
9. un cuarto
10. siete décimas

APLÍCALO

RAZONAMIENTO MATEMÁTICO

11. Una fracción unitaria tiene un numerador de 1. Supón que escoges una fracción unitaria que no sea $\frac{1}{2}$. Si sombreas esa fracción de un cuadrado, ¿sombrearás más de la mitad, menos de la mitad, o exactamente la mitad de ese cuadrado? Inténtalo con otras fracciones unitarias. ¿Es tu respuesta siempre la misma? Explica por qué sí o por qué no.

RESOLUCIÓN DE PROBLEMAS

12. En 1959, Tampa batió un récord con 76.57 pulgadas de precipitación. Durante nueve meses la precipitación fue mayor que el promedio. ¿Qué fracción del año estuvo dentro o bajo el promedio?

13. **Banco de datos de ciencias** ¿Durante qué estación tiene Miami el promedio de temperatura más alto? ¿Cuánto más alta es esa temperatura que el promedio anual de temperatura?

BANCO DE DATOS

▶ PENSAMIENTO CRÍTICO Da un vistazo

14. Dobla una hoja de papel 3 veces. Antes de desdoblarla, colorea un lado de la hoja. Adivina qué fracción de la hoja coloreaste. Después echa una mirada.

Fracciones equivalentes

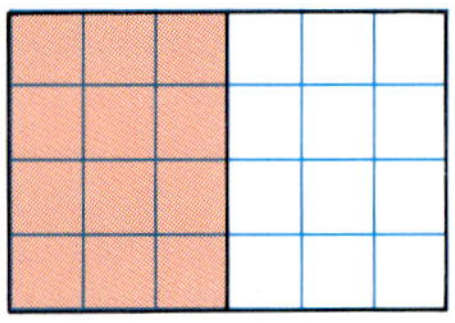
$\frac{1}{2}$

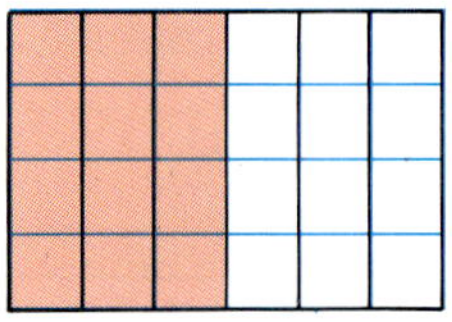
$\frac{3}{6}$

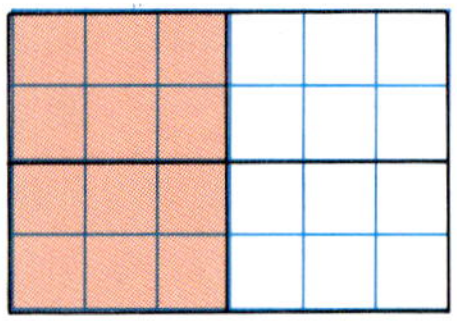
$\frac{2}{4}$

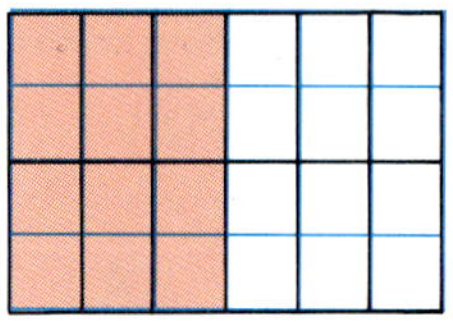
$\frac{6}{12}$

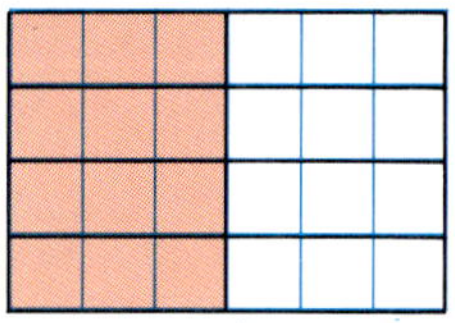
$\frac{4}{8}$

APRÉNDELO

EXPLORA **Usa un modelo fraccionario**

Trabaja en grupo. Las figuras a la derecha muestran cuadrículas con diferentes fracciones que representan la misma cantidad.

La cuadrícula de abajo muestra $\frac{2}{3}$. Con papel cuadriculado muestra otras fracciones que representen la misma cantidad tantas veces como sea posible.

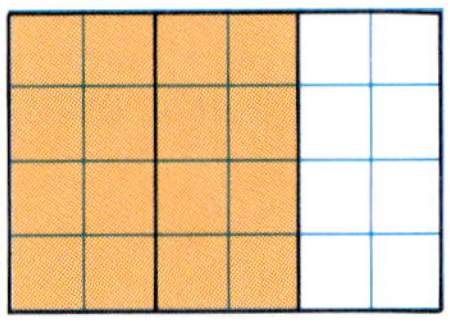
$\frac{2}{3}$

COMÉNTALO

1. Observa la cuadrícula de $\frac{6}{12}$. Di en qué se parece $\frac{6}{12}$ a $\frac{1}{2}$. Nombra otras fracciones de la misma cantidad.
2. Observa la cuadrícula de $\frac{2}{3}$. Di cuántas fracciones encontraste de la misma cantidad que $\frac{2}{3}$.
3. ¿Podrías representar la fracción $\frac{18}{24}$ en un modelo de 4 por 6? Explica.

■ Diferentes fracciones que representan la misma cantidad son **fracciones equivalentes.**

Puedes hallar fracciones equivalentes multiplicando el numerador y el denominador por el mismo número (siempre que no sea cero).

$$\frac{1}{2} = \frac{3}{6}$$

Piensa: $\frac{1 \xrightarrow{\times 3} 3}{2 \xrightarrow{\times 3} 6}$

INTÉNTALO

Halla las fracciones equivalentes.

1. $\frac{3 \xrightarrow{\times 2} \square}{4 \xrightarrow{\times 2} \square}$
2. $\frac{3 \xrightarrow{\times 4} \square}{5 \xrightarrow{\times 4} \square}$
3. $\frac{5 \xrightarrow{\times 3} \square}{4 \xrightarrow{\times 3} \square}$

PRACTÍCALO

Escribe dos fracciones equivalentes a la parte roja.

1. 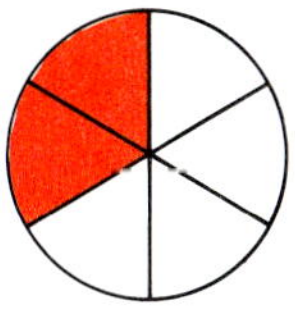

2. 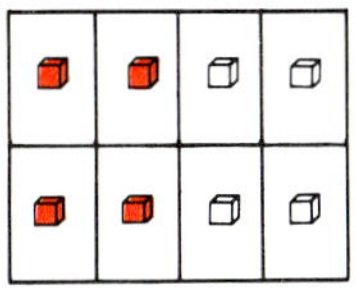

3. 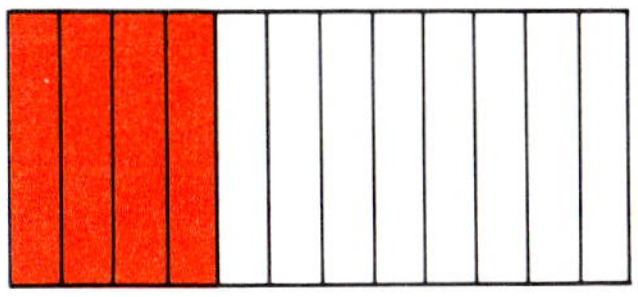

Escribe una fracción equivalente multiplicando el numerador y el denominador por 2.

4. $\frac{1}{2} = \frac{\square}{\square}$ **5.** $\frac{7}{10} = \frac{\square}{\square}$ **6.** $\frac{5}{8} = \frac{\square}{\square}$ **7.** $\frac{1}{6} = \frac{\square}{\square}$ **8.** $\frac{2}{3} = \frac{\square}{\square}$

Halla el numerador o el denominador que falta.

9. $\frac{2}{5} = \frac{\square}{20}$ **10.** $\frac{3}{10} = \frac{\square}{100}$ **11.** $\frac{2}{2} = \frac{\square}{8}$ **12.** $\frac{2}{3} = \frac{40}{\square}$ **13.** $\frac{7}{8} = \frac{28}{\square}$

Escribe una fracción equivalente a la fracción dada.

14. $\frac{4}{5}$ **15.** $\frac{7}{8}$ **16.** $\frac{3}{8}$ **17.** $\frac{5}{6}$ **18.** $\frac{3}{4}$ **19.** $\frac{1}{10}$ **20.** $\frac{5}{12}$

APLÍCALO

RAZONAMIENTO MATEMÁTICO

Calcula mentalmente para escribir las próximas 3 fracciones. Busca las series.

21. $\frac{1}{5}, \frac{2}{10}, \frac{3}{15}, \frac{\square}{\square}, \frac{\square}{\square}, \frac{\square}{\square}$

22. $\frac{3}{8}, \frac{6}{16}, \frac{9}{24}, \frac{\square}{\square}, \frac{\square}{\square}, \frac{\square}{\square}$

RESOLUCIÓN DE PROBLEMAS

23. Durante una semana llovió $\frac{1}{2}$ pulgada el lunes, $\frac{1}{3}$ pulgada el martes, $\frac{5}{10}$ pulgada el miércoles y sólo $\frac{1}{8}$ pulgada el jueves. ¿En cuáles dos días hubo la misma cantidad de lluvia?

24. En Orlando, Florida, un promedio de 2 días de cada 5 están parcialmente nublados. Usa fracciones equivalentes para hallar cuántos días al año están parcialmente nublados.
Clave: $\frac{2}{5} = \frac{\square}{365}$

PENSAMIENTO CRÍTICO Descubre una excepción de la regla

Jessica dijo: "Ya que puedo hallar fracciones equivalentes multiplicando el numerador y el denominador de una fracción por el mismo número, también puedo hallar fracciones equivalentes sumando."

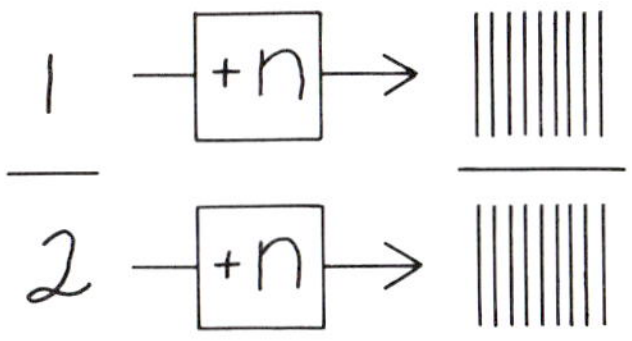

25. Usa papel cuadriculado para ver si Jessica tiene razón o no. Explica.

Máximo común divisor

APRÉNDELO

El saber cómo hallar el máximo común divisor de dos números te ayudará a hallar las fracciones irreducibles de la siguiente lección.

EXPLORA **Estudia la información**

Cuando se multiplican dos números enteros (que no sean cero), cada uno de los números es un factor del producto. Por ejemplo, 5 y 7 son factores de 35 porque $5 \times 7 = 35$.

Factor		Factor		Producto
5	×	7	=	35

¿Cuántos números, que no sean 2, puedes encontrar que sean factores de 60 y de 72 a la vez? Puedes usar la calculadora.

COMÉNTALO

1. ¿Cómo puedes usar la división para demostrar que 4 es un factor tanto de 60 como de 72?
2. ¿Puedes probar que 1 es un factor de todos los números?
3. ¿Cuál es el número más grande que hallaste que es un factor tanto de 60 como de 72?

El **máximo común divisor (mcd)** de dos números es el número mayor que es factor de ambos números.

A continuación hay dos métodos para hallar el máximo común divisor de dos números tales como 24 y 36.

Anota los factores	Descomposición en números primos
24 → 1, 2, 3, 4, 6, 8, 12, 24 36 → 1, 2, 3, 4, 6, 9, 12, 18, 36	24 = 2 • 2 • 2 • 3 36 = 2 • 2 • 3 • 3
Factores comunes → 1, 2, 3, 4, 6, 12 Elige el mayor. mcd = 12	El producto 2 • 2 • 3 es común a los dos. mcd = 2 • 2 • 3 = 12

INTÉNTALO

Halla el mcd de cada par. Intenta los dos métodos.

1. 8 y 24 **2.** 15 y 25 **3.** 7 y 20 **4.** 12 y 54

PRACTÍCALO

Halla el mcd de cada par. Se dan los factores de cada número.

1. 12 y 30
12 → 1, 2, 3, 4, 6, 12
30 → 1, 2, 3, 5, 6, 10, 15, 30

2. 30 y 50
$30 = 2 \cdot 3 \cdot 5$
$50 = 2 \cdot 5 \cdot 5$

Halla el mcd de cada par de números.

3. 4 y 8
4. 3 y 12
5. 18 y 30
6. 20 y 50
7. 6 y 7
8. 18 y 38
9. 12 y 36
10. 9 y 32
11. 42 y 36
12. 10 y 50
13. 15 y 45
14. 14 y 63
15. 21 y 60
16. 45 y 72
17. 20 y 36
18. 18 y 24
19. 20 y 27
20. 12 y 60
21. 28 y 42
22. 42 y 56

APLÍCALO

RAZONAMIENTO MATEMÁTICO

Usa tu calculadora para hallar el mcd de estos números.

23. 238, 102, 170
24. 147, 343, 392
25. 231, 105, 189

RESOLUCIÓN DE PROBLEMAS

26. Donna hizo una fila de azulejos que tenía 96 pulgadas y Lori una de 84. ¿Cuál es el tamaño más grande de azulejos que pudieron haber usado las dos si todos fueron del mismo tamaño?

27. La suma de dos números es 156. Su producto es 900. ¿Cuáles son los números?

▶ ÁLGEBRA

Supón que una ★ entre dos números significa: Multiplica el primer número por sí mismo y suma el segundo al producto.
Entonces, 2 ★ 1 = 5, 3 ★ 2 = 11 y 4 ★ 2 = 18.

Resuelve las ecuaciones.

28. 2 ★ 4 = *n*
29. 5 ★ 1 = *n*
30. 6 ★ 6 = *n*
31. 1 ★ 1 = *n*
32. 9 ★ 2 = *n*
33. 3 ★ 9 = *n*
34. 4 ★ 8 = *n*
35. 7 ★ 8 = *n*

Más práctica, página 507, grupo A

Fracciones irreducibles

APRÉNDELO

EXPLORA **Usa modelos fraccionarios**

Analiza la tira de fracciones equivalentes que empieza con $\frac{3}{4}$.

$\frac{3}{4}$	$\frac{6}{8}$	$\frac{9}{12}$	$\frac{12}{16}$	$\frac{15}{20}$	$\frac{18}{24}$	$\frac{21}{28}$	$\frac{24}{32}$	$\frac{27}{36}$	$\frac{30}{40}$

Abajo hay tres tiras más con fracciones. Intenta hallar la primera fracción de cada una de estas tiras.

a. $\frac{5}{10}$ **b.** $\frac{4}{6}$ **c.** $\frac{3}{12}$

COMÉNTALO

1. ¿Qué puedes decir acerca de cada fracción de la misma tira?
2. ¿Descubriste un método para hallar la primera fracción de la tira? Explica.

- Una fracción es **irreducible** cuando el máximo común divisor del numerador y el denominador es 1.

He aquí dos métodos para hallar fracciones irreducibles.

- Para hacer una fracción irreducible: Divide el numerador y el denominador entre cualquier factor común y sigue dividiendo hasta que halles la fracción irreducible.

$$\frac{6 \div 2}{24 \div 2} = \frac{3}{12} \rightarrow \frac{3 \div 3}{12 \div 3} = \frac{1}{4}$$

- Divide el numerador y el denominador entre el máximo común divisor (mcd) para hallar la fracción irreducible.

6 es el mcd.

$$\frac{6 \div 6}{24 \div 6} = \frac{1}{4}$$

1 es el único factor común de 1 y 4.

INTÉNTALO

Encuentra la fracción irreducible.

1. $\frac{25}{50}$ **2.** $\frac{27}{30}$ **3.** $\frac{6}{9}$ **4.** $\frac{7}{35}$ **5.** $\frac{6}{30}$ **6.** $\frac{18}{24}$

PRACTÍCALO

Di si la fracción es irreducible o no. Escribe *sí* o *no*.

1. $\frac{5}{8}$ **2.** $\frac{5}{10}$ **3.** $\frac{5}{12}$ **4.** $\frac{5}{15}$ **5.** $\frac{4}{5}$ **6.** $\frac{4}{6}$ **7.** $\frac{4}{8}$ **8.** $\frac{4}{10}$

9. $\frac{6}{9}$ **10.** $\frac{6}{10}$ **11.** $\frac{6}{11}$ **12.** $\frac{6}{15}$ **13.** $\frac{3}{5}$ **14.** $\frac{3}{6}$ **15.** $\frac{3}{8}$ **16.** $\frac{3}{9}$

Reduce a forma irreducible si la fracción todavía no está en esa forma.

17. $\frac{12}{16}$ **18.** $\frac{2}{15}$ **19.** $\frac{20}{30}$ **20.** $\frac{8}{15}$ **21.** $\frac{14}{21}$ **22.** $\frac{16}{20}$ **23.** $\frac{4}{9}$

24. $\frac{18}{20}$ **25.** $\frac{6}{15}$ **26.** $\frac{9}{24}$ **27.** $\frac{12}{18}$ **28.** $\frac{7}{8}$

APLÍCALO

RAZONAMIENTO MATEMÁTICO

29. Ve cuántos números puedes hallar para n en $\frac{n}{12}$. Cada número tiene que ser menor que 12 y la fracción tiene que ser irreducible.

RESOLUCIÓN DE PROBLEMAS

30. Durante una tormenta, no es raro que caigan $\frac{5}{10}$ pulgadas de lluvia en menos de una hora. Describe en forma irreducible cuánta lluvia cae.

31. Si $\frac{1}{2}$ pulgada de lluvia cayera en forma de nieve seca y esponjosa, serían unas 15 pulgadas de nieve. Si una pulgada de lluvia cae en forma de nieve, ¿cuántas pulgadas de nieve serían aproximadamente?

REPASO COMBINADO

Resuelve.

32. $\begin{array}{r} 37{,}489 \\ +\ 86{,}938 \\ \hline \end{array}$ **33.** $\begin{array}{r} 54{,}305 \\ -\ 8{,}578 \\ \hline \end{array}$ **34.** $\begin{array}{r} 65.256 \\ +\ 89.68 \\ \hline \end{array}$ **35.** $\begin{array}{r} 906.46 \\ -\ 567.8 \\ \hline \end{array}$ **36.** $\begin{array}{r} 807 \\ \times\ 275 \\ \hline \end{array}$

37. $\begin{array}{r} 9.38 \\ \times\ 6.4 \\ \hline \end{array}$ **38.** $8\overline{)360.16}$ **39.** $\begin{array}{r} 4.567 \\ \times\ 0.035 \\ \hline \end{array}$ **40.** $7.6\overline{)9.3936}$ **41.** $86\overline{)26{,}144}$

Escribe en forma de expresión.

42. 8 más que un número n

43. el cociente entre 4 y 20

44. el producto de 2 por un número n

Mínimo común múltiplo (denominador)

APRÉNDELO

EXPLORA **Piensa en el proceso**

Un grillo y un saltamontes van saltando juntos por el mismo camino. El grillo siempre salta 9 cm y el saltamontes siempre salta 12 cm. ¿Caerán en un mismo lugar? ¿Dónde?

COMÉNTALO

1. ¿Dónde estará el grillo después de 2 y 3 saltos?
2. ¿Dónde cayeron por primera vez?

- Los **múltiplos** de un número son los productos en números enteros cuando el número es un factor. Múltiplos de 3 son: 0, 3, 6, 9, 12. . . .
- El **mínimo común múltiplo** (mcm) de dos números es el número menor que es múltiplo de ambos números.

He aquí dos métodos para hallar el mínimo común múltiplo de dos números, como 9 y 12.

Anota algunos múltiplos	**Descomposición de números primos**
9 → 9, 18, 27, 36, 45, . . . 12 → 12, 24, 36, 48, 60, . . . Elige el mínimo común múltiplo de los dos. mcm = 36	9 = 3 • 3 12 = 2 • 2 • 3 Escribe la descomposición más pequeña de ambos números primos. 2 • 2 • 3 • 3 = 36 mcm = 36

- El **mínimo común denominador** (MCD) de dos fracciones es el mínimo común múltiplo de sus denominadores.

  Ejemplo: el MCD de $\frac{5}{9}$ y $\frac{7}{12}$ es 36.

INTÉNTALO

Halla el mcm de los números enteros y el MCD de las fracciones. Intenta con los dos métodos.

1. 2, 4 $\left(\frac{1}{2}, \frac{1}{4}\right)$ **2.** 6, 8 $\left(\frac{1}{6}, \frac{3}{8}\right)$ **3.** 3, 6 $\left(\frac{2}{3}, \frac{1}{6}\right)$ **4.** 9, 6 $\left(\frac{2}{9}, \frac{1}{6}\right)$

PRACTÍCALO

Halla el mínimo común múltiplo (mcm) de cada par de números.

1. 2, 8 **2.** 6, 4 **3.** 6, 3 **4.** 4, 10 **5.** 6, 9
6. 5, 10 **7.** 3, 5 **8.** 8, 4 **9.** 10, 12 **10.** 8, 10

Halla el mínimo común denominador (MCD) de cada par de fracciones.

11. $\frac{1}{2}, \frac{3}{5}$ **12.** $\frac{5}{6}, \frac{1}{4}$ **13.** $\frac{1}{6}, \frac{2}{3}$ **14.** $\frac{3}{4}, \frac{3}{10}$ **15.** $\frac{5}{6}, \frac{8}{9}$

16. $\frac{2}{5}, \frac{7}{10}$ **17.** $\frac{2}{3}, \frac{3}{5}$ **18.** $\frac{1}{8}, \frac{1}{4}$ **19.** $\frac{3}{10}, \frac{7}{12}$ **20.** $\frac{5}{8}, \frac{1}{10}$

Halla el MCD de cada grupo de fracciones.

21. $\frac{1}{2}, \frac{2}{3}, \frac{1}{6}$ **22.** $\frac{1}{2}, \frac{1}{4}, \frac{3}{8}$ **23.** $\frac{1}{3}, \frac{3}{4}, \frac{5}{6}$ **24.** $\frac{2}{3}, \frac{5}{6}, \frac{7}{9}$ **25.** $\frac{1}{4}, \frac{3}{8}, \frac{7}{16}$

A continuación se da el mínimo común denominador de cada par de fracciones. Halla los numeradores.

26. $\frac{1}{2} = \frac{\square}{6}$, $\frac{1}{3} = \frac{\square}{6}$ **27.** $\frac{2}{3} = \frac{\square}{12}$, $\frac{1}{4} = \frac{\square}{12}$ **28.** $\frac{4}{5} = \frac{\square}{10}$, $\frac{3}{10} = \frac{\square}{10}$ **29.** $\frac{5}{6} = \frac{\square}{18}$, $\frac{4}{9} = \frac{\square}{18}$

APLÍCALO

RAZONAMIENTO MATEMÁTICO

Busca la serie. Da las fracciones que faltan.

30. $\frac{2}{3}, \frac{3}{4}, \frac{4}{5}, \frac{5}{6}, \frac{\square}{\square}, \frac{\square}{\square}, \ldots \frac{\square}{100}$

31. $\frac{1}{8}, \frac{2}{10}, \frac{3}{8}, \frac{4}{10}, \frac{5}{8}, \frac{\square}{\square}, \frac{\square}{\square}, \frac{\square}{\square}, \ldots$

RESOLUCIÓN DE PROBLEMAS

32. Supón que el grillo y el saltamontes saltan 12 cm y 16 cm en lugar de 9 cm y 12 cm. Si empiezan en 0, ¿cuál será el primer lugar en que caerán juntos?

33. Supón que el grillo salta 6 cm cada vez y el saltamontes salta 8 cm. Eventualmente caerán en los 192 cm. ¿Quién habrá dado más saltos? ¿Cuántos saltos más?

▶ CALCULADORA

34. ¿Qué edad tiene alguien que tiene un millón de minutos? Cerca de
a. ¿2 meses? **b.** ¿2 años? **c.** ¿20 años? **d.** ¿200 años?

Estima primero. Luego verifica usando tu calculadora.

Más práctica, página 507, grupo C

Compara y ordena fracciones

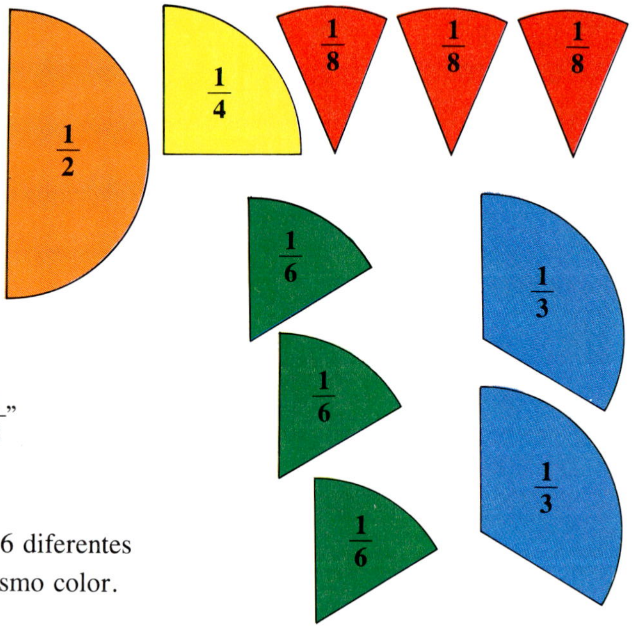

APRÉNDELO

EXPLORA **Usa modelos fraccionarios**

Mona usó piezas fraccionarias para comparar fracciones. Representó estas dos **desigualdades.**

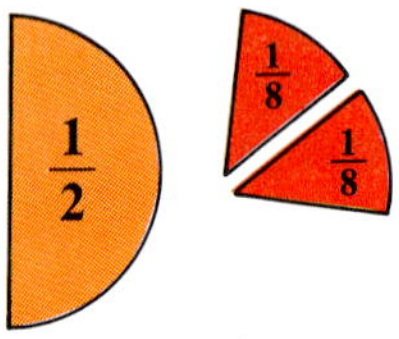

Leyó: "$\frac{1}{2}$ es mayor que $\frac{2}{8}$ ó $\frac{2}{8}$ es menor que $\frac{1}{2}$"

Escribió: $\frac{1}{2} > \frac{2}{8}$, ó $\frac{2}{8} < \frac{1}{2}$

Usa piezas fraccionarias para mostrar y escribir 6 diferentes desigualdades. Une únicamente las partes del mismo color.

COMÉNTALO

1. ¿Cómo puedes mostrar que $\frac{1}{3}$ es mayor que $\frac{2}{8}$ y menor que $\frac{3}{8}$?
2. Si los numeradores de dos fracciones son 1, ¿qué puedes decir sobre la fracción con el denominador más grande?

He aquí dos métodos para comparar fracciones sin usar piezas fraccionarias.

- Si las fracciones tienen diferentes denominadores, conviértelas en fracciones equivalentes con denominador común. La fracción con el mayor numerador es la mayor.

$$\left.\begin{aligned}\frac{1}{3} &= \frac{8}{24} \\ \frac{3}{8} &= \frac{9}{24}\end{aligned}\right\} \quad \frac{1}{3} < \frac{3}{8}$$

$8 < 9$

- Compara los **productos cruzados.** Si el primer producto (de abajo) es mayor, la primera fracción es la mayor. Si son iguales, las fracciones son equivalentes. En otro caso, la segunda fracción es la mayor.

$16 > 15$

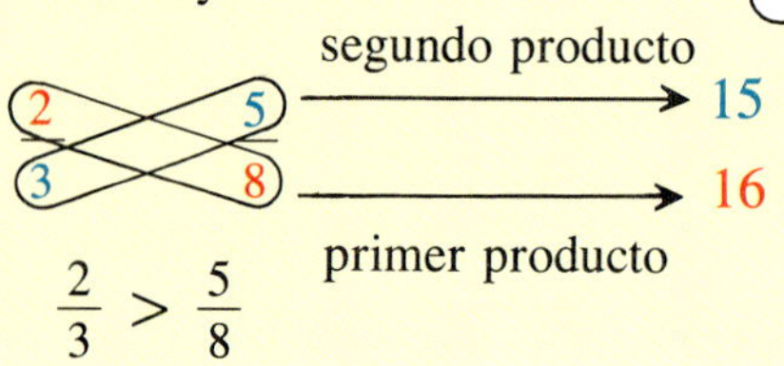

$\frac{2}{3} > \frac{5}{8}$

INTÉNTALO

Compara. Escribe >, < o = para cada ▒. Intenta comparar con ambos métodos.

1. $\frac{1}{4}$ ▒ $\frac{2}{10}$ **2.** $\frac{5}{8}$ ▒ $\frac{3}{4}$ **3.** $\frac{2}{3}$ ▒ $\frac{3}{4}$ **4.** $\frac{2}{3}$ ▒ $\frac{5}{8}$ **5.** $\frac{6}{10}$ ▒ $\frac{3}{5}$

PRACTÍCALO

Escribe >, < o = para cada ●. Usa fracciones equivalentes para los problemas del 1 al 10. Usa productos cruzados para los problemas del 11 al 20.

1. $\frac{1}{2} \bullet \frac{1}{3}$ **2.** $\frac{1}{2} \bullet \frac{2}{3}$ **3.** $\frac{1}{4} \bullet \frac{1}{3}$ **4.** $\frac{1}{4} \bullet \frac{1}{6}$ **5.** $\frac{1}{3} \bullet \frac{1}{5}$

6. $\frac{2}{5} \bullet \frac{1}{3}$ **7.** $\frac{2}{5} \bullet \frac{2}{3}$ **8.** $\frac{8}{12} \bullet \frac{2}{3}$ **9.** $\frac{2}{3} \bullet \frac{4}{5}$ **10.** $\frac{5}{8} \bullet \frac{1}{2}$

11. $\frac{1}{2} \bullet \frac{3}{8}$ **12.** $\frac{4}{10} \bullet \frac{6}{15}$ **13.** $\frac{7}{10} \bullet \frac{3}{4}$ **14.** $\frac{7}{10} \bullet \frac{2}{3}$ **15.** $\frac{5}{6} \bullet \frac{7}{12}$

16. $\frac{3}{10} \bullet \frac{7}{10}$ **17.** $\frac{1}{4} \bullet \frac{3}{10}$ **18.** $\frac{1}{6} \bullet \frac{1}{10}$ **19.** $\frac{1}{6} \bullet \frac{2}{10}$ **20.** $\frac{6}{8} \bullet \frac{18}{24}$

Compáralos de dos en dos. Luego ponlos en orden de menor a mayor.

21. $\frac{1}{2}, \frac{1}{3}, \frac{1}{4}$ **22.** $\frac{2}{3}, \frac{13}{18}, \frac{7}{9}, \frac{5}{6}$

23. $\frac{3}{4}, \frac{3}{8}, \frac{3}{7}$

24. $\frac{3}{5}, \frac{1}{2}, \frac{1}{4}, \frac{2}{5}$

APLÍCALO

RAZONAMIENTO MATEMÁTICO

Los numeradores son iguales en cada par de fracciones. Escribe >, < o = para cada ●.

25. $\frac{1}{2} \bullet \frac{1}{5}$ **26.** $\frac{2}{5} \bullet \frac{2}{3}$ **27.** $\frac{7}{16} \bullet \frac{7}{12}$ **28.** $\frac{5}{8} \bullet \frac{5}{12}$ **29.** $\frac{9}{20} \bullet \frac{9}{17}$

RESOLUCIÓN DE PROBLEMAS

30. Jane recorre $\frac{1}{2}$ milla en bicicleta para llegar al parque y Marilyn $\frac{3}{10}$ milla. ¿Qué niña hace más recorrido?

CALCULADORA

Cuando las fracciones a comparar tienen numeradores y denominadores muy grandes, puedes utilizar la calculadora y el método de productos cruzados.

Compara estas fracciones. Escribe >, < o = para cada ●.

31. $\frac{5}{16} \bullet \frac{185}{592}$ **32.** $\frac{42}{50} \bullet \frac{336}{350}$ **33.** $\frac{75}{92} \bullet \frac{300}{552}$ **34.** $\frac{243}{512} \bullet \frac{27}{64}$ **35.** $\frac{37}{100} \bullet \frac{259}{700}$

Más práctica, página 507, grupo D

Fracciones impropias y números mixtos

APRÉNDELO

EXPLORA **Estudia los datos**

Anthony es el cocinero de un gran restaurante. La mantequilla que usa viene en cajas de 1 libra, con barritas de un cuarto de libra en cada caja. Una receta de postre requiere $2\frac{3}{4}$ libras de mantequilla.

Número mixto: $2\frac{3}{4}$

Fracción impropia: $\frac{11}{4}$

COMÉNTALO

1. ¿Cuántas cajas enteras de una libra y cuántas barritas adicionales necesita Anthony para la receta?
2. ¿Cuántas barritas de un cuarto de libra se necesitan para la receta?

- Para convertir una fracción impropia en un número mixto, puedes dividir el numerador entre el denominador.

$$\frac{21}{4} \rightarrow 4\overline{)21} \rightarrow 5\frac{1}{4}$$

5 ← enteros
−20
1 ← cuartos extras

- Para convertir un número mixto en una fracción impropia, primero multiplica la parte entera por el denominador. Luego suma el numerador.

$$6\frac{3}{4} \rightarrow 6 \times 4 + 3 \rightarrow \frac{27}{4}$$

PRACTÍCALO

Escribe cada fracción impropia como un número mixto o un número entero.

1. $\frac{18}{5}$ **2.** $\frac{14}{2}$ **3.** $\frac{13}{4}$ **4.** $\frac{16}{3}$ **5.** $\frac{14}{4}$ **6.** $\frac{20}{6}$ **7.** $\frac{20}{5}$

Escribe cada número mixto como una fracción impropia.

8. $3\frac{1}{5}$ **9.** $2\frac{1}{8}$ **10.** $7\frac{1}{2}$ **11.** $6\frac{1}{4}$ **12.** $3\frac{1}{8}$ **13.** $5\frac{1}{10}$ **14.** $6\frac{7}{8}$

Más práctica, página 507, grupo E

REPASO PARCIAL/EXAMEN

1. Escribe fracciones para completar este enunciado:
▒ de las figuras son triángulos y ▒ son cuadrados.

2. Escribe dos fracciones equivalentes a la parte roja.
¿Qué parte no es roja?

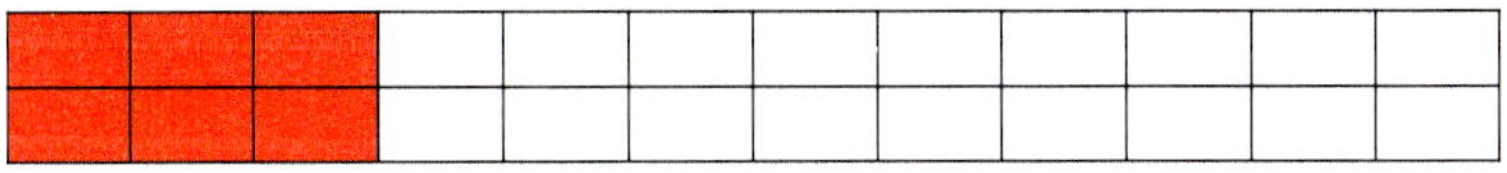

Halla el máximo común divisor de cada par de números.

3. 6, 8 **4.** 15, 25 **5.** 7, 21 **6.** 18, 36 **7.** 9, 16

Halla el mínimo común denominador (MCD) para cada grupo de fracciones.

8. $\frac{3}{10}, \frac{3}{4}$ **9.** $\frac{1}{4}, \frac{1}{6}$ **10.** $\frac{5}{6}, \frac{2}{9}$ **11.** $\frac{3}{7}, \frac{4}{21}$ **12.** $\frac{3}{10}, \frac{3}{8}$

Reduce a forma irreducible si aún no lo está.

13. $\frac{6}{36}$ **14.** $\frac{12}{40}$ **15.** $\frac{13}{17}$ **16.** $\frac{5}{100}$ **17.** $\frac{2}{16}$ **18.** $\frac{2}{8}$

Usa las fracciones de la casilla.

19. ¿Qué fracciones son mayores que $\frac{1}{2}$?

20. Escoge tres fracciones. Ordénalas de menor a mayor.

$\frac{2}{3}$	$\frac{7}{12}$	$\frac{1}{4}$	$\frac{3}{9}$	$\frac{6}{8}$
$\frac{5}{6}$	$\frac{2}{10}$	$\frac{3}{6}$	$\frac{1}{10}$	$\frac{7}{10}$

Escribe $>$, $<$ o $=$ para cada ▒.

21. $\frac{3}{8}$ ▒ $\frac{3}{4}$ **22.** $\frac{1}{6}$ ▒ $\frac{1}{5}$ **23.** $\frac{2}{3}$ ▒ $\frac{3}{4}$ **24.** $\frac{9}{15}$ ▒ $\frac{6}{10}$ **25.** $\frac{5}{8}$ ▒ $\frac{9}{12}$

RESOLUCIÓN DE PROBLEMAS

26. Hay 15 varones en una clase de 27 alumnos. Usando la forma irreducible, ¿qué fracción de los alumnos son niños? ¿Y qué fracción son niñas?

27. Una pizza se dividió en 24 porciones. Ocho niños la compartieron en partes iguales. Escribe dos fracciones equivalentes para mostrar la porción de cada niño.

Resolución de problemas
Haz una lista organizada

ENTIENDE
ANALIZA DATOS
PLANEA
ESTIMA
RESUELVE
EXAMINA

APRÉNDELO

Brenda quiere comprar un chaquetón y unos pantalones elásticos para irse a esquiar. Encontró pantalones elásticos en negro, blanco y rojo. Encontró chaquetones en amarillo, blanco, rojo, verde y fucsia. ¿Cuántas combinaciones diferentes son posibles?

Para resolver problemas, te sirve de ayuda anotar todas las posibilidades en un cierto orden. Esta estrategia se llama **Haz una lista organizada.**

Primero escribiré todas las combinaciones posibles con pantalones negros.

Negro-Amarillo
Negro-Blanco
Negro-Rojo
Negro-Verde
Negro-Fucsia

Luego escribiré todas las combinaciones posibles con pantalones blancos y rojos.

NA	BA	RA
NB	BB	RB
NR	BR	RR
NV	BV	RV
NF	BF	RF

Hay 15 diferentes combinaciones posibles de chaquetones y pantalones.

INTÉNTALO

Lee este problema y completa la solución.

Los 12 miembros del equipo de esquí a campo traviesa quieren poner números de 2 dígitos en la espalda de sus chaquetones. Deciden usar sólo los dígitos 1, 3, 5 y 7. ¿Puede tener cada uno un número diferente?

- ¿Cuántos miembros hay en el equipo?
- ¿Cuántos dígitos quieren poner en cada chaquetón?
- ¿Qué números de 2 dígitos que empiecen por 1 son posibles?
- Copia y completa esta lista organizada como ayuda para resolver el problema.

11	31
13	33
15	35
17	?

PRACTÍCALO

Haz una lista organizada para resolver estos problemas.

1. Zu encontró suéteres para esquiar en blanco, rosa, beige y amarillo. Encontró pantalones en negro, verde oscuro y rojo. Quiere un pantalón y un suéter. ¿Cuántas diferentes combinaciones son posibles?

2. En la estación de esquí Vic almorzó en la cafetería. Compró un emparedado, una fruta y una bebida. ¿Cuántos almuerzos posibles podía elegir del siguiente menú?

Emparedados
Queso
Pavo
Jamón

Bebidas
Leche
Jugo
Chocolate

Frutas
Manzana
Plátano

PRÁCTICA COMBINADA

Resuelve. Escoge una estrategia de la lista o usa otra que conozcas.

Algunas estrategias

Represéntalo	Adivina y verifica
Usa objetos	Haz una tabla
Escoge una operación	Resuelve un problema más sencillo
Haz un dibujo	Haz una lista organizada

3. Los esquís para esquiar a campo traviesa, normalmente a $120, están de rebajas. El descuento en los esquís Mountain King es de $\frac{1}{5}$. El descuento en los esquís Snow Imp es de $\frac{1}{4}$. ¿Qué esquís tienen el descuento más grande?

4. Erin compró esquís rebajados, lazos y un par de botas. Usa la lista de precios para calcular cuánto dinero ahorró.

REBAJAS

Botas
Regular $170
Rebaja 119.99

Esquís
Regular $325
Rebaja 199.95

Ligaduras
Regular $145
Rebaja 99.95

5. La familia de Len va camino de las montañas. Para llegar a la autopista, pueden tomar Fifth Street, Magnolia Avenue, Arlington Avenue o Victoria Street. Para ir de la autopista al hotel pueden tomar Forest Drive o Crest Road. ¿De cuántas maneras diferentes pueden llegar al hotel?

6. La tienda de esquís tiene 28 pares de guantes. Rick encontró 7 pares de guantes de cuero y 12 de lana. ¿Qué fracción de los pares son de lana?

7. La señora Kuan tiene un cupón para ropa después de esquiar. El cupón sirve para $2 de descuento por cada $10 de compra. ¿Cuánto ahorró al gastar $140?

Más práctica, página 524, grupo D

Lee escalas de fracciones

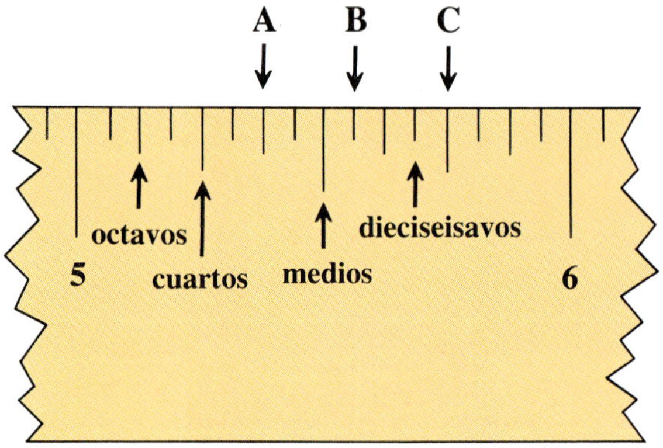

APRÉNDELO

EXPLORA **Estudia los datos**

Mira el dibujo ampliado de una regla en pulgadas. Observa las diferentes marcas de longitud que hay en la escala. Te servirán para leer medidas usando fracciones irreducibles.

COMÉNTALO

1. Explica por qué la marca **A** es para $5\frac{3}{8}$ pulgadas de longitud.
2. La marca **B** es para los dieciseisavos. ¿Qué longitud lees en **B**?
3. Di la longitud que corresponde a **C.**
4. Ya sabes que hay 8 octavos en 1. Di por qué hay sólo 4 marcas para octavos en el dibujo de la regla de una pulgada.

El dibujo de la derecha te muestra cómo leer una longitud de $3\frac{5}{8}$ pulgadas en la regla.

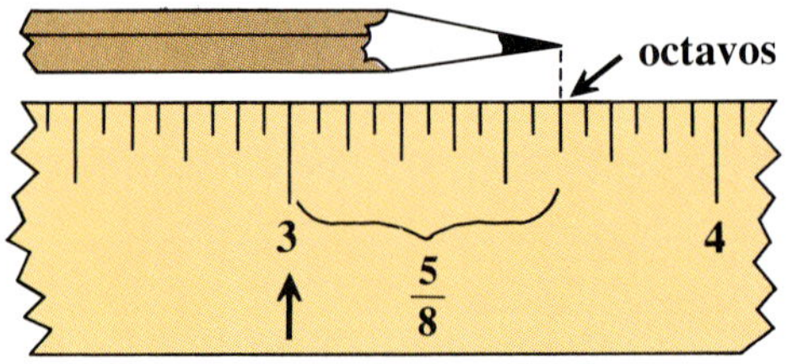

Lee: 3 y $\frac{5}{8}$ pulgadas

Otros ejemplos

A

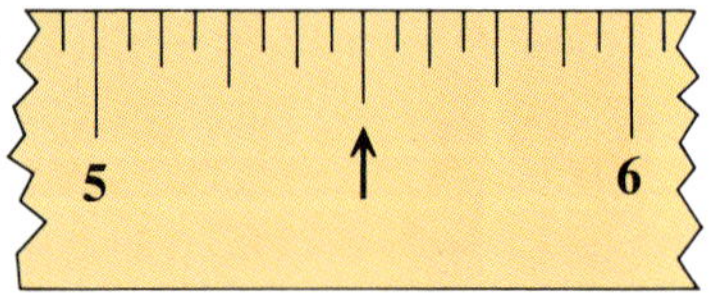

Lee: $5\frac{1}{2}$ pulgadas

B

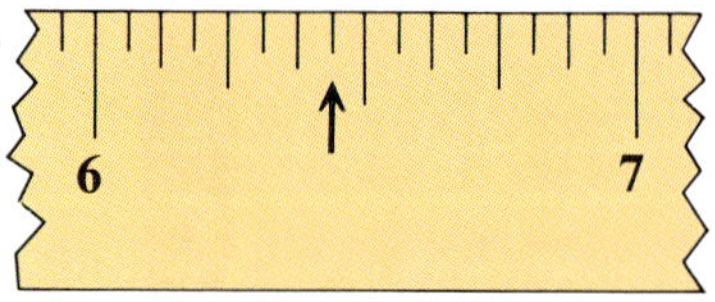

Lee: $6\frac{7}{16}$ pulgadas

C

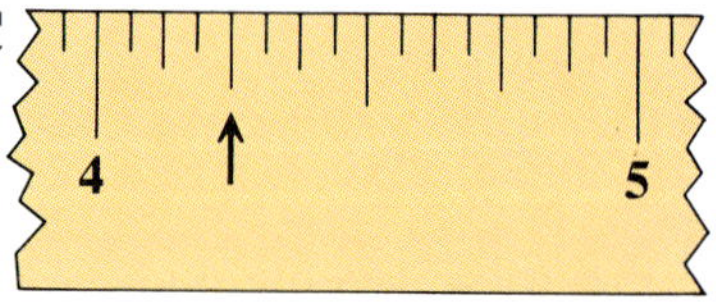

Lee: $4\frac{1}{4}$ pulgadas

INTÉNTALO

Da cada longitud usando la forma irreducible.

1.

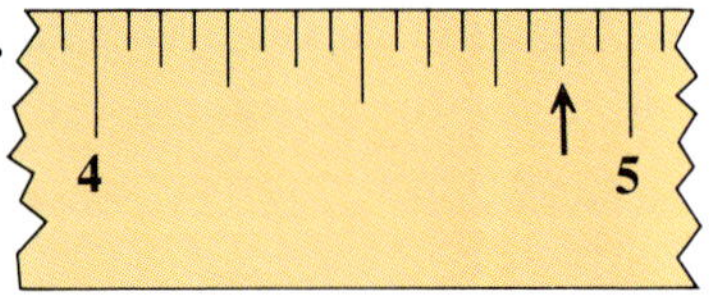

2.

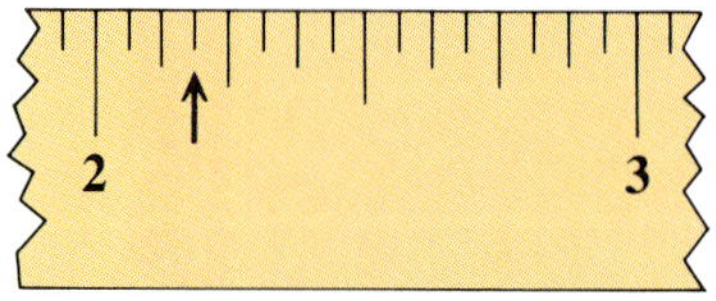

3.

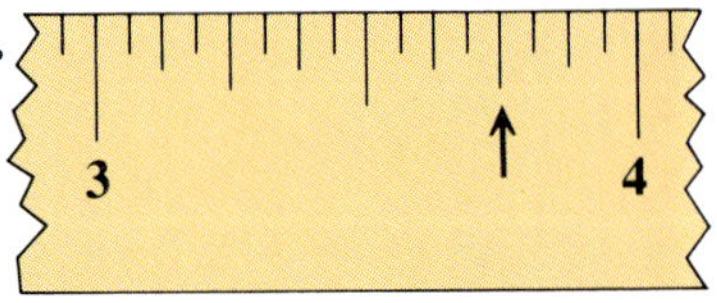

PRACTÍCALO

Da cada longitud usando la forma irreducible.

1. 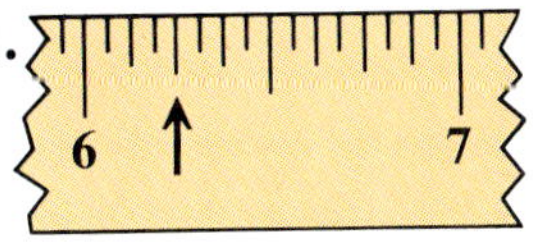

2. 

3. 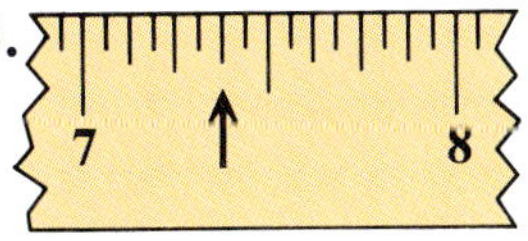

4. 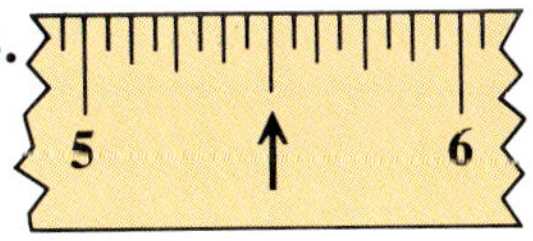

5. 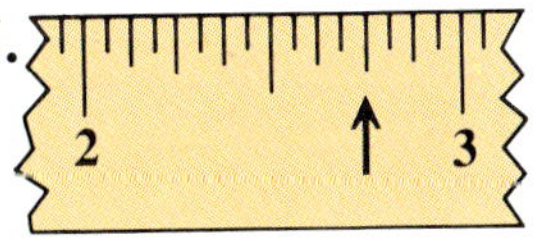

6. 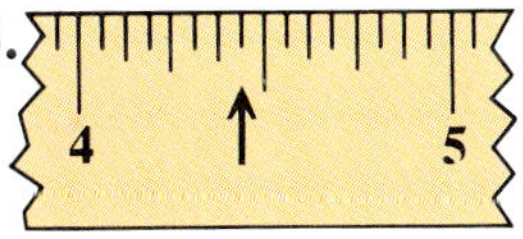

Traza un segmento de recta para cada longitud.

7. $2\frac{1}{8}$ **8.** $3\frac{9}{16}$ **9.** $1\frac{5}{8}$ **10.** $2\frac{3}{4}$ **11.** $1\frac{11}{16}$ **12.** $4\frac{3}{8}$

APLÍCALO

RAZONAMIENTO MATEMÁTICO

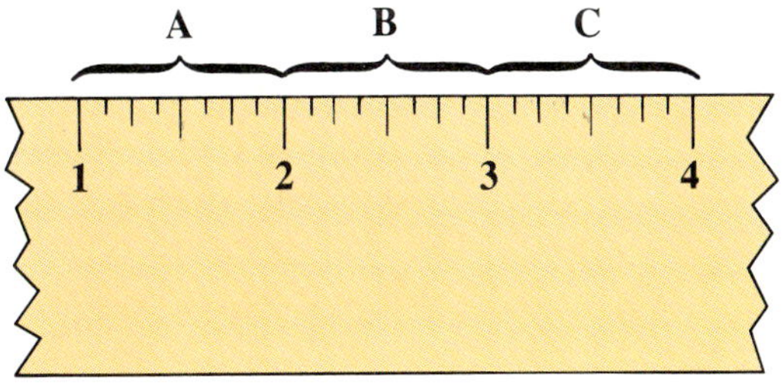

Contesta **A** si la longitud está entre 1 y 2 pulgadas, **B** si está entre 2 y 3 pulgadas y **C** si está entre 3 y 4 pulgadas. Calcula mentalmente y estima para decidir.

13. $\frac{20}{16}$ pulgadas **14.** $\frac{26}{8}$ pulgadas **15.** $\frac{35}{16}$ pulgadas **16.** $\frac{15}{4}$ pulgadas **17.** $\frac{40}{16}$ pulgadas

RESOLUCIÓN DE PROBLEMAS

18. Mide cinco objetos de tu salón de clases. Nombra y registra la longitud de cada objeto en dieciseisavos de pulgada. Usa solamente fracciones irreducibles.

19. Anthony le envió algunas recetas a un amigo. El paquete pesaba $\frac{13}{4}$ onzas. El costo del envío fue 25 centavos por cada onza más 20 centavos por cualquier fracción adicional de una onza. ¿Cuánto costó en total el envío?

REPASO COMBINADO

Estima.

20. 8,379 + 5,786 **21.** 576 ÷ 8 **22.** 386 + 402 + 415 + 378 + 377

23. Copia y completa la tabla. Escribe una regla para la serie.

personas	1	2	3	4	5	*p*
precio	4	8		16		

Convierte un decimal en una fracción

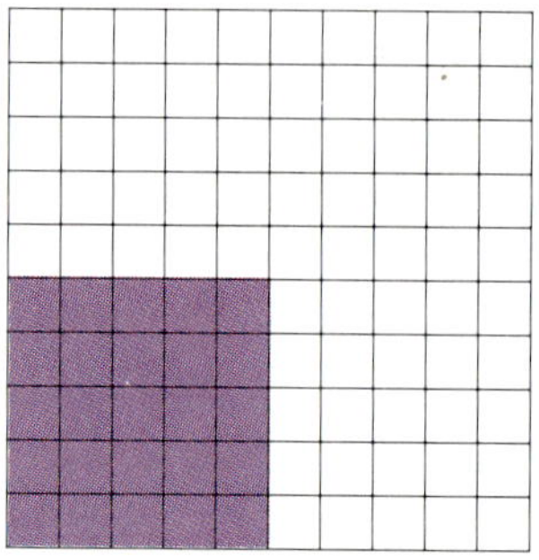

$\frac{1}{4} = \frac{25}{100} = 0.25$

APRÉNDELO

EXPLORA Usa modelos fraccionarios

Alan usó papel cuadriculado para mostrar a cuántas centésimas equivale $\frac{1}{4}$. Usa papel cuadriculado para mostrar a cuántas centésimas equivalen $\frac{3}{10}$, $\frac{4}{5}$ y $\frac{1}{2}$. Ahora prueba con $\frac{1}{3}$.

COMÉNTALO

1. Di por qué es difícil mostrar a cuántas centésimas equivale $\frac{1}{3}$ en papel cuadriculado.
2. Piensa en $\frac{1}{3} = \frac{n}{100}$. ¿Qué número n hace que $\frac{n}{100}$ se acerque a $\frac{1}{3}$? Di cómo lo encontraste y escribe un decimal cercano a $\frac{1}{3}$.

■ Podrías encontrar el decimal de $\frac{3}{8}$ con fracciones equivalentes. $\frac{3}{8} = \frac{3 \times 125}{8 \times 125} = \frac{375}{1,000} = 0.375$	■ O puedes usar la calculadora para dividir. ON/AC 3 ÷ 8 = 0.375 Las respuestas son iguales. Así que, $\frac{3}{8} = 0.375$.

Para cambiar una fracción a un decimal, divide el numerador entre el denominador.

Otros Ejemplos

decimal mixto

centésima más cercana

A $\frac{3}{4} \rightarrow \begin{array}{r} 0.75 \\ 4\overline{)3.00} \end{array}$

B $\frac{8}{5} \rightarrow \begin{array}{r} 1.6 \\ 5\overline{)8.0} \end{array}$

C $\frac{2}{3} \rightarrow \begin{array}{r} 0.66\frac{2}{3} \\ 3\overline{)2.00} \end{array}$ o 0.67

INTÉNTALO

Escribe un decimal para cada fracción.

1. $\frac{2}{5}$ **2.** $\frac{5}{8}$ **3.** $\frac{5}{10}$ **4.** $\frac{7}{5}$ **5.** $\frac{1}{4}$ **6.** $\frac{3}{16}$

Escribe un decimal mixto para cada fracción.

7. $\frac{1}{7}$ **8.** $\frac{5}{6}$ **9.** $\frac{1}{3}$ **10.** $\frac{5}{3}$ **11.** $\frac{1}{6}$ **12.** $\frac{5}{9}$

Escribe un decimal redondeado a la centésima más cercana.

13. $\frac{7}{8}$ **14.** $\frac{7}{3}$ **15.** $\frac{1}{6}$ **16.** $\frac{5}{16}$ **17.** $\frac{3}{8}$ **18.** $\frac{5}{12}$

PRACTÍCALO

Escribe un decimal o un decimal mixto para cada fracción.

1. $\frac{9}{10}$ **2.** $\frac{7}{20}$ **3.** $\frac{17}{100}$ **4.** $\frac{1}{2}$ **5.** $\frac{7}{16}$ **6.** $\frac{1}{8}$

7. $\frac{3}{7}$ **8.** $\frac{5}{8}$ **9.** $\frac{1}{3}$ **10.** $\frac{17}{6}$

Escribe un decimal redondeado a la centésima más cercana para cada fracción.

11. $\frac{1}{3}$ **12.** $\frac{6}{7}$ **13.** $\frac{5}{12}$ **14.** $\frac{2}{15}$ **15.** $\frac{10}{3}$ **16.** $\frac{5}{6}$

17. $\frac{7}{8}$ **18.** $\frac{11}{6}$ **19.** $\frac{7}{15}$ **20.** $\frac{3}{8}$ **21.** $\frac{4}{9}$ **22.** $\frac{7}{16}$

APLÍCALO

RAZONAMIENTO MATEMÁTICO

Estima para relacionar el decimal con la fracción.

23. $\frac{9}{16}$ **a.** $0.81\frac{1}{4}$ **b.** $0.56\frac{1}{4}$ **c.** $0.31\frac{1}{4}$

24. $\frac{31}{36}$ **a.** $0.69\frac{4}{9}$ **b.** $0.36\frac{1}{9}$ **c.** $0.86\frac{1}{9}$

RESOLUCIÓN DE PROBLEMAS

25. En una de las peores nevadas del siglo, cayeron en Maine 40 pulgadas de nieve en 24 horas. Si una pulgada de nieve equivale a 0.1 pulgada de agua, ¿cuánta agua produjo la nevada?

26. Banco de datos de ciencias Usa el mapa de precipitación de los EE.UU. Escribe en pies la escala de cada sección en forma de fracción irreducible. ¿Qué porción del mapa tiene un promedio de más de $3\frac{1}{3}$ pies de lluvia en un año?

BANCO DE DATOS

PENSAMIENTO CRÍTICO Crea una regla

Estudia estos ejemplos. Luego da una regla que explique cómo convertir un decimal en una fracción.

$0.75 = \frac{75}{100} = \frac{3}{4}$ $0.4 = \frac{4}{10} = \frac{2}{5}$ $4.125 = 4\frac{125}{1000} = 4\frac{1}{8}$

Prueba tu regla dando la fracción irreducible para cada decimal.

27. 0.25 **28.** 0.6 **29.** 1.75 **30.** 4.375 **31.** 7.5

Resolución de problemas
Determina respuestas razonables

ENTIENDE
ANALIZA DATOS
PLANEA
ESTIMA
RESUELVE
EXAMINA

APRÉNDELO

Cuando resuelves problemas, una parte importante del proceso de evaluar tu manera de pensar y de trabajar es la verificación. Las preguntas de la tabla siguiente te pueden ayudar a ello.

Verifica tu trabajo

¿Están correctos los cálculos?
¿Usaste correctamente las estrategias?
¿Es razonable la respuesta?

Wayne usó esta tabla de temperaturas máximas y mínimas publicadas en *Westview Times.* Calculó que la diferencia entre la temperatura máxima y mínima de Acapulco era de 27°F. Determina si su respuesta es razonable o no. Di por qué.

TEMPERATURAS DIARIAS

Ciudad	Máxima	Mínima
Acapulco	87°F	70°F
Calgary	31°F	14°F
Londres	64°F	35°F
Hong Kong	63°F	53°F
Melbourne	65°F	47°F
Montreal	14°F	−18°F
Nassau	82°F	64°F

No creo que esta respuesta sea razonable. → Puedo redondear 87°F a 90°F. → Ahora puedo restar 70°F de 90°F. → Pero la diferencia correcta es menor que 20°F; redondeé hacia arriba.

27°F no es una respuesta razonable.

INTÉNTALO

No resuelvas el problema. Determina si la respuesta dada es razonable. Si no es razonable, explica por qué.

1. ¿Cuánto más alta fue la temperatura máxima de Nassau que la temperatura máxima de Montreal?

Respuesta: La temperatura máxima de Nassau fue 78°F más alta.

2. A mediodía la temperatura en Hong Kong era de 63°F. Por la noche bajó 7°F. ¿Cuál era la temperatura por la noche?

Respuesta: La temperatura por la noche era 56°F.

3. La temperatura en la casa de Wayne bajó a una mínima de 56°F. ¿Cuánto más baja era la temperatura mínima en Melbourne?

Respuesta: La temperatura mínima en Melbourne era 19°F.

PRÁCTICA COMBINADA

Resuelve. Usa cualquier estrategia para resolver problemas.

Promedio mensual de temperaturas (°F)

Ciudad	enero	abril	julio	octubre
Anchorage, AK	13.0	35.5	58.1	34.6
Boston, MA	29.6	48.7	73.5	54.8
Dallas, TX	44.0	65.9	86.3	67.9
Helena, MT	18.1	42.3	67.9	45.1
Jacksonville, FL	53.2	67.7	81.3	69.5
Madison, WI	15.6	45.8	70.6	49.5
Mobile, AL	50.8	68.0	82.2	68.5
New York, NY	31.8	51.9	76.4	57.5
Phoenix, AZ	52.3	68.1	92.3	73.4
San Francisco, CA	48.5	54.8	62.2	60.6
Toledo, OH	23.1	47.8	71.8	51.7

1. Usa la tabla de temperaturas para hallar cuánto más alto era en julio el promedio de temperatura de Dallas que el de Helena.

2. Usa la gráfica para hallar el promedio de las 4 temperaturas mensuales de Phoenix.

3. En Mobile, ¿cuánto más bajo es el promedio de la temperatura mensual en enero que en julio?

4. Durante 32 años, el promedio de precipitación anual de Mt. Waialeale, Hawaii, fue de 460 pulgadas. En Death Valley, en California, el promedio durante 42 años fue de 1.63 pulgadas. ¿Cuánto mayor fue en Mt. Waialeale?

5. Los alumnos de la estación climatológica midieron el martes $\frac{3}{5}$ pulgadas de lluvia y el miércoles 0.72 de pulgada. ¿Qué día llovió más?

6. En la clase de Len midieron 1.62 pulgadas de lluvia el lunes y 0.87 el martes. Len estimó que más de 3 pulgadas de lluvia cayeron durante este período de tiempo. ¿Es razonable su estimación? Explica tu respuesta.

7. Cada uno de los 23 alumnos que ayudan en la estación climatológica tiene un número de código de 3 dígitos. Estos números tienen sólo los dígitos 2, 5 y 9, pero estos pueden repetirse. ¿Puede tener cada alumno un número de código diferente?

8. **Datos que faltan** Di qué datos hacen falta para resolver este problema. Entre el 1 de julio de 1988 y el 5 de enero de 1989, San Francisco recibió 8.98 pulgadas de lluvia. ¿Cuántas pulgadas le faltan para alcanzar el promedio normal?

Recopilación y análisis de datos
Decisión de grupo

ENTIENDE
ANALIZA DATOS
PLANEA
ESTIMA
RESUELVE
EXAMINA

Haz un cuestionario
Destreza de grupo:
Explica y resume

¿Has tenido tú o alguien que tú conozcas un accidente de bicicleta? ¿Te has herido alguna vez? ¿Qué información podría haber evitado el accidente o herida? Haz un **cuestionario** (lista de preguntas escritas) para reunir información y hacer recomendaciones que puedan evitar accidentes o heridas.

Recopila los datos

1. Habla con tu grupo para decidir qué información específica relacionada con accidentes de bicicletas necesitan. Puede que necesiten saber las condiciones del accidente, de la herida o de la bicicleta. Hagan una lista de las ideas y luego decidan cuáles son más importantes.
2. Escribe al menos cuatro **preguntas de selección múltiple** parecidas a los ejemplos a continuación. Las preguntas de selección múltiple tienen normalmente 3 ó 4 respuestas. Puedes incluir también otro tipo de preguntas.

Cuestionario de accidentes de bicicleta

___ edad

Haz una marca para cada pregunta.

1. ¿Cuán grave fue la herida?
   ___ nada grave
   ___ bastante grave
   ___ muy grave
2. ¿Dónde ocurrió el accidente?
   ___ en una calle pavimentada
   ___ en una carretera de grava o de tierra
   ___ en la acera
   ___ en otro lugar
3. ¿Llevabas un casco de protección cuando ocurrió el accidente?
   ___ sí
   ___ no
   ___ no recuerdo

3. Ensaya tu cuestionario con algunos compañeros. Revisa las preguntas que no estén claras.
4. El grupo que contesta un cuestionario es la **muestra.** Para tu muestra, selecciona al menos 20 personas que hayan tenido accidentes de bicicleta. Piensa si quieres incluir el mismo número de mujeres y de hombres. ¿Quieres que las personas de tu muestra tengan la misma edad o diferentes edades?
5. Haz copias de tu cuestionario y distribúyelas a los miembros de tu muestra.

Organiza los datos

6. Haz una tabla para mostrar los resultados de cada pregunta de tu cuestionario. Traza rayas en tu tabla para cada respuesta de cada cuestionario. Cuenta el número total de respuestas. Mira el ejemplo siguiente.

1. ¿Cuán grave fue la herida?

		Total
no muy grave	~~IIII~~ ~~IIII~~ ~~IIII~~	15
bastante grave	~~IIII~~ III	8
muy grave	II	2

Presenta tu análisis

7. Escribe un resumen de los resultados. ¿Qué recomendarías para evitar heridas graves yendo en bicicleta?
8. Escribe por lo menos una pregunta que te gustaría explorar más profundamente.

RESUMEN

Relaciona las frases

Halla el término que corresponda a la descripción.

1. número que nombra una parte de una región o conjunto

2. número debajo de la raya en una fracción

3. fracción en la cual el máximo común divisor del numerador y el denominador es 1

4. número mayor que sea un factor de dos números

5. fracción con un numerador de 1

6. número fraccionario mayor que 1

a. fracción unitaria
b. el máximo común divisor
c. fracción impropia
d. fracción
e. fracciones irreducibles
f. denominador

Algunas veces, siempre, nunca

Determina cuál completa mejor las oraciones: *algunas veces, siempre* o *nunca.* Explica tus elecciones.

7. _____ se pueden encontrar fracciones equivalentes multiplicando el numerador y el denominador por un mismo número que no sea cero.

8. Dividir el numerador y el denominador de una fracción por un factor común, _____ simplificará la fracción a su forma irreducible.

9. _____ se pueden escribir fracciones impropias como números mixtos.

10. Cuando se simplifica una fracción a su forma irreducible, _____ se disminuye su valor.

Proyecto

Diseña un juego con tarjetas para relacionar fracciones con cantidades de dinero. Un conjunto de tarjetas debe tener preguntas acerca del dinero como: “¿Qué parte de un dólar son 3 monedas de 25 centavos y 1 de 5?” El otro conjunto debe tener las respuestas a las preguntas en forma de fracciones irreducibles. Inventa el nombre del juego, sus reglas y un sistema para la asignación de puntos.

REPASO DEL CAPÍTULO/EXAMEN

1ª parte Entendimiento

Escribe las tres siguientes fracciones equivalentes.

1. $\frac{3}{4}, \frac{6}{8}, \frac{9}{12}$, ▮, ▮, ▮

¿Está cada fracción en forma irreducible? Escribe *sí* o *no*. Si escribes *no*, simplifica la fracción a su forma irreducible.

2. $\frac{7}{12}$ **3.** $\frac{4}{28}$ **4.** $\frac{8}{32}$

5. Haz una lista de estas fracciones en orden de menor a mayor. $\frac{2}{3}, \frac{2}{7}, \frac{2}{5}, \frac{2}{9}$

6. ¿Qué dibujo muestra $\frac{3}{5}$ del conjunto sombreados?

7. ¿Qué dibujo muestra $\frac{3}{8}$ de la región sombreados?

A

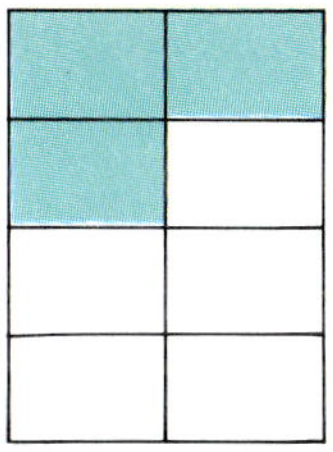

B

2ª parte Destrezas

Halla el máximo común divisor (mcd) de cada conjunto de números.

8. 8 y 12

9. 15 y 20

10. Halla el mínimo común múltiplo (mcm) de 3 y 8.

11. Halla el mínimo común denominador (MCD) de $\frac{1}{3}$ y $\frac{2}{5}$.

12. Escribe $\frac{17}{4}$ como número mixto.

13. Escribe $3\frac{3}{8}$ como fracción impropia.

14. Escribe $\frac{9}{20}$ como decimal.

15. Escribe $\frac{13}{6}$ como decimal redondeado a la centésima más cercana.

3ª parte Aplicaciones

16. Las camisas de los uniformes son rojas, blancas y rosas. Los pantalones son azules o negros. ¿Cuántas combinaciones distintas de camisas y pantalones son posibles?

17. Fernando caminó 1.8 km el lunes, 1.7 km el martes y 2.4 km el miércoles. Estimó que había caminado más de 8 km en total. ¿Es razonable su estimación? Explica.

18. **Desafío** Sue tiene un promedio de bateo de 0.400. Se halla el promedio de bateo dividiendo los batazos entre el número de veces que se intenta batear. Si Sue intentó batear 15 veces, ¿cuántos batazos obtuvo?

ENRIQUECIMIENTO
El tangram

Las siete figuras que aquí se muestran son piezas de un antiguo rompecabezas chino llamado el **Tangram.** Las piezas se pueden unir para formar muchas formas interesantes. Varias pueden juntarse para que quepan dentro de otras piezas. En particular, todas las piezas cabrán exactamente dentro del cuadrado sombreado.

Calca y recorta las piezas del Tangram. Muestra cómo caben en el cuadrado.

1. ¿Qué otras formas puedes obtener al unir los triángulos pequeños?

2. ¿De cuántas maneras distintas puedes sacar uno de los triángulos grandes, usando tres piezas más pequeñas? Di qué piezas usaste.

3. ¿Qué piezas caben dentro del paralelogramo?

4. Supón que el cuadrado grande tiene un área de 1. Usa las relaciones de las preguntas anteriores para escribir qué parte fraccionaria del cuadrado es cada pieza.

REPASO GENERAL

1. Escoge la mejor estimación: 73×805.

   A. 560 B. 5,600
   C. 56,000 D. 560,000

2. Escribe una expresión algebraica para duplicar un número.

   A. $n + 2$ B. $\frac{n}{2}$
   C. $2n$ D. $2 + n$

3. Usa números compatibles para estimar el cociente: $3{,}865 \div 80$.

   A. 40 B. 50
   C. 500 D. 400

4. Una tienda alquila 5 videos de comedias por cada 3 del Oeste. Si se alquilan 21 del Oeste, ¿cuántas comedias se alquilan?

   A. 26 B. 16
   C. 15 D. 35

5. ¿Cuál es el rango de este conjunto de números: 14, 73, 29, 56?

   A. 59 B. 73
   C. 4 D. 87

6. El pulso normal de Sara es de 75 latidos por minuto. Cuando trota, el pulso aumenta en 50 latidos por minuto. ¿Cuántas veces late su corazón en una carrera de 20 minutos?

   A. 2,500 B. 1,000
   C. 3,750 D. 1,500

7. Halla el producto de 2.53 y 0.18.

   A. 45.54 B. 0.4554
   C. 0.0455 D. 4.554

8. Calcula el cociente mentalmente: $2{,}400 \div 6$.

   A. 400 B. 40
   C. 4,444 D. 4,000

9. Tres chaquetas para esquiar cuestan $144.36. ¿Cuánto cuesta una?

   A. $58.12 B. $47.12
   C. $148.12 D. $48.12

10. Hay 64 equipos en un torneo. Cada equipo juega contra otro hasta que pierde. ¿Cuántos juegos se necesitan para determinar el campeonato?

    A. 32 B. 64
    C. 31 D. 63

11. ¿Cuál es la media del siguiente conjunto de puntajes? 75, 68, 87, 83, 87

    A. 75 B. 83
    C. 87 D. 80

12. Una porción de carne sin grasa tiene 16 gramos de proteína. La madre de Mary necesita 60 gramos de proteína al día. Almorzó 2 porciones de carne. ¿Cuántos gramos más de proteína necesita?

    A. 14 B. 28
    C. 60 D. 32

7

ADICIÓN Y SUSTRACCIÓN: FRACCIONES Y NÚMEROS MIXTOS

MATEMÁTICAS Y ARTES DEL LENGUAJE

BANCO DE DATOS

Usa el Banco de datos del lenguaje (p. 478) para contestar las preguntas.

1 Una composición de página muestra la distribución del texto y de las ilustraciones. La que se muestra es para una revista de literatura. ¿Cuánto tiene de ancho el margen derecho? ¿Y el espacio para la foto marcada *Arte 1*?

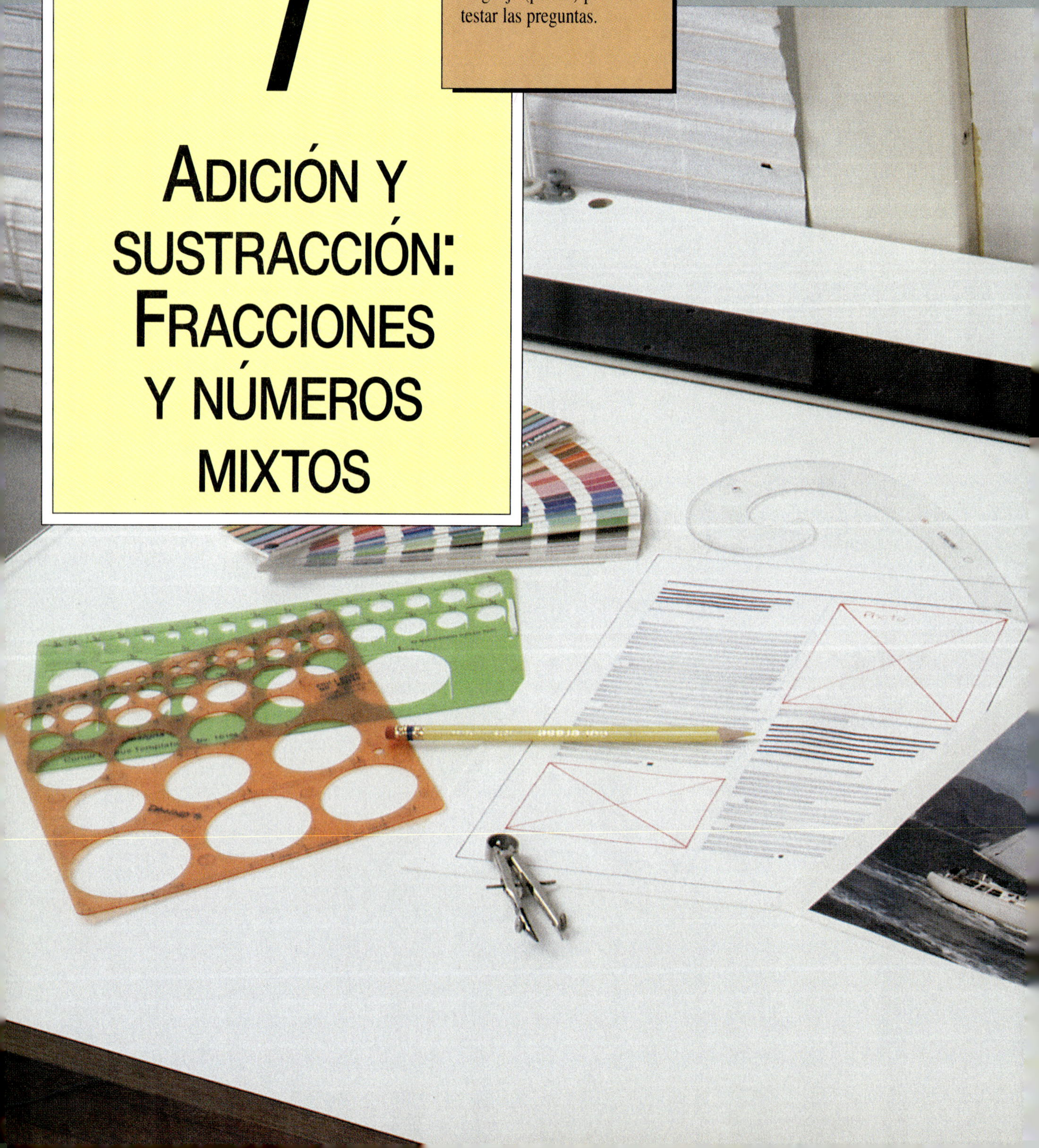

2 Cinco renglones de texto ocupan una pulgada del largo de la página. Si el poema "Búsqueda" se coloca en el bloque más grande de los marcados para cuento o poema, aproximadamente ¿cuánto espacio sobrará?

3 Describe o traza otra composición, usando los mismos bloques de espacio para ilustraciones y para cuentos y poemas. ¿Cómo descubriste si tu nuevo arreglo funciona?

4 **Pensamiento crítico** Usa la composición para explicar cómo sabes que $\frac{5}{16} + 5\frac{1}{2} + 1\frac{3}{16} = 7$.

Suma y resta fracciones y números mixtos
Denominadores comunes

APRÉNDELO

EXPLORA Analiza el proceso

En esta revista hay una foto de $5\frac{3}{8}$ pulgadas de ancho y una columna de texto de $2\frac{3}{8}$ pulgadas de ancho. ¿Cuál es el ancho total en pulgadas del espacio que requieren las dos?

A continuación se indica cómo sumar dos números mixtos cuando los denominadores son iguales.

Fíjate en los denominadores.	Suma las fracciones. Escribe la suma de los numeradores sobre el denominador común.	Suma los números enteros. Reduce si es posible.
$5\frac{3}{8}$ $+\,2\frac{3}{8}$ (iguales)	$5\frac{3}{8}$ $+\,2\frac{3}{8}$ $\frac{6}{8}$	$5\frac{3}{8}$ $+\,2\frac{3}{8}$ $7\frac{6}{8} = 7\frac{3}{4}$

COMÉNTALO

1. ¿Cómo puedes usar piezas fraccionarias para demostrar que $\frac{3}{8} + \frac{3}{8} = \frac{6}{8}$ ó $\frac{3}{4}$?
2. Usa una oración completa para escribir una respuesta razonable al problema de Explora.

INTÉNTALO

Halla las sumas y las restas.

1. $\frac{2}{11} + \frac{3}{11}$ **2.** $\frac{6}{9} - \frac{4}{9}$ **3.** $5\frac{3}{8} + 2\frac{1}{8}$ **4.** $6 - 2\frac{5}{10}$ **5.** $3\frac{3}{7} + 5\frac{6}{7}$ **6.** $8\frac{13}{15} + 2\frac{5}{15}$

PRACTÍCALO

Halla las respuestas. Reduce si es posible.

1. $\frac{7}{10} - \frac{2}{10}$ **2.** $\frac{3}{4} + \frac{3}{4}$ **3.** $\frac{9}{8} - \frac{2}{8}$ **4.** $\frac{3}{16} + \frac{5}{16}$ **5.** $\frac{1}{6} + \frac{5}{6}$ **6.** $\frac{11}{12} - \frac{5}{12}$

7. $\frac{2}{5} + \frac{2}{5}$ **8.** $\frac{3}{8} + \frac{7}{8}$ **9.** $\frac{7}{8} - \frac{4}{8}$ **10.** $\frac{4}{6} - \frac{1}{6}$ **11.** $10\frac{3}{10} + 3$ **12.** $9\frac{4}{5} - 3\frac{1}{5}$

13. $\frac{19}{20} - \frac{13}{20}$ **14.** $\frac{14}{24} + \frac{10}{24}$ **15.** $3\frac{1}{8} + 8\frac{4}{8}$

16. $18\frac{1}{5} + 29\frac{3}{5}$ **17.** $8\frac{5}{6} - 5\frac{1}{6}$ **18.** $7\frac{5}{6} - 5\frac{2}{6}$

19. $21\frac{1}{4} + 14$ **20.** $19\frac{7}{8} - 12\frac{7}{8}$ **21.** $42\frac{5}{10} + 28\frac{3}{10}$

22. Halla la suma de $7\frac{1}{6}$ y $3\frac{3}{6}$. **23.** ¿Cuánto mayor de $\frac{5}{8}$ es $8\frac{7}{8}$?

APLÍCALO

RAZONAMIENTO MATEMÁTICO

Escribe + o − para cada ■.

24. $\frac{7}{8}$ ■ $\frac{1}{8} = \frac{3}{4}$ **25.** $\frac{9}{10}$ ■ $\frac{3}{10} = 1\frac{1}{5}$ **26.** $\frac{7}{12}$ ■ $\frac{3}{12} = \frac{1}{3}$ **27.** $\frac{6}{9}$ ■ $\frac{3}{9} = 1$

RESOLUCIÓN DE PROBLEMAS

28. **Banco de datos de lenguaje** Supón que dos poemas se imprimirán en el espacio grande para cuentos o poemas. Un poema ocupa $3\frac{5}{16}$ pulgadas del largo total. Si los poemas tienen que estar separados por $\frac{3}{16}$ de pulgada, ¿cuánto espacio queda para el segundo poema?

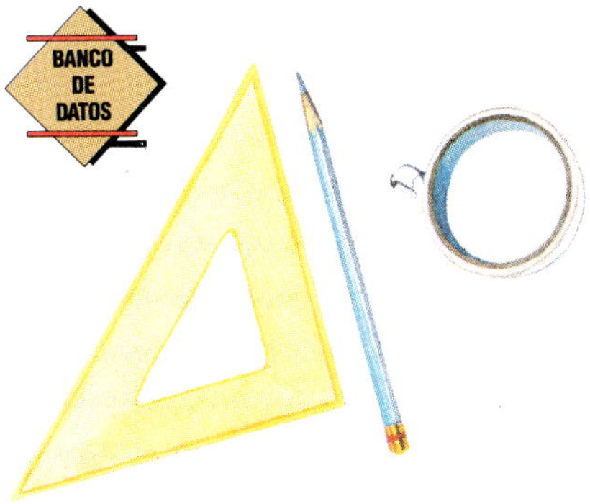

CÁLCULO MENTAL

Halla una fracción para x.

29. $\frac{1}{2} + x = 1$ **30.** $\frac{3}{5} + x = 1$ **31.** $\frac{8}{8} - x = \frac{5}{8}$ **32.** $1 - x = \frac{3}{4}$

33. $\frac{3}{4} + x = 1$ **34.** $\frac{7}{8} - x = 0$ **35.** $\frac{5}{8} + x = \frac{5}{8}$ **36.** $3 + x = 3\frac{7}{8}$

Explora el álgebra
Resuelve ecuaciones calculando mentalmente

APRÉNDELO

EXPLORA **Revisa las ecuaciones**

Estas manos esconden números. Calcula mentalmente para descubrir qué números hay bajo las manos. Los enunciados son correctos.

A $8 +$ 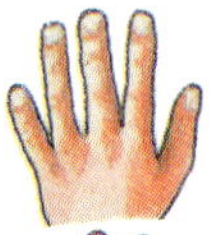 $= 15$

B $\frac{2}{4} +$ 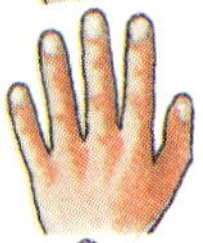 $= \frac{3}{4}$

C $6 \times$ 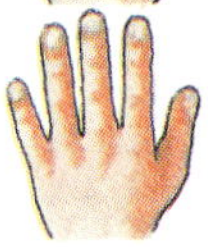 $= 18$

D $12 -$ 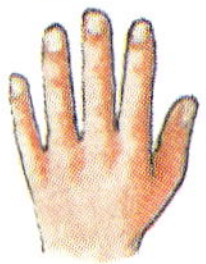 $= 7$

COMÉNTALO

1. ¿Cómo descubriste qué número estaba escondido en **A**?
2. ¿Cuál es el denominador de **B**? ¿Cuál es el numerador?
3. Explica cómo descubriste **C** y **D**.

Una **ecuación** matemática indica que dos expresiones tienen el mismo valor. Las ecuaciones llevan el signo de igualdad (=).

Ecuaciones: $2 + 18 + 20 = 40$
$2 + 18 + x = 40$

No son ecuaciones: $2 + 18 + 20$
$2 < 18$

Al resolver ecuaciones, piensa en la letra o variable, como si ésta "escondiera" el número que hace que la oración sea verdadera. **Resolver** una ecuación como $x + 6 = 10$ es buscar un valor para x que haga que la parte izquierda represente el mismo número que la parte derecha. Algunas ecuaciones se pueden resolver calculando mentalmente.

Ejemplo: Resuelve $x + 6 = 10$
$4 + 6 = 10$, por lo tanto $x = 4$

Otros Ejemplos

A $\frac{7}{8} - n = \frac{3}{8}$

$\frac{7}{8} - \frac{4}{8} = \frac{3}{8}$ por lo tanto $n = \frac{4}{8}$

B $12 \div s = 3$

$12 \div 4 = 3$, por lo tanto $s = 4$

INTÉNTALO

Resuelve. Calcula mentalmente.

1. $m - 12 = 10$ **2.** $b + \frac{1}{4} = \frac{3}{4}$ **3.** $6 \times c = 48$ **4.** $d - \frac{3}{8} = \frac{1}{8}$

5. $35 + k = 55$ **6.** $64 - p = 30$ **7.** $35 = 7 \times h$ **8.** $y \div 20 = 4$

PRACTÍCALO

Resuelve. Calcula mentalmente.

1. $n + 20 = 50$

2. $70 - x = 6$

3. $40 + t = 100$

4. $a - 17 = 0$

5. $6 \times b = 30$

6. $3 \cdot c = 30$

7. $5d = 20$

8. $u - \frac{1}{5} = \frac{3}{5}$

9. $\frac{7}{12} + e = \frac{11}{12}$

10. $5 \div d = 1$

11. $4 = 28 \div w$

12. $m \div 1 = 13$

13. $6 \times m = 120$

14. $85 - r = 60$

15. $t + 50 = 90$

16. $u - 80 = 10$

17. $\frac{9}{10} - g = \frac{3}{10}$

18. $\frac{7}{8} + f = 1$

19. $14 \div z = 1$

20. $\frac{9}{10} = \frac{2}{10} + a$

21. Haz una ecuación de suma cuya solución sea 10.

22. Haz una ecuación de multiplicación cuya solución sea 4.

APLÍCALO

RAZONAMIENTO MATEMÁTICO

23. No resuelvas. ¿Cuál es mayor, *a* o *b*?

$324 \div a = 81$ $\qquad$ $324 \div b = 108$

RESOLUCIÓN DE PROBLEMAS

24. Rhonda caminó $\frac{1}{4}$ de milla. Luego empezó a correr. En total caminó y corrió $\frac{3}{4}$ de milla. Escribe y resuelve una ecuación para averiguar qué distancia corrió Rhonda.

25. Paul vivía a $\frac{4}{10}$ de milla del parque y a $\frac{7}{10}$ de milla de la escuela. Si el parque está camino a la escuela, ¿a qué distancia queda el parque de la escuela?

CALCULADORA

26. Halla los números para *x* e *y* de entre los que hay en el círculo. Usa la calculadora.

$$x + y = 762$$

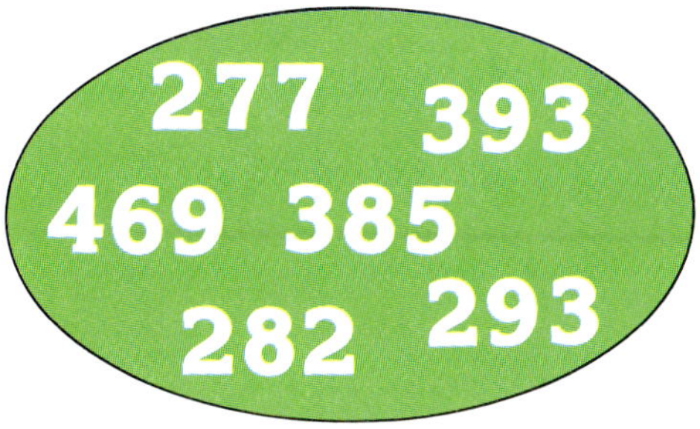

Estima sumas y diferencias
Fracciones y números mixtos

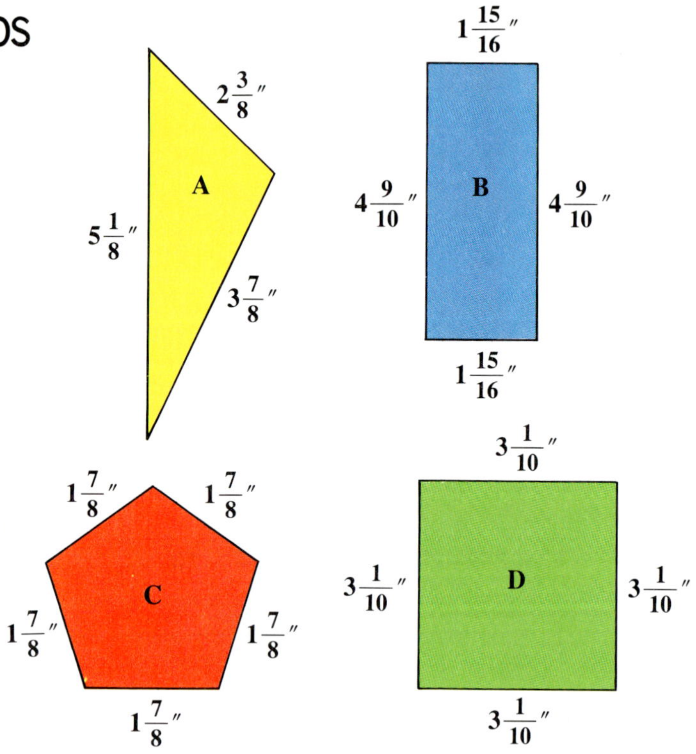

APRÉNDELO

EXPLORA **Estudia las figuras**

Observa las figuras. Estima qué figura tiene el mayor perímetro y cuál tiene el menor. El **perímetro** es la distancia que hay alrededor de la figura.

COMÉNTALO

1. ¿Qué fracciones están cerca de 0? ¿Y cerca de $\frac{1}{2}$? ¿Y cerca de 1?
2. ¿Usaste algún método para hacer tu estimación? Explica.
3. ¿Qué figura tiene un perímetro muy cercano a 14 pulgadas?

A continuación hay tres métodos que puedes usar cuando estimes sumas y restas de fracciones.

- Sustituye por números compatibles. (Usa números que estén cerca de 0, $\frac{1}{2}$ y 1.)

$4 \quad 3 \quad 2\frac{1}{2}$

$3\frac{7}{8} + 3\frac{1}{10} + 2\frac{3}{8}$ es cerca de $9\frac{1}{2}$

- Usa números enteros. Luego ajusta.

$1 \quad \frac{1}{2} \quad 6 + 1\frac{1}{2}$

$4\frac{9}{10} + 2\frac{3}{8}$ es cerca de $7\frac{1}{2}$

- Redondea.

$8 \quad 2$

$7\frac{5}{8} - 1\frac{15}{16}$ es cerca de 6

INTÉNTALO

Estima las sumas y restas.

1. $4\frac{9}{10} + 3\frac{1}{8}$

2. $7\frac{15}{16} - 2\frac{1}{10}$

3. $6\frac{4}{10} + 3\frac{1}{12}$

4. $8\frac{1}{16} - 4\frac{7}{8}$

5. $6\frac{7}{16} + 2\frac{1}{10} + 3\frac{1}{12}$

6. $\frac{1}{20} + 2\frac{7}{15} + \frac{3}{7}$

7. $6\frac{9}{20} - \frac{6}{13}$

8. $4\frac{1}{20} + 5\frac{1}{11} + 9\frac{5}{12}$

9. $6\frac{1}{2} - \frac{1}{3}$

PRACTÍCALO

Estima cada suma o resta.

1. $5\frac{1}{10} + 7\frac{3}{4}$
2. $6\frac{7}{8} - 2\frac{1}{10}$
3. $4\frac{9}{10} + 6\frac{1}{4}$
4. $3\frac{1}{2} + 7\frac{11}{12}$
5. $5\frac{1}{8} - \frac{15}{16}$
6. $3\frac{3}{4} - 1\frac{9}{10}$
7. $6\frac{11}{12} + 3\frac{1}{8}$
8. $7\frac{2}{15} + 1\frac{8}{9}$
9. $8\frac{1}{4} - 3\frac{9}{10}$
10. $6\frac{9}{10} - 3\frac{7}{8}$
11. $5\frac{1}{6} + 8\frac{5}{8}$
12. $9 - 2\frac{9}{10}$
13. $6\frac{11}{12} + 3\frac{1}{4}$
14. $8\frac{7}{8} - 1\frac{1}{10}$
15. $6\frac{3}{4} + 3\frac{1}{5} + 2\frac{9}{10}$
16. $8\frac{15}{16} - 3\frac{1}{8}$
17. $7\frac{7}{16} + 3\frac{1}{10}$
18. $5\frac{1}{8} - 1\frac{11}{12}$
19. $2\frac{9}{10} + 3\frac{8}{9}$
20. $6\frac{1}{5} + 3\frac{5}{6} + 4\frac{1}{10}$

APLÍCALO

RAZONAMIENTO MATEMÁTICO

Estima para determinar cuál es la respuesta correcta.

21. $\frac{15}{16} + \frac{7}{8} + \frac{3}{4}$ **a.** $3\frac{9}{16}$ **b.** $2\frac{9}{16}$ **c.** $1\frac{9}{16}$

RESOLUCIÓN DE PROBLEMAS

22. Un jardín cuadrado tiene $24\frac{11}{12}$ pies por lado. ¿Qué longitud tendría que tener una cerca que rodeara al jardín?

23. Un jardín rectangular es dos veces más largo que ancho. La cerca alrededor del jardín tiene 90 pies. ¿Cuál es el largo y el ancho del jardín?

REPASO COMBINADO

Reduce cada fracción a una fracción irreducible.

24. $\frac{10}{15}$ 25. $\frac{7}{21}$ 26. $\frac{9}{72}$ 27. $\frac{3}{18}$ 28. $\frac{10}{40}$ 29. $\frac{2}{10}$

Escribe cada fracción impropia como un número entero o mixto.

30. $\frac{32}{5}$ 31. $\frac{40}{8}$ 32. $\frac{82}{4}$ 33. $\frac{24}{7}$ 34. $\frac{32}{8}$ 35. $\frac{24}{3}$

Suma y resta fracciones
Establece la relación

APRÉNDELO

EXPLORA **Usa modelos fraccionarios**

Trabaja con un compañero.

- En un papel cuadriculado traza un rectángulo de 20 cuadrados.
- Tú y tu compañero eligen creyones de diferentes colores. Cada uno colorea algunos cuadrados pequeños del rectángulo, sin colorearlo del todo. Cada uno debe colorear cuadrados diferentes.
- Cada uno escribe una fracción irreducible que represente la parte del rectángulo que colorearon.
- Escribe una fracción irreducible que represente la parte total del rectángulo coloreado.

COMÉNTALO

1. Da un par de fracciones equivalentes que puedas mostrar en el rectángulo.
2. ¿Qué hay en la actividad anterior que sugiera que estás sumando fracciones?
3. ¿Pueden tú y tu compañero colorear al mismo tiempo más de la mitad del rectángulo?
   ¿Por qué sí o por qué no?

Has coloreado dos partes fraccionarias de un rectángulo. Has descubierto la parte fraccionaria total que coloreaste. Ahora aprenderás a anotar lo que has hecho. Esto te ayudará a entender las suma y la resta de fracciones.

Lo que haces

- Traza un rectángulo que tenga un área igual al mínimo común denominador.

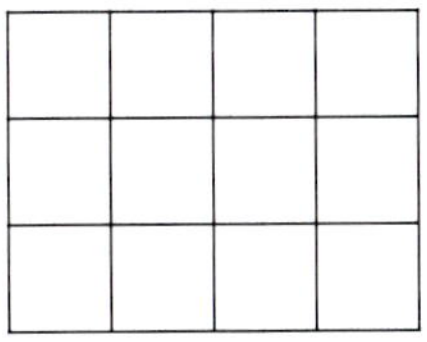

1. ¿Hay más de 1 clase de rectángulo con un área de 12?

- Colorea $\frac{3}{4}$ de un color y $\frac{1}{6}$ de otro.

2. ¿Cuántos cuadrados son $\frac{3}{4}$ de 12? ¿Y $\frac{1}{6}$ de 12?

- Cuenta cuántos cuadrados están coloreados.

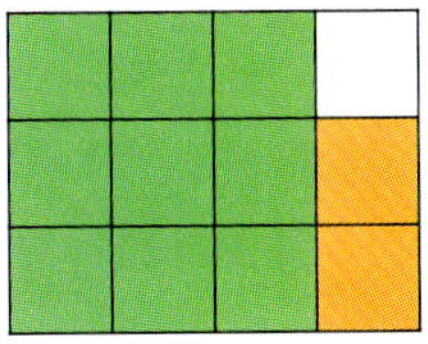

3. ¿Qué fracción del rectángulo está coloreada?

4. ¿Cuánto es la suma de $\frac{3}{4}$ y $\frac{1}{6}$?

5. ¿Cómo usarías papel cuadriculado para mostrar $\frac{3}{4} - \frac{1}{6}$?

Lo que escribes

$$\frac{3}{4} + \frac{1}{6}$$

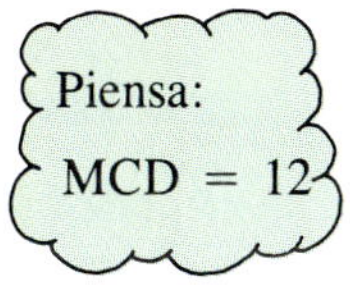

$$\frac{3}{4} = \frac{9}{12}$$
$$+\frac{1}{6} = \frac{2}{12}$$

$$\frac{3}{4} = \frac{9}{12}$$
$$+\frac{1}{6} = \frac{2}{12}$$
$$= \frac{11}{12}$$

INTÉNTALO

Colorea papel cuadriculado para hallar estas sumas y restas. Anota lo que hiciste. El ejemplo anterior te dará ideas.

1. $\frac{1}{2} + \frac{1}{3}$ **2.** $\frac{1}{2} - \frac{1}{3}$ **3.** $\frac{2}{3} + \frac{1}{4}$ **4.** $\frac{2}{3} - \frac{1}{4}$

Suma y resta fracciones
Denominadores distintos

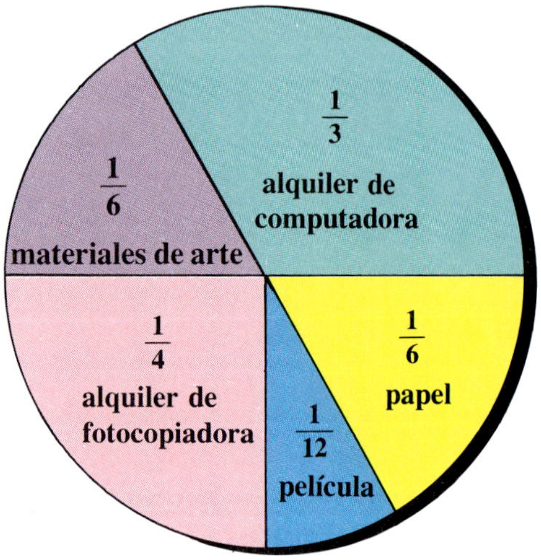

APRÉNDELO

EXPLORA **Analiza el proceso**

La gráfica circular muestra los gastos de la revista literaria de la escuela Northside. ¿Qué parte del total gastado representa el alquiler de la computadora y la fotocopiadora?

Como quieres hallar el total destinado al alquiler de la computadora y de la fotocopiadora, sumas.

Observa los denominadores.	Busca el mínimo común denominador.	Escribe fracciones equivalentes con este denominador.	Suma las fracciones. Reduce si es posible.
$\frac{1}{3}$ + $\frac{1}{4}$ (no son iguales)	El MCD de 3 y 4 es 12.	$\frac{1}{3} = \frac{4}{12}$ $+\frac{1}{4} = \frac{3}{12}$	$\frac{4}{12} + \frac{3}{12} = \frac{7}{12}$

COMÉNTALO

1. ¿Por qué es la suma $\frac{4}{12} + \frac{3}{12}$ igual a la suma $\frac{1}{3} + \frac{1}{4}$?

2. ¿Cómo usarías papel cuadriculado para hallar $\frac{1}{3} + \frac{1}{4}$?

3. Usa una oración completa para dar una respuesta razonable al problema del cuento.

INTÉNTALO

Suma o resta.

1. $\frac{5}{6} + \frac{1}{4}$ **2.** $\frac{7}{8} - \frac{1}{4}$ **3.** $\frac{4}{5} + \frac{3}{4}$ **4.** $\frac{1}{3} - \frac{2}{7}$ **5.** $\frac{2}{5} + \frac{2}{3}$ **6.** $\frac{1}{2} - \frac{1}{10}$

PRACTÍCALO

Suma o resta. Se indica el MCD.

1. $\dfrac{3}{10} + \dfrac{2}{5}$ (10)

2. $\dfrac{5}{6} - \dfrac{1}{4}$ (12)

3. $\dfrac{7}{8} + \dfrac{1}{3}$ (24)

4. $\dfrac{5}{8} - \dfrac{1}{6}$ (24)

Suma o resta.

5. $\dfrac{4}{5} + \dfrac{1}{2}$

6. $\dfrac{3}{2} - \dfrac{1}{4}$

7. $\dfrac{3}{4} - \dfrac{3}{8}$

8. $\dfrac{5}{3} - \dfrac{1}{2}$

9. $\dfrac{4}{5} - \dfrac{1}{6}$

10. $\dfrac{5}{6} + \dfrac{1}{3}$

11. $\frac{1}{2} + \frac{1}{3} + \frac{1}{4}$

12. $\frac{3}{4} + \frac{1}{2} + \frac{1}{8}$

13. $\frac{1}{4} + \frac{3}{8} + \frac{3}{4}$

14. $\frac{3}{4} + \frac{1}{6} + \frac{1}{3}$

15. Halla la suma de $\frac{7}{8}$ y $\frac{3}{4}$.

16. Halla la diferencia entre $\frac{1}{8}$ y $\frac{3}{12}$.

APLÍCALO

RAZONAMIENTO MATEMÁTICO

No sumes. Di si la respuesta es más o menos de 1.

17. $\frac{1}{2} + \frac{3}{4}$

18. $\frac{3}{8} + \frac{2}{5}$

19. $\frac{5}{8} + \frac{1}{2}$

RESOLUCIÓN DE PROBLEMAS

20. En los EE.UU. se publican cada año casi 20 ejemplares de revistas por persona. Aproximadamente, ¿cuántos ejemplares corresponderían a una clase de 30 alumnos?

21. **Banco de datos de lenguaje** Se han escrito dos poemas para la página. Uno tiene $1\frac{3}{4}$ pulgadas de largo. El otro tiene $1\frac{1}{8}$ pulgadas de largo. ¿Entrarán ambos en el espacio más pequeño para el texto?

BANCO DE DATOS

ÁLGEBRA

Halla un número para x. Hay muchas respuestas posibles.

22. $\frac{3}{4} + x < 1$

23. $\frac{3}{4} + x > 1$

24. $\frac{3}{4} - x < \frac{1}{2}$

25. $\frac{3}{4} - x > \frac{1}{2}$

Más práctica, página 508, grupo D

Pensamiento crítico

APRÉNDELO

Carmella y Anthony estaban repasando operaciones básicas. Anthony preguntó: "¿Cuánto es 72 dividido entre 8?" Carmella respondió: "Es 8 *ó* 9". Anthony dijo: "Tienes razón *y* no la tienes. Voy a ver si lo que respondiste es *verdadero* o *falso"*.

- Cuando **y** conecta dos enunciados, los dos tienen que ser verdaderos para que el conjunto de enunciados sea verdadero.

  Ejemplos: **A** $2 + 3 = 5$ **y** $2 \times 3 = 6$ (V + V → Verdadero) **B** $12 - 4 = 8$ **y** $12 \div 4 = 2$ (V + F → Falso)

- Cuando **o** conecta dos enunciado, el conjunto de enunciados siempre es verdadadero a menos que ambas partes sean falsas.

  Ejemplos: **C** $48 \div 8 = 5$ **o** $48 \div 8 \neq 5$ (F + V → Verdadero) **D** $32 \div 8 = 5$ **o** $32 \div 8 = 6$ (F + F → Falso)

  (Lee: "no es igual a" para $\neq$)

COMÉNTALO

1. Revisa la respuesta de Carmella. ¿Cuántos enunciados contiene? ¿Qué une estos enunciados?
2. ¿Es verdadera la primera parte de la respuesta de Carmella? ¿Es verdadera la segunda parte?
3. ¿Debe Anthony considerar verdadera la respuesta de Carmella?
4. Supón que Carmella hubiera respondido, "es 8 *y* es 9". ¿Sería entonces verdadera o falsa su respuesta? Explica.

INTÉNTALO

Usa las reglas de la lógica matemática para determinar si la afirmación del alumno es falsa o verdadera.

1. Courtney declaró que sumar 0 a un número no cambia el número **y** que restar 0 de un número no cambia el número.
2. Jen dijo: "Mi papá me va a llevar al parque **o** al zoológico el sábado". (Su papá la llevó al parque.)
3. Li dijo: "Multiplicar un número por 1 no cambia el número **y** multiplicarlo por 0 no cambia el número".
4. Joshua dijo: "Esta tarde voy a nadar y al cine". (Sólo fue a nadar.)

Repaso parcial/Examen

Resuelve estas ecuaciones calculando mentalmente.

1. $x \cdot 15 = 150$ **2.** $\frac{3}{8} + n = 1$ **3.** $\frac{7}{9} - z = \frac{4}{9}$ **4.** $h \div 2 = 40$ **5.** $r - 2\frac{1}{4} = 3\frac{3}{4}$

Estima cada suma o resta.

6. $4\frac{5}{8} + 1\frac{3}{7}$ **7.** $6\frac{2}{5} - 3\frac{1}{2}$ **8.** $2\frac{1}{6} - \frac{7}{8}$ **9.** $3\frac{7}{9} + 8\frac{1}{8} + 4\frac{4}{7}$

Copia el rectángulo.
Complétalo sombreando o tachando.
Luego resuelve la ecuación.

10. $\frac{3}{4} + \frac{1}{6}$

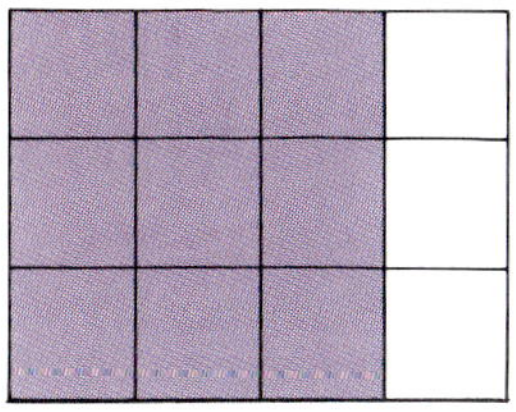

Suma o resta. Reduce si es posible.

11. $\frac{3}{8} - \frac{1}{8}$ **12.** $\frac{11}{12} + \frac{5}{12}$ **13.** $\frac{7}{2} - \frac{3}{2}$ **14.** $5\frac{2}{3} - 1\frac{2}{3}$ **15.** $\frac{3}{4} - \frac{3}{8}$ **16.** $\frac{2}{5} + \frac{1}{4}$

17. $\frac{9}{10} + \frac{5}{8}$ **18.** $6\frac{2}{5} + 4\frac{3}{5}$ **19.** $\frac{2}{3} - \frac{1}{2}$ **20.** $3\frac{5}{6} + 2\frac{5}{6}$ **21.** $8\frac{11}{12} - 4\frac{5}{12}$ **22.** $\frac{5}{6} - \frac{5}{9}$

23. $\frac{1}{6} + \frac{2}{9} + \frac{1}{2}$ **24.** $\frac{3}{4} + \frac{1}{2} + \frac{5}{8}$ **25.** $\frac{3}{2} + \frac{4}{5} + \frac{1}{3}$ **26.** $\frac{5}{6} + \frac{3}{8} + \frac{7}{12}$

RESOLUCIÓN DE PROBLEMAS

27. La revista *Meteor* tiene 16 páginas. $3\frac{1}{2}$ de las páginas son de poemas y $7\frac{1}{2}$ de cuentos cortos. ¿Cuántas páginas no contienen ni poemas ni cuentos?

28. La dibujante de *Meteor* compró una pluma técnica por $8.95, tinta negra por $4.67 y pegamento por $5.39. ¿Cuánto gastó en estos materiales?

Suma números mixtos
Denominadores distintos

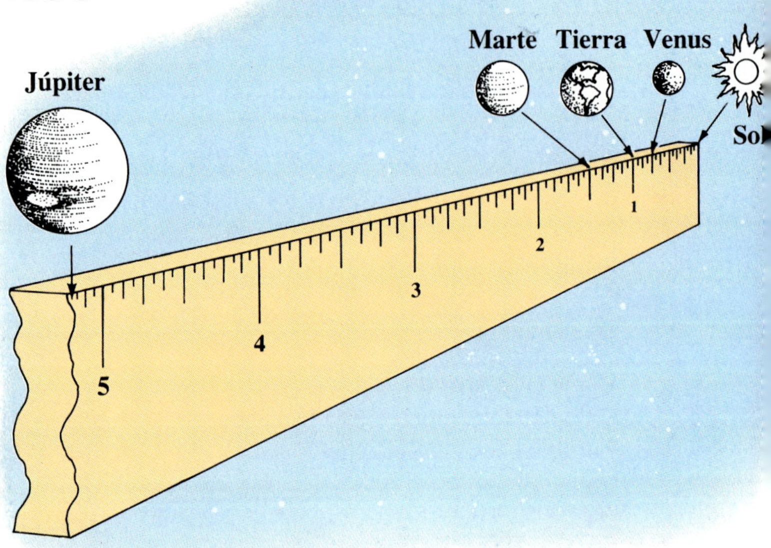

APRÉNDELO

EXPLORA

Si supones que la Tierra está a 1 pulgada del Sol, la regla muestra las distancias de los otros planetas. Si Júpiter está a $5\frac{1}{2}$ pulgadas y Saturno (no aparece) $4\frac{3}{10}$ pulgadas más lejos, ¿a qué distancia está Saturno?

Para resolver el problema tienes que sumar. Junta las cantidades para encontrar el total. He aquí cómo hallar las sumas.

Observa los denominadores.	Escribe fracciones equivalentes con un denominador común.	Suma las fracciones.	Suma los números enteros. Reduce las fracciones si es posible.
$5\frac{1}{5}$ ← No son iguales. → $+\ 4\frac{3}{10}$	$5\frac{1}{5} = 5\frac{2}{10}$ $+\ 4\frac{3}{10} = 4\frac{3}{10}$	$5\frac{2}{10}$ $+\ 4\frac{3}{10}$ $\frac{5}{10}$	$5\frac{2}{10}$ $+\ 4\frac{3}{10}$ $9\frac{5}{10} = 9\frac{1}{2}$

COMÉNTALO

1. ¿Cuál es la diferencia entre sumar números mixtos y sumar fracciones?
2. Redondea para estimar la suma.
3. Da una respuesta razonable al problema de Explora en una oración completa.

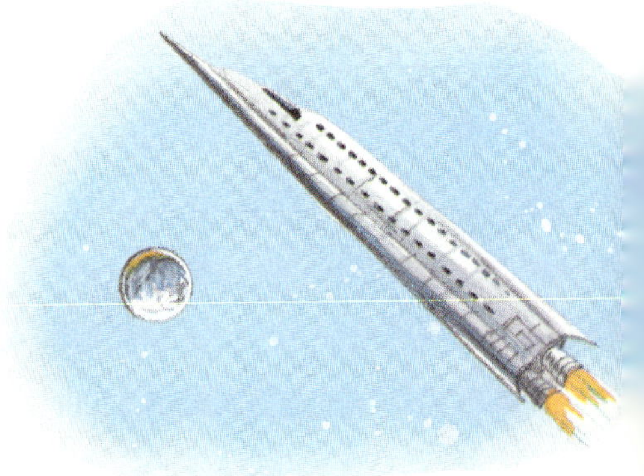

INTÉNTALO

Halla las sumas.

1. $2\frac{1}{2} + 4\frac{3}{4}$
2. $7\frac{9}{10} + 4\frac{1}{2}$
3. $2\frac{2}{3} + 12\frac{1}{2}$
4. $2\frac{1}{7} + 3\frac{1}{2} + 4\frac{3}{14}$
5. $5\frac{2}{3} + 1\frac{3}{4} + 2\frac{5}{8}$

PRACTÍCALO

Halla las sumas.

1. $2\frac{3}{8} + 4\frac{3}{4}$

2. $3\frac{3}{4} + 4\frac{1}{2}$

3. $7\frac{1}{4} + 3\frac{1}{6}$

4. $10\frac{3}{5} + 5\frac{4}{5}$

5. $4\frac{7}{8} + 1\frac{1}{2}$

6. $6\frac{5}{8} + 7\frac{3}{4}$

7. $6\frac{7}{10} + 11\frac{3}{10}$

8. $3\frac{5}{6} + 8\frac{1}{2}$

9. $61\frac{1}{2} + 81\frac{1}{8}$

10. $28\frac{7}{10} + 23\frac{1}{2}$

11. $3\frac{1}{2} + 8\frac{1}{4} + 6\frac{1}{8}$

12. $4\frac{1}{6} + 2\frac{1}{3} + 8\frac{2}{3}$

13. $16\frac{1}{4} + 7\frac{1}{5} + 9\frac{7}{10}$

APLÍCALO

RAZONAMIENTO MATEMÁTICO

Halla x.

14. $\frac{1}{2} + x = 1\frac{1}{2}$

15. $2\frac{3}{4} - x = 1\frac{1}{4}$

16. $x - \frac{3}{8} = \frac{5}{8}$

17. $\frac{3}{10} + x = \frac{1}{2}$

RESOLUCIÓN DE PROBLEMAS

18. Marte está a $1\frac{1}{2}$ pulgadas del Sol y Plutón $37\frac{9}{10}$ pulgadas más lejos que Marte. ¿A qué distancia está Plutón?

19. Mercurio (no aparece) está a $\frac{2}{5}$ de pulgada del Sol y Venus a $\frac{3}{4}$ de pulgada del Sol. ¿Cuál de estos planetas está más lejos del Sol?

ESTIMACIÓN

Agrupa para estimar cada suma.

Cada sumando está cerca de 30.

Ejemplo: $28\frac{3}{4} + 31\frac{1}{8} + 29\frac{5}{6} + 32\frac{1}{10} \rightarrow 4 \times 30 = 120$ Estimación

20. $57\frac{7}{10} + 61\frac{8}{9} + 63\frac{1}{4} + 59\frac{1}{2}$

21. $24\frac{7}{8} + 25\frac{1}{6} + 26\frac{1}{10} + 24\frac{11}{12}$

22. $9\frac{5}{8} + 11\frac{1}{4} + 10\frac{9}{10} + 9\frac{5}{6} + 10\frac{7}{16}$

23. $6\frac{2}{3} + 7\frac{1}{8} + 6\frac{9}{10} + 7\frac{1}{12} + 6\frac{7}{8} + 7\frac{1}{10}$

Más práctica, página 509, grupo A

Resta números mixtos
Denominadores distintos

APRÉNDELO

EXPLORA **Analiza el proceso**

Stephanie hace panecillos de avena y puré de manzana. La receta requiere $2\frac{3}{4}$ tazas de puré y ella tiene una lata de $7\frac{1}{3}$ tazas. ¿Cuántas tazas de puré le quedarán después de hacer 1 tanda de panecillos?

Puedes contestar la pregunta restando para averiguar cuánto le quedará.

Observa los denominadores.

$$\begin{array}{r} 7\frac{1}{3} \\ -\ 2\frac{3}{4} \\ \hline \end{array}$$

Escribe fracciones equivalentes con un denominador común.

$$\begin{array}{rcl} 7\frac{1}{3} & = & 7\frac{4}{12} \\ -\ 2\frac{3}{4} & = & 2\frac{9}{12} \\ \hline \end{array}$$

Reagrupa si es necesario. Resta las fracciones.

$$\left(7\frac{4}{12} = 6\frac{16}{12}\right)$$

$$\begin{array}{r} 6\frac{16}{12} \\ -\ 2\frac{9}{12} \\ \hline \frac{7}{12} \end{array}$$

Resta los números enteros. Reduce las fracciones si es posible.

$$\begin{array}{r} 6\frac{16}{12} \\ -\ 2\frac{9}{12} \\ \hline 4\frac{7}{12} \end{array}$$

COMÉNTALO

1. ¿Por qué había que reagrupar $7\frac{4}{12}$?
2. Di por qué $7\frac{4}{12} = 6\frac{16}{12}$.
3. ¿Cómo estimarías $7\frac{1}{3} - 2\frac{3}{4}$?
4. Usa una oración completa para dar una respuesta razonable al problema de Explora.

INTÉNTALO

Resta.

1. $\begin{array}{r} 7\frac{1}{2} \\ -\ 5\frac{1}{4} \\ \hline \end{array}$
2. $\begin{array}{r} 9\frac{3}{4} \\ -\ 1\frac{1}{6} \\ \hline \end{array}$
3. $\begin{array}{r} 7\frac{1}{4} \\ -\ 1\frac{5}{6} \\ \hline \end{array}$
4. $\begin{array}{r} 9 \\ -\ 3\frac{1}{4} \\ \hline \end{array}$
5. $\begin{array}{r} 14\frac{3}{8} \\ -\ 5\frac{3}{4} \\ \hline \end{array}$

PRACTÍCALO

Resta.

1. $5\frac{7}{10} - 2\frac{3}{5}$

2. $6\frac{1}{2} - 5\frac{1}{3}$

3. $7\frac{1}{5} - 4\frac{1}{2}$

4. $9\frac{5}{9} - 7\frac{2}{9}$

5. $12\frac{1}{2} - 3\frac{3}{4}$

6. $8\frac{3}{4} - \frac{1}{5}$

7. $7\frac{1}{4} - 6\frac{5}{6}$

8. $3\frac{7}{10} - 1\frac{1}{5}$

9. $8 - 5\frac{3}{4}$

10. $14\frac{3}{4} - 5$

11. $9\frac{2}{3} - 7\frac{1}{12}$ **12.** $8\frac{1}{8} - 1\frac{3}{4}$

13. $14 - 9\frac{7}{10}$ **14.** $7\frac{3}{5} - 2\frac{9}{10}$

APLÍCALO

RAZONAMIENTO MATEMÁTICO

Sin restar, di si la diferencia es > 5 ó < 5.

15. $5\frac{1}{2} - \frac{1}{3}$ **16.** $5\frac{1}{2} - \frac{5}{8}$ **17.** $5\frac{3}{4} - \frac{7}{8}$ **18.** $5\frac{3}{4} - \frac{2}{3}$ **19.** $5\frac{3}{8} - \frac{1}{2}$

RESOLUCIÓN DE PROBLEMAS

20. Una lata del número 300 contiene $13\frac{7}{8}$ onzas. Una lata del número $2\frac{1}{2}$ contiene 28 onzas. ¿Cuántas onzas más contiene una del $2\frac{1}{2}$ que una del 300?

21. Justin tiene 7 tamaños diferentes de latas. 4 son de jugo de naranja y 3 de jugo de piña. ¿Cuántas mezclas diferentes de piña y naranja puede hacer con 1 lata de cada una?

CALCULADORA

La tecla [M+] suma un número a la memoria de la calculadora.
La tecla [M−] resta un número de la memoria de la calculadora.

Ejemplo: $\frac{7}{8} - \frac{3}{10}$

[ON/AC] 7 [÷] 8 [=] [M+] 3 [÷] 10 [=] [M−] [MR]

Suma o resta.

22. $\frac{1}{4} + \frac{3}{5}$ **23.** $\frac{9}{10} - \frac{3}{4}$ **24.** $\frac{2}{5} + \frac{3}{8}$

Más práctica, página 509, grupo B

Cálculo mental
Sumas y diferencias de fracciones y números mixtos

APRÉNDELO

EXPLORA **Analiza la situación**

Revisa las sumas y las diferencias del casillero. ¿Cuántas puedes calcular mentalmente?

A $8\frac{1}{2} + 7$	**C** $12\frac{7}{8} - 2\frac{7}{8}$
B $6\frac{5}{8} + \frac{3}{8} + \frac{2}{5}$	**D** $7 - 3\frac{4}{5}$

COMÉNTALO

1. ¿Cuál te pareció más fácil? ¿Cómo lo hiciste?
2. ¿Descubriste algún método especial para resolver mentalmente estos problemas? Explica tus métodos.

A continuación hay algunos métodos para calcular mentalmente las sumas y restas de fracciones y números mixtos.

Descomposición

Piensa: $7 - 3$ más $\frac{5}{8} - \frac{2}{8}$

$9. 7\frac{5}{8} - 3\frac{2}{8} = 4\frac{3}{8}$

Números compatibles

Piensa: $4\frac{2}{5} + \frac{3}{5} = 5$

$4\frac{2}{5} + 3\frac{1}{3} + \frac{3}{5} = 8\frac{1}{3}$

Compensación

Piensa: Resta 3, y suma $\frac{1}{8}$

$9 - 2\frac{7}{8} = 6\frac{1}{8}$

INTÉNTALO

Calcula mentalmente las sumas y restas. Escribe sólo las respuestas.

1. $8\frac{3}{10} - 5$ **2.** $7 - 1\frac{9}{10}$ **3.** $4\frac{3}{8} + \frac{5}{8} + 6\frac{1}{5}$

4. $10 - 2\frac{1}{8}$ **5.** $9\frac{5}{6} - 2\frac{1}{6}$ **6.** $5\frac{7}{10} + 3\frac{5}{8} + 1\frac{3}{10}$

7. $6\frac{3}{5} + 2\frac{1}{5}$ **8.** $2\frac{1}{5} + 3\frac{4}{5} + 9\frac{1}{6}$ **9.** $12 - 5\frac{7}{8}$

PRACTÍCALO

Resuelve mentalmente. Intenta descomponer los números.

1. $6\frac{5}{8} + 3$ **2.** $4 + 3\frac{1}{2}$ **3.** $7\frac{3}{4} - \frac{3}{4}$ **4.** $15\frac{3}{4} - 7\frac{1}{4}$

Resuelve mentalmente. Intenta con números compatibles.

5. $\frac{2}{5} + 3\frac{1}{2} + 1\frac{3}{5}$ **6.** $4\frac{3}{10} + 6\frac{7}{8} + \frac{7}{10}$ **7.** $6\frac{1}{8} + \frac{7}{8} + 2\frac{1}{3}$

Resuelve mentalmente. Intenta compensar los números.

8. $10 - 4\frac{7}{8}$ **9.** $7 - 3\frac{1}{4}$ **10.** $7 - 3\frac{5}{6}$ **11.** $12 - 7\frac{1}{8}$

Resuelve mentalmente. Usa el método que quieras.

12. $\frac{5}{6} + 3\frac{1}{6} + 4\frac{1}{8}$ **13.** $14 - 5\frac{9}{10}$ **14.** $8\frac{5}{6} - 8$ **15.** $10 - 3\frac{1}{5}$

16. $6\frac{7}{10} - 2\frac{4}{10}$ **17.** $2\frac{4}{5} + 6\frac{5}{6} + \frac{1}{5}$ **18.** $5\frac{3}{4} + 3\frac{2}{3} + \frac{1}{4}$ **19.** $2\frac{3}{8} + 5\frac{4}{8}$

APLÍCALO

RAZONAMIENTO MATEMÁTICO

Sin sumar, di si la suma es <10 ó >10.

20. $9\frac{1}{4} + \frac{1}{2}$ **21.** $9\frac{5}{8} + \frac{1}{2}$ **22.** $9\frac{3}{10} + \frac{1}{2}$ **23.** $9\frac{7}{12} + \frac{1}{2}$

RESOLUCIÓN DE PROBLEMAS

24. Bill leyó $\frac{1}{4}$ de su libro el primer día, $\frac{1}{2}$ el segundo día y $\frac{1}{8}$ el tercero. Terminó el libro el cuarto día. ¿Qué parte del libro leyó Bill el cuarto día?

REPASO COMBINADO

Halla el máximo común divisor de cada par de números.

25. 8, 24 **26.** 12, 3 **27.** 15, 25 **28.** 7, 21 **29.** 12, 24 **30.** 18, 30

Escribe un decimal para cada fracción.

31. $\frac{2}{5}$ **32.** $\frac{3}{8}$ **33.** $\frac{4}{10}$ **34.** $\frac{7}{20}$ **35.** $\frac{8}{16}$ **36.** $\frac{8}{25}$

Más práctica, página 509, grupo C

Resolución de problemas
Invierte el proceso

ENTIENDE
ANALIZA DATOS
PLANEA
ESTIMA
RESUELVE
EXAMINA

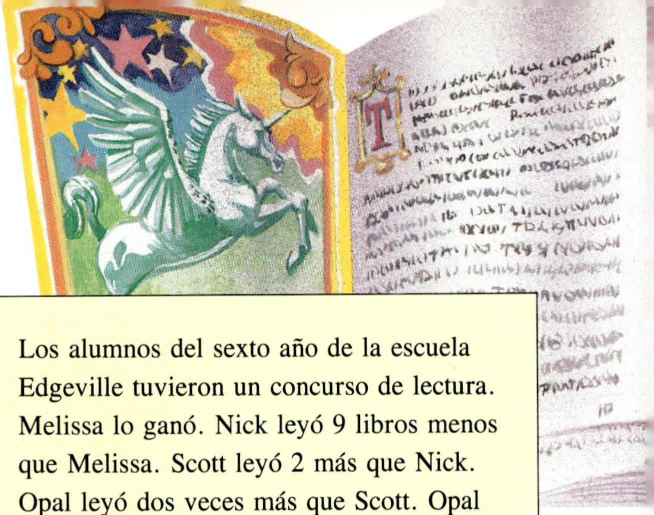

APRÉNDELO

Algunos problemas pueden resolverse comenzando con un número y llevando a cabo las acciones del problema a la inversa. Esta estrategia se llama **Invierte el proceso.**

Los alumnos del sexto año de la escuela Edgeville tuvieron un concurso de lectura. Melissa lo ganó. Nick leyó 9 libros menos que Melissa. Scott leyó 2 más que Nick. Opal leyó dos veces más que Scott. Opal leyó 12 libros. ¿Cuántos leyó Melissa?

Te puede servir de ayuda hacer un diagrama de flujo y luego otro invertido.

Con lo que sé hago un diagrama de flujo.

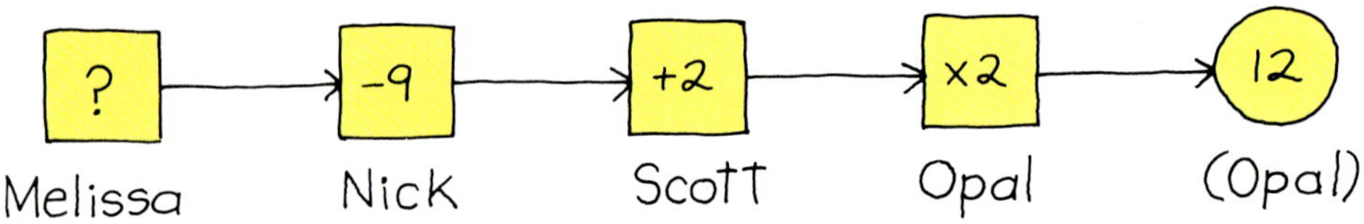

Recuerda:
- La suma y la resta "se deshacen" una a la otra.
- La multiplicación y la división "se deshacen" una a la otra.

Ahora puedo invertir el diagrama de flujo.

4 + 9 = 13

6 − 2 = 4

12 ÷ 2 = 6

Melissa leyó 13 libros.

INTÉNTALO

Lee este problema y completa la solución.

Ricardo, Ann, Mike y Tina leen un cuento cada uno. El cuento de Ann tiene 5 páginas más que el de Ricardo. El de Mike es 3 veces más largo que el de Ann. El de Tina tiene 8 páginas menos que el de Mike. El de Tina tiene 13 páginas. ¿Cuántas tiene el de Ricardo?

- ¿Qué operación sugiere "3 veces más largo"?
- ¿Qué operación sugiere "8 páginas menos"?
- ¿Cómo puedes "deshacer" + 5?
- Copia y completa los diagramas de flujo para resolver.

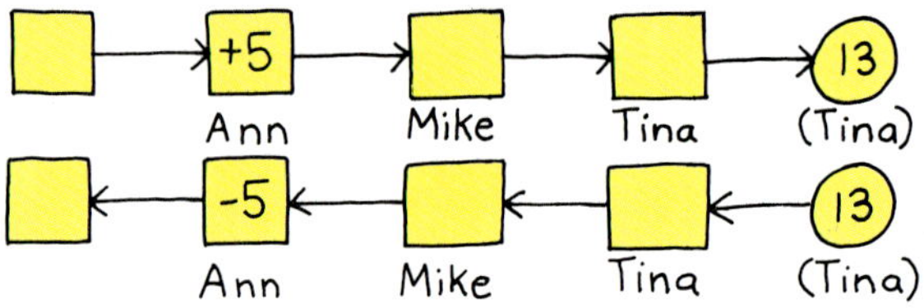

PRACTÍCALO

Invierte el proceso para resolver.

1. El ancho de un estante es la mitad de su longitud y 8 pulgadas más que su profundidad. Si mide 12 pulgadas de profundidad, ¿cuánto mide de longitud?

2. Mikko compró algunos libros y revistas. Gastó \$4.25 en revistas y 4 veces esa cantidad en libros. Le quedaron \$7.35. ¿Cuánto dinero tenía Mikko antes de comprar los libros y las revistas?

PRÁCTICA COMBINADA

Resuelve. Escoge una estrategia de la lista o usa otra estrategia que conozcas.

Algunas estrategias	
Represéntalo	Haz una tabla
Usa objetos	Resuelve un problema más sencillo
Haz un dibujo	
Adivina y verifica	Haz una lista organizada
	Invierte el proceso

3. Jesse hizo con cartulina verde un libro para composiciones literarias. La portada tiene $14\frac{1}{2}$ pulgadas de largo y $9\frac{3}{4}$ pulgadas de ancho. ¿Cuánto más de largo que de ancho tiene la portada?

4. Cada viernes, la señora Newby pide a sus alumnos que registren en una tabla en la pared las horas que leyeron en la semana. Usa la tabla para averiguar cuántas horas leyeron Keri y Alex la tercera semana.

Horas de Lectura

	1ª Semana	2ª Semana	3ª Semana
Alex	$4\frac{1}{4}$	5	$6\frac{5}{12}$
Consuelo	$2\frac{1}{2}$	$7\frac{3}{4}$	$5\frac{1}{2}$
Keri	5	$2\frac{1}{3}$	$8\frac{3}{4}$
Rosa	$4\frac{3}{4}$	$2\frac{1}{2}$	3
James	$3\frac{1}{2}$	$5\frac{1}{4}$	$7\frac{2}{3}$

5. Usa la tabla para averiguar cuántas horas más leyó James que Rosa durante las primeras 2 semanas.

6. La biblioteca muestra sus nuevos libros en un estante especial. Se agrupan por clase: ficción, aventura u otros. ¿De cuántas maneras diferentes se pueden distribuir las 3 clases?

7. Cada alumno del grupo de lectura de Kim dio un libro a cada uno de sus compañeros. Si hay 9 alumnos en el grupo, ¿cuántos libros se intercambiaron?

8. Janice quiere comprar cinta de brocado de $1\frac{1}{2}$ pulgadas de ancho para hacer marcadores de libros. Quiere hacer un marcador de $7\frac{1}{8}$ pulgadas de largo y otro de $9\frac{13}{16}$. Aproximadamente, ¿cuánto debe comprar?

Aplicación de Resolución de problemas
Decisión de grupo

ENTIENDE
ANALIZA DATOS
PLANEA
ESTIMA
RESUELVE
EXAMINA

Destreza de grupo:
Opina para llegar a un acuerdo

Tu tía es veterinaria y muchos de sus clientes quieren que tú les cuides sus mascotas cuando se vayan de vacaciones. Necesitas determinar cuánto cobrarás al día por cada animal. También necesitas encontrar tres combinaciones diferentes de animales que podrías cuidar la primera semana, ya que no tienes suficiente tiempo para atender a todos los clientes.

Datos a considerar

1. Esta semana recibiste llamadas de 3 propietarios de perros, 3 de gatos, 1 de peces y 2 de pájaros.
2. Tienes $1\frac{1}{2}$ horas al día para dedicarte a tu trabajo.
3. Los clientes viven a 10 minutos en bicicleta el uno del otro.
4. Los animales necesitan diversos cuidados.

Los perros necesitan:	$\frac{1}{2}$ hora para paseo y juego 2 veces al día.
	$\frac{1}{6}$ de hora para comida 2 veces al día.
Los gatos necesitan:	$\frac{1}{4}$ de hora para comida y juego 2 veces al día.
	$\frac{1}{4}$ de hora para limpiar la caja de arena cada dos días.
Los peces necesitan:	$\frac{1}{6}$ de hora para comida 2 veces al día.
Los pájaros necesitan:	$\frac{1}{4}$ de hora para comida y cuidados 2 veces al día.
	$\frac{1}{6}$ de hora para cambiar el papel de la jaula cada dos días.

Preguntas para contestar

1. ¿Qué animal requiere más tiempo? ¿Cuál requiere menos tiempo?
2. ¿Cuánto tiempo se necesita cada día para cuidar 2 perros?
3. Si cuidas un gato, ¿cuánto tiempo máximo necesitas por día?
4. ¿Cuánto tiempo necesitas por día para cuidar un gato y un perro?
5. Si cobras $3 la hora, ¿cuánto cobrarás al día por un perro?
6. ¿Te gustan ciertos animales más que otros? ¿En qué puede afectar esto tu decisión?

¿Cuál es tu decisión?

¿Cuánto cobrarás por cada animal? Con una tabla muestra tres combinaciones de animales para cuidar la primera semana.

Resumen

Escoge el método

Para cada operación de las que siguen, determina primero cuáles pueden resolverse con el cálculo mental. Luego calcula mentalmente o usa papel y lápiz para resolver todos los problemas. Di qué método usaste: *números compatibles, descomponer, compensación* o *mínimo común denominador*.

1. $8 - 3\frac{6}{7}$

2. $\frac{4}{5} + \frac{7}{9} + \frac{1}{5}$

3. $9\frac{5}{6} - 7\frac{1}{6}$

4. $2\frac{7}{10} + 5\frac{1}{4} + 4\frac{3}{10}$

5. $\frac{7}{8} - \frac{1}{6}$

6. $9 - 5\frac{1}{8}$

7. $4\frac{2}{3} + \frac{4}{5}$

8. $7\frac{4}{9} + 1\frac{4}{9}$

9. $8\frac{2}{3} - 2\frac{1}{4}$

Algunas veces, siempre, nunca

Determina cuál completa mejor las oraciones: *algunas veces, siempre* o *nunca.* Explica tus elecciones.

10. El mínimo común denominador de dos fracciones _____ es el producto de los dos denominadores.

11. Si cada una de dos fracciones es menos de $\frac{1}{2}$, entonces la suma _____ será menos de 1.

12. Si una fracción es menos de $\frac{1}{2}$ y la otra está entre $\frac{1}{2}$ y 1, la suma _____ será más de 1.

13. La suma de dos fracciones propias _____ se hace sumando los numeradores y sumando los denominadores.

Proyecto

Imagina que trabajas para un museo de cera. Haz un plano de las exhibiciones que sirva de guía a los visitantes. Determina quiénes serán las figuras (los compañeros de clase, las mascotas o las personas famosas son elecciones interesantes). Determina qué distancia hay de una figura a otra. Todas las distancias tienen que darse en fracciones y números mixtos. Luego inventa problemas para que otros los resuelvan de acuerdo con la información del plano.

REPASO DEL CAPÍTULO/EXAMEN

1ª parte Entendimiento

Resuelve. Calcula mentalmente.

1. $\frac{1}{4} + n = 1$

2. $\frac{5}{6} - n = 0$

3. $5b = 35$

4. $\frac{3}{8} + c = \frac{5}{8}$

Estima para determinar qué respuesta es correcta.

5. $\frac{5}{8} + \frac{7}{8} + \frac{3}{4}$ **a.** $1\frac{1}{4}$ **b.** $2\frac{1}{4}$ **c.** $3\frac{1}{4}$

6. $8\frac{4}{5} - 5\frac{1}{10}$ **a.** $1\frac{7}{10}$ **b.** $2\frac{7}{10}$ **c.** $3\frac{7}{10}$

Sin sumar o restar, di si la respuesta es mayor que 4 o menor que 4.

7. $1\frac{5}{8} + 1\frac{3}{4}$

8. $8\frac{1}{6} - 3\frac{1}{3}$

9. $3\frac{1}{4} + 1\frac{1}{6}$

2ª parte Destrezas

Calcula mentalmente las sumas y las diferencias. Descompón, usando números compatibles o la compensación.

10. $9 - 2\frac{1}{6}$

11. $5\frac{7}{8} - 3\frac{4}{8}$

12. $\frac{3}{10} + 4\frac{5}{8} + 2\frac{7}{10}$

Halla las sumas y las diferencias. Simplifica si es posible.

13. $2\frac{1}{8} + 7\frac{5}{8}$

14. $12 - 4\frac{7}{9}$

15. $\frac{2}{3} + \frac{1}{2} + \frac{1}{4}$

16. $\frac{7}{8} - \frac{1}{4}$

17. $2\frac{1}{4} + 4\frac{4}{5} + 8\frac{3}{10}$

18. $18\frac{1}{8} + 5\frac{5}{6}$

19. $7\frac{5}{6} - 3\frac{5}{12}$

20. $13\frac{1}{4} - 6\frac{5}{8}$

3ª parte Aplicaciones

21. Deirdre caminó $\frac{5}{8}$ de milla por un sendero. Luego, caminó por otro sendero. En total caminó $\frac{7}{8}$ de milla. Escribe y resuelve una ecuación algebraica para determinar cuánto caminó Deirdre.

22. **Desafío** Las revistas de tiras cómicas ocupan la mitad del estante de Ben. Los libros de misterio ocupan $\frac{1}{3}$ del lugar de las tiras cómicas. Si el estante mide 6 pies de largo, ¿cuánto espacio libre queda?

ENRIQUECIMIENTO
Fracciones egipcias

Cada fracción que usaban los antiguos egipcios, con una sola excepción, era una fracción de unidad (con un numerador de 1). $\frac{2}{3}$ era la única fracción que no era una fracción de unidad. Para representar otras fracciones, los egipcios combinaban fracciones de unidad.

Así se formaba la fracción $\frac{3}{8}$: $\frac{3}{8} = \frac{1}{4} + \frac{1}{8}$

Los egipcios siempre usaban la menor cantidad posible de fracciones para hallar las sumas.

1. ¿Cuál usarían los egipcios para $\frac{5}{8}$?

a. $\frac{1}{8} + \frac{1}{8} + \frac{1}{8} + \frac{1}{4}$ **b.** $\frac{1}{8} + \frac{1}{2}$

2. Sugiere un motivo por el cual los egipcios usaban $\frac{2}{3}$ cuando todas las demás fracciones eran fracciones de unidad.

3. ¿Cómo pudieron haber indicado $\frac{5}{6}$ los egipcios?

Usa el sistema egipcio para formar las fracciones siguientes.

4. $\frac{1}{2}$ **5.** $\frac{3}{4}$ **6.** $\frac{5}{8}$

7. $\frac{5}{9}$ **8.** $\frac{4}{5}$ **9.** $\frac{3}{10}$

10. $\frac{7}{8}$ **11.** $\frac{7}{12}$ **12.** $\frac{11}{15}$

Los egipcios también usaban dibujos para representar números. Dibujaban un bastón para el 1 y una herradura  para el 10. Para el numerador de una fracción de unidad, usaban este dibujo: 

Para escribir las fracciones $\frac{1}{5}$ y $\frac{1}{12}$, los egipcios dibujaban: 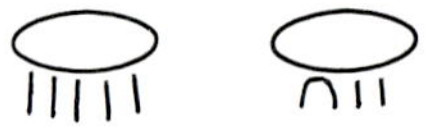

Escribe las fracciones en símbolos egipcios.

13. $\frac{1}{6}$ **14.** $\frac{1}{10}$ **15.** $\frac{1}{30}$ **16.** $\frac{1}{25}$ **17.** $\frac{1}{42}$ **18.** $\frac{1}{55}$

Repaso general

1. Escoge un método de cálculo y resuelve: $40 \times 5{,}000$.
   - A. 2,000,000
   - B. 20,000
   - C. 2,000
   - D. 200,000

2. Usa números compatibles para estimar el cociente: $36.902 \div 4.3$.
   - A. 80
   - B. 9
   - C. 10
   - D. 7

3. Escribe $\frac{13}{5}$ como número mixto.
   - A. $2\frac{3}{5}$
   - B. $1\frac{3}{5}$
   - C. $2\frac{3}{13}$
   - D. $1\frac{5}{13}$

4. ¿Cuál es uno de los pasos para hacer una gráfica lineal?
   - A. marcar los puntos
   - B. dibujar las barras
   - C. escoger símbolos para los datos
   - D. colorear para mostrar datos

5. ¿Cuál es la moda de este conjunto de números: 42, 65, 42, 18, 65, 42?
   - A. 47
   - B. 65
   - C. 18
   - D. 42

6. Escribe $\frac{5}{6}$ con palabras.
   - A. seis quintos
   - B. cinco sextos
   - C. un sexto
   - D. cinco onceavos

7. Halla el cociente: $29{,}666 \div 7$.
   - A. 4,238
   - B. 4,138
   - C. 5,138
   - D. 5,238

8. ¿Cuál es equivalente a $\frac{3}{8}$?
   - A. $\frac{8}{24}$
   - B. $\frac{6}{11}$
   - C. $\frac{8}{3}$
   - D. $\frac{9}{24}$

9. ¿Cuál es el mcd de 12 y 27?
   - A. 9
   - B. 3
   - C. 27
   - D. 12

10. ¿Cuál está en términos irreducibles?
    - A. $\frac{5}{40}$
    - B. $\frac{4}{18}$
    - C. $\frac{3}{21}$
    - D. $\frac{25}{36}$

11. ¿Cuál es el MCD del conjunto: $\frac{1}{2}, \frac{3}{5}, \frac{3}{4}$?
    - A. 10
    - B. 5
    - C. 20
    - D. 40

12. Carlos escribió un conjunto de 3 fracciones en orden de menor a mayor. ¿Qué conjunto es?
    - A. $\frac{1}{4}, \frac{3}{8}, \frac{1}{8}$
    - B. $\frac{11}{12}, \frac{5}{58}, \frac{1}{4}$
    - C. $\frac{2}{3}, \frac{1}{6}, \frac{2}{9}$
    - D. $\frac{5}{11}, \frac{5}{9}, \frac{5}{6}$

13. Félix dividió $4.23 en partes iguales entre 3 amigos. ¿Cuánto recibió cada uno?
    - A. $1.07
    - B. $12.69
    - C. $1.21
    - D. $1.41

14. Los números bajo una gráfica de barras horizontales son
    - A. números de barras.
    - B. la escala.
    - C. el título.
    - D. el rango.

8

MULTIPLICACIÓN Y DIVISIÓN: FRACCIONES Y NÚMEROS MIXTOS

MATEMÁTICAS Y ARTES DEL LENGUAJE

BANCO DE DATOS

Usa el Banco de datos del lenguaje (pp. 479, 480) para contestar las preguntas.

1 Usa los datos que estiman el número de anuncios comerciales que ve un niño típico de este país. ¿Cuántos anuncios puede ver un niño típico en una semana? ¿Y en un día?

2 Las viñetas de una historia dibujada muestran imágenes y diálogo correspondientes a los programas y anuncios comerciales de la televisión. ¿Qué parte del anuncio que se muestra se habría terminado después de la tercera viñeta? ¿Y después de la octava?

3 ¿Cuántas viñetas tendrías que agregar a la tabla para aumentar el anuncio a 45 segundos? ¿Y a un minuto?

4 **Pensamiento crítico**
Planea cómo dividir 5 minutos del tiempo para anuncios en varios anuncios de distinta duración. Usa cualquier duración además de las dos más comunes. ¿Qué tuviste en consideración al planear?

Cálculo mental
Fracción de un número

APRÉNDELO

EXPLORA **Estudia la gráfica**

Wes está haciendo una gráfica. Quiere dividir la escala inferior de su gráfica en quintos. Hay 20 espacios y necesita saber cuántos espacios habrá en cada una de las 5 partes iguales.

COMÉNTALO

1. ¿Cuántos espacios crees que Wes escogerá para cada quinto? Explica tu respuesta.
2. Piensa en cómo repartir en partes iguales 20 cosas entre 5 grupos. Di qué operación usarías.
3. Usa la gráfica para explicar este enunciado: Para hallar $\frac{1}{5}$ de 20, divide 20 entre 5.

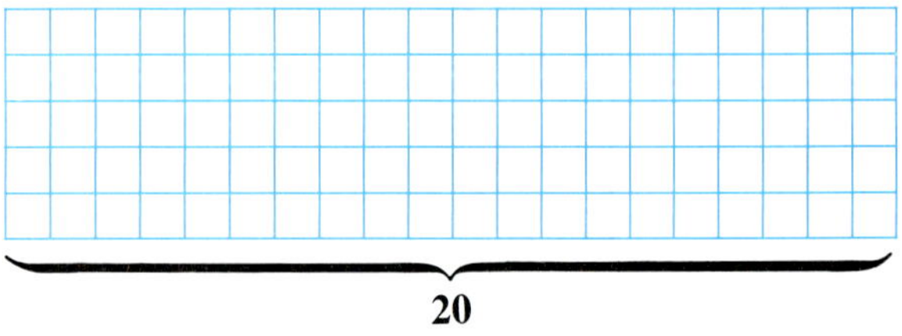

- Para hallar una parte fraccionaria de un número, divide entre el denominador y multiplica por el numerador.

Otros ejemplos

A

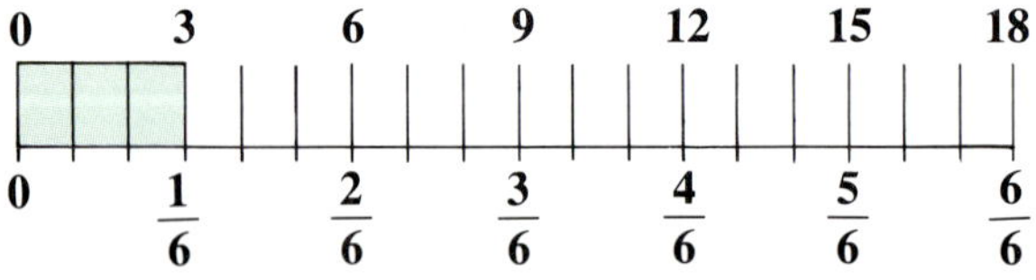

B

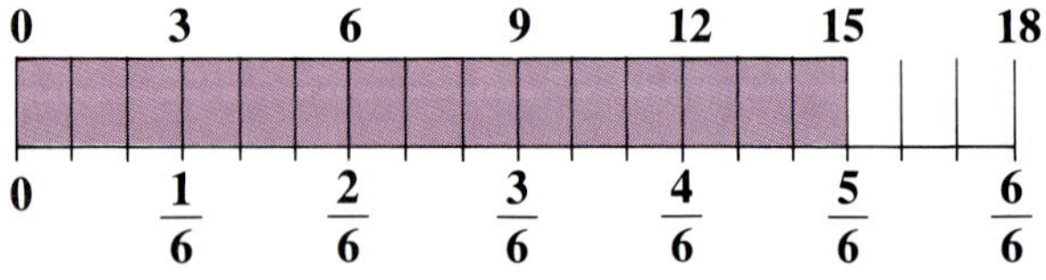

$\frac{1}{6}$ de 18 es 3, ó $\frac{1}{6} \times 18 = 3$

$\frac{5}{6}$ de 18 es 15, ó $\frac{5}{6} \times 18 = 15$

INTÉNTALO

Calcula mentalmente para hallar cada respuesta.

1. $\frac{1}{2}$ de 12 **2.** $\frac{2}{3}$ de 12 **3.** $\frac{3}{5}$ de 15 **4.** $\frac{1}{8}$ de 16

5. $\frac{3}{8} \times 16$ **6.** $\frac{1}{6} \times 24$ **7.** $\frac{5}{6} \times 24$ **8.** $\frac{7}{8} \times 24$

PRACTÍCALO

Calcula mentalmente para hallar cada respuesta.

1. $\frac{1}{2} \times 20$ **2.** $\frac{3}{4} \cdot 36$ **3.** $\frac{1}{3}$ de 12 **4.** $\frac{2}{3} \times 9$

5. $\frac{1}{8} \times 32$ **6.** $\frac{3}{8}$ de 32 **7.** $\frac{1}{10} \times 40$ **8.** $\frac{2}{5} \times 25$

9. $\frac{5}{6} \times 30$ **10.** $\frac{4}{5} \times 40$ **11.** $\frac{1}{8} \cdot 24$ **12.** $\frac{5}{8} \cdot 40$

13. $\frac{2}{9}$ de 18 **14.** $\frac{9}{10}$ de 50 **15.** $\frac{1}{3} \times 27$ **16.** $\frac{7}{10} \cdot 100$

17.

1 hora = 60 minutos

$\frac{1}{2}$ hora = ▮▮▮ minutos

18.

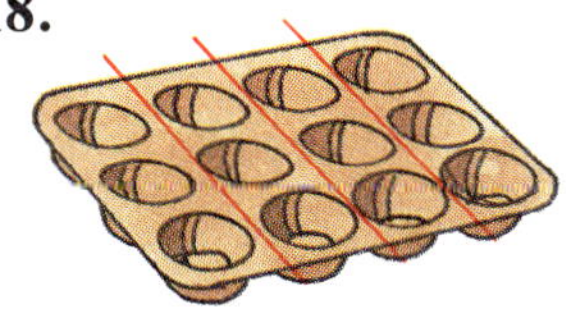

1 docena = 12

$\frac{3}{4}$ de una docena = ▮▮▮

19.

1 pie = 12 pulgadas

$\frac{2}{3}$ de un pie son ▮▮▮ pulgadas

APLÍCALO

RAZONAMIENTO MATEMÁTICO

¿Cuál es mayor? Di cómo lo sabes sin hallar la respuesta.

20. ¿$\frac{1}{3}$ de 405 ó $\frac{1}{5}$ de 405? **21.** ¿$\frac{1}{8}$ de 1,296 ó $\frac{1}{6}$ de 1,296? **22.** ¿$\frac{1}{10}$ de 1,760 ó $\frac{1}{2}$ de 1,760?

RESOLUCIÓN DE PROBLEMAS

23. La parte inferior de la gráfica de Shauna está dividida en 24 espacios. Si la divide en octavos, ¿cuántos espacios habrá en 3 de las 8 partes?

24. Clayton está haciendo una gran gráfica para exhibir, la cuál tiene 1 yarda a lo largo de la parte inferior. Quiere dividirla en novenos. ¿Cuántas pulgadas habrá en cada una de las partes iguales?

ESTIMACIÓN

Puedes estimar la parte fraccionaria de ciertos números escogiendo un número compatible. Por ejemplo, $\frac{1}{3}$ de 25 es cerca de $\frac{1}{3}$ de 24. Así que la respuesta es cerca de 8. Estima cada una.

25. $\frac{1}{5}$ de 16 **26.** $\frac{1}{4}$ de 13 **27.** $\frac{1}{3}$ de 20 **28.** $\frac{1}{6}$ de 19 **29.** $\frac{1}{4}$ de 27

Más práctica, página 509, grupo D

Multiplica fracciones
Establece la relación

APRÉNDELO

EXPLORA Usa modelos fraccionarios

Trabaja en grupo.

- Haz un rectángulo de 8 por 12 en una hoja de papel cuadriculado. Decidan quién usará un creyón rojo, quién usará uno azul y quién anotará los resultados.
- Colorea de rojo algunas filas (no todas) del rectángulo. Luego escribe la parte fraccionaria coloreada de rojo.
- Colorea de azul algunas columnas (no todas) del rectángulo. Escribe la parte fraccionaria del rectángulo coloreada de azul.
- Decidan en grupo qué parte fraccionaria es morada. (Azul más rojo hacen morado.) Escribe la fracción.
- Inténtalo varias veces. Asegúrate de anotar tus resultados.

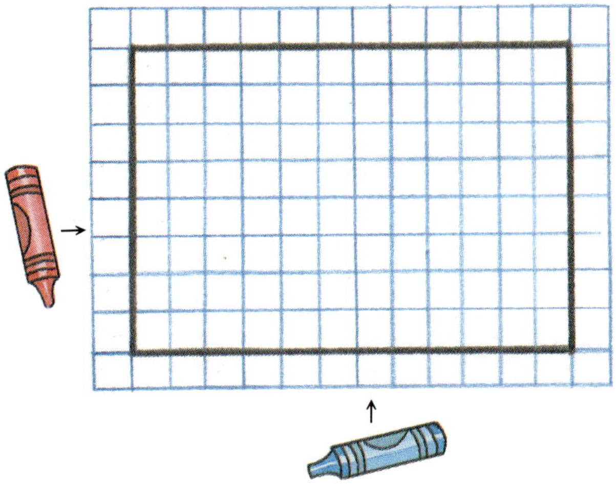

Colorea de rojo algunas filas (→).
Colorea de azul algunas columnas (↑).

COMÉNTALO

1. ¿Qué parte fraccionaria del rectángulo representa cada fila?
2. ¿Qué parte fraccionaria del rectángulo representa cada columna?
3. ¿Podría ser mayor que 1 la fracción para la parte morada? Di por qué crees que tu respuesta es correcta.

Has coloreado partes superpuestas de un rectángulo y has averiguado qué parte se coloreaba de ambos colores. Ahora aprenderás a anotar lo que hiciste. Este procedimiento te ayudará a comprender cómo hallar la parte fraccionaria de una fracción o de un producto tal como $\frac{2}{5} \times \frac{3}{5}$.

Lo que haces | **Lo que registras**

1. Traza un rectángulo con los lados iguales a los denominadores.

Piensa: 4×5

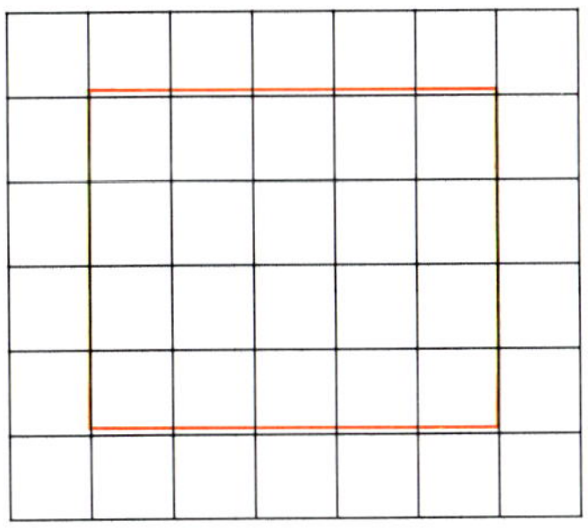

2. Piensa en cuántos cuadrados hay en el rectángulo. Colorea de azul $\frac{3}{4}$ del total.

20 cuadrados
$\frac{3}{4}$ de 20 es 15.
15 cuadrados azules

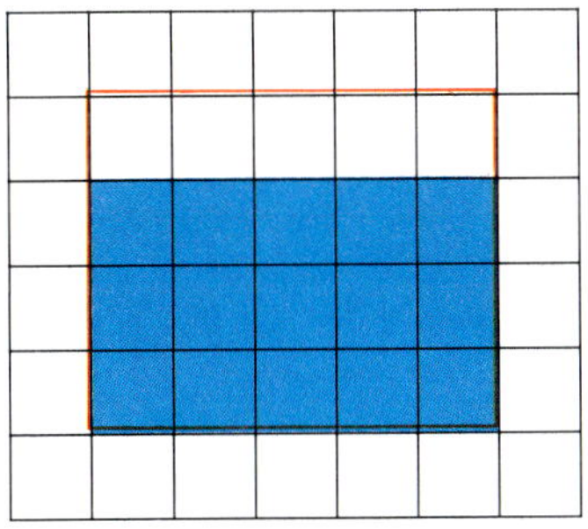

3. Piensa en cuántos cuadrados son azules. Colorea de rojo $\frac{2}{5}$ de $\frac{3}{4}$.

15 azules
$\frac{2}{5}$ de 15 es 6.

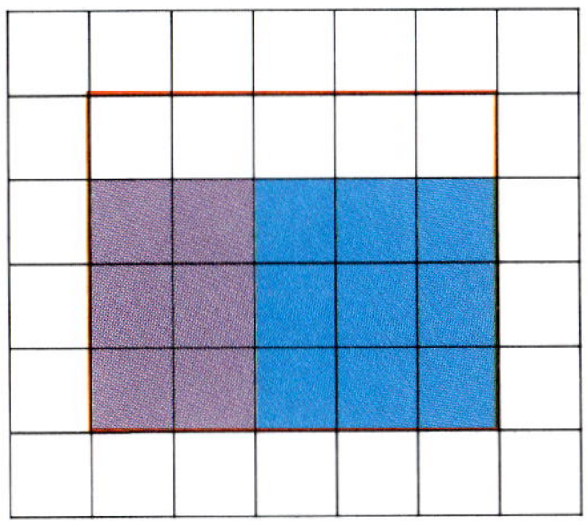

$\frac{2}{5} \times \frac{3}{4}$

4. Piensa cuántos cuadrados acabarán siendo morados. Determina qué fracción del total es morada.

6 cuadrados son morados. Por lo tanto 6 de 20 cuadrados son morados. Puedes escribir la fracción como $\frac{6}{20}$.

$\frac{2}{5} \times \frac{3}{4} = \frac{6}{20}$

INTÉNTALO

Usa papel cuadriculado y colorea para hallar cada uno de estos productos. ¿Puedes pensar en una regla que puedas usar para multiplicar fracciones?

1. $\frac{1}{3} \times \frac{1}{4}$ **2.** $\frac{2}{3} \times \frac{3}{4}$ **3.** $\frac{2}{5} \times \frac{2}{3}$ **4.** $\frac{3}{4} \times \frac{4}{5}$ **5.** $\frac{1}{2} \times \frac{5}{8}$

Multiplica fracciones

APRÉNDELO

EXPLORA **Analiza el proceso**

El programa de televisión Comedia Infantil dura $\frac{5}{6}$ de hora. (El resto de la hora es publicidad). La actuación de unos payasos ocupa $\frac{2}{3}$ del programa. ¿Qué parte de una hora está dedicada a los payasos?

Para contestar la pregunta, multiplicas ya que quieres hallar una parte fraccionaria de una fracción. He aquí dos métodos.

Reducir **después de** multiplicar

Multiplica los numeradores. Multiplica los denominadores.	Reduce si es posible.
$\frac{2}{3} \times \frac{5}{6} = \frac{10}{18}$	$\frac{2}{3} \times \frac{5}{6} = \frac{10}{18} = \frac{5}{9}$

Reducir **antes de** multiplicar

Reduce. Divide entre el mismo número.	Multiplica los numeradores. Multiplica los denominadores.
$\frac{\overset{1}{\cancel{2}}}{3} \times \frac{5}{\underset{3}{\cancel{6}}}$ ($2 \div 2$; $6 \div 2$)	$\frac{\overset{1}{\cancel{2}}}{3} \times \frac{5}{\underset{3}{\cancel{6}}} = \frac{5}{9}$

COMÉNTALO

1. ¿Qué método te gusta más? ¿Por qué?
2. ¿Hubieras estimado que el producto era de más o de menos de 1?
3. Usa una oración completa para dar una respuesta razonable al problema.

Otros ejemplos

Dos números cuyo producto es 1 son **recíprocos** el uno del otro.

A $\frac{\overset{1}{\cancel{2}}}{3}$ de $\frac{7}{\underset{2}{\cancel{4}}} = \frac{7}{6} = 1\frac{1}{6}$

B $12 \bullet \frac{2}{3} = \frac{\overset{4}{\cancel{12}}}{1} \bullet \frac{2}{\underset{1}{\cancel{3}}} = \frac{8}{1} = 8$

C $\frac{3}{5} \times \frac{5}{3} = \frac{15}{15} = 1$

INTÉNTALO

Multiplica. Usa cualquier método.

1. $\frac{3}{4} \times \frac{6}{15}$ **2.** $\frac{5}{8} \times \frac{8}{5}$ **3.** $8 \times \frac{5}{12}$ **4.** $\frac{7}{8} \bullet \frac{8}{7}$ **5.** $\frac{3}{5}$ de $\frac{15}{18}$

PRACTÍCALO

Multiplica. Reduce a una fracción irreducible.

1. $\frac{2}{5} \times \frac{1}{6}$ **2.** $\frac{1}{2}$ de $\frac{1}{4}$ **3.** $\frac{3}{4} \times \frac{5}{8}$ **4.** $\frac{2}{3} \times 9$

5. $\frac{5}{8} \times \frac{2}{3}$ **6.** $\frac{2}{3} \times 36$ **7.** $\frac{2}{3} \times \frac{3}{5}$ **8.** $\frac{7}{4} \cdot \frac{3}{2}$

9. $\frac{4}{5} \times \frac{5}{4}$ **10.** $\frac{3}{4} \times \frac{1}{3}$ **11.** $4 \times \frac{3}{4}$ **12.** $\frac{3}{5} \times \frac{7}{8}$

13. $\frac{3}{4} \times 24$ **14.** $\frac{3}{8} \cdot \frac{4}{9}$ **15.** $\frac{1}{6} \times \frac{6}{7}$ **16.** $\frac{4}{3} \cdot \frac{5}{2}$

17. $\frac{5}{6} \times \frac{3}{4}$ **18.** $\frac{7}{8}$ de 4 **19.** $\frac{5}{8}$ de 18 **20.** $\frac{5}{6} \cdot \frac{3}{10}$

Da el recíproco de cada número.

21. $\frac{2}{3}$ **22.** $\frac{1}{2}$ **23.** 3 **24.** $\frac{7}{5}$

APLÍCALO

RAZONAMIENTO MATEMÁTICO

Halla n. No calcules.

25. $\frac{2}{5} \times n = 1$ **26.** $\frac{7}{4} \times n = 1$ **27.** $3 \times n = 1$ **28.** $\frac{1}{8} \times n = 1$

RESOLUCIÓN DE PROBLEMAS

29. El programa Misterios de la Ciencia vende 12 minutos de publicidad. La empresa de juguetes Maravillas de la Mente compró $\frac{5}{6}$ de este tiempo. ¿Cuántos minutos compró la empresa de juguetes?

30. Banco de datos de lenguaje ¿Cuántas horas por año está prendido el televisor en un hogar típico?

BANCO DE DATOS

REPASO COMBINADO

Halla el promedio a la decena más cercana, la mediana y la moda.

31. 101, 114, 98, 100, 114 **32.** 10, 7, 7, 6, 8, 2, 7, 10, 1, 2

Resuelve. Calcula mentalmente.

33. $a + 7 = 17$ **34.** $b + \frac{1}{8} = \frac{5}{8}$ **35.** $r - 8 = 12$ **36.** $5a = 25$

Más práctica, página 510, grupo A

Resolución de problemas
Busca la serie

ENTIENDE
ANALIZA DATOS
PLANEA
ESTIMA
RESUELVE
EXAMINA

APRÉNDELO

Para resolver este problema, te sirve de ayuda hacer una tabla con la información dada. Luego puedes usar la estrategia llamada **Busca la serie.**

En el programa Responde a la Fortuna, ganas dinero por cada respuesta correcta. Por contestar la primera pregunta ganas sólo \$1. Por la segunda ganas \$2, por la tercera \$4, por la cuarta \$8, etc. ¿Qué pregunta tienes que contestar para ganar más de \$10,000?

Primero, haré una tabla con la información dada.

Pregunta número	1	2	3	4
Cantidad de dinero	\$1	\$2	\$4	\$8

Luego buscaré una serie. ¡Ajá! La cantidad de dinero se duplica cada vez que se contesta una pregunta.

Pregunta número	1	2	3	4	5	6	7	8	9	10	11	12	13	14	15
Cantidad de dinero	\$1	\$2	\$4	\$8	\$16	\$32	\$64	\$128	\$256	\$512	\$1,024	\$2,048	\$4,096	\$8,192	\$16,384

Tienes que contestar la pregunta 15 para ganar más de \$10,000.

INTÉNTALO

Otro programa de juegos también premia con dinero las respuestas correctas. Por contestar la primera pregunta ganas \$10. Por la segunda pregunta ganas \$13, por la tercera \$16, por la cuarta \$19, y así sucesivamente. ¿Cuánto ganarías por contestar la octava correctamente?

1. ¿Cuánto ganas si contestas la primera pregunta? ¿Y la segunda pregunta? ¿Y la quinta?
2. Copia y completa esta tabla para resolver el problema. Encuentra la serie que te sirva de ayuda.

Pregunta número	1	2	3	4	5
Cantidad de dinero	\$10	\$13	\$16	\$19	?

PRACTÍCALO

Resuelve haciendo una tabla primero. Luego encuentra la serie.

1. Una emisora de radio pública inició una campana por teléfono para conseguir nuevos suscriptores. En la primera hora consiguieron 2 suscriptores nuevos, en la segunda hora 6 y en la tercera hora 18. A este ritmo, ¿cuántos suscriptores nuevos conseguirán en la octava hora?

2. Berta participó en un concurso de ver TV. Vio TV por 1 hora el primer día y luego cada día dos horas más que el día anterior. ¿Cuántas horas vio el doceavo día?

PRÁCTICA COMBINADA

Resuelve. Escoge una estrategia de la lista o usa otra estrategia que conozcas.

Algunas estrategias	
Represéntalo	Resuelve un problema más sencillo
Usa objetos	Haz una lista organizada
Escoge una operación	Invierte el proceso
Haz un dibujo	Busca la serie
Adivina y verifica	
Haz una tabla	

3. Se hizo una encuesta a 120 alumnos. La gráfica muestra la fracción de sexto año que ve TV en una semana. ¿Cuántos ven TV de 10 a 19 horas por semana?

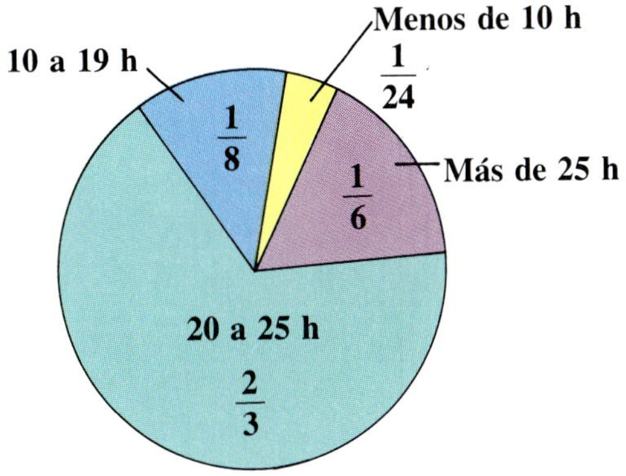

4. Usa la gráfica para calcular cuántos alumnos de sexto año en un grupo de 150 ven 20 horas o más cada semana.

5. La revista *TV Hoy* cuesta $0.45 por semana. Las suscripciones cuestan $19.75 por 1 año y $35.50 por 2 años. ¿Ahorrarías más o menos de $8 cada año si te suscribieras por 1 año en lugar de comprar la revista cada semana?

6. Jason quiere aprender tantas canciones de los Beatles como sea posible. Empezó sabiendo 2 canciones. Después de 1 semana ya sabía 3, después de 2 semanas sabía 5 y después de 3 semanas sabía 8. A este ritmo, ¿cuántas canciones sabía después de 12 semanas?

7. La emisora KTOP regala 2 entradas gratis para un concierto al primero que llame y pueda resolver este problema: "Regalamos 8 entradas el primer día, el doble el segundo día y 4 más el tercer día que el segundo. Nos quedan 6 entradas. ¿Cuántas entradas teníamos al principio?" Al llamar, ¿qué respuesta darías?

Más práctica, página 525, grupo C

Redondea para estimar el producto de números mixtos

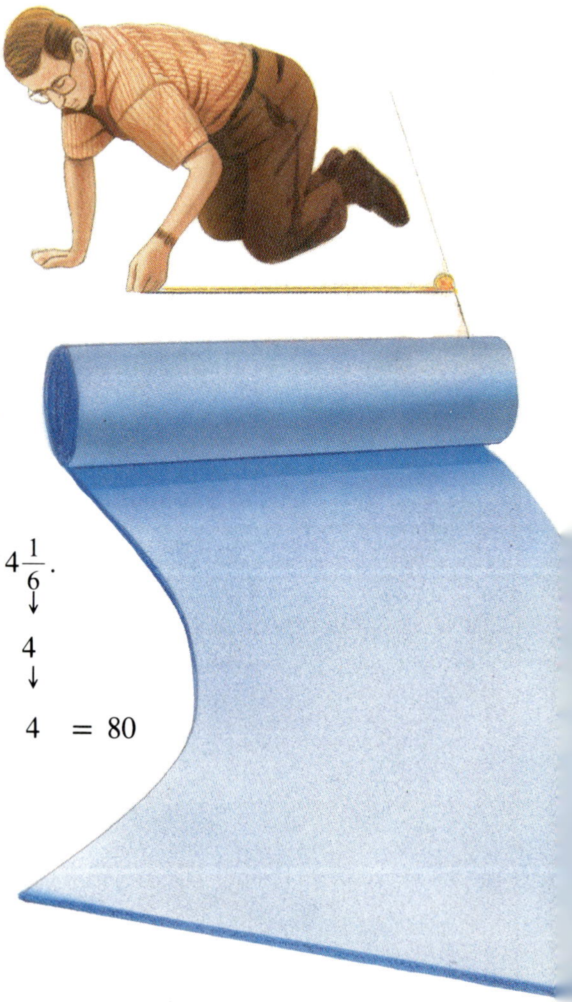

APRÉNDELO

EXPLORA **Entiende la situación**

Cal quiere alfombrar un pasillo de $18\frac{11}{12}$ pies de largo y $4\frac{1}{6}$ pies de ancho. Estima el área.

COMÉNTALO

1. ¿Está $18\frac{11}{12}$ más cerca de 18 ó de 19? ¿Cómo lo sabes?
2. ¿Está $4\frac{1}{6}$ más cerca de 4 ó de 5? ¿Por qué?
3. ¿Qué operación usas para hallar el área? Explica.

He aquí cómo estimar el producto de $18\frac{11}{12} \times 4\frac{1}{6}$.

- Redondea los números mixtos al número entero más cercano. 19×4
- Redondea otra vez si es necesario. $20 \times 4 = 80$

El área es aproximadamente 80 pies cuadrados.

PRACTÍCALO

Redondea para estimar cada producto.

1. $9\frac{5}{6} \times 3\frac{1}{8}$
2. $7\frac{3}{4} \times 2\frac{7}{8}$
3. $8\frac{1}{10} \times 3\frac{7}{8}$
4. $5\frac{1}{4} \times 9\frac{1}{2}$
5. $7\frac{9}{10} \cdot 3\frac{1}{4}$
6. $29\frac{1}{4} \times 3\frac{5}{6}$
7. $26\frac{8}{9} \cdot 3\frac{1}{3}$
8. $5\frac{6}{7} \times 31\frac{1}{4}$
9. $6\frac{11}{12} \times 31\frac{1}{12}$
10. $26\frac{8}{9} \times 6\frac{1}{6}$
11. $41\frac{5}{8} \times 3\frac{3}{4}$
12. $6\frac{7}{8} \cdot 36\frac{9}{10}$
13. $7\frac{1}{2} \cdot 81\frac{1}{4}$
14. $3\frac{9}{10} \times 49\frac{9}{10}$
15. $61\frac{1}{4} \times 8\frac{1}{10}$

Redondea para estimar cada área.

16. $27\frac{3}{4}$ plg por $14\frac{3}{16}$ plg
17. $39\frac{1}{6}$ pies por $13\frac{7}{12}$ pies
18. $18\frac{1}{2}$ yd por $24\frac{1}{3}$ yd

Más práctica, página 510, grupo B

REPASO PARCIAL/EXAMEN

Calcula mentalmente para hallar la fracción del número.

1. $\frac{1}{3}$ de 12 **2.** $\frac{7}{10} \times 60$ **3.** $\frac{5}{6} \times 18$ **4.** $\frac{3}{8} \times 24$ **5.** $\frac{2}{9} \times 36$

Copia el rectángulo. Complétalo sombreando o tachando. Luego resuelve la ecuación.

6. $\frac{1}{5} \times \frac{2}{3} = n$

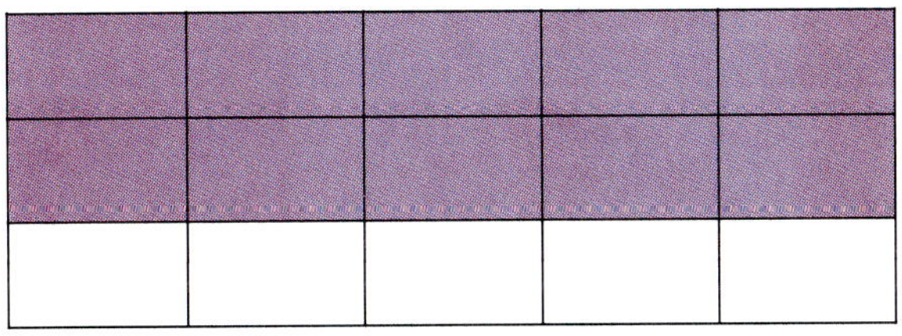

Multiplica. Reduce a una fracción irreducible.

7. $\frac{1}{3}$ de $\frac{1}{6}$ **8.** $20 \times \frac{5}{2}$ **9.** $\frac{2}{3} \times 6$ **10.** $\frac{5}{6} \times \frac{3}{4}$

11. $\frac{3}{5} \times \frac{5}{3}$ **12.** $\frac{3}{4} \cdot \frac{8}{15}$ **13.** $6 \times \frac{1}{6}$ **14.** $\frac{7}{8} \times 4$

15. $\frac{3}{10}$ de 15 **16.** $\frac{7}{8} \times \frac{8}{7}$ **17.** $\frac{3}{7} \cdot \frac{21}{28}$ **18.** $\frac{4}{9} \times \frac{4}{9}$

19. $\frac{13}{5} \times \frac{2}{5}$ **20.** $\frac{8}{3} \times \frac{15}{16}$ **21.** $\frac{5}{12} \times \frac{9}{10}$ **22.** $40 \cdot \frac{2}{5}$

Da el recíproco de cada número.

23. $\frac{3}{5}$ **24.** $\frac{1}{4}$ **25.** $\frac{2}{9}$ **26.** 3 **27.** $\frac{4}{3}$

RESOLUCIÓN DE PROBLEMAS

28. Nami practicó el violín por $\frac{3}{4}$ de hora. ¿Cuántos minutos tocó?

29. Devin midió su caminada. En 3 pasos caminó 2 metros. ¿A qué distancia, en metros, queda la casa de Torren, si está a 24 pasos?

30. Ariana usa la siguiente lista de precios para cuidar niños. ¿Cuánto cobrará por un trabajo de 8 horas? ¿Y por un trabajo de $8\frac{1}{2}$ horas?

menos de 1 hora = \$5.00
de 1 a 2 horas = \$7.50
de 2 a 3 horas = \$10.00

Multiplica números mixtos

APRÉNDELO

EXPLORA **Analiza el proceso**

Crystal está comprando madera triplex para hacer la parte superior de una mesa de ping-pong. Quiere hacer la mesa en dos partes para guardarla doblada. ¿Cuál es el área en yardas cuadradas de cada pliego de madera triplex que necesita?

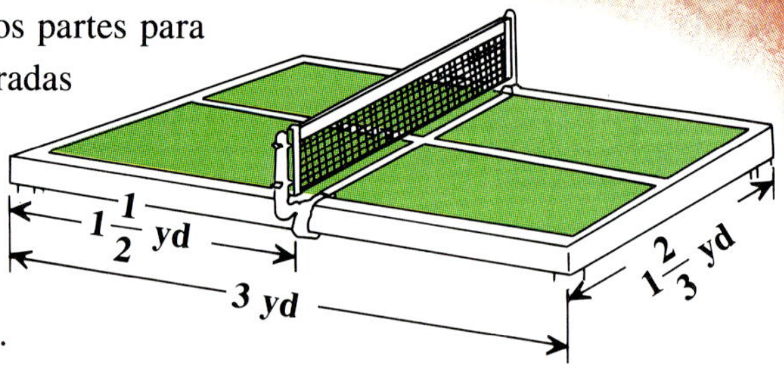

Para hallar el área de un pliego de madera, necesitas multiplicar longitud por anchura.

He aquí cómo hallar el área de un pliego de triplex.

Escribe los números mixtos como fracciones impropias.	$1\frac{1}{2} \times 1\frac{2}{3} = \frac{3}{2} \times \frac{5}{3}$	Multiplica las fracciones.	$\frac{\overset{1}{\cancel{3}}}{2} \times \frac{5}{\underset{1}{\cancel{3}}} = \frac{5}{2} = 2\frac{1}{2}$

COMÉNTALO

1. Explica este enunciado: El primer paso convierte el problema en uno que ya sabemos resolver.
2. Di cómo conseguir $2\frac{1}{2}$ de $\frac{5}{2}$.
3. ¿Cómo crees que podrías haber estimado el producto?
4. Usa una oración completa para dar una respuesta razonable al problema de Explora.

Otros ejemplos

A

6 ÷ 2

$$6 \times 4\frac{3}{8} = \frac{\overset{3}{\cancel{6}}}{1} \times \frac{35}{\underset{4}{\cancel{8}}} = \frac{105}{4} = 26\frac{1}{4}$$

8 ÷ 2

B

15 ÷ 5   14 ÷ 2

$$3\frac{3}{4} \times 2\frac{4}{5} = \frac{\overset{3}{\cancel{15}}}{\underset{2}{\cancel{4}}} \times \frac{\overset{7}{\cancel{14}}}{\underset{1}{\cancel{5}}} = \frac{21}{2} = 10\frac{1}{2}$$

4 ÷ 2   5 ÷ 5

INTÉNTALO

Multiplica.

1. $3\frac{3}{4} \times 2\frac{2}{3}$ **2.** $2\frac{1}{5} \times 1\frac{1}{4}$ **3.** $9 \times 1\frac{2}{3}$ **4.** $\frac{4}{5} \times 3\frac{1}{8}$

PRACTÍCALO

Halla el producto en una fracción irreducible.

1. $2\frac{2}{3} \times 1\frac{1}{4}$ **2.** $1\frac{3}{5} \times \frac{3}{5}$ **3.** $1\frac{1}{2} \times 2\frac{2}{3}$ **4.** $2\frac{1}{4} \times 5\frac{1}{3}$

5. $1\frac{3}{4} \times 1\frac{1}{2}$ **6.** $2\frac{2}{5} \cdot 4\frac{5}{6}$ **7.** $6 \times 3\frac{3}{4}$ **8.** $4\frac{5}{6} \times 3\frac{3}{4}$

9. $\frac{9}{10} \times 3\frac{1}{3}$ **10.** $2\frac{1}{4} \times 20$ **11.** $2\frac{3}{4} \cdot 1\frac{1}{10}$ **12.** $4\frac{1}{3} \times 5\frac{1}{2}$

13. $15 \cdot 4\frac{1}{6}$ **14.** $3\frac{1}{4} \times 2\frac{2}{3}$ **15.** $\frac{4}{5} \times 3\frac{3}{8}$ **16.** $\frac{3}{4} \times 16$

17. $15 \cdot 3\frac{1}{10}$ **18.** $4 \times 5\frac{3}{8}$ **19.** $3\frac{1}{5} \cdot 4\frac{2}{3}$ **20.** $3\frac{1}{4} \cdot 3\frac{1}{4}$

21. Halla el producto de $5\frac{1}{3}$ y $3\frac{3}{4}$.

22. ¿Cuál es el producto cuando se multiplica $4\frac{1}{3}$ por 9?

23. Multiplica $6\frac{1}{4}$ por $2\frac{2}{5}$.

APLÍCALO

RAZONAMIENTO MATEMÁTICO

No multipliques. Sólo di si el producto es mayor o menor que 24.

24. $4\frac{1}{8} \times 6\frac{1}{4}$ **25.** $\frac{6}{10} \div 6$ **26.** $8 \times 3\frac{1}{6}$ **27.** $1\frac{9}{10} \times 11\frac{7}{8}$

RESOLUCIÓN DE PROBLEMAS

28. Datos extras El aserradero tiene pliegos de triplex de $3\frac{3}{4}$ pies de ancho. Paula compró un pliego que tenía $5\frac{1}{2}$ pies de largo y otro de $4\frac{1}{5}$ pies de largo. ¿Cuál era el área del segundo pliego?

29. El precio del pliego grande de triplex era \$27.75 y el del pliego pequeño \$19.95. Paula obtuvo un descuento de \$2.00 por comprar 2 pliegos. El impuesto era \$2.39. Después de su compra, Paula tenía \$17.49. ¿Cuánto tenía antes de la compra?

▶ COMUNICACIÓN Escribe para aprender

30. Completa este enunciado:
Si el producto de dos números distintos es 1, entonces uno de los números es más de 1 y el otro es ____.

Más práctica, página 510, grupo C

Divide fracciones usando modelos

APRÉNDELO

EXPLORA **Estudia la escala de fracciones**

Si sabes dividir números enteros, puedes entender lo que significa dividir entre una fracción. Por ejemplo: 24 ÷ 4 significa "¿Cuántos 4 hay en 24?" $3 \div \frac{1}{2}$ puede significar: "¿Cuántos $\frac{1}{2}$ hay en 3?"

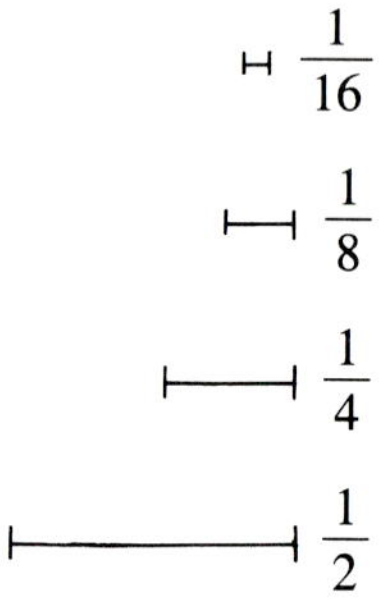

Fíjate en la escala de números que está dividida en dieciseisavos. Mira los segmentos a la derecha, como ayuda para contar en la escala. Puedes contar y usar la escala como ayuda para dividir entre una fracción. Por ejemplo: cuenta segmentos para averiguar cuántos $\frac{1}{4}$ hay en $\frac{3}{2}$, ó $\frac{3}{2} \div \frac{1}{4}$.

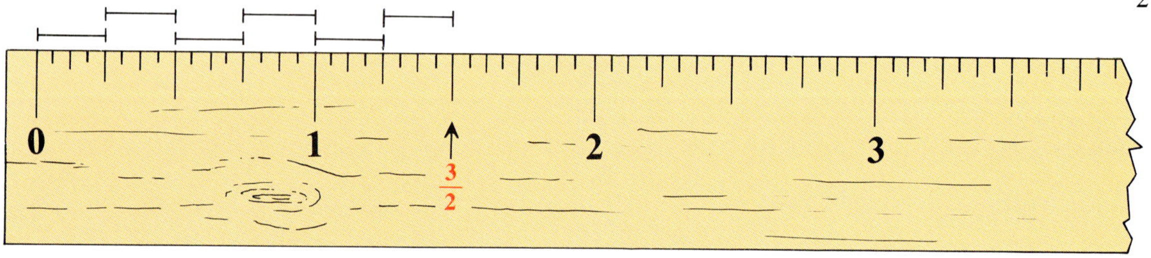

COMÉNTALO

1. ¿Cuántos $\frac{1}{4}$ hay en $\frac{3}{2}$? ¿Cuánto es $\frac{3}{2} \div \frac{1}{4}$?
2. Explica cómo usar la escala de números para hallar $3 \div \frac{1}{2}$.

Hay muchos modelos para ayudar a entender la división entre una fracción.

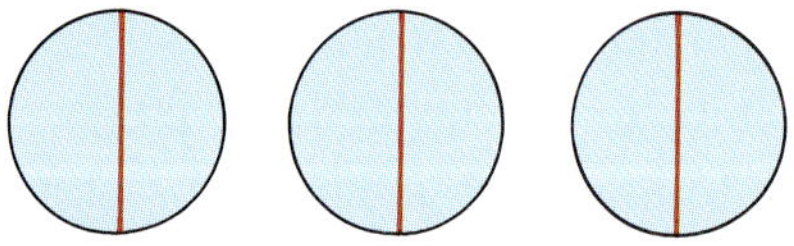

¿Cuántos $\frac{1}{2}$ hay en 3?

$3 \div \frac{1}{2} = 6$

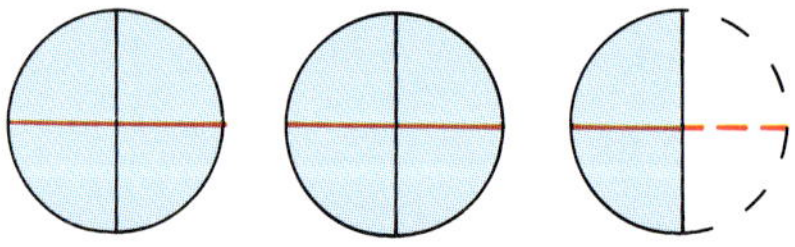

¿Cuántos $\frac{1}{4}$ hay en $\frac{5}{2}$?

$\frac{5}{2} \div \frac{1}{4} = 10$

INTÉNTALO

Mira las imágenes como ayuda para hallar los cocientes.

1.

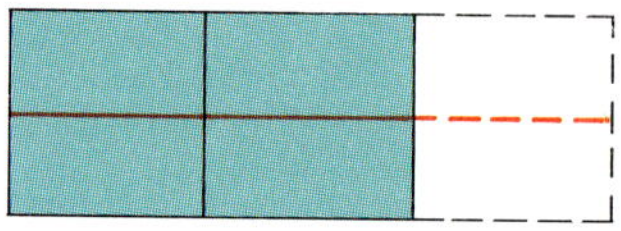

1. ¿Cuántos $\frac{1}{6}$ hay en $\frac{2}{3}$?

$\frac{2}{3} \div \frac{1}{6}$

2.

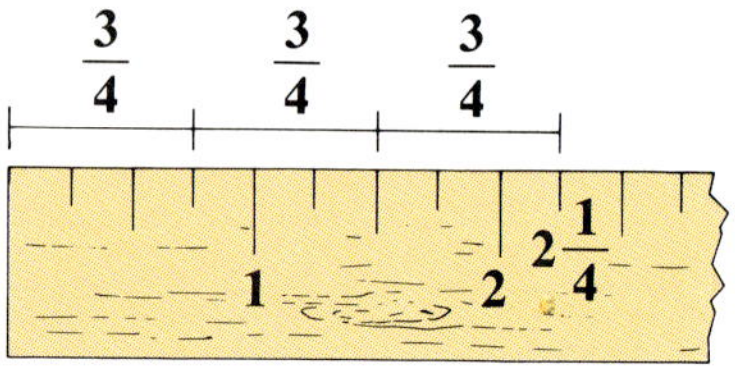

2. ¿Cuántos $\frac{3}{4}$ hay en $2\frac{1}{4}$?

$2\frac{1}{4} \div \frac{3}{4}$

PRACTÍCALO

Usa la escala de números de la página opuesta para hallar cada cociente.

1. $2 \div \frac{1}{4}$ **2.** $\frac{3}{2} \div \frac{1}{2}$ **3.** $\frac{3}{2} \div \frac{1}{8}$ **4.** $2\frac{1}{2} \div \frac{1}{4}$ **5.** $\frac{7}{4} \div \frac{1}{8}$

Usa los dibujos como ayuda para hallar los cocientes.

6.

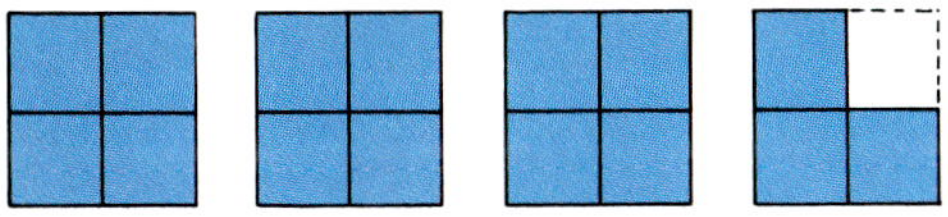

¿Cuántos $\frac{3}{4}$ hay en $3\frac{3}{4}$?

$3\frac{3}{4} \div \frac{3}{4}$

7.

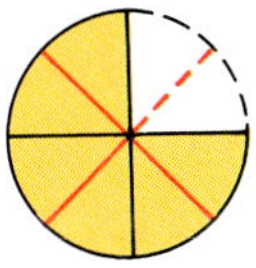

¿Cuántos $\frac{1}{8}$ hay en $\frac{3}{4}$?

$\frac{3}{4} \div \frac{1}{8}$

8.

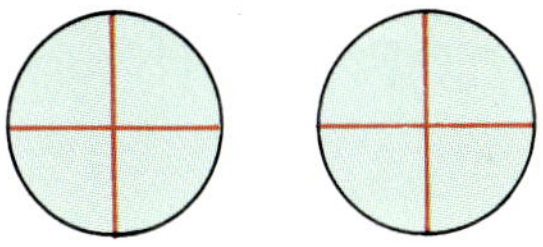

¿Cuántos $\frac{1}{4}$ hay en 2?

$2 \div \frac{1}{4}$

9.

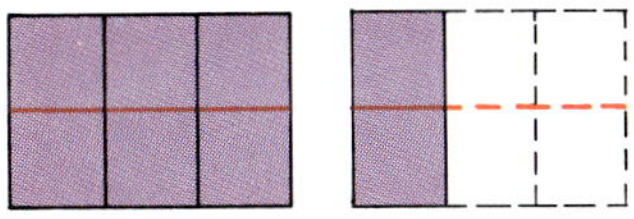

¿Cuántos $\frac{1}{6}$ hay en $\frac{4}{3}$?

$\frac{4}{3} \div \frac{1}{6}$

APLÍCALO

RAZONAMIENTO MATEMÁTICO

Da el número para *n*.

10. Ya que $1 \div \frac{1}{4} = 4$, sabemos que $7 \div \frac{1}{4} = n$.

11. Ya que $1 \div \frac{1}{10} = 10$, sabemos que $10 \div \frac{1}{10} = n$.

RESOLUCIÓN DE PROBLEMAS

12. **Formula un problema por escrito** Escribe una pregunta para una división con estos datos. Nicole invitó a unos amigos a su casa para ver un espectáculo por TV. Compró 5 pizzas para su fiesta. Las hizo cortar en octavos.

▶ PENSAMIENTO CRÍTICO Descubre una relación

13. Supón que divides un número *n* entre una fracción entre 0 y 1. ¿Será la respuesta siempre menor de *n*, a veces menor de *n* o nunca menor de *n*? Usa tus respuestas a los ejercicios del 1 al 9 como ayuda para decidir.

Divide fracciones

APRÉNDELO

EXPLORA **Analiza el proceso**

Un director ha reservado 15 minutos de un programa sobre animales para las noticias de un reportero de actualidades. ¿Cuántas noticias de $\frac{3}{4}$ de minuto caben?

Como queremos saber cuántos $\frac{3}{4}$ de minuto hay en 15 minutos, dividimos 15 entre $\frac{3}{4}$.

He aquí **cómo** dividir entre una fracción.

Multiplica el dividendo por el recíproco del divisor.

$$15 \div \frac{3}{4} = 15 \times \frac{4}{3} = 20$$

recíprocos

He aquí **por qué** funciona.

Multiplica ambos números por $\frac{4}{3}$.

$$15 \div \frac{3}{4} = (15 \times \frac{4}{3}) \div (\frac{3}{4} \times \frac{4}{3})$$

$$= (15 \times \frac{4}{3}) \div (\ 1\ ) = 15 \times \frac{4}{3}$$

COMÉNTALO

1. ¿Cuál es el producto de $\frac{3}{4} \times \frac{4}{3}$?
2. ¿Cuál es el cociente cuando divides un número entre 1?
3. Usa una oración completa para dar una respuesta razonable al problema de Explora.

Otros ejemplos

A $\frac{3}{5} \div \frac{2}{3} = \frac{3}{5} \times \frac{3}{2} = \frac{9}{10}$ **B** $6 \div \frac{3}{4} = \frac{6}{1} \times \frac{4}{3} = 8$ **C** $6 \div 9 = \frac{6}{1} \times \frac{1}{9} = \frac{2}{3}$

Verifica: $\frac{9}{10} \times \frac{2}{3} = \frac{18}{30} = \frac{3}{5}$

INTÉNTALO

Halla los cocientes. Verifica multiplicando.

1. $\frac{2}{3} \div \frac{1}{4}$ **2.** $\frac{1}{2} \div \frac{2}{5}$ **3.** $\frac{3}{4} \div \frac{1}{10}$ **4.** $4 \div \frac{3}{8}$ **5.** $3 \div 5$

PRACTÍCALO

Halla los cocientes. Verifica multiplicando.

1. $\frac{1}{2} \div \frac{4}{5}$ **2.** $\frac{3}{4} \div \frac{3}{5}$ **3.** $\frac{2}{3} \div \frac{3}{4}$ **4.** $\frac{1}{2} \div \frac{1}{4}$

5. $\frac{7}{8} \div \frac{7}{8}$ **6.** $5 \div \frac{2}{5}$ **7.** $\frac{5}{6} \div 10$ **8.** $3 \div 8$

9. $\frac{1}{2} \div \frac{5}{8}$ **10.** $\frac{9}{14} \div \frac{3}{7}$ **11.** $\frac{7}{8} \div \frac{3}{4}$ **12.** $\frac{1}{3} \div \frac{2}{3}$

13. $\frac{3}{10} \div \frac{3}{4}$ **14.** $\frac{4}{5} \div \frac{2}{3}$ **15.** $\frac{1}{2} \div \frac{7}{10}$ **16.** $7 \div \frac{2}{3}$

17. $\frac{9}{10} \div 3$ **18.** $4 \div 12$ **19.** $\frac{1}{10} \div \frac{3}{10}$ **20.** $\frac{3}{5} \div \frac{2}{3}$

21. Divide $\frac{5}{8}$ entre $\frac{1}{3}$. **22.** Divide 8 entre $\frac{2}{5}$. **23.** Divide $\frac{5}{12}$ entre $\frac{1}{6}$.

APLÍCALO

RAZONAMIENTO MATEMÁTICO

No dividas. Sólo di si cada cociente es mayor o menor de 8.

24. $8 \div \frac{4}{5}$ **25.** $8 \div \frac{4}{3}$ **26.** $8 \div \frac{8}{9}$ **27.** $8 \div \frac{8}{7}$

RESOLUCIÓN DE PROBLEMAS

28. Una estación de TV ofrece 18 minutos gratis para anuncios de servicio público cada semana. ¿Cuántos mensajes de $\frac{3}{4}$ de minuto pueden transmitirse en este tiempo?

29. **Banco de datos de lenguaje** ¿Cuál fue el total que los 2 anunciantes más importantes gastaron en publicidad para televisión en 1988?

BANCO DE DATOS

REPASO COMBINADO

Resuelve. Redondea las respuestas decimales al millar más cercano.

30. $18\frac{3}{10} + 4\frac{1}{5}$ **31.** $0.04 \div 1.4$ **32.** $33\frac{3}{4} - 15\frac{1}{8}$

33. $8{,}090 \times 76$ **34.** $\frac{7}{12} + \frac{3}{8}$ **35.** 71.4×1.06

Escribe un decimal para cada fracción. Redondea al millar más cercano.

36. $\frac{1}{4}$ **37.** $\frac{2}{3}$ **38.** $\frac{7}{8}$ **39.** $\frac{7}{10}$ **40.** $\frac{4}{7}$

Más práctica, página 510, grupo D

Divide con números mixtos

APRÉNDELO

EXPLORA **Analiza el proceso**

Los rótulos muestran distancias a lo largo de algunos senderos del parque estatal. Mario camina a una velocidad promedio de $3\frac{1}{2}$ millas por hora. ¿Cuánto tardará en caminar hasta La Calera?

Para resolver el problema, tendrás que dividir y averiguar cuántos conjuntos de $3\frac{1}{2}$ millas hay en $11\frac{9}{10}$ millas. He aquí cómo hallar la respuesta.

Transforma los números mixtos o los números enteros en fracciones impropias.	Divide las fracciones.
$11\frac{9}{10} \div 3\frac{1}{2} = \frac{119}{10} \div \frac{7}{2}$	$\frac{\overset{17}{\cancel{119}}}{\underset{5}{\cancel{10}}} \times \frac{\overset{1}{\cancel{2}}}{\underset{1}{\cancel{7}}} = \frac{17}{5} = 3\frac{2}{5}$

COMÉNTALO

1. Di por qué multiplicas $\frac{119}{10}$ por $\frac{2}{7}$ cuando divides $\frac{119}{10}$ entre $\frac{7}{2}$.
2. ¿Entre qué dividiste 119 para obtener 17? ¿Qué denominador se dividió entre ese mismo número?
3. ¿Cómo hubieras estimado la respuesta?
4. Usa una oración completa para dar una respuesta razonable al problema de Explora.

Otros ejemplos

A $2\frac{2}{3} \div \frac{3}{4} = \frac{8}{3} \div \frac{3}{4} = \frac{8}{3} \times \frac{4}{3} = \frac{32}{9} = 3\frac{5}{9}$

B $8 \div 3\frac{1}{5} = \frac{8}{1} \div \frac{16}{5} = \frac{\overset{1}{\cancel{8}}}{1} \times \frac{5}{\underset{2}{\cancel{16}}} = \frac{5}{2} = 2\frac{1}{2}$

INTÉNTALO

1. $2\frac{1}{2} \div 1\frac{1}{3}$ **2.** $8 \div 3\frac{1}{5}$ **3.** $4\frac{7}{8} \div 3$ **4.** $3\frac{3}{5} \div 1\frac{1}{2}$ **5.** $\frac{5}{12} \div 4\frac{3}{8}$

PRACTÍCALO

Divide y verifica.

1. $1\frac{3}{8} \div 4\frac{1}{3}$ **2.** $3\frac{2}{3} \div 2$ **3.** $5\frac{1}{4} \div 2\frac{1}{2}$ **4.** $4 \div 1\frac{1}{3}$

5. $3\frac{1}{2} \div 2\frac{1}{3}$ **6.** $8 \div 3\frac{1}{5}$ **7.** $8\frac{1}{3} \div 1\frac{1}{6}$ **8.** $7 \div 1\frac{1}{7}$

9. $\frac{1}{6} \div 3\frac{1}{2}$ **10.** $\frac{5}{6} \div 1\frac{2}{3}$ **11.** $2\frac{2}{3} \div 1\frac{1}{4}$ **12.** $10 \div 1\frac{1}{4}$

13. $4\frac{3}{5} \div 2\frac{1}{5}$ **14.** $8 \div 3\frac{1}{4}$ **15.** $3\frac{3}{8} \div 2\frac{1}{4}$ **16.** $2\frac{3}{8} \div 4$

17. $6\frac{1}{4} \div 1\frac{1}{8}$ **18.** $2\frac{1}{10} \div 1\frac{1}{5}$

19. $4\frac{1}{2} \div 2\frac{7}{10}$ **20.** $7\frac{1}{4} \div 3$

APLÍCALO

RAZONAMIENTO MATEMÁTICO

No dividas. Sólo di qué cociente es mayor.

21. $5\frac{1}{2} \div \frac{1}{4}$ ó $5\frac{1}{2} \div 4$

22. $3\frac{7}{8} \div 2$ ó $3\frac{7}{8} \div \frac{1}{2}$

23. $\frac{7}{8} \div \frac{1}{4}$ ó $\frac{7}{8} \div 4$

24. $\frac{9}{10} \div \frac{3}{4}$ ó $\frac{9}{10} \div \frac{4}{3}$

RESOLUCIÓN DE PROBLEMAS

25. La velocidad promedio de Ricardo al caminar es de $2\frac{1}{3}$ millas por hora. ¿Cuánto tardaría Ricardo en llegar caminando a La Calera?

26. Supón que tanto Ricardo como Mario caminan ida y vuelta a Valle Hermoso. Si mantuvieran sus velocidades promedio al caminar, ¿cuánto más demoraría Ricardo que Mario?

ESTIMACIÓN

Redondea cada número mixto al entero más cercano y estima el cociente.

27. $6\frac{1}{10} \div 1\frac{7}{8} \rightarrow (6 \div 2) \rightarrow$ ▯ **28.** $8\frac{9}{10} \div 2\frac{5}{6} \rightarrow (9 \div 3)$ ▯

29. $12\frac{1}{4} \div 3\frac{9}{10}$ **30.** $24 \div 7\frac{8}{9}$ **31.** $4\frac{11}{12} \div 5\frac{1}{8}$ **32.** $4\frac{4}{10} \div 1\frac{9}{10}$

33. $1\frac{15}{16} \div \frac{7}{8}$ **34.** $4\frac{3}{4} \div \frac{7}{8}$ **35.** $6\frac{1}{5} \div 2\frac{1}{10}$ **36.** $35\frac{3}{4} \div 8\frac{7}{8}$

Más práctica, página 510, grupo E

Usa una calculadora para hallar decimales periódicos

APRÉNDELO

Sabes que puedes convertir una fracción en un decimal dividiendo el numerador entre el denominador. Ahora usarás tu calculadora para convertir una fracción en un **decimal periódico**. También la usarás para hallar **decimales exactos**.

EXPLORA Descubre una serie

Usa tu calculadora para convertir cada fracción de la tabla en un decimal. No redondees. Usa todos los dígitos que muestre tu calculadora.

$\frac{1}{2} = 1 \div 2 =$ ▮

$\frac{1}{3} = 1 \div 3 =$ ▮

$\frac{1}{11} = 1 \div 11 =$ ▮

COMÉNTALO

1. ¿Qué decimales muestran dígitos que se repiten? A estos se les llama decimales periódicos.
2. El decimal equivalente a $\frac{1}{2}$ no es un decimal periódico. Di en qué se diferencia de los demás.
3. ¿Crees que la serie repetida de los últimos 2 decimales de la tabla continuaría más allá de los dígitos mostrados en tu calculadora? Intenta dividir sin la calculadora para ver lo que ocurre.

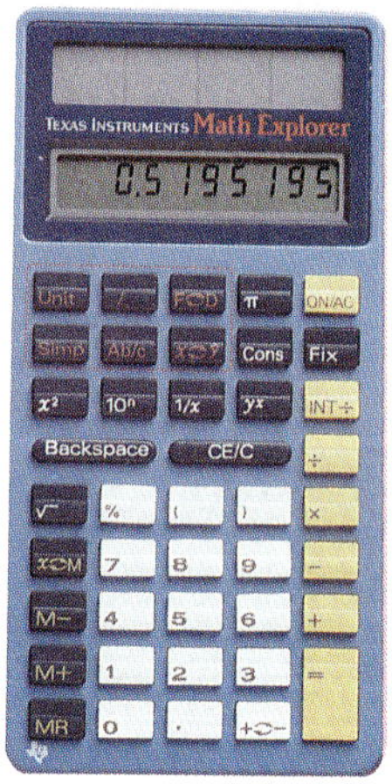

A continuación hay unos ejemplos de decimales periódicos. Los tres puntos indican que la serie repetida continúa. Con una línea puedes indicar que los dígitos que hay debajo continúan repitiéndose. Verifícalos en tu calculadora.

se repite 1 dígito

$\frac{1}{12} = 0.08333\ldots$

$\frac{1}{12} = 0.08\overline{3}$

se repiten 2 dígitos

$\frac{5}{11} = 0.454545\ldots$

$\frac{5}{11} = 0.\overline{45}$

se repiten 3 dígitos

$\frac{173}{333} = 0.519519\ldots$

$\frac{173}{333} = 0.\overline{519}$

INTÉNTALO

Halla con tu calculadora el decimal periódico de cada fracción. Usa una línea para indicar qué dígitos se repiten.

1. $\frac{7}{21}$ **2.** $\frac{1}{6}$ **3.** $\frac{17}{33}$ **4.** $\frac{57}{111}$ **5.** $\frac{34}{51}$ **6.** $\frac{5}{27}$

PRACTÍCALO

Halla con tu calculadora el decimal periódico de cada fracción. Usa una línea para indicar qué dígitos se repiten.

1. $\frac{4}{12}$ **2.** $\frac{7}{9}$ **3.** $\frac{6}{11}$ **4.** $\frac{67}{99}$

5. $\frac{7}{33}$ **6.** $\frac{16}{24}$ **7.** $\frac{456}{999}$ **8.** $\frac{123}{198}$

9. $\frac{23}{66}$ **10.** $\frac{76}{37}$ **11.** $\frac{4760}{3333}$ **12.** $\frac{159}{333}$

13. Usa tu calculadora como ayuda para hallar 5 fracciones más que se puedan escribir como decimales periódicos.

14. Usa tu calculadora como ayuda para hallar 5 fracciones que se puedan escribir como decimales exactos.

APLÍCALO

RAZONAMIENTO MATEMÁTICO

15. El decimal periódico de $\frac{1}{3}$ es 0.333... ó $0.\overline{3}$. Da el decimal periódico de $\frac{2}{3}$ sin usar la calculadora.

16. El decimal exacto de $\frac{4}{25}$ es 0.16. Da el decimal exacto de $\frac{8}{25}$ sin usar la calculadora.

RESOLUCIÓN DE PROBLEMAS

17. Puedes crear decimales que no se repiten, desarrollando una serie. Intenta encontrar la serie de este decimal:

0.112123123412345...

Crea tu propia serie decimal para que los mismos dígitos no se repitan una y otra vez.

CÁLCULO MENTAL

Estudia la serie.

$\frac{1}{11} = 0.\overline{09}$ $\frac{2}{11} = 0.\overline{18}$ $\frac{3}{11} = 0.\overline{27}$

Usa la serie para convertir estas fracciones en decimales periódicos.

18. $\frac{4}{11}$ **19.** $\frac{5}{11}$ **20.** $\frac{6}{11}$ **21.** $\frac{7}{11}$ **22.** $\frac{8}{11}$ **23.** $\frac{9}{11}$

Resolución de problemas
Estima la respuesta

ENTIENDE
ANALIZA DATOS
PLANEA
ESTIMA
RESUELVE
EXAMINA

APRÉNDELO

Antes de resolver un problema es importante determinar cuál sería una respuesta razonable. Puedes comenzar estimando la respuesta.

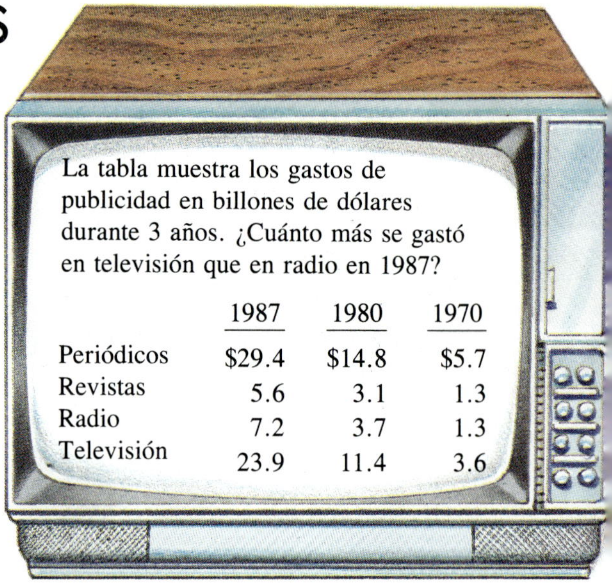

La tabla muestra los gastos de publicidad en billones de dólares durante 3 años. ¿Cuánto más se gastó en televisión que en radio en 1987?

	1987	1980	1970
Periódicos	$29.4	$14.8	$5.7
Revistas	5.6	3.1	1.3
Radio	7.2	3.7	1.3
Televisión	23.9	11.4	3.6

Antes de resolver el problema, estima la respuesta.

Redondearé 23.9 a 24. → Redondearé 7.2 a 7. → Luego restaré para estimar la respuesta.

$23.9 \rightarrow 24$ $\quad 7.2 \rightarrow 7$ $\quad 24 - 7 = 17$

La respuesta al problema debe estar cerca de los $17 billones.

Ahora resolveré el problema. → Creo que $16.7 billones es una respuesta razonable ya que está cerca de $17 billones.

$23.9 - 7.2 = 16.7$

INTÉNTALO

Antes de resolver cada problema, estima la respuesta. Luego resuelve el problema y determina si tu respuesta es razonable.

1. Descubre cuánto más se gastó en publicidad para televisión en 1987 que en 1970.

2. Los periódicos financieros son otro medio de comunicación. En 1987 los gastos de publicidad de esos periódicos fueron $\frac{1}{3}$ de los gastos de radio. ¿Cuánto se gastó en publicidad en los periódicos financieros?

3. Halla el gasto total de publicidad para los cuatro medios de comunicación de la tabla en 1980.

4. En 1987, los gastos de publicidad de todos los medios fueron de $110 billones. ¿Cuánto se gastó en los medios de comunicación que no están en la tabla?

PRÁCTICA COMBINADA

Resuelve. Primero estima tu respuesta.

1. Averigua en la tabla de la otra página el gasto total de publicidad en los cuatro medios de comunicación en 1970.

2. En 1988, un locutor retransmitió su programa $27\frac{1}{2}$ horas cada semana. ¿Cuántas horas aproximadamente retransmitió ese año?

3. Todas las mañanas Martín sigue un programa de ejercicios en la televisión. El primer día sólo pudo hacer un ejercicio. El segundo día Martín hizo 2 ejercicios. El cuarto día hizo 7 y el quinto hizo 11. Si sigue a este ritmo, ¿cuántos ejercicios podrá hacer el décimo día?

4. En 1980, el gasto total de publicidad alcanzó unos \$54 billones. El gasto de publicidad por correspondencia alcanzó unos \$8 billones. ¿Qué fracción del gasto total fue la publicidad por correspondencia?

5. En 1960, se gastaron unos \$12 billones en publicidad. Aproximadamente $\frac{1}{8}$ de este dinero se gastó en televisión. ¿Cuánto se gastó en total en televisión?

6. Usa la tabla de la página de la izquierda para averiguar cuánto más se gastó en publicidad para radio y televisión en 1987 que en 1970.

7. Durante un programa de 60 minutos, uno de los anunciantes tiene $3\frac{1}{2}$ minutos para publicidad. Si cada anuncio dura $\frac{1}{2}$ minuto, ¿cuántos anuncios tiene el anunciante durante el programa?

8. Determina la respuesta razonable Sin resolver, di cuál de las respuestas que se dan a continuación es razonable.

En 1987, durante la XXI edición del Superbowl, un canal de televisión cobró la cifra récord de \$600,000 por 30 segundos de publicidad. A este precio, ¿cuánto costaban 10 segundos?

a. 10 segundos costaban \$60,000
b. 10 segundos costaban \$200,000
c. 10 segundos costaban \$20,000

Recopilación y análisis de datos
Decisión de grupo

ENTIENDE
ANALIZA DATOS
PLANEA
ESTIMA
RESUELVE
EXAMINA

Haz una investigación
Destrezas de grupo:
Anima y respeta a los demás

El ojo humano juzga las distancias por medio de la percepción de la profundidad. Por ejemplo, al tirar una pelota dependes de esta percepción para poder calcular la distancia entre tú y el lugar adonde la tiras. Puedes hacer un **experimento** y probar tu percepción de la profundidad.

Recopila los datos

1. Tu grupo necesitará los siguientes materiales.

- dos objetos idénticos, tales como dos bobinas pequeñas o dos autos de juguete
- un cordón de unos 5.5 metros de largo
- una cinta métrica o un palo
- dos pedazos de cinta adhesiva

2. Para hacer el experimento, ata el cordón a uno de los objetos. Coloca los objetos en el piso separados por varios centímetros y luego mueve un metro hacia adelante el objeto que no esté atado. Pon un pedazo de cinta adhesiva en el piso justo delante del objeto más cercano. Échate en el suelo, a tres metros del objeto más cercano, de forma que tus ojos estén al nivel de los dos objetos. Cierra un ojo y tira la cuerda para intentar alinear los objetos. Cuando estén alineados, pon un pedazo de cinta en el suelo justo delante del objeto atado. Mide la distancia entre los dos pedazos de cinta. Esta medida refleja el error en la percepción de la profundidad cuando se usa un solo ojo.

3. Halla el error en la percepción de la profundidad, cuando se usa un solo ojo, de cada persona de tu grupo. Anótalo.

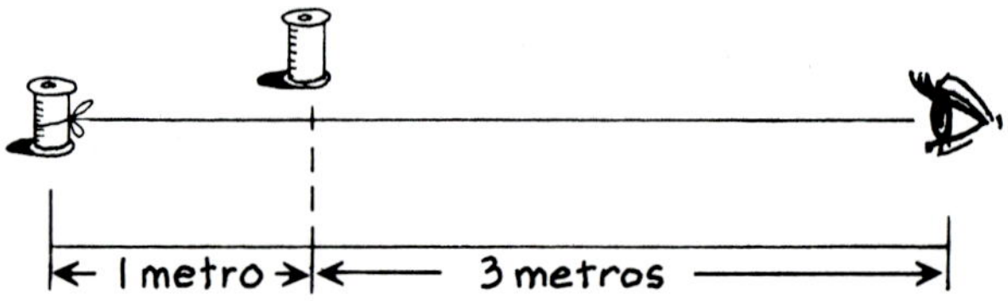

Organiza los datos

4. Haz una gráfica de barras para mostrar la percepción de profundidad de tu grupo. Si es necesario, ajusta la escala para acomodar los datos de tu grupo.
5. Revisa tu gráfica para asegurarte de que has puesto el título y los rótulos.

Presenta tu análisis

6. ¿Cuál fue la diferencia entre los valores mayores y menores, o el *rango,* de los errores de tu grupo? ¿Cuál fue el promedio de los errores en tu grupo? Puedes usar la calculadora para hallar el promedio.
7. Escribe por lo menos cuatro enunciados verdaderos acerca de tus resultados.
8. ¿Crees que podrías generalizar los resultados de la muestra de alumnos de tu grupo a personas de todas las edades? ¿Por qué sí o por qué no?

RESUMEN

¿Qué pasa?

Escoge la letra que mejor describa el método que se usa para resolver los ejercicios a continuación.

1. $\frac{1}{6}$ de 25 → $\frac{1}{6}$ de 24 → cerca de 4

2. $\frac{3}{4} \times \frac{7}{8} = \frac{21}{32}$ **d**

3. $\frac{4}{5} \div \frac{5}{8} = \frac{4}{5} \times \frac{8}{5}$ **a**

4. $\frac{2}{3} \times \frac{9}{10} = \frac{3}{5}$ **b**

a. multiplicar por el recíproco del divisor

b. simplificar antes de multiplicar

c. usar números compatibles

d. multiplicar numeradores y denominadores

Algunas veces, siempre, nunca

Determina cuál completa mejor las oraciones: *algunas veces, siempre* o *nunca.* Explica tus elecciones.

5. El producto de dos fracciones menores que 1 _____ será mayor que cualesquiera de las dos fracciones.

6. Si el producto de dos fracciones distintas es 1, y una de las fracciones es menor que 1, la otra _____ será mayor que 1.

7. El cociente de dos fracciones menores que 1 _____ será mayor que cualesquiera de esas fracciones.

8. El producto de dos fracciones impropias _____ es mayor que 1.

9. El cociente de dos números mixtos _____ es menor que 1.

Proyecto

Tienes pensado abrir un restaurante especializado en sopas. Podrás atender más o menos 50 clientes cada día hábil. $\frac{2}{3}$ de los clientes probablemente serán adultos y $\frac{1}{3}$ serán niños. Las porciones de niños serán $\frac{1}{2}$ de las de adultos. Los sábados y domingos probablemente atenderán a sólo $\frac{3}{4}$ de los clientes de los días hábiles. Planea un menú y una lista de comestibles para la primera semana.

REPASO DEL CAPÍTULO/EXAMEN

1ª parte Entendimiento

Redondea para estimar cada producto.

1. $2\frac{5}{6} \times 6\frac{1}{5}$

2. $19\frac{3}{4} \cdot 4\frac{2}{3}$

3. ¿Es el producto mayor o menor que 25? $4\frac{7}{8} \times 6\frac{4}{5}$

4. ¿Es el cociente mayor o menor que 6? $6 \div \frac{5}{6}$

5. No dividas. Di qué cociente es mayor. $6\frac{3}{4} \div 3$ ó $6\frac{3}{4} \div \frac{1}{3}$

2ª parte Destrezas

Calcula mentalmente para hallar cada respuesta.

6. $\frac{1}{6}$ de 30

7. $\frac{3}{10} \times 40$

Halla los productos. Escríbelos en forma irreducible.

8. $\frac{1}{8} \times 40$

9. $\frac{2}{3} \times \frac{5}{6}$

10. $1\frac{1}{4} \cdot 3\frac{3}{5}$

11. $3\frac{1}{2} \times 2\frac{1}{3}$

Divide y verifica.

12. $3 \div \frac{2}{3}$

13. $\frac{3}{8} \div \frac{1}{4}$

14. $8 \div 2\frac{1}{2}$

15. $3\frac{3}{4} \div 1\frac{1}{4}$

Halla el decimal periódico de cada fracción.

16. $\frac{5}{9}$

17. $\frac{10}{11}$

3ª parte Aplicaciones

18. Arnold está comprando álbumes como loco. Compró 2 álbumes una semana, 6 la semana siguiente y 10 la tercera semana. Si continúa así, ¿cuántos álbumes comprará la séptima semana?

19. Una estación de radio vendió 20 minutos de publicidad a un promotor. Si cada anuncio comercial dura $\frac{2}{3}$ de minuto, ¿cuántos anuncios compró?

20. **Desafío** El almacén comercial gastó un total de $21,000 en publicidad. 1/6 de esta cantidad se gastó en publicidad por radio. ¿Cuánto se gastó en publicidad por radio? Da una estimación. Luego halla la respuesta exacta. ¿Es razonable tu respuesta exacta?

ENRIQUECIMIENTO
Una rareza de periodicidad decimal

El concepto de un decimal que se repite sin fin nos lleva a un fenómeno interesante. Los matemáticos han creado un nombre especial para el concepto de "sin fin".

Concepto	Nombre	Símbolo
Sin fin	Infinito	∞

He aquí como escribir 1 para dar el concepto de infinito.

$$\begin{array}{rcl} \frac{1}{3} & = & 0.333\overline{3} \\ +\ \frac{2}{3} & = & 0.666\overline{6} \\ \hline 1 & & 0.999\overline{9} \end{array}$$

Usa el concepto de infinito para resolver.

1. Halla el decimal periódico para $\frac{1}{6}$. Hállalo para $\frac{5}{6}$. Usa estas dos fracciones y sus decimales para mostrar que $1 = 0.999\overline{9}$.

2. Halla los decimales periódicos para estas fracciones.

$$\begin{array}{r} \frac{75}{99} = \\ \frac{87}{99} = \\ \frac{36}{99} = \\ \hline 2 \end{array}$$

3. Usa los decimales periódicos del problema 2 para mostrar que $2 = 1.999\overline{9}$. Te servirá de ayuda sumar los decimales de derecha a izquierda. Recuerda que tienes que cambiar cada vez que sumas.

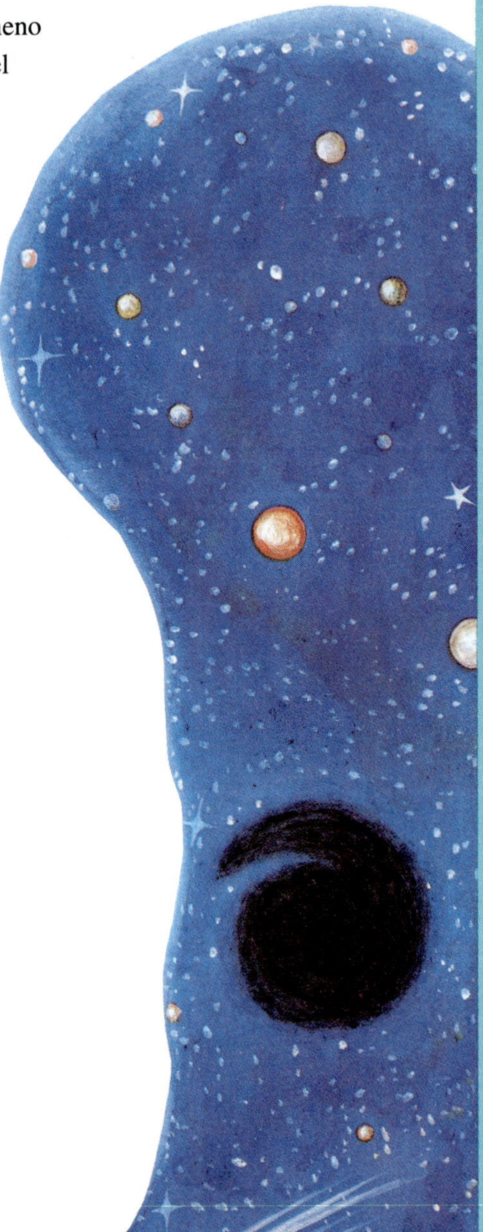

REPASO GENERAL

1. ¿Cuál es la suma de las partes de una gráfica circular?
   A. 100 B. 1
   C. 0 D. 360

2. Hay 6 jugadores de ajedrez en cada uno de dos equipos. Si cada jugador juega una vez contra cada jugador del otro equipo, ¿cuántas partidas se juegan al enfrentarse los equipos?
   A. 6 B. 12
   C. 36 D. 18

3. En el mostrador de bocadillos hay emparedados de jamón, atún y queso; hay también leche o jugo y yogurt o fruta de postre. ¿Cuántas combinaciones distintas son posibles para una persona que desee un emparedado, una bebida y un postre?
   A. 8 B. 7
   C. 12 D. 3

4. ¿Cómo se llama el número de unidades entre los espacios de la escala de una gráfica lineal o de barras?
   A. la moda B. el rango
   C. el intervalo D. los ejes

5. Da la longitud en términos irreducibles.
   A. $4\frac{1}{3}$ B. $3\frac{2}{8}$
   C. $3\frac{1}{4}$ D. $3\frac{1}{6}$

6. Escribe $\frac{3}{8}$ en forma de decimal.
   A. 0.38 B. 0.375
   C. 0.625 D. 0.4

7. ¿Cuál es la suma de $4\frac{7}{8}$ y $3\frac{5}{8}$?
   A. $8\frac{1}{8}$ B. $7\frac{1}{4}$
   C. $8\frac{1}{2}$ D. $7\frac{1}{2}$

8. Resuelve. Calcula mentalmente: $6r = 42$.
   A. $r = 48$ B. $r = 7$
   C. $r = 36$ D. $r = 252$

9. Estima la suma de $8\frac{5}{6}$ y $6\frac{1}{5}$.
   A. 13 B. 14
   C. 15 D. 3

10. Halla la diferencia entre $\frac{1}{4}$ y $\frac{5}{6}$.
   A. $\frac{5}{12}$ B. $\frac{4}{6}$
   C. $1\frac{1}{12}$ D. $\frac{7}{12}$

11. Kevin trabajó $2\frac{1}{2}$ horas. Sheila trabajó $1\frac{3}{4}$ de hora más que Kevin. ¿Por cuánto tiempo trabajó Sheila?
   A. $\frac{3}{4}$ de hora B. $4\frac{1}{4}$ de hora
   C. $1\frac{3}{4}$ de hora D. $3\frac{1}{4}$ de hora

12. Jack lanzó en 12 entradas. Mo lanzó $3\frac{2}{3}$ entradas menos. ¿En cuántas entradas lanzó Mo?
   A. $3\frac{2}{3}$ B. $15\frac{2}{3}$
   C. $8\frac{1}{3}$ D. $9\frac{1}{3}$

9

GEOMETRÍA

MATEMÁTICAS Y CIENCIAS

BANCO DE DATOS

Usa el Banco de datos de ciencias (p. 477) para contestar las preguntas.

1 Un cristal perfecto de sal tiene seis caras. ¿Cuántas caras triangulares tiene un cristal perfecto de diamante?

2 Si cortas una punta de un diamante, ¿cuántas caras atravesará el corte?

3 ¿Qué forma tienen las caras de un cristal perfecto de cuarzo? ¿Cuántas caras tiene?

4 **Pensamiento crítico**
Describe cómo podrías cortar en dos partes iguales un cristal perfecto de cuarzo. ¿Cuántos lados tendría la nueva cara?

Analiza figuras sólidas

APRÉNDELO

EXPLORA Construye modelos de figuras sólidas

Los científicos usan el concepto de figuras sólidas para describir las estructuras de los cristales como la formación que muestra el dibujo. Puedes hacer tu propio modelo de figuras sólidas. Calca o copia, y amplía este modelo. Luego recorta, dobla y pega tu modelo para hacer tu figura.

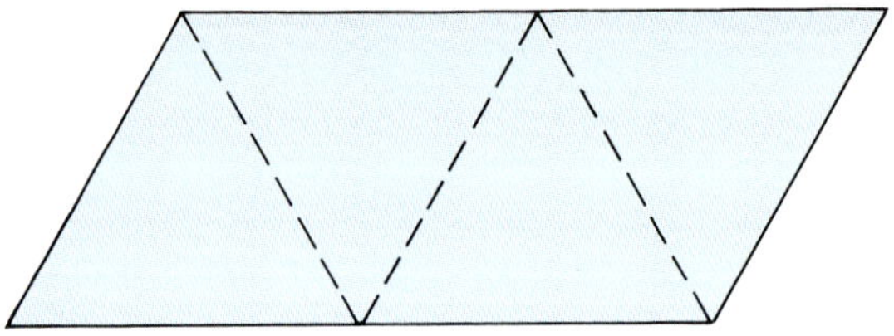

COMÉNTALO

1. ¿Cuántas **caras** planas triangulares tiene tu modelo?
2. ¿Cuántas esquinas (puntos) o **vértices** tiene?
3. ¿Cuántos segmentos de recta o **aristas** tiene?

Tu modelo y el cristal de la parte superior de la página son ejemplos de una figura sólida llamada **poliedro**. Un poliedro tiene caras planas y en forma de polígonos. También tiene aristas y vértices. Mira las figuras siguientes. Copia y completa esta tabla para compararlas.

Figura sólida	No. de caras (C)	No. de vértices (V)	No. de aristas (A)
Pirámide triangular			

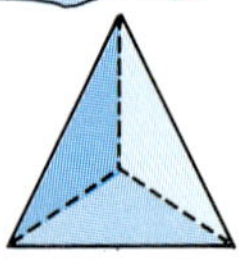

Pirámide triangular

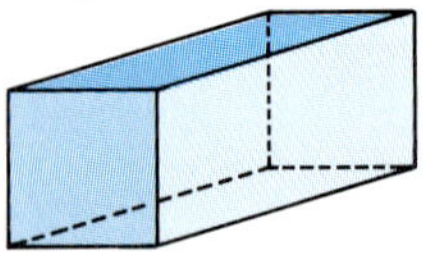

Prisma rectangular

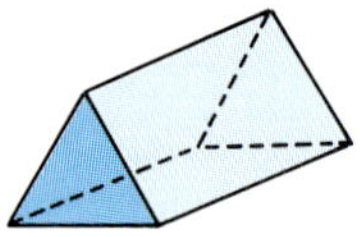

Prisma triangular

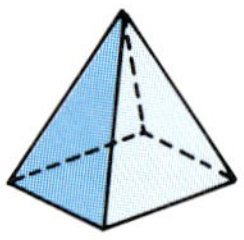

Pirámide cuadrangular

Leonard Euler, un matemático suizo, descubrió una fórmula que relaciona las aristas, caras y vértices de los poliedros.

Fórmula de Euler:
$A = C + V - 2$

INTÉNTALO

1. Verifica la tabla con la fórmula de Euler.
2. ¿Por qué no son poliedros estas figuras sólidas? Nombra un objeto de uso diario que se parezca a cada figura.

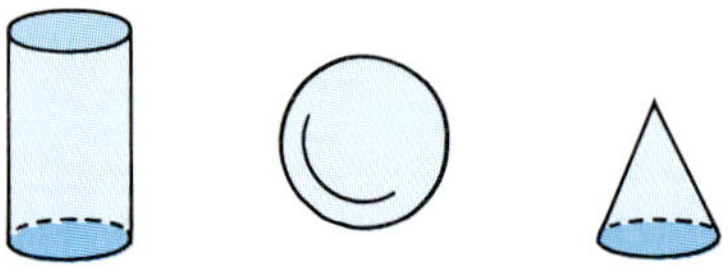

Cilindro **Esfera** **Cono**

PRACTÍCALO

Da el número de caras, aristas y vértices de cada figura sólida. ¿Se cumple la fórmula de Euler para estas figuras sólidas?

1. 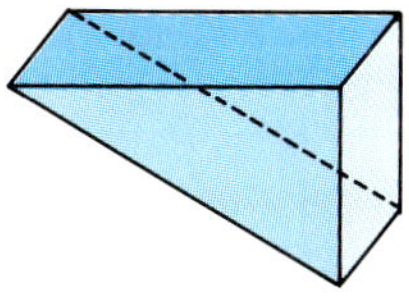

2. 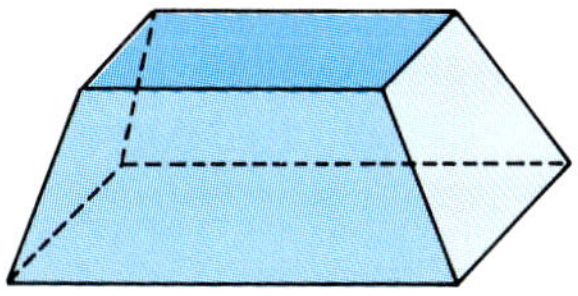

3. 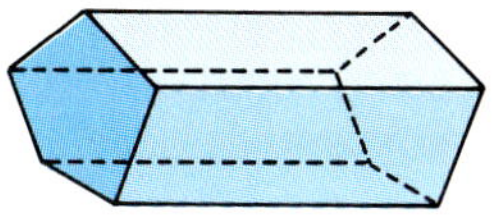

4. 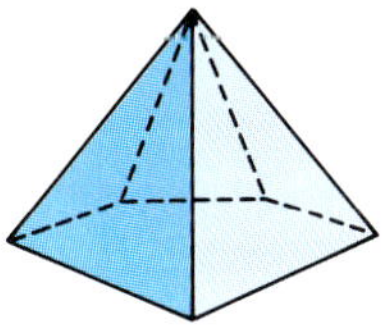

5. 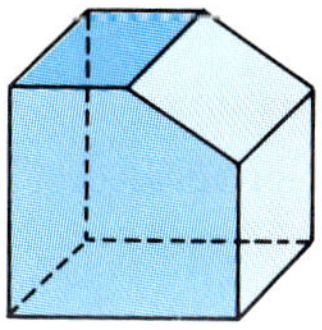

6. 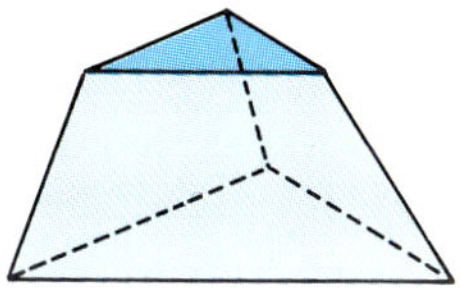

7. ¿Qué figura sólida podrías hacer con este modelo? ¿Cuántas caras, vértices y aristas tiene?

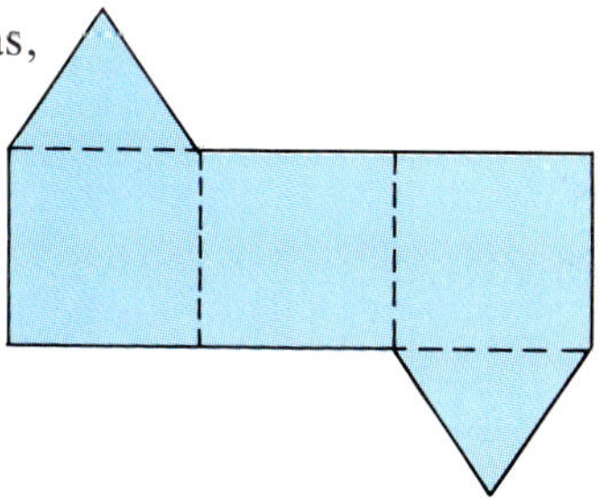

APLÍCALO

RAZONAMIENTO MATEMÁTICO

8. Los cristales de sal tienen la forma de un cubo. Imagina que cortas una esquina. ¿Cuántas aristas más que las del cristal de sal tendría tu nueva figura sólida?

RESOLUCIÓN DE PROBLEMAS

9. Supón que hallas que un poliedro tiene 18 aristas y 8 caras. ¿Cuántos vértices tiene?

11. Un cristal de diamante tiene 8 caras y 6 vértices. ¿Cuántas aristas tiene?

10. Banco de datos de ciencias Describe y haz una lista de los polígonos que se muestran en las formaciones de cristal. Da los nombres de los que conozcas. Compara tus hallazgos con los del resto de la clase.

BANCO DE DATOS

▶ PENSAMIENTO CRÍTICO Observa

¿Cuál de estos modelos se puede doblar para hacer un cubo? Copia los modelos en papel cuadriculado grande. Recorta y dobla los modelos para verificar tu respuesta.

12. 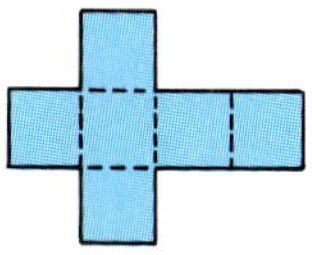

13. 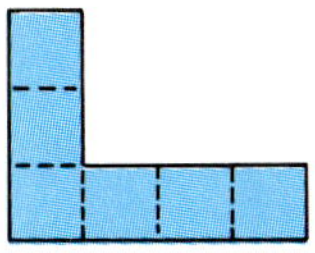

14. 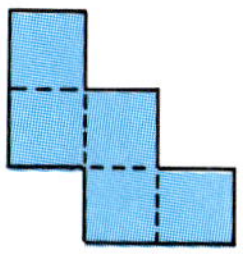

15. 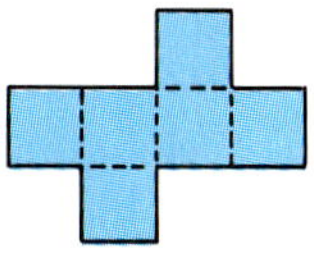

Más práctica, página 511, grupo A

Dibuja figuras sólidas

APRÉNDELO

EXPLORA Construye modelos de poliedros

Puedes usar lo que ya sabes sobre las caras, aristas y vértices como ayuda para dibujar poliedros. Puedes usar papel cuadriculado para dibujar los modelos de ciertos tipos de poliedros. Las figuras en papel cuadriculado son un cubo y una pirámide cuadrangular. Cópialas sobre papel cuadriculado y luego intenta crear algún poliedro interesante.

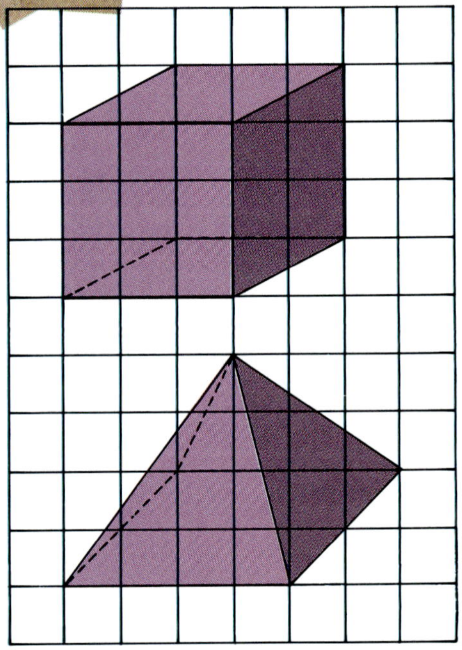

COMÉNTALO

1. ¿Puedes nombrar el poliedro que dibujaste? ¿Cuántas caras, vértices y aristas tiene?
2. ¿Por qué crees que algunas de las aristas se muestran con líneas punteadas?

Estas instrucciones te ayudarán a dibujar una pirámide triangular con o sin la ayuda de papel cuadriculado.

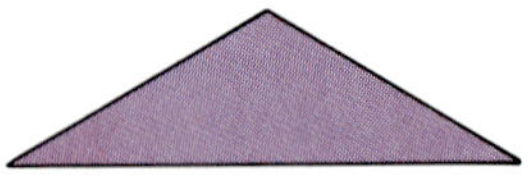

Dibuja un triángulo.

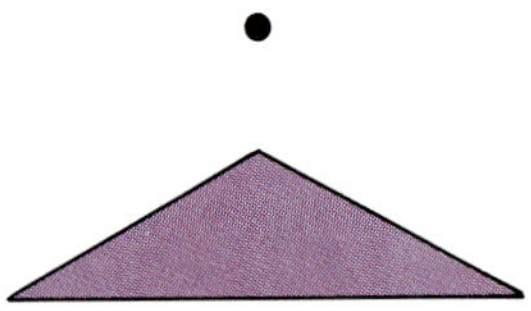

Marca un punto encima del triángulo.

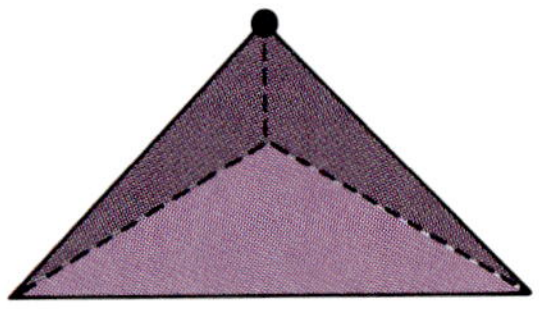

Conecta los puntos con una línea continua. Muestra las aristas ocultas con líneas punteadas.

INTÉNTALO

1. Sigue las instrucciones anteriores para dibujar una pirámide triangular.
2. Dibuja un prisma rectangular que no parezca un cubo. Usa papel cuadriculado.

PRACTÍCALO

Sigue las instrucciones para dibujar las figuras en los ejercicios del 1 al 3. Puedes usar papel cuadriculado si quieres.

1. Dibuja un triángulo. Traza tres segmentos verticales de la misma longitud. Conecta los vértices. Haz las aristas ocultas con líneas punteadas.

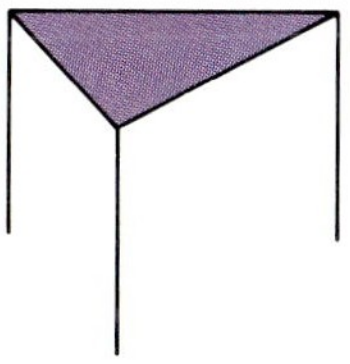

Prisma triangular

2. Dibuja un pentágono plano con las dos aristas posteriores marcadas con líneas punteadas. Marca un punto directamente encima del pentágono.
Concecta los vértices. Haz las aristas ocultas con líneas punteadas.

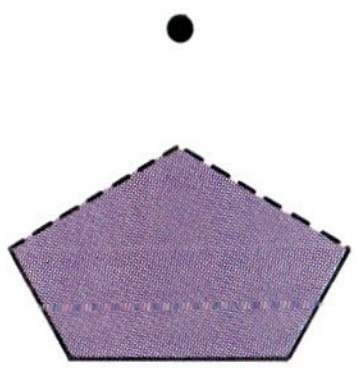

Pirámide pentagonal

3. Dibuja un prisma pentagonal. Clave: Comienza con un pentágono situado horizontalmente.

APLÍCALO

RAZONAMIENTO MATEMÁTICO

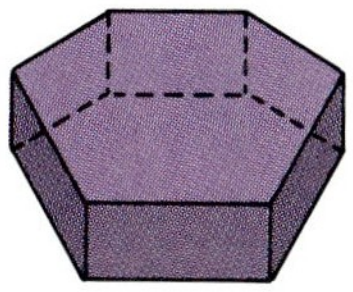

Prisma hexagonal

4. ¿Cuántas caras de este prisma hexagonal están ocultas? ¿Cuántos vértices están ocultos?

RESOLUCIÓN DE PROBLEMAS

5. Carlos dibujó una figura sólida que tenía 24 aristas. Si tenía 6 vértices más que caras, ¿cuántas caras tenía?
Clave: $A = C + V - 2$

▶ PENSAMIENTO CRÍTICO Da un vistazo

6. Aquí hay un prisma rectangular de 9 unidades de largo. ¿Cuántos prismas de diferentes largos podrías hacer con sólo 1 ó 2 cortes en las marcas rojas?

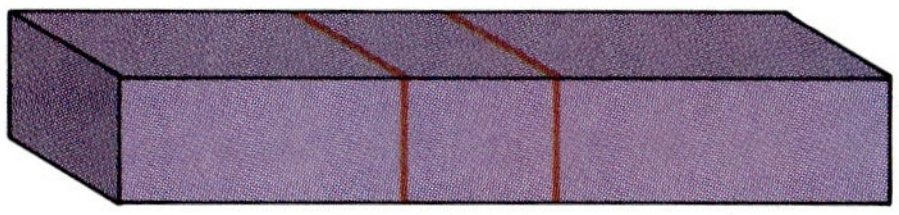

Figuras sólidas
Un punto de vista diferente

APRÉNDELO

EXPLORA **Visualiza y dibuja**

Según mires las figuras sólidas, puedes verlas aplanadas, o **planas.** El diagrama muestra las diferentes formas en que puedes observar un prisma triangular. ¿Cómo podrías dibujar algunas figuras para mostrar qué superficie plana ve cada persona?

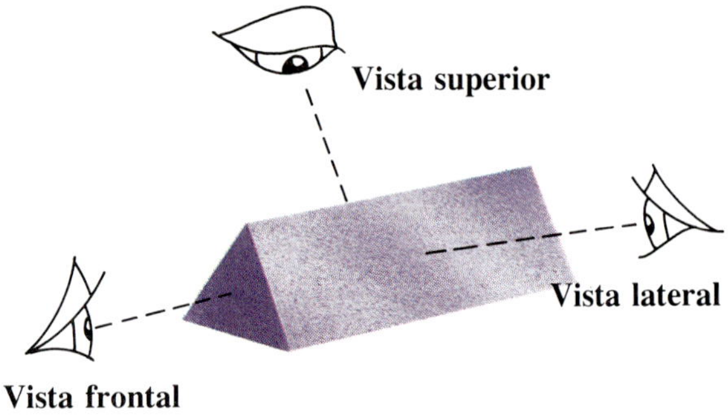

COMÉNTALO

1. ¿Qué diferencias hay entre la vista superior del prisma y la lateral? ¿Por qué?
2. ¿Qué figura verías al mirar el prisma de frente?

Observa con atención las diferentes vistas de un cono. Las figuras sugieren que por lo general las vistas frontal, lateral, superior y **transversal** de las figuras sólidas son normalmente **polígonos**, círculos u óvalos.

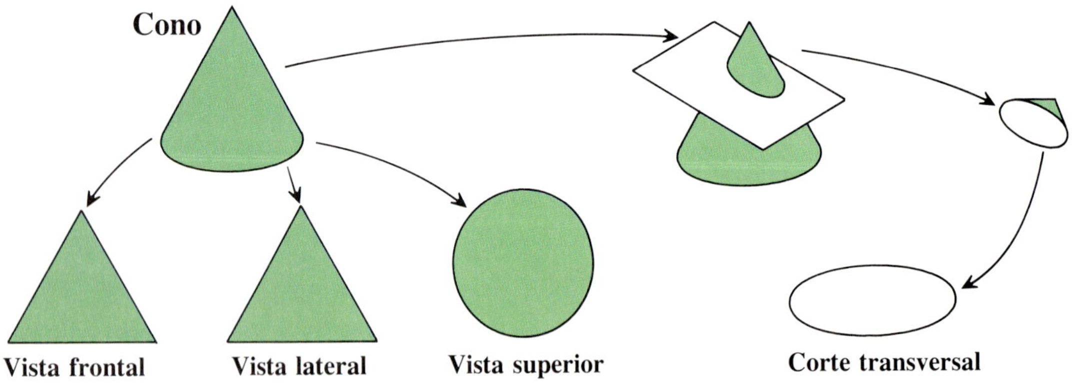

INTÉNTALO

Éstas son las vistas frontal, superior y lateral de una figura. ¿Qué figura es?

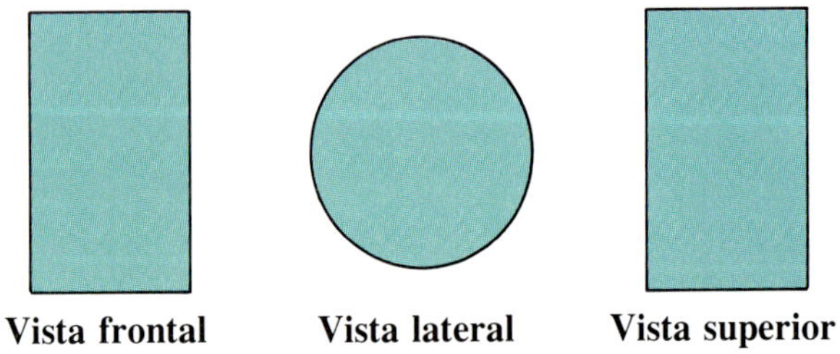

PRACTÍCALO

Nombra la figura sólida cuyas vistas frontal, superior y lateral se muestran.

1. 

2. 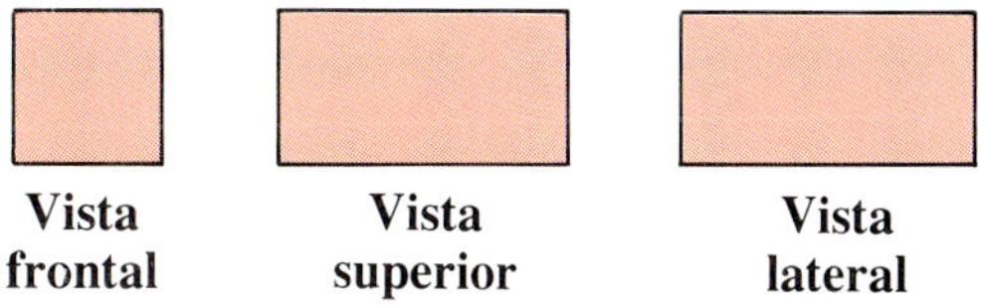

3. 

4. 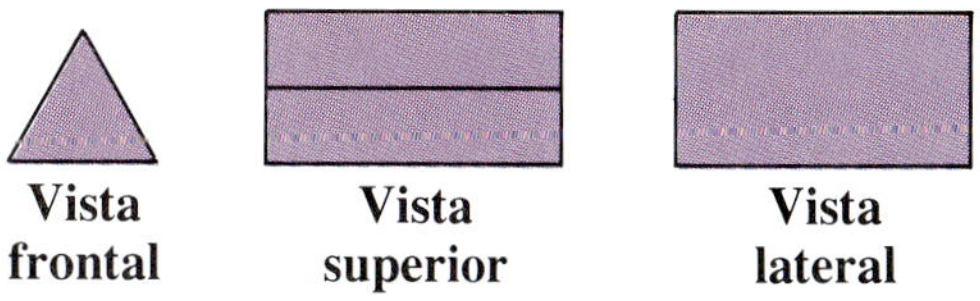

Dibuja la sección transversal de la figura sólida "cortada" como se muestra.

5. 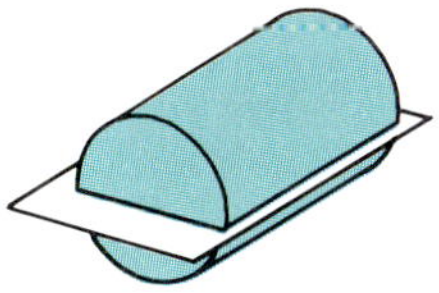

6. 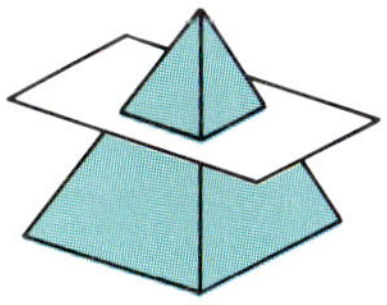

7. 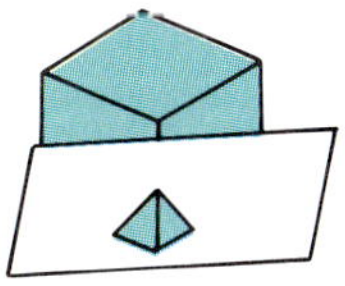

APLÍCALO

RAZONAMIENTO MATEMÁTICO

8. Dibuja las vistas frontal, superior y lateral de una pajarera.

RESOLUCIÓN DE PROBLEMAS

9. La vista lateral de un prisma rectangular muestra que tiene 6 plg más de largo que de alto. El perímetro de la vista lateral es de 44 plg. ¿De qué longitud es el prisma?

10. **Banco de datos de ciencia** Escoge uno de los cristales de forma perfecta y dibuja una vista distinta (desde el plano superior, inferior o transversal).

BANCO DE DATOS

REPASO COMBINADO

Halla las respuestas.

11. $\frac{3}{8} \times \frac{2}{3}$ **12.** $\frac{8}{9} - \frac{1}{3}$ **13.** $4\frac{3}{8} + 7\frac{1}{2}$ **14.** $8\frac{1}{3} \div 2\frac{2}{3}$

Estima.

15. $3{,}672 \div 5.7$ **16.** 32.145×8.6 **17.** $282.15 \div 3.87$ **18.** $7\frac{5}{6} - 2\frac{1}{7}$

Más práctica, página 511, grupo C

De figuras sólidas a figuras planas

APRÉNDELO

Las figuras planas se distinguen de las sólidas en que están contenidas en una superficie plana.

EXPLORA **Haz una plantilla de segmentos de recta**

Recorta una tira de cartulina de 12 pulgadas. Marca y haz perforaciones como se muestra. ¿Cuántos **segmentos de recta** puedes hacer al marcar puntos en un par de agujeros?

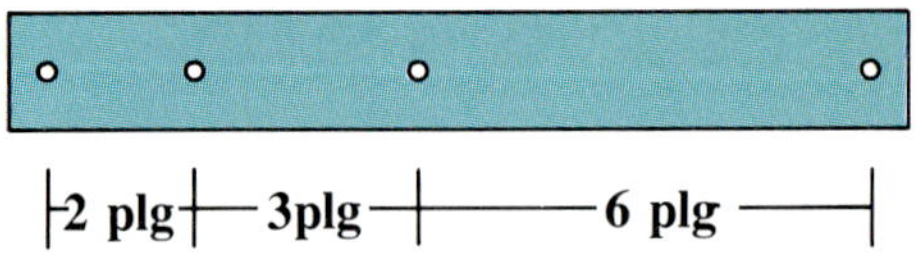

COMÉNTALO

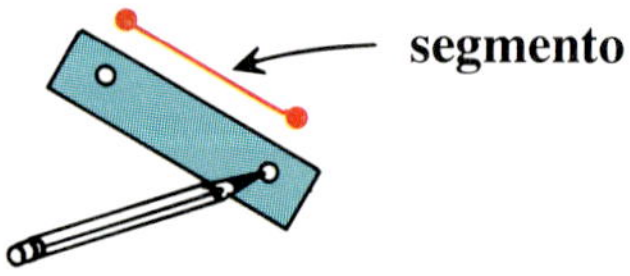

1. ¿Podrías dibujar un segmento de 4 plg con tu tira? ¿Por qué sí o por qué no?
2. ¿Qué parte de un poliedro es un segmento?

Las caras, aristas y vértices de las figuras sólidas sugieren algunas figuras planas básicas.

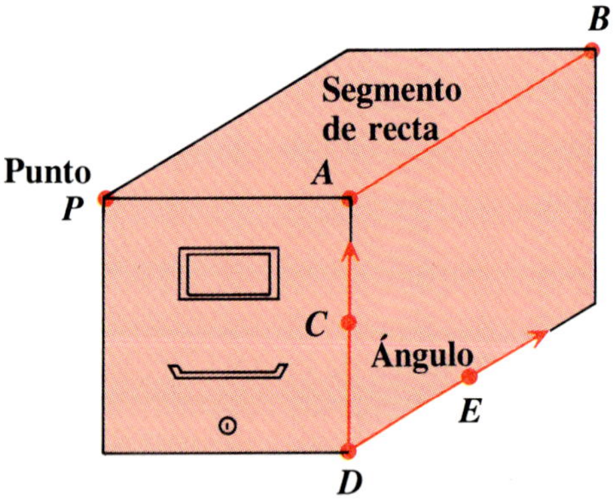

Vemos	Pensamos o decimos	Escribimos
una esquina del archivador	un **punto**	
una arista del archivador	un **segmento de recta**	
dos aristas y una esquina	un **ángulo**	o $\angle D$

Una **línea** se extiende sin fin en ambas direcciones.

Una **semirrecta** tiene un punto final y se extiende sin fin en una dirección.

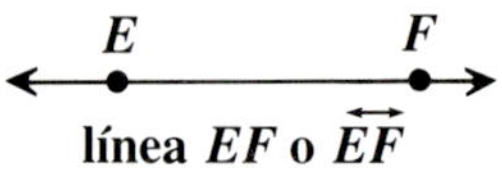

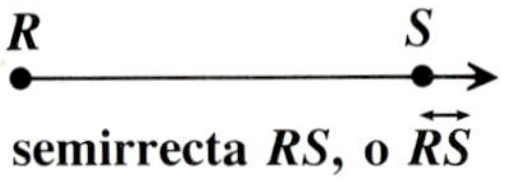

INTÉNTALO

Dibuja lo siguiente.

1. segmento con puntos finales *G* y *H*
2. semirrecta a través de *S* con punto final *R*
3. línea a través de los puntos *P* y *Q*
4. ángulo determinado $\angle GHI$

PRACTÍCALO

¿Qué figura geométrica (punto, segmento de línea, semirrecta o ángulo) te sugiere el objeto que se muestra?

1. manecillas de un reloj

2. haz de luz de una linterna

3. punta de un alfiler

4. pedazo recto de alambre

Para cada figura, escribe el nombre y el símbolo.

5.

6.

7.

8.

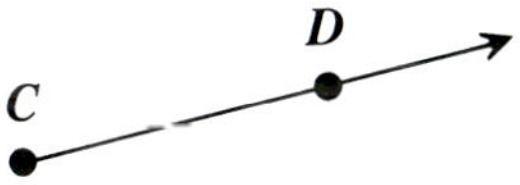

9.

10.

Para cada símbolo, dibuja una figura y da su nombre.

11. $\overline{DE}$ **12.** $\angle EFG$ **13.** punto G **14.** $\overrightarrow{BC}$ **15.** $\overleftrightarrow{MN}$

APLÍCALO

RAZONAMIENTO MATEMÁTICO

16. ¿Cuántos segmentos de diferente longitud podrías marcar y dibujar usando esta tira?

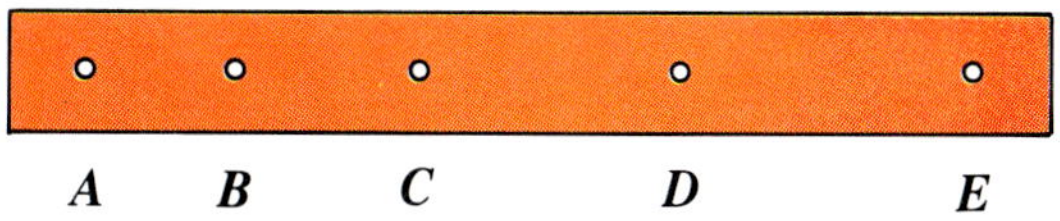

RESOLUCIÓN DE PROBLEMAS

17. Supón que el perímetro de un polígono de 5 lados es de 20 cm. Cada lado tiene un número exacto de cm. Halla la longitud de los lados si todos son iguales. Hállala si todos son diferentes.

ESTIMA

18. Primero estima qué cilindro es más alto. Después verifica midiendo al milímetro más cercano.

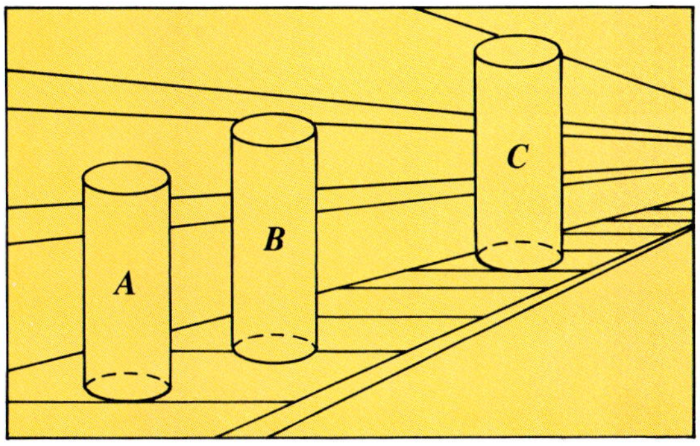

Paralelas, perpendiculares y oblicuas

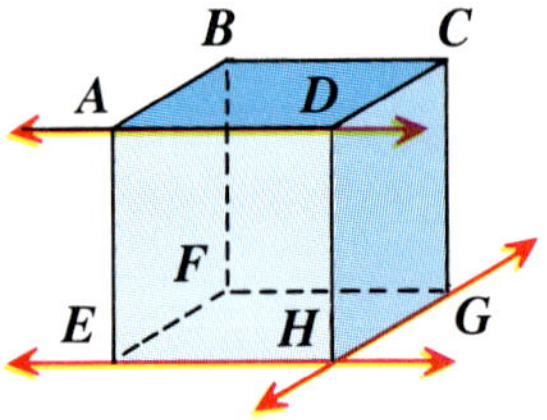

APRÉNDELO

En esta lección estudiarás algunas de las relaciones que dos líneas pueden tener entre sí.

EXPLORA Estudia la figura

Piensa en las líneas que pasan por las aristas de un cubo. Algunas de ellas se unen o se **intersecan.** Algunas nunca se unen. Halla ejemplos de cada clase.

COMÉNTALO

1. ¿Hay dos segmentos en la misma cara que tengan rectas que nunca se unirán? Explícalo.
2. ¿Hay dos segmentos que no están en la misma cara y que tienen rectas que nunca se unirán? Explícalo.

	Vemos	**Pensamos o decimos**	**Escribimos**
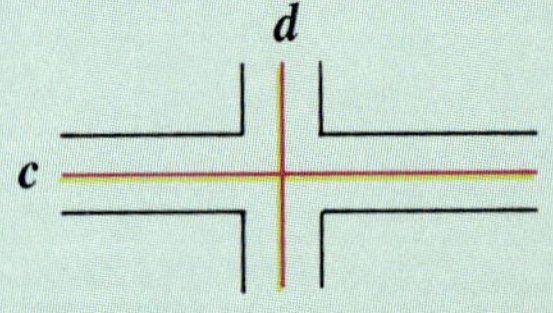	Dos calles que se intersecan en "ángulo recto"	**Líneas perpendiculares** son rectas que se cruzan en "ángulo recto". c es perpendicular a d.	$c \perp d$
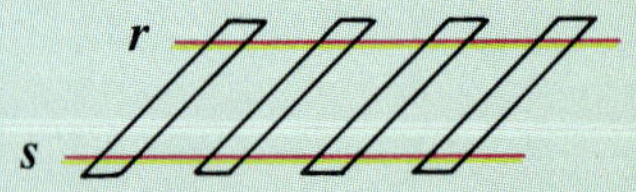	Dos vías de ferrocarril	**Líneas paralelas** son rectas que están en un plano y no se intersecan. r es paralela a s.	$r \parallel s$

Líneas oblicuas son rectas que no están en el mismo plano y no se intersecan. Mira las rectas $\overleftrightarrow{AD}$ y $\overleftrightarrow{HG}$ en el cubo anterior.

INTÉNTALO

1. Nombra objetos corrientes que te hagan pensar en líneas paralelas y perpendiculares.

2. Traza un par de líneas paralelas usando los bordes de tu regla.

3. Traza líneas perpendiculares usando el borde y el extremo de una regla.

PRACTÍCALO

1. ¿Qué aristas son paralelas a $\overline{TW}$?

2. ¿Qué aristas son perpendiculares a $\overline{TW}$?

3. ¿Qué aristas no son ni paralelas ni perpendiculares a $\overline{TW}$?

4. Indica una "arista oculta" que sea paralela a $\overline{SW}$.

5. Nombra las tres líneas que son perpendiculares entre sí en el punto P.

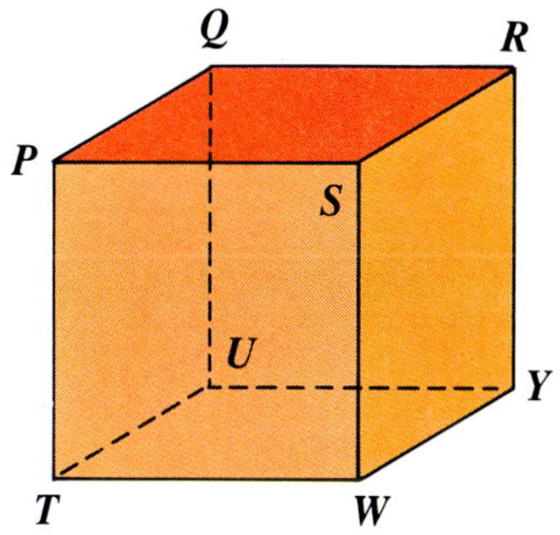

6. Traza la línea p. Después usa el extremo de tu regla para trazar las líneas q y r perpendiculares a p. Marca las líneas. ¿Qué más crees que es cierto acerca de las líneas q y r?

7. ¿Como puedes usar tu regla para hacer una figura de 4 lados que tenga los lados paralelos dos a dos? (Clave: Dibuja un par de líneas paralelas que corten otro par de paralelas.)

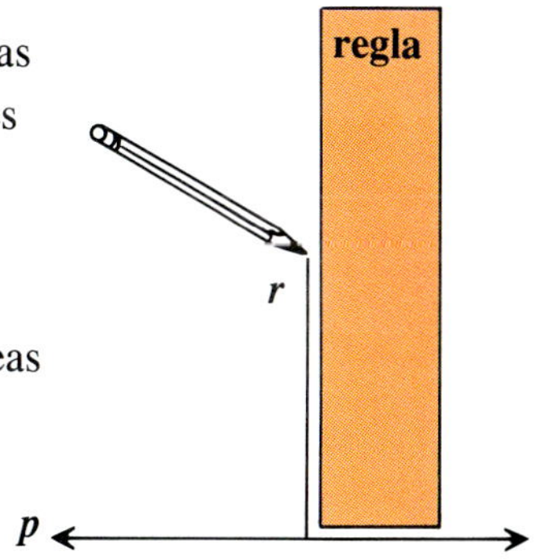

APLÍCALO

RAZONAMIENTO MATEMÁTICO

8. La distancia entre dos líneas paralelas se mide usando un segmento perpendicular. Las líneas tienen una separación de 17 cm en P. ¿Qué separación tienen en Q?

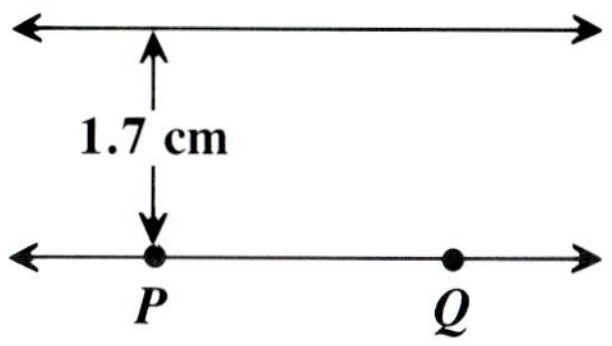

RESOLUCIÓN DE PROBLEMAS

9. Cuatro líneas paralelas están separadas por la misma distancia. Las líneas externas están a 1.41 cm. ¿A qué distancia están las líneas internas?

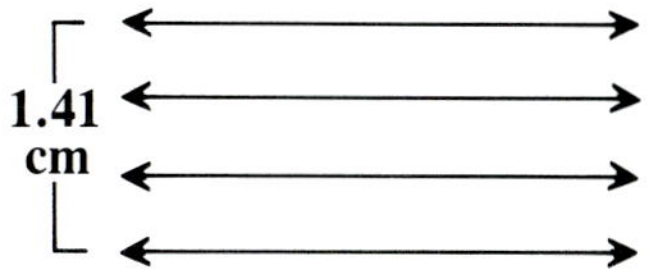

COMUNICACIÓN Escribe para aprender

10. Dibuja varias figuras diferentes de 4 lados. Usa un lápiz o un creyón rojo para conectar los puntos intermedios de los lados de cada figura. Escribe una oración diciendo en qué se parecen las figuras rojas.

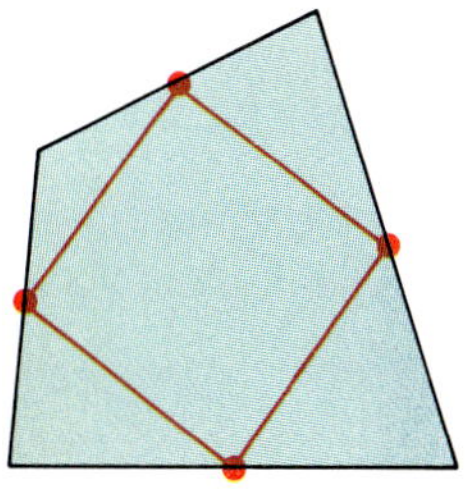

Estima y mide los ángulos

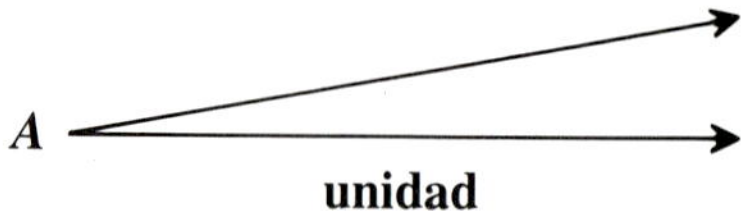

APRÉNDELO

EXPLORA **Analiza las figuras**

Puedes usar un ángulo como unidad para indicar medidas de ángulo. Si el ángulo A es la unidad, estima cuántos ángulos A, lado a lado, cabrían en el ángulo B.

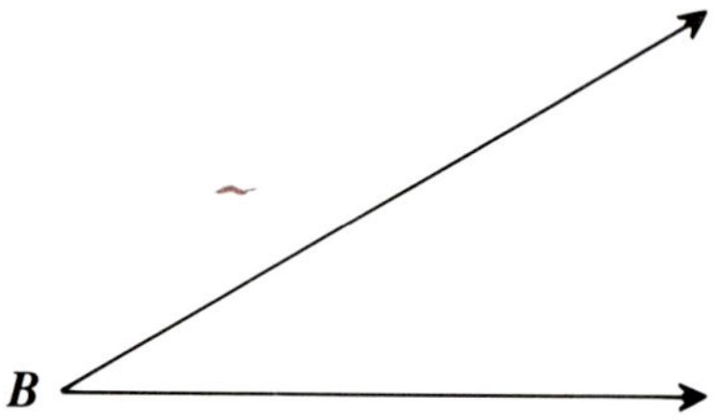

COMÉNTALO

1. ¿Cómo harías un modelo para verificar tu estimación? Inténtalo.
2. Las manecillas de un reloj forman ángulos. Estima cuántos ángulos *A* cabrían entre las manecillas cuándo son las 3:00.

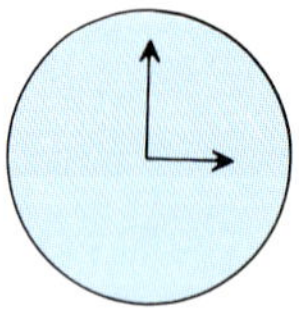

El **grado** es una unidad usual para medir ángulos. El ángulo *A* anterior tiene aproximadamente 10 grados (10°). Puedes usar un **transportador** para medir ángulos.

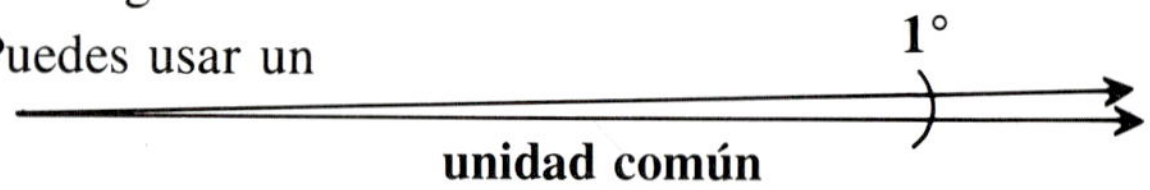

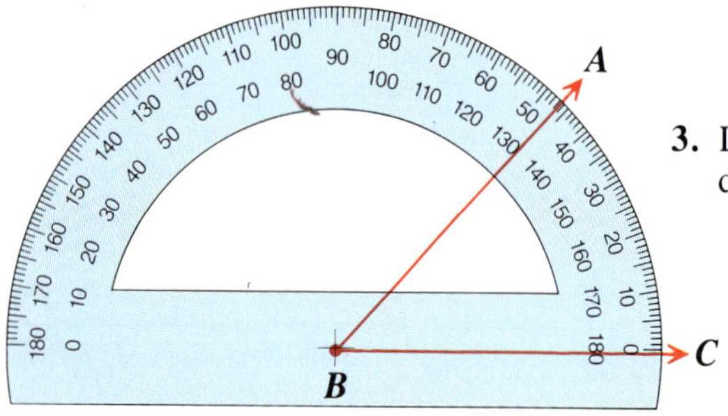

3. Lee la medida del ángulo.

La medida de $\angle ABC$ es 47°
Se lee: 47 grados

2. Coloca la base a un lado del ángulo para que coincida con el cero.

1. Coloca el punto central en el vértice del ángulo.

ángulo **recto** (90°)

ángulo **obtuso** (mayor de 90°)

ángulo **agudo** (menor de 90°)

INTÉNTALO

1. Dibuja un triángulo bien grande para que los tres ángulos sean fáciles de medir. Compara los ángulos. ¿Cuál es el mayor? ¿Y el menor? Mide cada ángulo. Busca la suma de las tres medidas.

2. Repite el ejercicio 1 con un triángulo de forma distinta. ¿Qué notas acerca de las dos sumas de ángulos que hiciste?

PRACTÍCALO

Primero estima la medida de cada ángulo. Después mide para verificar tu estimación. ¿Es el ángulo recto, agudo u obtuso?

1.

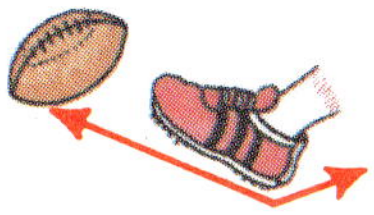

ángulo entre el pie y la pelota

2.

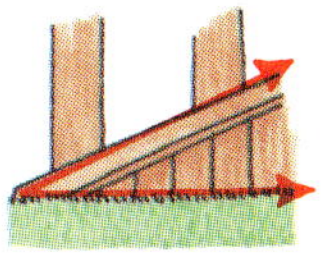

ángulo entre el suelo y la rampa

3.

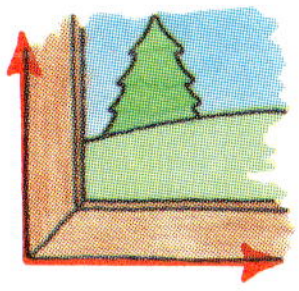

ángulo de la esquina

Dibuja ángulos (sin usar el transportador) que tú estimes tengan las medidas que se dan a continuación. Después mide cada ángulo para verificar tu estimación.

4. 90° **5.** 45° **6.** 135° **7.** 175° **8.** 15°

9. 30° **10.** 60° **11.** 120° **12.** 50° **13.** 80°

14. Dibuja un ángulo agudo y otro obtuso. Después halla sus medidas.

APLÍCALO

RAZONAMIENTO MATEMÁTICO

15. Dan dijo: "Creo que $\angle C$ es mayor que $\angle D$". Aki dijo: "No, son de la misma medida. No importa de qué longitud sean las semirrectas." ¿Quién tiene razón?

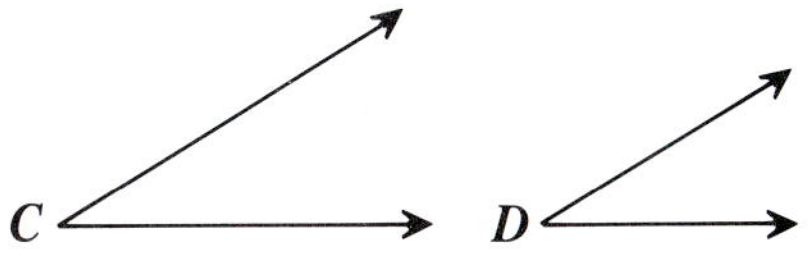

RESOLUCIÓN DE PROBLEMAS

Puede que hayas descubierto que en cualquier triángulo la suma de los ángulos es 180°. Mira estos triángulos. ¿Cuál es la medida del tercer ángulo?

16.

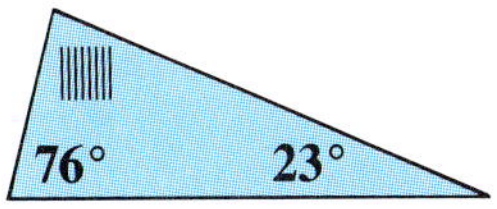

17.

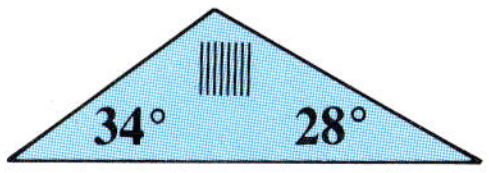

CALCULADORA

Un círculo tiene 360 grados. ¿Cuántos grados tiene $\frac{1}{3}$ de un círculo?

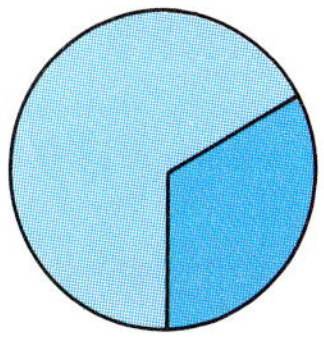

ON/AC **360** × **1** ÷ **3** =

Usa tu calculadora para hallar el número de grados de cada parte de un círculo.

18. $\frac{1}{4}$ **19.** $\frac{5}{6}$ **20.** $\frac{5}{9}$ **21.** $\frac{11}{12}$ **22.** $\frac{2}{3}$ **23.** $\frac{3}{4}$

Más práctica, página 512, grupo A

Explora los polígonos

APRÉNDELO

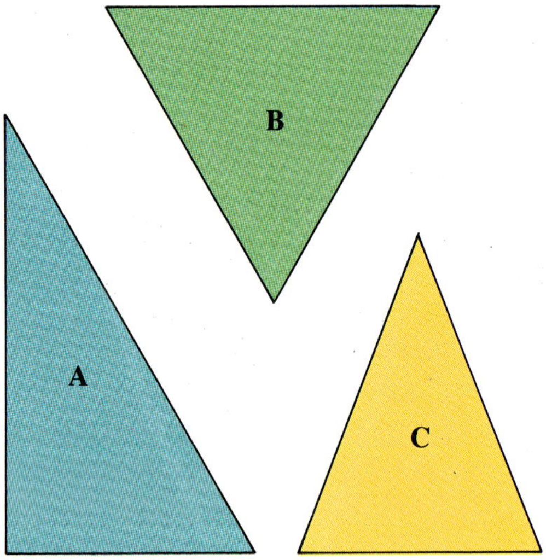

Puedes usar la relación entre lados y ángulos como ayuda para describir algunos polígonos especiales.

EXPLORA Haz modelos de polígonos

Trabaja en grupo. He aquí algunos triángulos especiales. Haz modelos de estas figuras según sea necesario. ¿Que polígonos de 4 lados puedes hacer con 2 del *A*, 3 del *B*, 4 del *C*?

COMÉNTALO

1. ¿Hiciste un rectángulo? ¿Qué triángulos usaste?
2. ¿Tuvo alguna de tus figuras lados opuestos que fueran paralelos?
3. ¿Tuvo alguna de tus figuras 2 lados iguales y dos desiguales?

La tabla muestra algunos **cuadriláteros** (figuras de 4 lados) con descripciones y ejemplos.

Cuadrilátero	Descripción	Ejemplo
Cuadrado	lados iguales; 4 ángulos rectos	
Paralelogramo	2 pares de lados paralelos	
Rombo	todos los lados iguales	
Rectángulo	lados opuestos iguales; 4 ángulos rectos	
Trapecio	1 par de lados paralelos	

He aquí otros polígonos especiales:

Triángulo acutángulo—todos los ángulos agudos
Triángulo obtusángulo—un ángulo obtuso
Triángulo rectángulo—un ángulo recto

Triángulo escaleno—lados desiguales
Triángulo isósceles—2 lados iguales
Triángulo equilátero—3 lados iguales
Pentágono—5 lados
Hexágono—6 lados

INTÉNTALO

1. Halla y nombra un ejemplo de objetos corrientes para todos los polígonos anteriores que puedas.

PRACTÍCALO

1. Relaciona las figuras siguientes con su nombre correspondiente: cuadrado, rombo, rectángulo, trapecio.

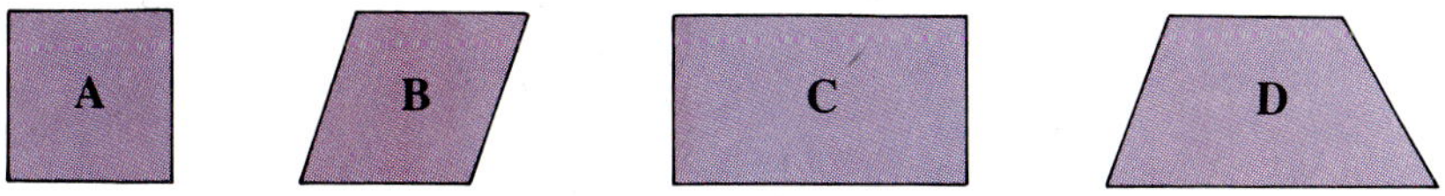

Da a cada triángulo todos los nombres posibles (por ejemplo *acutángulo* y *escaleno*). Escoge entre estos nombres: acutángulo, rectángulo, obtusángulo, escaleno, isósceles, equilátero.

2. 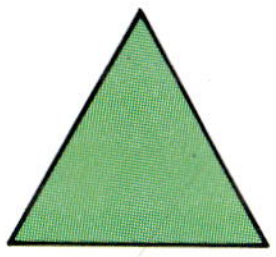

3. 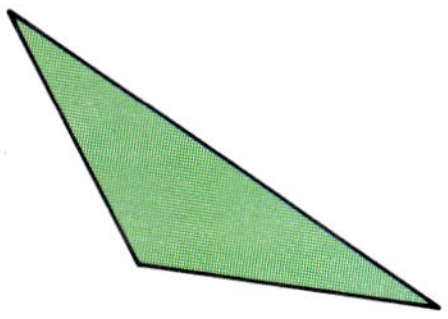

4. 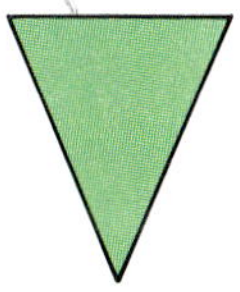

5. 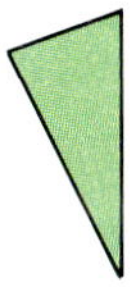

APLÍCALO

RAZONAMIENTO MATEMÁTICO

6. Una diagonal es un segmento que no es un lado. Conecta dos vértices de un polígono. ¿Cuántas diagonales tiene un hexágono?

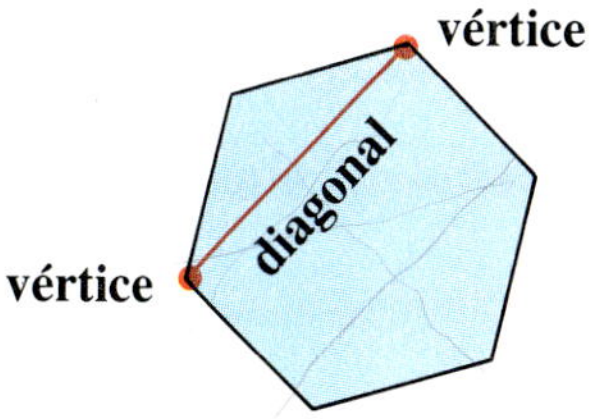

RESOLUCIÓN DE PROBLEMAS

7. La suma de los ángulos de un polígono de 4 lados es 360°. Halla la medida del ángulo A en la figura a la derecha.

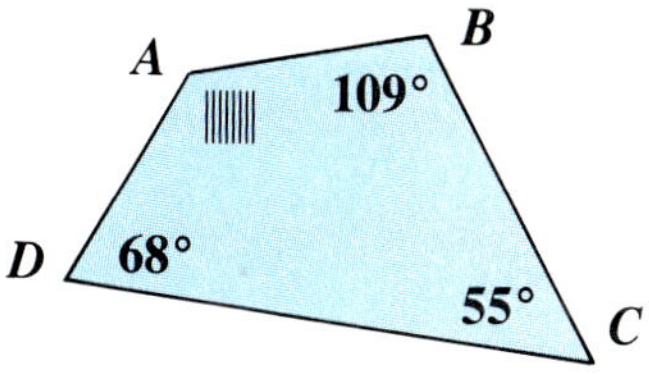

8. Usa los datos del ejercicio 7. ¿Cuál es tu conclusión acerca de la medida de cada ángulo de un rectángulo?

PENSAMIENTO CRÍTICO Da un vistazo

Una figura simétrica es una que puede doblarse para que las dos mitades sean iguales. Supón que doblas una hoja de papel por la mitad y que recortas los polígonos siguientes. Dibuja y nombra la figura que se forma al desdoblar cada pieza. Dibuja tantos ejes de simetría como puedas encontrar en cada figura.

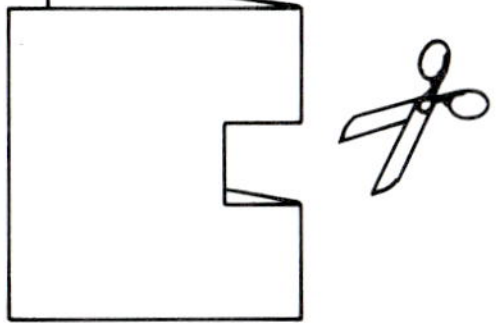

9. 

un cuadrado

10. 

un triángulo rectángulo isósceles

11. 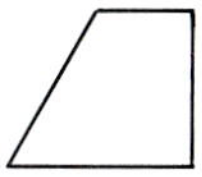

un trapecio con un ángulo recto

Más práctica, página 512, grupo B

Construye y biseca un ángulo

APRÉNDELO

EXPLORA Estudia el proceso

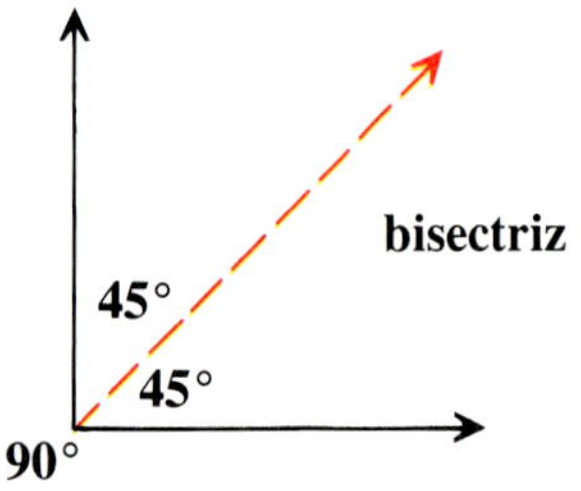

Puedes usar un **compás** y una regla para copiar o bisecar un ángulo. Cuando **bisecas** un ángulo, lo divides en dos partes iguales o ángulos congruentes.

Cómo copiar un ángulo

Paso 1

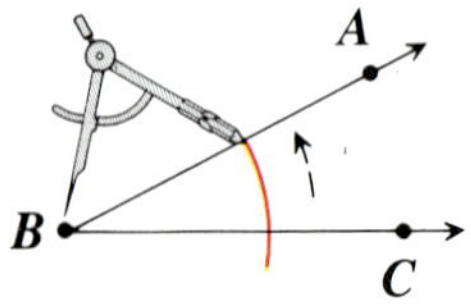

Dibuja un arco en el ángulo dado.

Paso 2

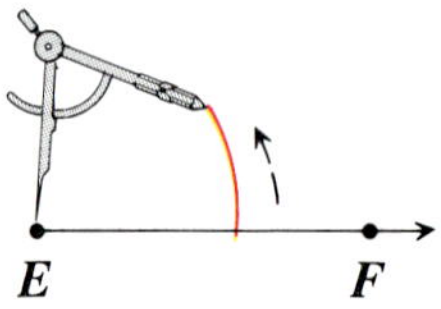

Dibuja $\overrightarrow{EF}$ y usa la misma apertura que el compás tenía en el Paso 1, para dibujar un arco.

Paso 3

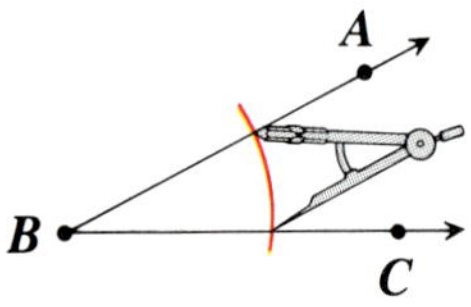

Mide con el compás la apertura del ángulo dado.

Paso 4

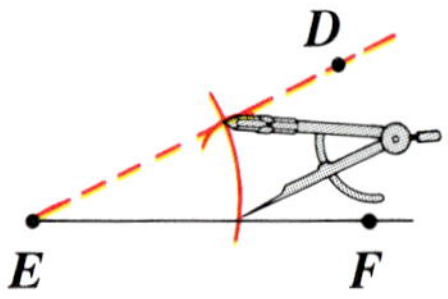

Marca la misma apertura para $\angle DEF$. Dibuja $\overrightarrow{ED}$ como aparece en la línea punteada.

Cómo bisecar un ángulo

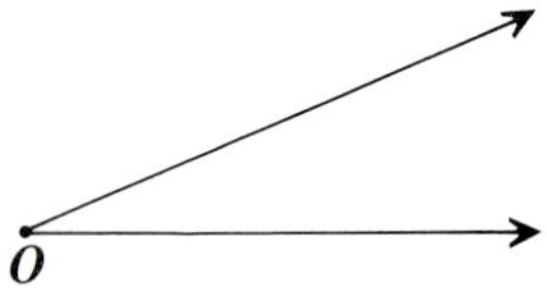

Dibuja un ángulo para ser bisecado.

Paso 1

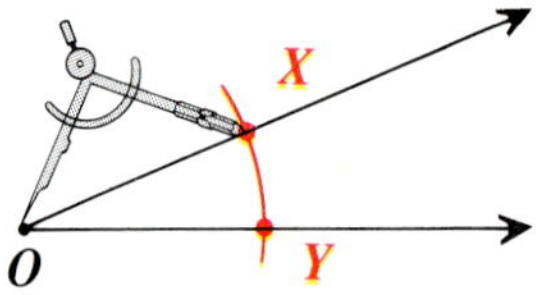

Dibuja cualquier arco con el centro *O*. Marca los puntos *X* y *Y*.

Paso 2

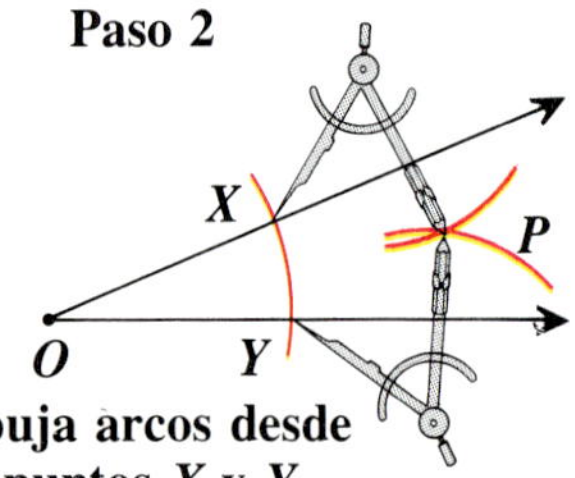

Dibuja arcos desde los puntos *X* y *Y*. Marca la intersección *P*.

Paso 3

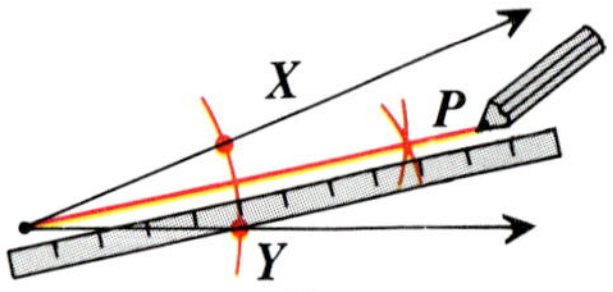

Dibuja $\overrightarrow{OP}$. *OP* biseca $\angle XOY$.

COMÉNTALO

1. Si bisecas un ángulo de 36°, ¿cuáles serían las medidas de cada ángulo?

PRACTÍCALO

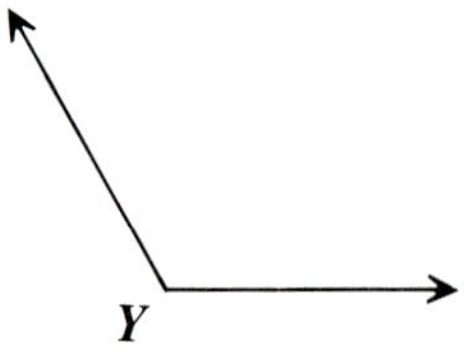

1. Calca este ángulo. Usa compás y regla para copiarlo. Después bisécalo.
2. Dibuja un ángulo. Haz una copia de él y bisécalo.

REPASO PARCIAL/EXAMEN

1. Dibuja con cuidado una pirámide triangular y un prisma triangular. Usa líneas punteadas para mostrar las aristas ocultas.

2. En el prisma triangular que has dibujado, haz una tabla con el número que se ve y que está oculto de aristas, caras y vértices.

	se ven	oculto
aristas		
caras		
vértices		

Usa esta figura sólida para los ejercicios del 3 al 8. En esta figura sólida todas las aristas son iguales y $\angle EBC$ mide 90°.

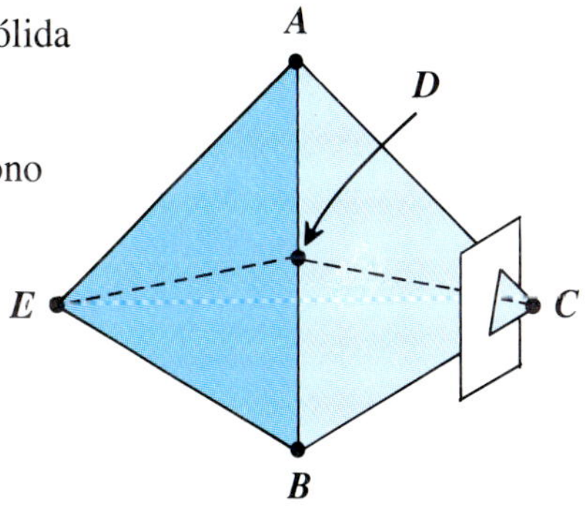

3. Dibuja y rotula la vista superior y la lateral. Nombra el polígono formado por cada vista.

4. Dibuja la transversal si el vértice *C* está cortado.

5. Nombra todos los ángulos con el vértice *A*.

6. Nombra dos semirrectas con el punto final *E*.

7. Nombra tres segmentos de recta con el punto final *B*.

8. Nombra una línea paralela a $\overleftrightarrow{BE}$, una línea perpendicular a $\overleftrightarrow{BE}$ y una oblicua a $\overleftrightarrow{BE}$.

Traza cualquiera de estas 7 líneas para hacer las figuras indicadas. Dibuja la figura.

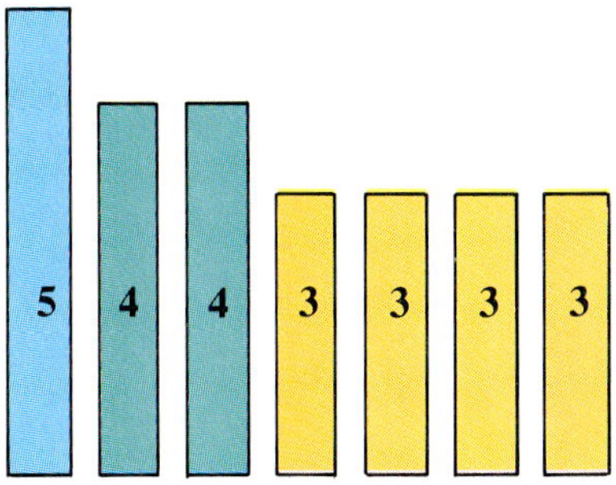

9. triángulo isósceles que no es equilátero

10. triángulo obtusángulo

11. paralelogramo que no es un rectángulo o cuadrado

12. trapecio

13. rombo que no es cuadrado

14. triángulo rectángulo

RESOLUCIÓN DE PROBLEMAS

15. Geoff encontró un cristal con forma de prisma rectangular. ¿Cuántas caras, aristas y vértices tenía?

16. Catie midió dos ángulos de un triángulo de 24° y 66°. ¿Cuál es la medida del tercer ángulo? ¿Qué tipo de triángulo es?

Geometría de movimiento y figuras congruentes

APRÉNDELO

EXPLORA **Usa modelos geométricos**

Trabaja en grupo. Calca la figura A. Mueve el papel para ver si la figura A coincide con la figura B. Decide si tendrías que trasladar el dibujo, trasladarlo y voltearlo, trasladarlo y girarlo, o trasladarlo, voltearlo y girarlo.

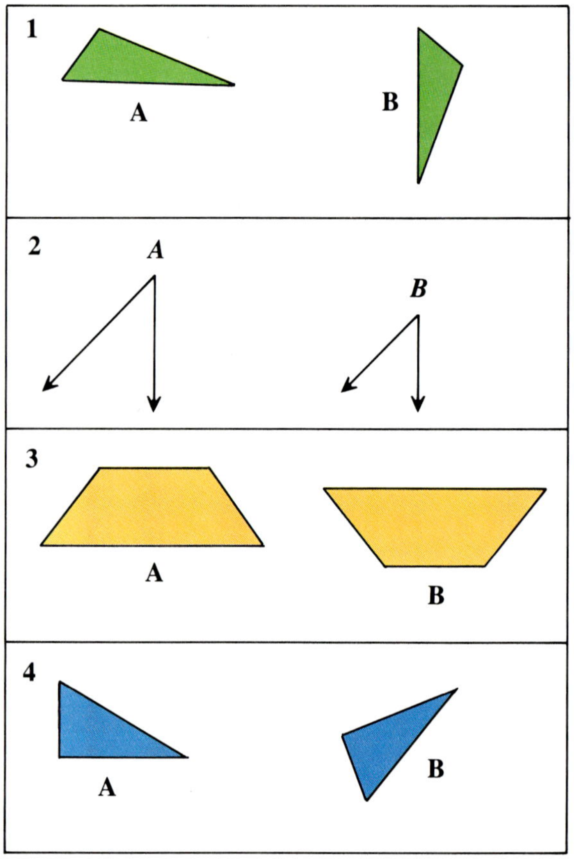

COMÉNTALO

1. ¿En qué casilla la figura A no coincide con la figura B? ¿Cómo tienes que mover el papel de calcar para verificar?
2. Describe los movimientos que hiciste en las figuras de cada casilla para verificar.

- Cuando solamente **trasladas** la figura, la nueva figura se llama imagen **trasladada**.
- Cuando trasladas y **volteas** la figura, la nueva figura se llama imagen **reflejada**.
- Cuando trasladas y **giras** la figura, la nueva figura se llama imagen **rotada**.
- Dos figuras son **congruentes** si puedes trasladar, voltear o girar una de ellas para hacerla coincidir con la otra.
- El símbolo $\cong$ significa "congruente con".

INTÉNTALO

¿Es la figura A congruente con la figura B? Usa el papel de calcar para verificarlo. Di qué tipo de movimiento hiciste para saberlo. Si la figura B es congruente con la figura A, di el tipo de imagen que es.

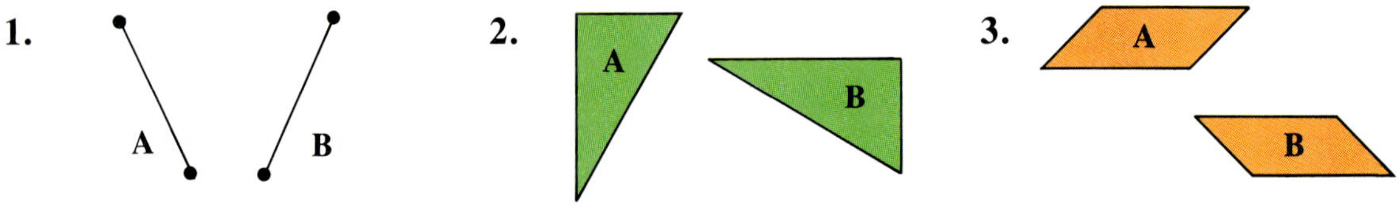

PRACTÍCALO

¿Es la figura B congruente con la figura A? Usa papel de calcar para verificar. Di qué movimiento usaste. Si B es congruente con A, di el tipo de imagen que es.

1.

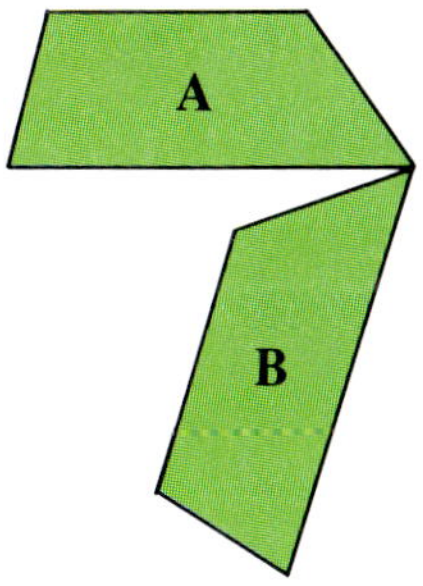

2.

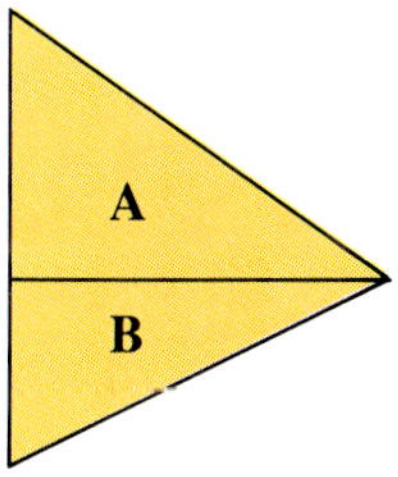

3.

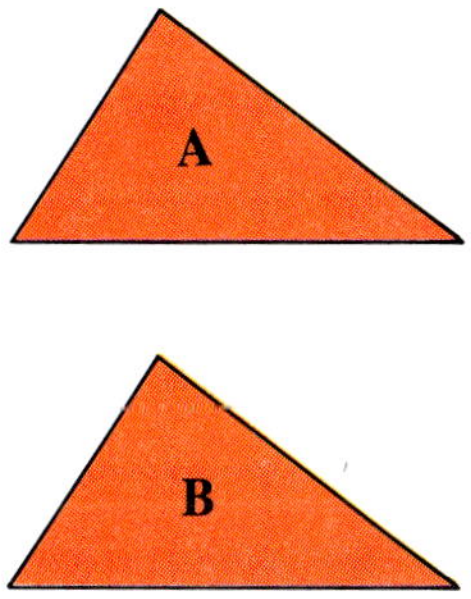

4.

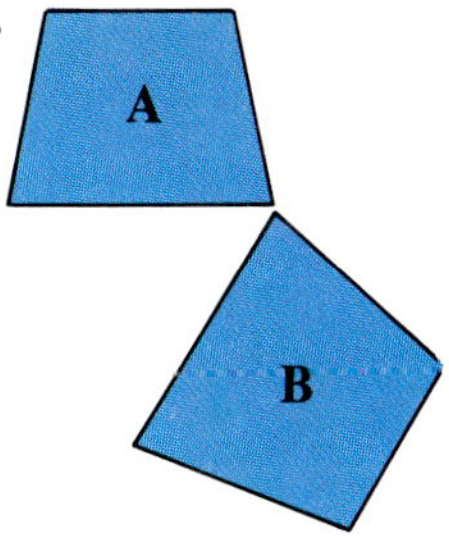

5. Dos triángulos (△) son congruentes si los ángulos y los lados que coinciden son congruentes. Traza △ABC y trasládalo para que coincida con △DEF. Después copia y completa esta lista de segmentos y ángulos congruentes.

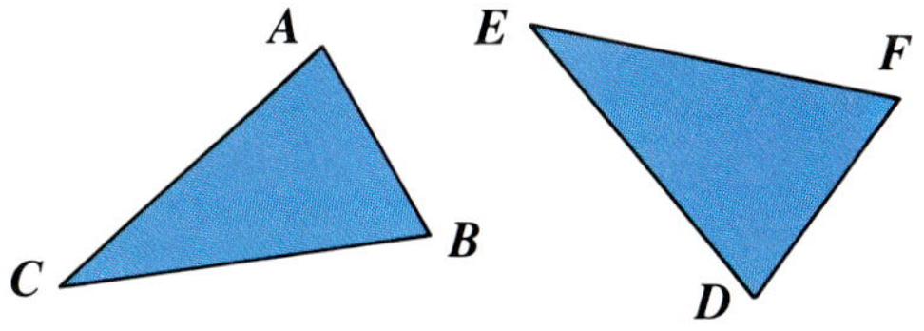

$\triangle ABC$	$\cong$	$\triangle DEF$
$\overline{AB}$	$\cong$	
$\overline{BC}$	$\cong$	
$\overline{AC}$	$\cong$	
$\angle A$	$\cong$	
$\angle B$	$\cong$	
$\angle C$	$\cong$	

6. Dibuja imagenes de traslación, de reflexión y de rotación de △ABC.

APLÍCALO

RAZONAMIENTO MATEMÁTICO

7. Supón que sabes que la figura X es congruente con la figura Y. También sabes que la figura Y es congruente con la figura Z. ¿Qué conclusión puedes sacar?

RESOLUCIÓN DE PROBLEMAS

8. La primera figura que Gabriella hizo fue un triángulo, la segunda un pentágono y la tercera tenía 7 lados. Si Gabriella continua esta serie, ¿cuántos lados tendrá su figura número 15?

PENSAMIENTO CRÍTICO Basa tu conclusión

9. Jeri buscaba las horas cuando las manecillas en un reloj forman un ángulo de 90°. Dijo que las 12:15 podía ser una de ellas. ¿Piensas que Jeri tiene razón? ¿Por qué sí o por qué no? Nombra algunas horas que sean correctas.

Más práctica, página 512, grupo C

Figuras semejantes

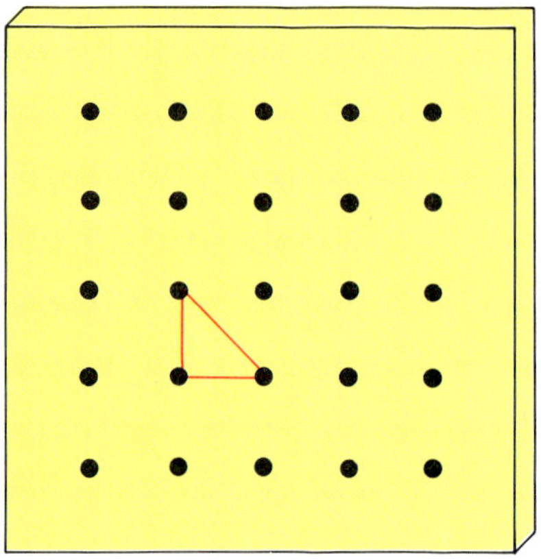

APRÉNDELO

EXPLORA Usa modelos geométricos

Trabaja en grupo. ¿Cúantos triángulos de diferentes tamaños y la misma forma que éste puedes encontrar en el tablero? Usa papel con puntos para mostrar los que encuentres.

COMÉNTALO

1. ¿Qué ángulo especial tiene cada uno de tus triángulos? ¿Qué distingue a los lados?
2. ¿Qué triángulo cuyos lados coincidan es el doble de largo del triángulo anterior? ¿Y tres veces el largo? ¿Y cuatro veces?
3. ¿Cómo podrías comparar triángulos cuyos ángulos coinciden?

Has visto que las figuras congruentes tienen el mismo tamaño y forma. A las figuras que tienen la misma forma, pero no necesariamente el mismo tamaño, se les llama **figuras semejantes.** Una foto y su ampliación son un ejemplo de tales figuras.

En triángulos semejantes la longitud de los lados que coinciden forman fracciones equivalentes. Para estas figuras:

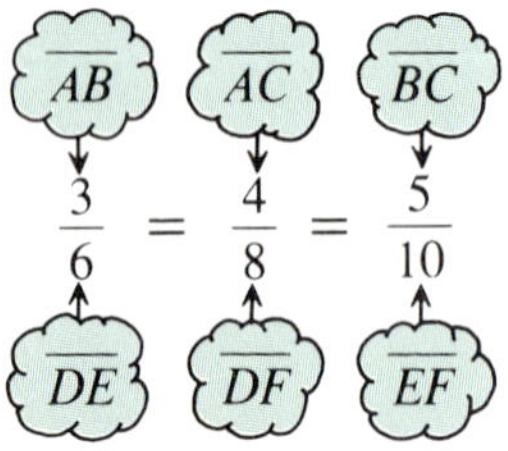

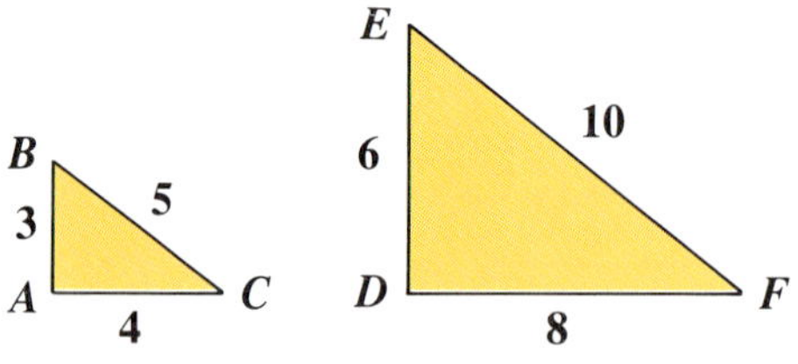

$\triangle ABC$ es semejante a $\triangle DEF$
Escribimos: $\triangle ABC \sim \triangle DEF$

INTÉNTALO

1. Haz un triángulo diferente al anterior en tu tablero. Busca triángulos semejantes. Muéstralos en el papel con puntos.
2. Dibuja un rectángulo semejante a éste con lados el doble de largo. Escribe fracciones equivalentes para los lados.

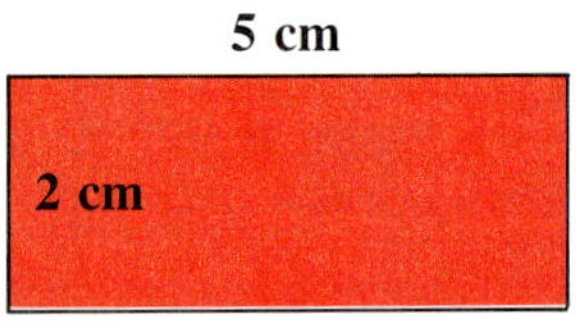

PRACTÍCALO

Cada par de figuras es semejante. Da las longitudes que faltan de los lados.

1.

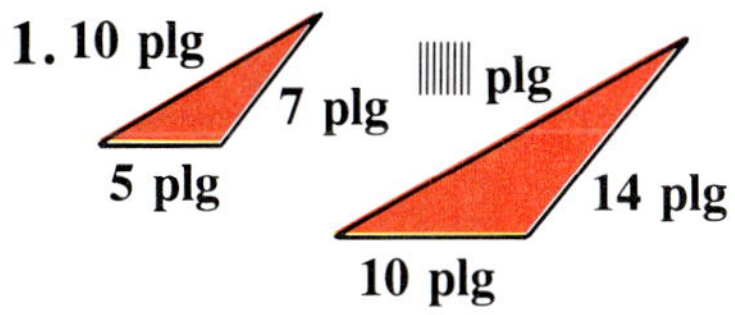

2.

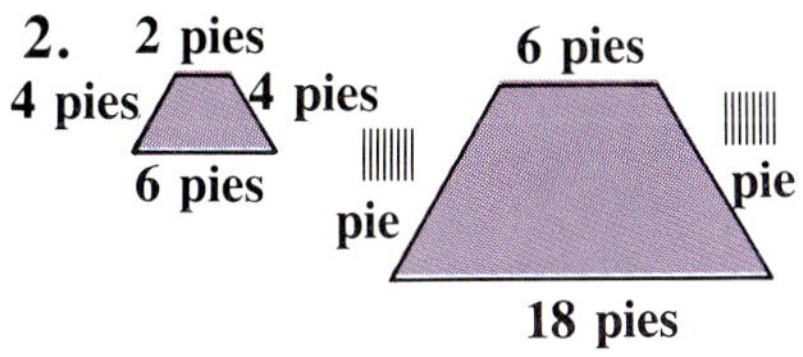

3.

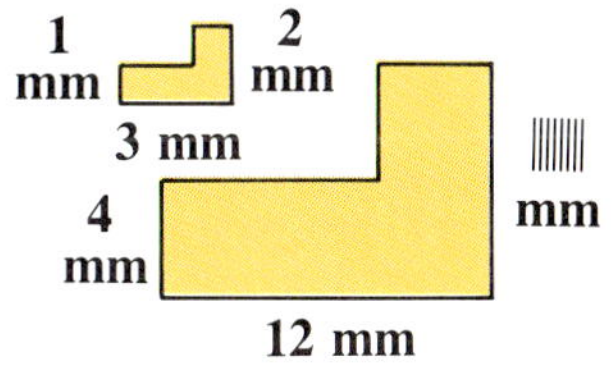

4.

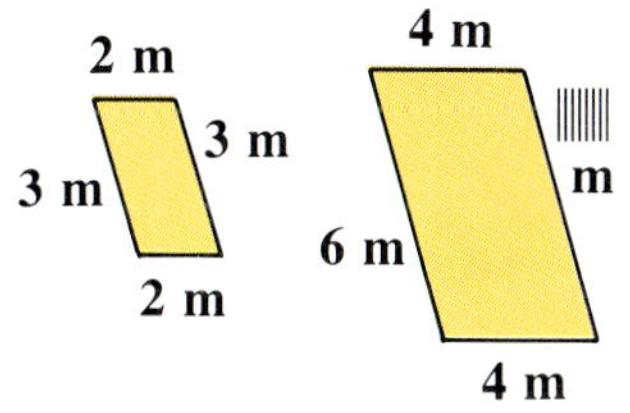

5.

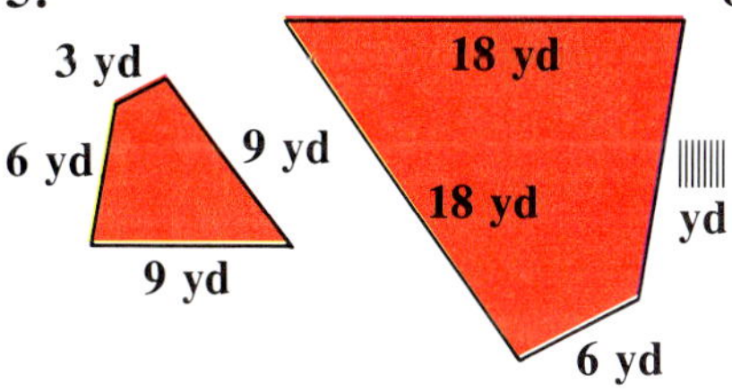

6.

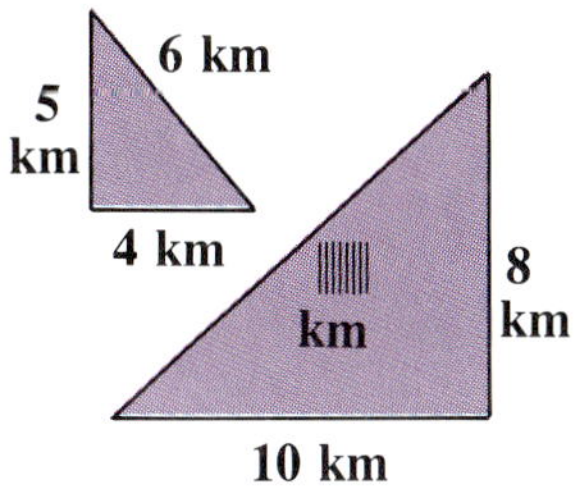

El triángulo B es semejante al triángulo A. El largo de los lados está representado por letras minúsculas. Busca

7. e, si $a = 2$, $d = 6$ y $b = 4$

8. f, si $b = 5$, $e = 10$ y $c = 8$

9. d, si $c = 3$, $f = 12$ y $a = 2$

10. a, si $f = 25$, $c = 5$ y $d = 5$

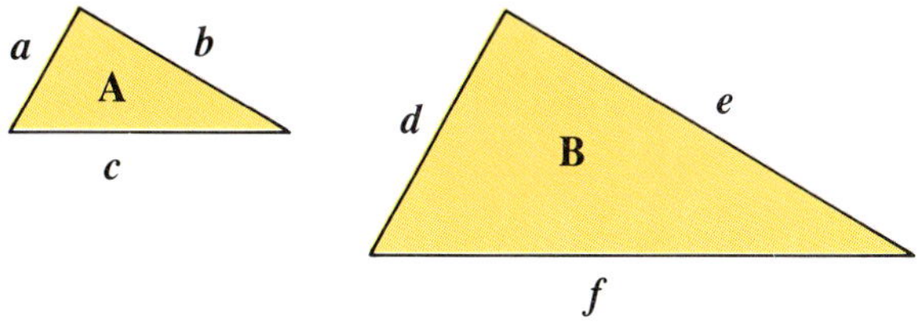

APLÍCALO

RAZONAMIENTO MATEMÁTICO Haz dibujos para fundamentar tu respuesta.

11. La figura A no es semejante a la B. La B no es semejante a la C. ¿Es posible que la A sea semejante a la C?

RESOLUCIÓN DE PROBLEMAS

12. El triángulo grande es semejante al pequeño. ¿Qué distancia hay de P a Q?

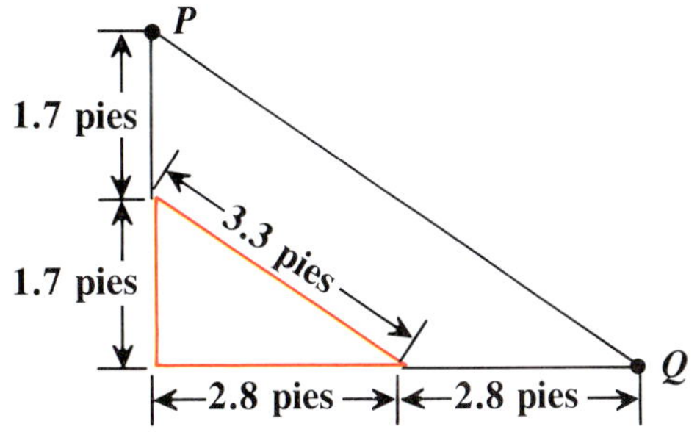

REPASO COMBINADO

Halla las respuestas.

13. $4.07 + 18.3$

14. $\frac{3}{4} \times \frac{1}{8}$

15. $2{,}100 - 182$

16. $8\frac{1}{3} - 5$

17. $8\frac{2}{3} + 3\frac{1}{4}$

18. $16\frac{1}{2} \div 4\frac{1}{4}$

19. 4.55×0.2

20. $14\overline{)32.407}$

Más práctica, página 513, grupo A

Geometría de coordenadas

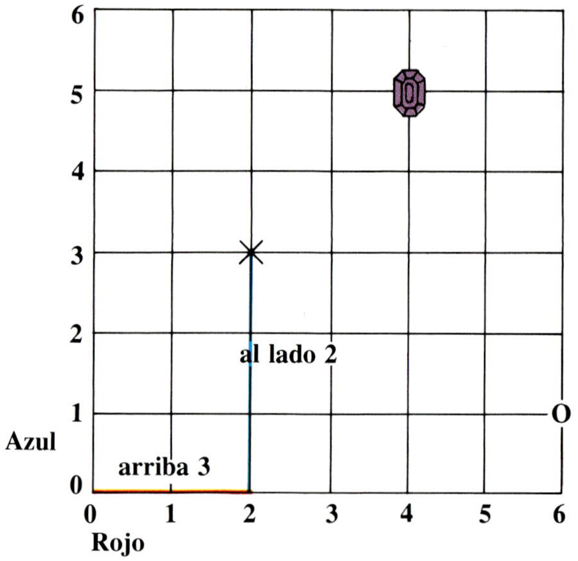

APRÉNDELO

EXPLORA El juego de las gráficas

Juega con un compañero. Tira un cubo rojo y uno azul numerados del 1 al 6 y usa los dos números para marcar un punto en la cuadrícula con una X. Después tu compañero tira los cubos y marca un punto con una O. Si caes en un punto marcado, debes tirar los cubos otra vez. El primero que llegue al lugar de la joyas gana.

COMÉNTALO

1. ¿Tiene el par de números (3, 5) la misma ubicación en la cuadrícula que el par de números (5, 3)? Explica.
2. ¿Qué pasa si encuentras una ubicación para un par de números yendo primero hacia arriba y luego avanzando a un lado? ¿Cambiaría la ubicación del par (2, 3)? Explica.

El famoso matemático Descartes inventó una manera de usar los pares de números para mostrar puntos y figuras geométricas en una cuadrícula. Esta idea se ha usado en las matemáticas y las ciencias desde ese entonces.

A los pares de números se les llama **coordenadas.** Cuando marcas un punto para las coordenadas, estás **localizando el punto en una gráfica**.

INTÉNTALO

1. Marca 4 puntos en una cuadrícula para formar un trapecio. Nombra las coordenadas de los puntos.
2. Da a tu compañero las coordenadas para 3 puntos que formen un triángulo isósceles. Pide a tu compañero que localice los puntos en una gráfica y que los conecte.

PRACTÍCALO

Localiza estos puntos en la gráfica. Conéctalos y nombra el polígono.

1. (2, 5), (6, 5), (5, 2), (1, 2)
2. (2, 4), (5, 4), (6, 1), (0, 1)
3. (7, 5), (5, 9), (1, 7), (3, 3), (7, 5)
4. (1, 6), (5, 10), (9, 6), (7, 1), (3, 1), (1, 6)
5. (3, 4), (3, 7), (6, 9), (9, 7), (9, 4), (6, 2), (3, 4)
6. (3, 9), (6, 9), (8, 7), (8, 4), (6, 2), (3, 2), (1, 4), (1, 7), (3, 9)

Estas figuras son simétricas. Represéntalas en la gráfica y traza su eje de simetría.

7. (2, 1), (1, 6), (2, 9), (4, 9), (5, 6), (4, 1), (2, 1)
8. (3, 9), (8, 9), (9, 7), (8, 5), (3, 5), (4, 7), (3, 9)

Localiza y conecta los puntos de cada par de figuras en la gráfica. Escribe *congruente* o *semejante*.

9. Figura A: (6, 1), (2, 7), (6, 7), (10, 1), (6, 1)
   Figura B: (7, 6), (5, 9), (7, 9), (9, 6), (7, 6)
10. Figura B: (2, 1), (3, 3), (6, 3), (7, 1), (2, 1)
    Figura B: (3, 5), (2, 7), (7, 7), (6, 5), (3, 5)

APLÍCALO

RAZONAMIENTO MATEMÁTICO

11. Representa un cuadrado en la gráfica de manera que el eje de simetría pase por (1, 3) y (6, 3).

RESOLUCIÓN DE PROBLEMAS

12. La suma de los ángulos de un triángulo es 180°. ¿Cuál es la suma de los ángulos de un hexágono? Clave: ¿Cuántos triángulos ....

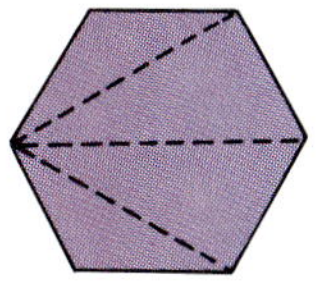

ÁLGEBRA

13. Usa números menores de 10 y haz 5 tarjetas más como las de la máquina. Localiza las coordenadas de cada tarjeta en la gráfica. ¿Qué descubriste?

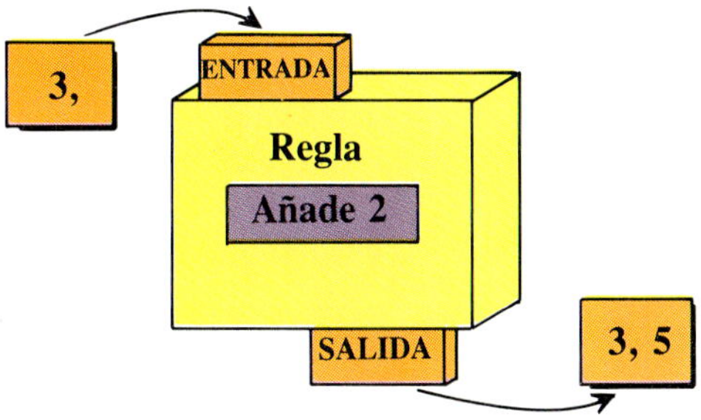

Más práctica, página 513, grupo B

Resolución de problemas
Razona lógicamente

ENTIENDE
ANALIZA DATOS
PLANEA
ESTIMA
RESUELVE
EXAMINA

APRÉNDELO

El resolver algunos problemas implica algo más que simplemente decidir si sumas, restas, multiplicas o divides. A veces ayuda la estrategia llamada **Razona lógicamente.**

José, Leah y Gail son científicos. Sus especialidades son gemología, biología y física. El gemólogo y Leah se conocieron en la universidad. José está casado con la física. Gail es la física. ¿Quién es el gemólogo?

Una tabla ayudará a mantener un registro de lo que sabes.

Primero escribiré todo lo que sé en la tabla.

	Gemólogo	Biólogo	Físico
Jose			No
Leah	No		
Gail			Sí

Después usaré lo que sé para buscar más información. Leah no puede ser la física porque Gail lo es. Por lo tanto, Leah tiene que ser la bióloga.

	Gemólogo	Biólogo	Físico
Jose			No
Leah	No		
Gail			Sí

Ahora sé que José tiene que ser el gemólogo.

	Gemólogo	Biólogo	Físico
Jose			No
Leah	No	Sí	No
Gail	No	No	Sí

INTÉNTALO

Marcie, Clark y Karen tienen diferentes gemas del mes de nacimiento. Éstas son: zafiro, rubí y esmeralda. La gema de Clark no es una esmeralda. Marcie quisiera que la suya fuera el zafiro. La de Karen es roja. ¿Qué gema tiene cada uno?

- ¿Cuáles son las gemas?
- ¿Es un zafiro la gema de Marcie?
- ¿Cuál es la gema de Karen?
- Copia y completa la tabla para resolver este problema.

	Zafiro	Rubí	Esmeralda
Marcie	No		
Clark			No
Karen		Sí	No

PRACTÍCALO

Resuelve razonando lógicamente.

1. Nina, Madeline, Saúl y Fred estudian matemáticas, ciencias, francés e historia. Ninguno de ellos estudia una materia que comienza con la misma letra que su nombre. Saúl está midiendo los ángulos. Nina nunca ha estudiado francés. Fred está leyendo acerca de los cristales. ¿Cuál es la materia que están estudiando?

2. La escala de Moh se usa para comparar la dureza de diferentes sustancias. El topacio es más duro que la uña y que el vidrio. El vidrio y el topacio son más blandos que el diamante. La uña es la más blanda. Clasifica las sustancias de la más dura (1) a la más blanda (4).

PRÁCTICA COMBINADA

Resuelve. Escoge una estrategia de la lista o usa otra que ya conozcas.

3. Una piedra preciosa facetada tiene 12 facetas y 12 vértices. ¿Cuántas aristas tiene? (Clave: Usa la fórmula de Euler.)

4. Matt hizo una caja triangular para exhibir su colección de cristales. Un ángulo era de 45° y otro de 60°. ¿De cuántos grados era el tercer ángulo?

5. El señor Abrams llevó a los 28 alumnos de su clase a la Exposición Internacional de Piedras Preciosas. Usa la tabla para saber cuánto pagó por los boletos.

Boletos	
Adultos	$4.50
Estudiantes	1.75
Mayores	2.50

6. El cristal más grande del mundo está en la República de Malagasy. Pesa 187 toneladas, tiene 59 pies de largo y 11.5 pies de diámetro. ¿Cuánto mayor es su longitud que su diámetro?

Algunas estrategias	
Represéntalo	Resuelve un problema más sencillo
Usa objetos	Haz una lista organizada
Escoge una operación	Invierte el proceso
Haz un dibujo	Busca la serie
Adivina y verifica	Razona lógicamente
Haz una tabla	Busca la serie

7. Becky, Jen, Sarah y Tara están vestidas de diferente color. Los colores son azul, verde, amarillo y rojo. Ni a Jen ni a Sarah les gusta el amarillo. Becky iba llevar rojo pero escogió azul en su lugar. Sarah no tiene nada de color verde. ¿Qué color viste probablemente cada niña?

8. Uno de los lados paralelos de un trapecio es 12 plg más largo que el otro lado. Los 2 lados juntos miden en total 38 plg. ¿Cuánto mide cada lado?

Aplicación de Resolución de problemas
Decisión de grupo

ENTIENDE
ANALIZA DATOS
PLANEA
ESTIMA
RESUELVE
EXAMINA

Destreza de grupo:
Escucha a los demás

Estás ayudando a Dennis, tu hermano mayor, y a dos de sus amigos, Julio y Martín, a buscar un apartamento para compartir. Todos ellos trabajan en el mismo vecindario y por eso están buscando un apartamento que esté en una zona cerca de sus trabajos.

Datos a considerar

- Dennis puede pagar hasta $250 de alquiler por mes. Julio y Martín pueden pagar hasta $300 de alquiler cada uno.
- Ninguno de ellos quiere caminar más de 8 cuadras para ir a trabajar.
- Ninguno de ellos quiere compartir cuarto, pero consideraría esa posibilidad si encontrara un apartamento bonito de dos cuartos.
- Ninguno de ellos tiene mascota.
- Encontraste 4 avisos de alquiler de apartamentos en el periódico.
- El mapa siguiente muestra dónde traba cada uno.

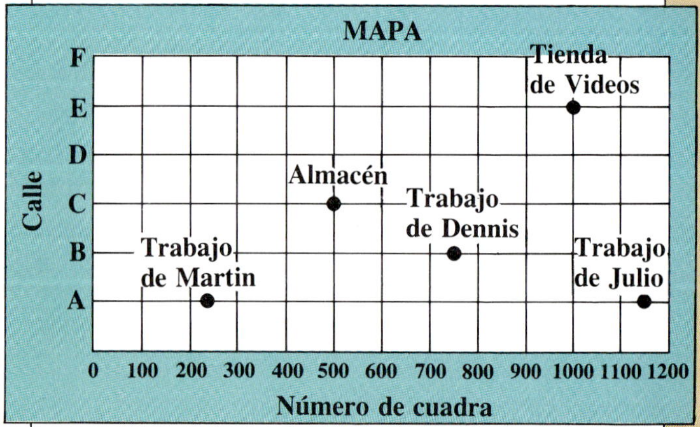

Preguntas para contestar

1. Julio trabaja en la calle A 1132. Usa los números del mapa para decidir quién trabaja en la calle 245 A.
2. ¿Qué apartamento es demasiado caro para que lo alquilen tu hermano y sus amigos?
3. ¿Cuáles son las desventajas de alquilar el apartamento de la calle D 280? ¿Cuáles son las ventajas?
4. ¿Qué apartamento queda más próximo al trabajo de Dennis?

¿Cual es tu decisión?

Haz una copia del mapa de calles y muestra dónde están ubicados los lugares de trabajo y los apartamentos. Di qué apartamento crees que podrían escoger tu hermano y sus amigos y por qué.

2 cuartos, 1 baño, jacuzzi, gimnasio, piscina. Calle C 780, $800, 423-8836

3 cuartos, 2 baños, jacuzzi, cerca autobús. Calle D 280, $800, 425-3817

3 cuartos, 2 baños, estudio, piscina, tenis. Calle A 710, $950, 423-0351.

Resumen

Habla en sentido figurado

¿Qué figura o figuras geométricas sugiere cada uno?

1. libro

2. huellas de trineo

3. lata de sopa

4. canica

En los problemas 5 y 6, usa las palabras congruentes y semejantes para describir cada conjunto de figuras.

5.

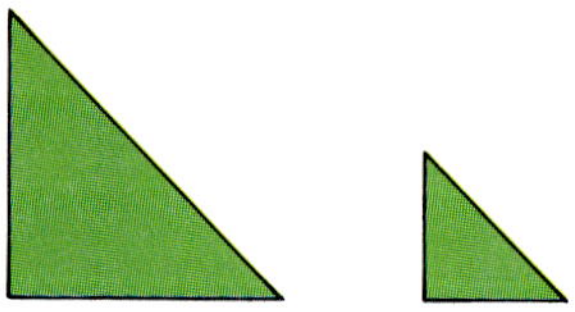

6.

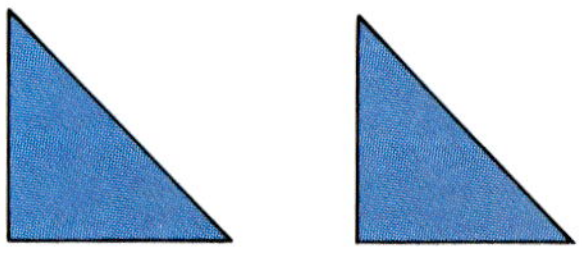

En los problemas 7 y 8, di si cada figura es simétrica.

7.

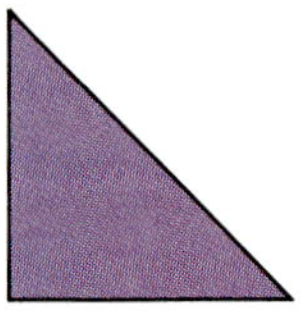

8.

Algunas veces, siempre, nunca

Determina cuál completa mejor las oraciones: *algunas veces, siempre* o *nunca.* Explica tus elecciones.

9. _____ se puede identificar una figura sólida si se muestran sus vistas superior y lateral.

10. Un triángulo _____ tiene por lo menos dos ángulos agudos.

11. Dos figuras semejantes _____ son también congruentes.

12. Un cuadrado _____ será también un rectángulo.

13. Un trapecio _____ será un paralelogramo también.

Proyecto

Dibuja un triángulo escaleno grande en papel grueso o en cartulina. Traza las bisectriz de cada ángulo del triángulo. Describe qué descubriste respecto a estas bisectrices. Recorta el triángulo y equilíbralo en el dedo. El punto en donde se equilibre el triángulo es su centro de gravedad. Expresa tus conclusiones acerca del centro de gravedad y de la intersección de las bisectrices.

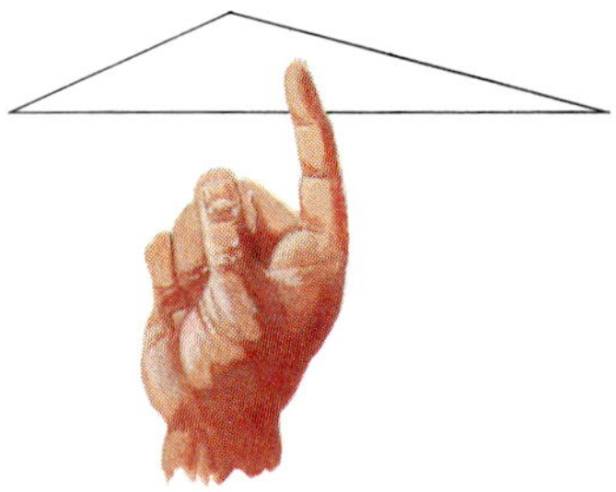

Repaso del capítulo/Examen

1ª parte Entendimiento

Completa las oraciones.

1. Un prisma rectangular tiene _____ caras, _____ vértices y _____ aristas.

2. Una semirrecta que divide un ángulo se llama _____.

Escribe verdadero o falso.

3. Cada rectángulo es un paralelogramo.

4. Cada paralelogramo es un rombo.

5. El triángulo A es congruente con el triángulo B. El triángulo B es congruente con el triángulo C. ¿Qué conclusión puedes sacar?

6. ¿Qué figura se forma al conectar los puntos siguientes en orden? (2, 4), (5, 5), (8, 4), (8, 1), (2, 1), (2, 4)

2ª parte Destrezas

7. Nombra la figura formada por el corte transversal.

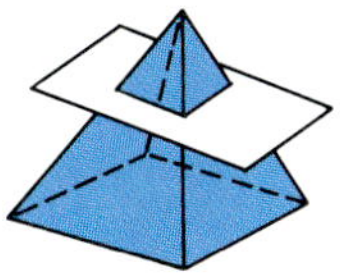

Nombra la figura geométrica *(punto, recta, ángulo, semirrecta, segmento).*

8. 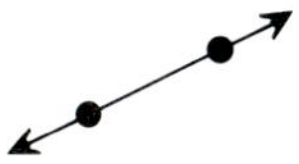

9. 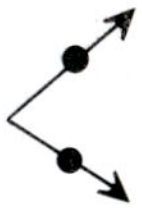

10. 

11. 

12. 

Estima cuántos grados tiene cada ángulo. Luego di qué clase de ángulo es *(recto, agudo, obtuso).*

13. 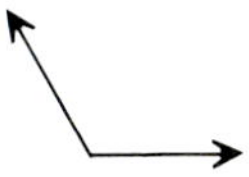

14. 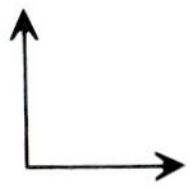

15. Las figuras son semejantes. Da la longitud lateral que falta.

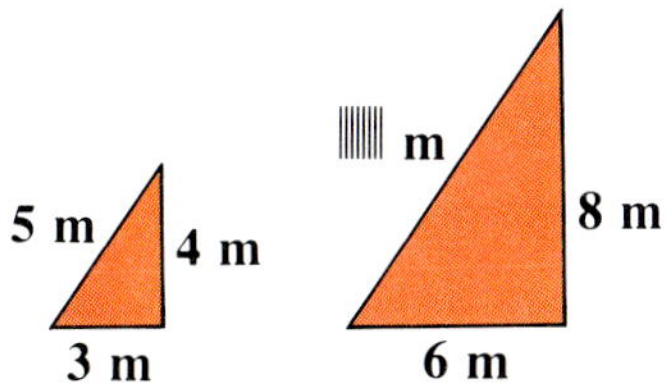

3ª parte Aplicaciones

16. **Desafío** Cuatro amigos están por decidir qué programa de televisión deben ver juntos. Las opciones son: teatro, comedia, misterio o béisbol. Donna verá cualquier programa menos teatro. Jack acaba de ver dos programas de misterio y no verá otro. A Mike le gustan las comedias, pero dice que el partido de béisbol promete ser magnífico. El partido de béisbol está suspendido por la lluvia. ¿Qué programa es la mejor opción?

ENRIQUECIMIENTO
Traslación de imágenes

Al triángulo B se le llama una **imagen trasladada** del triángulo A. Cada punto del triángulo se movió 2 a la derecha y 3 hacia arriba.

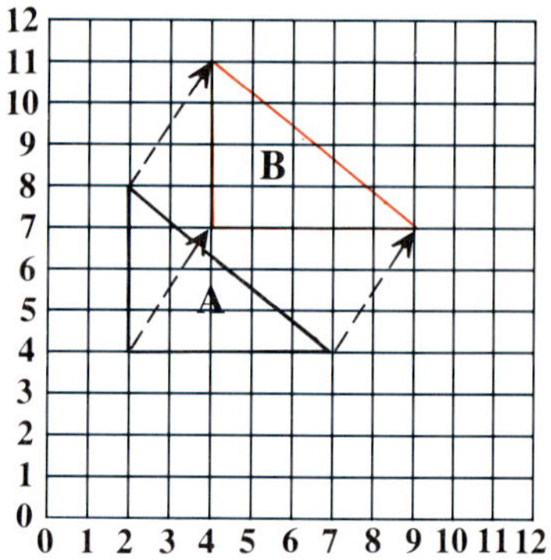

1. Da las coordenadas de los puntos que son los vértices del triángulo A; y las del triángulo B.

2. ¿Qué puedes decir respecto a las longitudes de los lados correspondientes de los dos triángulos?

Copia en papel cuadriculado las figuras que siguen. Sigue las instrucciones para dibujar una imagen trasladada de cada figura.

3. 4 a la derecha, 3 hacia arriba

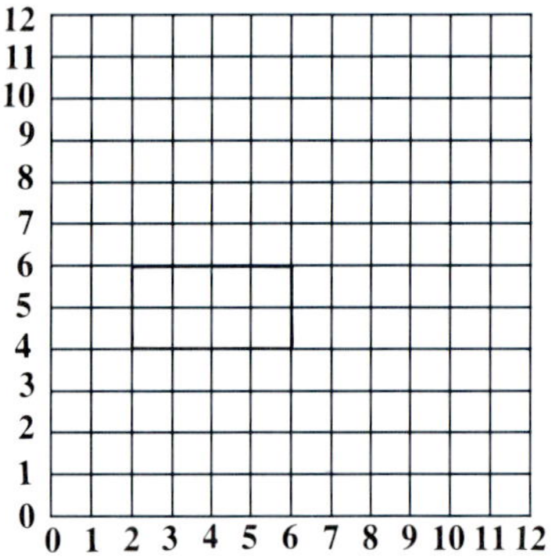

4. 3 a la derecha, 2 hacia arriba

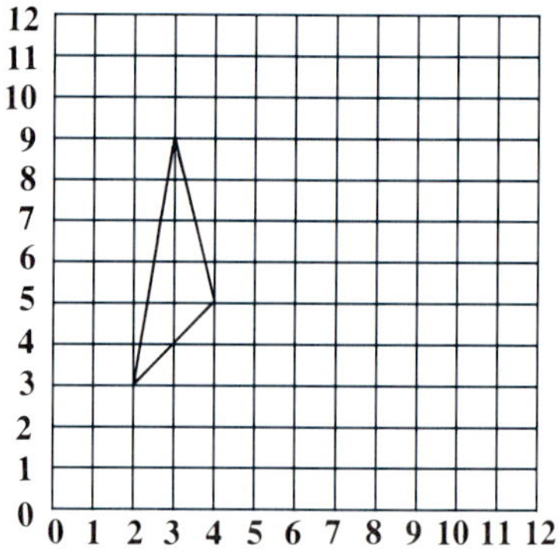

5. 5 a la izquierda

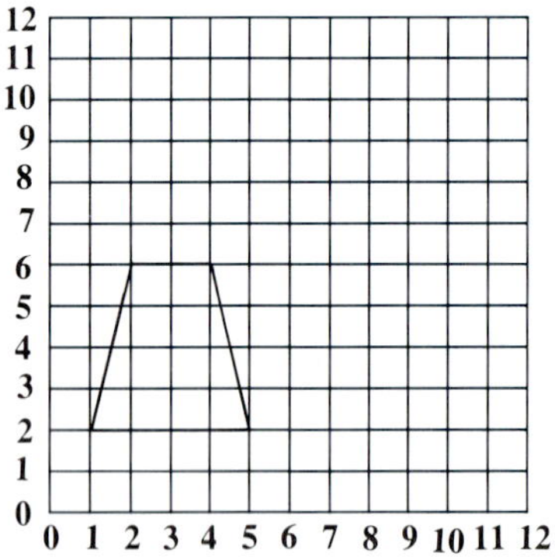

6. 3 a la derecha, 3 hacia abajo

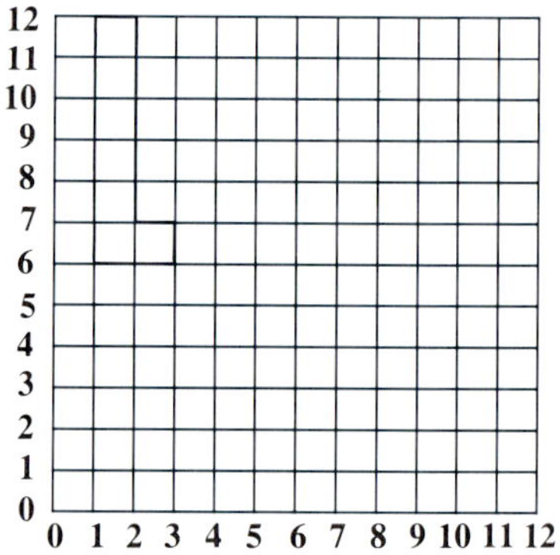

7. Las coordenadas de los puntos de las esquinas del rectángulo C son (1, 7), (3, 7), (3, 4) y (1, 4). ¿Cuáles son las coordenadas de los puntos correspondientes a su imagen trasladada, si ésta se mueve 4 a la derecha y 2 hacia abajo?

8. Dibuja una figura en papel cuadriculado. Da instrucciones para hacer los movimientos para la traslación de la figura. Luego pide a un compañero que dibuje la imagen trasladada.

REPASO GENERAL

1. ¿Qué fracción es equivalente a $\frac{3}{5}$?

A. $\frac{15}{20}$ B. $\frac{6}{8}$

C. $\frac{36}{60}$ D. $\frac{5}{3}$

2. ¿Cuál es el máximo común divisor de 14, 42 y 28?

A. 14 B. 84

C. 7 D. 42

3. ¿Qué fracción simplificada a términos irreducibles equivale a $\frac{16}{24}$?

A. $\frac{8}{12}$ B. $\frac{2}{3}$

C. $\frac{1}{3}$ D. $\frac{3}{4}$

4. Estima la diferencia: $9\frac{1}{3} - 2\frac{7}{8}$.

A. 7 B. 8

C. 5 D. 6

5. Calcula mentalmente $8 - 4\frac{1}{4}$.

A. $4\frac{3}{4}$ B. $2\frac{3}{4}$

C. $3\frac{3}{4}$ D. $4\frac{1}{4}$

6. Halla la suma: $3\frac{5}{6} + 10\frac{2}{3}$.

A. $13\frac{2}{3}$ B. $13\frac{1}{2}$

C. $14\frac{1}{3}$ D. $14\frac{1}{2}$

7. Kim ganó la mayor parte de los torneos de la competencia deportiva de la escuela. Josh ganó 5 torneos menos que Kim. Ken ganó 2 torneos más que Josh. Tanya ganó 3 veces más torneos que Josh. Tanya ganó 6 torneos. ¿Cuántos ganó Kim?

A. 8 B. 6

C. 7 D. 4

8. Resuelve. Calcula mentalmente: $\frac{3}{4} \times 16$.

A. 48 B. 4

C. 10 D. 12

9. Halla el producto de $\frac{3}{4}$ por $\frac{1}{3}$.

A. $\frac{1}{3}$ B. $\frac{1}{4}$

C. 3 D. $2\frac{1}{4}$

10. Divide: $56.32 \div 3.2$.

A. 17.6 B. 1.76

C. 0.057 D. 176

11. Estima el producto de $19\frac{2}{3}$ y $4\frac{1}{8}$.

A. 100 B. 75

C. 80 D. 5

12. Halla el producto de $3\frac{1}{3} \times 15$.

A. $4\frac{1}{2}$ B. 50

C. 48 D. 8

13. ¿Cuántos avisos comerciales de $\frac{1}{3}$ de minuto se pueden transmitir en 12 minutos de tiempo comercial?

A. 16 B. 4

C. 12 D. 36

14. Sally va a ahorrar $5 esta semana. Cada semana piensa ahorrar $1 más que la semana anterior. ¿Cuántas semanas tardará en ahorrar un total de $160?

A. 12 B. 14

C. 13 D. 15

10

RAZÓN, PROPORCIÓN Y PORCENTAJE

MATEMÁTICAS Y BELLAS ARTES

BANCO DE DATOS

Usa el Banco de datos de bellas artes (p. 481) para contestar las preguntas.

1 Observa las fotos de algunas estatuas famosas de gran tamaño. Si se aumentara cada foto al tamaño real de la estatua, ¿qué foto se aumentaría más?

2 Aproximadamente, ¿cuántas estatuas de Abraham Lincoln, puestas una encima de la otra, se precisarían para alcanzar la misma altura que la del Gran Buda? ¿Y la de la Madre Patria?

3 La Gran Esfinge es un león con cabeza humana, tallado en Egipto hace 4,500 años. De los hombros a la cabeza, tiene casi 9 metros de altura. ¿Cuál es la relación de esta altura con la altura total?

4 **Pensamiento crítico**
Imagínate que tienes que crear un modelo de cualquiera de las estatuas. ¿Qué tendrás que considerar al determinar la escala de tu modelo?

Concepto de razón

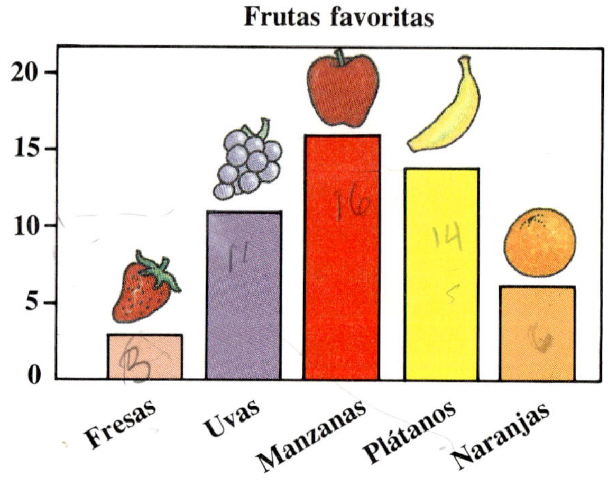

APRÉNDELO

EXPLORA **Estudia la gráfica**

Trabaja en grupo. La gráfica muestra los resultados de una encuesta a 50 alumnos que nombraron su fruta preferida. Pide la opinión de tus compañeros sobre estos 5 tipos de frutas y compara sus respuestas con las de esos alumnos.

COMÉNTALO

1. ¿Qué fruta es la más popular y cuál es la menos popular de las que se muestran en la gráfica? Compara con las respuestas de tus compañeros de clase.
2. Si tu clase tiene 25 alumnos, ¿qué haces para obtener 50 respuestas como en la encuesta?

En una **razón,** se comparan dos números usando una fracción. La razón de la fruta menos popular, la fresa, a la más popular, la manzana, es de 3 a 16.

Escribimos: 3 es a 16, 3:16, ó $\frac{3}{16}$

Leemos: "tres es a dieciséis"

Otros ejemplos

A La razón de la uva al plátano es:

11 es a 14, 11:14, ó $\frac{11}{14}$

B La razón del plátano a la uva es:

14 es a 11, 14:11, ó $\frac{14}{11}$

INTÉNTALO

Usa la gráfica anterior y escribe cada razón de las tres formas.

1. fresa a plátano

2. uva a naranja

3. plátano a fresa

4. naranja a uva

5. fresa al total de votos

6. total de votos a fresa

PRACTÍCALO

Usa esta tabla de las frutas preferidas para los ejercicios del 1 al 4. Escribe la razón de las tres formas.

1. manzana a plátano

2. plátano a manzana

3 ciruela a uva

4. naranja a total de votos

Pera	𝍸
Naranja	𝍸 𝍸 ||
Manzana	𝍸 𝍸 𝍸 𝍸 |||
Uva	𝍸 𝍸 𝍸 |
Plátano	𝍸 𝍸 𝍸 𝍸
Ciruela	𝍸 |

Usa esta gráfica de las verduras preferidas para los ejercicios del 5 al 8. Escribe cada razón de las tres formas.

5. col a lechuga

6. lechuga a col

7. menos popular a más popular

8. más popular a menos popular

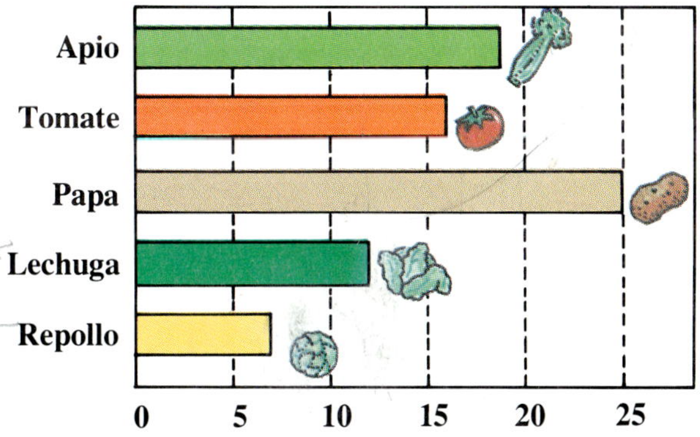

¿Qué preferencias describe cada razón?

9. 19:25

10. $\frac{25}{19}$

11. 25:7

12. $\frac{12}{16}$

APLÍCALO

RAZONAMIENTO MATEMÁTICO

13. La razón de niños a todos los alumnos de un salón de clases es de 29 a 53. ¿Hay más niños o más niñas en el salón?

RESOLUCIÓN DE PROBLEMAS

14. La colección de música de la biblioteca tiene 3 álbumes por cada disco compacto. Si hay 45 discos compactos, ¿cuántos álbumes hay?

▶ PENSAMIENTO CRÍTICO Descubre la relación

15. El número 2 es al 3 como el número 20 es a ▯.

16. El número 40 es a 100 como el número 4 es a ▯.

17. El número 75 es a 25 como el número 3 es a ▯.

Más práctica, página 513, grupo C

Razones iguales

APRÉNDELO

EXPLORA **Resuelve el problema**

El bronce es una aleación que resulta al mezclar los metales cobre y zinc. Cambiando la mezcla de esos dos metales se obtienen bronces de diferentes calidades y colores. Un tipo de bronce tiene 7 partes de cobre por cada 3 partes de zinc. ¿Harán el mismo tipo de bronce 14 partes de cobre y 6 de zinc?

COMÉNTALO

1. Explica por qué son del mismo tipo las dos mezclas.
2. Halla otra razón de cobre a zinc que dé el mismo tipo.
3. ¿Forman fracciones equivalentes estas razones del mismo tipo de bronce?

Si ambas fracciones son equivalentes, las razones son iguales. Puede que recuerdes esta prueba para fracciones equivalentes:

Si los productos cruzados son iguales, las fracciones son equivalentes.

$$\frac{6}{8} = \frac{27}{36} \quad \rightarrow 216 \quad \rightarrow 216$$

Puedes usar la constante de multiplicación de tu calculadora, para hacer una **tabla de razones** que muestre las aleaciones mencionadas. Designa 7 como la constante presionando [×] 7 [=]. **Secuencia:** [ON/AC] [×] 7 [=] 1 [=] 2 [=] 3 [=] . . .

		×2	×3	×4	×5
Cobre	7	14	21	28	35
Zinc	3	6	9	12	15

Las razones $\frac{7}{3}, \frac{14}{6}, \frac{21}{9}, \frac{28}{12}, \frac{35}{15}, \ldots$ son **razones iguales.**

INTÉNTALO

Escribe cuatro razones iguales a la razón indicada.

1. 2 es a 3 **2.** 9 es a 4 **3.** 5 es a 7 **4.** 12 es a 16

¿Son iguales estas razones? Escribe *sí* o *no.* Usa la calculadora si lo deseas.

5. $\frac{4}{5}, \frac{28}{35}$ **6.** $\frac{7}{8}, \frac{42}{56}$ **7.** $\frac{24}{32}, \frac{9}{12}$ **8.** $\frac{34}{36}, \frac{56}{59}$

PRACTÍCALO

Copia y completa cada tabla de razones. Calcula mentalmente o usa la calculadora.

1. 3 es a 2

3	6	9	▮	▮	▮
2	4	▮	▮	▮	▮

2. 9 es a 5

9	▮	▮	▮	▮	▮
5	▮	▮	▮	▮	▮

¿Son iguales estas razones? Escribe *sí* o *no*. Usa la calculadora si lo deseas.

3. $\frac{3}{4}, \frac{5}{7}$ **4.** $\frac{3}{8}, \frac{12}{32}$ **5.** $\frac{8}{20}, \frac{6}{15}$ **6.** $\frac{3}{9}, \frac{5}{15}$

7. $\frac{6}{4}, \frac{7}{5}$ **8.** $\frac{8}{12}, \frac{6}{9}$ **9.** $\frac{78}{100}, \frac{39}{50}$ **10.** $\frac{52}{26}, \frac{4}{2}$

APLÍCALO

RAZONAMIENTO MATEMÁTICO

11. Agrupa estas razones en dos grupos de forma que sean iguales. Usa la calculadora si lo deseas.
35:56, 15:20, 20:32, 24:32, 36:48 45:72 72:96 75:120

RESOLUCIÓN DE PROBLEMAS

12. Supón que la razón de zinc a cobre es de 4 a 9. ¿Hay más zinc o más cobre en la mezcla?

13. Si la aleación de bronce tiene el doble de zinc que de cobre, ¿cuál es la razón de zinc a cobre?

14. El bronce está hecho de cobre, estaño y otros metales. Un tipo de bronce para estatuas tiene $\frac{1}{10}$ de estaño, $\frac{1}{4}$ de plomo y el resto de cobre. ¿Qué parte es de cobre?

15. Banco de datos de bellas artes Compara las alturas de las estatuas. ¿Qué par tiene razones de aproximadamente 2 a 1?

BANCO DE DATOS

REPASO COMBINADO

Halla las respuestas.

16. $88{,}975 + 9{,}986$ **17.** $27{,}302 - 18{,}753$ **18.** 6.362×0.085 **19.** $45.365 + 389.46$ **20.** $35.23 - 29.567$

21. $67\overline{)42{,}547}$ **22.** $7.3\overline{)261.705}$ **23.** $27\frac{1}{8} - 12\frac{1}{6}$ **24.** $15\frac{3}{5} + 27\frac{5}{6}$

Más práctica, página 513, grupo D

Explora el álgebra
Resuelve proporciones

APRÉNDELO

EXPLORA Estudia la información

Por cada 5 libras de tu peso, aproximadamente 2 son de músculo. ¿Cuánto pesan los músculos en un niño de 45 libras?

COMÉNTALO

1. Aproximadamente, ¿qué cantidad de músculo tienes por cada 10 libras de peso?
2. ¿Cuánto músculo habrá en 15 libras de peso?
3. ¿Pesan los músculos más que otras cosas en el cuerpo? ¿Cómo lo sabes?

Puedes resolver el problema con una tabla de razones.

Peso de los músculos →	2	4	6	8
Peso total del cuerpo →	5	10	15	20

O puedes usar álgebra para resolver la proporción.

Decimos que hay una **proporción** cuando dos razones son iguales.

Sea n = el peso desconocido de los músculos. $\frac{2}{5} = \frac{n}{45}$ ← peso de los músculos, ← peso total

Cuando dos fracciones son equivalentes, los productos cruzados son iguales.

Así: $5 \times n = 2 \times 45$

$5 \times n = 90$ ¿Qué número multiplicado por 5 da 90?

$n = 90 \div 5 = 18$ La división deshace la multiplicación.

Los músculos de un niño de 45 libras pesarían unas 18 libras.

Otros ejemplos

A $\frac{3}{4} = \frac{n}{32}$

$4 \times n = 96$

$n = 24$

B $\frac{4}{5} = \frac{n}{75}$

$5 \times n = 300$

$n = 60$

C $\frac{7}{8} = \frac{n}{80}$

$8 \times n = 560$

$n = 70$

INTÉNTALO

Resuelve las proporciones.

1. $\frac{2}{5} = \frac{n}{35}$ **2.** $\frac{1}{2} = \frac{n}{20}$ **3.** $\frac{5}{4} = \frac{n}{60}$ **4.** $\frac{3}{4} = \frac{n}{100}$ **5.** $\frac{4}{5} = \frac{n}{60}$

PRACTÍCALO

Resuelve las proporciones.

1. $\frac{2}{3} = \frac{n}{21}$ 2. $\frac{1}{2} = \frac{n}{12}$ 3. $\frac{7}{8} = \frac{n}{72}$ 4. $\frac{2}{5} = \frac{n}{40}$

5. $\frac{5}{8} = \frac{n}{80}$ 6. $\frac{5}{6} = \frac{n}{66}$ 7. $\frac{3}{8} = \frac{n}{56}$ 8. $\frac{4}{3} = \frac{n}{45}$

9. $\frac{9}{10} = \frac{n}{100}$ 10. $\frac{3}{2} = \frac{n}{50}$ 11. $\frac{1}{5} = \frac{n}{60}$ 12. $\frac{7}{12} = \frac{n}{120}$

13. $\frac{1}{2} = \frac{n}{16}$ 14. $\frac{3}{5} = \frac{n}{45}$ 15. $\frac{1}{3} = \frac{n}{36}$ 16. $\frac{1}{8} = \frac{n}{48}$

17. $\frac{4}{5} = \frac{n}{100}$ 18. $\frac{1}{4} = \frac{n}{32}$ 19. $\frac{6}{5} = \frac{n}{35}$ 20. $\frac{3}{10} = \frac{n}{60}$

APLÍCALO

RAZONAMIENTO MATEMÁTICO

No resuelvas. Di solamente si *n* es mayor o menor que 50.

21. $\frac{11}{20} = \frac{n}{100}$ 22. $\frac{12}{25} = \frac{n}{100}$ 23. $\frac{18}{40} = \frac{n}{100}$ 24. $\frac{22}{40} = \frac{n}{100}$ 25. $\frac{6}{15} = \frac{n}{100}$

RESOLUCIÓN DE PROBLEMAS

26. Rachel pesa 80 libras. Si usas la razón de 2 a 5, ¿cuál es el peso de los músculos de Rachel?

27. Bianca pesa 75 libras. ¿Cuánto de su peso no son músculos?

28. **Búsqueda de datos** Halla tu propio peso. Redondéalo a las 5 libras más cercanas. Calcula el peso de los músculos.

29. Sabes que para que dos razones sean iguales, los productos cruzados deben ser iguales. Resuelve esta proporción: $\frac{14}{22} = \frac{n}{165}$.

CALCULADORA

Usa tu calculadora para resolver cada proporción.

Ejemplo: $\frac{19}{61} = \frac{n}{244}$ Secuencia: **ON/AC** **19** × **244** ÷ **61** =

30. $\frac{26}{21} = \frac{n}{63}$ 31. $\frac{17}{37} = \frac{n}{222}$ 32. $\frac{17}{19} = \frac{n}{342}$ 33. $\frac{19}{23} = \frac{n}{667}$ 34. $\frac{41}{43} = \frac{n}{344}$

Resolución de problemas
Usa proporciones para hallar la altura

ENTIENDE
ANALIZA DATOS
PLANEA
ESTIMA
RESUELVE
EXAMINA

APRÉNDELO

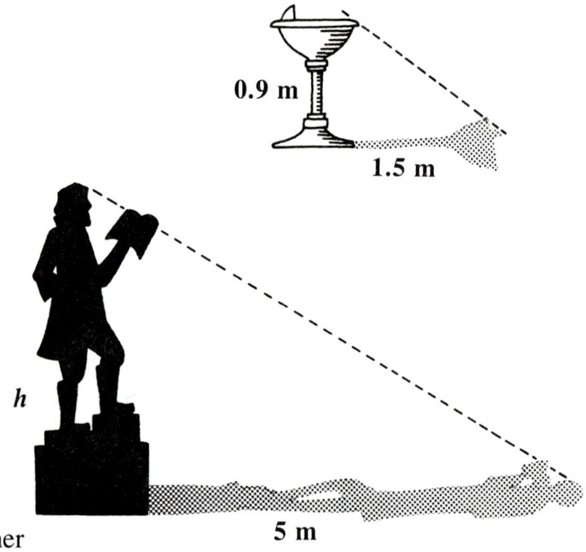

La sombra de una fuente mide 1.5 m de largo y la de una estatua 5 m. Si la fuente mide 0.9 de alto, ¿cuánto mide la estatua?

Los objetos y sus sombras forman triángulos semejantes. Como ya sabes que los lados correspondientes de los triángulos semejantes tienen razones iguales, puedes estimar la altura de la estatua. Si su sombra es de $5 \div 1.5$, o unas 3 veces más larga que la de la fuente, su altura será 3×0.9, o unos 3 m.

Puedes escribir y resolver la proporción para obtener la respuesta exacta.

$$\text{sombra de la estatua} \rightarrow \frac{5}{1.5} = \frac{h}{0.9} \leftarrow \text{altura de la estatua}$$
(sombra de la fuente → 1.5; 0.9 ← altura de la fuente)

Observación matemática
La razón de las longitudes de las sombras de dos objetos es igual a la razón de sus alturas.

$1.5 \times h = 5 \times 0.9$
$1.5 \times h = 4.5$
$h = 4.5 \div 1.5$ — La división deshace la multiplicación.
$h = 3$

La estatua mide 3 m de alto.

INTÉNTALO

Estima cada altura. Luego escribe y resuelve la proporción para hallar la altura exacta. ¿Es razonable tu respuesta exacta?

1.

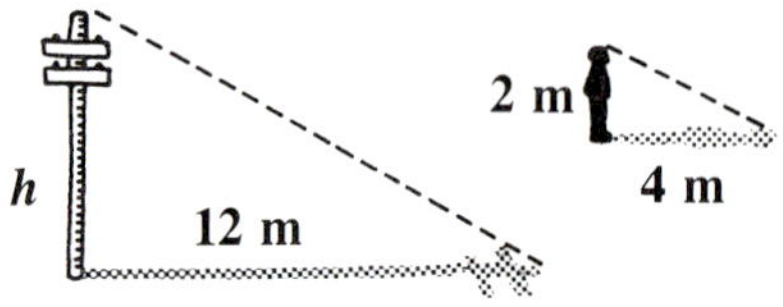

2.

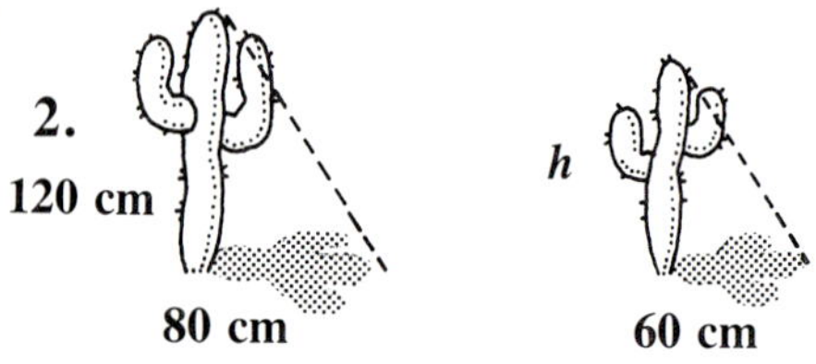

3. Un niño que mide 1 m tiene una sombra de 2 m. Si la sombra de un árbol mide 9.4 m de largo, ¿cuánto mide el árbol?

PRÁCTICA COMBINADA

Resuelve. Usa cualquier estrategia.

1. El hombre mide 6 pies y su sombra 2 pies. La sombra de la estuatua de piedra de la isla de Pascua mide 13.3 pies. Estima y halla la altura de la estatua.

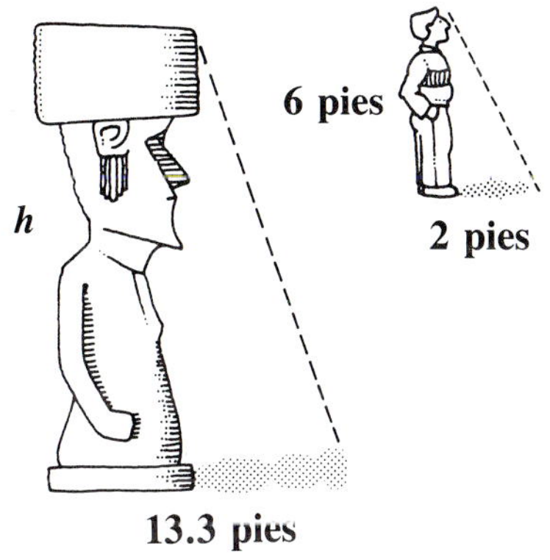

2. El globo está justo encima del árbol. Su sombra está a 24 m del árbol. El árbol mide 3 m y su sombra 4 m. Estima y luego halla la altura del globo.

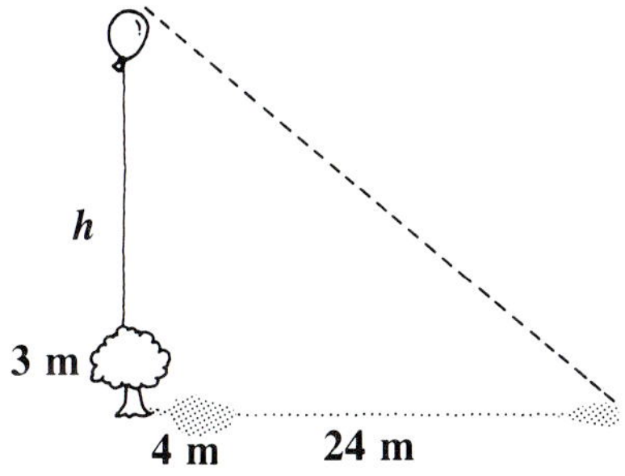

3. El bronce griego *El Auriga de Delfos* mide 5.9 pies de alto y su sombra 12 pies. La sombra del poste mide 4 pies. Estima y halla la altura del poste. Redondea a la centésima más cercana a un pie.

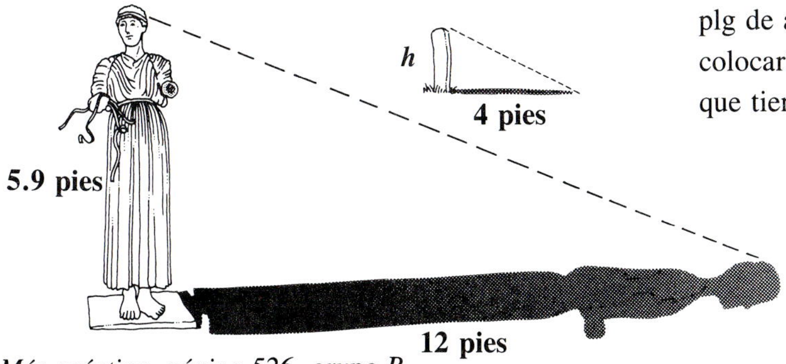

4. Hoy hay más de 600 estatuas de piedra diseminadas en la isla de Pascua. Las estatuas fueron esculpidas hace unos 1,550 años. ¿Cerca de qué año fueron esculpidas?

5. Una jirafa mide 3.2 m de altura y su sombra 4 m. ¿Cuán alto es un chimpancé que tiene una sombra de 1 m?

6. Un semáforo de 2.5 m de altura tiene una sombra de 3.5 m. Un edificio cercano tiene una sombra de 140 m. ¿Cuánto mide el edificio?

7. *El Auriga de Delfos* fue esculpida hace unos 1,470 años. Si el promedio de vida es de 75 años, ¿hace cuántas vidas se esculpió?

8. **Entiende la operación** Nombra las operaciones que vas a usar. Luego resuelve el problema.

Un friso es una escultura larga y plana. Si un friso de mármol mide 33 plg de largo y 14 plg de ancho, ¿cuánto espacio quedará al colocarlo en una pared de 554 plg cuadradas que tiene las dimensiones correctas?

Más práctica, página 526, grupo B

Dibujos a escala

APRÉNDELO

EXPLORA **Estudia la información**

Los artistas con frecuencia hacen **dibujos a escala** y modelos cuando planean su trabajo. La **razón de la escala** muestra la relación entre el dibujo o modelo y la obra de arte.

El escultor italiano Miguel Ángel creó la famosa estatua del héroe bíblico David. En el dibujo del perfil de la cabeza de *David,* la razón de la escala es de 1 cm : 0.12 m. Esto significa que 1 cm del dibujo representa 0.12 m en la estatua. ¿Qué altura tiene la cabeza en la estatua?

COMÉNTALO

1. ¿Cuál es la altura de la cabeza en el dibujo?
2. Da una estimación de la altura de la cabeza de la estatua. Explica por qué piensas que tu estimación es razonable y cómo lo decidiste.

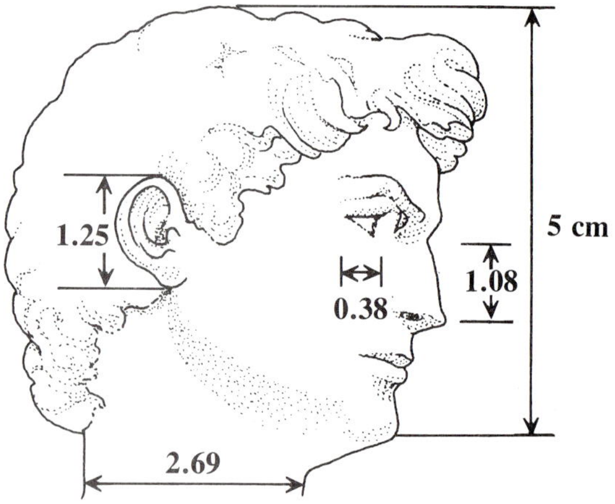

Escala 1 cm: 0.12 m

Dado que en el dibujo la cabeza de *David* mide 5 cm, en la realidad la cabeza mide:

$5 \times 0.12 = 0.6$ m

La cabeza de *David* mide 0.6 m de alto.

Otro ejemplo

Redondeando a la centésima más cercana a un metro, ¿cuánto mide la nariz de la estatua?

$1.08 \times 0.12 = 0.13$ m

INTÉNTALO

Usa el dibujo. Halla las medidas reales, redondeando a la centésima más cercana a un m.

1. altura de la oreja
2. ancho del cuello
3. ancho del ojo

PRACTÍCALO

Mide para hallar cada longitud. Usa la escala para hallar la longitud real redondeando a la centésima más cercana a un metro.

1.

Oso pardo de Alaska
Escala 1 cm : 0.45m

2.

Oso polar
Escala 1 cm : 0.53m

APLÍCALO

RAZONAMIENTO MATEMÁTICO

A veces un objeto real es menor que su dibujo, como esta hormiga. En cada escala, di si el objeto es menor o mayor que el dibujo.

1 cm : 5 mm

3. 1 cm : 0.5 dm **4.** 1 cm : 0.5 mm **5.** 1 cm : 0.5 cm **6.** 1 cm : 0.5 m

RESOLUCIÓN DE PROBLEMAS

7. Los rostros de Jefferson Davis, Robert E. Lee y Stonewall Jackson están esculpidos en una montaña de Georgia como parte del Stone Mountain Confederate Memorial. La escultura mide 58 m por 93 m. ¿Podría caber un dibujo de ella con una escala de 1 cm : 3 m en una hoja de papel de 21 cm por 28 cm?

8. Observa estas dos escalas, 1 cm : 1m y 1 cm : 1 mm. ¿Qué escala podría usarse para el dibujo de un coloso? ¿Y para una estatuilla?

9. **Banco de datos de bellas artes** Usa las razones de las escalas dadas y una regla métrica. Calcula la altura de pies a cabeza de la figura de la Patria.

BANCO DE DATOS

CÁLCULO MENTAL

Piensa que cada segmento equivale a una longitud. Mide el segmento. Usa la escala para calcular mentalmente la longitud.

10. 1 cm : 0.5 m

11. 1 cm : 0.25 m

12. 1 cm : 0.2 m

13. 1 cm : 0.5 m

Usa las escalas de un mapa para estimar distancias

Parque Nacional del Gran Cañón

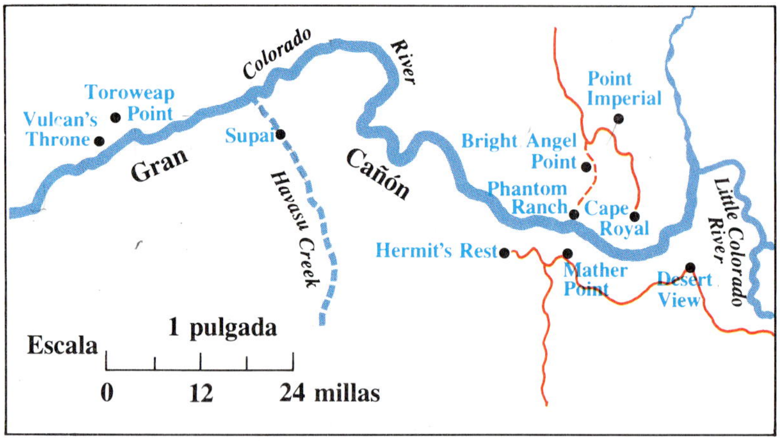

APRÉNDELO

EXPLORA Resuelve para entender

Los mapas tienen una escala para estimar distancias. La escala de este mapa del Gran Cañón es de 24 millas a una pulgada. ¿Qué distancia hay de Point Imperial a Cape Royal?

COMÉNTALO

1. ¿Cuál es la longitud en el mapa entre Point Imperial y Cape Royal?
2. ¿Qué te sugiere que debes multiplicar?

PRACTÍCALO

Estima estas distancias del Parque Nacional del Gran Cañón. Mídelas "a vuelo de pájaro" (en línea recta).

1. De Hermit's Rest a Mather Point
2. De Point Imperial a Phantom Ranch
3. De Bright Angel a Toroweap Point
4. De Toroweap Point a Desert View

Estima estas distancias "curvas". Permanece al norte del río.

5. De Point Imperial a Vulcan's Throne
6. De Bright Angel a Toroweap Point
7. De Cape Royal a Vulcan's Throne
8. Estima la distancia del río desde un punto cerca de Phantom Ranch a un punto cerca de Vulcan's Throne.

Repaso parcial/Examen

Usa la tabla de colores de ojos para los ejercicios del 1 al 10. Escribe de cualquiera forma las razones de las personas con diferentes colores de ojos.

Color de ojos

Azul	𝍸 III
Pardo	IIII
Marrón	𝍸 𝍸 II

1. azul a pardo **2.** azul a marrón

3. marrón a azul **4.** pardo a marrón

Escribe el color de los ojos de las personas que hay en las razones.

5. Hay 1 persona de ojos ___ por cada 3 personas de ojos ___.

6. Hay 2 personas de ojos ___ por cada persona de ojos ___.

7. La razón de personas de ojos ___ a personas de ojos ___ es de 3 a 2.

Escoge una forma de escribir estas razones.

8. azul al total **9.** pardo al total **10.** total a marrón

11. Copia y completa la tabla de razones.

5	10				
4	8				

Usa productos cruzados o la tabla de razones, para determinar si estas razones son iguales.

12. $\frac{5}{4}, \frac{15}{10}$ **13.** $\frac{10}{8}, \frac{25}{20}$ **14.** $\frac{4}{5}, \frac{20}{25}$ **15.** $\frac{16}{20}, \frac{15}{12}$

Resuelve estas razones.

16. $\frac{2}{3} = \frac{n}{9}$ **17.** $\frac{4}{28} = \frac{n}{7}$ **18.** $\frac{2}{20} = \frac{n}{30}$ **19.** $\frac{5}{4} = \frac{n}{20}$ **20.** $\frac{9}{6} = \frac{n}{4}$

RESOLUCIÓN DE PROBLEMAS

21. Chelsea mide 1.5 m y su sombra 1.2 m. Encuentra la altura de su padre cuya sombra mide 1.6 m y de su perro cuya sombra mide 0.6 m.

22. Gabe va a hacer una escultura de su mano para un proyecto de arte. Gabe hizo un dibujo a escala de su mano. La escala era 1 cm : 5 cm. Si la mano de Gabe mide 9.5 cm de ancho, cuánto medirá la escultura?

Resolución de problemas
Problemas sin solución

ENTIENDE
ANALIZA DATOS
PLANEA
ESTIMA
RESUELVE
EXAMINA

La mayoría de los problemas que has visto hasta ahora tenían solución. Hay algunos problemas que no tienen solución.

La tienda Discount Photo vende rollos de foto de 120 en paquetes de 2 y 4 rollos. Ari quiere exactamente 19 rollos. Quiere comprar exactamente 6 paquetes. ¿Cuántos de cada tipo debe comprar para obtener 19 rollos? ¿Es esto posible?

Haré una lista organizada para que me ayude a hallar las posibilidades.

Paquete de 2 rollos	Paquete de 4 rollos	Rollos en total
6	0	12
5	1	14
4	2	16
3	3	18
2	4	20
1	5	22
0	6	24

Muestra que Ari no puede comprar exactamente 19 rollos en 6 paquetes.

PRACTÍCALO

Resuelve.

1. Mercedes compró una guía para cuarto oscuro a $10.75. Ella le dió al empleado un billete de $10 y 4 monedas, que no incluían monedas de medio dólar. No recibió cambio. ¿Había pagado el importe exacto?

2. Jill quiere comprar 12 rollos de 35 mm. Halló la película de rebaja en paquetes de 2 y 3 rollos. Decidió comprar 5 paquetes. ¿Pudo comprar exactamente lo que quería?

3. Bea tiene 5 monedas en su bolso. No tiene ninguna de más de medio dólar. Quiere comprar una revista de $1.95. ¿Puede pagar el importe exacto usando las 5 monedas?

PRÁCTICA COMBINADA

Resuelve. Usa cualquier estrategia.

1. Un negativo de 35 mm mide 2.4 cm de ancho y 3.6 cm de largo. La impresión se hace en razón al negativo. Si mide 12 cm de largo, ¿cuánto mide de ancho?

2. Vic pertenece a un club de fotografía. Obtiene 2 rollos gratis por cada 8 que compra. El año pasado obtuvo 26 rollos gratis. ¿Cuántos rollos compró?

3. Gia necesitaba suministros para revelar. Compró $\frac{1}{2}$ galón de revelador, 1 galón de fijador y 3 bandejas grandes. Usa la lista para hallar cuánto gastó Gia.

Materiales para revelar

Papel	Bandejas
25 hojas $13.25	pequeña $1.80
10 hojas $7.50	grande $2.79
Revelador	Fijador
$\frac{1}{2}$ galón $2.98	$\frac{1}{2}$ galón $2.45
galón $5.08	galón $4.76
Pinzas $0.89	

4. Peter hizo un cartel de 28 plg de ancho y 36 de largo de un negativo que tenía $1\frac{1}{4}$ plg de la misma razón que el cartel, ¿de qué ancho era el negativo?

5. Terry, Kim, Dana y Stan son fotógrafos. Cada uno de ellos tiene preferencia por diferentes temas: edificios, personas, plantas, animales. Kim piensa que las fotos de edificios son aburridas. Terry rara vez toma fotos de personas, pero le gusta fotografiar perros. Stan ha fotografiado más de 50 tipos de flores. Halla el tema favorito de cada fotógrafo.

Algunas estrategias

Represéntalo	Resuelve un problema más sencillo
Usa objetos	Haz una lista organizada
Escoge una operación	Invierte el proceso
Haz un dibujo	Busca una serie
Adivina y verifica	Razona lógicamente
Haz una tabla	

6. Jack compró 25 hojas de papel y 4 pinzas. Usa la lista de precios para hallar cuánto costó cada hoja de papel.

7. **Entiende la pregunta** Di qué pregunta lo mismo que la pregunta de este problema.

Brian tomó 28 fotografías una semana, 35 la siguiente y 13 la tercera semana. ¿Cuántas fotografías menos tomó la tercera semana que la primera?

a. ¿Cuántas fotografías tomó Brian la primera y la tercera semanas?

b. ¿Cuántas fotografías más tomó Brian la primera semana que la tercera semana?

c. ¿Cuántas fotografías tomó Brian?

Entiende los porcentajes

APRÉNDELO

EXPLORA Usa modelos de porcentajes

Trabaja en grupo. Traza un cuadrado de 10×10 en papel cuadriculado. Usa tres colores para colorear los cuadraditos de forma que obtengas las siguientes razones para ellos.

a. La razón de los cuadraditos rojos a todos los cuadraditos es de 1 a 2.

b. La razón de los cuadraditos azules a todos los cuadraditos es de 3 a 10.

c. La razón de los cuadraditos anaranjados a todos los cuadraditos es de 1 a 5.

COMÉNTALO

1. ¿Cuántos cuadraditos coloreaste de rojo? ¿Cómo lo has determinado?

2. ¿Cuántos coloreaste de azul? ¿Y de anaranjado?

3. ¿Coloreaste todos los cuadraditos?

- La razón especial que compara un número con el 100 se llama **porcentaje.**
- La palabra porcentaje significa *por cada cien.*
- Se usa el símbolo % para mostrar porcentaje.

	razón	fracción	decimal	porcentaje
Para indicar 40 de 100, escribimos:	40:100	$\frac{40}{100}$	0.40	40%
Para indicar 35¢ de $1, escribimos:	35:100	$\frac{35}{100}$	0.35	35%

INTÉNTALO

Escribe como porcentaje.

1. 17:100 **2.** $\frac{87}{100}$ **3.** 3 a 100 **4.** $\frac{1}{100}$ **5.** 0.78 **6.** 75 de 100

Escribe como razón, fracción, decimal y porcentaje.

7. 67 de 100 **8.** 5 de 100 **9.** 13¢ de $1

PRACTÍCALO

Escribe la razón, fracción, decimal y porcentaje para mostrar la parte sombreada.

1. 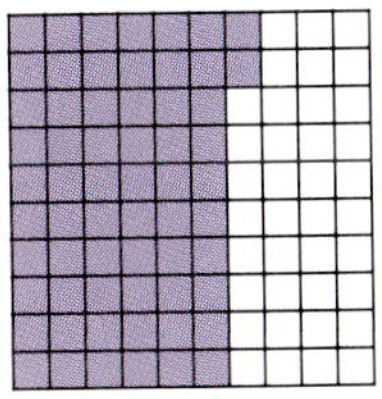

2. 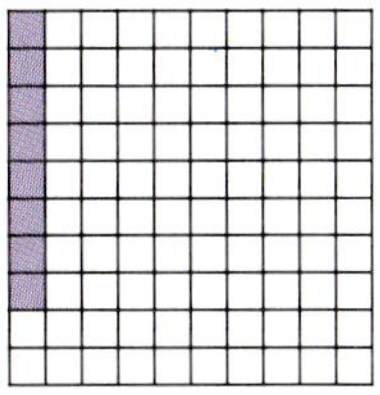

3. 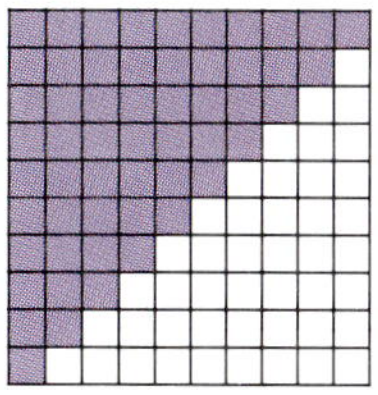

4. 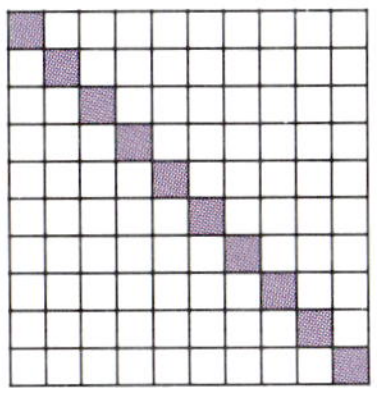

Escribe cada razón como porcentaje.

5. $\frac{15}{100}$ **6.** 65:100 **7.** $\frac{7}{100}$ **8.** 43:100 **9.** 83 to 100

Escribe cada porcentaje como razón (usa fracciones).

10. 61% **11.** 44% **12.** 17% **13.** 2% **14.** 100% **15.** 56%

APLÍCALO

RAZONAMIENTO MATEMÁTICO

Usa el cuadrado que coloreaste en la actividad Explora para resolver estas preguntas.

16. ¿Qué porcentaje *no* es azul?

17. Qué porcentaje es azul *o* rojo?

RESOLUCIÓN DE PROBLEMAS

18. La meta de Crystal es ganar $100 en sus vacaciones de verano. Ganó $28 en junio y $37 en julio. ¿Qué porcentaje de su meta consiguió en los dos meses?

19. Cuando le faltaban dos semanas, Crystal había alcanzado 87% de su meta de ganar $100. ¿Cuánto tiene que ganar en esas dos últimas semanas para lograr su meta?

REPASO COMBINADO

Halla las respuestas.

20. $\frac{5}{7} \div \frac{3}{4}$ **21.** $0.08\overline{)0.056}$ **22.** $5 \div 2\frac{1}{2}$ **23.** $9\overline{)5218}$ **24.** $\frac{5}{6} \times 168$

Di si los ángulos siguientes son *rectos, agudos* u *obtusos*.

25. 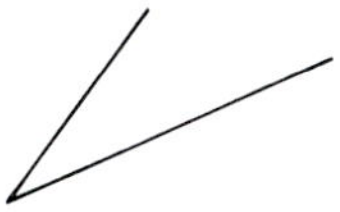

26. 

27. 

28. 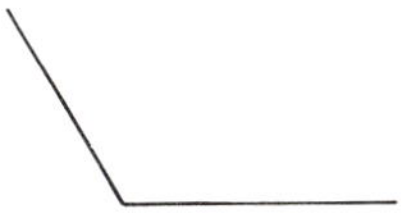

Más práctica, página 514, grupo B

Estima porcentajes

APRÉNDELO

EXPLORA Descubre la relación

Piensa en cada segmento como un 100%. Estima un porcentaje para cada punto.

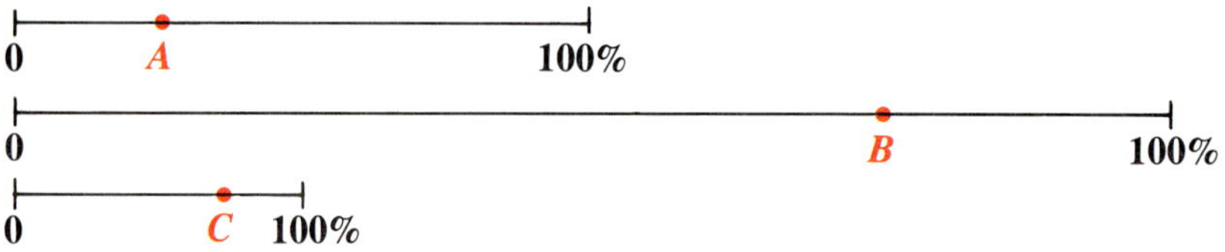

COMÉNTALO

1. ¿Por qué tendría que ser menos de 50% tu estimación para *A*?
2. ¿Cómo determinaste la estimación para *B*?
3. ¿Es *C* menos o más de 50%? ¿Por qué?

Estimar un porcentaje es muy parecido a estimar una fracción o la parte decimal de algo. La siguiente recta numérica te ayudará a determinar porcentajes de 0 a 100%.

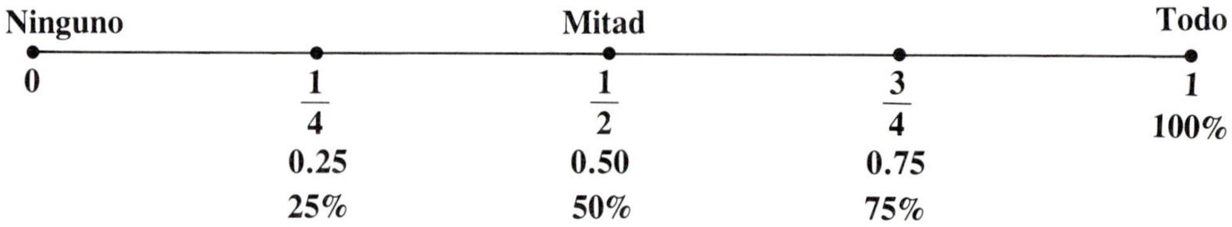

Usa estos porcentajes como ayuda para estimar los porcentajes de otras cosas.

INTÉNTALO

Estima estos porcentajes usando la gráfica.

1. ¿Qué porcentaje prefiere los programas de béisbol?
2. Estima el porcentaje de los que prefieren el fútbol?
3. ¿Cuál es tu estimación del porcentaje total de fútbol americano y baloncesto?
4. ¿Es posible que el 25% prefiera el golf? ¿Por qué?

Programas preferidos de deportes en la televisión

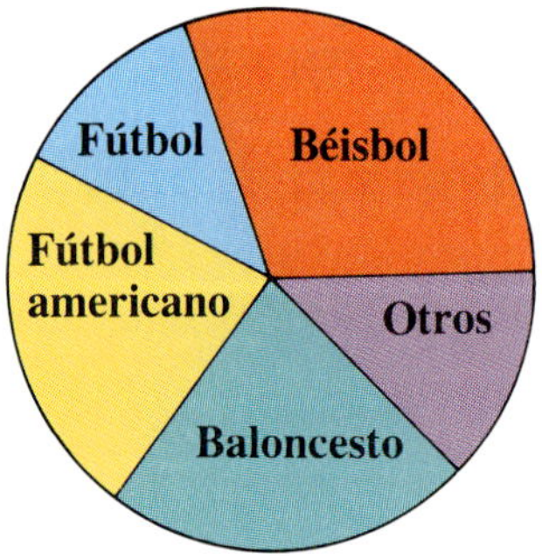

PRACTÍCALO

Estima los siguientes porcentajes a lo largo del camino.

1. ¿Qué porcentaje de la caminata acaba cuando se llega al Molino Viejo?

2. ¿Qué punto es un poco más del 50% del camino? ¿Y un poco menos?

3. ¿Qué porcentaje acaba cuando empieza la Cuesta?

Estima estos porcentajes de un conjunto.

4. ¿Qué porcentaje del total de votos obtuvo Josh?

5. ¿Quién está más cerca del porcentaje de Josh?

6. ¿Quién tiene menos de 25%?

7. ¿Qué candidato está más cerca de 35%?

APLÍCALO

RAZONAMIENTO MATEMÁTICO

8. Inventa números de una audiencia con estos porcentajes.
Algo más del 25% de la audiencia eran niñas.
Algo menos del 25% eran niños. Aproximadamente el 50% eran adultos.

RESOLUCIÓN DE PROBLEMAS

9. Los alumnos de 6º, 7º y 8º año hicieron una fiesta. Casi 30% de los alumnos eran de 6º año y 25% de 7º año. ¿Qué porcentaje aproximado constituían los de 8º año?

▶ ÁLGEBRA

Da un porcentaje para cada variable.

10. $a < 40\%$ y $a > 30\%$ **11.** $b < 90\%$ y $b > 80\%$ **12.** $c < 50\%$ y $c > 20\%$

Más práctica, página 514, grupo C

Porcentajes, fracciones y decimales

APRÉNDELO

En esta lección trabajarás con las relaciones entre porcentajes, fracciones y decimales.

EXPLORA **Lee la información**

El aire que respiramos tiene varios gases. La gráfica muestra que los dos gases principales son nitrógeno y oxígeno. Los números que indican cómo se dividen los gases se dan de tres maneras.

El aire que respiras

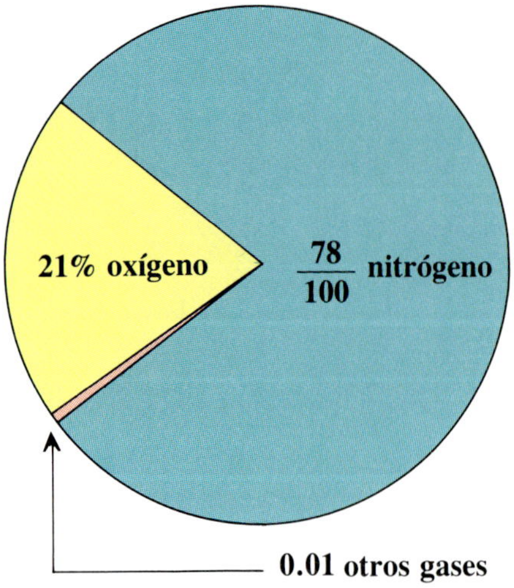

COMÉNTALO

1. Normalmente, en una gráfica habría sólo fracciones, sólo decimales o sólo porcentajes. ¿Cuál te ayudaría a entender mejor la gráfica? ¿Por qué?
2. Si todos fueran porcentajes, ¿cuáles serían éstos?

He aquí las maneras de expresar los gases.

Gas	Fracción	Decimal	Porcentaje
nitrógeno	$\frac{78}{100}$	0.78	78%
oxígeno	$\frac{21}{100}$	0.21	21%
otros gases	$\frac{1}{100}$	0.01	1%

A veces puedes reducir a una fracción irreducible.

Ejemplo: $40\% = 0.40 = \frac{40}{100}$ ó $\frac{2}{5}$

INTÉNTALO

Escribe los decimales o fracciones en forma de porcentaje.

1. 0.35 **2.** $\frac{15}{100}$ **3.** $\frac{68}{100}$ **4.** 0.06 **5.** $\frac{2}{100}$

Escríbelos como fracciones irreducibles.

6. 75% **7.** 60% **8.** 6%

Escríbelos como decimales.

9. 35% **10.** 99% **11.** 50%

PRACTÍCALO

Escribe cada decimal como porcentaje.

1. 0.75 **2.** 0.50 **3.** 0.38 **4.** 0.21 **5.** 0.05 **6.** 0.09

Escribe cada fracción como porcentaje.

7. $\frac{24}{100}$ **8.** $\frac{50}{100}$ **9.** $\frac{10}{100}$ **10.** $\frac{1}{100}$ **11.** $\frac{100}{100}$

Escribe cada porcentaje como decimal.

12. 43% **13.** 20% **14.** 17% **15.** 8% **16.** 42% **17.** 2%

Escribe cada porcentaje como fracción irreducible.

18. 90% **19.** 2% **20.** 45% **21.** 30% **22.** 23% **23.** 65%

24. 25% **25.** 35% **26.** 40% **27.** 17% **28.** 110% **29.** 4%

APLÍCALO

RAZONAMIENTO MATEMÁTICO

30. Colócalos en orden de menor a mayor.
28%, $\frac{72}{100}$, 0.46, 90%, $\frac{1}{2}$ 0.6

RESOLUCIÓN DE PROBLEMAS

31. ¿Qué porcentaje del aire son el oxígeno y el nitrógeno juntos?

32. ¿Qué parte decimal del aire no es nitrógeno?

33. ¿Qué fracción del aire no es oxígeno?

34. El porcentaje de oxígeno, en volumen, del agua es $4\frac{1}{4}$ veces el porcentaje de oxígeno del aire. Estima este porcentaje.

ESTIMACIÓN

Algunos porcentajes están muy cerca de ser fracciones "fáciles". Escoge la fracción que mejor estime el porcentaje.

35. 23%: $\frac{1}{10}$, $\frac{1}{4}$, $\frac{1}{2}$ **36.** 52%: $\frac{1}{2}$, $\frac{5}{8}$, $\frac{3}{4}$ **37.** 74%: $\frac{5}{8}$, $\frac{3}{4}$, $\frac{9}{10}$

38. 33%: $\frac{1}{4}$, $\frac{1}{3}$, $\frac{1}{2}$ **39.** 19%: $\frac{1}{10}$, $\frac{1}{5}$, $\frac{1}{2}$ **40.** 91%: $\frac{3}{4}$, $\frac{7}{8}$, $\frac{9}{10}$

Más práctica, página 514, grupo D

Escribe fracciones y decimales como porcentajes

APRÉNDELO

A veces, das mejor información si usas un porcentaje en vez de una fracción o un decimal.

EXPLORA **Analiza el proceso**

Tu peso tiene cerca de $\frac{2}{3}$ de agua. ¿Qué porcentaje de tu cuerpo es agua?

Divides el numerador entre el denominador para hallar el decimal que has de multiplicar por 100.

Primero halla el decimal de $\frac{2}{3}$.	Convierte el decimal en porcentaje.
$3\overline{)2.00}$ → $0.66\frac{2}{3}$ — Piensa: $66\frac{2}{3}$ centésimas	$66\frac{2}{3}\%$

COMÉNTALO

1. ¿Cómo hallas el decimal que corresponde a la fracción?
2. ¿Cómo conviertes el decimal en porcentaje?
3. Si la fracción es más de $\frac{1}{2}$, ¿será el porcentaje más o menos del 50%?
4. Usa una oración completa para dar una respuesta razonable al problema de Explora.

Otros ejemplos

A A veces puedes hallar una fracción equivalente con el denominador 100.

$$\frac{3}{4} = \frac{75}{100} = 75\%$$

B Algunos porcentajes son más de 100.

$$\frac{5}{4} = \frac{125}{100} = 125\%$$

INTÉNTALO

Busca el porcentaje de cada fracción.

1. $\frac{1}{4}$ **2.** $\frac{3}{5}$ **3.** $\frac{1}{3}$ **4.** $\frac{5}{8}$ **5.** $\frac{7}{4}$ **6.** $\frac{5}{6}$

PRACTÍCALO

Halla una fracción equivalente con el denominador 100. Después escribe un porcentaje para cada fracción.

1. $\frac{2}{5}$ **2.** $\frac{3}{10}$ **3.** $\frac{1}{5}$ **4.** $\frac{6}{5}$

Reduce a fracción irreducible. Después halla la fracción equivalente con el denominador 100 y escribe el porcentaje.

5. $\frac{6}{30}$ **6.** $\frac{9}{12}$ **7.** $\frac{8}{16}$

8. $\frac{14}{20}$ **9.** $\frac{6}{15}$ **10.** $\frac{15}{12}$

Divide para hallar un decimal o decimal mixto para cada fracción. Después escribe el decimal como porcentaje.

11. $\frac{5}{8}$ **12.** $\frac{3}{5}$ **13.** $\frac{7}{4}$

14. $\frac{6}{5}$ **15.** $\frac{7}{8}$ **16.** $\frac{5}{3}$

APLÍCALO

RAZONAMIENTO MATEMÁTICO

17. ¿Cuál muestra la mejor oferta, el cartel **A** o el **B**?

A

B

RESOLUCIÓN DE PROBLEMAS

18. Tu sangre es 0.9 agua. ¿Qué porcentaje de tu sangre no es agua?

19. $\frac{2}{5}$ partes de tu peso son músculos. ¿Qué porcentaje es $\frac{2}{5}$? Cerca del 66% de tu peso es agua. ¿Es el peso de los músculos más el del agua, más o menos del 100%? ¿Qué te dice eso sobre los músculos?

▶ CÁLCULO MENTAL

Calcula mentalmente los porcentajes.

20. Si $\frac{4}{8} = 50\%$ y $\frac{1}{8} = 12\frac{1}{2}\%$, sabemos que $\frac{5}{8} =$ ▥ %.

21. Si $\frac{2}{8} = 25\%$ y $\frac{1}{8} = 12\frac{1}{2}\%$, sabemos que $\frac{3}{8} =$ ▥ %.

22. Si $\frac{6}{8} = 75\%$ y $\frac{1}{8} = 12\frac{1}{2}\%$, sabemos que $\frac{7}{8} =$ ▥ %.

Más práctica, página 515, grupo A

Más sobre porcentajes
Usa la calculadora

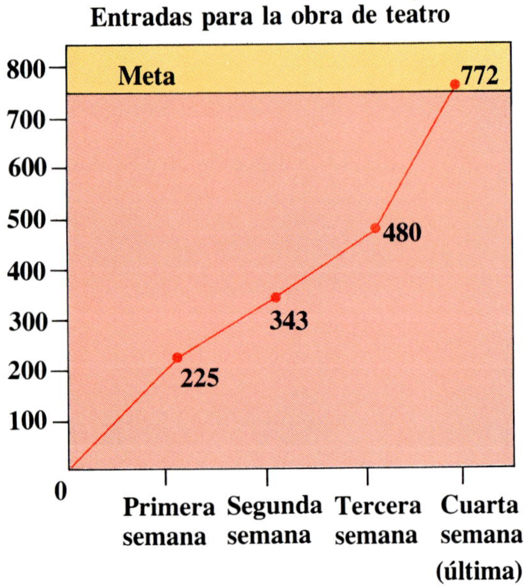

APRÉNDELO

EXPLORA **Analiza el proceso**

El comité de teatro quería vender 750 entradas. La gráfica lineal muestra el progreso en cuatro semanas. ¿Qué porcentaje (a la décima más cercana) del total tenían al final de la segunda semana?

El objetivo y las entradas vendidas pueden convertirse a fracciones y escribirse como porcentajes. Usa la calculadora para hallar el porcentaje.

$\frac{343}{750}$ = 343 [÷] 750 [=] [0.4573333]

Redondea a la milésima más cercana.	Piensa en las centésimas.	Escribe el porcentaje.
0.457	45.7 centésimas	45.7%

COMÉNTALO

1. ¿Qué números usas para hacer una fracción?
2. ¿Qué parte del problema sugiere que dividas?
3. Usa una oración completa para dar una respuesta razonable al problema.

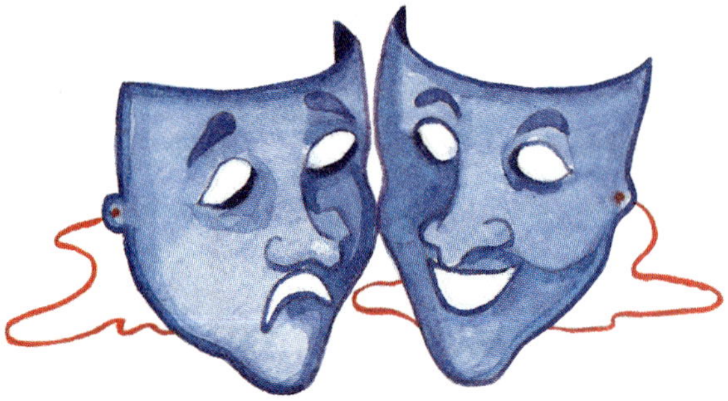

Otros ejemplos

A Porcentaje más cercano

$\frac{37}{89} \rightarrow 0.416 \rightarrow 42\%$

B Décima más cercana de un porcentaje

$\frac{356}{282} \rightarrow 1.262 \rightarrow 126.2\%$

INTÉNTALO

Usa la calculadora para escribir cada fracción a la décima más cercana de un porcentaje y al porcentaje más cercano.

1. $\frac{5}{7}$ **2.** $\frac{11}{12}$ **3.** $\frac{12}{11}$

4. $\frac{45}{86}$ **5.** $\frac{1}{125}$ **6.** $\frac{789}{567}$

PRACTÍCALO

Usa tu calculadora. Escribe cada fracción al porcentaje más cercano.

1. $\frac{6}{7}$ **2.** $\frac{5}{16}$ **3.** $\frac{7}{12}$ **4.** $\frac{12}{7}$ **5.** $\frac{3}{125}$ **6.** $\frac{17}{75}$

7. $\frac{42}{43}$ **8.** $\frac{43}{42}$ **9.** $\frac{400}{755}$ **10.** $\frac{687}{964}$ **11.** $\frac{308}{572}$ **12.** $\frac{762}{750}$

Escribe cada fracción a la décima más cercana de un porcentaje.

13. $\frac{5}{8}$ **14.** $\frac{2}{7}$ **15.** $\frac{5}{12}$ **16.** $\frac{8}{15}$

17. $\frac{1}{250}$ **18.** $\frac{9}{11}$ **19.** $\frac{14}{21}$ **20.** $\frac{3}{650}$

21. $\frac{38}{75}$ **22.** $\frac{394}{286}$ **23.** $\frac{286}{394}$ **24.** $\frac{675}{801}$

APLÍCALO

RAZONAMIENTO MATEMÁTICO

Cada fracción está cerca de un 25%, 50% ó 75%. Calcula mentalmente para saber de cuál.

25. $\frac{44}{87}$ **26.** $\frac{15}{59}$ **27.** $\frac{212}{283}$

28. $\frac{302}{407}$ **29.** $\frac{217}{862}$ **30.** $\frac{357}{728}$

RESOLUCIÓN DE PROBLEMAS

31. ¿Qué porcentaje del objetivo se alcanzó al faltar una semana?

32. ¿Por cuántos puntos de porcentaje se excedió en su objectivo el comité?

33. Una campaña para recaudar $1,000 alcanzó $\frac{3}{4}$ de su objectivo en tres semana. La semana siguiente recaudó $130. ¿Qué porcentaje alcanzó?

COMUNICACIÓN Escribe matemáticas para comprender

34. Usa tu calculadora para hallar los decimales de $\frac{2}{3}$ y $\frac{1}{3}$. Si se suman esos números, ¿dan el mismo resultado que $\frac{2}{3} + \frac{1}{3}$? Escribe una oración diciendo por qué son diferentes los números.

Recopilación y análisis de datos
Decisión de grupo

ENTIENDE
ANALIZA DATOS
PLANEA
ESTIMA
RESUELVE
EXAMINA

Haz una encuesta
Destrezas de grupo:
Verifica para comprender

En el Canadá la mayoría de los alumnos sabe el nombre del presidente de los EE.UU. ¿Crees que en los EE.UU. la mayoría de los alumnos sabe quién es el primer ministro del Canadá? ¿Crees que los adultos lo saben? Haz una encuesta para averiguarlo.

Recopila los datos

1. Habla con tu grupo. Elige cuatro países que salgan regularmente en las noticias en los EE.UU.
2. Haz una investigación para averiguar quiénes son los mandatarios de estos países si no lo sabes. Puedes consultar en un almanaque reciente.
3. Muestra la lista de países al menos a 15 adultos y a 15 jóvenes de tu edad. Pregúntales el nombre del mandatario de cada país. Haz una tabla para registrar si cada respuesta es correcta o no.

Mandatarios	Adultos	Jóvenes
Inglaterra	Correcto: 𝍸 𝍸 Incorrecto: 𝍸	Correcto: 𝍸 ||| Incorrecto: 𝍸 ||
Canadá	Correcto: 𝍸 || Incorrecto: 𝍸 |||	Correcto: 𝍸 𝍸 || Incorrecto: |||
	...to:	Correcto: ...rrecto:

Organiza los datos

4. Haz una gráfica de doble barra para comparar las respuestas de adultos y jóvenes. Muestra el número de respuestas correctas de los adultos y de los jóvenes para cada mandatario extranjero.

5. ¿Has rotulado y titulado tu gráfica?

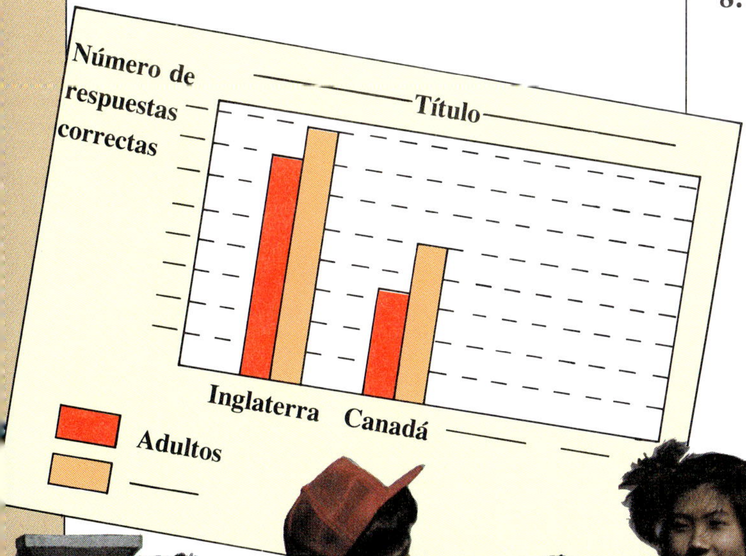

Presenta tu análisis

6. ¿Quiénes crees que están mejor informados sobre los mandatarios del mundo adultos o jóvenes? Di cómo llegaste a esa conclusión.

7. Escribe al menos tres declaraciones verdaderas acerca de la información de tu gráfica.

8. ¿Por qué es buena idea incluir el mismo número de adultos y jóvenes en tu muestra? ¿Qué otras cosas considerarías para asegurarte de que tienes una buena representación en tu muestra?

RESUMEN

¿Porcentaje o razón?

Da el porcentaje o la razón de cada descripción.

1. razón de fines de semana a días hábiles

2. razón de estados a capitales de estado

3. porcentaje igual a $\frac{1}{2}$

4. porcentaje igual a $\frac{1}{4}$

5. razón de estados a senadores de los Estados Unidos

6. porcentaje de 40 respuestas correctas en un examen de 100 preguntas

7. porcentaje de 35 respuestas correctas en un examen de 50 preguntas

Algunas veces, siempre, nunca

Determina cuál completa mejor las oraciones: *algunas veces, siempre* o *nunca.* Explica tus elecciones.

8. Si dos razones son iguales, sus fracciones _____ son equivalentes.

9. Si los productos cruzados de dos razones no son iguales, las razones _____ son iguales.

10. Si la sombra de una persona mide 12 pies, la sombra de un poste cercano de 6 pies de alto _____ mide 12 pies.

11. La escala de 100 millas a 1 pulgada _____ será apropiada cuando se hace un mapa.

12. Un candidato _____ puede ganar una elección con 30% del voto popular.

13. Si un equipo ha ganado más del 50% de sus partidos, _____ habrá ganado más veces de las que ha perdido.

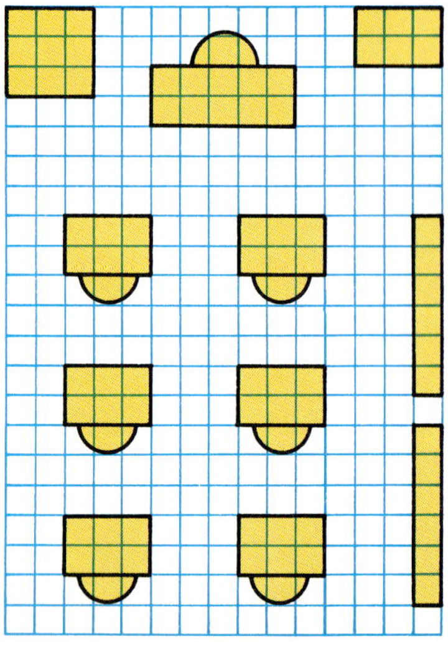

Proyecto

Haz un plano de una sección del salón de clases. Determina una escala razonable para el área escogida. Coloca objetos en esta área. (Es más fácil trabajar con objetos con formas geométricas regulares.) Usa una regla de centímetros y papel cuadriculado para dibujar los objetos a escala exacta y para medir las distancias entre ellos. Inventa problemas acerca del plano para tus compañeros.

Repaso del capítulo/Examen

1ª parte Entendimiento

En un tazón de fruta hay 5 manzanas, 2 plátanos y 3 peras.

1. ¿Cuál es la razón de peras a manzanas?

2. ¿Cuál es la razón de plátanos a peras?

3. Piensa en estas dos escalas: 1 cm : 2 mm y 1 cm : 2 m ¿Cuál será más probable que se use en un dibujo de la Estatua de la Libertad?

4. Ordena de menor a mayor 23%, $\frac{32}{100}$, 0.21.

5. ¿Qué fracción es la estimación más acertada de 36%: $\frac{3}{5}$, $\frac{3}{8}$, ó $\frac{1}{4}$?

6. Estima un porcentaje para el punto *A*, y para el punto *B*.

2ª parte Destrezas

¿Son iguales las razones? Escribe *sí* o *no*.

7. $\frac{2}{3}, \frac{6}{8}$

8. $\frac{7}{20}, \frac{35}{100}$

Resuelve la proporción.

9. $\frac{4}{5} = \frac{n}{30}$

10. $\frac{7}{6} = \frac{n}{48}$

11. Escribe en forma de razón, fracción, decimal y porcentaje: 37 de 100.

Escribe en forma de porcentaje.

12. $\frac{7}{50}$

13. $\frac{3}{8}$

Escribe cada fracción como porcentaje a la décima más cercana de un porcentaje.

14. $\frac{3}{16}$

15. $\frac{7}{11}$

3ª parte Aplicaciones

16. El mapa de una región está hecho a una escala de 1 plg = 22.5 millas. ¿A qué distancia aproximada se encuentran dos pueblos que están separados por cerca de $3\frac{3}{4}$ plgs?

17. Un árbol da una sombra de 6 m. Un poste cercano de 1.5 m de alto da una sombra de 3 m. ¿De qué altura es el árbol?

18. Desafío Donna tiene 6 monedas. Quiere comprar un artículo que cuesta $\frac{2}{3}$ de lo que costaba. Si el precio original era de $1.50, ¿será posible que Donna pague la cantidad exacta, usando sólo las 6 monedas?

ENRIQUECIMIENTO
Dibuja a escala

Haz un mapa del Condado mamífero a una escala de 1 cm = 15 km. Necesitarás una regla y papel cuadriculado de centímetros.

Primero, dibuja el contorno del condado. Es un cuadrado de 225 km por lado. Asigna al suroeste, o esquina inferior izquierda, las coordenadas (0, 0). Coloca el pueblo de Cerdo en el punto (2, 13).

Usa los datos que siguen para colocar los pueblos en el mapa.

1. Puerco espín está 60 km al sur de Cerdo.
2. Hueso de ballena está 45 km al sur y 75 al este de Puerco espín.
3. Bolsa de canguro está 112.5 km al norte de Hueso de ballena.
4. Chuleta de carnero está 135 km al este de Puerco espín.
5. Búfalo está 60 km al norte y 22.5 al este de Chuleta de carnero.
6. Cebra está 97.5 km al sur y 37.5 al este de Chuleta de carnero.
7. Nariz de alce está 90 km al oeste de Cebra.
8. Hoyo de ardilla está a medio camino entre Búfalo y Cerdo.

REPASO GENERAL

1. Resuelve para t. Calcula mentalmente: $t - 40 = 50$.

A. $t = 2{,}000$ **B.** $t = 10$

C. $t = \frac{4}{5}$ **D.** $t = 90$

2. Resta: $5\frac{2}{3} - 3\frac{1}{4}$.

A. $2\frac{1}{12}$ **B.** $2\frac{5}{12}$

C. $3\frac{11}{12}$ **D.** $2\frac{1}{4}$

3. Divide: $5 \div 1\frac{2}{3}$.

A. 3 **B.** $3\frac{1}{3}$

C. 4 **D.** $6\frac{2}{3}$

4. Halla el decimal periódico de $\frac{8}{24}$.

A. $0.\overline{16}$ **B.** $0.\overline{3}$

C. $\overline{3}$ **D.** $0.\overline{6}$

5. Escoge la respuesta más razonable: Un atleta firmó un contrato de 5 años por un total de $12.5 millones. Cada año recibe un aumento de sueldo. ¿Cuál sería su sueldo durante el primer año?

A. $150,000,000 **B.** $1,500,000

C. $3,000,000 **D.** $2,500,000

6. Resuelve. Calcula mentalmente: $\frac{3}{4} \times 60$.

A. 40 **B.** 80

C. 45 **D.** 15

7. ¿Cuántas caras tiene una pirámide cuadrangular?

A. 3 **B.** 4

C. 5 **D.** 6

8. Nombra la figura sólida.

A. pirámide triangular **B.** cubo

C. pirámide cuadrangular **D.** cuadrado

9. ¿Qué figura representa la arista de una caja de zapatos?

A. punto **B.** recta

C. segmento de recta **D.** semirrecta

10. ¿Cómo se llaman las rectas que se intersecan en forma de esquina cuadrada?

A. planas **B.** paralelas

C. oblicuas **D.** perpendiculares

11. El instructor del baile de Dana la hizo poner los pies en un ángulo de 120°. ¿Qué clase de ángulo es éste?

A. recto **B.** obtuso

C. llano **D.** agudo

12. El boceto del lado de un edificio hecho por Carl es un trapecio. ¿Cuántos pares de lados paralelos tiene?

A. 1 **B.** 4

C. 0 **D.** 2

11

USA EL PORCENTAJE

MATEMÁTICAS Y ESTUDIOS SOCIALES

BANCO DE DATOS

Usa el Banco de datos de estudios sociales (p. 471) para contestar las preguntas.

1 Según los pronósticos, para el año 2000 la población de los Estados Unidos será el doble de la del Japón. ¿Qué porcentaje de personas habrá en cada grupo de edades? ¿Cuántas personas habrá en cada grupo de edades?

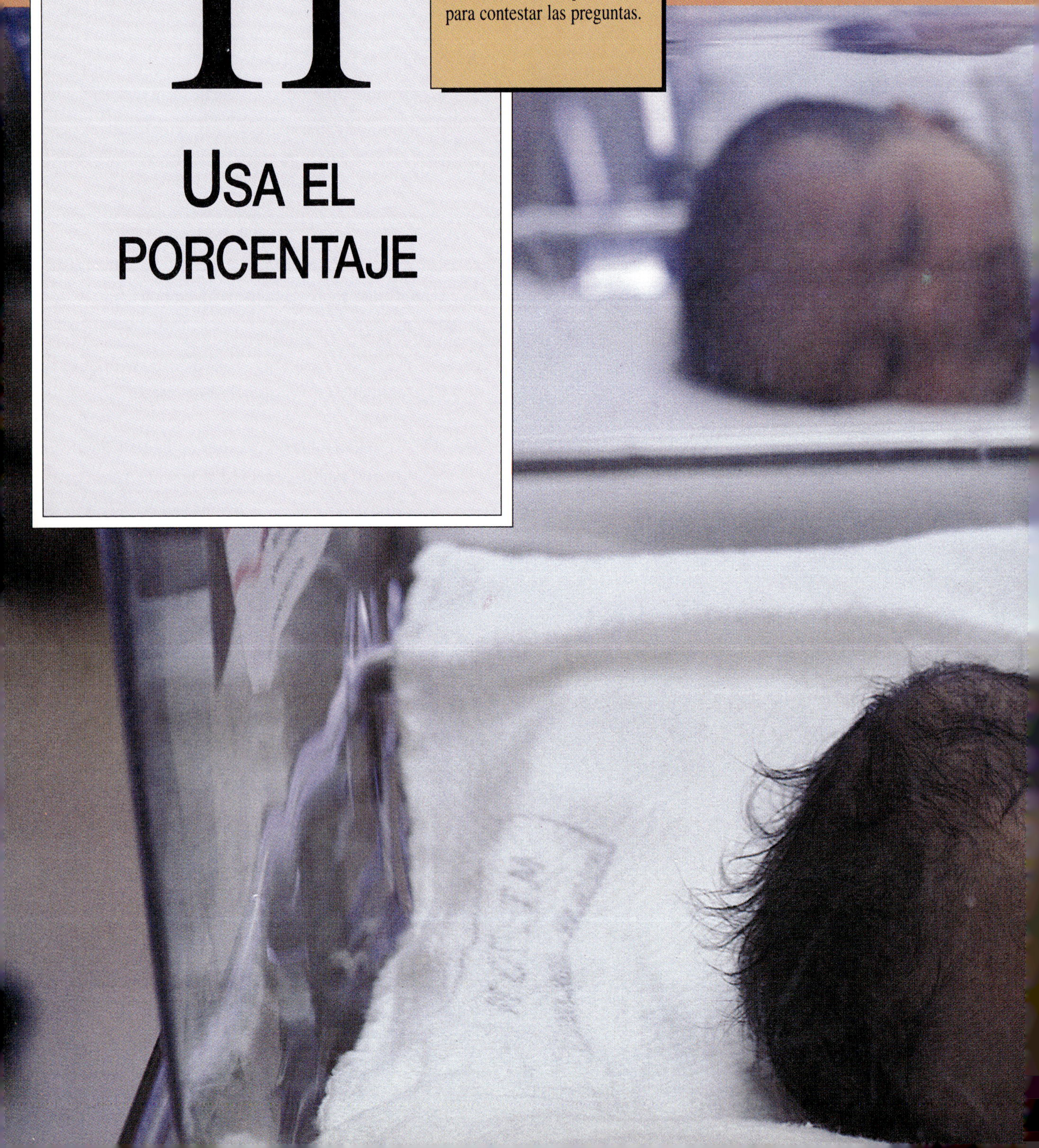

2 La tasa de incremento de la población mundial es diferente en distintas partes del mundo. ¿Qué países se espera que dupliquen su población para el año 2000?

3 La fuerza laboral de un país se compone de personas de 15 a 64 años de edad. ¿En qué países están trabajando aproximadamente los dos tercios de la población? ¿En cuáles, un tercio de la población tiene menos de 15 años?

4 **Pensamiento crítico**
Compara el porcentaje de la población actual mayor de 65 años de cada país, con la del año 2000. En los países industrializados, esta población está ______. En los países en desarrollo está ______. Explica.

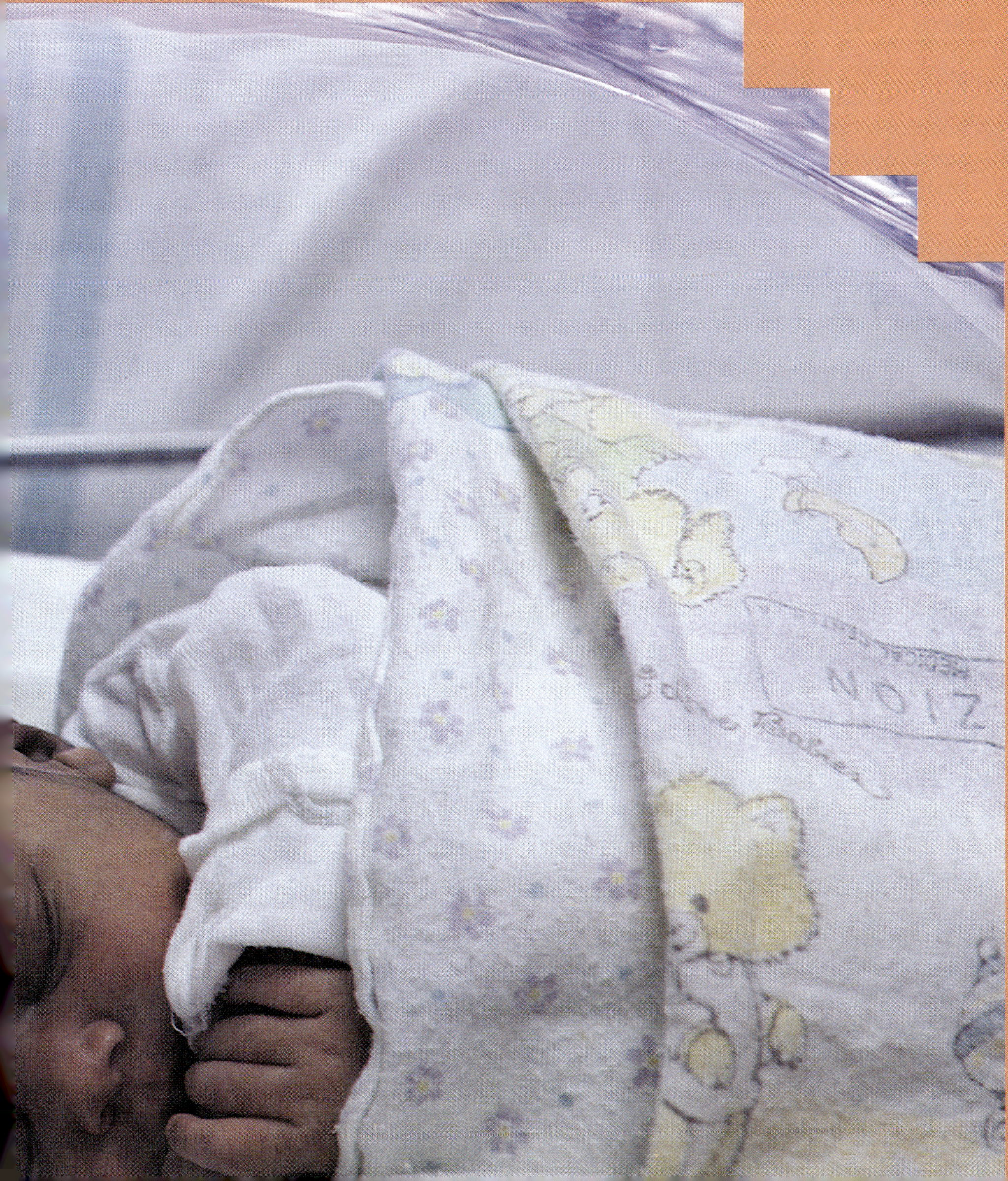

Halla el porcentaje de un número

APRÉNDELO

EXPLORA Analiza el proceso

Los sociólogos pronostican que en 1995, cerca del 0.13 de la población de los Estados Unidos tendrá 65 años de edad o más; $\frac{4}{13}$ de la población serán hombres de 18 a 64 años de edad y el 25% de la población será menor de 18 años. Si hay 260 millones de habitantes, ¿cuántas personas hay en cada grupo?

COMÉNTALO

1. ¿Cuánto es 0.13 de 260?
2. ¿Cómo puedes hallar $\frac{4}{13}$ de 260? ¿Cuánto es?
3. ¿Puedes escribir 25% como fracción o decimal? ¿Cuánto es 25% de 260?

- Para hallar el porcentaje de un número, cambia el porcentaje a fracción o decimal. Luego multiplica el número por la fracción o el decimal.

Ejemplos

A 75% de 24

$\frac{3}{4} \times 24 = 18$

$0.75 \times 24 = 18$

B $33\frac{1}{3}\%$ de 24

$\frac{1}{3} \times 24 = 8$

C 45% de 24

$0.45 \times 24 = 10.8$

INTÉNTALO

Halla el porcentaje de cada número. Usa fracciones.

1. 25% de 32 **2.** 10% de 32 **3.** $33\frac{1}{3}\%$ de 12 **4.** 50% de 48 **5.** 75% de 48

Halla el porcentaje de cada número. Usa decimales.

6. 24% de 30 **7.** 18% de 25 **8.** 72% de 15 **9.** 64% de 50 **10.** 94% de 64

PRACTÍCALO

Halla el porcentaje de cada número. Usa fracciones.

1. 75% de 92 **2.** 40% de 40 **3.** $33\frac{1}{3}$% de 78 **4.** 50% de 98

5. $66\frac{2}{3}$% de 51 **6.** 10% de 250 **7.** 25% de 52 **8.** 90% de 80

Halla el porcentaje de cada número. Usa decimales.

9. 19% de 26 **10.** 43% de 85 **11.** 76% de 95 **12.** 3% de 32

13. 87% de 24 **14.** $12\frac{1}{2}$% de 72 **15.** 24% de 36 **16.** 11% de 20

Halla el porcentaje de cada número. Escoge tu propio método.

17. 31% de 90 **18.** 75% de 240 **19.** $12\frac{1}{2}$% de 64 **20.** 50% de 68

21. 20% de 35 **22.** 45% de 180 **23.** 25% de 60 **24.** 67% de 320

APLÍCALO

RAZONAMIENTO MATEMÁTICO Escribe cada porcentaje sin multiplicar.

$32 \times 24 = 768$ **25.** 32% de 24 **26.** 24% de 32 **27.** 24% de 320

RESOLUCIÓN DE PROBLEMAS

28. Datos extras De los 305 millones de personas que se estima habrá en los Estados Unidos en el año 2030, unos 65 millones tendrán 65 años de edad o más. Cerca del 60% serán mujeres. Aproximadamente, ¿cuántos hombres tendrán 65 años de edad o más en el año 2030?

29. Banco de datos de estudios sociales Calcula los números al millón más cercano para completar estas declaraciones: En el año 2000, habrá ____ niños menores de 15 años más en Nigeria que los que había en 1975. Y habrá ____ niños nigerianos más que niños japoneses.

BANCO DE DATOS

CALCULADORA

Puedes usar la tecla de porcentaje [%] de tu calculadora para hallar el porcentaje de un número.

Ejemplo: 46% de 75 [ON/AC] 75 [×] 46 [%]

Usa la tecla de porcentaje para resolver.

30. 78% de 127 **31.** 34% de 96 **32.** 83% de 834 **33.** 7% de 975

Cálculo mental
El porcentaje de un número

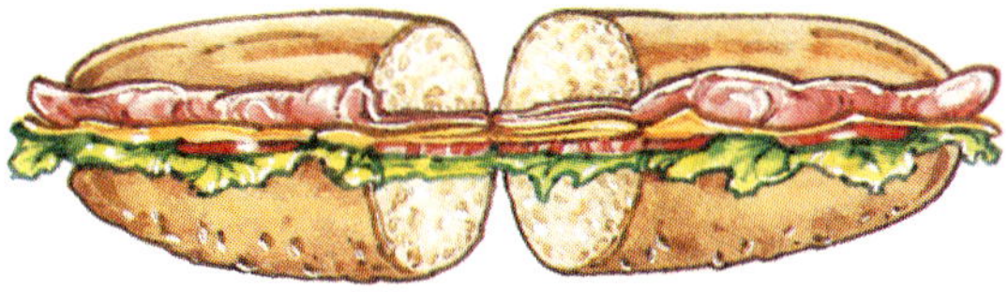

APRÉNDELO

Cuando se puede reemplazar un porcentaje con una fracción "fácil", es posible que puedas calcular mentalmente el porcentaje del número.

Algunos porcentajes con fracciones "fáciles"

$50\% = \frac{1}{2}$

$33\frac{1}{3}\% = \frac{1}{3}$

$25\% = \frac{1}{4}$

$20\% = \frac{1}{5}$

$12\frac{1}{2}\% = \frac{1}{8}$

$10\% = \frac{1}{10}$

EXPLORA **Estudia la información**

La carne es una fuente de proteína importante. Además de la proteína, la carne contiene muchas vitaminas y minerales esenciales. La carne contiene también abundante grasa. Por ejemplo, la hamburguesa tiene aproximadamente un 20% de grasa. ¿Cuántas onzas de grasa habrá en un paquete de hamburguesa de 15 onzas?

COMÉNTALO

1. ¿Hay una fracción fácil para 20%? ¿Cuál es?
2. ¿Puedes calcular mentalmente $\frac{1}{5}$ de 15? ¿Cómo?
3. Resuelve el problema de Explora.

Otros ejemplos

A $33\frac{1}{3}\%$ de 27

$\frac{1}{3} \times 27 = 9$

B 25% de 48

$\frac{1}{4} \times 48 = 12$

INTÉNTALO

Calcula mentalmente el porcentaje de cada número.

1. 10% de 40
2. 50% de 40
3. 25% de 40
4. $12\frac{1}{2}\%$ de of 240
5. $33\frac{1}{3}\%$ de 90
6. 25% de 240

PRACTÍCALO

Calcula mentalmente el porcentaje de cada número.

1. 25% de 32 **2.** 10% de 90 **3.** 50% de 18 **4.** $33\frac{1}{3}$% de 60

5. $12\frac{1}{2}$% de 40 **6.** $33\frac{1}{3}$% de 24 **7.** $12\frac{1}{2}$% de 160 **8.** 10% de 30

9. $33\frac{1}{3}$% de 270 **10.** 20% de 450 **11.** 25% de 240 **12.** 50% de 160

Halla el ahorro en cada artículo. Calcula mentalmente.

13. **14.**

15.

APLÍCALO

RAZONAMIENTO MATEMÁTICO

16. ¿Es verdad que el 20% de 25 es igual al 25% de 20?

Usa lo aprendido en el ejercicio 16 para calcular mentalmente:

17. 32% de 25 **18.** 35% de 20 **19.** 16% de $12\frac{1}{2}$ **20.** 21% de $33\frac{1}{3}$

RESOLUCIÓN DE PROBLEMAS

Resuelve calculando mentalmente.

21. Una libra tiene 16 onzas. ¿Cuántas onzas de grasa hay en 2 libras de cecina, que contiene un 25% de grasa?

22. Una costilla de res tiene $33\frac{1}{3}$% de grasa. ¿Cuántas libras de grasa hay en 15 libras de costillas? ¿Y en una porción de 12 onzas?

23. **Formula un problema por escrito** Escribe una pregunta sobre estos datos que se pueda contestar calculando mentalmente: la hamburguesa magra tiene 20% de grasa.

▶ ÁLGEBRA

Halla el porcentaje que falta.

24. *a*% de 12 es 6 **25.** *b*% de 12 es 3 **26.** *c*% de 12 es 4

Más práctica, página 515, grupo D

Estimación
Porcentaje de un número

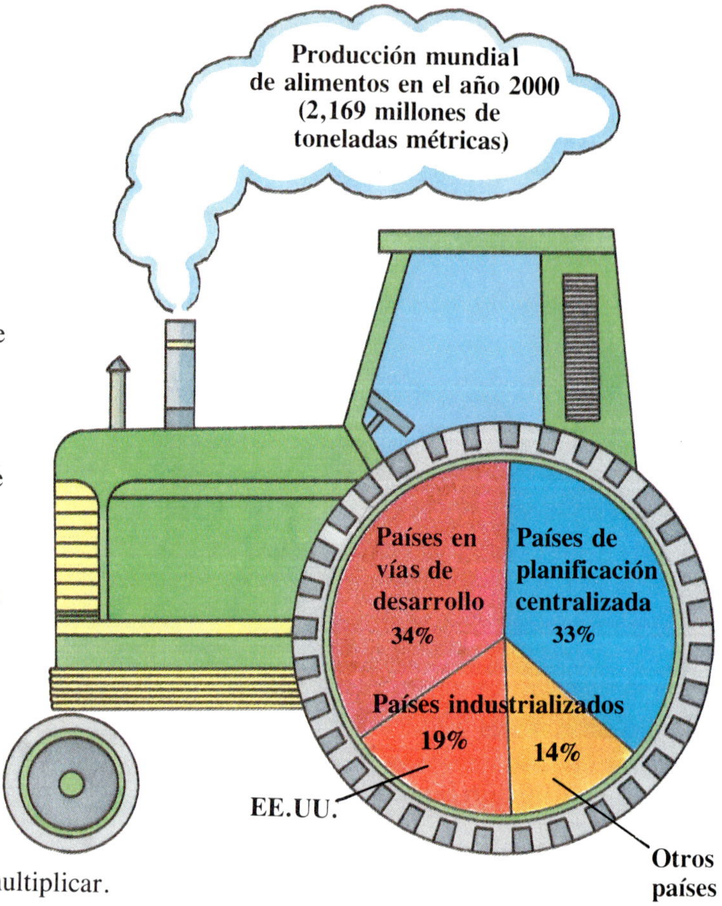

APRÉNDELO

A veces puedes usar fracciones "fáciles" y números compatibles para estimar el porcentaje de un número.

EXPLORA **Resuelve para comprender**

La gráfica muestra un pronóstico del porcentaje de la producción mundial de comida de ciertos países en el año 2000. ¿Cuántos millones de toneladas producirán los países de planificación centralizada?

COMÉNTALO

1. ¿Qué fracción "fácil" está cerca de 33%?

2. Explica cómo estimar $\frac{1}{3}$ de 2,169.

Puedes escoger números compatibles antes de multiplicar.

Para estimar el 19% de 2,169, piensa en $\frac{1}{5} \times 2{,}000 = 400$.

Para estimar el 34% de 2,169, piensa en $\frac{1}{3} \times 2{,}100 = 700$.

INTÉNTALO

Estima el porcentaje del número.

1. 32% de 24 **2.** 49% de 140 **3.** 21% de 37 **4.** 27% de 199

PRACTÍCALO

Estima el porcentaje de cada número.

1. 12% de 24 **2.** 51% de 60 **3.** 24% de 60 **4.** 33% de 60

5. 48% de 120 **6.** 21% de 45 **7.** 9% de 80 **8.** 13% de 80

9. 19% de 150 **10.** 11% de 120 **11.** 34% de 120 **12.** 21% de 350

13. 26% de 23 **14.** 33% de 28 **15.** 12% de 63 **16.** 49% de 151

17. 9% de 140 **18.** 13% de 49 **19.** 67% de 152 **20.** 11% de 49

APLÍCALO

RAZONAMIENTO MATEMÁTICO

Primero estima el porcentaje del número. Luego di si la estimación es una estimación alta o una estimación baja.

21. 33% de 11 **22.** 26% de 33 **23.** 48% de 19 **24.** 21% de 31

RESOLUCIÓN DE PROBLEMAS

Esta gráfica muestra el porcentaje de la provisión mundial de comida que es posible se consuma en ciertos países en el año 2000.

Consumo mundial de comida en el año 2000 (2,169 millones de toneladas métricas)

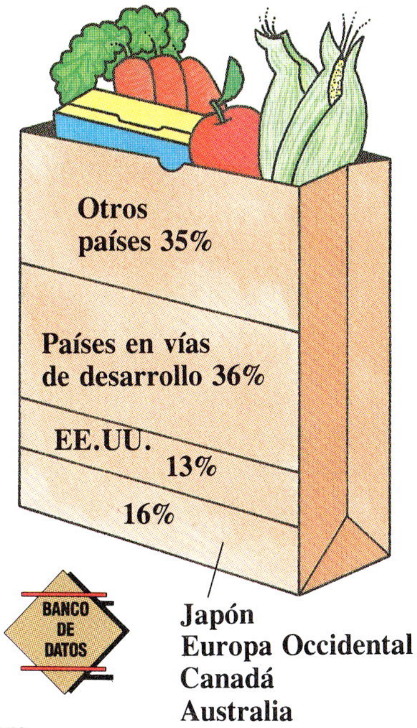

BANCO DE DATOS

25. En el año 2000, cerca del 4% de la población vivirá en los Estados Unidos. ¿Qué porcentaje de la provisión mundial de comida consumirá?

26. Redondea al millón más cercano y di cuántas toneladas menos de las que producirá, consumirá los Estados Unidos.

27. **Banco de datos de estudios sociales** ¿Qué grupo de países aumentará su población de 1975 a 2000

a. cerca de un 25%? **b.** cerca de un 100%?

CALCULADORA

Primero estima el porcentaje de cada número. Luego usa la calculadora para verificar cuán cerca está tu estimación.

28. 49% de 179 **29.** 24% de 319 **30.** 19% de 354 **31.** 34% de 175

Más práctica, página 515, grupo E

Pensamiento crítico

APRÉNDELO

Hay 24 alumnos en la clase de Jenny. La tabla muestra algunas actividades y el porcentaje de alumnos en cada una.

Porcentaje de la clase en cada club	
Club de ciencias $33\frac{1}{3}\%$	Club de teatro 50%
Club de matemáticas 25%	Club de deportes 75%

María miró la gráfica y dijo: "Algo está mal. Esos porcentajes suman más de 100%".
Tony declaró: "Hallé el número de alumnos de cada club y el total es mucho más de 24".
Jeno exclamó: "Algo está mal. Conozco a 2 alumnos que no están ni en el club de teatro ni en el de deportes".

COMÉNTALO

1. ¿Por qué cree María que el total de los porcentajes no debe ser más de 100%?
2. ¿Cómo calcularías la membrecía total del club? ¿Cuál es? ¿Cómo puede ser más de 24?
3. ¿Es posible que algunos de los alumnos no estén en ninguno de los clubes?
4. ¿Qué puedes deducir acerca de la membrecía en clubes de los alumnos en la clase de Jenny?

INTÉNTALO

Usa la tabla anterior para contestar estas preguntas.

1. ¿Cuál es el número mayor de alumnos que podría estar en ambos clubes, de ciencias y de matemáticas? ¿Y el menor?
2. ¿Cuál es el número mayor de alumnos que podría estar en ambos clubes, de teatro y de deportes? ¿Cuál es el menor?
3. ¿Cuál es el número mayor de alumnos que podría estar en los 4 clubes? ¿Cuál es el número menor?
4. Inventa tu propia pregunta acerca de la membrecía en los clubes. Pide a un compañero que la conteste.

REPASO PARCIAL/EXAMEN

Estima el porcentaje de cada número.

1. 24% de 59 **2.** 35% de 147 **3.** 19% de 250 **4.** 13% de 55

Halla el porcentaje de cada número. Clave: Primero calcula mentalmente.

5. 50% de 150 **6.** 75% de 88 **7.** $33\frac{1}{3}$% de 57 **8.** $66\frac{2}{3}$% de 63

9. 40% de 65 **10.** 5% de 80 **11.** 64% de 50 **12.** 92% de 25

13. 25% de 92 **14.** $12\frac{1}{2}$% de 24 **15.** 20% de 55 **16.** 10% de 250

17. $12\frac{1}{2}$% de 250 **18.** 15% de 64 **19.** 90% de 125 **20.** 4% de 125

21. 25% de 74 **22.** 30% de 12 **23.** $66\frac{2}{3}$% de 105 **24.** 48 % de 36

RESOLUCIÓN DE PROBLEMAS

25. La gráfica muestra resultados de una encuesta en la clase de Julie. Si los resultados son representativos de toda la escuela, ¿cuántos espacios para bicicletas se necesitan para 350 alumnos?

Cómo van los alumnos a la escuela

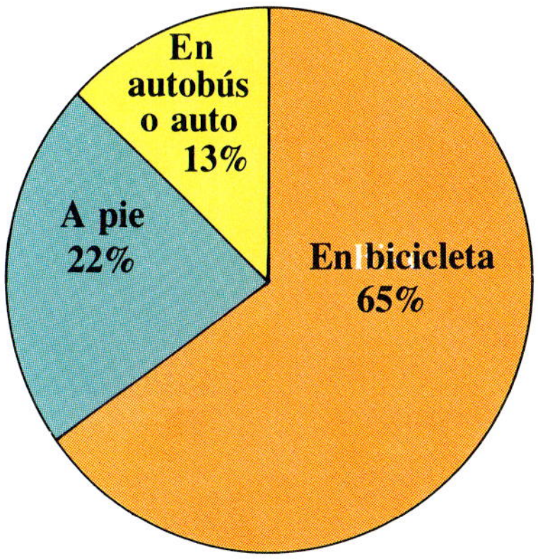

26. En 1980, unos 227 millones de personas vivían en los Estados Unidos y cerca del 32% eran menores de 20 años. Si 51% de esas personas eran hombres, ¿cuántos hombres aproximadamente eran menores de 20 años en 1980? (Clave: Primero estima cuántas personas eran menores de 20 años de edad).

27. En 1890, unos 63 millones de personas vivían en los Estados Unidos. Cerca de 12% eran menores de 5 años de edad, 34% tenían de 5 a 19 años, y sólo 4% tenían 65 años de edad o más. Estima cuántas personas había en cada grupo según las edades.

Resolución de problemas
Escoge un método de cálculo

ENTIENDE
ANALIZA DATOS
PLANEA
ESTIMA
RESUELVE
EXAMINA

APRÉNDELO

Cuando resuelves un problema, a menudo tienes que escoger un método de cálculo.

Métodos de cálculo
- Cálculo mental
- Papel y lápiz
- Calculadora

La gráfica circular muestra el porcentaje de miembros del club de cada año.

Club ciencias
40 miembros

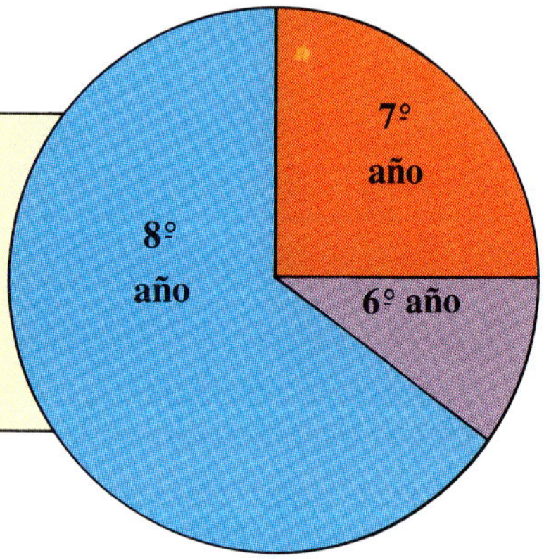

¿Cuántos niños de sexto año hay en el club de ciencias?

El 10% es igual a 0.10 ó 0.1. Puedo hallar fácilmente 0.1 de 40 calculando mentalmente.

¿Cuántos niños de séptimo año hay en el club?

El 25% es igual a $\frac{1}{4}$. También puedo hallar fácilmente $\frac{1}{4}$ de 40 calculando mentalmente.

¿Cuántos niños de octavo año hay en el club?

El 65% es igual a $\frac{65}{100}$, ó 0.65. No puedo hallar fácilmente el 65% de 40 calculando mentalmente. Debo usar papel y lápiz o una calculadora.

Cuando tengas que escoger un método de cálculo:

- primero intenta calcular mentalmente.
- si no puedes calcular mentalmente, escoge entre papel y lápiz o una calculadora.

INTÉNTALO

Di qué método escogiste para calcular y por qué. Luego resuelve.

1. 50% de 24 **2.** 50% de 296 **3.** 50% de 3,758 **4.** 25% de 36

5. $12\frac{1}{2}$% de 48 **6.** $12\frac{1}{2}$% de 456 **7.** $37\frac{1}{2}$% de 2,208 **8.** 40% de 200

PRÁCTICA COMBINADA

Escoge un método de cálculo apropiado y di por qué. Luego resuelve.

1. 10% de 80 **2.** 10% de 85 **3.** 25% de 80 **4.** 25% de 85

5. $33\frac{1}{3}$% de 6 **6.** $33\frac{1}{3}$% de 27 **7.** $33\frac{1}{3}$% de 75 **8.** $33\frac{1}{3}$% de 861

9. 75% de 100 **10.** 75% de 24 **11.** $12\frac{1}{2}$% de 16 **12.** $12\frac{1}{2}$% de 386

13. 20% de 15 **14.** 20% de 625 **15.** 68% de 54 **16.** 34% de 2,006

Resuelve. Escoge un método de cálculo apropiado.

17. Hay 24 alumnos en la clase de Karen. El 50% de ellos tiene un hermano o una hermana en la escuela. ¿Qué fracción de los alumnos tiene un hermano o una hermana en la escuela? ¿Cuál es el número de alumnos que tiene un hermano o una hermana?

18. Edward está en una clase de 13 niños y 12 niñas. El 40% de la clase va a la escuela en bicicleta. ¿Cuántos son? ¿Puedes decir cuántas niñas van a la escuela en bicicleta?

19. En la clase de Devin, 14 alumnos son más altos que Devin y 13 alumnos son más bajos que Devin. Si el 25% de la clase toma el autobús para la escuela, ¿cuántos no toman el autobús?

20. La clase de Valerie tiene 2 alumnos más que la clase de Ashley. Hay 50 alumnos entre las dos clases. ¿Cuántos hay en cada clase?

21. Scott preguntó a 50 alumnos cuál era su color favorito. $\frac{1}{5}$ escogió el rojo y 36 el azul. ¿Qué porcentaje escogió un color que no fuera rojo o azul?

22. El 90% de los alumnos en la clase de Trevor tiene algún animal en su casa. 3 de los alumnos no tienen animales. ¿Cuántos hay en la clase?

23. La clase de Courtney tiene 27 alumnos. $\frac{5}{9}$ de ellos son niñas. ¿Cuántos son niños?

24. **Datos que faltan** Inventa los datos que faltan para poder resolver el problema. El 40% de los alumnos de la clase de Mark son de la banda. ¿Cuántos no son de la banda?

Halla el interés

APRÉNDELO

EXPLORA Piensa en la situación

Danielle cargó $79.95 en su tarjeta de crédito. Cuando pagó la cuenta de la tarjeta vio que debía $81.15. ¿Por qué crees que tuvo que pagar más de lo que cargó en la tarjeta?

COMÉNTALO

1. ¿Cuánto más de lo que cargó en la tarjeta pagó Danielle por la cuenta?
2. ¿En qué se parece pagar algo con una tarjeta de crédito a pedir prestado dinero?

El **interés** es una tarifa que se paga por usar dinero. Si usas el dinero de otra persona, tú le pagas interés. Si otra persona usa tu dinero, ella te pagará a ti interés.

La cantidad de dinero en interés que pagas (o recibes) depende de tres cosas:

- La **cantidad** de dinero prestado
- La **tasa** de interés
- El plazo de **tiempo** para la devolución

Ejemplos

A Prestas $400 al 8% por año durante 1 año

Recibes un interés de ⟶ $\$400 \times 0.08 \times 1 = \$32$

B Pides prestado $400 al 15% por año durante 2 años

Pagas un interés de ⟶ $\$400 \times 0.15 \times 2 = \$120$

INTÉNTALO

Halla el interés.

1. Pide prestado: $320
   Tasa de interés: $12\frac{1}{2}\%$ por año
   Plazo: 1 año
2. Presta: $250
   Tasa de interés: 6% por año
   Plazo: 6 meses
3. Pide prestado: $1,000
   Tasa de interés: 16% por año
   Plazo: 3 años

PRACTÍCALO

Halla el interés.

1. Pide prestado: \$240
   Tasa: 20% por año
   Plazo: 1 año

2. Pide prestado: \$175
   Tasa: 10% por año
   Plazo: 2 años

3. Pide prestado: \$456
   Tasa: $12\frac{1}{2}\%$ por año
   Plazo: 1 año

4. Presta: \$400
   Tasa: 8% por año
   Plazo: 2 años

5. Presta: \$58
   Tasa: 10% por año
   Plazo: 9 meses

6. Presta: \$1,000
   Tasa: $12\frac{1}{2}\%$ por año
   Plazo: 2 años

Estima y luego halla el interés.

7. Pide prestado: \$44.95 Tasa: 20% por año Plazo: 2 años

APLÍCALO

RAZONAMIENTO MATEMÁTICO

8. Supón que pediste prestado \$100. ¿Qué tasa de interés pagaste si el interés fue \$20 por 1 año? ¿Y \$20 por 2 años?

RESOLUCIÓN DE PROBLEMAS

9. Mallory tiene \$450 en una cuenta de ahorros que paga el 6% al año. Su cuota del club es \$2.50 al mes. ¿Recibe interés suficiente para pagar su cuota del club?

10. **Formula un problema por escrito** Haz una pregunta acerca de estos datos. Luego resuelve el problema.

    Nathan puso \$250 en una cuenta que pagaba una tasa de interés del 7% por año. A fin de año retiró \$65.50 para ropa.

REPASO COMBINADO

Resuelve las proporciones.

11. $\frac{4}{5} = \frac{n}{15}$ **12.** $\frac{7}{10} = \frac{n}{40}$ **13.** $\frac{1}{2} = \frac{n}{12}$ **14.** $\frac{3}{8} = \frac{n}{48}$ **15.** $\frac{7}{3} = \frac{n}{9}$

Escribe cada decimal o fracción como porcentaje.

16. 0.83 **17.** $\frac{1}{2}$ **18.** 0.12 **19.** 0.05 **20.** $\frac{2}{5}$ **21.** $\frac{3}{20}$

Evalúa cada expresión algebraica para $a = 7.2$, $b = 5.3$ y $c = 2.1$.

22. $(a + b) + c$ **23.** $a + (b + c)$ **24.** $3 \times (a + b)$ **25.** $(3 \times a) + (3 \times b)$

Precios de rebaja y descuentos

APRÉNDELO

EXPLORA **Piensa en la situación**

Las tiendas a menudo tienen rebajas y venden la mercancía a precios más bajos del precio marcado. Aquí hay algunos anuncios típicos de rebajas que podrías ver en un periódico o aparador de tienda.

COMÉNTALO

1. ¿Por qué crees que los gerentes de las tiendas hacen rebajas?
2. ¿Crees que puedes ahorrar mucho dinero comprando en las rebajas?
3. ¿Cuál de estas rebajas te parece más atractiva? ¿Por qué?
4. ¿Qué palabras clave sugieren que se rebaja el precio normal?

■ Para hallar el **precio de rebaja,** se resta el **descuento** del precio normal.

Ejemplos

A \$20 al 25% menos
$0.25 \times \$20 = \$5$ de descuento
$\$20 - \$5 = \$15$ precio de rebaja

B \$75 al 40% menos
$0.40 \times \$75 = \$30$ de descuento
$\$75 - \$30 = \$45$ precio de rebaja

INTÉNTALO

Halla el descuento y el precio de rebaja.

1. \$125 al 25% menos
2. \$24 al 10% de descuento
3. \$36 al $\frac{1}{3}$ menos
4. \$6.95 al 20% menos
5. \$12.50 al 30% menos
6. \$12.88 al 25% menos

PRACTÍCALO

Halla el descuento y el precio de rebaja.

1. \$100 al 20% menos

2. \$49.90 al 10% de descuento

3. \$24.50 al 25% de descuento

4. \$340 al 50% menos

5. \$7.99 al $12\frac{1}{2}\%$ menos

6. \$25 a $\frac{1}{4}$ menos

7. \$32.50 al 20% de descuento

8. \$375 a $33\frac{1}{3}\%$ de descuento

9. \$15.75 al 15% menos

10. \$19.80 al 5% de descuento

Estima y halla el precio de rebaja.

11. \$39.95 al 25% de descuento

12. \$58.98 a $33\frac{1}{3}\%$

APLÍCALO

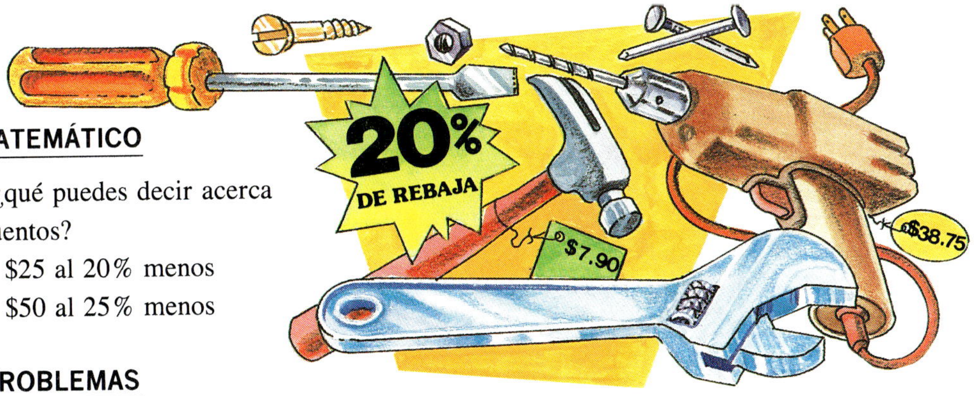

RAZONAMIENTO MATEMÁTICO

13. Sin calcular, ¿qué puedes decir acerca de estos descuentos?
\$20 al 25% y \$25 al 20% menos
\$25 al 50% y \$50 al 25% menos

RESOLUCIÓN DE PROBLEMAS

14. Mei podía obtener un descuento del 10% si compraba más de \$20 en mercancía. Los artículos que compró costaron \$4.95, \$12.49 y \$1.98. ¿Pudo Mei obtener el descuento?

15. Ryan entró a una ferretería que tenía rebajas de un 20%. Los precios de sus dos compras fueron \$38.75 y \$7.90. ¿Cuánto ahorró Ryan en las rebajas?

16. Geraldo compró un libro a \$17.95. Obtuvo un descuento de \$3.59 pero tuvo que pagar \$0.72 en impuestos. ¿Cuánto gastó Geraldo en el libro?

17. Jessica compró un juego a \$14.96. Obtuvo un descuento de 25%. El impuesto de venta fue \$0.67. ¿Cuánto gastó Jessica en el juego?

COMUNICACIÓN Escribe para aprender

18. Llena los espacios con números en la forma pedida.

\$0.25 es igual al ________ (decimal) de \$1.00, al ________ (porcentaje) de \$1.00 y a ________ (fracción) de \$1.00.

Más práctica, página 516, grupo B

Resolución de problemas
Datos de una tabla de impuestos

ENTIENDE
ANALIZA DATOS
PLANEA
ESTIMA
RESUELVE
EXAMINA

APRÉNDELO

Para hallar el impuesto de venta en una compra, hallas el porcentaje del precio de la compra. La tabla muestra impuestos de venta con una tasa del $6\frac{1}{2}\%$. Si no tienes una tabla, tendrás que calcular el impuesto.

Tablas de impuesto de ventas ($6\frac{1}{2}\%$)

Transacción	Impuesto	Transacción	Impuesto	Transacci
5.31–5.46	.35	10.70–10.84	.70	16.08–16.23
5.47–5.61	.36	10.85–10.99	.71	16.24–16.3
5.62–5.76	.37	11.00–11.15	.72	16.39–16.5
5.77–5.92	.38	11.16–11.30	.73	16.54–16.6
5.93–6.07	.39	11.31–11.46	.74	16.70–16.8
6.08–6.23	.40	11.47–11.61	.75	16.85–16.9
6.24–6.38	.41	11.62–11.76	.76	17.00–17.1
6.39–6.53	.42	11.77–11.92	.77	17.16–17.3
6.54–6.69	.43	11.93–12.07	.78	17.31–17.4
6.70–6.84	.44	12.08–12.23	.79	17.47–17.6
6.85–6.99	.45	12.24–12.38	.80	17.62–17.
7.00–7.15	.46	12.39–12.53	.81	17.77–17.9
7.16–7.30	.47	12.54–12.69	.82	17.93–18.
7.31–7.46	.48	12.70–12.84	.83	18.08–18.
7.47–7.61	.49	12.85–12.99	.84	18.24–18.
7.62–7.76	.50	13.00–13.15	.85	18.39–18.
7.77–7.92	.51	13.16–13.30	.86	18.54–18.
7.93–8.07	.52	13.31–13.46	.87	18.70–18.8
8.23	.53	13.47–13.61	.88	18.85–18.99
[illegible]	.54	13.6	[illegible]	19.00–19

Dawn vive en un área donde el impuesto de venta es del $6\frac{1}{2}\%$. ¿Cuánto gastó en cada tienda si compró artículos por $12.95 en la primera tienda y por $25.49 en la segunda tienda?

Usaré la tabla de impuestos para hallar el impuesto de $12.95. Luego lo sumaré a $12.95.

12.85–12.99	.84

$12.95 + $0.84 = $13.79

Hallaré el impuesto de $25.49. No encuentro $25.49 en la tabla. Usaré la calculadora. Luego sumaré el impuesto a $25.49.

$25.49 \times 0.065 = 1.65685$

Redondeando al centavo más cercano, el impuesto es $1.66.

$25.49 + $1.66 = $27.15

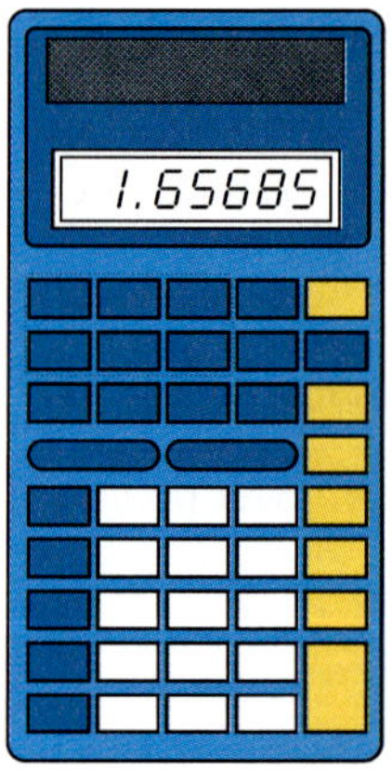

Dawn gastó $13.79 en la primera tienda y $27.15 en la segunda.

INTÉNTALO

Halla el costo total de cada compra. Usa la tabla de impuestos cuando puedas. Usa tu calculadora para los demás.

1. Compra: $6.49
Tasa de impuesto: $6\frac{1}{2}\%$

2. Compra: $6.49
Tasa de impuesto: 5.4%

3. Compra: $14.95
Tasa de impuesto: $6\frac{1}{2}\%$

4. Compra: $11.39
Tasa de impuesto: 6.5%

PRÁCTICA COMBINADA

Resuelve los problemas. Usa la tabla de impuestos cuando puedas. Usa la calculadora cuando no puedas usar la tabla.

1. Irene compró un pantalón vaquero que costaba $13.49. ¿Cuánto impuesto hay que sumar al costo si la tasa es del $6\frac{1}{2}$%? ¿Cuál es el costo total?

2. Miguel compró un juego a $12.98 con un descuento del 25%. Pagó un impuesto de venta de $0.54. ¿Cuál fue su costo total?

3. Anthony compró una camiseta a $3.95 y un par de pantalones cortos a $8.98. ¿Cuál es el costo total de estos artículos si la tasa de impuesto es del $6\frac{1}{2}$%?

4. Chad tuvo que pagar 73 centavos de impuesto cuando compró 6 pares de calcetines. Estima el costo de cada par si la tasa de impuesto es del $6\frac{1}{2}$%.

5. El señor Lu tiene una tienda de ropa. Multiplicó el costo de un par de zapatos por 1.75 y luego sumó un impuesto de venta de $2.96. El costo para Genna, la compradora, fue de $48.46. ¿Cuál era el costo original del señor Lu?

6. Anna gastó $6.70 en una bufanda incluyendo un impuesto de $0.41. El impuesto era del $6\frac{1}{2}$%. ¿Cuánto costaba la bufanda sin impuesto?

7. Carolyn vio una blusa rebajada a $13.49. ¿Cuánto será el impuesto si la tasa es de $5\frac{1}{2}$%? ¿El costo total?

8. Crystal dio un billete de $20 al empleado cuando compró un suéter a $18.95. ¿Fue suficiente dinero si la tasa de impuesto de venta era del 6%?

9. Tyne compró una bufanda que estaba rebajada a $9.95. ¿Cuánto recibirá de cambio si paga con un billete de $20 y la tasa de impuestos es del $4\frac{1}{2}$%?

10. **Piensa en tu solución** Quieres comprar un vagón de tren y un letrero con el nombre del vagón para ponerlos en tu tren eléctrico de juguete. Los vagones se venden en color plateado ($18.98), rojo ($17.39) y azul ($19.49). Hay letreros con los nombres de Mule Train R.R. ($3.19) y Overland R.R. ($1.59). ¿Cuántas posibilidades diferentes tienes? ¿Qué combinación de vagón y letrero es menos costosa? ¿Cuál es el costo total, si el impuesto es del 5.5%?
    - **a.** Muestra los pasos que diste para resolver el problema.
    - **b.** Usa oraciones completas para escribir tu respuesta.
    - **c.** Nombra la estrategia que usaste para resolver el problema.

Aplicación de Resolución de problemas
Decisión de grupo

ENTIENDE
ANALIZA DATOS
PLANEA
ESTIMA
RESUELVE
EXAMINA

Destreza de grupo:
Explica y resume

Has ganado y ahorrado $50 para gastar en la decoración de tu cuarto.

Datos a considerar

- Tu cuarto está pintado de oscuro y lo quieres hacer más alegre con colores claros.
- Los utensilios necesarios para colgar un cartel sin marco valen $0.25 y para colgar un cartel con marco, valen $0.45.
- El impuesto de venta en tu estado es 6%. No tienes que pagar impuesto en los artículos comprados a través de anuncios del periódico.

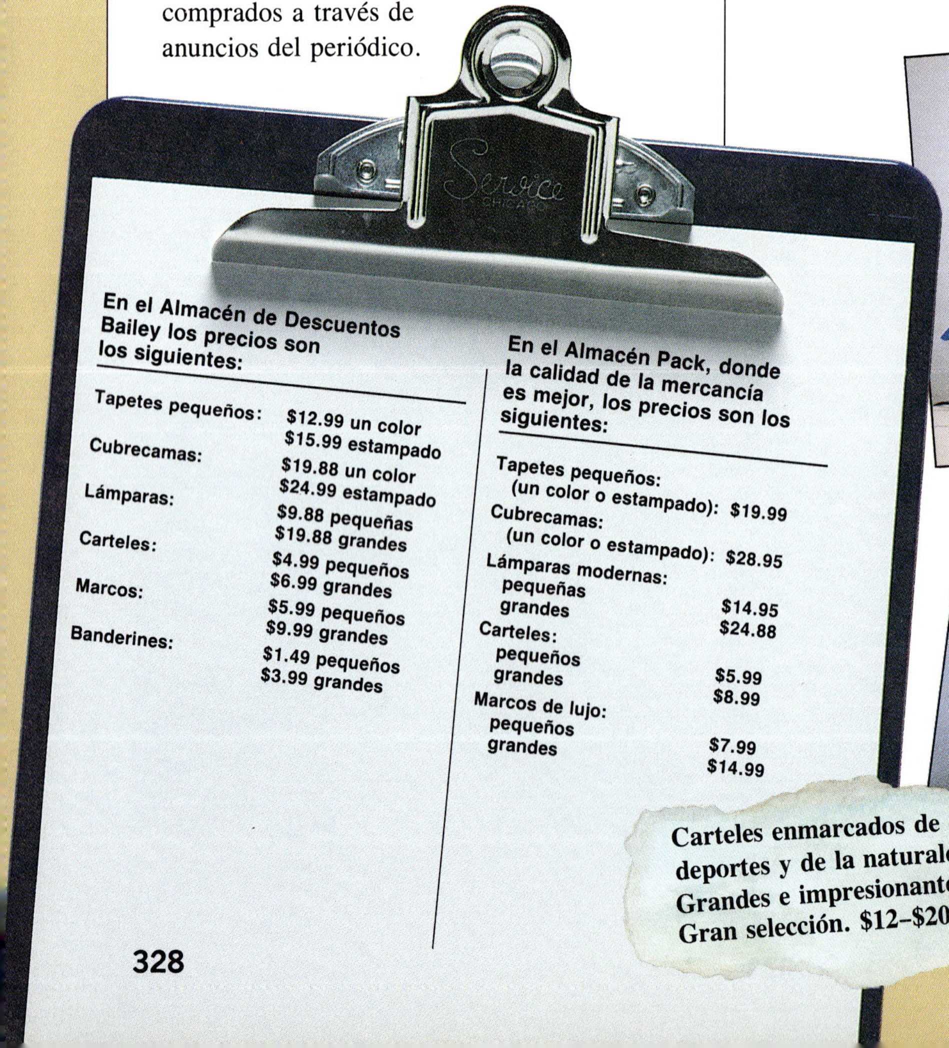

En el Almacén de Descuentos Bailey los precios son los siguientes:

Tapetes pequeños:	$12.99 un color $15.99 estampado
Cubrecamas:	$19.88 un color $24.99 estampado
Lámparas:	$9.88 pequeñas $19.88 grandes
Carteles:	$4.99 pequeños $6.99 grandes
Marcos:	$5.99 pequeños $9.99 grandes
Banderines:	$1.49 pequeños $3.99 grandes

En el Almacén Pack, donde la calidad de la mercancía es mejor, los precios son los siguientes:

Tapetes pequeños: (un color o estampado):	$19.99
Cubrecamas: (un color o estampado):	$28.95
Lámparas modernas: pequeñas	$14.95
grandes	$24.88
Carteles: pequeños	$5.99
grandes	$8.99
Marcos de lujo: pequeños	$7.99
grandes	$14.99

Preguntas para contestar

1. ¿Entre qué lámparas diferentes puedes elegir? ¿Cuánto cuesta la más cara? ¿Y la más barata?

2. Supón que compraste un marco grande en Bailey para un cartel grande de Pack ¿Qué más deberías comprar para colgar el cartel con marco?

   ¿Cuál sería el costo total con el impuesto?

   ¿Cuánto te quedaría por gastar?

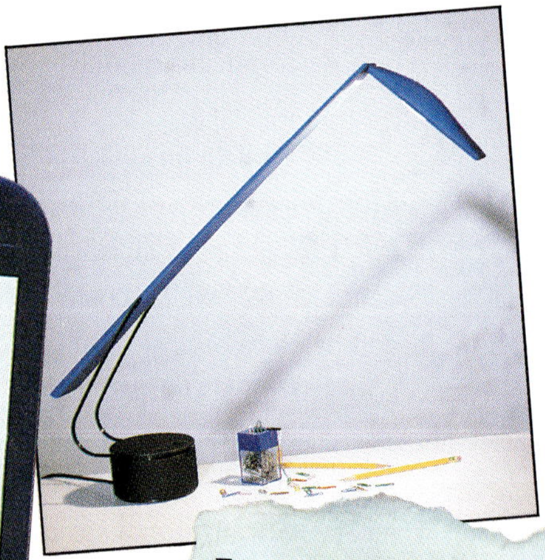

Excelente lámpara, casi nueva Tamaño conveniente. $18 o mejor oferta.

Carteles enmarcados de deportes y de la naturaleza. Grandes e impresionantes. Gran selección. $12–$20.

¿Cuál es tu decisión?

3. Supón que compraste la lámpara del anuncio del periódico y un cubrecama estampado en Bailey. ¿Cuánto costarían incluyendo el impuesto?

Haz una lista para mostrar los artículos que comprarías. Pon el precio de cada uno y el costo total incluyendo el impuesto. ¿Te sobraría dinero?

RESUMEN

¿Cuál es el nuevo precio?

Relaciona la descripción del artículo con el nuevo precio. Calcula mentalmente o estima si el hacerlo tiene sentido.

1. tocacintas de $250 rebajado un 50%

2. cartel de $79.95 aumentado un 5%

3. radio de $61.95 rebajado en $\frac{1}{3}$

4. vestido de $120 rebajado a $\frac{2}{5}$ del precio de lista

5. chaqueta de $80 con aumento de precio del 25%

a. $125

b. $48

c. $40

d. $100

e. $84

Algunas veces, siempre, nunca

Determina cuál completa mejor las oraciones: *algunas veces, siempre* o *nunca.* Explica tus elecciones.

6. Para hallar el porcentaje de un número, multiplica _____ el número por la fracción o el decimal de ese porcentaje.

7. El 50% de un número _____ es la mitad de ese número.

8. La tasa de interés _____ es lo único que determina la cantidad de interés.

9. Cuando depositas dinero en un banco, el banco _____ toma prestado tu dinero.

10. Cuando se rebaja de precio un artículo, _____ disminuye la cantidad de impuesto sobre la venta.

Proyecto

Quieres abrir una tienda de mascotas exóticas. Empieza por darle un nombre y hacer un inventario de mascotas curiosas. Haz una lista de precios. Analiza tu inventario para determinar en qué época del año aumentar los precios y cuándo ofrecer rebajas. Usa porcentajes y fracciones para mostrar los cambios de precio. Cómprales mascotas a otros y vende algunas tuyas. Anota estos cambios en tu inventario. (Asegúrate de incluir el impuesto local sobre la venta.)

REPASO DEL CAPÍTULO/EXAMEN

1ª parte Entendimiento

Di si la estimación es alta o baja.

1. 27% de 16 es 3.

2. 47% de 60 es 31.

3. Supón que pediste \$100 prestados. ¿Qué tasa de interés pagaste si el interés era de \$15 por 1 año?

2ª parte Destrezas

Usa decimales o fracciones para hallar el porcentaje de cada número.

4. 75% de 64

5. $66\frac{2}{3}$% de 54

Calcula mentalmente el porcentaje de cada número.

6. 50% de 140

7. 20% de 250

Estima el porcentaje de cada número.

8. 11% de 80

9. 24% de 200

Di qué método de cálculo escogiste. Luego resuelve.

10. $33\frac{1}{3}$% de 75

11. 48% de 40

12. 75% de 400

3ª parte Aplicaciones

13. Miguel compró un disco con un precio de lista de \$12.50 a un 30% menos. ¿De cuánto era el descuento? ¿Cuál era el precio de venta?

14. Gail compró una blusa a \$12 y un pantalón a \$18.90. Si las dos prendas estaban rebajadas un $33\frac{1}{3}$% y el impuesto sobre la venta era de 8%, ¿cuánto gastó?

15. Janice pidió prestados \$300 por 6 meses a una tasa de interés del 10% por año. ¿Qué interés paga ella?

16. **Desafío** Juntos, Meg y John gastaron 50% del dinero de la caja en útiles. Luego Alex gastó 50% de lo que quedaba en comida. Si quedaban todavía \$8, ¿cuánto dinero había en la caja al comienzo?

ENRIQUECIMIENTO
Porcentajes de área

El área del cuadrado rojo representa 100% de las actividades de esta página. ¿Ves por qué el cuadrado azul encierra 25% del área total?

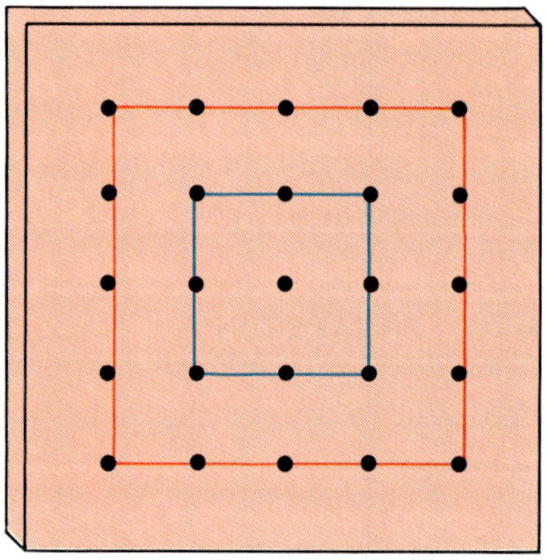

Puedes usar la calculadora para hallar el porcentaje. Hay 16 cuadraditos en el cuadrado rojo. Cada cuadradito es $\frac{1}{16}$ ó 0.0625 del cuadrado.

$$\frac{1}{16} = 1 \div 16 = 0.0625 = 6\frac{1}{4}\%$$

Ya que el cuadrado azul tiene 4 cuadraditos, el área es de $4 \times 6\frac{1}{4}$ ó 25%.

¿Hay otra manera de mostrar que el cuadrado azul es el 25%?

Da el porcentaje para el área de cada bosquejo azul.

1.

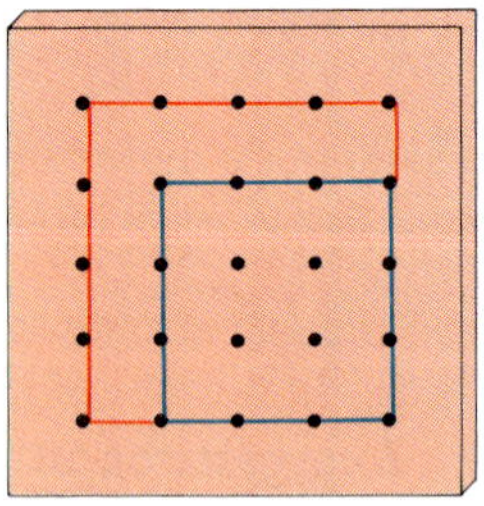

2.

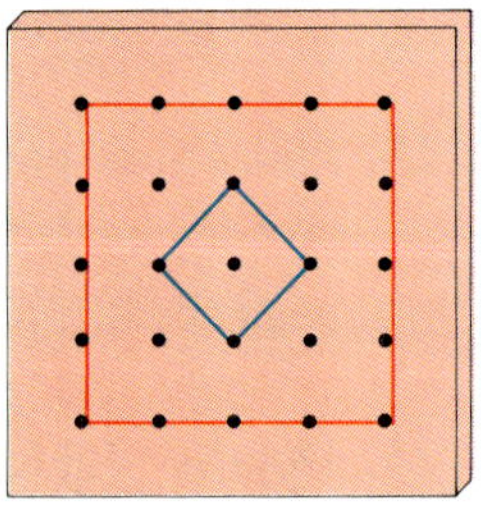

3.

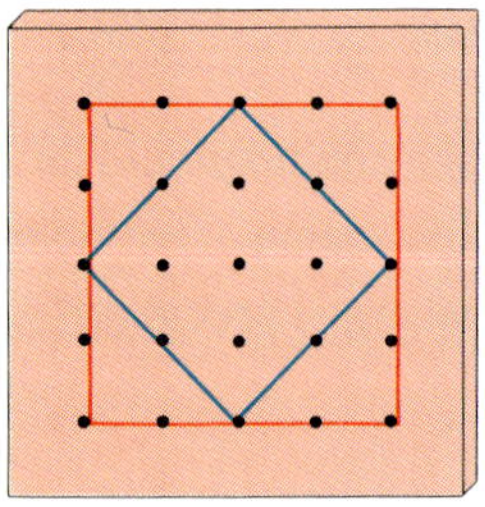

4.

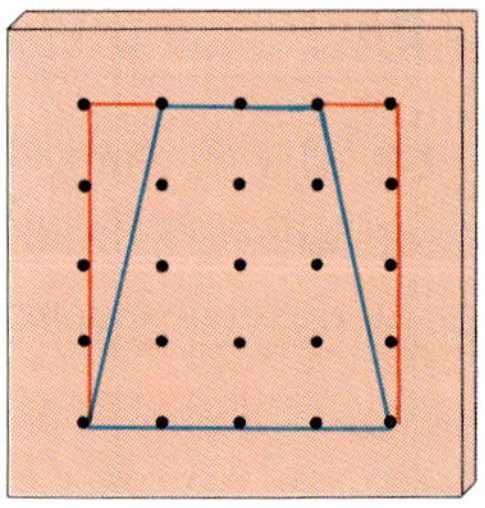

5. El triángulo rojo tiene un área de $12\frac{1}{2}\%$ del cuadrado grande. ¿Cuántas figuras de triángulo distintas puedes hallar con un área de $12\frac{1}{2}\%$? Muestra tus respuestas en papel de puntos o papel cuadriculado.

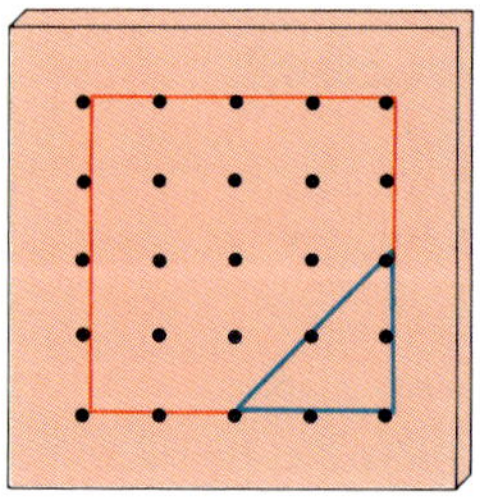

REPASO GENERAL

1. Calcula mentalmente para resolver: $\frac{7}{8} \times 32$.
   A. 36 B. 28
   C. 30 D. 24

2. Halla el producto: $\frac{3}{8} \times \frac{2}{9}$.
   A. $\frac{5}{17}$ B. $\frac{16}{27}$
   C. $\frac{5}{72}$ D. $\frac{1}{12}$

3. Estima el producto: $4\frac{5}{6} \times 3\frac{1}{8}$.
   A. 10 B. 12
   C. 15 D. 20

4. Un poste de 12 pies tiene una sombra de 4.5 pies y un arbusto cercano una sombra de 1.5 pies . ¿Cuán alto es el arbusto?
   A. 4 pies B. 9 pies
   C. 18 pies D. 6.75 pies

5. Una imagen reflejada se forma al:
   A. rotar una figura B. voltear una figura
   C. trasladar una figura D. girar una figura

6. Nombra el polígono que se forma al marcar en una gráfica los puntos siguientes: (3, 6), (7, 6), (6, 3) y (2, 3).
   A. paralelogramo B. cuadrado
   C. trapecio D. rectángulo

7. Las figuras son semejantes. ¿Cuál es la longitud que falta?
   A. 5 B. 8
   C. 15 D. 10

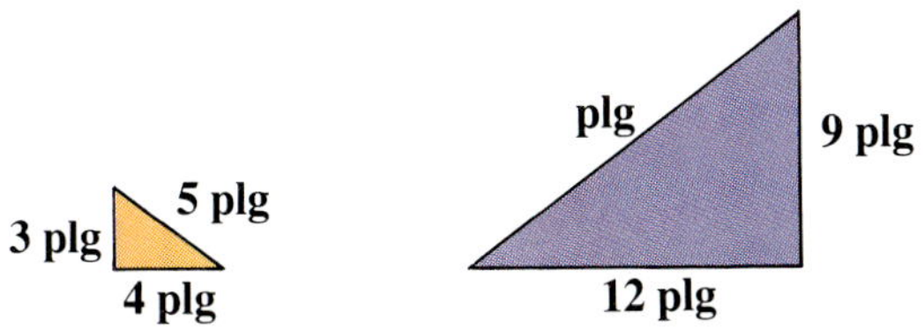

8. ¿Cuál es la razón de meses de 31 días a los meses del año?
   A. 5:12 B. 5:7
   C. 7:12 D. 7:5

9. ¿Qué razón es igual a 12:25?
   A. 60:100 B. 48:100
   C. 24:75 D. 3:5

10. ¿Cuál es la solución de la proporción: $\frac{2}{3} = \frac{n}{45}$?
    A. $n = 7.5$ B. $n = 125$
    C. $n = 45$ D. $n = 30$

11. Si en una escala 1 plg = 24 millas, ¿qué distancia representan 5 plg?
    A. 29 mi B. 120 mi
    C. 100 mi D. 5 mi

12. Una revista cuesta $.75. ¿Es posible completar la cantidad exacta con 5 monedas?
    A. algunas veces B. sí
    C. no se puede saber D. no

13. La razón de la escala es 1 cm: 5 m. ¿Qué altura tiene la estatua en realidad, si el dibujo mide 7 cm de alto?
    A. 7 m B. 5 m
    C. 35 m D. 12 m

14. Los números en la base de una gráfica de barras con barras horizontales se llaman:
    A. números B. escala
    C. título D. rango

12

ENTEROS

MATEMÁTICAS Y CIENCIAS

BANCO DE DATOS

Usa el Banco de datos de ciencias (p. 471) para contestar las preguntas.

1 ¿Cuándo piensas que cada una de estas cosas fue inventada? ¿En los últimos 10, 25, 50, 100 ó 200 años? Verifica para saber si has acertado: televisión, avión, automóvil, computadora, bicicleta, reloj digital.

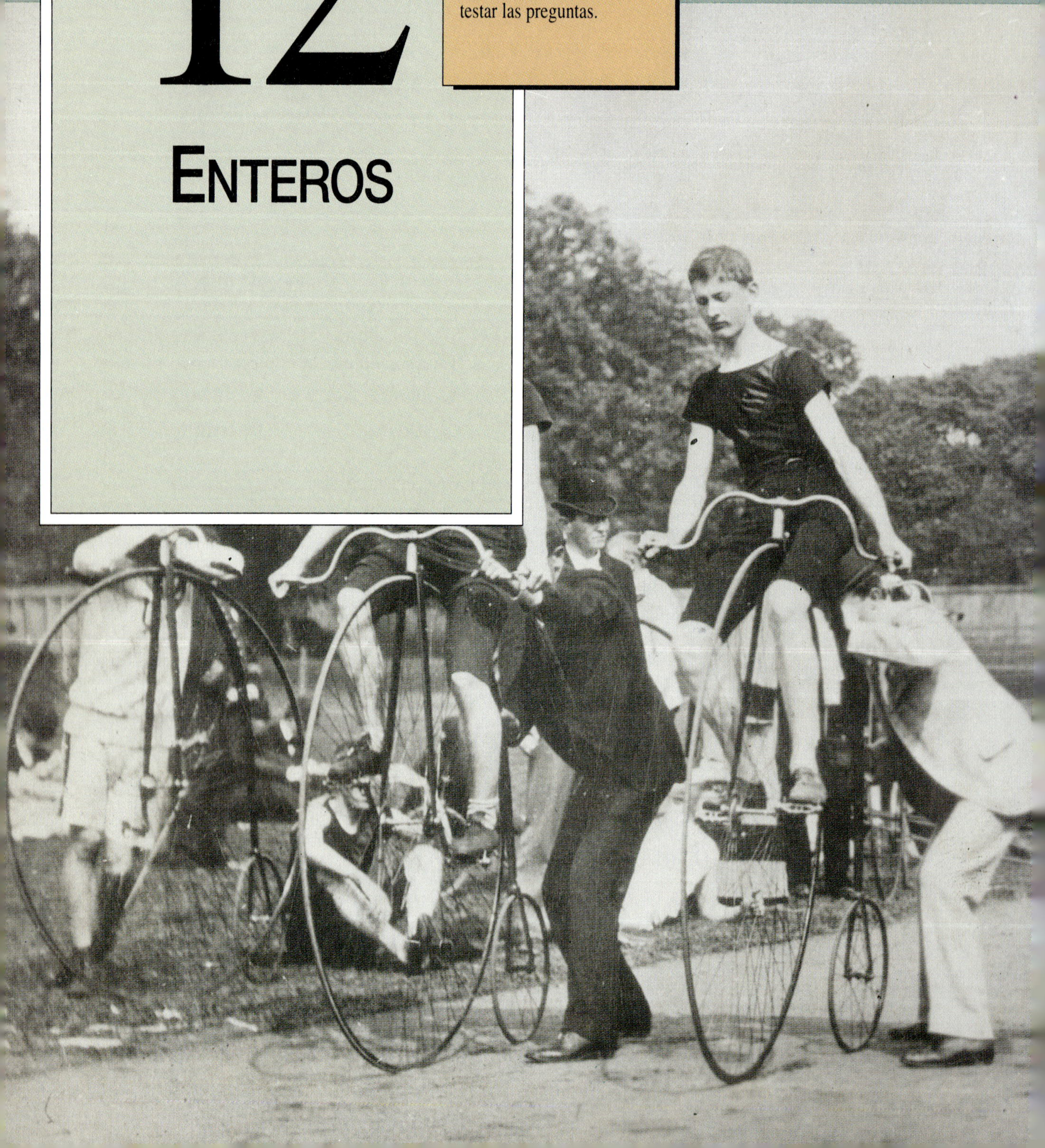

2 Haz una lista, por orden de años, de los inventos realizados 25 años antes o después de 1900.

3 La televisión en colores fue introducida en 1953. ¿Cuántos años antes o después fueron introducidos la televisión en blanco y negro y el tocadiscos de discos compactos?

4 **Pensamiento crítico**
Examina los datos de los años anteriores a 1700, y los de los siglos dieciocho, diecinueve y veinte. ¿Qué puedes decir que sea cierto sobre las invenciones? ¿Qué parece ser *casi* cierto? ¿Y qué es lo que no es cierto?

Enteros positivos y negativos

Grados Fahrenheit

APRÉNDELO

EXPLORA Estudia la información

En 1714, Gabriel Fahrenheit inventó el termómetro de mercurio. En esta escala, el cero representaba la temperatura más baja que se podía obtener entonces (mezclando hielo y sal). Hoy día los termómetros Fahrenheit registran muy por debajo de cero.

La ilustración muestra cómo usar los enteros $^{+}70$ y $^{-}70$ para medir los opuestos, 70° *sobre cero* y 70° *bajo cero.* Los **enteros** son números que describen opuestos.

COMÉNTALO

1. ¿Cuál es el opuesto de 10° bajo cero? ¿Qué dos enteros usarías para describir estas dos temperaturas?

2. ¿Qué describiría el entero $^{-}15$ en la escala de temperatura? ¿Qué describiría $^{+}15$?

La siguiente recta numérica muestra **enteros positivos** y **enteros negativos.**

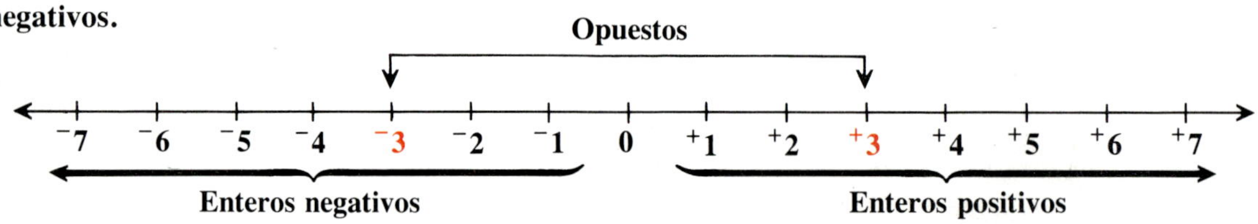

- El entero 0 no es ni positivo ni negativo.
  $^{+}3$ se lee "tres positivo". $^{-}3$ se lee "tres negativo".

- Cada entero tiene un opuesto.
  El opuesto de $^{+}3$ es $^{-}3$.
  El opuesto de 0 es 0.

- Los enteros pueden describir ideas opuestas.
  Lo opuesto a *bajar* 8 libras es *subir* 8 libras.
  Lo opuesto a 0 km al *oeste* es 0 km al *este.*

INTÉNTALO

Da la idea opuesta y el entero opuesto.

1. 3 millas al norte, $^{+}3$ **2.** Gastó \$5, $^{-}5$ **3.** 5 pasos hacia adelante, $^{+}5$

PRACTÍCALO

Da la idea opuesta y el entero opuesto.

1. Aumentar 7 kg, $^{+}7$

2. 18 km al este, $^{+}18$

3. 4 pisos hacia arriba, $^{+}4$

4. 6 s antes del despegue, $^{-}6$

5. Gastó \$10, $^{-}10$

6. 7 pasos hacia adelante, $^{+}7$

7. Perder 5 puntos, $^{-}5$

8. Avanzar 6 yardas, $^{+}6$

9. \$2 de ganancia, $^{+}2$

Da el opuesto de cada entero.

10. $^{+}61$ **11.** $^{-}6$ **12.** $^{+}56$ **13.** $^{-}75$ **14.** $^{-}167$ **15.** $^{+}732$

Completa las siguientes proposiciones.

16. Si $^{-}8$ es 8 km bajo el nivel del mar, entonces $^{+}8$ será _______.

17. Si $^{+}4$ es 4° sobre cero, entonces _______ será 4° bajo cero.

18. El opuesto de un entero negativo es un entero _______.

19. El opuesto de un entero positivo es un entero _______.

APLÍCALO

RAZONAMIENTO MATEMÁTICO

20. En la recta numérica, $^{-}375$ está a la _______ de $^{-}374$.

21. En la recta numérica, $^{-}599$ está a la _______ de $^{-}600$.

RESOLUCIÓN DE PROBLEMAS

22. **Banco de datos de ciencias** Fíjate en este cronograma de algunos inventos. 1980 está en el punto cero. ¿Qué inventos pondrías en $^{-}10$ y en $^{+}2$?

BANCO DE DATOS

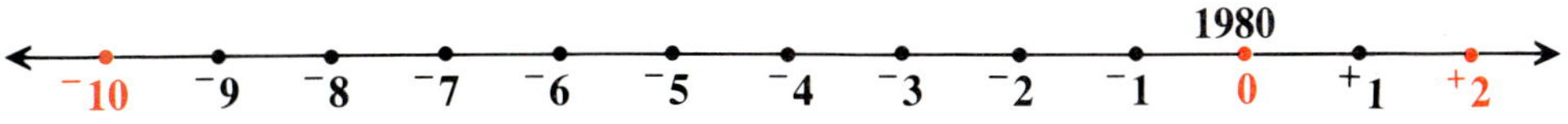

ÁLGEBRA

Halla los enteros. Usa una recta numérica si necesitas ayuda.

23. El entero a está 8 unidades a la derecha del b. Si $b = {}^{-}2$, ¿cuál es a?

24. El entero c está a 12 unidades a la izquierda del d. Si $d = {}^{+}4$, ¿cuál es el entero c?

Más práctica, página 516, grupo C

Compara y ordena enteros

APRÉNDELO

EXPLORA **Estudia la información**

Con enteros positivos y negativos, podemos comparar distancias sobre y bajo el nivel del mar. En 1783, un globo de aire caliente voló a 1,500 pies sobre el nivel del mar. En 1797, el submarino Fulton alcanzó una profundidad de 10 pies bajo el mar. En 1954, el submarino atómico Nautilus llegó a 720 pies.

COMÉNTALO

1. ¿Qué entero indica la distancia sobre el mar a la que viajó el globo de aire caliente?
2. ¿Qué entero indica la distancia bajo el mar a la que viajó el submarino atómico?
3. ¿Qué submarino llegó a mayor profundidad? Explica cómo lo determinaste.

- Puedes comparar dos enteros pensando en una recta numérica. El entero que está más a la derecha es el mayor de los dos enteros.

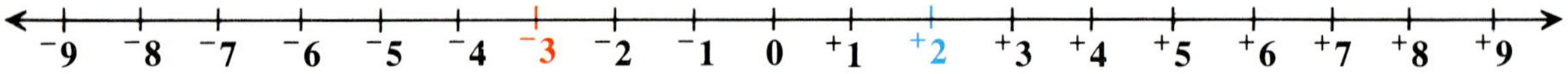

¿Cuál es mayor, $^{+}2$ ó $^{-}3$?
$^{+}2 > {}^{-}3$ ó $^{-}3 < {}^{+}2$

Compara $^{-}10$ y $^{-}720$.
$^{-}10 > {}^{-}720$ ó $^{-}720 < {}^{-}10$

- Puedes ordenar un conjunto de enteros comparándolos de dos en dos.

Orden $^{-}3$, $^{+}5$, $^{-}2$, $^{+}1$, 0, $^{-}6$
mayor → $^{+}5$, $^{+}1$, 0, $^{-}2$, $^{-}3$, $^{-}6$ ← menor

INTÉNTALO

Escribe > ó < para cada ▒.

1. $^{-}8$ ▒ $^{+}1$ **2.** 0 ▒ $^{-}2$ **3.** $^{-}6$ ▒ $^{-}3$ **4.** $^{-}4$ ▒ 0

5. Ordena de mayor a menor.
$^{-}2$, $^{+}3$, $^{+}2$, $^{-}9$, 0

6. Ordena de menor a mayor.
$^{-}4$, $^{-}8$, 0, $^{+}1$, $^{-}6$, $^{-}2$

PRACTÍCALO

Escribe $>$ ó $<$ para cada $\square$.

1. $^{+}4 \;\square\; ^{-}3$
2. $^{+}7 \;\square\; ^{+}9$
3. $^{+}6 \;\square\; ^{-}15$
4. $^{+}4 \;\square\; 0$
5. $^{-}5 \;\square\; ^{-}2$
6. $^{+}3 \;\square\; ^{-}3$
7. $^{+}1 \;\square\; ^{-}4$
8. $^{-}12 \;\square\; ^{-}35$
9. $0 \;\square\; ^{-}6$
10. $^{+}2 \;\square\; ^{-}4$
11. $^{-}8 \;\square\; ^{+}3$
12. $^{-}5 \;\square\; ^{+}5$

Ordena de mayor a menor.

13. $^{-}4,\ ^{+}3,\ 0,\ ^{-}2,\ ^{-}6,\ ^{+}7$
14. $^{-}2,\ ^{+}7,\ ^{-}1,\ ^{+}1,\ ^{-}4,\ ^{+}3$

Ordena de menor a mayor.

15. $^{-}15,\ ^{+}6,\ ^{+}10,\ 0,\ ^{-}8,\ ^{-}3$
16. $^{+}8,\ 0,\ ^{-}1,\ ^{+}1,\ ^{-}4,\ ^{+}14$

APLÍCALO

RAZONAMIENTO MATEMÁTICO

17. Los tres puntos de la recta numérica representan los enteros $^{-}80$, $^{-}70$ y $^{-}90$. ¿Qué enteros están en el punto *A*, en el *B* y en el *C*?

RESOLUCIÓN DE PROBLEMAS

18. En 1742, Anders Celsius inventó una escala de termómetro (Centígrados) en la que 0° era la temperatura a la que el agua se congela y $^{+}100°$ a la que hierve. Hoy los científicos han determinado que no hay calor a 373°C bajo el punto de ebullición del agua. ¿Qué temperatura es ésta en Centígrados?

19. Banco de datos de ciencias ¿Qué porcentaje aproximado de los inventos de la lista son de este siglo?

BANCO DE DATOS

▶ PENSAMIENTO CRÍTICO Descubre una regla

El **valor absoluto** de un número es su distancia positiva desde 0 en la recta numérica. Usamos el símbolo $|x|$. Leemos $|5|$ como "el valor absoluto de 5". Mira los siguientes ejemplos. Busca series.

$$|^{+}4| = {}^{+}4, \quad |^{-}6| = {}^{+}6, \quad |^{-}12| = {}^{+}12, \quad |0| = 0$$

20. ¿Es positivo o negativo el valor absoluto de un entero positivo?

21. ¿Es positivo o negativo el valor absoluto de un entero negativo?

22. Si sabes que $|x| = 5$, ¿cuáles son los posibles valores de *x*?

Más práctica, página 516, grupo D

Usa la calculadora para verificar series de suma y de resta de enteros

APRÉNDELO

EXPLORA **Piensa en el proceso**

Sabes cómo entrar enteros positivos en tu calculadora. Para entrar números negativos, puedes usar la tecla [+⇄−]. Se entró 7 negativo presionando primero el 7 y luego [+⇄−]. Intentalo.

Presiona las teclas indicadas para verificar estos ejemplos.

$8 + {}^-5 = 3$

8 [+] **5** [+⇄−] [=]

$6 - {}^-2 = 8$

6 [−] **2** [+⇄−] [=]

INTÉNTALO

Copia cada columna de ecuaciones. Sigue la serie de arriba a abajo para hacer cada suma o resta sin la calculadora. Luego usa la calculadora para verificar las que contienen enteros negativos.

1.
$5 + 4 = ▯$
$5 + 3 = ▯$
$5 + 2 = ▯$
$5 + 1 = ▯$
$5 + 0 = ▯$
$5 + {}^-1 = ▯$
$5 + {}^-2 = ▯$
$5 + {}^-3 = ▯$
$5 + {}^-4 = ▯$

2.
$3 + 3 = ▯$
$3 + 2 = ▯$
$3 + 1 = ▯$
$3 + 0 = ▯$
$3 + {}^-1 = ▯$
$3 + {}^-2 = ▯$
$3 + {}^-3 = ▯$
$3 + {}^-4 = ▯$
$3 + {}^-5 = ▯$

3.
$5 - 4 = ▯$
$5 - 3 = ▯$
$5 - 2 = ▯$
$5 - 1 = ▯$
$5 - 0 = ▯$
$5 - {}^-1 = ▯$
$5 - {}^-2 = ▯$
$5 - {}^-3 = ▯$
$5 - {}^-4 = ▯$

4.
$3 - 3 = ▯$
$3 - 2 = ▯$
$3 - 1 = ▯$
$3 - 0 = ▯$
$3 - {}^-1 = ▯$
$3 - {}^-2 = ▯$
$3 - {}^-3 = ▯$
$3 - {}^-4 = ▯$
$3 - {}^-5 = ▯$

5. Explica cómo usas la calculadora para verificar esta regla: La suma de cualquier entero y su opuesto es 0.

Más práctica, página 516, grupo E

REPASO PARCIAL/EXAMEN

Da la idea opuesta y el entero opuesto.

1. 10 s después del despegue, $^{+}10$

2. gastar \$15, $^{-}15$,

3. 1 m bajo el nivel del mar, $^{-}1$

Da el opuesto de cada entero.

4. $^{-}17$ **5.** $^{+}25$ **6.** $^{+}1$ **7.** 0 **8.** $^{-}45$

9. Si dentro de 3 años es $^{+}3$, entonces

a. hace 3 años es _______ **b.** dentro de 10 años es _______ **c.** $^{-}15$ significa _______

Usa la recta numérica. Nombra los enteros descritos.

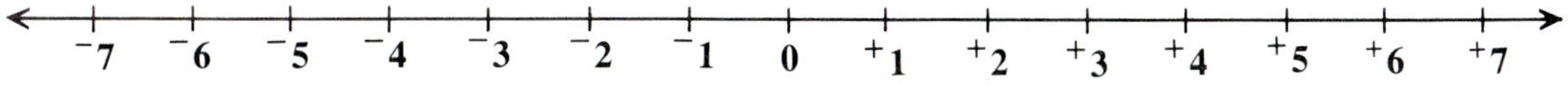

10. Un entero que está: **a.** 3 unidades a la derecha de 0 **b.** a 6 unidades a la izquierda de 0

11. Dos enteros que están: **a.** 2 unidades de 0 **b.** 3 unidades de 1

12. Todos los enteros que son: **a.** positivos y menores de $^{+}4$ **b.** negativos y mayores de $^{-}6$

Escribe $<$ o $>$ para cada [ART].

13. $^{-}7$ [ART] $^{-}8$ **14.** 0 [ART] $^{-}3$ **15.** $^{-}12$ [ART] $^{+}1$ **16.** $^{-}46$ [ART] $^{-}45$

17. Ordena de mayor a menor: $^{-}5$, $^{+}7$, $^{-}1$, 0, $^{-}15$, $^{+}2$

18. Ordena de menor a mayor: $^{-}3$, $^{-}13$, $^{+}13$, $^{+}23$, $^{-}31$, $^{+}32$

RESOLUCIÓN DE PROBLEMAS

19. Dos enteros son opuestos. Uno de los enteros está 5 unidades a la izquierda de $^{+}3$ en la recta numérica. ¿Cuáles son los enteros?

La tabla muestra la temperatura promedio diaria de 5 días de invierno.

lunes	$^{+}3°$
martes	$^{-}2°$
miércoles	$^{+}5°$
jueves	$^{-}3°$
viernes	$^{-}4°$

20. ¿Qué día tuvo el promedio de temperatura más frío?

21. ¿Qué día tuvo el promedio de temperatura más cálido?

22. ¿Cuál fue la temperatura media?

Suma enteros

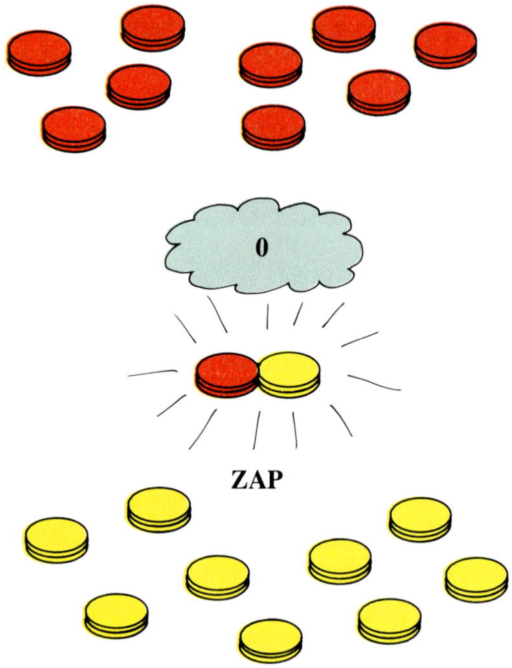

APRÉNDELO

EXPLORA Usa fichas

Trabaja en grupo. Usa fichas de dos colores, como rojas y amarillas. Las rojas pueden representar números negativos y las amarillas números positivos. Ya sabes que la suma de cualquier entero y su opuesto es 0. Así puedes pensar que las fichas rojas y amarillas desaparecen (suman 0) al encontrarse. Usa tus fichas para hallar estas sumas.

$^{+}8 + {}^{-}5$ $\quad$ $^{-}4 + {}^{-}5$ $\quad$ $^{-}7 + {}^{+}4$

COMÉNTALO

1. ¿Cómo puedes mostrar $^{+}8$ con tus fichas? ¿Cómo puedes mostrar $^{-}5$?
2. ¿Cuántas fichas desaparecen (suman 0) si pones 8 fichas amarillas con 5 rojas? ¿Cuánto sobra?

Estos ejemplos muestran cómo usar las fichas para hallar sumas.

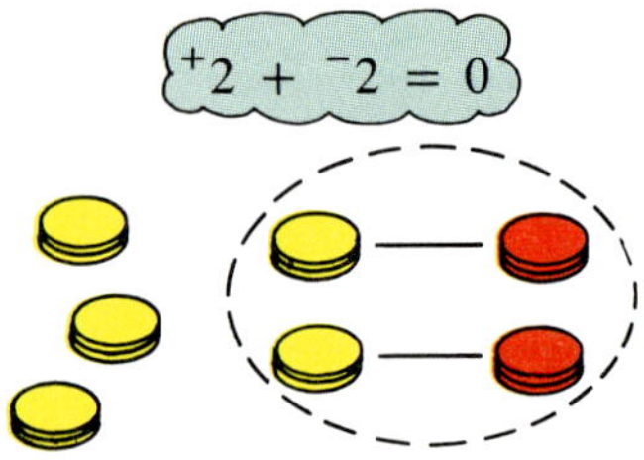

$^{+}5 + {}^{-}2 = {}^{+}3$

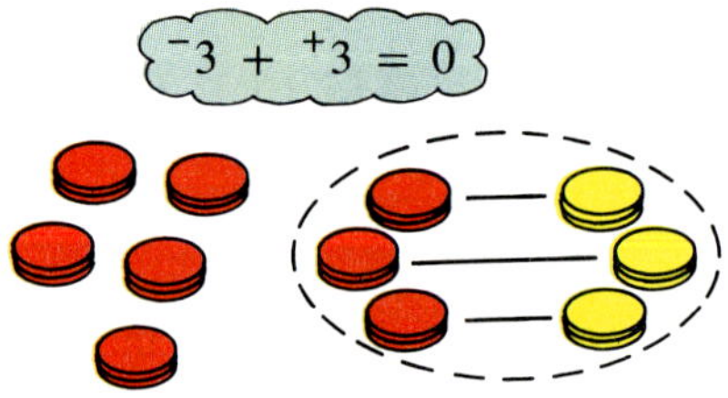

$^{-}8 + {}^{+}3 = {}^{-}5$

$^{-}3 + {}^{-}2 = {}^{-}5$

Otros ejemplos

A $^{-}9 + {}^{+}6 = {}^{-}3$ **B** $^{+}12 + {}^{-}8 = {}^{+}4$ **C** $^{-}7 + {}^{-}8 = {}^{-}15$ **D** $^{+}5 + {}^{+}7 = {}^{+}12$

INTÉNTALO

Halla las sumas. Usa fichas si necesitas ayuda.

1. $^{+}9 + {}^{-}2$ **2.** $^{-}8 + {}^{+}7$ **3.** $^{-}6 + {}^{-}2$ **4.** $^{-}4 + {}^{+}6$ **5.** $^{+}4 + {}^{+}1$

PRACTÍCALO

Halla las sumas. El pensar en las fichas puede ayudarte.

1. 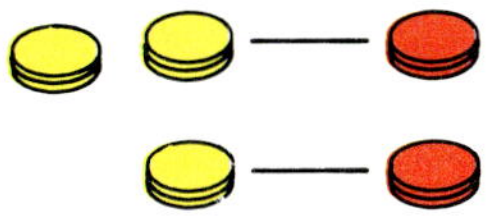

$^{+}3 + {}^{-}2$

2. 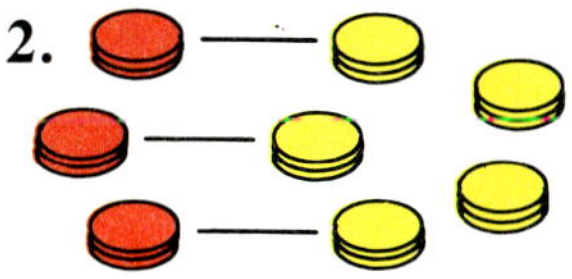

$^{-}3 + {}^{+}5$

3. 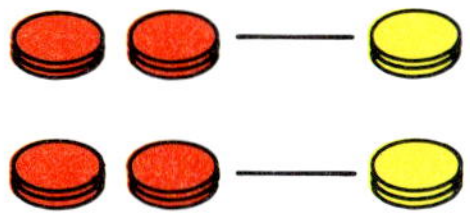

$^{-}4 + {}^{+}2$

4. 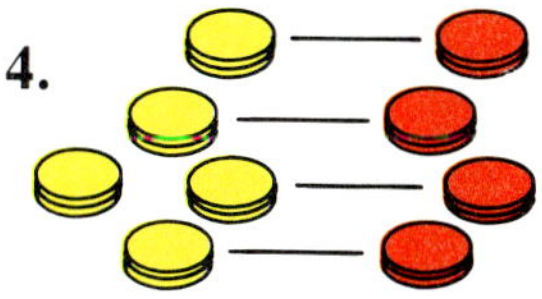

$^{+}5 + {}^{-}4$

5. 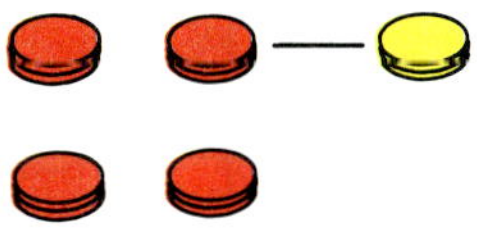

$^{-}4 + {}^{+}1$

6. 

$^{-}2 + {}^{-}3$

7. 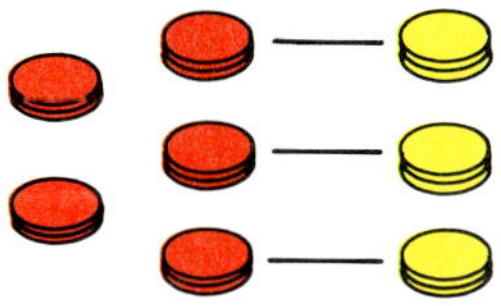

$^{-}5 + {}^{+}3$

8. 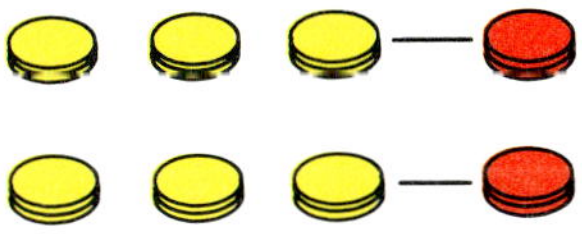

$^{+}6 + {}^{-}2$

Halla las sumas. Usa fichas si necesitas ayuda.

9. $^{+}6 + {}^{-}2$ **10.** $^{+}3 + {}^{+}8$ **11.** $^{-}6 + {}^{+}13$ **12.** $^{-}6 + {}^{-}4$ **13.** $^{-}6 + {}^{+}3$

14. $^{+}10 + {}^{-}8$ **15.** $^{+}12 + {}^{-}4$ **16.** $^{-}5 + {}^{+}1$ **17.** $^{+}4 + {}^{-}4$ **18.** $^{-}8 + {}^{+}1$

19. $^{-}11 + {}^{+}7$ **20.** $^{-}3 + {}^{+}7$ **21.** $^{-}9 + {}^{-}8$ **22.** $^{+}3 + {}^{-}13$ **23.** $^{+}9 + {}^{-}4$

APLÍCALO

RAZONAMIENTO MATEMÁTICO

Sin sumar, di si cada suma es positiva o negativa.

24. $^{+}57 + {}^{-}49$ **25.** $^{-}78 + {}^{+}64$ **26.** $^{-}83 + {}^{-}79$ **27.** $^{-}28 + {}^{+}92$ **28.** $^{+}83 + {}^{-}84$

RESOLUCIÓN DE PROBLEMAS

29. Kristen estaba jugando un juego en el que podía obtener puntajes tanto positivos como negativos. En el primer intento, ganó $^{-}7$. Luego ganó $^{+}5$. ¿Cuál fue su puntaje total?

30. Patrick recibió un cheque por \$50 ($^{+}50$). A la vez recibió una cuenta de la cuota del club por \$10 ($^{-}10$). Escribe la cantidad de dinero y un entero para mostrar el balance de Patrick después de cobrar el cheque y pagar su cuota.

▶ PENSAMIENTO CRÍTICO Analiza el enunciado

31. Jorge dijo: "Si la suma de dos enteros es negativa, el mayor de los dos sumandos es negativo". Da ejemplos para mostrar que la declaración de Jorge es verdadera a veces, pero no siempre.

Resta enteros

Piensa en los depósitos como enteros positivos.

Piensa en los retiros como enteros negativos.

APRÉNDELO

EXPLORA

Mallory tenía \$30 en el banco. Depositó \$7 ($^{+}7$) en su cuenta. El banco se equivocó. En lugar de depositar \$7, el banco retiró \$5 ($^{-}5$).

COMÉNTALO

1. ¿Cuánto cree Mallory que tiene en el banco?
2. A causa de la equivocación, ¿cuánto tiene Mallory en el banco en realidad?
3. ¿Cuánto es la diferencia entre la cantidad que Mallory piensa que tiene y la que el banco piensa que ella tiene?

Puedes entender la resta de cualquier entero como la búsqueda del sumando que falta.

suma		sumando		sumando
$^{+}7$	$-$	$^{-}5$	$=$	?

¿Qué se suma a $^{-}5$ para que dé $^{+}7$?

$^{+}7 - {}^{-}5 = {}^{+}12$ porque $^{+}12 + {}^{-}5 = {}^{+}7$

Otros ejemplos

A $^{-}6 - {}^{-}4 = {}^{-}2$ porque $^{-}2 + {}^{-}4 = {}^{-}6$

B $^{-}6 - {}^{+}4 = {}^{-}10$ porque $^{-}10 + {}^{+}4 = {}^{-}6$

C $^{+}4 - {}^{-}6 = {}^{+}10$ porque $^{+}10 + {}^{-}6 = {}^{+}4$

D $^{-}4 - {}^{-}6 = {}^{+}2$ porque $^{+}2 + {}^{-}6 = {}^{-}4$

INTÉNTALO

Resta. Suma para verificar.

¿Qué entero se suma a $^{-}3$ para que dé $^{-}5$?

1. $^{-}5 - {}^{-}3 = n$

¿Qué entero se suma a $^{-}8$ para que dé $^{-}5$?

2. $^{-}5 - {}^{-}8 = n$

¿Qué entero se suma a $^{-}3$ para que dé $^{+}1$?

3. $^{+}1 - {}^{-}3 = n$

¿Qué entero se suma a $^{+}3$ para que dé $^{-}5$?

4. $^{-}5 - {}^{+}3 = n$

¿Qué entero se suma a $^{-}2$ para que dé $^{+}4$?

5. $^{+}4 - {}^{-}2 = n$

¿Qué entero se suma a $^{+}5$ para que dé $^{-}4$?

6. $^{-}4 - {}^{+}5 = n$

PRACTÍCALO

Halla las diferencias. Te ayudará el pensar en sumandos y en una suma.

1. $^{+}3 - {}^{-}5 = n$ **2.** $^{-}2 - {}^{+}6 = n$ **3.** $^{-}2 - {}^{-}4 = n$

4. $^{+}5 - {}^{-}3 = n$ **5.** $^{-}3 - {}^{+}8 = n$ **6.** $^{+}8 - {}^{-}6 = n$

7. $^{-}8 - {}^{-}5 = n$ **8.** $^{+}2 - {}^{+}9 = n$ **9.** $^{-}5 - {}^{-}4 = n$

10. $^{+}5 - {}^{-}1 = n$ **11.** $^{+}2 - {}^{-}3 = n$ **12.** $^{+}6 - {}^{-}1 = n$

13. $^{-}8 - {}^{-}8 = n$ **14.** $^{+}6 - {}^{-}3 = n$ **15.** $^{-}9 - {}^{-}8 = n$

16. $^{-}5 - 0 = n$ **17.** $^{+}6 - {}^{+}9 = n$ **18.** $^{+}2 - {}^{-}4 = n$

APLÍCALO

RAZONAMIENTO MATEMÁTICO

Usa la serie para restar los enteros negativos. Da cada diferencia.

19. $8 - 2 = n$
$8 - 1 = n$
$8 - 0 = n$
$8 - {}^{-}1 = n$
$8 - {}^{-}2 = n$

20. $10 - 2 = n$
$10 - 1 = n$
$10 - 0 = n$
$10 - {}^{-}1 = n$
$10 - {}^{-}2 = n$

21. $7 - 4 = n$
$7 - 2 = n$
$7 - 0 = n$
$7 - {}^{-}2 = n$
$7 - {}^{-}4 = n$

22. $9 - 4 = n$
$9 - 2 = n$
$9 - 0 = n$
$9 - {}^{-}2 = n$
$9 - {}^{-}4 = n$

RESOLUCIÓN DE PROBLEMAS

23. Ken recibió una carta de la tienda de artesanía. Pensó que era un reembolso de \$8. En cambio, era una cuenta de \$7. Después de pagar la cuenta, ¿cuánto menos dinero tiene Andrew de lo que pensaba que tendría?

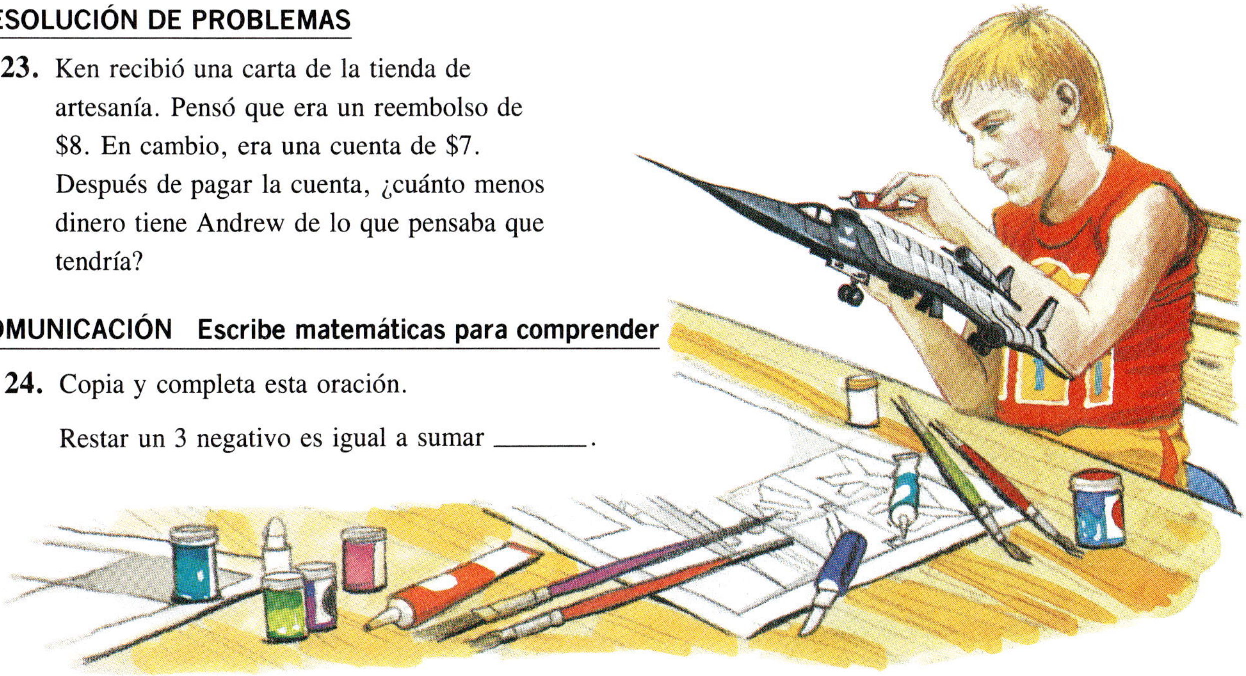

▶COMUNICACIÓN Escribe matemáticas para comprender

24. Copia y completa esta oración.

Restar un 3 negativo es igual a sumar ______.

Explora el álgebra
Ecuaciones con enteros

APRÉNDELO

EXPLORA **Estudia la tabla**

La tabla muestra las temperaturas máximas y mínimas durante 2 días en una ola de frío en enero.

	Máxima	*Mínima*
lunes	$^{+}7°$	$^{-}5°$
martes	$^{+}9°$	$^{-}3°$

COMÉNTALO

1. ¿Cuánto cambió la temperatura de la máxima del lunes a la mínima del lunes?
2. ¿Cuánto cambió de la mínima del lunes a la máxima del martes? ¿Y de la máxima del martes a la mínima del martes?

Puedes pensar en los movimientos en la recta numérica como si fueran temperaturas que suben y bajan.

- Enteros positivos representan los movimentos a la derecha.
- Enteros negativos representan los movimientos a la izquierda.

Los ejemplos siguientes muestran cómo usar estos movimientos en la recta numérica para resolver ecuaciones de suma.

Ejemplos

A ¿Cómo se va de $^{+}4$ a $^{-}1$?

$^{+}4 + n = {}^{-}1$

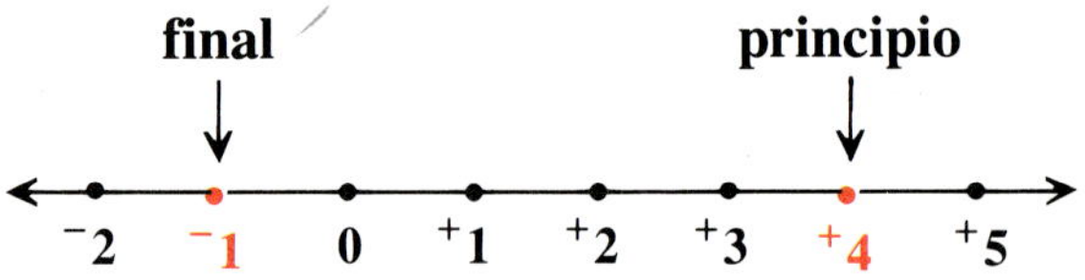

$n = {}^{-}5$ 5 unidades ←

B ¿Cómo se va de $^{-}6$ a $^{-}2$?

$^{-}6 + m = {}^{-}2$

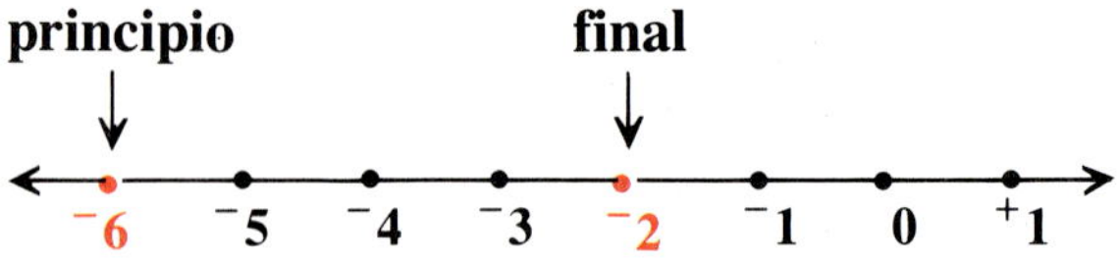

$m = {}^{+}4$ 4 unidades →

INTÉNTALO

Traza y usa una recta numérica para resolver las ecuaciones.

1. $^{-}2 + y = {}^{-}4$ 2. $^{-}7 + a = 0$ 3. $^{+}3 + r = {}^{-}4$ 4. $^{-}6 + r = {}^{+}2$

PRACTÍCALO

Resuelve. Usa una recta numérica si necesitas ayuda.

1. ${}^{-}3 + c = {}^{-}7$ **2.** ${}^{+}5 + m = {}^{-}2$ **3.** ${}^{+}2 + e = {}^{-}6$ **4.** ${}^{-}4 + g = {}^{+}5$

5. ${}^{+}6 + k = {}^{+}2$ **6.** ${}^{-}4 + h = 0$ **7.** $0 + b = {}^{+}4$ **8.** ${}^{+}1 + i = {}^{-}1$

9. ${}^{-}4 + d = {}^{-}10$ **10.** ${}^{+}2 + f = {}^{-}5$ **11.** ${}^{-}7 + j = {}^{-}2$ **12.** $0 + a = {}^{-}3$

Escribe una ecuación con enteros para cada salto en la recta numérica.

Ejemplo: 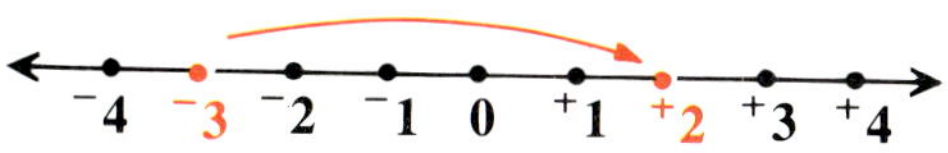

${}^{-}3 + n = {}^{+}2$ $n = {}^{+}5$

13. 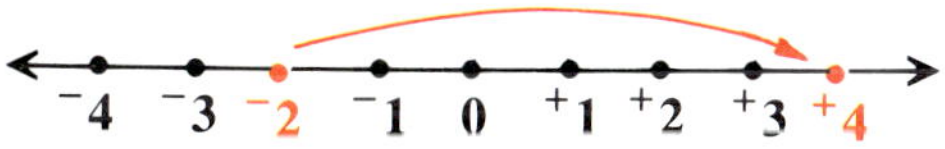

14. 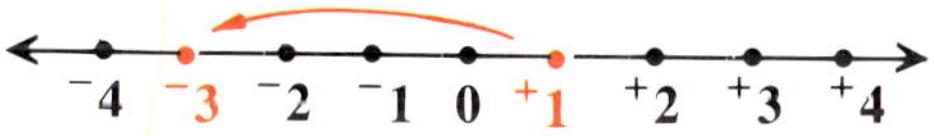

15. 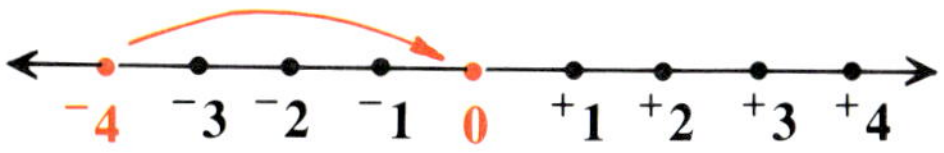

16. 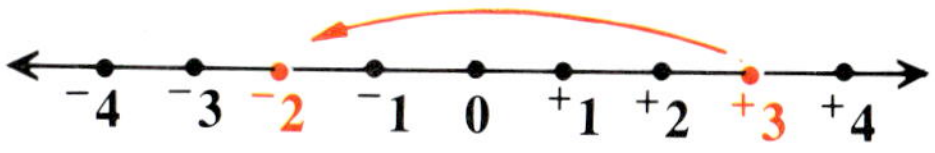

APLÍCALO

RAZONAMIENTO MATEMÁTICO

17. Da un ejemplo de una ecuación con enteros cuya solución sea 0.

RESOLUCIÓN DE PROBLEMAS

18. La temperatura mínima del jueves por la noche fue de ${}^{-}5°$. El viernes subió 12° durante el día. Luego bajó 9° por la noche. ¿Cuál fue la temperatura mínima el viernes por la noche?

19. Desde la máxima del día, la temperatura bajó 20° a la mínima de ${}^{-}12°$ esa noche. ¿Cuál fue la máxima del día antes de la abrupta caída de temperatura?

CALCULADORA

Usa la calculadora para resolver las ecuaciones.

20. $({}^{-}4 + {}^{+}7) - {}^{+}3 = n$

21. ${}^{-}12 + ({}^{-}7 - {}^{+}8) = p$

22. ${}^{+}6 + ({}^{-}10 + {}^{-}10) = k$

23. $({}^{+}14 - {}^{-}5) + {}^{+}11 = r$

Coordenadas positivas y negativas

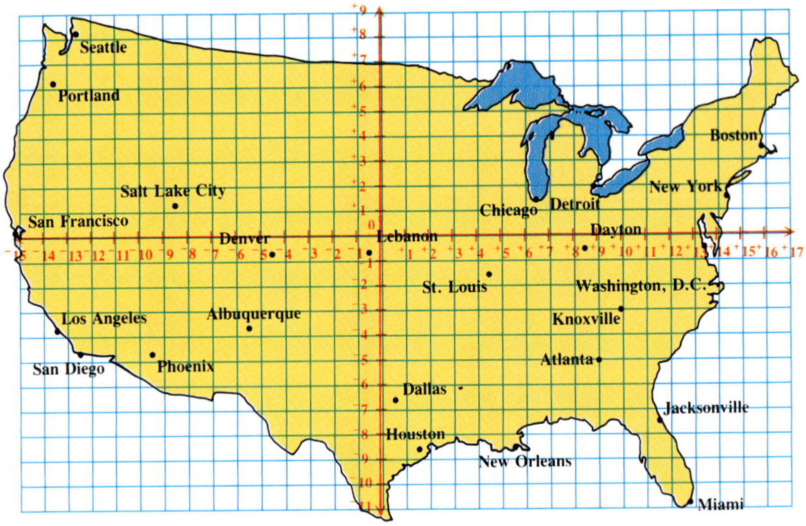

APRÉNDELO

EXPLORA

Las líneas que se intersecan en Lebanon, Kansas se usan como rectas numéricas. Estas rectas numéricas te ayudan a localizar puntos en el mapa.

COMÉNTALO

1. ¿Cómo puedes decirle a alguien qué recta vertical (↕) pasa por Salt Lake City? ¿Y qué recta horizontal (↔)?
2. Di qué dos líneas ayudan a localizar Phoenix.
3. Di qué dos líneas ayudan a localizar Atlanta. Estima usando fracciones. Estima usando decimales.

Lebanon, en el centro del mapa, es el **origen** (0,0) de la gráfica. Se pueden usar pares de números ordenados para localizar otras ciudades. Estos pares son las **coordenadas** de los puntos que ubican.

- La primera coordenada cuenta los espacios a la derecha (+) o a la izquierda (−).
- La segunda coordenada cuenta los espacios hacia arriba (+) o hacia abajo (−).

Ejemplos

10 (→), 3 (↓)

A Knoxville: coordenadas $(^{+}10, {}^{-}3)$

16.7 (→), 4 (↑)

B Boston: coordenadas $(^{+}16.7, {}^{+}4)$

INTÉNTALO

Da las coordenadas de estas ciudades.

1. New York **2.** Seattle **3.** Dayton **4.** Miami (estima)

¿Qué ciudades están en estas coordenadas?

5. $(^{+}14, 0)$ **6.** $(^{-}13, {}^{+}7)$ **7.** $(^{-}12, {}^{-}4)$ **8.** $(^{+}12, {}^{-}7)$

PRACTÍCALO

Da las coordenadas de cada una de estas ciudades.

1. Los Angeles **2.** Albuquerque **3.** New Orleans

¿Qué ciudades están cerca de los puntos nombrados por estas coordenadas?

4. $(^-8, ^+2)$ **5.** $(^+1, ^-6)$ **6.** $(^-15, ^+1)$ **7.** $(^+2, ^-8)$ **8.** $(^+5, ^-1)$

Da las coordenadas de cada punto.

9. B **10.** D **11.** G

12. F **13.** I **14.** P

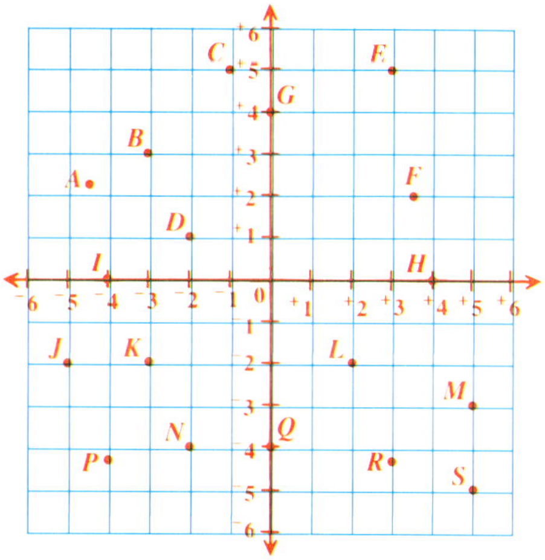

Da el punto para cada conjunto de coordenadas.

15. $(^-2, ^-4)$ **16.** $(^-4, 0)$ **17.** $(^+5, ^-3)$

18. $(^+5, ^-5)$ **19.** $(^+3, ^-4\frac{1}{4})$ **20.** $(0, ^+4)$

21. $(^-4.5, ^+2.25)$ **22.** $(^+3.5, ^+2)$ **23.** $(^-4, ^-4\frac{1}{4})$

APLÍCALO

RAZONAMIENTO MATEMÁTICO

Escribe *horizontal* o *vertical* para completar cada oración. Los puntos con 0 como

24. primera coordenada están en una recta _______.

25. segunda coordenada están en una recta _______.

RESOLUCIÓN DE PROBLEMAS

26. Empieza con las coordenadas de Salt Lake City. Resta $^-4$ de la primera coordenada y suma $^-2$ a la segunda. ¿Qué ciudad está ubicada en las coordenadas resultantes?

REPASO COMBINADO

Halla el porcentaje de cada número.

27. 25% de 80 **28.** 60% de 75 **29.** 24% de 88 **30.** 32% de 100 **31.** 16% de 102

Resuelve las proporciones.

32. $\frac{3}{5} = \frac{n}{15}$ **33.** $\frac{7}{20} = \frac{n}{40}$ **34.** $\frac{1}{2} = \frac{n}{12}$ **35.** $\frac{5}{8} = \frac{n}{16}$ **36.** $\frac{11}{3} = \frac{n}{9}$

Más práctica, página 517, grupo C

Resolución de problemas
Desarrolla un plan

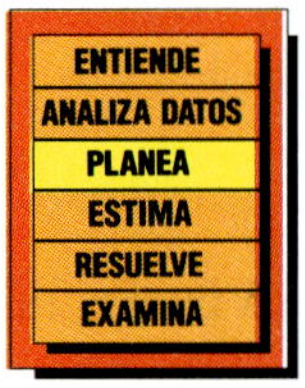

APRÉNDELO

A veces hay más de una estrategia que puedes usar para resolver un problema. Es útil desarrollar un plan antes de comenzar a resolver el problema.

> La señora Ardito le dijo a su clase de 29 alumnos: "Esta semana harán proyectos de ciencias y geografía en 8 estaciones. Unas estaciones son para grupos de 3 y otras para grupos de 4. Se han preparado las estaciones de forma que todos los alumnos de la clase puedan trabajar a la vez. ¿Cuántas estaciones son para grupos de 3 y cuántas para grupos de 4?"

Creo que podría resolver este problema usando **Adivina y verifica.**

Quizás también pueda resolver el problema usando **Haz una lista organizada.**

Creo que haré una lista organizada.

Grupos de 3	Grupos de 4	Total de Personas
0	8	32
1	7	31
2	6	30
3	5	29

La señora Ardito preparó 3 estaciones para grupos de 3 y 5 estaciones para grupos de 4.

INTÉNTALO

Para cada problema haz una lista de por lo menos 2 estrategias que crees puedan ayudarte a resolverlo. Luego resuélvelo.

1. La clase de Kenji va a visitar el Museo de Ciencias Naturales. Hay 27 alumnos en la clase. Si en cada auto pueden ir 4 y en cada camioneta 7, halla el número mínimo de autos y camionetas que se necesitan con cada asiento ocupado.

2. La señora Thomas dio a su clase una lista de países y capitales para aprender de memoria. El grupo de Jed memorizó 5 el primer día y dos veces más el segundo día. Si les quedan 12 por aprender, ¿cuán larga era la lista?

3. El grupo de Roberto tiene este modelo. La tarea es averiguar cuántos bloques deben poner en la hilera inferior, para que el modelo tenga 12 hileras de alto. ¿Cuántos bloques necesitan en la hilera inferior?

PRÁCTICA COMBINADA

Algunas estrategias	
Represéntalo	Resuelve un problema más sencillo
Usa objetos	Haz una lista organizada
Escoge una operación	Invierte el proceso
Haz un dibujo	Busca la serie
Adivina y verifica	Razona lógicamente

Resuelve. Usa cualquier estrategia.

1. El señor Jacobson compró un mapamundi para cada uno de los 6 grupos de su clase. ¿Cuánto costaron los mapas, incluyendo el impuesto?

Mapas	
Norteamérica	\$2.80
Sudamérica	\$2.95
Europa y Asia	\$4.25
Mapamundi	\$5.20
(+ 5% de impuesto)	

2. El Nilo es el río más largo del mundo. El Yukón es más corto que el Mississippi. El Amazonas es más largo que el Yukón y el Mississippi. ¿Cuál es el río más corto?

3. Calipatria, California está a 184 pies bajo el nivel del mar. Halla la elevación del tejado de un edificio de 57 pies en Calipatria.

4. La temperatura mínima registrada en el mundo fue de $^{-}128.6$°F en la Antártida. La temperatura máxima registrada allí fue 56°F. Halla la diferencia entre las dos temperaturas.

5. El verano en la Antártida comienza en diciembre y dura 4 meses. Durante un verano 2,732 turistas visitaron la Antártida. Aproximadamente, ¿cuántos turistas fueron cada mes?

6. La Antártida tiene 5.4 millones de millas cuadradas. Hielo, de hasta 3 millas de espesor, cubre 98% del continente. ¿Cuántas millas cuadradas están cubiertas de hielo?

7. **Determina respuestas razonables**
Sin resolver el problema, di cuál de las respuestas siguientes parece ser más razonable.

El punto más alto de los Estados Unidos es Mt. McKinley en Alaska a 20,320 pies. El punto más bajo está a 282 pies bajo el nivel del mar en Death Valley, California. ¿Cuánto más alto es Mt. McKinley que Death Valley?

a. Es 20,038 pies más alto.
b. Es 20,162 pies más alto.
c. Es 20,602 pies más alto.

Recopilación y análisis de datos
Decisión de grupo

ENTIENDE
ANALIZA DATOS
PLANEA
ESTIMA
RESUELVE
EXAMINA

Haz un cuestionario
Destreza de grupo:
Anima y respeta a los demás

Sabes que todas las cosas vivas, incluidas las personas, no pueden sobrevivir sin agua. Quieres averiguar si la gente usa el agua con cuidado o si la desperdicia. Haz un cuestionario para averiguarlo.

Recopila los datos

1. Con tu grupo, propón varias maneras en que la gente puede conservar el agua. Haz una lista de por lo menos cinco maneras.

Maneras de conservar el agua

1. Ducharse en vez de bañarse
2. Cerrar el agua al cepillarse los dientes
3. __
4. __
5. __

2. Usa tu lista de ideas como ayuda para escribir un cuestionario sobre la conservación del agua. Escribe al menos tres o cuatro selecciones para cada una. He aquí una muestra.

Cuestionario sobre conservación del agua
Escoge una respuesta para cada pregunta.

1. ¿Dejas correr el agua mientras te cepillas los dientes?
a) en general c) no muy a menudo
b) a veces d) nunca

2. ¿Cuán cuidadoso eres para conservar el agua?
a) no muy cuidadoso c) cuidadoso
b) algo cuidadoso d) muy cuidadoso

3. Pon a prueba tu cuestionario pidiendo a dos o tres personas que lo completen. De esta forma puedes descubrir si hay que modificar alguna de las preguntas.

4. Decide a quiénes quieres que a represente tu muestra. ¿Quieres que represente tan sólo o a alumnos o a adultos, o a una combinación de ambos? ¿Tan solo a niños o a niñas, o a una combinación. Selecciona 25 personas para tu muestra.

5. Haz que cada persona de tu muestra complete un cuestionario. ¿Crees que deben poner su nombre en el cuestionario? ¿Por qué sí o por qué no?

Organiza los datos

6. Cuenta el número de respuestas de cada selección. Haz una gráfica de barras para mostrar las respuestas a cada pregunta de tu encuesta. Usa esta gráfica como ejemplo.

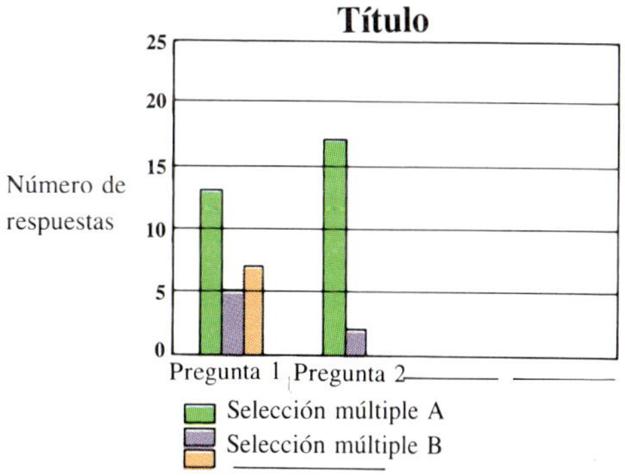

7. ¿Qué averiguaste sobre la conservación y el desperdicio del agua? Escribe un párrafo corto para describir los resultados de tu cuestionario. Acuérdate de poner cuántas personas hubo en tu muestra y a quiénes representa. ¿Crees que tus resultados serían los mismos en toda la ciudad? ¿En todo el estado? ¿En todo el país?

RESUMEN

Dando lo opuesto

Escribe la expresión que sea opuesta.

1. seis segundos después del despegue

2. una ganancia de 12 libras

3. cuarenta pasos a la derecha

4. treinta pies bajo el nivel del mar

5. un descuento de 20%

6. sacar $300 del banco

Algunas veces, siempre, nunca

Determina cuál completa mejor las oraciones: *algunas veces, siempre* o *nunca.* Explica tus elecciones.

7. Los enteros _____ aumentan de valor a medida que se va de izquierda a derecha en una recta numérica.

8. El opuesto de un entero positivo _____ es un entero positivo.

9. Sumar un entero negativo es _____ equivalente a restar un entero positivo.

10. La suma de un entero negativo y de un entero positivo _____ es un entero positivo.

11. La suma de dos enteros negativos _____ es un entero positivo.

12. La diferencia entre dos enteros negativos _____ es un entero positivo.

Proyecto

Usa un atlas o un mapa del estado para calcar o copiar un mapa en papel cuadriculado de centímetros. Escoge un lugar que parezca estar en el centro del estado. Marca el lugar como el origen, ó (0, 0). Haz una matriz. En una hoja escribe las coordenadas aproximadas de pueblos y ciudades del estado. Luego desafía a tus compañeros de clase a usar las coordenadas para ubicar pueblos y ciudades en el mapa.

REPASO DEL CAPÍTULO/EXAMEN

1ª parte Entendimiento

Da el opuesto de cada uno.

1. 3 pasos hacia arriba **2.** 5 km al oeste **3.** pierde 0 puntos

4. Ordena de menor a mayor: $^+6$, $^-5$, $^+2$, $^-1$, 0

5. Usa la serie para restar los enteros negativos. Da cada diferencia.

$6 - 2 = n$
$6 - 1 = n$
$6 - 0 = n$
$6 - {}^-1 = n$
$6 - {}^-2 = n$

Da el punto para cada conjunto de coordenadas.

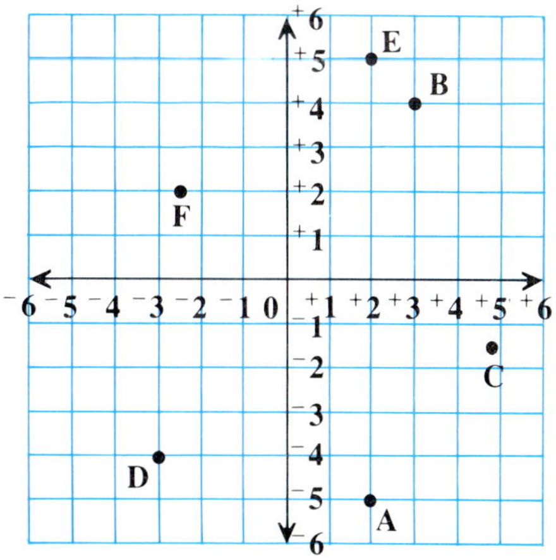

6. $(^+2, {}^-5)$ **7.** $(^-2\frac{1}{2}, {}^+2)$

8. $(^-3, {}^-4)$ **9.** $(^+2, {}^+5)$

10. $(^+3, {}^+4)$ **11.** $(^+4.75, {}^-1.5)$

2ª parte Destrezas

Halla la suma o la diferencia.

12. $^-4 + {}^+6$ **13.** $^+12 + {}^-5$ **14.** $^+7 - {}^-4$ **15.** $^-10 - {}^-6$

Resuelve. Traza y usa una línea de números si es necesario.

16. $^-4 + n = {}^-9$ **17.** $^-6 + m = {}^+3$

3ª parte Aplicaciones

18. Una excavación arqueológica está a 85 pies sobre el nivel del mar. Si trabajadores cavan un hoyo a 52 pies bajo el nivel del mar, ¿cuán profundo es el hoyo?

19. Desde la temperatura máxima del día, la temperatura cayó 14°, a una mínima de $^-4°$. ¿Cuál era la máxima del día?

20. Desafío Dana se aprendió de memoria las capitales de 15 estados, que eran 3 veces más de las que había aprendido el día anterior. Si Kevin ha aprendido de memoria 5 capitales más que Dana, ¿cuántas ha aprendido él?

ENRIQUECIMIENTO
Series de multiplicación de enteros

Usa la calculadora para verificar series de multiplicación sorprendentes.

Presiona las teclas que se muestran para verificar estos ejemplos.

$^{+}5 \times {}^{-}4 = {}^{-}20$ 5 [×] 4 [+⇄−] [=]

$^{-}5 \times {}^{-}4 = {}^{+}20$ 5 [+⇄−] [×] 4 [+⇄−] [=]

Copia cada columna de ecuaciones. Sigue la serie de arriba hacia abajo para dar cada producto **sin usar la calculadora.** Luego usa la calculadora para verificar los problemas con enteros negativos.

1.
$4 \times 4 =$ ▯
$4 \times 3 =$ ▯
$4 \times 2 =$ ▯
$4 \times 1 =$ ▯
$4 \times 0 =$ ▯
$4 \times {}^{-}1 =$ ▯
$4 \times {}^{-}2 =$ ▯
$4 \times {}^{-}3 =$ ▯
$4 \times {}^{-}4 =$ ▯

2.
$3 \times 4 =$ ▯
$3 \times 3 =$ ▯
$3 \times 2 =$ ▯
$3 \times 1 =$ ▯
$3 \times 0 =$ ▯
$3 \times {}^{-}1 =$ ▯
$3 \times {}^{-}2 =$ ▯
$3 \times {}^{-}3 =$ ▯
$3 \times {}^{-}4 =$ ▯

3.
$4 \times {}^{-}4 =$ ▯
$3 \times {}^{-}4 =$ ▯
$2 \times {}^{-}4 =$ ▯
$1 \times {}^{-}4 =$ ▯
$0 \times {}^{-}4 =$ ▯
${}^{-}1 \times {}^{-}4 =$ ▯
${}^{-}2 \times {}^{-}4 =$ ▯
${}^{-}3 \times {}^{-}4 =$ ▯
${}^{-}4 \times {}^{-}4 =$ ▯

4.
$4 \times {}^{-}3 =$ ▯
$3 \times {}^{-}3 =$ ▯
$2 \times {}^{-}3 =$ ▯
$1 \times {}^{-}3 =$ ▯
$0 \times {}^{-}3 =$ ▯
${}^{-}1 \times {}^{-}3 =$ ▯
${}^{-}2 \times {}^{-}3 =$ ▯
${}^{-}3 \times {}^{-}3 =$ ▯
${}^{-}4 \times {}^{-}3 =$ ▯

5. ¿Cómo podrías sumar para mostrar que $3 \times {}^{-}4 = {}^{-}12$?

6. ¿Qué crees que sea la verdad respecto al producto de cualquier par de enteros negativos?

REPASO GENERAL

1. ¿Qué figura tiene justo 1 punto final?

A. triángulo **B.** recta
C. semirrecta **D.** segmento de recta

2. ¿Qué triángulo tiene 1 ángulo obtuso?

A. agudo **B.** equilátero
C. recto **D.** obtuso

3. Uno de los lados paralelos de un trapecio es 8 plg más corto que el otro. Juntos, los 2 lados tienen 20 plg. ¿Cuán largo es cada uno de los lados paralelos?

A. 13 plg, 7 plg **B.** 6 plg, 14 plg
C. 12 plg, 6 plg **D.** 8 plg, 6 plg

4. Escribe en forma de porcentaje: 9:100.

A. 90% **B.** 9%
C. 0.09% **D.** 0.9%

5. De los 200 votos emitidos, Dennis recibió 53. ¿Aproximadamente qué porcentaje de los votos recibió?

A. 106% **B.** 50%
C. 25% **D.** 75%

6. Escribe 0.87 en forma de porcentaje.

A. 870% **B.** 87%
C. 8.7% **D.** 0.87%

7. Escribe en forma de porcentaje: $\frac{7}{20}$

A. 140% **B.** 7%
C. 35% **D.** 20%

8. Halla 35% de 300.

A. 10.5 **B.** 105
C. 335 **D.** 35

9. Calcula mentalmente $33\frac{1}{3}$% de 90.

A. 30 **B.** 60
C. $33\frac{1}{3}$ **D.** 120

10. Estima 12% de 150.

A. 30 **B.** 40
C. 10 **D.** 20

11. ¿Qué método de cálculo sería el más rápido para hallar 25% de 40?

A. cálculo mental **B.** computadora
C. papel y lápiz **D.** calculadora

12. Halla el interés de un préstamo de $300 a una tasa del 15% al año por 2 años.

A. $30 **B.** $60
C. $45 **D.** $90

13. Claudia compró una radio en $45 con 20% de descuento. Pagó $1.80 de impuesto sobre la venta. ¿Cuál fue el costo total?

A. $10.80 **B.** $36
C. $37.80 **D.** $46.80

14. Carmen compró un sombrero a $12.95. La tasa de impuesto sobre la venta es de $5\frac{1}{2}$%. ¿Cuál es el costo total de la compra?

A. $13.66 **B.** $.71
C. $12.24 **D.** $12.95

13

MEDICIÓN

MATEMÁTICAS Y ARTES DEL LENGUAJE

BANCO DE DATOS

Usa el Banco de datos del lenguaje (p. 480) para contestar las preguntas.

1 Usa los prefijos como ayuda para hallar la diferencia cuando restas un decigramo de un kilogramo. Halla la diferencia cuando restas un decigramo de un hectogramo.

2 En el año 46 A.C., Julio César creó un calendario. En él, el último mes del año se llamaba diciembre. ¿Cuántos meses había en un año del calendario juliano?

3 Usando los prefijos, da otra palabra para las unidades de tiempo en **A** y **B**.

A En *una billonésima de segundo,* un rayo de luz viaja el largo de un cuaderno.

B Dentro de *un billón de segundos,* tendrás más de 40 años.

4 **Pensamiento crítico**
Usa los prefijos para agrupar estas palabras. Explica tus clasificaciones. *Decatlón, centigramo, por ciento, decimal, ciempiés, década, siglo, decágono, centenario, decímetro*

Cambia las unidades

APRÉNDELO

EXPLORA **Descubre la relación**

Una de las grandes ventajas del sistema métrico es la facilidad de cambiar una unidad a otra. Esto es porque el sistema métrico está basado en 10, al igual que nuestro sistema de valor de orden. El codo es una unidad de longitud usada por muchas civilizaciones antiguas. Estaba basado en la longitud del brazo humano desde el codo hasta el extremo del dedo medio. ¿Cómo expresarías el codo inglés en milímetros y metros?

CODO	
egipcio	53 cm
romano	44.5 cm
hebreo	44.7 cm
inglés	46 cm

COMÉNTALO

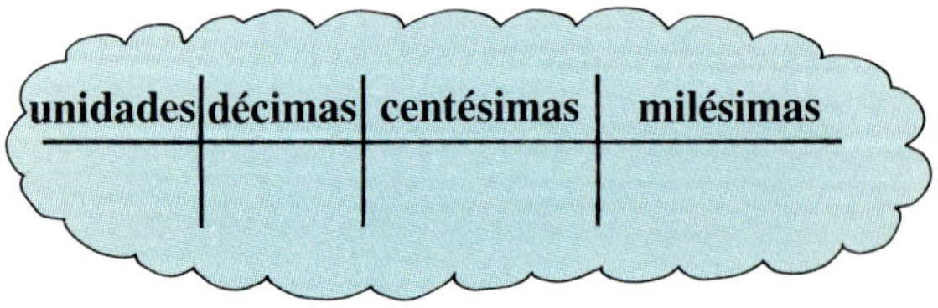

1. Piensa en cómo puedes usar una tabla de valor de orden para examinar la relación entre unidades métricas. Di qué harías para cambiar metros (unidades) a decímetros (décimas).
2. Describe lo que harías para cambiar decímetros (décimas) a metros (unidades).
3. Describe lo que harías para expresar el codo inglés en milímetros.
4. Describe lo que harías para expresar el codo inglés en metros.

centésimas → milésimas
46 cm = ▯ mm

centésimas → unidades
46 cm = ▯ m

He aquí cómo multiplicar por 10 para cambiar una medida dada a una unidad menor.

Cómo cambiar a una unidad menor

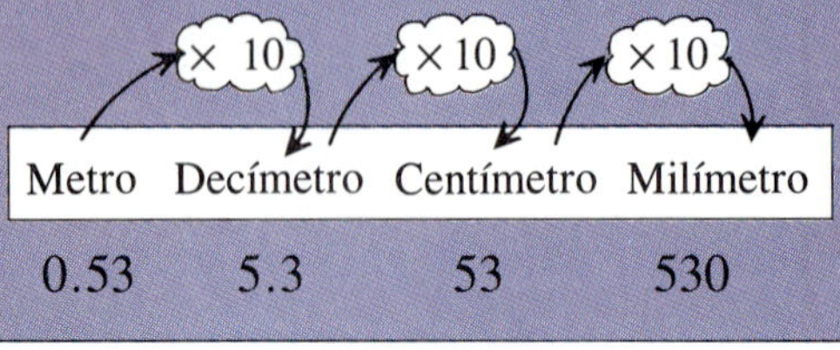

He aquí cómo puedes dividir por 10 para cambiar una medida dada a una unidad mayor.

Cómo cambiar a una unidad mayor

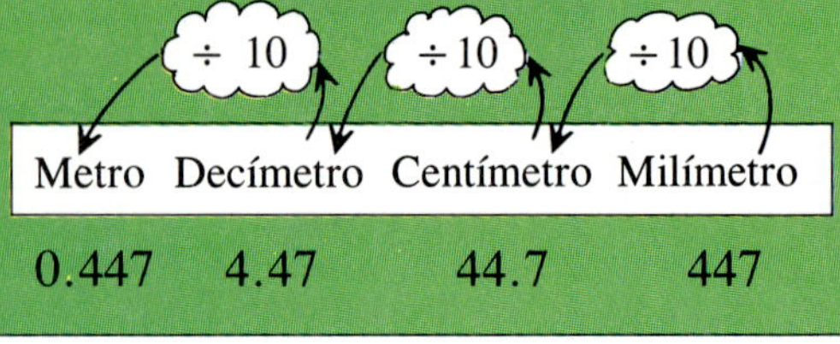

INTÉNTALO

Multiplica por 10 o divide entre 10 para hallar cada respuesta.

1. Cambia 327 mm a cm.
2. Cambia 286 cm a m.
3. Cambia 5.3 dm a cm.

PRACTÍCALO

Da el número para cada unidad cambiada.

1. 3.6 m = ▯ dm
2. 3.64 m = ▯ cm
3. 743 mm = ▯ m
4. 3.662 m = ▯ mm
5. 147 dm = ▯ m
6. 4.3 m = ▯ dm
7. 9.68 m = ▯ cm
8. 48 cm = ▯ m
9. 2.75 m = ▯ mm
10. 56 mm = ▯ m
11. 0.86 m = ▯ cm
12. 47 mm = ▯ dm
13. 4.9 dm = ▯ cm
14. 376 cm = ▯ m
15. 8.04 m = ▯ cm
16. 9,467 mm = ▯ m
17. 157 dm = ▯ m
18. 4.65 dm = ▯ mm
19. 12.2 m = ▯ cm
20. 137 mm = ▯ dm
21. 8.4 cm = ▯ mm

Este diagrama muestra la relación entre el kilómetro (km) y el metro (m). Da el número para cada unidad cambiada.

22. 0.32 km = ▯ m
23. 1,264 m = ▯ km
24. 846 m = ▯ km

APLÍCALO

RAZONAMIENTO MATEMÁTICO

¿Qué número es mayor? Di cómo lo sabes.

25. Lindsay medía x cm o x m de altura.
26. Bryan medía x mm o x dm de altura.

RESOLUCIÓN DE PROBLEMAS

27. El codo romano tiene 44.5 cm de largo. Expresa la longitud en m.
28. **Búsqueda de datos** Mide tu propio codo en cm. Exprésalo en mm y m.
29. La longitud del brazo de Joel, desde el hombro hasta la punta del dedo, es 60 cm. Su codo tiene 12 cm más de longitud que la parte superior del brazo. ¿Cuál es la longitud de su codo?

ÁLGEBRA

Amber mide y centímetros. Di cuáles de las expresiones siguientes muestran la estatura de Amber en otras unidades. Escribe *sí* o *no*.

30. $\frac{y}{10}$ dm
31. $10y$ dm
32. $10y$ mm
33. $\frac{y}{10}$ mm

Más práctica, página 517, grupo D

Estima la longitud
Unidades métricas

Patrón

4 cm

APRÉNDELO

EXPLORA **Usa patrones métricos**

Si sabes la longitud de un objeto, a veces puedes usarla como ayuda para estimar la longitud de otro objeto. El objeto de longitud conocida se llama **patrón**.

Usa el patrón para estimar la longitud en centímetros de cada objeto. Luego mide para ver cuán acertadas fueron tus estimaciones.

COMÉNTALO

1. Di cómo facilita un patrón el estimar las longitudes de otros objetos.
2. ¿Eran tus estimaciones mayores o menores que las longitudes reales?
3. ¿Cuáles fueron más fáciles de estimar, los objetos más cercanos o los más lejanos al patrón? Di por qué.

La vara siguiente tiene un decímetro (dm) de largo.

Para estimar longitudes mayores que las anteriores, puedes usar un patrón como el decímetro (10 cm). Para longitudes aún mayores, sería útil pensar en una regla de un metro (100 cm) como patrón.

INTÉNTALO

Estima. Luego mide para ver cuán acertadas fueron tus estimaciones.

1. Estima el largo y el ancho de tu libro de matemáticas en centímetros.
2. Estima la altura desde el piso hasta el asiento de tu silla en decímetros.
3. Estima la altura desde el piso hasta encima de tu pupitre en decímetros.

PRACTÍCALO

Estima. Luego mide para ver cuán acertada fue tu estimación.

1. **tu lápiz**
   estimación: ▮ cm
   medida: ▮ cm
   (cm más cercano)

2. **envergadura de brazos**
   estimación: ▮ dm
   medida: ▮ dm
   (dm más cercano)

3. **tu estatura**
   estimación: ▮ cm
   medida: ▮ cm
   (cm más cercano)

4. **el ancho de tu pupitre**
   estimación: ▮ cm
   medida: ▮ cm
   (cm más cercano)

5. **la longitud de uno de tus pasos**
   estimación: ▮ dm
   medida: ▮ dm
   (dm más cercano)

6. **la longitud del salón de clases**
   estimación: ▮ m
   medida: ▮ m
   (m más cercano)

APLÍCALO

RAZONAMIENTO MATEMÁTICO

7. Supón que uno de tus pasos al caminar mi de 60 cm de largo. Un paso de tu hermanito mide 31 cm. Si das 170 pasos para cruzar un parque, estima cuántos pasos tendría que dar tu hermanito.

RESOLUCIÓN DE PROBLEMAS

8. Marti estimó la anchura del salón en unos 100 m. ¿Es razonable esta estimación? Explica cómo lo sabes.

9. Supón que un atleta da pasos de 175 centímetros cuando corre a toda velocidad. ¿Cuántos pasos daría aproximadamente al correr la carrera de 100 metros?

REPASO COMBINADO

Escribe >, < o = para cada

10. $^{+}2$ ▮ $^{-}8$ **11.** $^{-}6$ ▮ $^{-}7$ **12.** $^{-}7$ ▮ 0 **13.** $^{-}10$ ▮ 12

14. $\frac{5}{7}$ ▮ $\frac{2}{3}$ **15.** $\frac{1}{2}$ ▮ $\frac{5}{8}$ **16.** $\frac{10}{15}$ ▮ $\frac{2}{5}$ **17.** $\frac{7}{11}$ ▮ $\frac{3}{4}$

Halla los cocientes a la décima más cercana.

18. $61\overline{)3162}$ **19.** $18\overline{)186.2}$ **20.** $27\overline{)1205}$ **21.** $82\overline{)29.017}$

Resolución de problemas
Determina cuándo estimar

ENTIENDE
ANALIZA DATOS
PLANEA
ESTIMA
RESUELVE
EXAMINA

APRÉNDELO

En algunas situaciones de la vida real necesitas tomar medidas exactas mientras que en otras sólo necesitas una estimación.

Supón que tienes una tabla de 25 cm de ancho por 2 m de largo. Vas a cortar la tabla con un serrucho para hacer la repisa de una estantería. ¿Cómo determinas por dónde cortar la tabla?

Quiero que la repisa quepa exactamente en el espacio de la estantería de libros. Debo tomar una medida exacta.

Supón que decides cortar la tabla para usarla como letrero de anuncio para una venta. ¿Cómo determinas dónde cortar la tabla?

Puedo adivinar fácilmente de qué largo tendré que hacer el letrero. Sólo debo estimar para determinar dónde cortar.

INTÉNTALO

Decide si necesitas una estimación o una medida exacta. Di por qué.

1. Supón que decides cortar la tabla para hacer una pista para tu auto de juguete.

2. Supón que decides cortar la tabla para hacer el piso de una casita para perro que estás construyendo.

PRACTÍCALO

Determina si necesitas una estimación o una medida exacta. Di por qué.

1. cortar una estaca para un arbolito

2. cantidad de harina para una receta

3. tiempo que toma el caminar a la escuela

4. tiempo que toma un atleta en correr la carrera de 100 metros

5. instalar cortinas

6. cantidad de agua que necesita tu planta

7. distancia de tu casa a la escuela

8. cantidad de queso en un paquete del supermercado

9. hacer la pata de una mesa

10. cantidad de leche para beber

Di si necesitas una respuesta exacta o si es suficiente una estimación. Luego resuelve los problemas que necesitan respuestas exactas.

11. Frank pesa 96 lb, Erin pesa 89 lb, Andy pesa 79 lb y Molly pesa 99 lb. En un concurso de tira y afloja, ¿pesarán más o menos que los alumnos del otro lado cuyos pesos suman 400 lb?

12. Stacy tiene una tabla de 5 pies $2\frac{1}{2}$ pulgadas de largo. Necesita un pedazo de 4 pies $6\frac{1}{2}$ pulgadas de largo para una cómoda. ¿Cuánto cortará para obtener la tabla que quiere?

13. Casey mide 4 pies $10\frac{1}{4}$ pulgadas. Carlos mide 5 pies $2\frac{1}{2}$ pulgadas. ¿Es Casey más alto que Carlos?

14. Kyle está horneando pan. La receta requiere $2\frac{1}{2}$ tazas de harina integral y $1\frac{3}{4}$ tazas de harina blanca. ¿Cuánta harina necesita en total?

15. Formula un problema por escrito Inventa una situación en la que tengas que medir exactamente antes de cortar una tabla y otra en la que sólo tengas que estimar.

Más práctica, página 526, grupo E

Volumen, capacidad y peso
Unidades métricas

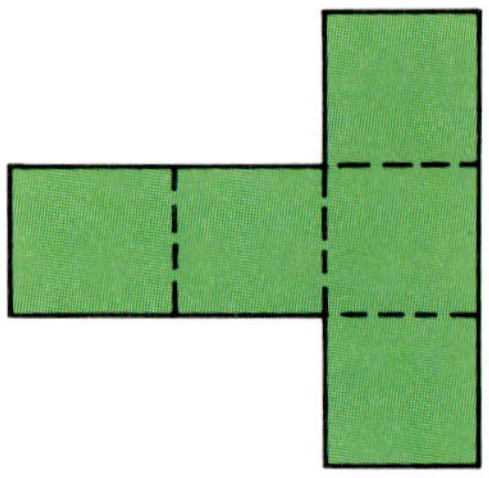

APRÉNDELO

Volumen, capacidad y peso están relacionados entre sí en el sistema métrico.

EXPLORA **Usa una serie**

Trabaja en grupo para construir una caja abierta que mida 10 cm de cada lado. Imagina que tu caja puede llenarse de agua.

Abierta

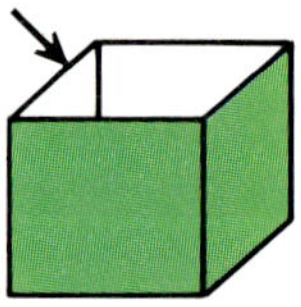

COMÉNTALO

1. ¿Qué otra cosa del salón crees que tendría aproximadamente la misma masa que la caja llena de agua?

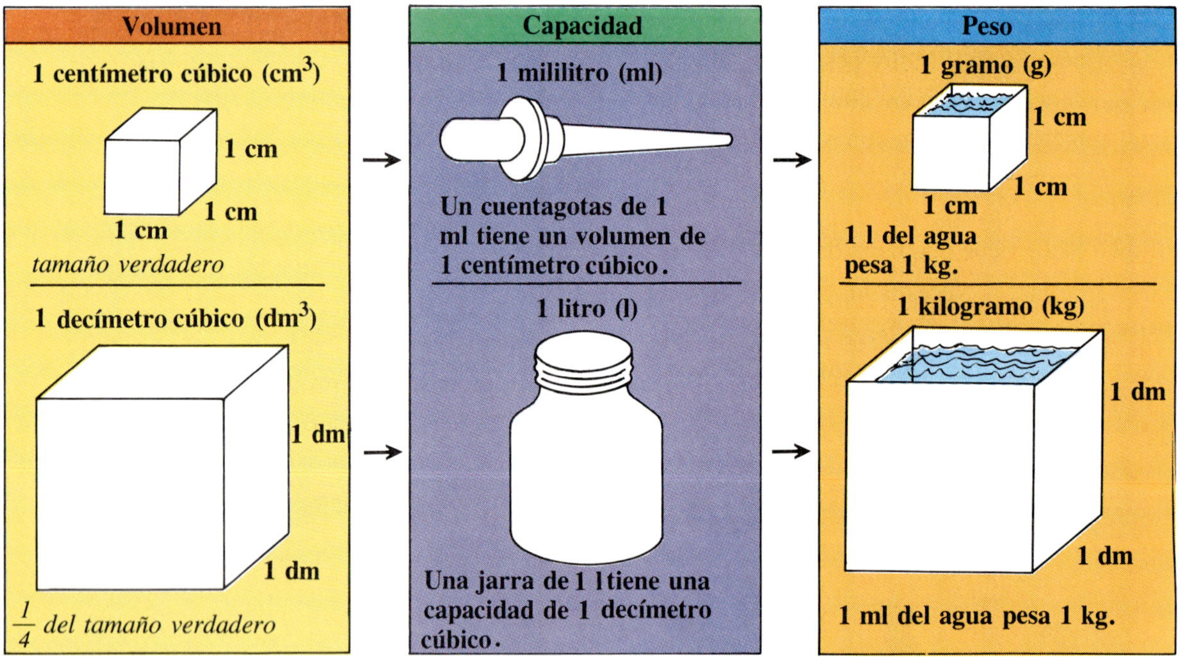

Un **miligramo** (mg) es una unidad de masa muy pequeña. Es una milésima de gramo.
Un **kilolitro** (kl) es una unidad de capacidad muy grande. Es 1000 litros.

INTÉNTALO

Escoge la mejor estimación.

1. una lata de jugo
   825 ml   825 l   825 kl
2. un bolo de boliche
   7 mg   7 g   7 kg
3. una tina de baño
   225 ml   225 l   225 kl

PRACTÍCALO

Escoge la estimación más acertada de la capacidad de cada recipiente.

1. una cuchara sopera
15 ml 15 l 15 kl

2. un acuario
40 ml 40 l 40 kl

3. un estanque de aqua
2,000 ml 2,000 l
2,000 kl

Escoge la estimación más acertada del peso de cada cosa.

4. un oso
90 mg 90 g 90 kg

5. un sujetapapeles
1 mg 1 g 1 kg

6. un bolígrafo
15 mg 15 g 15 kg

Da el número de cada unidad cambiada.

7. 3 kl = ____ l **8.** 7 l = ____ ml **9.** 0.250 kl = ____ l **10.** 0.750 l = ____ ml

11. 1,435 l = ____ kl **12.** 2,374 ml = ____ l **13.** 476 l = ____ kl **14.** 375 ml = ____ l

15. 5 kg = ____ g **16.** 12 g = ____ mg **17.** 0.250 kg = ____ g

18. 0.500 g = ____ mg **19.** 8,346 g = ____ kg **20.** 1,765 mg = ____ g

APLÍCALO

RAZONAMIENTO MATEMÁTICO

21. Erica dijo: "Creo que pesa 5 g". ¿Está pensando Erica en un libro, en una moneda de 5 centavos o en una pluma?

22. Adam dijo: "Creo que contiene cerca de 2 l". ¿Está pensando Adam en un vaso, en una jarra grande o en una tina de baño?

RESOLUCIÓN DE PROBLEMAS

23. ¿Cuántas cucharaditas de 5 ml se necesitan para llenar una taza de 250 ml?

24. Banco de datos de lenguaje BANCO DE DATOS
Usa los prefijos *mega* y *micro* para completar estas oraciones: Hay un millón de _____ en un metro. Un _____ es un millón de gramos.

▶ PENSAMIENTO CRÍTICO Razona cuidadosamente

25. Aquí hay dos baldes. No hay marcas en ninguno de los dos. ¿Cómo puedes usar los baldes para poner 4 l de agua en el balde más grande?

3l **8l**

Más práctica, página 518, grupo A

Pensamiento crítico

Cinco tipos comunes de medidas
Longitud
Anchura
Volumen
Capacidad
Peso

APRÉNDELO

Shigeo trabaja en una tienda de materiales de construcción. Las cosas que vende se miden de diferentes maneras y con diferentes unidades. La tabla muestra algunos de los tipos de medidas más comunes. Cada tipo tiene varias unidades diferentes.

Un cliente pidió a Shigeo suficiente fertilizante de pasto para cubrir 10,000 pies cuadrados. Otro cliente pidió cien libras de fertilizante para pasto. Shigeo le dijo a su amigo Keith que había vendido a ambos clientes bolsas del mismo tamaño. Keith preguntó: "¿Se enfadó tu jefe por el error?"

Shigeo contestó: "No. Mi jefe pensó que lo había hecho bien".

¿Es esto posible?

COMÉNTALO

1. ¿Crees que la bolsa de fertilizante llevaba impreso el peso?
2. ¿Es posible que las instrucciones de la bolsa incluyeran la superficie de pasto que podía cubrir?
3. ¿Por qué no se había equivocado Shigeo?

INTÉNTALO

Da el tipo de medida y unidad que se podría usar en cada una de estas cosas. Si no estás seguro, trata de averiguarlo.

1. Cuerda eléctrica

2. Alfombra

3. Refrigerador

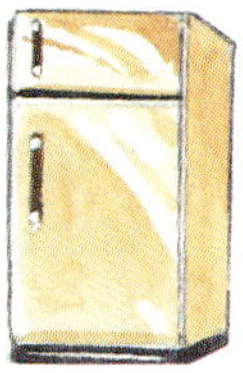

4. Clavos

5. Pintura

6. Televisor

REPASO PARCIAL/EXAMEN

Primero estima usando las unidades dadas. Luego mide para verificar.

1. tu antebrazo desde el codo a la muñeca en decímetros y centímetros

2. la estatura de tu maestro en metros, decímetros y centímetros

En cada situación, decide si estimarías o medirías exactamente.

3. preparar galletas saladas con queso para la merienda

4. añadir jabón líquido a un balde de agua

5. acabar la mitad de tu tarea antes de la cena

6. hacer un marco de madera para un cuadro

7. poner el piso de un club

Elige la mejor unidad de medida para estimar la capacidad, el peso o la distancia.

8. La masa de un niño es de unos 45 (g, mg o kg).

9. Un vasito de jugo contiene unos 250 (kl, l o ml).

10. Una caja de 100 sujetapapeles tiene una masa de unos 100 (kg, g o mg).

11. 1 hora de recorrido en bicicleta es unos 15 (m, km o mm).

Da el número de cada unidad cambiada.

12. 3 m = ▯ cm

13. 32 mm = ▯ cm

14. 1.59 m = ▯ dm

15. 5.2 cm = ▯ m

16. 525 mm = ▯ m

17. 5.7 km = ▯ m

18. 8 l = ▯ ml

19. 0.25 kg = ▯ g

20. 1,426 l = ▯ kl

21. 5 g = ▯ mg

22. 750 ml = ▯ l

23. 3,010 g = ▯ kg

RESOLUCIÓN DE PROBLEMAS

24. Melanie estima que el asiento del auto mide 2 m de ancho. ¿Cómo usarías un patrón para determinar si su estimación es razonable?

25. Elizabeth hace una ensalada de frutas para la excursión de la escuela. Di cuando necesitará una medida exacta y cuando podrá estimar.

La hora

APRÉNDELO

EXPLORA Estudia los datos

El dibujo de la derecha muestra datos importantes acerca de la hora.

HUSOS HORARIOS

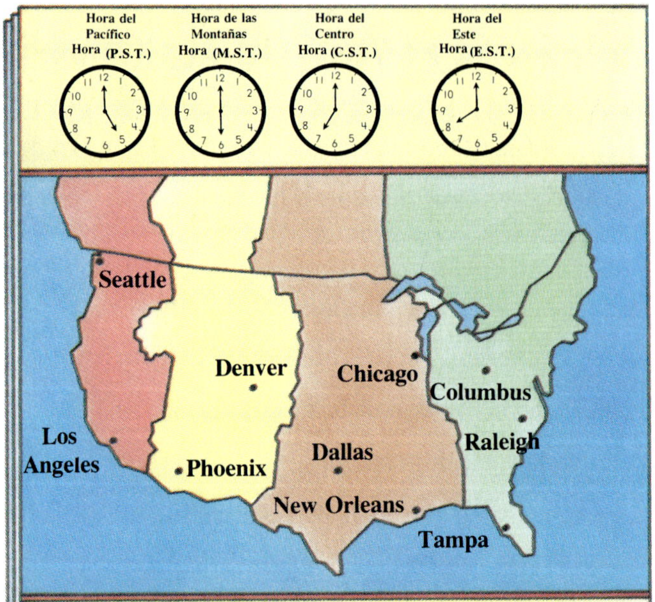

Hay 24 husos horarios alrededor del mundo.
Hay una hora de diferencia entre cada huso.
El mapa muestra cuatro husos horarios estándares AM y PM
Las horas entre medianoche y mediodía son a.m.
Las horas entre mediodía y medianoche son p.m.

COMÉNTALO

1. ¿Qué diferencia hay entre la hora del Pacífico y la hora del Este?
2. ¿Es la hora central más temprano o más tarde que la hora de las montañas?
3. Si un partido comienza a las 8:00 p.m. en Columbus, ¿a qué hora puede verse por televisión en Los Angeles?

A veces necesitarás sumar o restar el tiempo. Al sumar o restar el tiempo, a veces tendrás que cambiar tal como hiciste con los números enteros.

```
   3 h 25 min
 + 2 h 45 min
 ------------
   5 h 70 min   (70 min = 1 h 10 min)
                → 6 h 10 min
```

```
   4 h 25 min   (Cambia 1 h por 60 min) →    3 h 85 min
 − 2 h 45 min                                4 h 25 min (tachado)
 ------------                              − 2 h 45 min
                                           ------------
                                             1 h 40 min
```

INTÉNTALO

Halla cada respuesta. Acuérdate de que 1 min = 60 s.

1. 4 h 55 min + 2 h 35 min
2. 8 h 20 min − 3 h 45 min
3. 4 min 29 s + 8 min 46 s
4. 9 min 12 s − 3 min 20 s

5. Un partido comienza en Seattle a la 1:00 p.m. y termina a las 4:10 p.m. Si lo transmiten en vivo en la TV en Tampa, ¿a qué hora comienza el partido? ¿a qué hora termina?

PRACTÍCALO

Halla las sumas y diferencias.

1. 8 h 50 min + 7 h 40 min	**2.** 10 h 30 min − 1 h 45 min	**3.** 8 min 45 s + 5 min 45 s	**4.** 9 min 15 s − 2 min 30 s
5. 15 h 30 min − 8 h 17 min	**6.** 7 h 25 min + 9 h 30 min	**7.** 6 h 57 min + 4 h 49 min	**8.** 7 h 24 min − 2 h 56 min

Da las horas.

9. Cuando son las 9 p.m. en Dallas, ¿qué hora es en Los Angeles?

10. Cuando son las 12:00 del mediodía en Los Angeles, ¿qué hora es en Columbus?

APLÍCALO

RAZONAMIENTO MATEMÁTICO

11. Un partido empezó en Chicago a las 7:30 p.m. Lo retransmitieron en Seattle una hora después. ¿A qué hora vieron el partido los de esta ciudad?

RESOLUCIÓN DE PROBLEMAS

12. April acabó su entrenamiento de fútbol a las 4:15 p.m. Debía estar en casa a las 6:00 p.m. ¿Cuánto tiempo le quedaba aún?

13. El vuelo salió de Denver a las 11:00 a.m. y llegó a Tampa a las 4:15 p.m. ¿Cuánto duró el vuelo? No te olvides del cambio de hora.

14. **Banco de datos de lenguaje** Completa el enunciado siguiente.

BANCO DE DATOS

Si 1 kilosegundo = 1,000 segundos ó 16.67 minutos, entonces

1 megasegundo = ____ minutos

1 gigasegundo = ____ minutos y

1 terasegundo = ____ minutos

CÁLCULO MENTAL

Resuelve mentalmente.

15. Jim empezó a trabajar a la 1:30 p.m. Rosario empezó 1 h 20 min más temprano. ¿A qué hora empezó Rosario?

16. Marie pensó acabar el proyecto a las 4:30 p.m. Terminó 2 h 25 min más temprano. ¿A qué hora acabó?

Estima la longitud
Unidades usuales

Patrón

2 pulgadas

APRÉNDELO

EXPLORA Usa patrones usuales

Usa el patrón para estimar la longitud en pulgadas de cada uno de estos objetos. Mide para ver cuán acertadas fueron tus estimaciones.

COMÉNTALO

1. Explica cómo usaste el patrón para hacer tus estimaciones.
2. ¿Tendían las estimaciones a ser mayores o menores que la verdadera longitud?
3. ¿Cuáles fueron más fáciles de estimar, los objetos más cortos o los objetos más largos? ¿Por qué?

Esta barra tiene 6 pulgadas de largo.

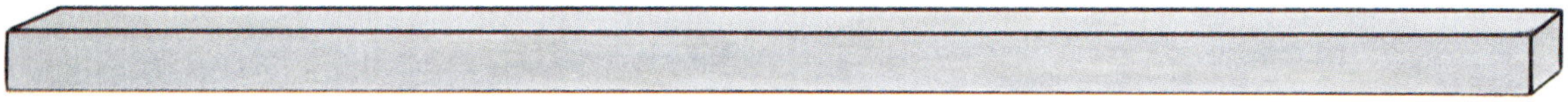

Para estimar longitudes mayores que las anteriores, puedes usar un patrón más grande, como esta barra de 6 pulgadas. Para objetos aún más grandes, puedes usar el pie (12 pulgadas) o la yarda (3 pies) como patrón.

INTÉNTALO

1. Estima en pulgadas la longitud y la anchura de tu libro de matemáticas.
2. Estima en pulgadas la altura desde el piso hasta el asiento de tu silla.
3. Estima en pulgadas la altura desde el piso hasta la superficie de tu pupitre.

PRACTÍCALO

Primero estima. Luego mide.

1. **tu lápiz**
   estimación: ▯ plg
   medida: ▯ plg
   (pulgada más cercana)

2. **envergadura de brazos**
   estimación: ▯ plg
   medida: ▯ plg
   (pulgada más cercana)

3. **uno de tus pasos**
   estimación: ▯ plg
   medida: ▯ plg
   (pulgada más cercana)

4. **altura de la puerta del salón de clases**
   estimación: ▯ pies
   medida: ▯ pies
   (pie más cercano)

5. **ancho del salón de clases**
   estimación: ▯ pies
   medida: ▯ pies
   (pie más cercano)

6. **longitud del salón de clases**
   estimación: ▯ yd
   medida: ▯ yd
   (yarda más cercana)

7. Estima una distancia de 50 pies con tu paso como unidad de medida. Mide para ver cuán cercana fue tu estimación de la verdadera distancia.

APLÍCALO

RAZONAMIENTO MATEMÁTICO

8. Candice preguntó: – ¿Cuán lejos es Chicago? Phillip respondió: – Cerca de hora y media. ¿Cómo puede Phillip dar una distancia usando el tiempo? ¿Qué quería decir?

RESOLUCIÓN DE PROBLEMAS

9. Rachel estima que el salón de clases mide unos 10 pies de largo. ¿Es razonable esta estimación? Explica cómo lo sabes.

10. Manuel estima que la longitud de un rectángulo es aproximadamente el doble de su anchura. El verdadero perímetro es de 18 pulgadas. ¿Qué longitud tiene el rectángulo si la estimación de Manuel es correcta?

REPASO COMBINADO

Resuelve.

11. $a + {}^{-}8 = {}^{-}7$ **12.** $n + {}^{+}3 = {}^{+}1$ **13.** ${}^{+}6 + n = {}^{-}2$ **14.** ${}^{-}5 + b = {}^{-}7$

Escribe la base y el exponente. Luego escribe el número en la forma usual.

15. 9×9 **16.** $3 \times 3 \times 3 \times 3$ **17.** $10 \times 10 \times 10 \times 10 \times 10 \times 10$

Capacidad y peso
Unidades usuales

pequeña
49¢ cada una

grande
79¢ cada una

APRÉNDELO

EXPLORA **Estudia la información**

Los dibujos de la derecha muestran algunas cosas con precios según su capacidad y peso.

Pequeño — **39¢**
Mediano — **69¢**
Grande — **99¢**

COMÉNTALO

1. ¿Qué manzana comprarías? ¿Por qué?
2. ¿Cuántas tazas pequeñas tendría que contener la taza grande para ser una buena compra? ¿Crees que lo es? ¿Por qué?

Capacidad

Una onza fluida (oz fl) es una unidad de capacidad básica y usual.	1 taza (t) contiene 8 oz.	Una pinta (pta) contiene 2 t.	Un cuarto (cto) contiene 2 pt.	Un galón (gal) contiene 4 ct.
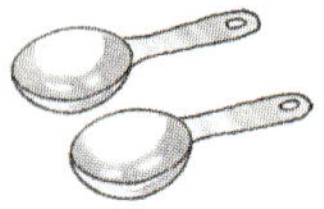				
2 cucharas grandes = 1 onza	1 taza = 8 onzas	1 pinta = 2 tazas	1 cuarto = 2 pintas	1 galón = 4 cuartos

Peso

Una onza (oz) es una unidad de peso básica y usual.	Una libra (lb) tiene 16 oz. Una pelota enviada por correo.	Una tonelada (T) tiene 2,000 lb. Una vagoneta postal pequeña.
	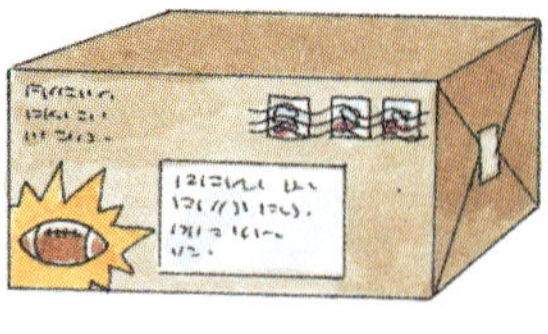	
Una carta puede pesar 1 onza.	1 libra = 16 onzas	Una tonelada = 2,000 libras

INTÉNTALO

1. ¿Cuántas cucharadas hay en una taza? ¿En una pinta? ¿En un galón?
2. ¿Cuántas onzas hay en un cuarto de libra? ¿En media libra? ¿En una tonelada?

PRACTÍCALO

Da los números que faltan.

1. 2 t = ▥ oz **2.** 3 pta = ▥ t **3.** 3 T = ▥ lb **4.** 10 lb = ▥ oz

5. $\frac{3}{4}$ lb = ▥ oz **6.** $\frac{1}{2}$ T = ▥ lb **7.** 1 gal = ▥ pta **8.** 8 cto = ▥ gal

9. Un galón y 2 pintas de limonada pueden llenar ▥ tazas.

10. Una pinta de jarabe puede llenar ▥ cucharadas.

11. Un cuarto y medio de leche puede llenar ▥ tazas.

Escribe *oz, lb* o *T.*

12. Una pelota de tenis pesa unos 2 ▥.

13. Un auto puede pesar $1\frac{1}{2}$ ▥.

14. Una persona puede pesar 140 ▥.

15. Un libro puede pesar 28 ▥.

16. Una ballena grande puede pesar 160 ▥.

17. Una hogaza de pan puede pesar 1 ▥.

APLÍCALO

RAZONAMIENTO MATEMÁTICO

18. El recipiente A contiene más que el D pero menos que el C. El recipiente B contiene menos que el D. ¿Cuál es la taza, la pinta, el cuarto y el galón?

RESOLUCIÓN DE PROBLEMAS

19. Karen vió que el jugo de tomate estaba a $1.89 por seis latas de 6 oz o a 59¢ por una de 12 oz. ¿Qué compra era mejor?

20. Una pinta de agua pesa cerca de 1 lb. ¿Cuántos galones de agua hay en una tonelada?

▶ CALCULADORA

Resuelve este problema con la computadora usando [M+].

21. Supón que un rey rico le dió a su hija 1 oz de oro el primer día, 2 oz el segundo, 4 oz el tercero, 8 oz el cuarto y así sucesivamente. Si el oro valía $489 la onza, ¿cuánto valía el oro acumulado en 10 días? Clave:

[ON/AC] 1 [M+] [×] 2 [=] [M+] [×] 2 [=] [M+]

. . . [×] 2 [=] [M+] [MR] [×] 489 [=]

Más práctica, página 518, grupo B

Calcula con unidades usuales

APRÉNDELO

EXPLORA Analiza el proceso

El terrier Yorkshire de Marlo pesa 6 lb 8 oz.
El chihuahua de Miranda pesa 2 lb 13 oz.
¿Cuánto más pesa el Yorkshire terrier que el chihuahua?
¿Cuánto pesan en total?

Puedes hallar la diferencia de esta manera.

6 lb 8 oz	Cambia 1 lb por 16 oz. →		5 lb 24 oz ~~6~~ ~~lb~~ 8 ~~oz~~
− 2 lb 13 oz			− 2 lb 13 oz
			3 lb 11 oz

Puedes hallar la suma de esta manera.

6 lb 8 oz		
+ 2 lb 13 oz	21 oz > 1 lb	
8 lb 21 oz	21 oz = 1 lb 5 oz →	9 lb 5 oz

COMÉNTALO

1. ¿Qué cambio se hizo en el problema de sustracción? Explica por qué se hizo.
2. ¿Qué cambio se hizo en el problema de adición? Explica por qué se hizo.
3. ¿Cómo hubieras estimado la diferencia de peso? ¿Y el peso total de los dos perros?
4. Usa una oración completa para contestar cada pregunta de Explora.

INTÉNTALO

Halla la suma, la diferencia o el producto.

1. 6 pies 7 plg + 6 pies 10 plg	**2.** 12 pies 3 plg − 8 pies 6 plg	**3.** 6 lb 3 oz − 1 lb 8 oz	**4.** 2 lb 9 oz × 4

PRACTÍCALO

Halla la suma, la diferencia o el producto.

1. 3 pies 4 plg + 5 pies 10 plg	**2.** 7 pies 2 plg − 1 pie 3 plg	**3.** 9 pies 6 plg + 8 pies 4 plg	**4.** 12 pies 10 plg − 6 pies 5 plg
5. 8 pies 0 plg − 2 pies 3 plg	**6.** 2 pies 7 plg × 4	**7.** 6 lb 9 oz + 8 oz	**8.** 2 lb 6 oz × 3
9. 7 lb 2 oz + 1 lb 15 oz	**10.** 9 lb 0 oz − 2 lb 10 oz	**11.** 1 pie 3 plg × 6	**12.** 7 pies 11 plg + 2 pies 2 plg

APLÍCALO

RAZONAMIENTO MATEMÁTICO ¿Cuál es mayor?

13. 1 pie 15 plg ó 20 plg **14.** 2 lb ó 1 lb 10 oz **15.** 3 pies 1 plg ó 2 pies 15 plg

RESOLUCIÓN DE PROBLEMAS

16. Ian es más alto que Kara. Ian es más bajo que Shinji pero más alto que Federico. Kara es más baja que Federico. Haz una lista de los alumnos del más bajo al más alto.

17. Cuando Anthony entró a la secundaria, pesaba 98 lb 4 oz. Cuando se graduó 3 años y 9 meses más tarde, pesaba 147 lb 13 oz. ¿Cuánto había aumentado de peso durante ese tiempo?

18. Banco de datos de lenguaje Completa el siguiente enunciado. Acuérdate de que 1 milla = 5,280 pies. Redondea las respuestas a la milésima más cercana.

BANCO DE DATOS

Si la luz viaja 186,200 millas en 1 segundo,
entonces viaja ▥ millas en 1 milisegundo,
▥ millas en 1 microsegundo,
▥ pies en 1 nanosegundo y
▥ pulgadas en 1 picosegundo.

ESTIMACIÓN

Redondea a la unidad mayor más cercana.
Estima las respuestas.

19.
6 lb 14 oz — cerca de 7 lb → 7 lb
+ 8 lb 5 oz — cerca de 8 lb → + 8 lb
▥ lb

20. 9 pies 3 oz − 2 pies 15 oz	**21.** 7 pies 11 plg + 6 pies 4 plg	**22.** 5 pies 11 plg × 6	**23.** 9 pies 2 plg × 5

Resolución de problemas
Problemas con más de una respuesta

- ENTIENDE
- ANALIZA DATOS
- PLANEA
- ESTIMA
- RESUELVE
- EXAMINA

APRÉNDELO

Algunos problemas tienen más de una respuesta. Cuando halles la respuesta a un problema, no te detengas. Pregúntate si puede haber otras respuestas.

Los Bengals hicieron varios encestes, anotando 23 puntos durante la primera mitad de un partido de baloncesto. El puntaje por cada enceste es 2 ó 3 puntos. ¿Cuántos encestes de cada clase hicieron?

Podría usar Adivina y verifica para hallar una respuesta.

Para seis de 2 puntos y tres de 3 puntos. ¡Demasiado bajo!
Para siete de 2 puntos y tres de 3 puntos. ¡Correcto!

Pero debo verificar otras respuestas. Haré una lista organizada de las diferentes posibilidades.

2 puntos		3 puntos		Total	
12	24	0		24	No está bien.
11	22				No está bien.
10	20	1	3	23 ✓	
9	18				No está bien.
8	16				No está bien.
7	14	3	9	23 ✓	
6	12				No está bien.
5	10				No está bien.
4	8	5	15	23 ✓	
3	6				No está bien.
2	2				No está bien.
1	2	7	21	23 ✓	
0	0				No está bien.

La lista muestra que hay 4 respuestas posibles.

- diez encestes de 2 puntos y uno de 3 puntos
- siete encestes de 2 puntos y tres de 3 puntos
- cuatro encestes de 2 puntos y cinco de 3 puntos
- un enceste de 2 puntos y siete de 3 puntos

INTÉNTALO

Resuelve.

1. Un equipo de fútbol americano hizo 38 puntos en un partido. Hizo 3 puntos por cada gol y 7 por cada anotación con conversión exitosa. ¿Cuántos hizo de cada clase?

2. Aaron compró un balón de baloncesto. La cajera le dio monedas de 10¢ y de 25¢ por un total de $1.35 de cambio. ¿Cuántas monedas de 10¢ y de 25¢ recibió Aaron?

PRÁCTICA COMBINADA

Resuelve. Usa cualquier estrategia.

Algunas estrategias	
Represéntalo	Resuelve un problema más sencillo
Usa objetos	Haz una lista organizada
Escoge una operación	Invierte el proceso
Haz un dibujo	Busca la serie
Adivina y verifica	
Haz una tabla	

1. Una pelota reglamentaria de baloncesto debe pesar entre 1 lb 6 oz y 1 lb 8 oz. Si cada una de las 4 pelotas pesa 1 lb 7 oz, ¿cuánto será el peso total de las 4?
2. Un campo de fútbol americano mide 120 yardas de largo y 53 yardas 1 pie de ancho. ¿Cuánto más largo que ancho es?
3. El diagrama muestra las medidas de los postes de una cancha. Halla la distancia entre los postes verticales si cada poste tiene un díametro de 4 plg.

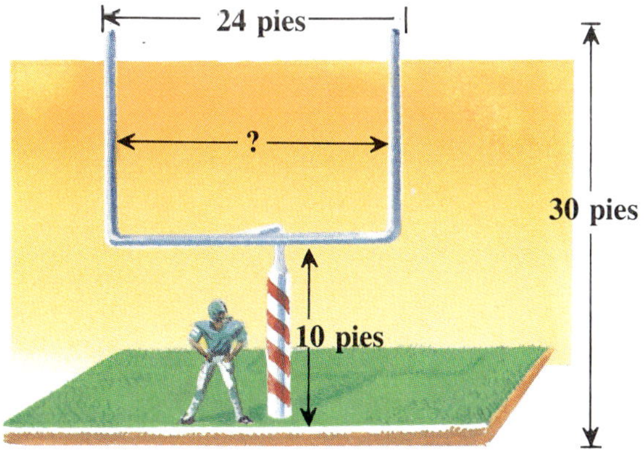

4. Julie, Ann, Bev y Kay juegan en un equipo de baloncesto. Sus posiciones son centro, delantera, guarda derecha y guarda izquierda. Ann es la más baja del equipo. La centro es más alta que la delantera. Kay no juega ni de guarda ni de centro. Bev juega de guarda izquierda. ¿En qué posición juega Ann?
5. Laurent compró pelotas de golf en cajas de 4 y pelotas de tenis en latas de 3. Compró 31 pelotas en total. ¿Cuántas de cada clase compró?
6. Un jugador de fútbol americano famoso intentó hacer 3,276 pases durante sus primeros 9 años con un equipo. Completó casi el 64% de sus pases. ¿Cuántos pases completó aproximadamente en total? Di si se necesita una respuesta exacta o una estimación. Luego contesta la pregunta.
7. Una pelota reglamentaria de fútbol americano debe tener entre 12.5 lb y 13.5 lb de presión de aire. Al examinar una pelota, el árbitro vio que pesaba 9.7 lb. ¿Cuántas libras faltaban para alcanzar las 13.5 lb?
8. **Piensa en la solución** Supón que Bing tiene monedas de 25¢, monedas de 10¢ y monedas de 5¢ en su bolsillo. En el partido compró una caja de palomitas de maíz por $0.75. Le dió el cambio exacto al cajero con 3 monedas de 5¢ y otras más. ¿Qué otras monedas usó Bing?
   - **a.** Muestra los pasos que hiciste para resolver el problema.
   - **b.** Escribe tu respuesta en una oración completa.
   - **c.** Nombra la estrategia que usaste para resolver el problema.

Más práctica, página 527, grupo A

Aplicación de Resolución de problemas
Decisión de grupo

ENTIENDE
ANALIZA DATOS
PLANEA
ESTIMA
RESUELVE
EXAMINA

Destreza de grupo:
Opina para llegar a un acuerdo

Se le ha pedido a tu clase que ayude a la cafetería a planear un menú para el almuerzo un día de cada mes. Empieza planeando un menú sano para ti mismo para un día.

Datos a considerar

1. Necesitas satisfacer tus necesidades alimenticias diarias. Trata de obtener el promedio de calorías que necesitas, y asegúrate en todo momento de satisfacer tus necesidades diarias de proteína.

2. Escoge por lo menos 4 porciones del grupo lácteo, 4 porciones del grupo del pan y cereales, 2 porciones del grupo de la carne y 4 porciones del grupo de las frutas y verduras.

Promedio de las necesidades alimenticias diarias

Mujeres	Edad (años)	Calorías	Proteína (gramos)
	1–3	1300	23
	4–6	1700	30
	7–10	2400	36
	11–14	2200	44
	15–18	2100	48
	19–22	2100	46
	23–50	2000	46
	51	1800	46

Hombres	Edad (años)	Calorías	Proteína (gramos)
	1–3	1300	23
	4–6	1700	30
	7–10	2400	36
	11–14	2700	44
	15–18	2800	54
	19–22	2900	54
	23–50	2700	56
	51	2400	56

GRUPOS DE ALIMENTOS BÁSICOS

Pan y cerales

	Cantidad	Calorías	Proteína (g)
pan, blanco	1 rebanada	55	2
pan, integral	1 rebanada	60	3
cereal, seco	$\frac{3}{4}$ de taza	110	1
macarrones	1 taza	155	5
fideos	1 taza	200	7
panqueque, solo	1	60	2
arroz, blanco	1 taza	225	4
espagueti	1 taza	155	5

Carne y alimentos relacionadas

	Cantidad	Calorías	Proteína (g)
frijoles, rojos	1 taza	230	15
carne, magra	1 porción	208	23
pierna de pollo	1	90	12
huevo	1	80	6
hamburguesa	1 (2.9 oz)	235	20
chuleta de cordero	1 (3.1 oz)	360	18
crema de cacahuate	1 C	95	4
cacahuates	1 taza	840	37
camarones	1 porción	100	21
biftec magro	1 porción	172	27
atún	$\frac{1}{2}$ lata		

Leche y productos lácteos

	Cantidad	Calorías	Proteína (g)
queso, cheddar	1 rebanada	115	7
helado	1 taza	270	5
leche, descremada	1 taza	140	8
leche, entera	1 taza	150	8
yogurt	$\frac{1}{2}$ taza	200	7

Frutas y verduras

	Cantidad	Calorías	Proteína (g)
manzana	1	80	trazas
plátano	1	100	1
brócoli	1 taza	40	5
maíz	1	70	2
pepino	6 tajadas	5	trazas
lechuga	1 cabeza	70	5
hongos	1 taza	20	2
naranja	1	65	1
jugo de naranja	1 taza	120	2
pera	1	100	1
guisantes	1 taza	110	8
papa	1	105	3
fresas	1 taza	55	1
tomate	1	25	1

Preguntas para contestar

1. Supón que eres una niña de 11 años. ¿Cuántas calorías por día necesitas en promedio? ¿Cuánta proteína? Di cómo lo sabes.

2. ¿En qué se diferencian las necesidades alimenticias de un niño de 12 años y las de una niña de 12 años? ¿Cómo afectarán estas diferencias tu menú diario? ¿Crees que ellas afectarán tus sugerencias a la cafetería para el menú del almuerzo escolar? Explica tu respuesta.

3. ¿Qué grupo de alimentos parece tener la mayor cantidad de proteína? ¿Y la menor?

4. ¿Qué grupo de alimentos parece tener el menor número de calorías?

5. ¿Cómo te sirve de ayuda una tabla para contar el número de calorías y el número de gramos de proteína, y para elegir entre los cuatro grupos de alimentos?

¿Cuál es tu decisión?

Comenta con tus compañeros tu menú de un día de clases. En base a este menú, ¿qué comidas recomendarías que la cafetería sirviera para el almuerzo?

Resumen

Medida por medida

Relaciona cada medida a la izquierda con una descripción a la derecha.

1. cerca de un kilogramo
2. cerca de 4 metros
3. cerca de 1 litro
4. cerca de 1 kilómetro
5. cerca de 200 litros
6. cerca de 2 centímetros
7. cerca de 100 gramos
8. cerca de las 5:30 p.m.

a. altura de un salón de clases
b. diámetro de una moneda de 5¢
c. capacidad de una tina de baño
d. peso de un libro
e. capacidad de un frasco de jugo
f. peso de un cuaderno
g. hora en New York cuando son casi las 2:30 p.m. en Los Angeles
h. doce manzanas de una ciudad

Algunas veces, siempre, nunca

Determina cuál completa mejor las oraciones: *algunas veces, siempre* o *nunca.* Explica tus elecciones.

9. Un milímetro _____ es una unidad apropiada para medir una duración de tiempo muy larga.

10. Un metro _____ es una unidad apropiada para medir distancias.

11. El gramo y el kilogramo _____ se usan como unidades de masa en el sistema métrico.

12. Al convertir de una unidad mayor de medida a una unidad menor, el número de unidades _____ aumenta.

Proyecto

Crea tus propios patrones para medir distancia, peso y capacidad. Hazlos cómicos, pero prácticos. Intenta adivinar y luego estimar las medidas de varios objetos o características del salón de clases con tu sistema de medidas. Anota los resultados. Organiza un concurso con tus compañeros de clase para ver quién es el más acertado del grupo.

Repaso del capítulo/Examen

1ª parte Entendimiento

Determina si cada estimación es razonable. Escribe *sí* o *no.*

1. María estimó que la altura de un edificio de dos pisos era de casi 100 m.

2. Willis estimó que la longitud del salón era de casi 75 pies.

Di si se necesita una estimación o una respuesta exacta.

3. la cantidad de yogurt en un paquete de la tienda de abarrotes

4. el número de troncos necesarios para una chimenea

Escoge la estimación más acertada para el peso de cada uno.

5. un perro: **a.** 30 mg **b.** 30 g **c.** 30 kg

6. una tachuela: **a.** 1 mg **b.** 1 g **c.** 1 kg

7. un niño: **a.** 60 oz **b.** 60 lb **c.** 60 T

8. un elefante: **a.** 5 oz **b.** 5 lb **c.** 5 T

2ª parte Destrezas

Da el número que falta.

9. 2.8 m = ▥ dm

10. 342 cm = ▥ m

11. 7.9 cm = ▥ mm

12. 4 kl = ▥ l

13. 3,986 ml = ▥ l

14. 2 gal = ▥ pta

15. 3t = ▥ oz

16. 12 cto = ▥ gal

17. $\frac{1}{2}$ gal = ▥ cto

Halla la suma, la diferencia o el producto.

18. 6 h 40 min
+ 5 h 30 min

19. 4 pies 2 plg
+ 5 pies 9 plg

20. 8 lb 4 oz
− 3 lb 7 oz

21. 2 pies 5 plg
× 4

3ª parte Aplicaciones

22. Shane se enteró de que la película empezaba a las 2:45 p.m. y terminaba a las 5:10 p.m. ¿Cuánto duró la película?

23. **Desafío** Un equipo de baloncesto anotó 27 puntos. Anotaron por lo menos cuatro tiros de 3 puntos, seis tiros de 2 puntos y un tiro libre de 1 punto. ¿Cuántos tiros de cada uno anotaron?

ENRIQUECIMIENTO
Grado de exactitud de la medición

Has usado unidades muy grandes y muy pequeñas para medir longitud, capacidad, peso y tiempo. Has aprendido también a medir a la unidad más cercana, a la décima de unidad más cercana, a la centésima de unidad más cercana y así sucesivamente. Según sea el propósito, habrá ocasiones en las que necesitarás determinar no sólo qué unidad se debe usar, sino cuán exacta debe ser la medición.

Ejemplos para el tiempo

Tiempo que toma hornear panecillos
Unidad: minutos
Exactitud: el número entero más cercano

Tiempo de una carrera rápida
Unidad: segundos
Exactitud: décima, centésima o milésima más cercana

Para cada situación de medición, da una unidad de medida y el grado de exactitud que probablemente se usaría.

Peso

1. el peso del cuerpo
2. paquete de hamburguesas
3. caja de cereal
4. bolsa de manzanas

Longitud

5. estante de un librero
6. diámetro de un engranaje
7. perímetro del patio de la escuela
8. distancia al próximo pueblo

Capacidad

9. tanque de gasolina
10. dosis de jarabe
11. envase pequeño de jugo
12. harina para panecillos

Tu elección

13. Crea tus propios ejemplos acerca del tiempo.
14. Crea tus propios ejemplos sobre dos situaciones más de medición.

Repaso general

1. ¿Qué par de razones es igual?

   A. $\frac{5}{12}, \frac{1}{3}$ B. $\frac{2}{3}, \frac{6}{9}$

   C. $\frac{7}{4}, \frac{4}{1}$ D. $\frac{4}{5}, \frac{8}{9}$

2. Resuelve la proporción: $\frac{4}{5} = \frac{n}{30}$.

   A. $n = 24$ B. $n = 10$

   C. $n = 20$ D. $n = 6$

3. Escribe la fracción $\frac{5}{6}$ al porcentaje más cercano.

   A. 88% B. 84%

   C. 83% D. 17%

4. ¿Cuánto es el 18% de 25?

   A. 2.25 B. 18

   C. 4.5 D. 9

5. ¿Cuánto es el 20% de 60?

   A. 48 B. 20

   C. 3 D. 12

6. ¿Cuál es una estimación razonable del 52% de 300?

   A. 104 B. 208

   C. 140 D. 155

7. Casi el 50% de los 250 alumnos de la escuela viajan en bicicleta a la escuela. ¿Cuántos lugares para bicicletas sería razonable que tuviera la escuela?

   A. 75 B. 120

   C. 200 D. 50

8. ¿Cuál es lo opuesto de 6 pasos hacia arriba?

   A. 12 hacia arriba B. 6 hacia abajo

   C. 9 hacia abajo D. 0 hacia arriba

9. ¿Qué conjunto está en orden de menor a mayor?

   A. $^{+}4, ^{+}3, ^{-}6, ^{-}2$ B. $^{-}5, 0, ^{-}1, ^{+}4$

   C. $^{-}2, 0, ^{+}4, ^{+}5$ D. $^{-}8, ^{-}3, ^{+}7, 0$

10. ¿Cuánto es la suma de $^{+}5$ y $^{-}5$?

    A. $^{-}10$ B. $^{+}10$

    C. $^{+}25$ D. 0

11. Halla la suma: $^{-}7 + {}^{+}4$.

    A. $^{-}11$ B. $^{-}3$

    C. 11 D. 3

12. Halla la diferencia: $^{+}4 - {}^{-}6$.

    A. $^{+}2$ B. $^{-}2$

    C. $^{+}10$ D. $^{-}10$

13. La temperatura subió 8°, de una mínima de $^{-}3°$, hasta la actual. ¿Cuál es la temperatura actual?

    A. $^{+}11°$ B. $^{-}11°$

    C. $^{+}5°$ D. $^{-}5°$

14. Los alumnos van al museo. Nueve alumnos nunca antes han ido. Doce han ido una vez, la mitad de esta cantidad ha ido dos veces y ninguno ha ido más de dos veces. ¿Cuántos alumnos van al museo?

    A. 33 B. 27

    C. 36 D. 18

14

PERÍMETRO, SUPERFICIE Y VOLUMEN

MATEMÁTICAS Y ESTUDIOS SOCIALES

BANCO DE DATOS

Usa el Banco de datos de estudios sociales (p. 472) para contestar las preguntas.

1 El castillo de Sherborne está rodeado por una muralla que lo protegía contra ataques. Si un centinela recorría la distancia más corta entre la torre y la puerta Este, ¿cuántos metros caminaba aproximadamente?

2 En el salón, los caballeros comían y dormían. ¿Cuál es una ventaja de la ubicación del salón? ¿Cuál es desventaja?

3 Los castillos se construían más parecidos a una fortaleza que a un palacio. ¿Qué figura forman las paredes externas del castillo de Sherborne? ¿Se trata de un polígono regular o irregular?

4 **Pensamiento crítico**
¿Por qué podría ser una ventaja para la defensa el tener fosos, ventanas largas y estrechas, muros externos más altos que los techos de los edificios interiores, las paredes de una forma determinada y el estar situado en una colina?

Resolución de problemas
Usa fórmulas de perímetro

ENTIENDE
ANALIZA DATOS
PLANEA
ESTIMA
RESUELVE
EXAMINA

APRÉNDELO

La distancia alrededor de una figura se llama el **perímetro** de la figura. Como el edificio del Pentágono tiene 5 lados iguales, podemos usar una **fórmula** para hallar su perímetro.

$p = l + l + l + l + l$

ó

$p = 5l$

l = largo de un lado

p = perímetro

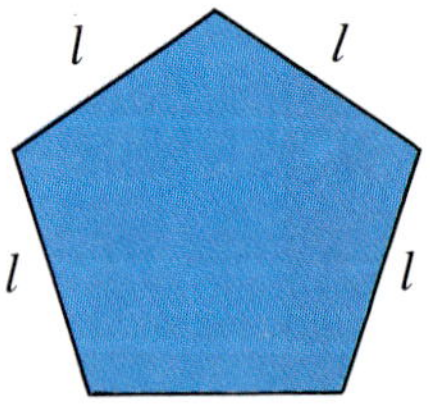

El Pentágono es uno de los edificios de oficinas más grandes del mundo. Tiene la forma de un pentágono regular de 5 lados iguales. Cada lado mide 276.3 m. ¿Cuál es el perímetro del Pentágono?

Podemos hallar el perímetro usando la fórmula así:

$$p = 5 \times 276.3 \text{ m} = 1{,}381.5 \text{ m}$$

Aquí hay unos ejemplos de cómo hallar el perímetro con y sin fórmulas.

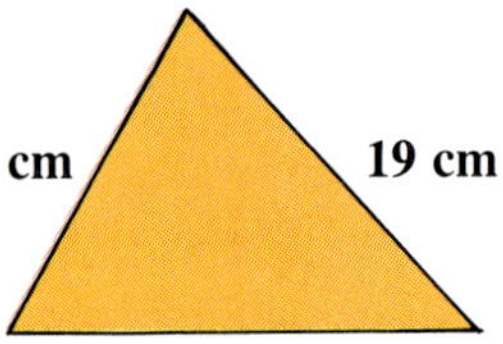

triángulo escaleno

$p = 17 + 19 + 22$
$= 58 \text{ cm}$

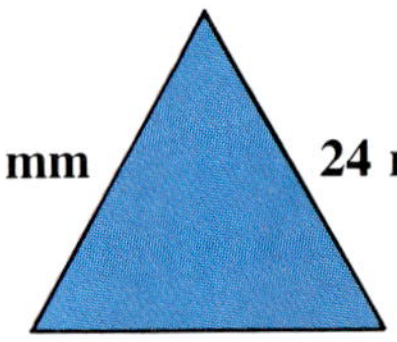

triángulo equilatero

$p = 3l$
$= 3 \cdot 24$
$= 72 \text{ mm}$

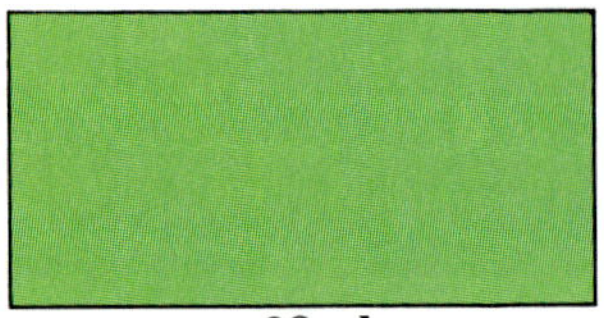

rectángulo

$p = 2l + 2a$
$= (2 \times 18) + (2 \times 38)$
$= 36 + 76$
$= 112 \text{ plg}$

l significa *longitud.*
a significa *anchura.*

INTÉNTALO

Resuelve.

1. Halla el perímetro de un triángulo equilátero. Usa la fórmula anterior.

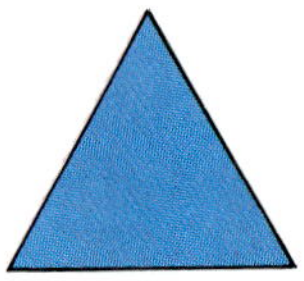

$l = 6.8$ **cm**

2. ¿Cuál es la fórmula para hallar el perímetro de un octágono regular? Halla su perímetro.

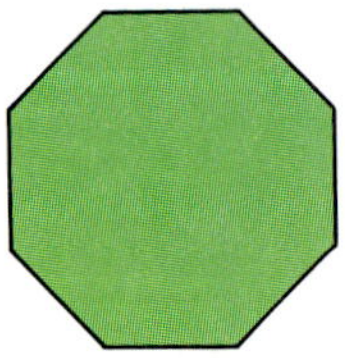

$l = 9.23$ **pies**

PRÁCTICA COMBINADA

Resuelve. Usa cualquier estrategia.

Algunas estrategias	
Represéntalo	Resuelve un problema más sencillo
Usa objetos	Haz una lista organizada
Escoge una operación	Invierte el proceso
Haz un dibujo	Busca la serie
Adivina y verifica	
Haz una tabla	

1. Un campo rectangular tiene lados de 87.3 m y de 39.4 m. ¿Cuál es la fórmula para el perímetro? ¿Cuál es el perímetro?

2. Un lote triangular tiene lados de 37.2 yd, 48.3 yd y 54.1 yd. ¿Cuánto más corto es el lado corto que el lado largo del lote?

3. Supón que los lados de todas las figuras siguientes tienen el mismo largo. Enumera las figuras en orden de menor a mayor perímetro.

   cuadrado, hexágono regular, octágono regular, triángulo equilátero

4. El estado de Colorado es un estado de forma casi rectangular. Mide cerca de 589 km por 456 km. ¿Cuál es el perímetro de Colorado?

5. El marco de un cuadro es dos veces más largo que ancho. El perímetro del marco es 228 plg. ¿Cuáles son la longitud y la anchura del marco?

6. Un banderín tiene la forma de un triángulo isósceles. El lado corto mide 24 cm y es la mitad de un lado largo. ¿Cuál es el perímetro del banderín?

7. Renee manejó 385 km en 4 hr. Si maneja a la misma velocidad sin parar, ¿cuánto avanzará en 10 hr?

8. La vela de un velero tiene la forma de un triángulo rectángulo. El lado más largo mide 9 yd, el siguiente mide 3 yd menos y el tercero es $\frac{1}{3}$ de la suma de los otros dos. ¿Cuál es el perímetro?

9. **Comenta tu decisión** Leslie va a comprar una cerca para un campo cuadrado que mide 96 m de un lado. Necesita dos puertas de 3 m cada una. ¿Cuánta cerca debe comprar? Explica a uno de tus compañeros cómo hallaste la solución. ¿Lograron la misma solución tu compañero y tú?

Más práctica, página 527, grupo B

Área de rectángulos y paralelogramos

APRÉNDELO

EXPLORA Descubre la relación

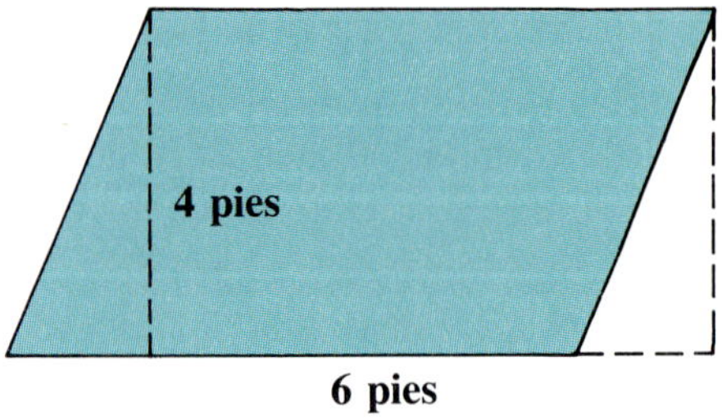

La geometría de movimiento te puede ayudar a entender la relación entre el área de un rectángulo y la de un paralelogramo. La figura te sugiere cómo mover el triángulo para cambiar el paralelogramo (sombreado) a un rectángulo.

COMÉNTALO

1. Describe el movimiento del triángulo. ¿Es una traslación, una rotación o una reflexión?
2. ¿En qué se diferencia el área del paralelogramo del área del "nuevo" rectángulo formado por el movimiento?
3. ¿Cuál es el área del rectángulo? ¿Y del paralelogramo?

La base y la altura de las figuras siguientes son iguales. El triángulo te ayuda a ver que las dos figuras tienen la misma área.

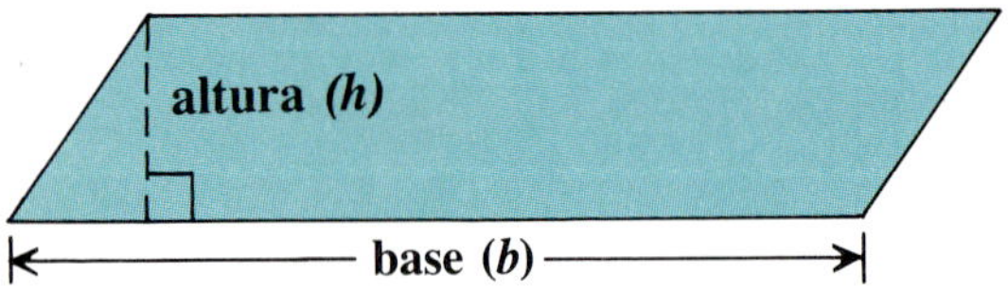

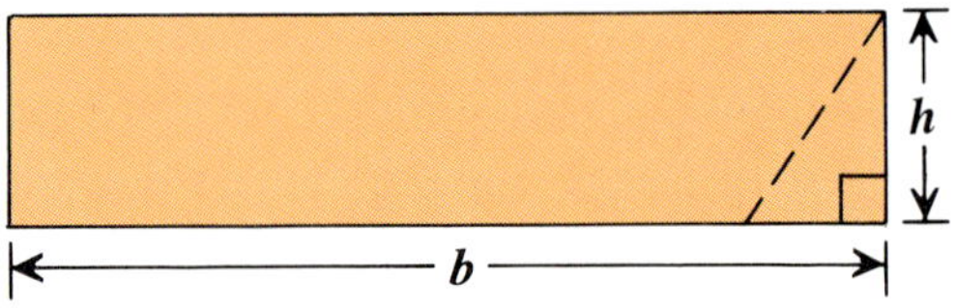

El área del paralelogramo = el área del rectángulo.

- Área del rectángulo = base × altura $A = bh$
- Área del paralelogramo = base × altura $A = bh$

INTÉNTALO

Halla el área de cada figura.

1. 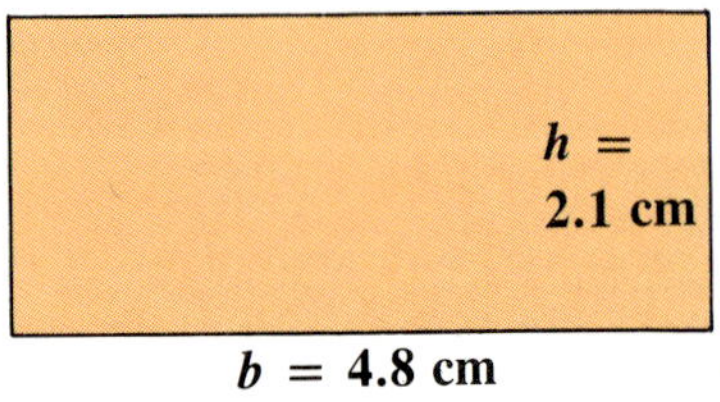

2. 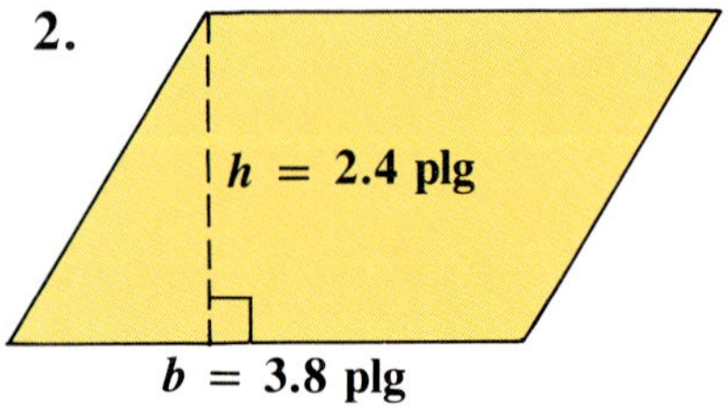

3. 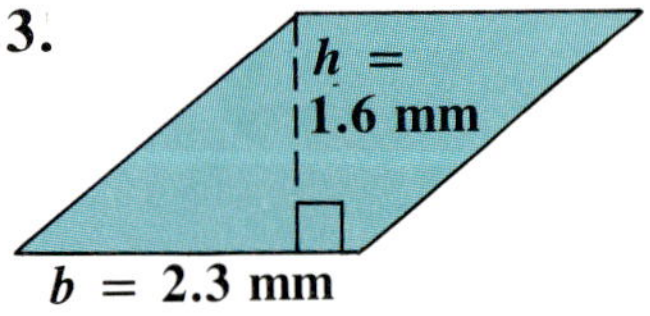

PRACTÍCALO

Halla el área de cada figura.

1.

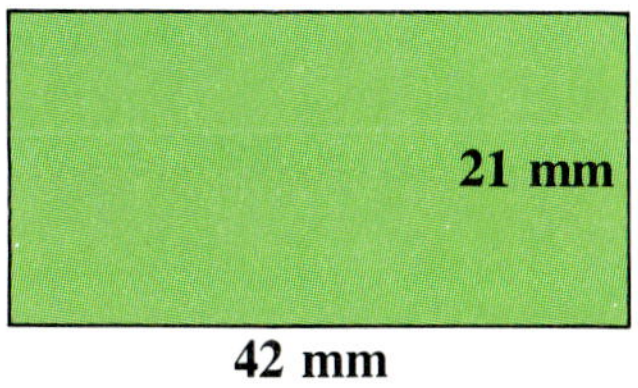

2.

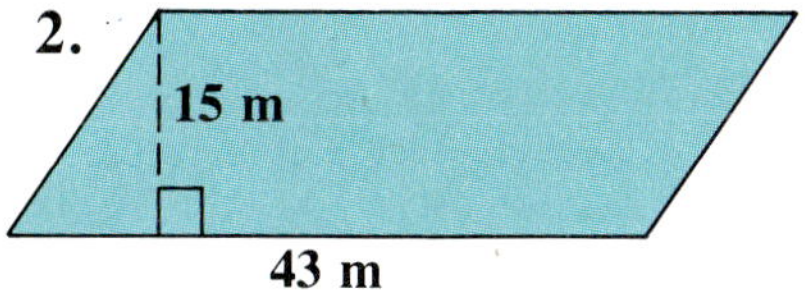

3.

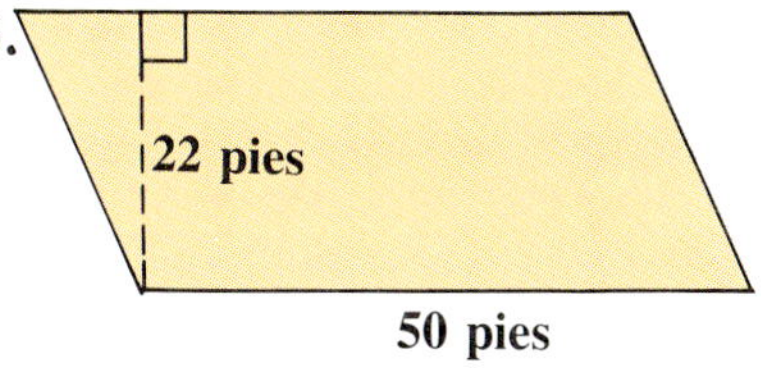

4.

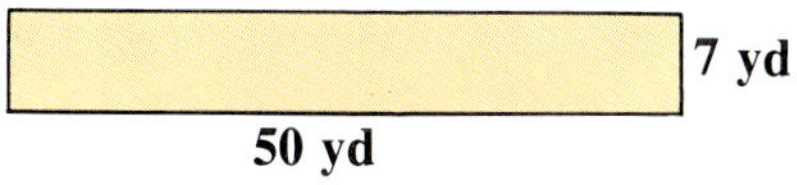

5.

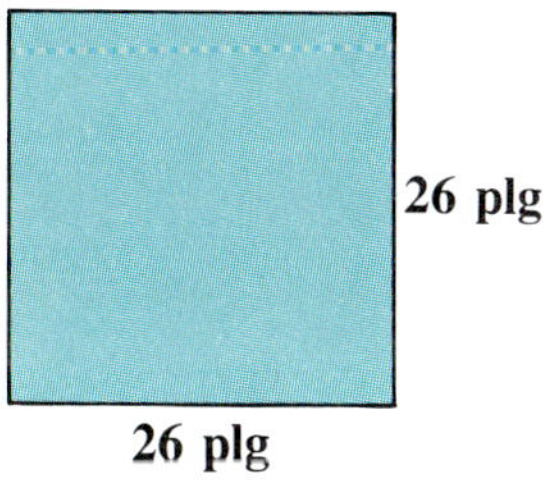

6.

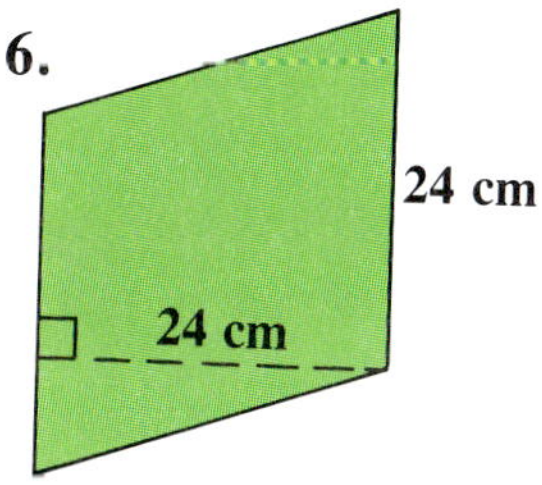

APLÍCALO

RAZONAMIENTO MATEMÁTICO

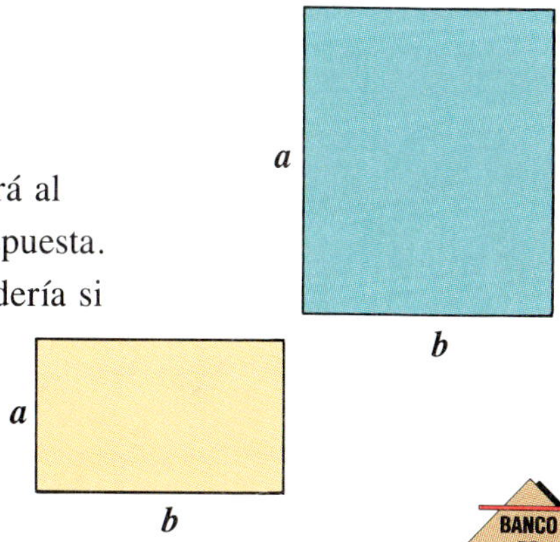

7. Supón que la longitud del lado *a* se duplica. ¿Qué le sucederá al área? ¿Y si se triplica? Da ejemplos para fundamentar tu respuesta. (Clave: Puedes dejar $a = 3$ y $b = 5$.) ¿Qué crees que sucedería si el largo del lado *b* se duplica o se triplica?

RESOLUCIÓN DE PROBLEMAS

8. La altura de una muralla rectangular en un castillo tiene 8 m menos que la base. ¿Cuál es el área de la muralla si la base es 17 m?

9. **Banco de datos de estudios sociales** Supón que el área del patio cuadrado del castillo de Sherborne es de 135.25 m^2. ¿Cuál es la longitud de cada lado?

BANCO DE DATOS

REPASO COMBINADO

Da los números que faltan.

10. 100 cm = ▥ m **11.** 245 cm = ▥ m **12.** 500 mm = ▥ m **13.** 50 dm = ▥ m

14. 1 gal = ▥ pta **15.** 4 t = ▥ pta **16.** 5,000 lb = ▥ T **17.** 64 oz = ▥ lb

Estima. **Las respuestas variarán. Se muestran ejemplos de respuestas.**

18. $38.84 - 19.2$ **19.** 8.2×19.78 **20.** $8\frac{3}{5} \times 7\frac{1}{4}$ **21.** 25% de 104

APRÉNDELO

EXPLORA Haz modelos de áreas

Trabaja en grupo. Emily dijo que ella podía unir dos triángulos congruentes cualesquiera para formar un paralelogramo. Julio dijo que él podía unir dos trapecios congruentes cualesquiera para formar un paralelogramo.

Recorta dos triángulos o dos trapecios congruentes y trata de probar si ellos tienen razón o no.

COMÉNTALO

1. ¿En qué se diferencia el área del paralelogramo que has formado del área de las figuras que has usado para formarlo?
2. Si sabes el área del paralelogramo, ¿cómo puedes hallar el área de cada figura que se usó para formarlo?

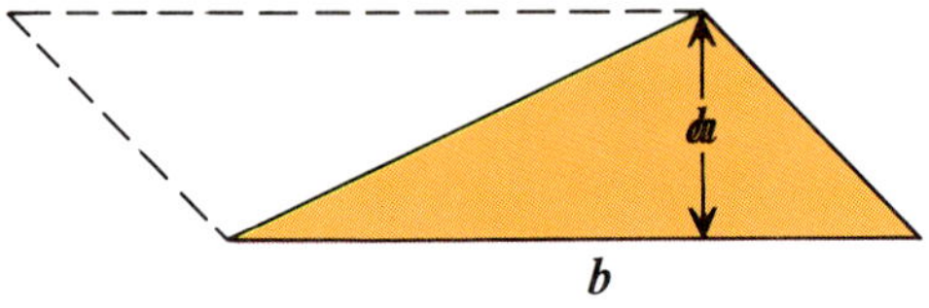

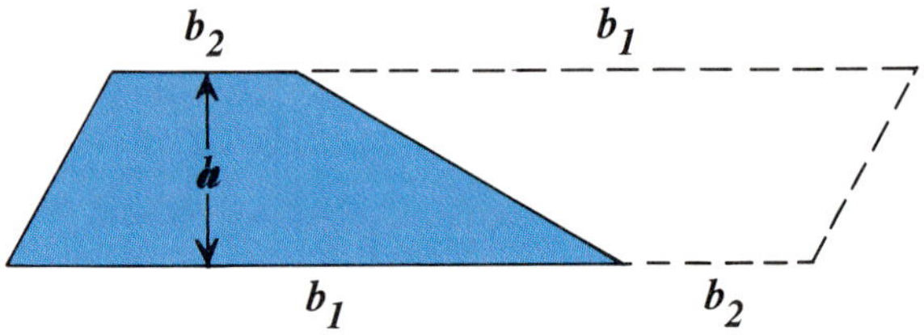

Área de este paralelogramo $= bh$

Área del triángulo $= \frac{1}{2}\, bh$

$A = \frac{1}{2}\, bh$

Área de este paralelogramo $= (b_1 + b_2)h$

Área del trapecio $= \frac{1}{2}\,(b_1 + b_2)h$

$A = \frac{1}{2}\,(b_1 + b_2)h$

INTÉNTALO

Halla el área de cada figura.

1.

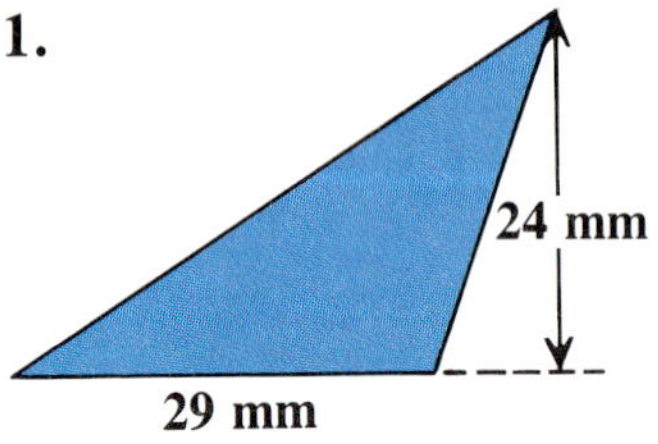

2.

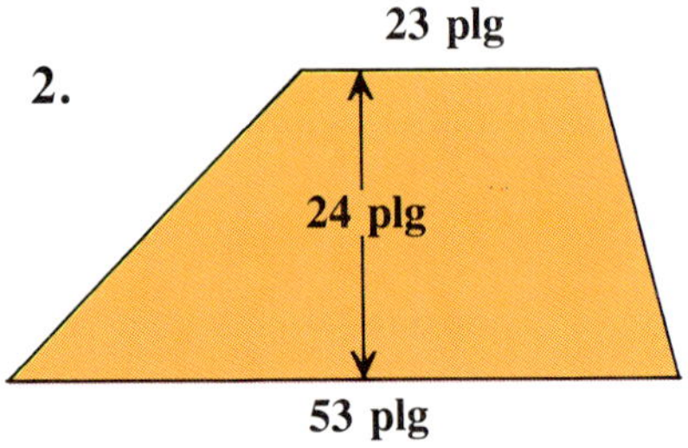

3.

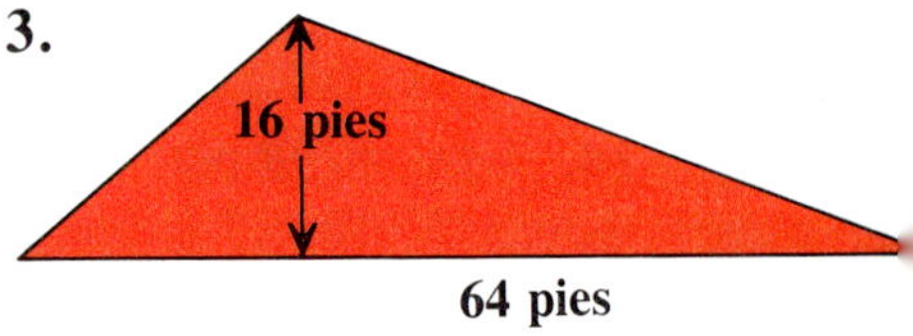

PRACTÍCALO

Halla el área de cada figura.

1. 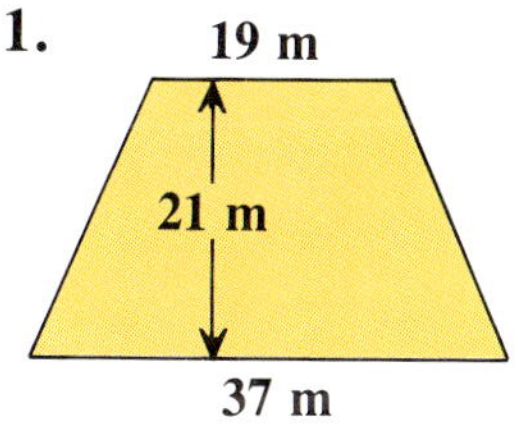

2. 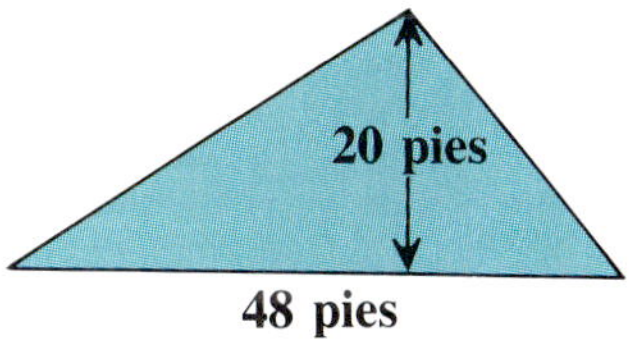

3. 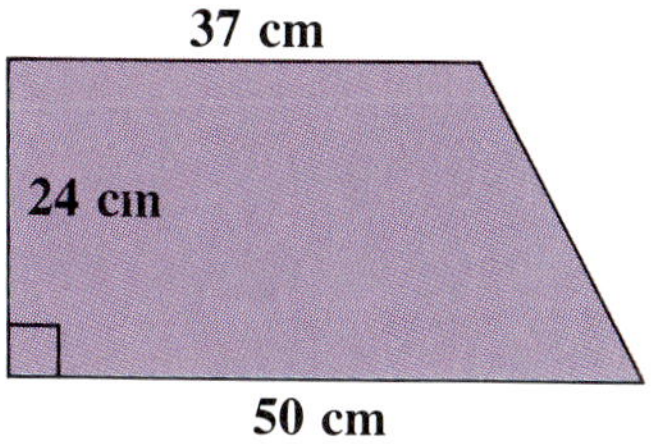

4. 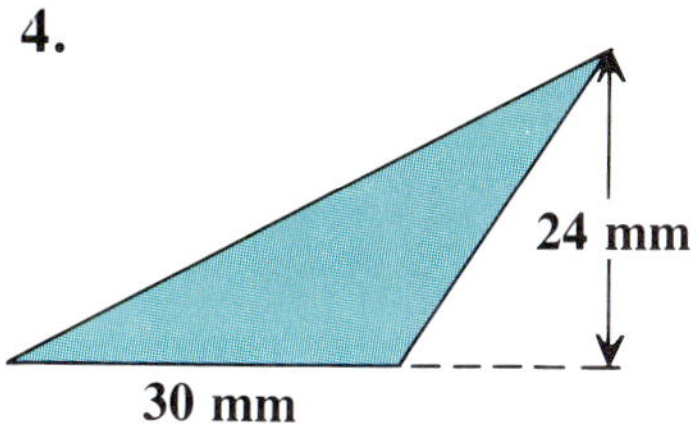

5. 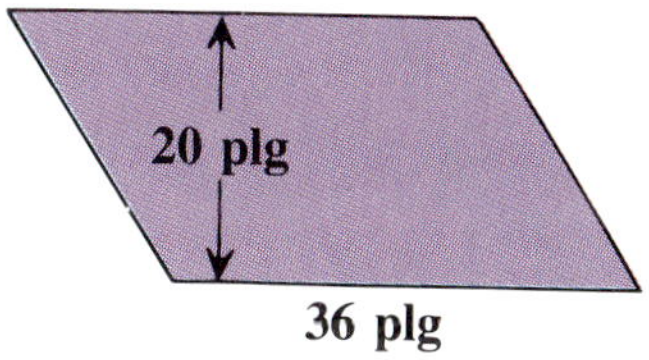

6. 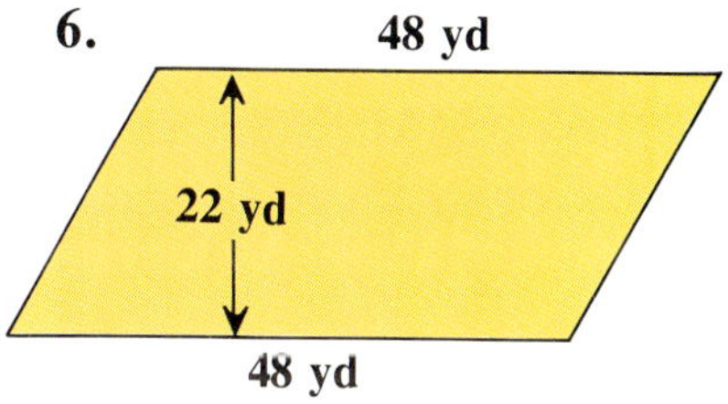

7. 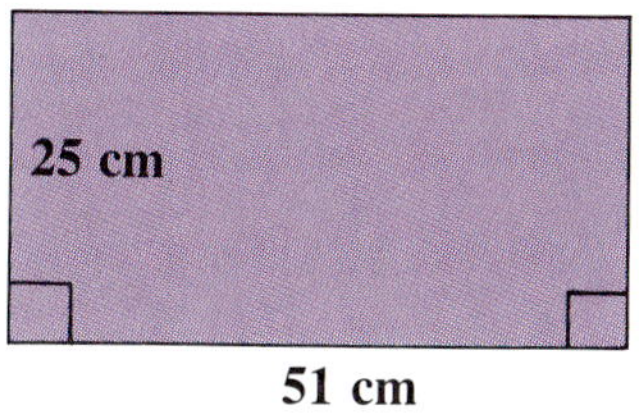

8. 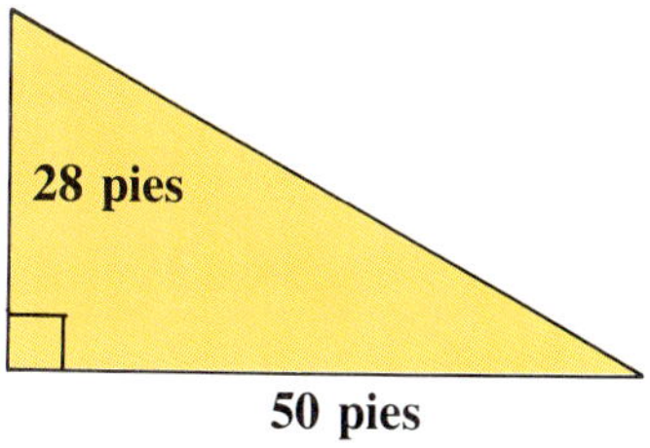

9. 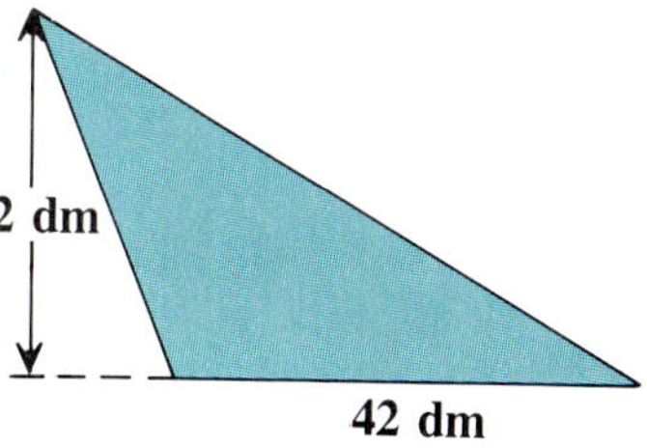

APLÍCALO

RAZONAMIENTO MATEMÁTICO

10. Un triángulo y un rectángulo tienen la misma área y la misma base. ¿Qué puedes decir respecto a sus alturas?

RESOLUCIÓN DE PROBLEMAS

11. Un estandarte medieval rectangular mide 2 yd de largo y un área de 18 pies cuadrados. ¿Cuántas pulgadas tiene de ancho?

12. Banco de datos de estudios sociales ¿Cuál es el perímetro de la vista lateral de la White Tower que se muestra?

BANCO DE DATOS

▶ PENSAMIENTO CRÍTICO Visualiza el proceso

13. Supón que había 7 puestos de observación a cada lado de un castillo triangular. ¿Cuántos caballeros (1 por puesto) se necesitarían para llenar todos los puestos?

Más práctica, página 519, grupo B

Área de figuras irregulares

APRÉNDELO

EXPLORA **Analiza la situación**

A veces puedes hallar el área de figuras irregulares sumando o restando las áreas de figuras conocidas. Intenta hallar el área de las partes sombreadas de estas figuras.

A

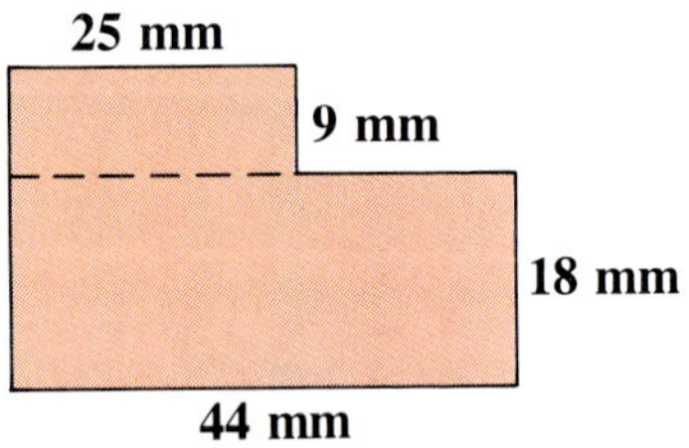

B

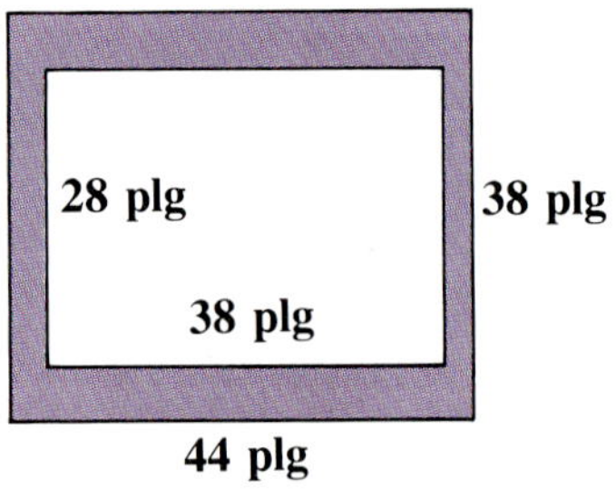

COMÉNTALO

1. ¿Qué figura está formada por dos rectángulos sombreados, A o B? ¿Sugiere esto sumar o restar para hallar el área del total?
2. ¿Qué figura está formada por un rectángulo con un corte rectangular en él? ¿Sugiere esto sumar o restar para hallar el área de la parte sombreada?

Puedes usar la calculadora para hallar el área de una figura irregular, presionando las teclas [M+] o [M−] o escribiendo las áreas parciales. Ejemplo:

[ON/AC] 44 [×] 38 [=] [M+] 38 [×] 28 [=] [M−] [MR] [608]

INTÉNTALO

Estima el área de cada figura sombreada. Luego verifica tu estimación. Puedes usar la calculadora.

1.

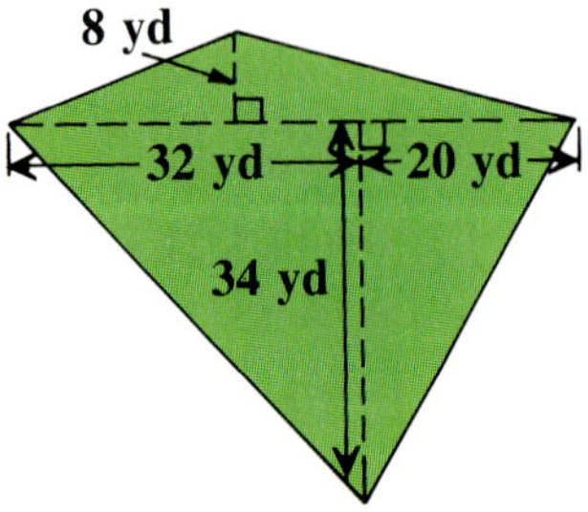

2.

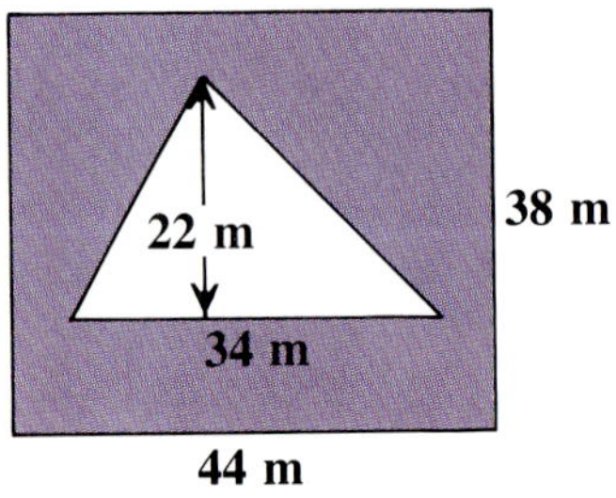

3.

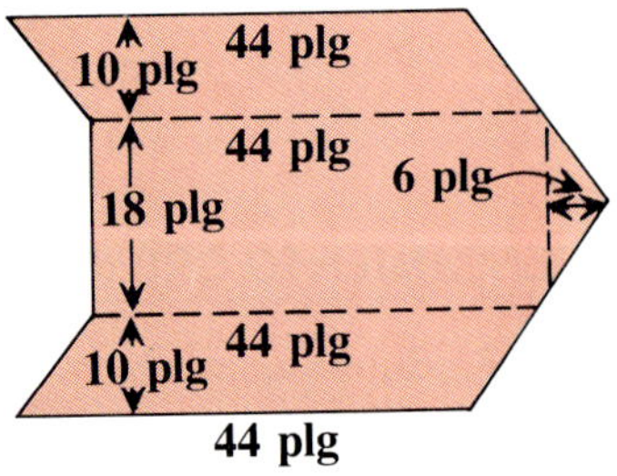

Más práctica, página 519, grupo C

REPASO PARCIAL/EXAMEN

Intenta hallar el perímetro y el área de cada figura. Si no hay datos suficientes, di cuál es la información que falta.

1.

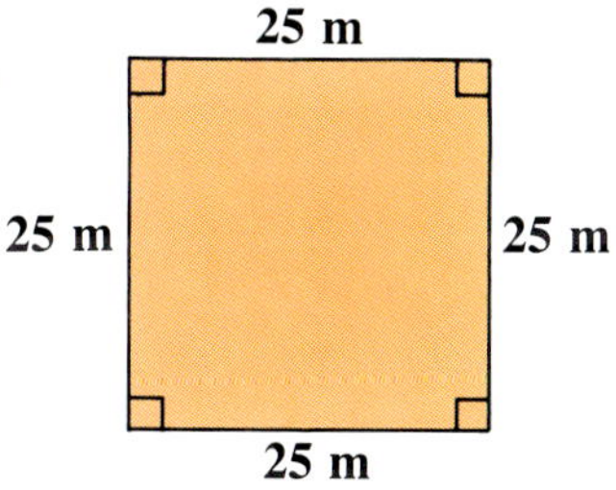

perímetro = |||||
área = |||||

2.

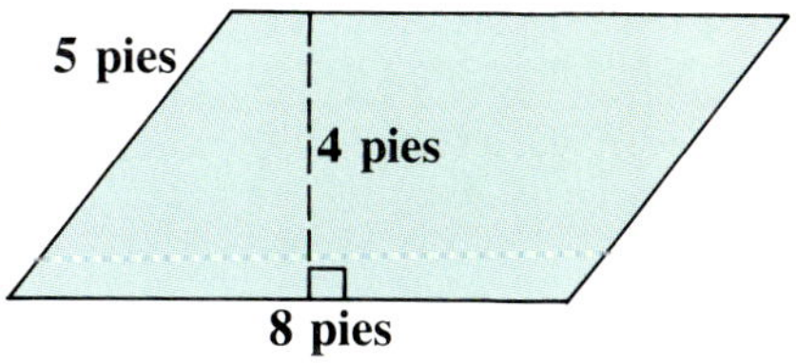

perímetro = |||||
área = |||||

3.

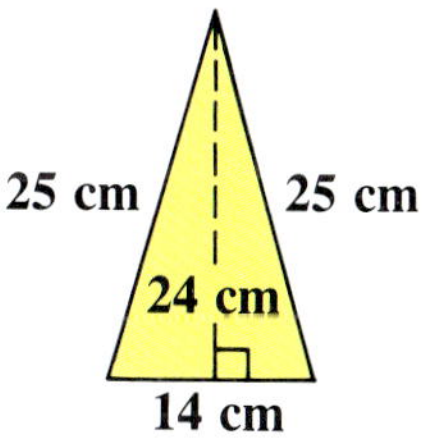

perímetro = |||||
área = |||||

4.

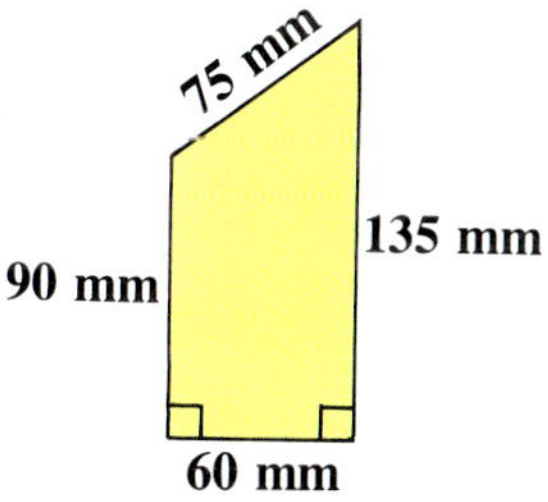

perímetro = |||||
área = |||||

5.

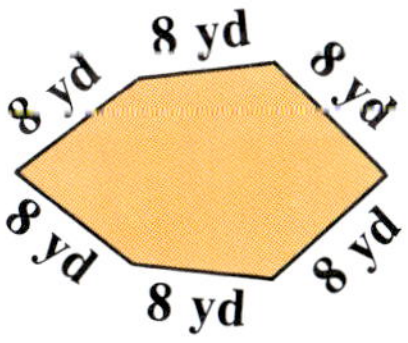

perímetro = |||||
área = |||||

6.

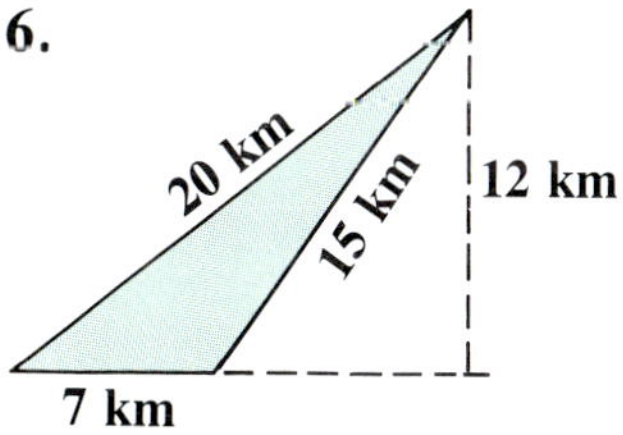

perímetro = |||||
área = |||||

7.

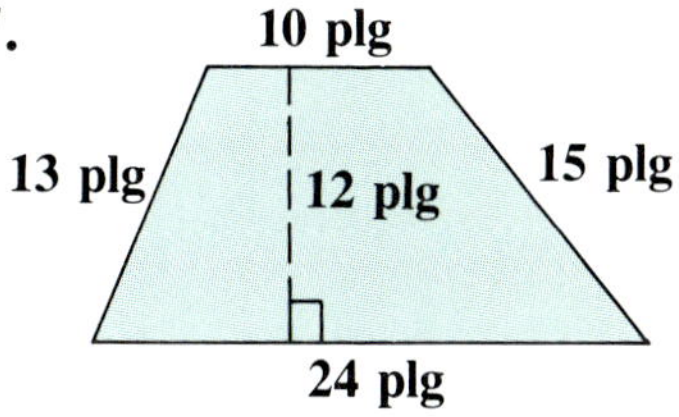

perímetro = |||||
área = |||||

8.

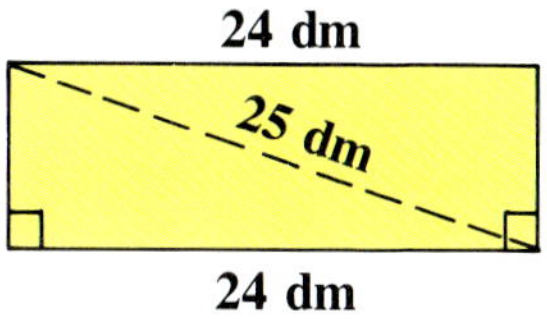

perímetro = |||||
área = |||||

9.

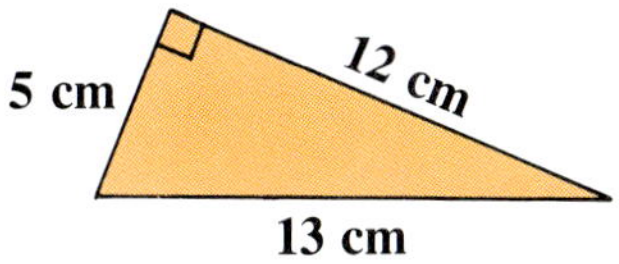

perímetro = |||||
área = |||||

RESOLUCIÓN DE PROBLEMAS

10. Cada uno de cuatro alumnos usó 40 yd de cerca para cerrar su jardín rectangular. Cada jardín tenía una anchura y longitud diferentes de los otros. ¿Cuáles eran las posibles dimensiones en números enteros?

11. Un campo rectangular es 3 veces más largo que ancho. ¿Cuál es la anchura y la longitud si el perímetro es de 600 m?

Estima el área

APRÉNDELO

EXPLORA **Toma una decisión**

Trabaja en grupo. La región sombreada mide 1 decímetro cuadrado, o 10 centímetros cuadrados. Intenta usarla como patrón para estimar el área de la portada del libro de matemáticas y la parte superior de tu pupitre.

COMÉNTALO

1. ¿Estimaste en centímetros cuadrados o en decímetros cuadrados? ¿Cómo decidiste?
2. ¿Por qué es más probable que estimes el área del pupitre en decímetros cuadrados en vez de centímetros cuadrados?
3. Escoge otra superficie plana del salón de clases y estima el área en centímetros o en decímetros cuadrados.

Al usar un patrón para estimar medidas, trata de determinar mentalmente qué parte del patrón o cuántos de ellos se necesitarán "para igualar" el objeto en consideración.

INTÉNTALO

4 cm^2

Usa este patrón de 4 cm^2, para estimar el área de cada una de estas regiones. Luego mide y calcula para verificar la estimación.

1.

2.

PRACTÍCALO

Estima el área. Usa el patrón de 4 cm^2. Mide y calcula para verificar la estimación.

1.

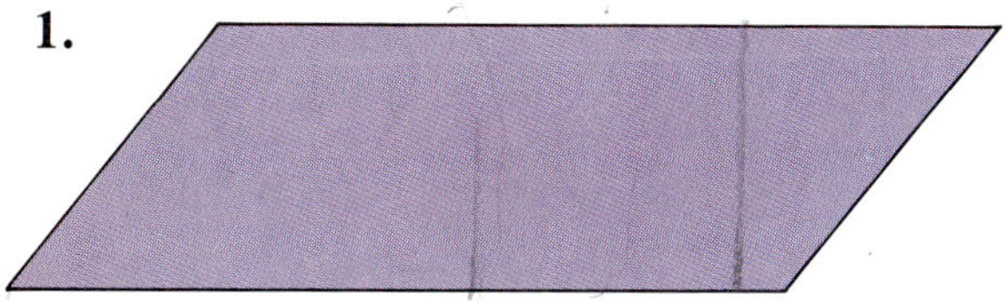

2.

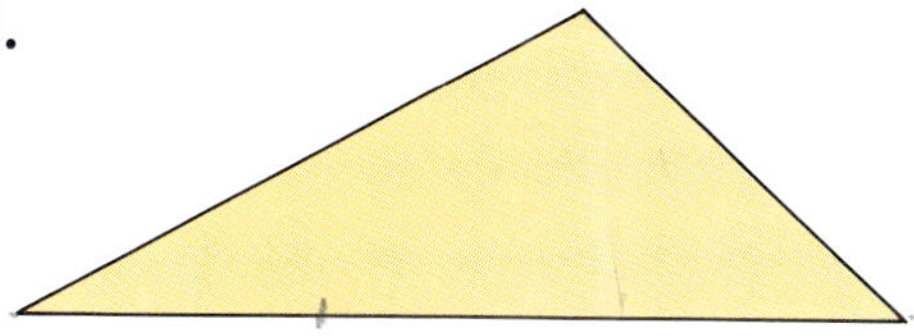

3.

4.

APLÍCALO

RAZONAMIENTO MATEMÁTICO

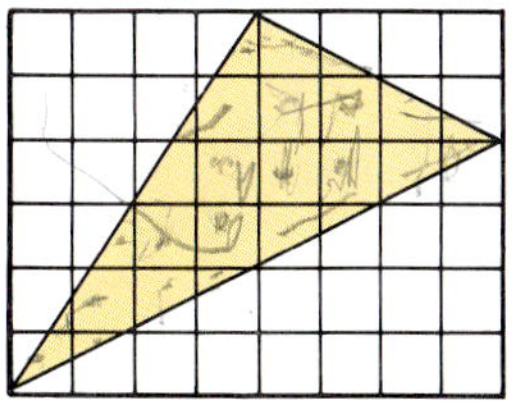

5. Cada cuadrado pequeño es 1 unidad cuadrada. Estima el área de la parte sombreada, contando cuadrados enteros y partes de cuadrados.

6. Intenta hallar el área exacta. Según tu estimación, ¿es razonable tu respuesta exacta?

RESOLUCIÓN DE PROBLEMAS

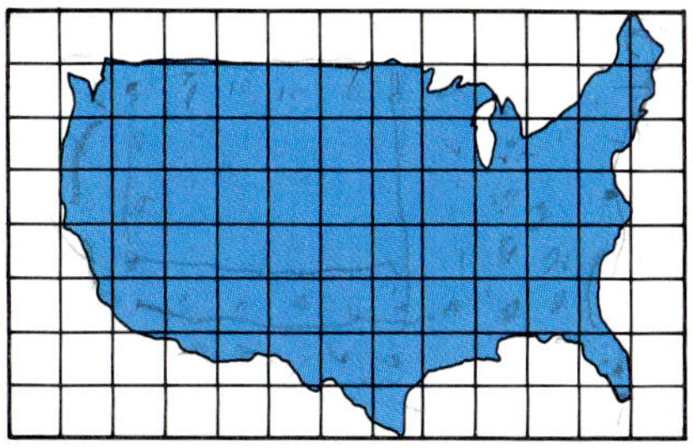

7. **Búsqueda de datos** Supón que cada cuadrado representa un área de 125,000 km cuadrados. Estima el área total de los Estados Unidos continentales. Verifica tu estimación en una enciclopedia.

ÁLGEBRA

A veces puede que quieras dar estimaciones que estén entre ciertos números. Puedes hacer esto con notación algebraica. Si tu estimación está entre 30 cm^2 y 40 cm^2, puedes escribir $30\ cm^2 < x < 40\ cm^2$.

$$30\ cm^2 < x < 40\ cm^2.$$

Da las posibles estimaciones para x en números enteros.

8. $55\ m^2 < x < 60\ m^2$ **9.** $24\ cm^2 < x < 28\ cm^2$ **10.** $360\ dm^2 < x < 364\ dm^2$

Más práctica, página 519, grupo D

Círculos y circunferencia

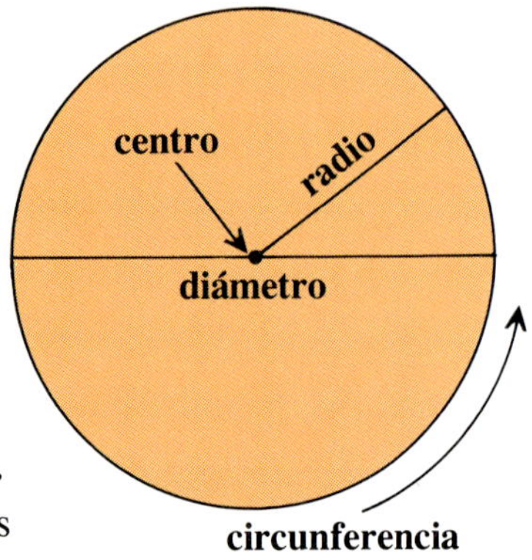

APRÉNDELO

EXPLORA **Usa una cuerda y una regla**

Trabaja en grupo. Un **círculo** es una curva cerrada especial, cuyos puntos están todos a igual distancia de un punto dado llamado **centro.** El **radio** es la distancia que va del centro al círculo. El **diámetro** (dos veces el radio) es la distancia de un lado a otro del círculo pasando por el centro. La **circunferencia** es la longitud de la curva cerrada.

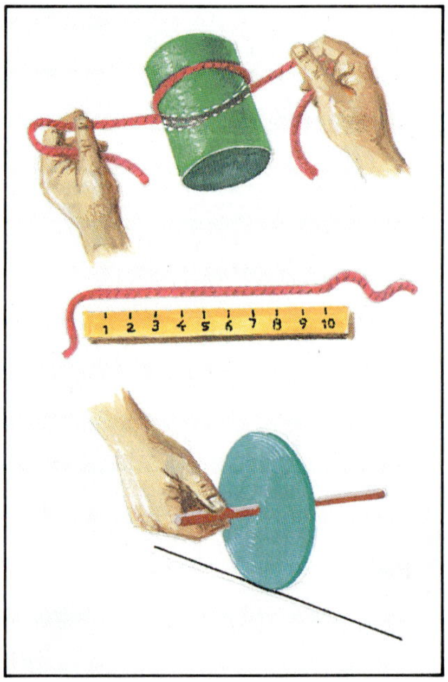

Elige varios objetos circulares de distintos tamaños, y mide la circunferencia y el diámetro de cada uno. Calcula la razón de la circunferencia al diámetro, redondeando a la décima más cercana para cada uno.

Puedes usar una calculadora: circunferencia [÷] diámetro [=]

COMÉNTALO

1. ¿Qué método usaste para medir la circunferencia de los círculos?
2. ¿Fueron más o menos iguales todas las razones de los diferentes círculos?

Si tus mediciones fueron exactas, cada una de las razones debe estar entre 3.1 y 3.2. Esta razón especial de todos los círculos es un número llamado π (se pronuncia "pi").

C = circunferencia $\quad$ d = diámetro

$\pi = \frac{C}{d} = 3.1415927$ (redondeado a 7 lugares)

(Usaremos 3.14 ó $3\frac{1}{7}$ para π.)

Puesto que $\pi = \frac{C}{d}$, sabemos que $C = \pi \times d$

INTÉNTALO

Halla la circunferencia. Usa 3.14 ó $3\frac{1}{7}$ para π. Puedes usar la calculadora si lo deseas.

1. $d = 15$ plg **2.** $d = 14$ cm **3.** $d = 50$ mm **4.** $d = 49$ pies

PRACTÍCALO

Halla la circunferencia. Usa la calculadora si lo deseas.

1. disco

$d = 30.5$ cm
Usa 3.14 para π.

2. piñón de bicicleta

$d = 21$ cm
Usa $3\frac{1}{7}$ para π.

3. macizo de flores

$d = 2.5$ yd
Usa 3.14 para π.

4. carátula de un reloj

$d = 14$ plg
Usa $3\frac{1}{7}$ para π.

5. rueda de una segadora

$d = 15.24$ cm
Usa 3.14 para π.

6. la Tierra

$d = 12{,}766$ km
Usa 3.14 para π.

APLÍCALO

RAZONAMIENTO MATEMÁTICO

No resuelvas. Sólo di si la circunferencia mide más o menos de 100 cm.

7. $d = 35$ cm, $C =$

8. $d = 25$ cm, $C =$

9. $d = 30$ cm, $C =$

RESOLUCIÓN DE PROBLEMAS

10. Supón que el diámetro de la rueda de tu bicicleta mide 63 cm. ¿Cuánto avanzarías con una vuelta de la rueda? ¿Cuántas vueltas daría para recorrer 1 km?

▶ ESTIMACIÓN

Dado que una circunferencia tiene casi 3 veces el diámetro, estima lo siguiente. Halla una manera de verificar tu estimación.

11. diámetro de una naranja o toronja

12. diámetro de una bola de goma

Área de círculos

APRÉNDELO

EXPLORA **Haz un modelo del área de un círculo**

Trabaja en grupo. Traza y recorta un círculo de 10 cm. Dobla el círculo por la mitad 4 veces para dividirlo en dieciseisavos. Recorta las piezas y haz un paralelogramo "torcido", como en la figura.

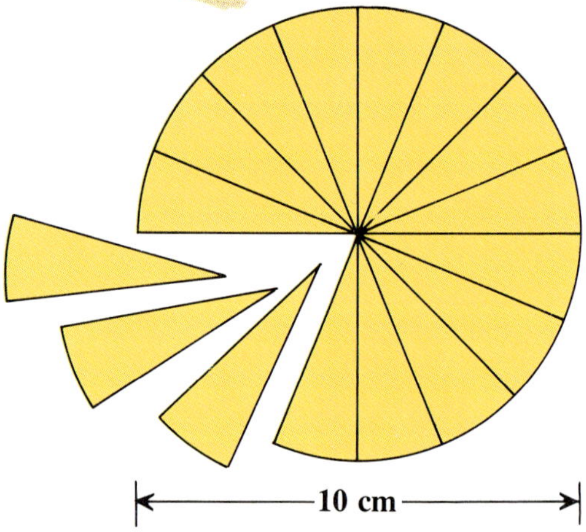

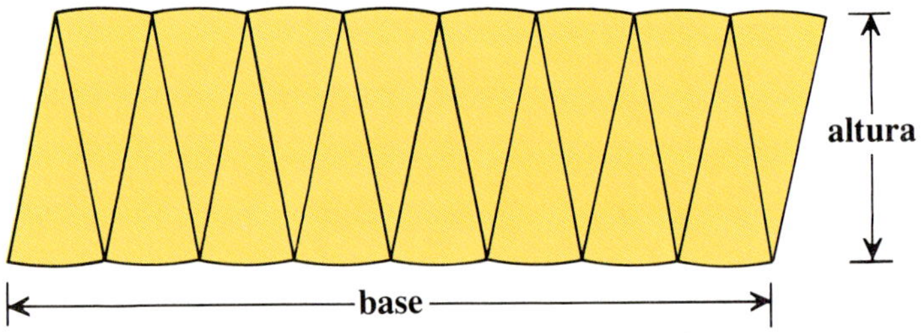

COMÉNTALO

1. ¿En qué se diferencian el área del paralelogramo torcido y el área del círculo?
2. ¿En qué se diferencian la altura del paralelogramo y el radio del círculo?
3. ¿En qué se diferencian la base del paralelogramo y la circunferencia del círculo?
4. ¿Cuál es el área del paralelogramo redondeada a la décima más cercana? ¿Y la del círculo a la décima más cercana?

El paralelogramo torcido anterior te ayudará a entender la fórmula del área de un círculo. El paralelogramo y el círculo tienen el mismo área.

$C = \pi \times$ diámetro, así que $\frac{1}{2}\ C = \pi \times$ radio.

$$A = bh = \frac{1}{2}\ C \times r$$

$$A = \pi \times r \times r = \pi r^2$$

$$A = 3.14 \times (0.5)^2$$
$$= 3.14 \times 0.25$$
$$= 0.785\ m^2$$

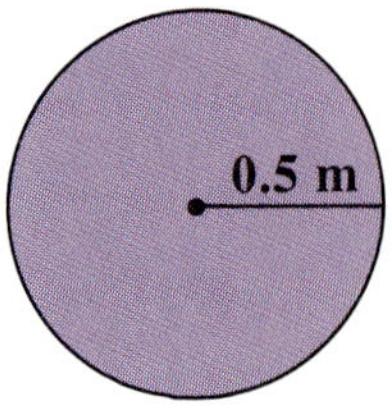

INTÉNTALO

Halla el área de cada círculo. Usa 3.14 para π. Redondea a la centésima más cercana, si es necesario. Puedes usar la calculadora.

1. $r = 12$ plg
2. $r = 5$ mm
3. $d = 7.2$ yd
4. $d = 25$ cm

PRACTÍCALO

Halla el área.

1. plato

$r = 28$ cm
Usa $3\frac{1}{7}$ para π.

2. pizza

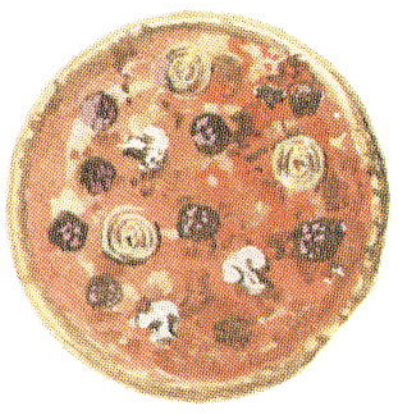

Usa 3.14 para π.

3. fruta seca

$r = 14$ plg
Usa $3\frac{1}{7}$ para π

4. rebanada de tomate

$d = 10$ cm
Usa 3.14 para π.

5. botón

$d = 21$ mm
Usa $3\frac{1}{7}$ para π.

6. carrete de cinta

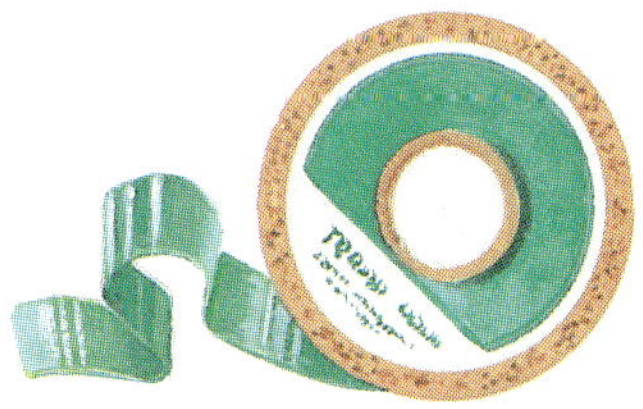

$d = 5$ plg
Usa 3.14 para π.

APLÍCALO

RAZONAMIENTO MATEMÁTICO

7. Supón que el área de un círculo es de unos 3.14 cm^2. ¿De qué largo aproximado será el radio del círculo?

RESOLUCIÓN DE PROBLEMAS

8. Un rociador giratorio de pasto riega el área de un círculo cuyo radio es de 8 m. ¿Cuál es el área de pasto regada?

REPASO COMBINADO

Suma o resta.

9. $\begin{array}{r} 4 \text{ min } 29 \text{ s} \\ +\ 8 \text{ min } 46 \text{ s} \\ \hline \end{array}$

10. $\begin{array}{r} 5 \text{ yd } 1 \text{ pie} \\ +\ 8 \text{ yd } 2 \text{ pies} \\ \hline \end{array}$

11. $\begin{array}{r} 8 \text{ h } 20 \text{ min} \\ -\ 3 \text{ h } 45 \text{ min} \\ \hline \end{array}$

12. $\begin{array}{r} 7 \text{ pies } 8 \text{ plg} \\ -\ 3 \text{ pies } 11 \text{ plg} \\ \hline \end{array}$

Más práctica, página 520, grupo B

Volumen y superficie de un prisma rectangular

APRÉNDELO

EXPLORA Haz un modelo de prisma rectangular

Trabaja en grupo. Copia este modelo en papel grueso o cartulina. Dobla tu modelo por las líneas quebradas para formar un prisma rectangular. Pon cinta adhesiva en los bordes para formar una caja con una tapa que se abra.

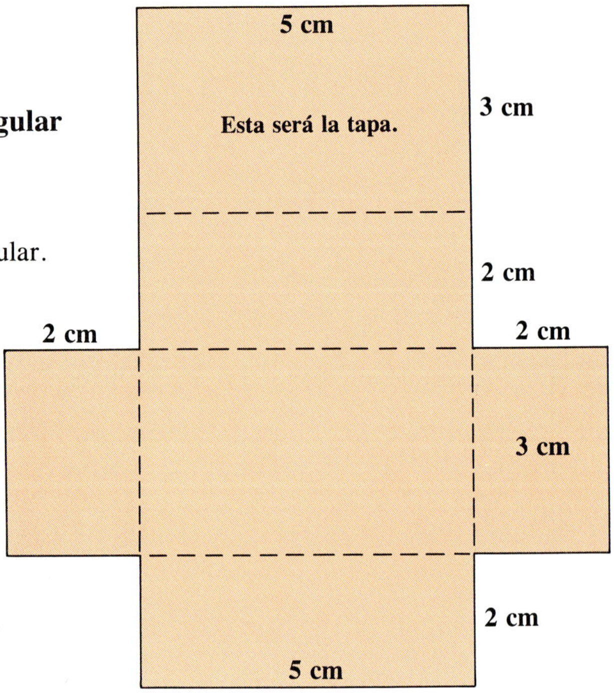

COMÉNTALO

1. ¿Cómo puedes averiguar cuántos cubos de 1 cm pueden caber en la caja?
2. ¿Cuál es el área de la figura irregular que usaste como modelo?

- La **superficie** de un prisma rectangular es la suma de las áreas de todas sus caras.
- El **volumen** de un prisma rectangular es el número de unidades cúbicas que puede contener. He aquí la fórmula de este volumen.

Volumen = longitud × anchura × altura

$V = l \times a \times h$

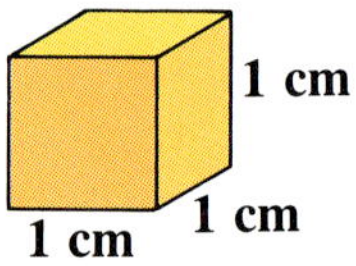

Ejemplo

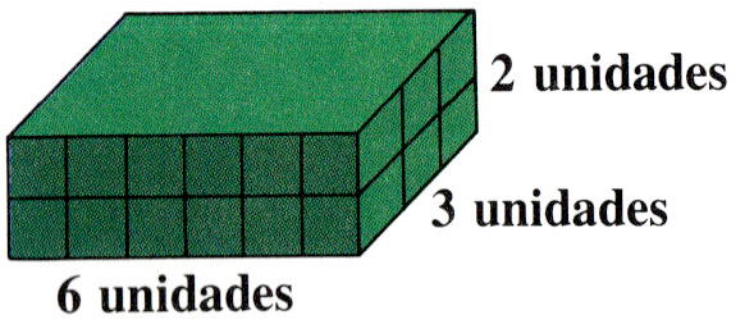

Volumen = 6 × 3 × 2 = 36 unidades cúbicas (36 unidades^3)

Área de las caras

arriba	=	18 unidades^2
abajo	=	18 unidades^2
frente	=	12 unidades^2
atrás	=	12 unidades^2
izquierda	=	6 unidades^2
derecha	=	6 unidades^2
superficie total	=	72 unidades^2

INTÉNTALO

Halla el volumen y la superficie. Puedes usar la calculadora.

1. 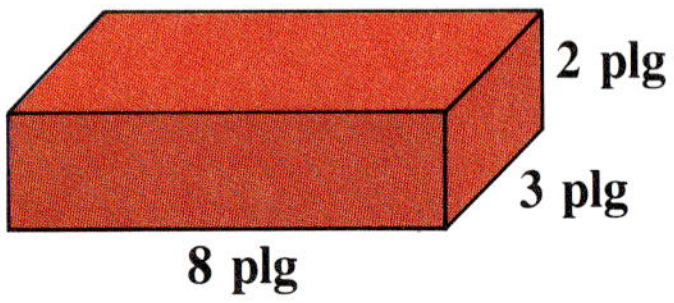

2. 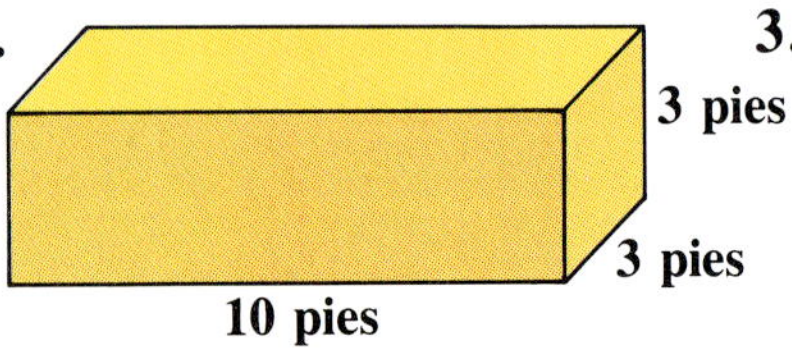

3. 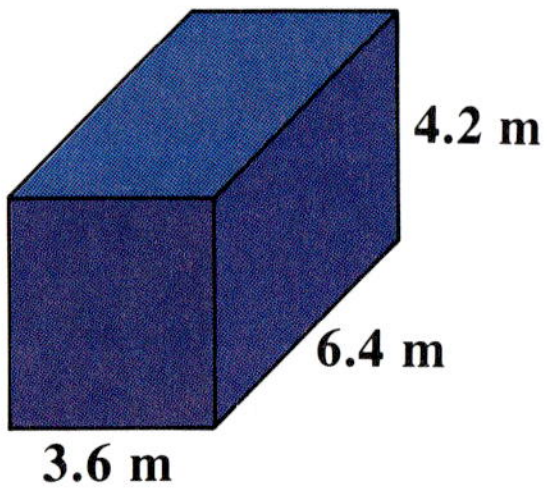

PRACTÍCALO

Halla el volumen y la superficie de cada objeto. Puedes usar la calculadora.

1. caja de herramientas

2. caja de discos

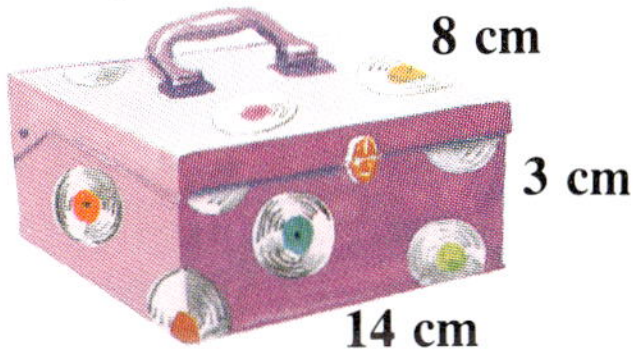

3. caja de monedas

4. caja de zapatos

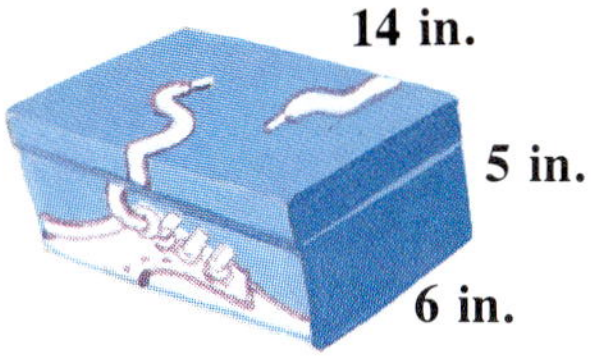

5. baúl de cedro

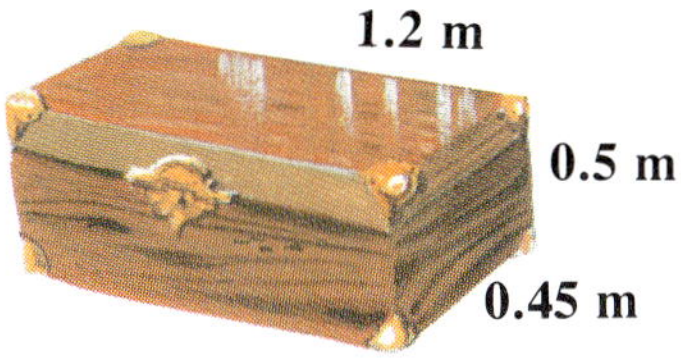

6. refrigerador pequeño

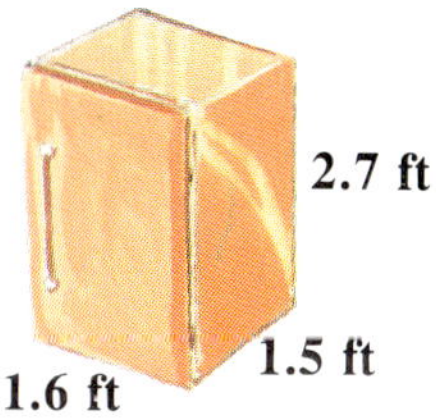

APLÍCALO

RAZONAMIENTO MATEMÁTICO

7. Estima el costo de una caja de jabón con aristas que sean dos veces el tamaño de éstas. Verifica tu estimación hallando el volumen de cada caja.

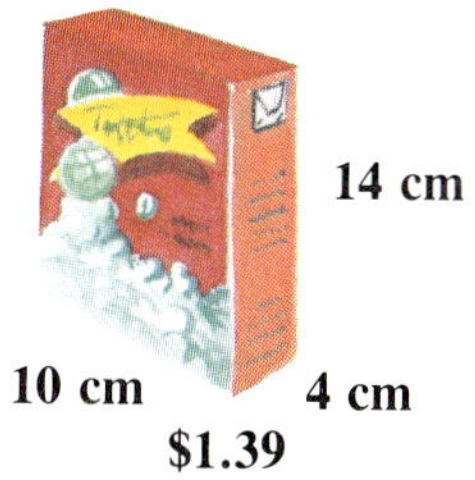

RESOLUCIÓN DE PROBLEMAS

8. Un cuarto mide 4.2 m de largo, 3 m de ancho y 2.8 m de alto. ¿Cuál es el volumen del cuarto en metros cúbicos (m^3)?

9. Un acuario mide 60 cm de largo, 25 cm de ancho y 20 cm de alto. ¿Cuál es el área de los cuatro lados de vidrio?

10. Búsqueda de datos Un metro cúbico de aire pesa unos 1.29 kg. Aproximadamente, ¿cuánto pesará el aire en tu salón de clases? (Supón que el salón está vacío, a excepción del aire.)

▶ ESTIMACIÓN

Redondea cada decimal al número entero más cercano para estimar el volumen de cada caja.

11.

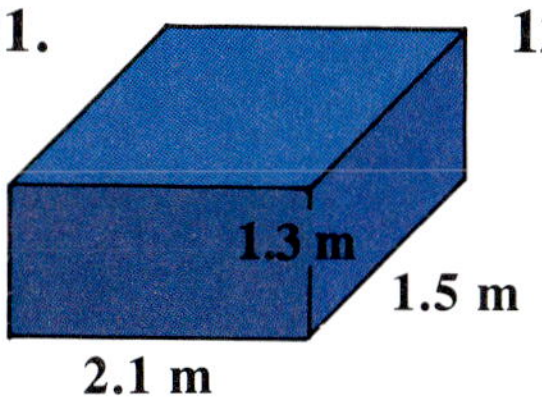

12.

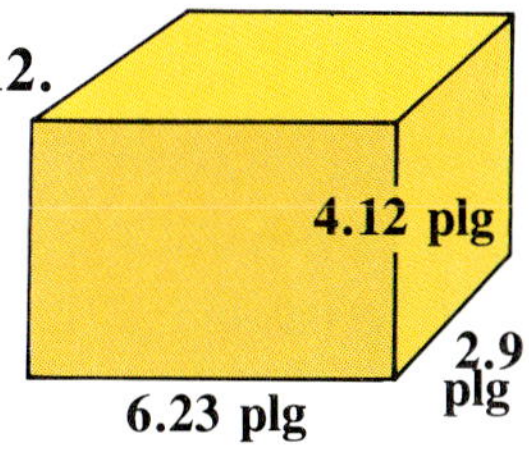

13.

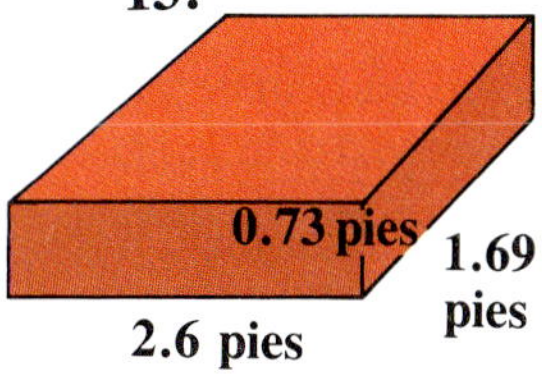

14.

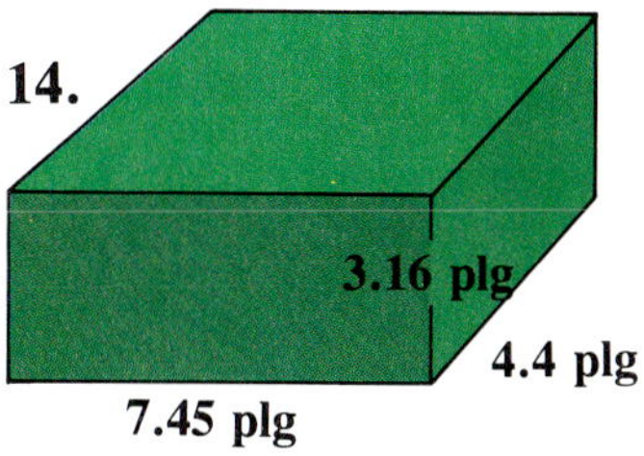

Más práctica, página 520, grupo C

Resolución de problemas
Encuentra un problema relacionado

- ENTIENDE
- ANALIZA DATOS
- PLANEA
- ESTIMA
- RESUELVE
- EXAMINA

APRÉNDELO

Muchos problemas están relacionados y se pueden resolver con las mismas estrategias. Cuando tienes un problema que resolver, es útil pensar en un problema relacionado. He aquí un ejemplo.

La familia de Karen debe elegir la pintura exterior para su nueva casa. Los colores para la pared son blanco, verde y pardo. Los colores para las cornisas son blanco, verde, azul y marrón. ¿Cuántas combinaciones de color de pared y cornisas son posibles?

Eric compró unos números de bronce para ponerlos en la fachada de su casa. Tiene estos 3 números: 3, 5, 8. ¿Qué números para la casa puede formar usando los 3 números?

Podría resolver estos dos problemas haciendo un dibujo, haciendo una lista organizada o usando objetos.

bb vb pb
bv vv pv
ba va pa
bm vm pm

Hay 12 combinaciones posibles.

Creo que intentaré hacer una lista organizada.

358 538 835
385 583 853

Hay 6 combinaciones posibles.

INTÉNTALO

Primero, lee cada problema. Di qué dos problemas están relacionados. Luego, resuelve cada problema.

1. Nina compró unos ladrillos para construir una pared. Puso 45 ladrillos el primer día y 3 veces más el segundo día. Luego compró 25 más para estar segura de tener los suficientes. Ahora tiene 70. ¿Cuántos tenía cuando comenzó?

2. La compañía de teléfonos va a instalar líneas telefónicas para 10 edificios. Cada edificio se va a conectar con cada uno de los otros edificios con una línea. ¿Cuántas líneas telefónicas se necesitan?

3. Fred pagó con un cheque unos materiales de construcción. Compró un saco de cemento a \$2, algunos maderos de 2 × 4 por \$34 y 2 galones de pintura por \$12 cada uno. Recibió \$10 de cambio. ¿Cuál fue la cantidad del cheque?

PRÁCTICA COMBINADA

Resuelve. Usa cualquier estrategia.

1. El plano muestra la distribución de un apartamento. ¿Cuántos metros cuadrados de baldosas vinílicas se necesitan para cubrir el piso de la cocina?

2. Michael quiere poner molduras en el borde superior de las paredes de su cuarto. Usa el plano para averiguar cuántos metros de moldura necesita.

3. Usa el plano para estimar la superficie total del apartamento. Luego, halla la superficie exacta. De acuerdo a tu estimación, ¿es razonable tu respuesta?

4. Gerry tiene un madero de 2 × 4 de 12 pies de largo. Quiere cortarlo en pedazos de 8 plg de largo. ¿Cuántos cortes tendrá que hacer?

5. Cathy hizo una mesa hexagonal. Quiere poner moldura alrededor del borde exterior. Usa el diagrama para determinar si 125 cm de moldura serán suficientes.

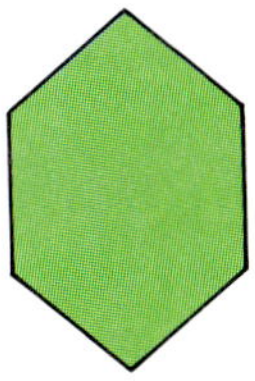

6. El señor Valdéz gastó $64.75 en 5 lámparas y $12.50 en 4 interruptores de luz. Todas las lámparas son iguales. ¿Cuánto costó cada lámpara?

7. Mara construyó un cerco alrededor del área de una piscina rectangular que tiene 18 m de largo y 14 m de ancho. Puso un poste en cada esquina y uno cada 2 m. ¿Cuántos postes usó Mara?

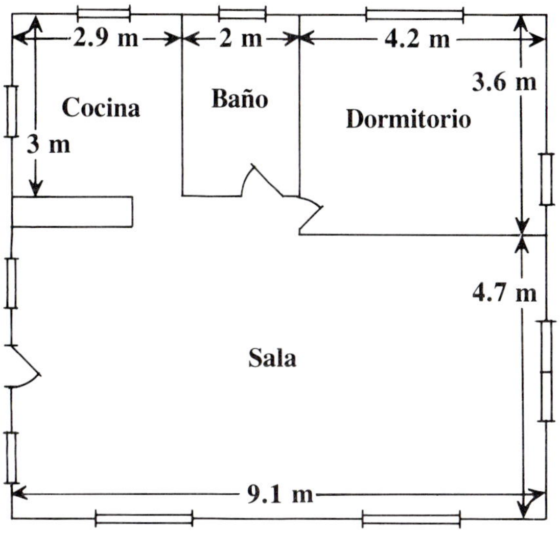

8. **Supón...** Una alfombra cuesta $18.75 por m^2. El acolchado de la alfombra cuesta $1.75 por m^2. La instalación cuesta $40 por una habitación de 20 m^2. Halla el costo total de la alfombra, el acolchado y la instalación para una habitación de 20 m^2.

Di cuál de los siguientes datos cambiaría la solución del problema anterior.

a. La alfombra se puso en venta con el 25% de descuento.

b. La instalación cuesta $2 por m^2.

c. La habitación tiene una superficie de 24 m^2.

Recopilación y análisis de datos
Decisión de grupo

Haz una investigación

Destreza de grupo:
Explica y resume

¿Hay algún patrón en la manera que las figuras geométricas como los cuadrados "crecen"? ¿Crees que crecen a un ritmo uniforme? Puedes realizar una investigación para averiguarlo.

Datos a considerar

1. Trabaja con tu grupo para recortar cuadrados de papel cuadriculado de una pulgada. Necesitarás 100 cuadrados.
2. ¿Cuál es el cuadrado más pequeño que puedes formar? Forma el próximo cuadrado más grande y luego el que sigue. Sigue haciendo lo mismo hasta que se terminen los cuadrados.

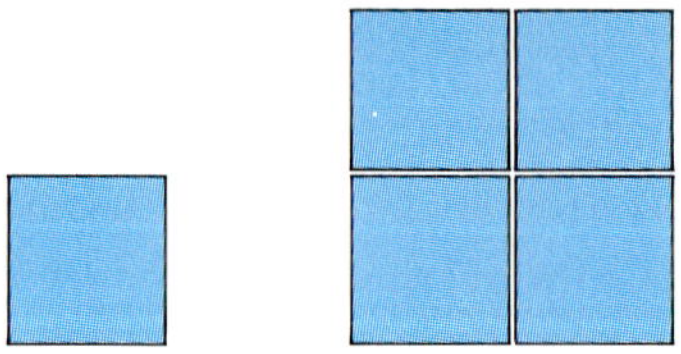

3. Anota la longitud de un lado de cada cuadrado que hagas y el número de cuadrados de papel que usaste para hacerlo.

Longitud del lado	Número de cuadrados para hacerlo
_____	_____
_____	_____
_____	_____
_____	_____
_____	_____

Organiza los datos

4. Haz una gráfica lineal para mostrar la relación entre la longitud de un lado de un cuadrado y el número de cuadrados que se necesitaron para formarlo. Ajusta las escalas con tus datos. Pon los puntos en la gráfica y únelos con una línea.

Presenta tu análisis

5. ¿Es recta o curva la línea de tu gráfica? ¿Crecen los cuadrados a un ritmo uniforme? Explica.

6. Predice cuántos cuadrados habría en un cuadrado de 7 unidades de largo. ¿Cómo podrías usar la gráfica como ayuda para predecir?

7. ¿Qué patrón notaste en la manera en que los cuadrados crecían? Predice cuántos se necesitarían para hacer un cuadrado de 10 unidades por lado.

8. ¿Cuál es la regla para el número de cuadrados cuando sabes la longitud de cada lado?

RESUMEN

Relaciona las frases

Relaciona cada descripción a la izquierda con el término geométrico a la derecha que mejor la describa.

1. límites de una cancha de baloncesto
2. espacio en un cajón de almacenamiento
3. un rayo de una rueda de bicicleta
4. papel para envolver un paquete
5. distancia alrededor de una pista circular
6. piso cubierto por un tapete
7. una pizza de 14 pulgadas

a. radio
b. área
c. perímetro
d. diámetro
e. superficie
f. circunferencia
g. volumen

Algunas veces, siempre, nunca

Determina cuál completa mejor las oraciones: *algunas veces, siempre* o *nunca.* Explica tus elecciones.

8. Las figuras de la misma área _____ tienen el mismo perímetro.
9. Si un triángulo y un paralelogramo tienen la misma base y altura, el área del paralelogramo _____ será dos veces la del triángulo.
10. Si un triángulo y un rectángulo tienen la misma área, _____ tienen la misma altura.
11. Si un triángulo y un trapecio tienen la misma base y área, _____ tienen la misma altura.
12. Los prismas rectangulares de la misma altura _____ tienen el mismo volumen.

Proyecto

La señorita Herrera necesita construir un corral para su caballo. Tiene 60 metros de material para cercar. Usando sólo números enteros, determina la dimensión del rectángulo que encerrará el área mayor. Describe la estrategia que usaste para resolver el problema.

Repaso del capítulo/Examen

1ª parte Entendimiento

1. Cada cuadro pequeño es 1 unidad cuadrada. Estima el área de la parte sombreada contando cuadrados enteros y partes de cuadrados.

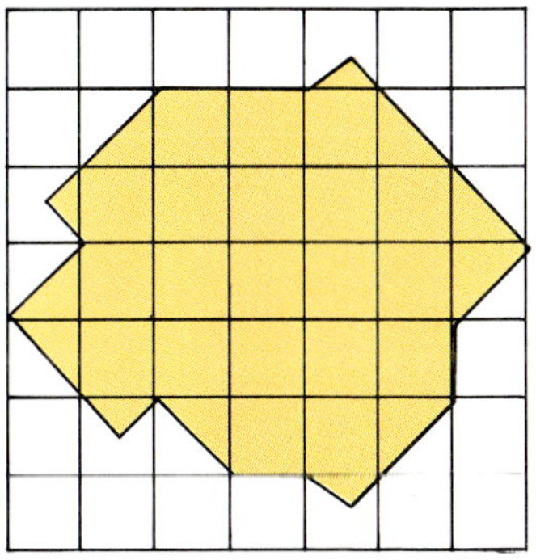

2ª parte Destrezas

Escribe la fórmula del área de cada figura. Luego usa la fórmula para hallar el área.

2.

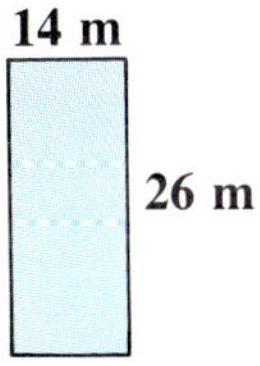

3.

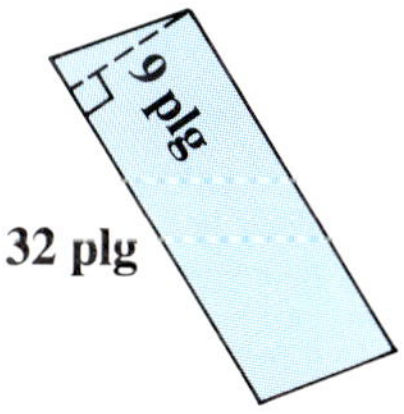

4.

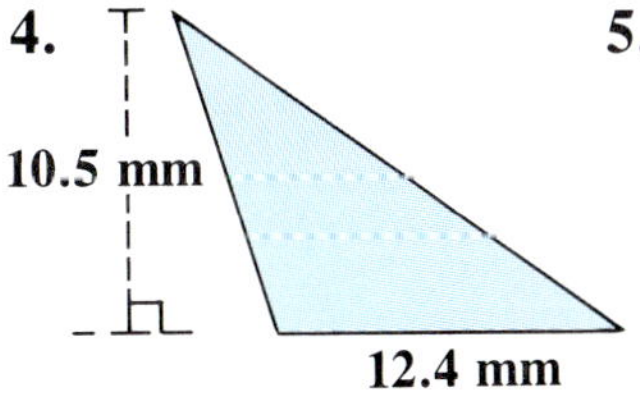

5.

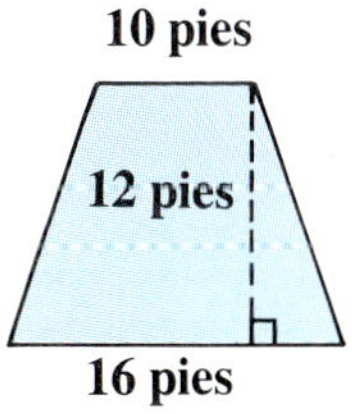

6. Escribe la fórmula del área del círculo. Luego usa la fórmula para hallar el área. Usa 3.14 para π.

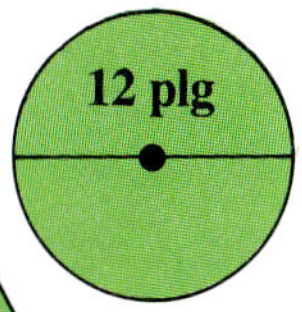

7. Estima el área de la figura irregular. Luego halla el área.

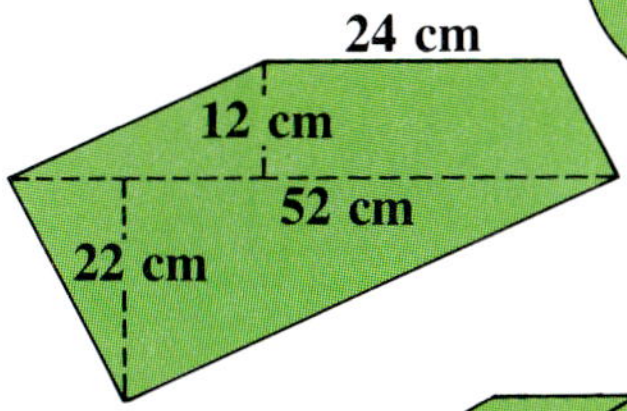

8. Escribe la fórmula del volumen de esta figura. Usa la fórmula para hallar el volumen. Luego halla la superficie de la figura.

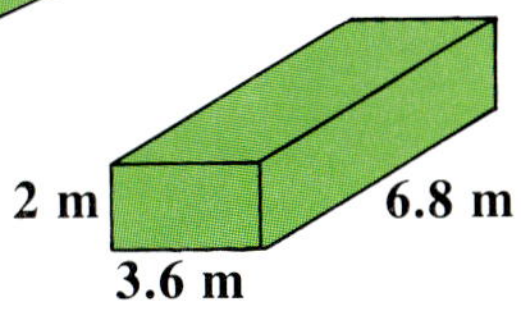

3ª parte Aplicaciones

9. Si el diámetro de una rueda de bicicleta es de 60 cm, ¿cuánto avanzará en una vuelta completa?

10. **Desafío** Don tenía $80. Gastó $5 en cemento y 4 veces esta cantidad en ladrillos, y compró 3 galones de pintura a $11 cada uno. ¿Cuánto dinero le quedó?

ENRIQUECIMIENTO
Pentáminos y hexáminos

Cada una de las seis figuras se forma con cinco cuadrados congruentes unidos por lo menos en un borde. Este tipo de figura se llama **pentámino.** La figura F puede doblarse para hacer una caja abierta, tal como se muestra.

1. ¿Qué otros pentáminos pueden doblarse para formar una caja abierta?

2. En total hay 12 formaciones de cuadrados posibles para hacer pentáminos. Usa papel cuadriculado para dibujar tantos de los otros seis como puedas.

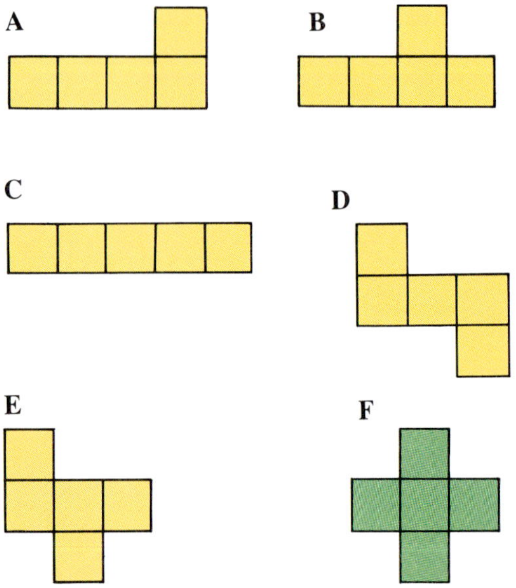

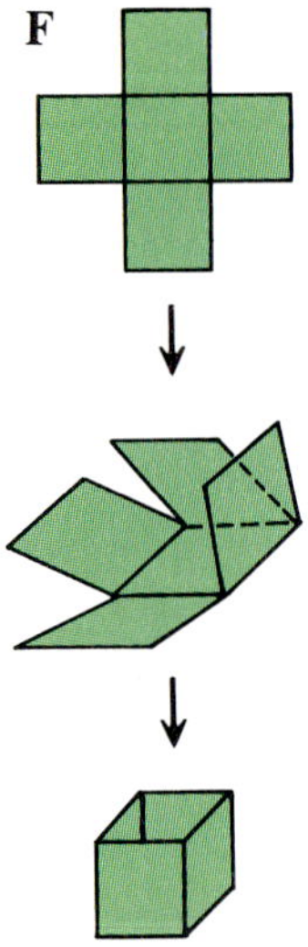

Las figuras a la derecha son **hexáminos.** Hay 35 formaciones posibles que dan hexáminos. Algunas de las que se muestran pueden doblarse para formar una caja cerrada.

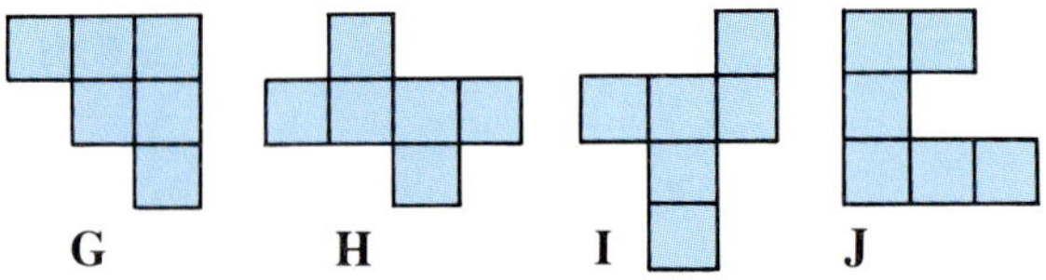

3. ¿Cuáles pueden doblarse para formar una caja cerrada?

4. En total, 11 hexáminos pueden doblarse para formar cajas cerradas. Usa papel cuadriculado para dibujar tantos como puedas.

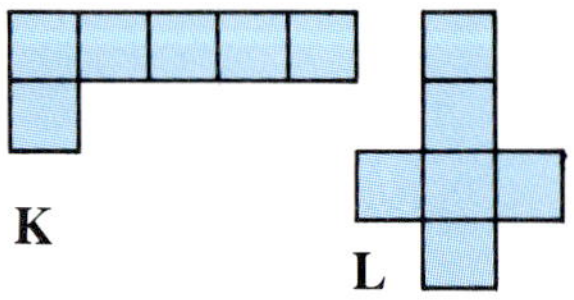

Repaso general

1. Escoge un método de cálculo y resuelve: $12\frac{1}{2}\%$ de 48.

A. 12.5 **B.** 6
C. 4 **D.** 8

2. Halla el interés sobre un préstamo de $200 a una tasa de 12% por 2 años.

A. $2.40 **B.** $24
C. $480 **D.** $48

3. Halla el precio: $120 con un 10% de descuento.

A. $12 **B.** $108
C. $112 **D.** $8

4. Sin sumar, di qué suma es positiva.

A. $^{-}8 + {}^{+}5$ **B.** $^{+}6 + {}^{-}2$
C. $^{+}4 + {}^{-}7$ **D.** $^{-}3 + {}^{-}4$

5. Resuelve la ecuación $^{-}4 + y = {}^{+}2$.

A. $y = {}^{+}6$ **B.** $y = {}^{-}6$
C. $y = {}^{+}2$ **D.** $y = {}^{-}2$

6. Halla la diferencia: $^{+}3 - {}^{-}5$.

A. $^{+}8$ **B.** $^{+}2$
C. $^{-}8$ **D.** $^{-}2$

7. ¿Qué clase de gráfica usarías para mostrar la parte de tu dieta que consiste en grasas, en proteínas o en carbohidratos?

A. circular **B.** lineal
C. de dibujos **D.** de barras

8. 4.7 m = ▒ cm

A. 4,700 **B.** 47
C. 470 **D.** 0.47

9. ¿Cuál es una estimación razonable para la longitud de un bate de béisbol?

A. 1 mm **B.** 1 m
C. 1 cm **D.** 1 dm

10. ¿Para cuál necesitarías una medida precisa?

A. un poco de té para beber **B.** capacidad de la cajuela de un auto
C. árboles de un bosque **D.** harina de una receta

11. Escoge la mejor estimación para el peso de un libro de texto de matemáticas.

A. 10 g **B.** 1 g
C. 1 mg **D.** 1 kg

12. Si son las 3 p.m. en Washington, D.C., ¿qué hora es en San Diego, CA?

A. las 5 p.m. **B.** mediodía
C. las 6 p.m. **D.** medianoche

13. ¿Cuál es una estimación razonable de la altura de un salón de clases?

A. 11 yardas **B.** 6 pies
C. 11 pies **D.** 36 pies

14. Si trazas un triángulo, colocas un punto justo arriba de él y conectas cada vértice al puntito, ¿qué figura acabas de dibujar?

A. triángulo **B.** pirámide triangular
C. prisma **D.** prisma triangular

15

PROBABILIDAD

MATEMÁTICAS Y SALUD Y APTITUD FÍSICA

BANCO DE DATOS

Usa el Banco de datos de salud y aptitud física (p. 474) para contestar las preguntas.

1 De los cuatro tipos más importantes de sangre humana, ¿cuál es el más común? ¿Y el menos común?

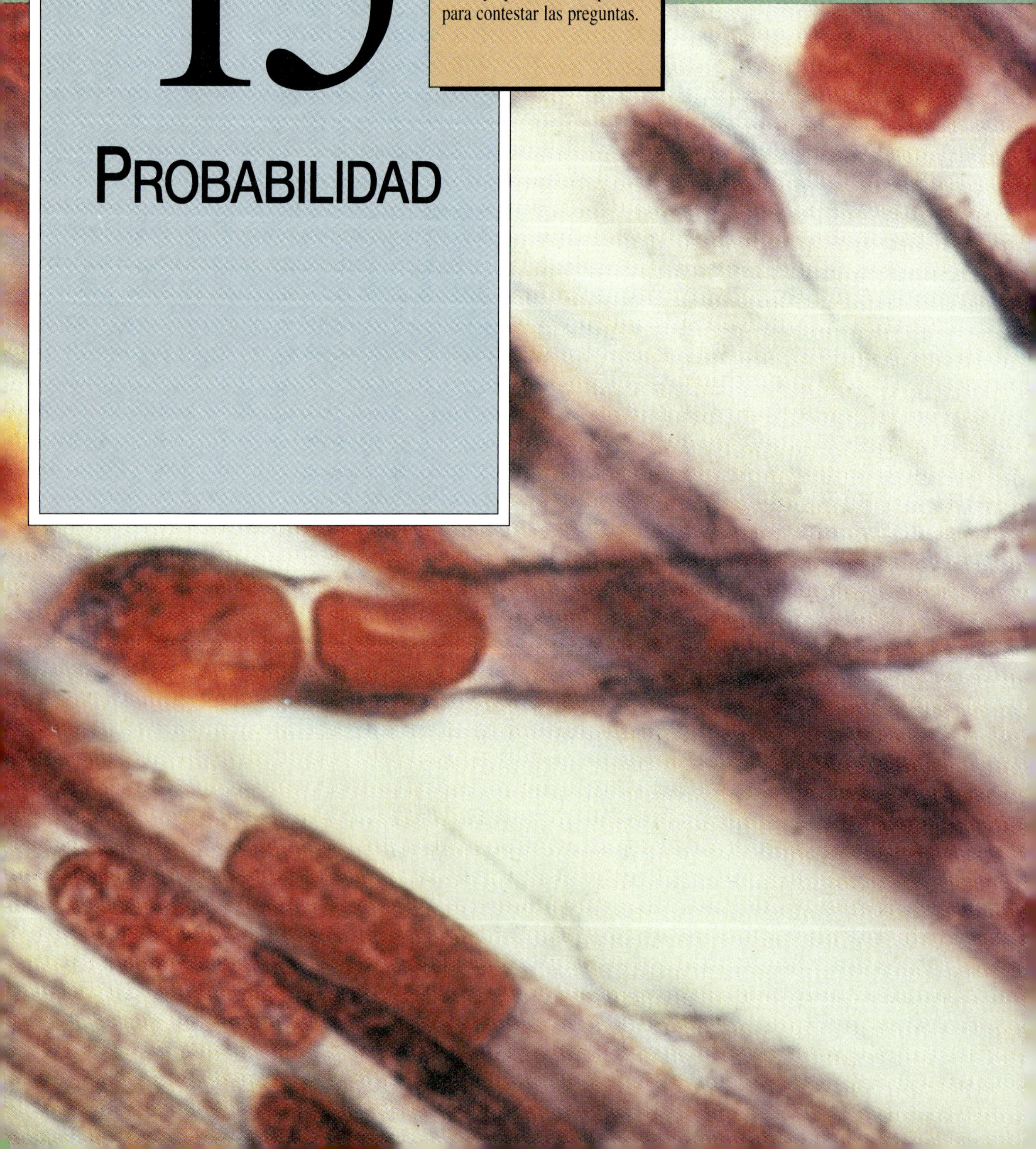

2 ¿En qué regiones la mitad de las personas tienen sangre del tipo O?

3 ¿Qué porcentaje de la población de Africa tiene sangre con tipo diferente del tipo A?

4 **Pensamiento crítico**
Antes, la gente moría por recibir sangre que no era de su tipo. De haber vivido en Europa Occidental, ¿crees que tus probabilidades de sobrevivir una transfusión hubieran sido muchas o pocas? Explica.

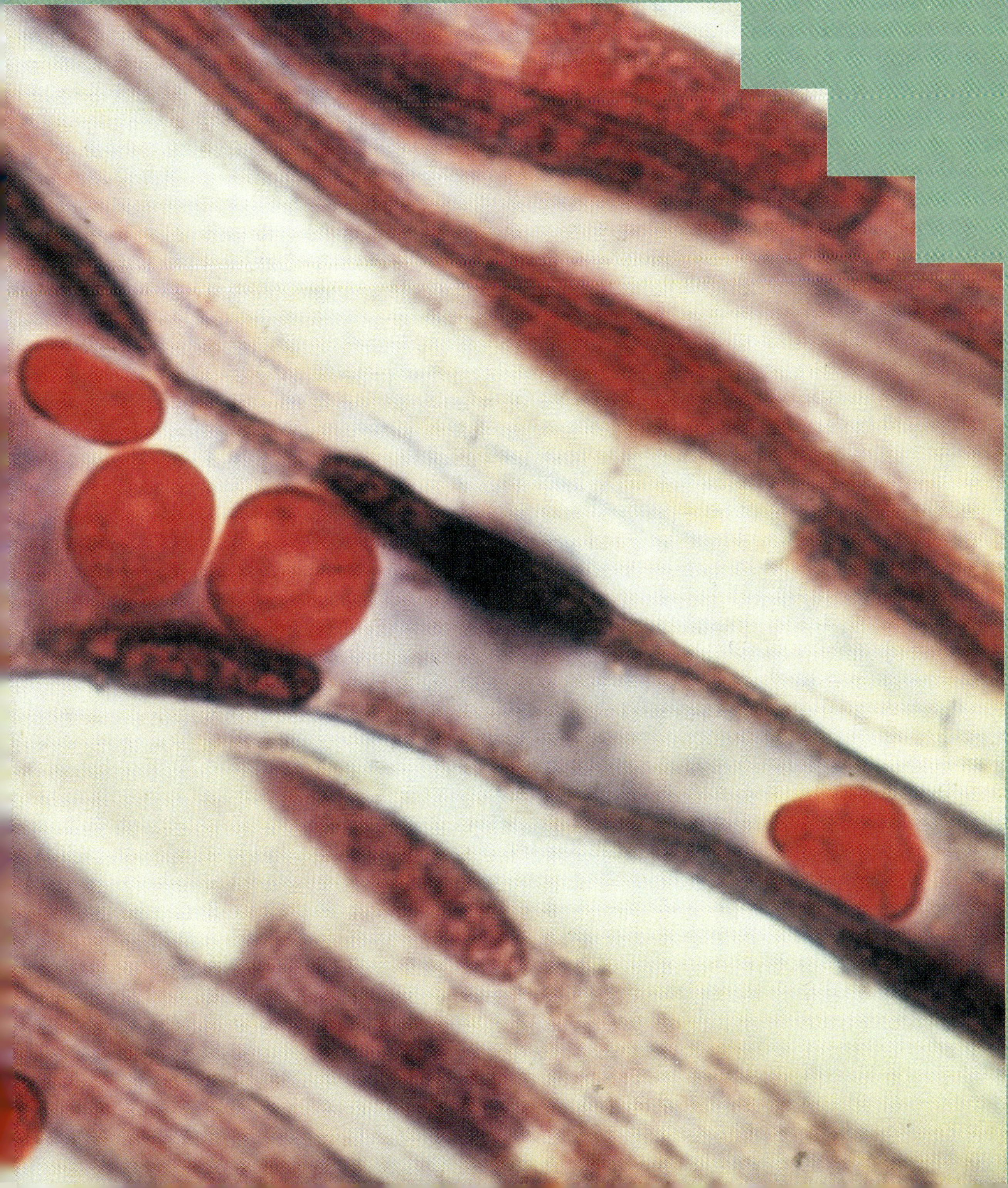

Juegos justos e injustos

APRÉNDELO

EXPLORA **Usa cubos de números**

Juega Cuadrado 4 Veces con un compañero.

Reglas de Cuadrado 4 Veces

- Decide quién será el Jugador Cuadrado y quién será el Jugador 4 Veces.
- Un jugador tira un cubo con números del 1 al 6 en sus caras.
- El Jugador 4 Veces multiplica por cuatro el número que salga.
- El Jugador Cuadrado eleva al cuadrado el número que salga (multiplica el número por sí mismo).
- El puntaje más alto gana.

Jugador Cuadrado Jugador 4 Veces
$3 \times 3 = 9$ $4 \times 3 = 12$
¡Gana el Jugador 4 Veces!

COMÉNTALO

1. Supón que un jugador saca el 5. ¿Quién ganará?
2. ¿Quién gana si un jugador saca el 4? Explica tu respuesta.
3. ¿Crees que este juego es justo? ¿Por qué sí o por qué no?

Un juego es un **juego justo** si cada jugador tiene las mismas probabilidades de ganar. Puedes usar la tabla para ver que el Jugador 4 Veces tiene 3 oportunidades de ganar (cuando cae 1, 2 ó 3). El Jugador Cuadrado tiene sólo 2 oportunidades de ganar (cuando cae 5 ó 6). Si el Jugador 4 Veces tiene más oportunidades de ganar que el Jugador Cuadrado, el juego Cuadrado 4 Veces no es un juego justo.

Tirada	1	2	3	4	5	6
Jugador Cuadrado	1	4	9	16	25	36
Jugador 4 Veces	4	8	12	16	20	24

INTÉNTALO

Supón que el cubo tiene los números 2, 3, 4, 5, 6 y 7.

1. ¿Tiene más probabilidades de ganar uno de los jugadores? Si es así, di cuál y por qué.
2. ¿Es ahora un juego justo el juego Cuadrado 4 Veces? Di por qué lo sabes.

PRACTÍCALO

Trabaja en un grupo pequeño o con un compañero. Determina si cada juego es justo o injusto. Da razones para tus respuestas.

1. Juega el juego de Cuadrado 3 Veces. Usa un cubo con números del 1 al 6. El Jugador Cuadrado eleva al cuadrado el número que salga, y el Jugador 3 Veces multiplica por 3 el número que salga. El puntaje más alto gana.

2. Tira una moneda al aire. Si sale cara, ganas. Si sale cruz, tu compañero gana.

3. Tira 2 monedas al aire. Si en ambas monedas sale cara o en ambas sale cruz, ganas. Si no, tu compañero gana.

4. Tira 3 monedas. Si en las 3 sale cara o si en las 3 sale cruz, ganas. Si no, tu compañero gana.

APLÍCALO

RAZONAMIENTO MATEMÁTICO

Supón que tú y dos compañeros de clase están jugando un juego con una ruleta. Cada jugador escoge una letra distinta. El jugador se anota un punto si la aguja señala la letra que ha escogido.

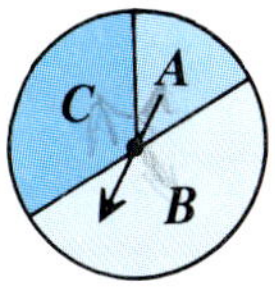

5. ¿Es justo el juego? Di cómo lo sabes.

6. ¿Qué letra te gusta más? Di por qué.

7. ¿Qué letra te gustaría menos? ¿Por qué?

RESOLUCIÓN DE PROBLEMAS

8. Supón que juegas el juego Cuadrado 4 Veces y que eres el Jugador Cuadrado. ¿Cuál es el promedio de tu puntaje si sacas un 3, un 5, un 2, un 4, un 3, un 1, un 6 y un 2?

9. ¿Es tu promedio de puntaje en el ejercicio 8 mayor o menor que el promedio de puntaje del Jugador 4 Veces? ¿Cuánto mayor o menor?

▶ COMUNICACIÓN Escribe para aprender matemáticas

Completa cada oración.

10. Un juego es injusto si un jugador ______.

11. Un juego es justo si ______.

Resultados igualmente probables

APRÉNDELO

EXPLORA **Piensa en las situaciones**

El efecto de una sola prueba de un experimento se llama **resultado.**

Eduardo hará girar la ruleta.

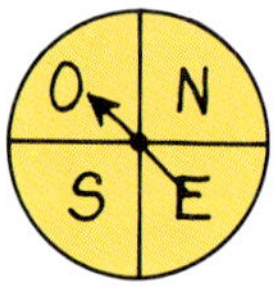

Alex sacará una canica de la caja sin mirar.

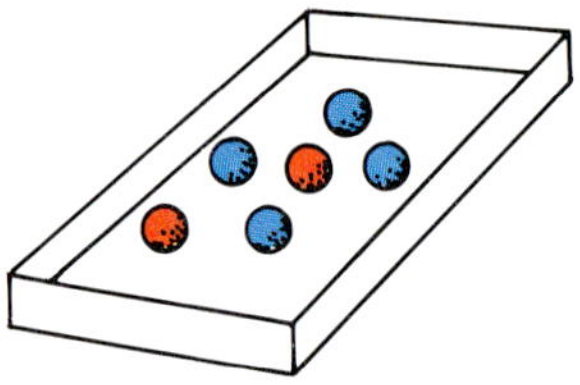

COMÉNTALO

1. Da los posibles resultados que podría obtener Eduardo. ¿Crees que estos resultados tienen la misma probabilidad de ocurrir? Di cómo lo sabes.

2. ¿Crees que será tan probable que Alex saque una canica roja como una azul si no mira? Explica tu respuesta.

Si cada resultado de un experimento tiene la misma probabilidad de ocurrir, los resultados son **igualmente probables.**

Otros ejemplos

Tira una moneda al aire.
Resultados: Cara o cruz
Igualmente probables

Tira un cubo con números del 1 al 6.
Resultados: Par o impar
Igualmente probables

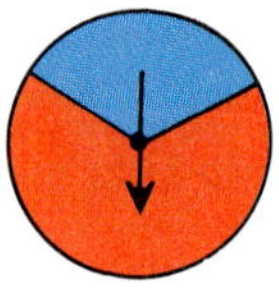

Haz girar esta ruleta.
Resultados: Rojo o azul
No son igualmente probables.

INTÉNTALO

1. ¿Qué situación del principio de la página da resultados igualmente probables?

2. ¿Qué resultado es más probable en la otra situación?

3. ¿Por qué es igualmente probable sacar un número par o uno impar al tirar un cubo con los números del 1 al 6 en sus caras?

4. ¿Qué resultado, rojo o azul, es más probable que salga en la ruleta de los ejemplos? Di cómo lo sabes.

PRACTÍCALO

En cada experimento, di si los resultados son igualmente probables. Si no lo son, di cuál es más probable.

1. Haz girar la ruleta.
Resultados: Amarillo, Verde

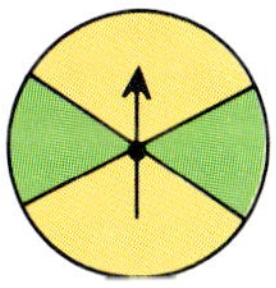

2. Saca una canica sin mirar.
Resultados: Rojo, Verde, Azul

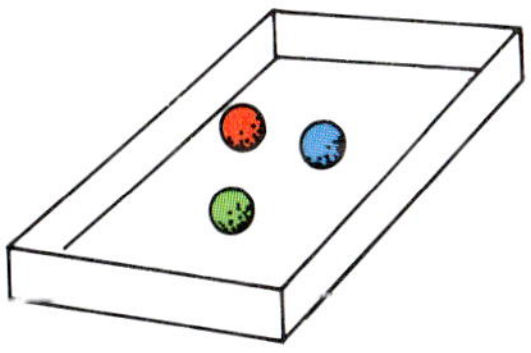

En cada experimento haz una lista de los posibles resultados. Después di si son igualmente probables. Si no son igualmente probables, di cuál es más probable.

3. Saca un nombre sin mirar.

4. Haz girar la ruleta.

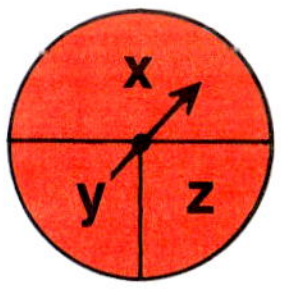

5. Tira un cubo con las letras A, B, C, D, E, F en sus caras.

APLÍCALO

RAZONAMIENTO MATEMÁTICO

6. Supón que tiras un cubo con los números 1, 2, 3, 4, 5, 6 en sus caras. ¿Es posible sacar cuatro 3 seguidos? ¿Es probable?

RESOLUCIÓN DE PROBLEMAS

7. Una ruleta está dividida en tres partes, A, B y C. En la tabla está el resultado de las 24 veces que se ha hecho girar. Haz un dibujo para mostrar cómo crees que es una ruleta.

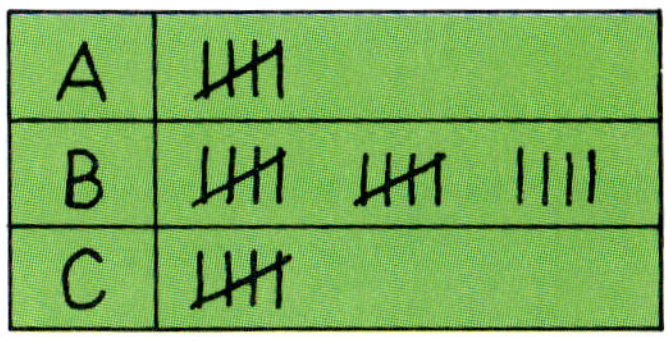

REPASO COMBINADO

Suma o resta. Halla el área y el perímetro de cada figura.

8.

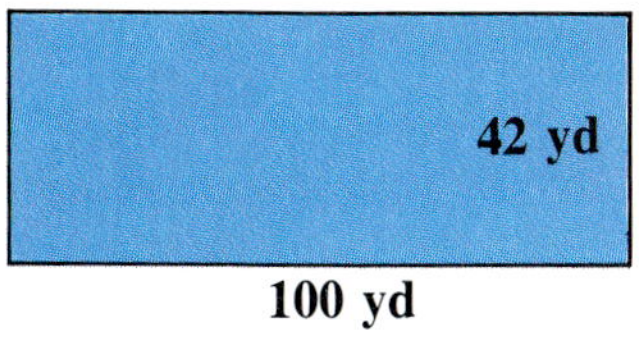

9.

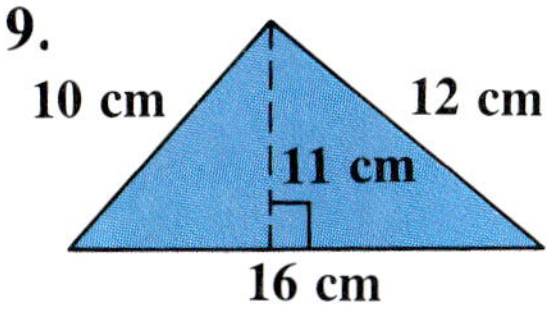

10.

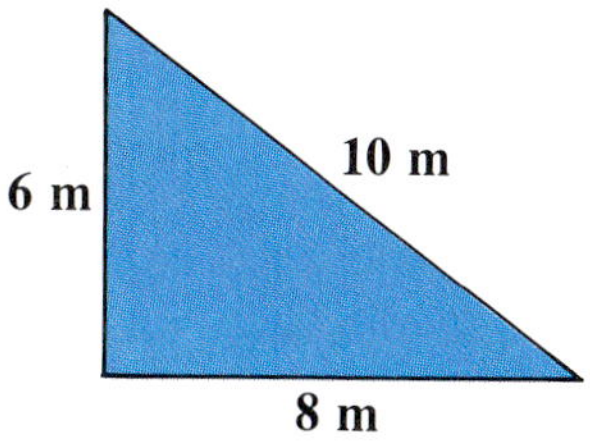

Posibilidad y probabilidad

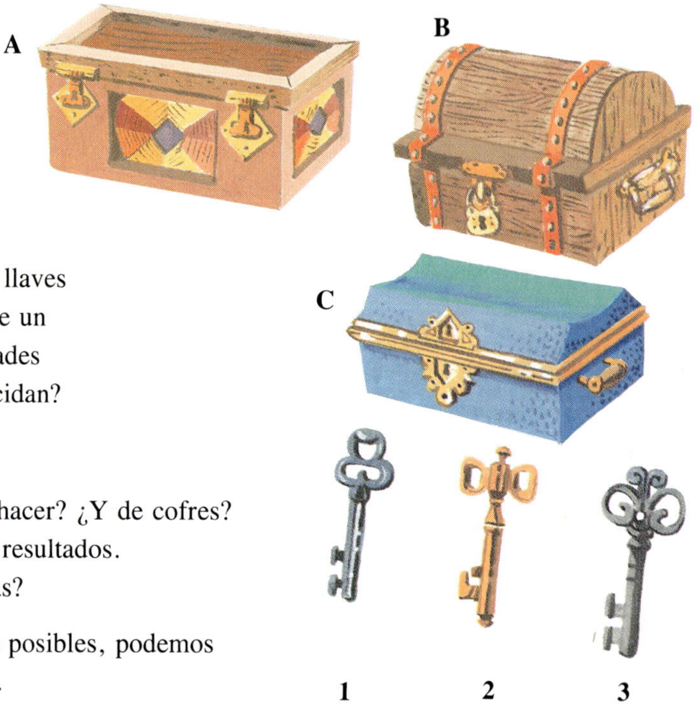

APRÉNDELO

EXPLORA Analiza la situación

Hay 3 cofres con las letras A, B y C y 3 llaves con los números 1, 2 y 3. Cada llave abre un cofre diferente. ¿Cuáles son las posibilidades de escoger una llave y un cofre que coincidan?

COMÉNTALO

1. ¿Cuántas elecciones de llaves puedes hacer? ¿Y de cofres?
2. Haz una lista organizada de todos los resultados.
3. ¿Cuántas son combinaciones ganadoras?

Cuando se conocen resultados igualmente posibles, podemos hallar la **probabilidad** de esos resultados.

Sabemos que: Hay 3 **posibilidades** en 9 de ganar.

Decimos: La **probabilidad** (***P***) de ganar es $\frac{3}{9}$, ó $\frac{1}{3}$.

Escribimos: $P(\text{ganar}) = \frac{1}{3}$.

3 resultados ganadores
9 resultados igualmente posibles

Otros ejemplos

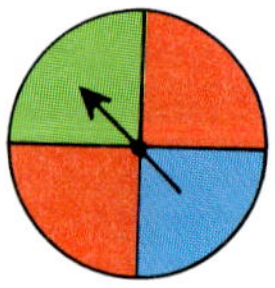

$P(2) = \frac{1}{6}$

$P(\text{verde}) = \frac{1}{4}$

$P(\text{rojo}) = \frac{2}{4} = \frac{1}{2}$

$P(n < 7) = \frac{6}{6} = 1$

$P(n > 6) = \frac{0}{6} = 0$

Observación matemática
La probabilidad de un resultado siempre es un número de 0 a 1.

INTÉNTALO

Haz una lista de todos los resultados y da la probabilidad de cada uno.

1.

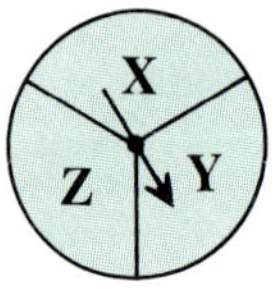

2.

3.

4.

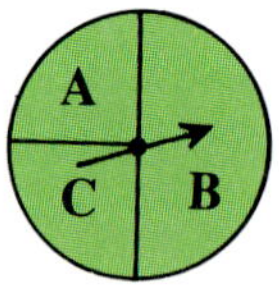

PRACTÍCALO

Haz una lista de todos los resultados y da la probabilidad de cada uno.

1. Tira una moneda al aire.

2. Haz girar una ruleta.

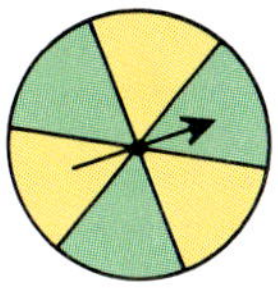

3. Tira un cubo con + en todas sus caras.

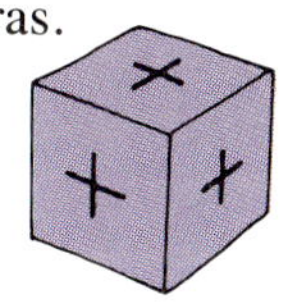

4. Tira un cubo con estas caras.

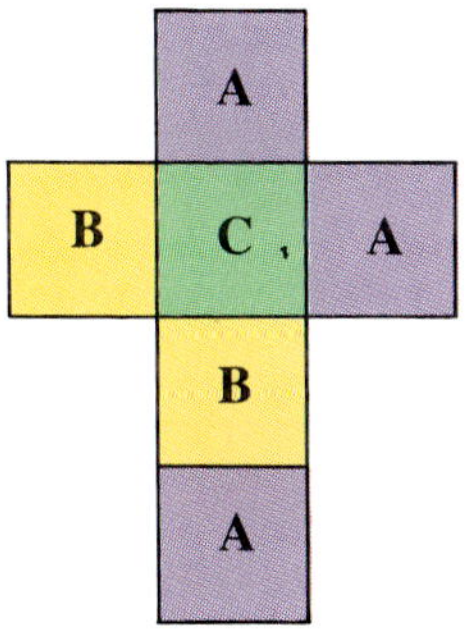

5. Traza el modelo de un cubo y muestra cómo rotular X, Y y Z en las caras de manera que:

$P(\text{X}) = \frac{2}{3}$

$P(\text{Y}) = \frac{1}{6}$

$P(\text{Z}) = \frac{1}{6}$

APLÍCALO

RAZONAMIENTO MATEMÁTICO

6. Supón que $P(\text{A}) = \frac{1}{2}$ y $P(\text{B}) = \frac{2}{10}$. ¿Qué es $P(\text{C})$?

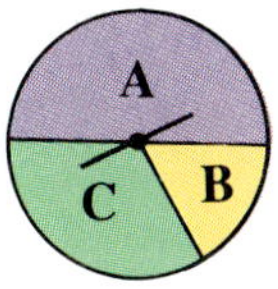

7. Supón que tienes una jarra con 100 cuentas. Sabes que $P(\text{rojo}) = \frac{2}{5}$ y $P(\text{azul}) = \frac{3}{5}$. ¿Qué puedes decir respecto a la jarra de cuentas?

RESOLUCIÓN DE PROBLEMAS

8. El hermanito de Becky quitó las etiquetas de un bote de frijoles, de uno de maíz, de 2 de guisantes y de uno de beterraga. Si Becky escoge un bote para la cena, ¿cuál es la probabilidad de que escoja guisantes?

PENSAMIENTO CRÍTICO Analiza la situación

9. Danny dijo: "Cuando lanzo el balón de baloncesto, encesto ó no encesto. Hay sólo 2 posibilidades. Por lo tanto, la probabilidad de que enceste es $\frac{1}{2}$". ¿Es lógico el razonamiento de Danny? ¿Por qué sí o por qué no?

Más práctica, página 520, grupo D

Probabilidad experimental

APRÉNDELO

EXPLORA **Usa cubos numerados**

Trabaja con un compañero. Cuando se tiran dos cubos con las caras numeradas del 1 al 6, hay 36 resultados diferentes. Un resultado de "dobles" ocurre cuando los dos números que salen son iguales. La tabla de resultados muestra que los dobles tienen 6 en 36 probabilidades de ocurrir. $P(\text{dobles}) = \frac{6}{36} = \frac{1}{6}$. ¿Crees que obtendrías dobles 6 veces en 36 intentos? Intenta este experimento. Anota tus resultados.

Resultados

Segundo cubo						
6	1,6	2,6	3,6	4,6	5,6	6,6
5	1,5	2,5	3,5	4,5	5,5	6,5
4	1,4	2,4	3,4	4,4	5,4	6,4
3	1,3	2,3	3,3	4,3	5,3	6,3
2	1,2	2,2	3,2	4,2	5,2	6,2
1	1,1	2,1	3,1	4,1	5,1	6,1
	1	2	3	4	5	6

Primer cubo

COMÉNTALO

1. ¿Cuán cerca estuviste de obtener 6 dobles?
2. ¿Por qué crees que algunos equipos obtendrán más de o menos de 6 dobles?
3. Combina tus resultados con los de tus compañeros de clase. ¿Está el promedio de estos resultados más cerca de 6? ¿Está más cerca de $\frac{1}{6}$ la probabilidad? Explica tu respuesta.

La **probabilidad experimental** de dobles es el número de veces que obtuviste dobles dividido entre el número de intentos. La probabilidad experimental es casi siempre aproximada pero no exactamente igual a la probabilidad matemática (o teórica).

$$P \text{ experimental (dobles)} = \frac{\text{dobles}}{\text{intentos}}$$

PRACTÍCALO

En los problemas del 1 al 3, halla las probabilidades experimental y matemática de todos los resultados de cada experimento.

1. Tira una moneda al aire 100 veces.

2. Haz girar una ruleta 100 veces.

3. Tira 100 veces un cubo con números del 1 al 6.

REPASO PARCIAL/EXAMEN

Determina si cada juego es justo o injusto. Da razones para tus respuestas.

1. Tira tres monedas al aire. Si hay más caras que cruces, ganas. Si no, tu compañero gana.

2. Tira cuatro monedas al aire. Si hay más caras que cruces, ganas. Si no, tu compañero gana.

3. Tira un cubo con números del 1 al 6. Eleva al cuadrado el número que salga y divide por 2. Tu compañero duplica ese número. El puntaje más alto gana.

Haz una lista de los posibles resultados de cada situación. Di si todos los resultados son igualmente posibles.

4. Saca una canica sin mirar.

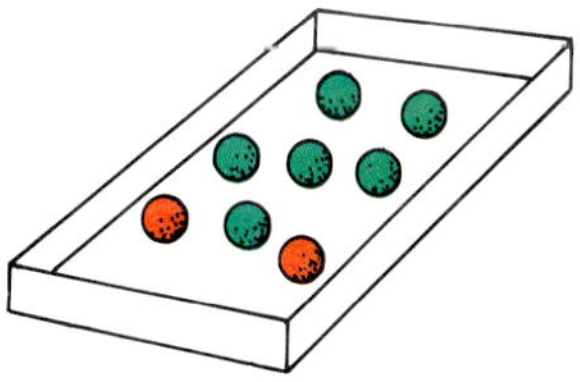

5. Tira monedas de 5¢, 10¢ y 25¢.

6. Haz girar la ruleta.

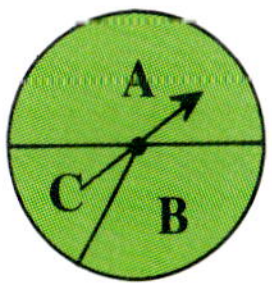

Haz una lista de todos los posibles resultados de cada situación. Da la probabilidad de cada resultado.

7. Haz girar la ruleta.

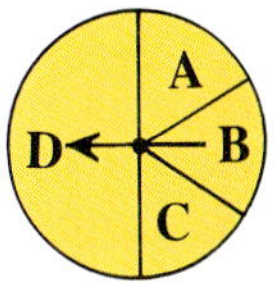

8. Tira el cubo.

9. Haz girar la ruleta.

RESOLUCIÓN DE PROBLEMAS

10. Dibuja una ruleta de cuatro colores: rojo, azul, amarillo y verde, de forma que $P(\text{rojo}) = \frac{1}{3}$, $P(\text{azul}) = \frac{1}{6}$ y $P(\text{amarillo}) = \frac{1}{4}$. ¿Qué será $P(\text{verde})$?

11. Dibuja un cubo de 6 lados con letras que pueda dar estos resultados: A, B, A, A, B, B, C, A, B, C, B, B, A, B, B, C, A, B.

Usa diagramas de árbol

APRÉNDELO

EXPLORA Juega un juego de probabilidad

Trabaja en grupo. Juega el juego de Martín varias veces. Trata de determinar quién ganará con mayor frecuencia: un jugador o la persona que saque de la bolsa.

Martín inventó un juego que él llamó 2, 3 y Saca. Marcó cada tarjeta con un 1, un 2 ó un 3. Luego las puso en una bolsa.

Reglas: Martín sacará tarjetas de la bolsa, una a una. Antes de sacar, los jugadores escribirán los números en el orden que crean que los sacará Martín.

Puntaje: Si los jugadores han escrito los números en el orden en que luego se sacan, obtienen 3 puntos. Si no, no obtienen nada y Martín obtiene 1 punto.

COMÉNTALO

1. ¿Cuántos resultados diferentes son posibles en el juego 2, 3 y Saca? Di cómo lo sabes.
2. ¿Cuál es la probabilidad de adivinar los 2 números en el orden correcto en 2, 3 y Saca? Explica tu respuesta.
3. ¿Es un juego justo 2, 3 y Saca? ¿Por qué sí o por qué no?

El **diagrama de árbol** de la derecha puede ayudarte a entender el juego 2, 3 y Saca. El diagrama muestra que hay 6 resultados igualmente probables. Cada resultado tiene 1 posibilidad entre 6 de ocurrir. Así que la probabilidad de cada resultado es de $\frac{1}{6}$.

Nota que (1,2) y (2,1) son resultados diferentes.

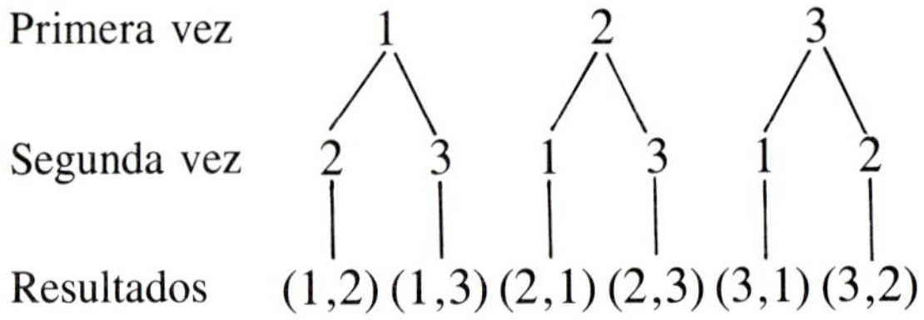

INTÉNTALO

Supón que estás jugando 2, 3 y Saca. Da las probabilidades.

1. $P(3,1) =$ ▯
2. $P(2,3) =$ ▯
3. P(ambos números impares) = ▯
4. P(ambos números pares). = ▯
5. Para hacer justo el juego 2, 3 y Saca, ¿cuántos puntos crees que los jugadores deberían obtener por adivinar correctamente los dos números?

PRACTÍCALO

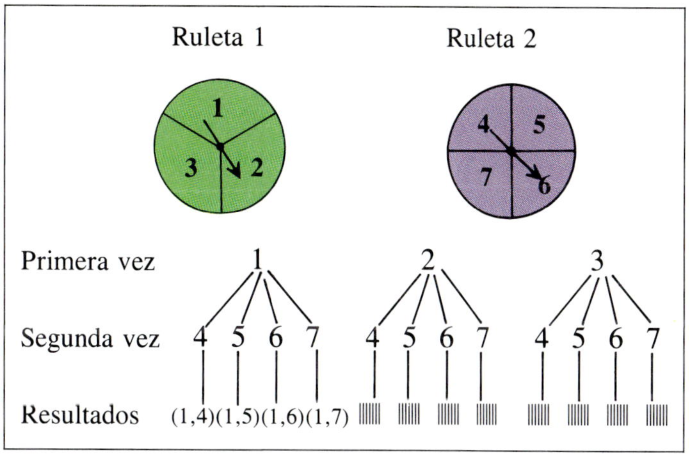

Usa el diagrama para hacer girar las ruletas 1 y 2 como ayuda para contestar estas preguntas.

1. ¿Cuántos resultados posibles muestra el árbol? Da cada resultado.

2. ¿Qué es $P(1,4)$?

3. ¿Qué es $P(3,7)$?

4. ¿Cuál es la probabilidad de que la suma de los dos números de las ruletas sea 6?

5. ¿Cuál es la probabilidad de que la suma de los números sea 8?

APLÍCALO

RAZONAMIENTO MATEMÁTICO

6. Supón que tienes que elegir entre dos juegos. En cada juego, sólo uno de los resultados posibles ganará. Los diagramas de árbol muestran 15 resultados posibles para un juego y 20 resultados posibles para el otro. ¿Qué juego te da mayores posibilidades de ganar? Explica tu respuesta.

RESOLUCIÓN DE PROBLEMAS

7. Hay 4 tarjetas numeradas 1, 2, 3 y 4 en una bolsa. Se sacan 2. Para ganar tienes que adivinar los 2 números en el orden correcto. ¿Cuál es la probabilidad de ganar este juego? Haz un diagrama de árbol como ayuda para resolver el problema.

▶ ESTIMACIÓN

Estima la probabilidad de cada resultado en la ruleta.

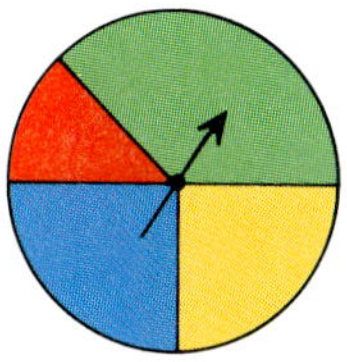

8. P(rojo) = ▒ **9.** P(verde) = ▒

10. P(azul) = ▒ **11.** P(amarillo) = ▒

Valor esperado
Estima resultados

APRÉNDELO

EXPLORA **Estudia la información**

La tabla siguiente muestra la probabilidad de escoger al azar a una persona con sangre del tipo O, tipo A, tipo B o tipo AB en tres países. Por ejemplo, la probabilidad de escoger a una persona con el tipo A en el Reino Unido es de 0.37.

COMÉNTALO

1. ¿En qué país de la lista tendrías mayor probabilidad de escoger al azar a una persona con sangre del tipo O? ¿Y del tipo AB?
2. ¿En qué países 1 persona en 5 tiene sangre del tipo B?
3. En un grupo de 320 personas del Japón, ¿esperarías que unas 10 personas, 32 personas ó 100 personas tuvieran sangre del tipo AB? Explica cómo lo determinaste.

	Reino Unido	Unión Soviética	Japón
Tipo O	0.49	0.35	0.29
Tipo A	0.37	0.37	0.38
Tipo B	0.11	0.2	0.23
Tipo AB	0.03	0.08	0.10

Puedes usar la probabilidad para predecir el número de resultados cuando conoces el número de pruebas.

Para estimar cuántas personas en Japón tienen sangre del tipo O, multiplica el número de personas del grupo (320) por la probabilidad de que una persona tenga ese tipo de sangre (0.29).

Pruebas		Probabilidad		Valor esperado
320	×	0.29	=	92.8

Se puede esperar que unas 93 personas en un grupo de 320 tengan sangre del tipo O. El **valor esperado** es 93.

INTÉNTALO

Halla el valor esperado.

1. Pruebas: 500
   Probabilidad: 0.3
2. Pruebas: 1,250
   Probabilidad: 0.04
3. Pruebas: 100
   Probabilidad: $\frac{3}{5}$
4. Pruebas: 80
   Probabilidad: $\frac{1}{4}$

PRACTÍCALO

Halla el valor esperado.

1. Pruebas: 280
   Probabilidad: $\frac{1}{3}$
2. Pruebas: 125
   Probabilidad: $\frac{4}{5}$
3. Pruebas: 66
   Probabilidad: $\frac{1}{2}$
4. Pruebas: 12,500
   Probabilidad: 0.18
5. Pruebas: 338
   Probabilidad: 0.2
6. Pruebas: 960
   Probabilidad: $\frac{1}{12}$
7. Pruebas: 25,000
   Probabilidad: 0.13
8. Pruebas: 1,616
   Probabilidad: 0.004

Supón que se hace girar la ruleta 80 veces.
Da el valor esperado de cada resultado.

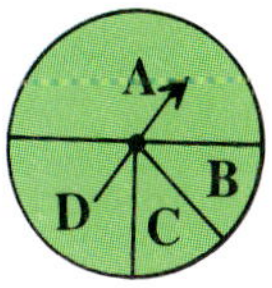

9. A **10.** B **11.** C **12.** D

13. Se tira una moneda al aire 100 veces. ¿Cuál es el valor esperado para cara?

14. Se tira 600 veces un cubo numerado del 1 al 6. Aproximadamente, ¿con cuánta frecuencia saldrá un número mayor que 4?

APLÍCALO

RAZONAMIENTO MATEMÁTICO

15. Supón que un compañero te dice que en 100 tiradas, sale cara 71 veces. ¿Es eso posible? ¿Es probable?

RESOLUCIÓN DE PROBLEMAS

16. En un grupo de 500 personas del Reino Unido, ¿qué número de personas se espera que tengan cada tipo de sangre?

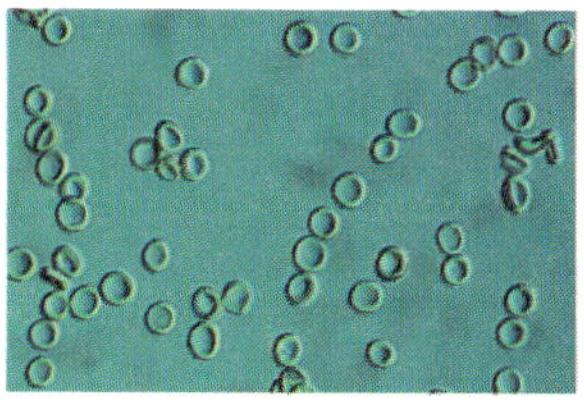

17. **Banco de datos de salud y aptitud física** Supón que en un campaña de la Organización de las Naciones Unidades (ONU). 250 personas de cada región donarán 1 pinta de sangre. ¿Debería la ONU esperar más o menos de 100 pintas de sangre del tipo AB? Explica.

BANCO DE DATOS

CALCULADORA

Escribe *par* o *impar* para completar estas operaciones de números enteros.

18. Par × Par = **19.** Par × Impar = **20.** Impar × Par = **21.** Impar × Impar =

22. Si hicieras 12 pruebas, escogiendo cada vez dos números enteros al azar y multiplicándolos, ¿cuántos productos pares esperarías? ¿Cuántos productos impares? Intenta el experimento. Usa números pequeños y grandes. Compara tus resultados con los resultados esperados.

Más práctica, página 521, grupo A

Usa muestras para predecir

Experimento:
Predice el número de frijoles

- Empieza con una bolsa llena de frijoles blancos y cuenta 50. Márcalos con una pluma fieltro.
- Mezcla completamente los frijoles marcados con los demás.
- Saca una muestra de 25 frijoles de la bolsa, sin mirar.
- Cuenta el número de frijoles marcados en la muestra.
- Usa los datos para predecir el número total de frijoles.

APRÉNDELO

EXPLORA Haz un experimento

Trabaja en grupo. Para hacer predicciones sobre un grupo de objetos, demasiado grande para contar fácilmente, se pueden tomar pequeños conjuntos, o **muestras.** Analizando las muestras, se pueden hacer algunas predicciones acerca del grupo grande.

Intenta este experimento. ¿Cuántos frijoles predices que habrá en la bolsa?

COMÉNTALO

1. ¿Por qué debes mezclar completamente los frijoles marcados y los no marcados?
2. ¿Cómo crees que puedes usar el número de frijoles marcados de una muestra para estimar el número total de frijoles?
3. Supón que un compañero hizo dos experimentos con diferentes tamaños de bolsas llenas. Tu compañero te dijo que había más frijoles marcados en la muestra de la primera bolsa que en la de la segunda. ¿Qué bolsa probablemente contenía un mayor número de frijoles? Explica tu respuesta.

Al tomar una muestra, puedes usar una proporción como ayuda para descubrir el número de frijoles de una bolsa. Supón que tu grupo descubre que 5 de cada 25 frijoles de una muestra están marcados. Hay 50 frijoles marcados en total. n representa el total de frijoles en la bolsa.

$$\frac{\text{Frijoles marcados}}{\text{Número total de frijoles}} \rightarrow \frac{5}{25} = \frac{50}{n}$$

$$5n = 1{,}250$$
$$n = 250$$

Hay aproximadamente 250 frijoles en la bolsa.

INTÉNTALO

Predice cuántos hay en total en estas muestras. n representa el número total.

1. Muestra: 6 de 24 están marcados.
   Bolsa: 50 de n están marcados.
2. Muestra: 3 de 40 están marcados.
   Bolsa: 30 de n están marcados.

PRACTÍCALO

Predice cuántos hay en total en estas muestras. n representa el número total.

1. Muestra: 4 de 36 están marcados.
Bolsa: 50 de n están marcados.

2. Muestra: 2 de 30 están marcados.
Bolsa: 60 de n están marcados.

3. Muestra: 8 de 32 están marcados.
Bolsa: 40 de n están marcados.

4. Muestra: 10 de 100 están marcados.
Bolsa: 250 de n están marcados.

5. Muestra: 6 de 120 están marcados.
Bolsa: 50 de n están marcados.

6. Muestra: 20 de 25 están marcados.
Bolsa: 80 de n están marcados.

APLÍCALO

RAZONAMIENTO MATEMÁTICO

7. Tres grupos de alumnos tomaron muestras de frijoles de una bolsa que contenía 48 frijoles marcados. ¿Qué puedes averiguar con estas muestras? ¿Podrías mejorar las estimaciones combinando muestras? Explica tus respuestas.

Muestra 1	Muestra 2	Muestra 3
60 frijoles	40 frijoles	54 frijoles
4 marcados	2 marcados	3 marcados

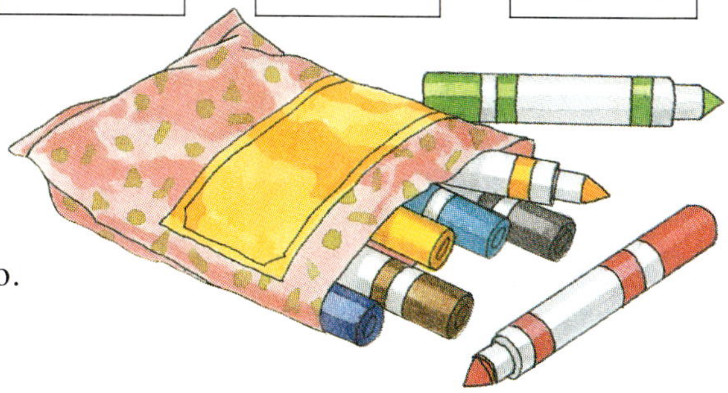

RESOLUCIÓN DE PROBLEMAS

8. En una bolsa que contiene 50 frijoles marcados, una muestra de 20 contiene sólo 1 frijol marcado. Predice el número total de frijoles en la bolsa.

9. Una bolsa tiene canicas de 3 colores. Hay 500 canicas en total. Una muestra de 20 canicas contiene 4 rojas, 10 azules y 6 amarillas. ¿Cuántas canicas de cada color predices que hay en la bolsa?

10. En una bolsa de marcadores de colores, 1 de cada 3 marcadores es rojo. Otros colores son verde, amarillo, negro y marrón. En una muestra de 33 marcadores, ¿cuántos marcadores rojos esperarías encontrar?

ÁLGEBRA

11. La suma de las probabilidades de todos los resultados tiene que ser 1. Si A es un resultado y $P(\text{A}) = \frac{1}{3}$, entonces la probabilidad de que no ocurra A, $P(\text{no A})$, es $\frac{2}{3}$. Copia y completa la tabla de funciones.

***P*(A)**	$\frac{1}{4}$	$\frac{2}{5}$		0.9	
***P* (no A)**			0.3		0.99

Resolución de problemas
Datos de un mapa

- ENTIENDE
- **ANALIZA DATOS**
- PLANEA
- CALCULA
- RESUELVE
- EXAMINA

A menudo necesitas datos de una tabla, de una gráfica o de otra fuente para poder resolver un problema. Para resolver este problema, necesitas datos de un mapa.

Dennis voló de San Francisco a Moscú con escalas en Washington D.C. y París. Luego regresó a casa directamente de Moscú. ¿Cuánto más corto fue su vuelo de regreso?

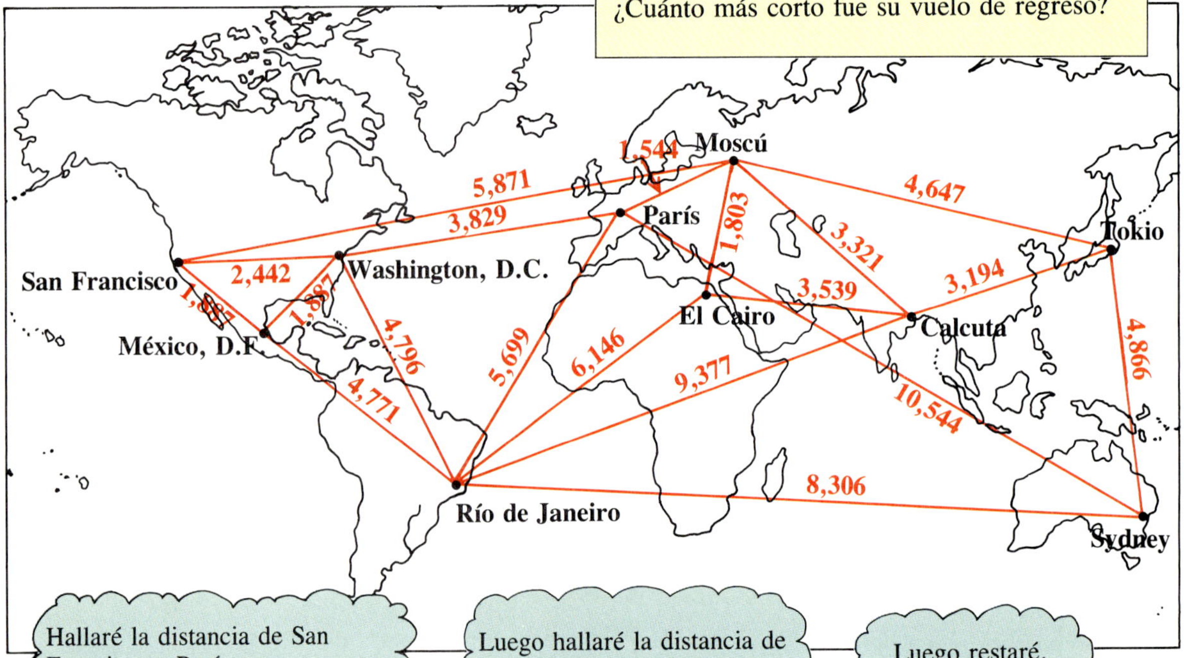

Hallaré la distancia de San Francisco a París por Washington, D.C. y de París a Moscú y entonces sumaré.

Luego hallaré la distancia de Moscú a San Francisco.

Luego restaré.

2,442 + 3,892 + 1,544 = 7,878

7,878 − 5,871 = 2,007

El vuelo de regreso fue 2,007 millas más corto.

INTÉNTALO

Puedes usar datos del mapa como ayuda para resolver estos problemas.

1. El año pasado, María hizo 3 vuelos de ida y vuelta entre San Francisco y México, D.F. ¿Cuántas millas voló en total?

2. Un vuelo de Río de Janeiro a Sydney tomó 14 horas y 53 min. ¿A cuántas millas por hora voló el avión aproximadamente?

PRÁCTICA COMBINADA

Resuelve.

1. La familia de Leah voló de Washington D.C. a México D.F. en sus vacaciones. El vuelo duró 4 horas. ¿Cuántas millas había volado la familia al regresar?

2. Alfredo pertenece a un programa para personas que viajan con frecuencia. El mes pasado voló 49,168 millas en viajes entre El Cairo y Río de Janeiro. ¿Cuántos viajes hizo?

3. Wendall, Karla, Rosalie y Lee van a viajar este verano a distintas ciudades cada uno. Las ciudades son París, Sydney, Tokio y México D.F. Karla se queda en Norteamérica y Lee se va a Europa. Rosalie tiene ganas de ver canguros en su propio entorno. ¿Quién va a ir a qué ciudad?

4. La probabilidad de lluvia en Tokio en marzo, abril y mayo es de 0.33%. Si estuvieras allí 12 días, ¿cuántos días de lluvia esperarías tener?

5. Si un avión vuela a una velocidad promedio de 535 millas por hora, ¿puede volar de París a Sydney en menos de 20 horas?

6. La empresa de Rob va a regalar 5 viajes gratis a París. Si hay 85 empleados en la empresa, ¿cuál es la probabilidad de que Rob gane un viaje a París?

7. Nancy sacó dinero de su cuenta de ahorros para gastos durante su viaje. Gastó $15 en una camiseta, $29 en unos cassettes, $59 en otra ropa y $7 en diversos artículos. Al final de su viajetenía $36. ¿Cuánto dinero había sacado de su cuenta de ahorros?

8. Halla otra manera Karna acaba de hacer el equipaje para su viaje a México. Empacó 2 faldas: una azul marina y una parda; 3 blusas: una blanca, una amarilla y una rosada; y 2 pares de zapatos: uno marrón y uno negro. ¿Cuántos conjuntos diferentes puede ponerse? Karna resolvió este problema haciendo un dibujo. Halla otra manera de resolverlo.

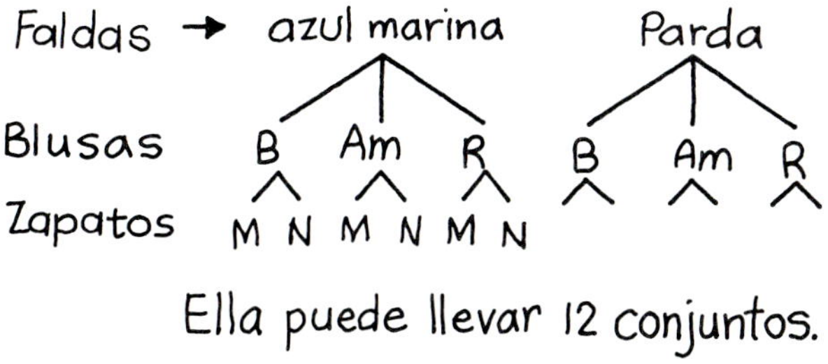

Aplicación de Resolución de problemas
Decisión de grupo

ENTIENDE
ANALIZA DATOS
PLANEA
ESTIMA
RESUELVE
EXAMINA

Destreza de grupo:
Verifica para entender

Unos alumnos de tu escuela van a hacer un viaje a los Laboratorios de Vida Marina. Tu grupo está a cargo de programar las visitas de todos los grupos a los laboratorios. La ventaja es que el grupo puede escoger los laboratorios que más le gusten.

Datos a considerar

1. Puedes poner grupos de alumnos en cuatro laboratorios. A continuación se da el número de alumnos que puede estar en cada laboratorio.

   Pulpos: 20 alumnos
   Tiburones: 30 alumnos
   Ballenas: 30 alumnos
   Mareas: 40 alumnos

2. Los mismos cuatro laboratorios se pueden visitar en tres horarios distintos: 9 a.m., 10 a.m. y 11 a.m.
3. Cada grupo de alumnos debe visitar tres laboratorios diferentes.
4. Estos son los grupos de alumnos y sus líderes adultos. Los alumnos permanecen con su líder durante las tres visitas.

Líder adulto	*Número de alumnos*
Señora Doyle	8
Señor Katz	10
Señora Ely	10
Señor Smith	9
Señora Shock	8
Señor Kyle	15
Señora Hanson	9
Señora Mechling	10
Señor Wong	8
Señora Pei	9

5. Tú estás en el grupo del señor Wong.

Preguntas para contestar

1. ¿Puedes arreglar el horario de manera que te permita visitar los cuatro laboratorios? ¿Por qué sí o por qué no?
2. ¿Cuántos grupos se pueden programar para el Laboratorio de Tiburones?
3. ¿Podrían visitar ese laboratorio el grupo de la señora Ely, el del señor Smith y el del señor Kyle al mismo tiempo?
4. ¿Qué laboratorios quieres asegurarte de programar para tu grupo?
5. ¿Qué par de grupos crees que deberías programar primero?
6. ¿Puedes pensar en más de un plan que podrías usar para organizar tu horario? Explica.

¿Cuál es tu decisión?

Tu programa de horarios debe incluir el nombre de los laboratorios, las horas y los nombres de los líderes. ¿Qué laboratorios visitarás? Compara tu horario con el de los otros grupos y fíjate cuántos escogieron los mismos laboratorios para la clase del señor Wong.

RESUMEN

¿Cuál es la probabilidad?

Usa cubos numerados del 1 al 6. Determina si el resultado es probable o no es probable.

1. Sacar una suma de 2 al lanzar dos cubos numerados.

2. Sacar una suma de 4 ó más, al lanzar tres cubos numerados.

3. Sacar un 1 ó un 6.

4. Lanzar 2 cubos y que salga el mismo número en ambos cubos.

5. Lanzar 1 cubo y que el doble del número que saques sea

6. Lanzar un cubo 20 veces sin que nunca salga un 6.

Algunas veces, siempre, nunca

Determina cuál completa mejor las oraciones: *algunas veces, siempre* o *nunca.* Explica tus elecciones.

7. Si hay 10 resultados igualmente probables, la probabilidad de que ocurra cualquiera de los resultados _____ es de $\frac{1}{10}$.

8. La probabilidad de que ocurra un evento _____ se expresa como un número menor que 1.

9. Si un evento no puede ocurrir, la probabilidad de que ocurra _____ es un número mayor que cero.

Proyecto

Supón que a todos los alumnos de tu escuela se les pide que voten sobre lo siguiente: *¿Te gustaría que de cada día de clases se disminuyera 1 hora, lo cual significaría que el año escolar se alargaría 1 mes?* Quieres saber cómo votarán tus compañeros, pero no es posible preguntarle a cada uno. Escoge un método que te permita saber cómo votarán los alumnos de cada año y pronostica el resultado final.

Repaso del capítulo/Examen

1ª parte Entendimiento

Determina si el juego es justo o injusto.

1. Lanza un cubo numerado con números del 1 al 6. Si sale un número par, ganas. Si no, gana tu compañero.

2. Lanza 2 monedas. Si las dos caen cara, ganas. De otro modo, gana tu compañero.

Di si los resultados son igualmente probables. Si no, di cuál es más probable.

3. Lanza un cubo numerado del 1 al 6.

4. Haz girar la ruleta.

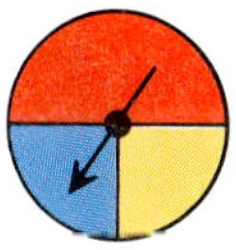

5. Hay 12 resultados igualmente probables y 3 resultados ganadores. Da la probabilidad de los ganadores.

6. Si lanzaste 200 veces una moneda, ¿cuál es la probabilidad matemática de que haya caído cara cada vez?

Si hiciste girar las dos ruletas que se muestran, ¿qué es

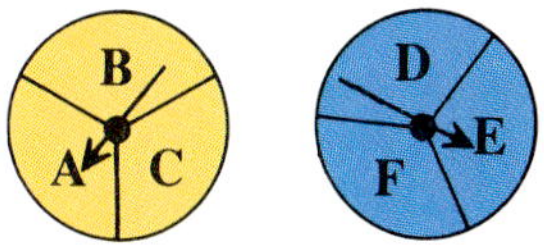

7. P(A, F)?

8. P(B, D)?

9. P(C, C)?

2ª parte Destrezas

Halla el valor esperado.

10. Intentos: 1,000
Probabilidad: 0.4

11. Intentos: 60
Probabilidad: $\frac{1}{5}$

Usa los ejemplos para predecir cuántos hay en total. Toma n como el número total.

12. Ejemplo: 4 de 15 están marcados. Bolsa: 48 de n están marcados.

13. Ejemplo: 30 de 45 están marcados. Bolsa: 90 de n están marcados.

3ª parte Aplicaciones

Usa el mapa como ayuda para resolver.

14. Desafío Beth va en bicicleta de Dallas a Arlington. Avanzó 8 millas en una hora. Si continúa a este ritmo, ¿aproximadamente cuántas horas tardará en llegar a Arlington?

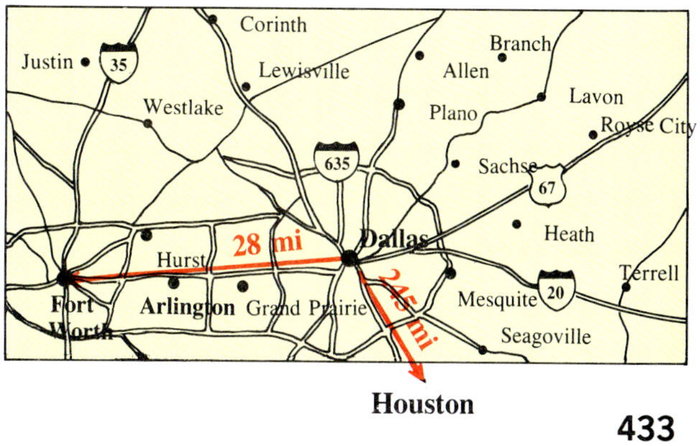

ENRIQUECIMIENTO
Redes

A
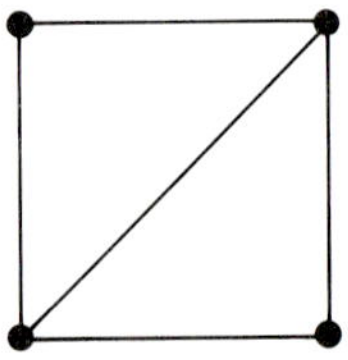

B
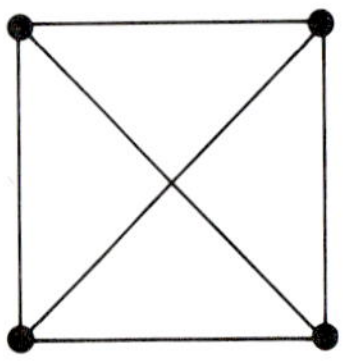

C
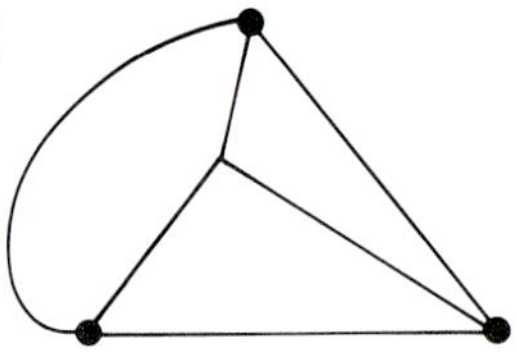

D
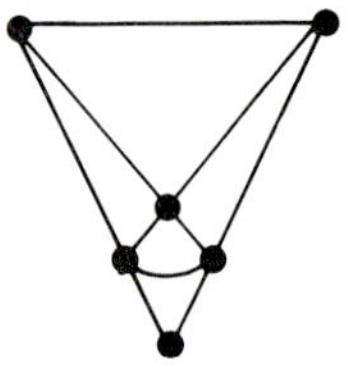

Todos los diagramas que se muestran arriba se llaman **redes.** En algunos puedes calcar todas las líneas sin hacer jamás un camino más de una vez y sin tener que levantar el lápiz del papel. Leonhard Euler, matemático del siglo XVIII, demostró que se puede calcar una red si

- tiene *exactamente* 2 vértices impares, o
- *no* tiene vértices impares.

1. ¿Qué redes de las de arriba puedes calcar sin levantar el lápiz del papel y sin hacer un camino más de una vez?

Un vértice es impar si un número impar de caminos convergen en él. Observa los siguientes vértices impares:

3 caminos

5 caminos

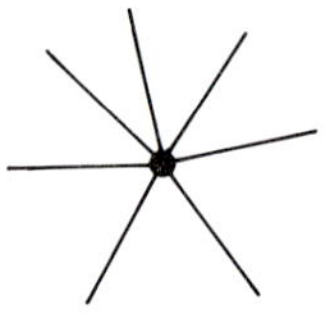

7 caminos

Usa la fórmula de Euler para determinar qué redes se pueden calcar. Di por qué.

2.
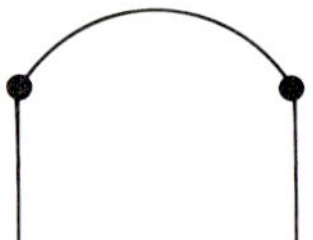

3.
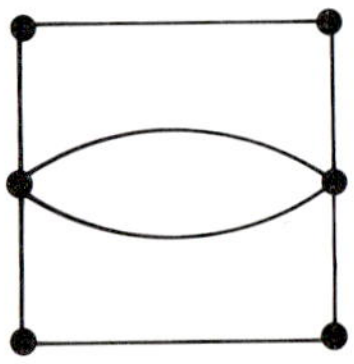

4.

5.
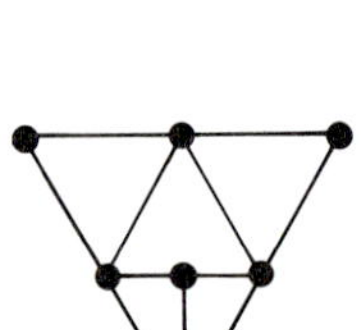

6. Dibuja algunas redes. Haz algunas que se puedan calcar y otras que no.

REPASO GENERAL

1. ¿Qué es lo opuesto de una ganancia de $5?

A. ganancia de $5 **B.** pérdida de $5
C. ganancia de $0 **D.** encontrarse $5

2. Sin sumar, di qué suma es positiva.

A. $^{-}8 + {}^{+}6$ **B.** $^{-}12 + {}^{-}18$
C. $^{+}65 + {}^{-}66$ **D.** $^{+}32 + {}^{-}26$

3. Un libro de texto podría pesar casi 30 _____

A. cto **B.** T
C. lb **D.** oz

4. ¿Cuál es más de 1 lb 12 oz?

A. 25 oz **B.** 20 oz
C. 15 oz **D.** 30 oz

5. Cuando en California son las 2 p.m., ¿qué hora es en New York?

A. las 5 p.m. **B.** las 4 p.m.
C. mediodía **D.** las 11 a.m.

6. ¿Cuál es el perímetro de un octágono regular con lados de 9.5 cm?

A. 19 cm **B.** 38 cm
C. 76 cm **D.** 90.25 cm

7. ¿Cuál es el área de la figura sombreada?

A. 45 plg^2 **B.** 36 plg^2
C. 9 plg^2 **D.** 27 plg^2

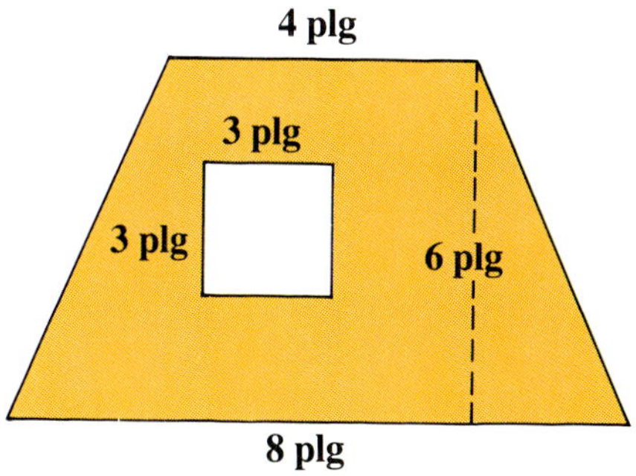

8. ¿Cuál es el área de un paralelogramo con una base de 12 m y una altura de 3 m menos que la base?

A. 180 m^2 **B.** 108 m^2
C. 21 m^2 **D.** 45 m^2

9. El área de un trapecio es de 32 cm^2. Las bases son de 9.5 cm y de 6.5 cm. ¿Cuál es la altura?

A. 3 cm **B.** 4 cm
C. 16 cm **D.** 8 cm

10. El diámetro de una piscina circular es de 22 pies. ¿Cuál es el área de la piscina? Usa 3.14 para π.

A. 379.94 $pies^2$ **B.** 69.08 $pies^2$
C. 34.54 $pies^2$ **D.** 1,519.76 $pies^2$

11. Un terrario con techo mide 60 cm de largo, 20 cm de ancho y 30 cm de alto. ¿Cuál es la superficie de sus 5 lados de vidrio?

A. 3,600 cm^2 **B.** 4,800 cm^2
C. 6,000 cm^2 **D.** 7,200 cm^2

12. Da el punto para este conjunto de coordenadas $(3, {}^{-}2)$.

A. A **B.** B
C. C **D.** D

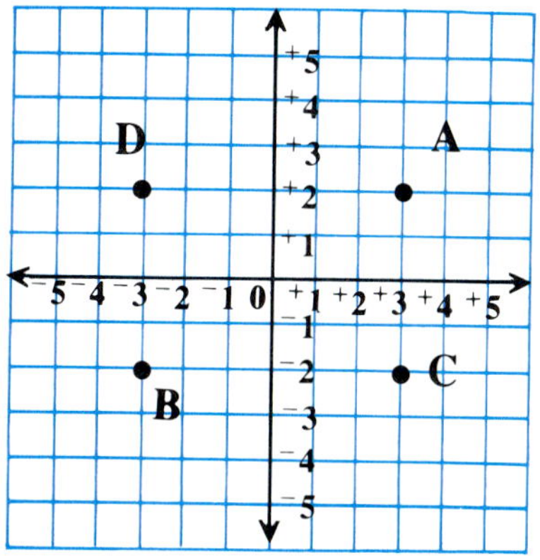

16

INTRODUCCIÓN AL ÁLGEBRA

MATEMÁTICAS Y BELLAS ARTES

BANCO DE DATOS

Usa el Banco de datos de bellas artes (p. 482) para contestar las preguntas.

1 Completa este enunciado: En una escultura móvil equilibrada horizontalmente, la longitud del eje que une el objeto más pesado y el alambre donde está suspendido es (*mayor* o *menor*) que la del eje que une el objeto más liviano y el alambre.

2 Halla el peso que falta y que está suspendido del alambre C. ¿Cuál es el peso total suspendido de cada uno de los alambres: A, B, C, D y E?

3 Supón que los alambres A y B están separados por 10 pulgadas. ¿Está el alambre D conectado más cerca de A o de B? ¿Cuánto más cerca?

4 **Pensamiento crítico**
¿A qué distancia hay que situar el alambre D del E y el E del C para que la escultura móvil esté equilibrada? ¿Qué otras maneras hay de equilibrarlo?

Resuelve ecuaciones
Manipula objetos

APRÉNDELO

EXPLORA Usa un modelo de ecuación

Trabaja en grupo. Una ecuación tiene el signo de igualdad para mostrar que los dos lados nombran el mismo número. Imagínate que la red es un signo de igualdad. Usa fichas y determina cuántas colocas en cada caja (c) para que haya las mismas en cada lado. Si hay más de 1 caja, pon el mismo número de fichas en cada una.

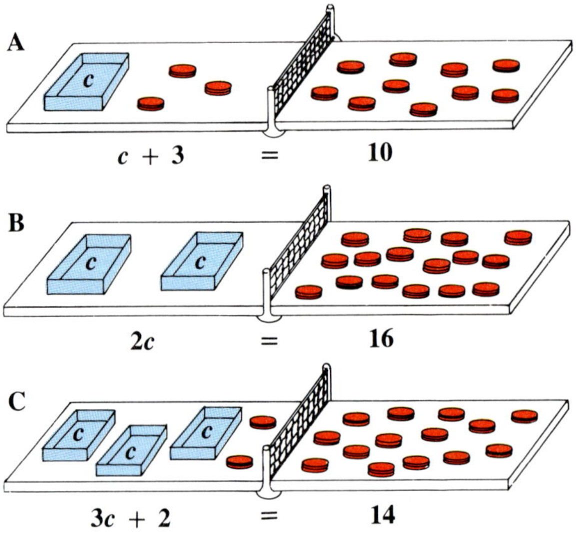

COMÉNTALO

1. ¿Cuántas fichas necesitaste para el tablero A?
2. ¿Cuántas pusiste en cada caja del tablero B?
3. ¿Cómo determinaste la cantidad de cada caja del tablero C?

Puedes usar fichas como ayuda para resolver ecuaciones tales como $c + 5 = 11$.

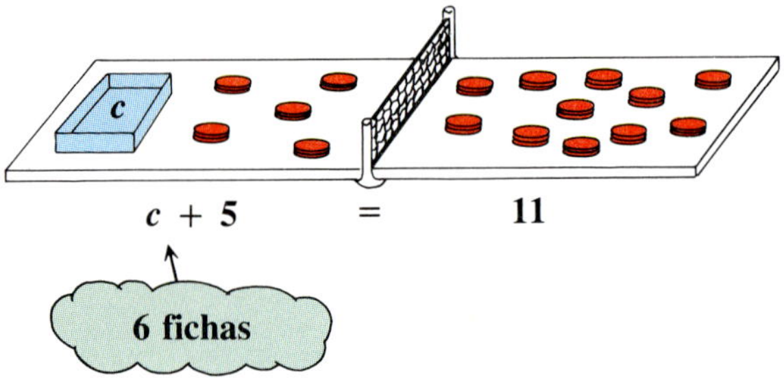

Otros ejemplos

$2c + 3 = 17 \longrightarrow \boxed{c}\,\boxed{c} + 3 = 17$

$c = 7$

$4c = 24 \longrightarrow \boxed{c}\,\boxed{c}\,\boxed{c}\,\boxed{c} = 24$

$c = 6$

INTÉNTALO

Resuelve. Usa fichas.

1. $3n + 1 = 7$
2. $6a = 18$
3. $5r + 2 = 17$
4. $4t + 3 = 11$

PRACTÍCALO

Resuelve. Usa fichas si necesitas ayuda.

1. $w + 7 = 12$ **2.** $15 \times n = 30$ **3.** $b + 2 = 14$ **4.** $25 + y = 30$

5. $9 + c = 9$ **6.** $m + 1 = 20$ **7.** $5 + a = 16$ **8.** $x + 0 = 17$

9. $f \times 8 = 24$ **10.** $7 \cdot r = 0$ **11.** $6s = 42$ **12.** $10 \times t = 120$

13. $p \cdot 9 = 81$ **14.** $s \times 11 = 22$ **15.** $1 \times y = 19$ **16.** $b \cdot 7 = 28$

17. $3d + 4 = 28$ **18.** $5n + 2 = 52$ **19.** $7x + 1 = 50$ **20.** $3 + 4t = 39$

APLÍCALO

RAZONAMIENTO MATEMÁTICO

21. No resuelvas. Sólo di cuál es mayor, *a, b* o *c*.
$3a = 171$ $3b + 6 = 171$ $3c + 36 = 171$

RESOLUCIÓN DE PROBLEMAS

22. Supón que *a, b, c* y *d* son números. *b* es menor que *d* y mayor que *c*. *a* está entre *b* y *d*. ¿Cuál es el orden, empezando por el más pequeño?

23. Dos veces un número más 7 es 23. ¿Cuál es este número? Usa fichas si necesitas ayuda.

ESTIMACIÓN

Redondea y usa números compatibles como ayuda para estimar la solución de cada ecuación.

24. $2n + 3 = 1{,}997$

25. $4a + 5 = 7{,}985$

26. $3x + 2 = 3{,}017$

Resuelve ecuaciones
Usa Adivina y verifica o cálculo mental

APRÉNDELO

Has resuelto ecuaciones simples calculando mentalmente. Otra manera de resolver ecuaciones es adivinar y verificar.

$p + 25 = 75$
$n + 38 = 81$
$m - 18.3 = 32.8$
$12 \times y = 60$

EXPLORA **Analiza la situación**

Intenta resolver las ecuaciones del casillero. Si no puedes resolverlas calculando mentalmente, adivina y verifica. Sigue adivinando hasta encontrar la solución.

COMÉNTALO

1. ¿Qué ecuaciones resolviste calculando mentalmente? ¿Y adivinando y verificando?
2. ¿Con qué ecuación intentaste adivinar más veces?

Los problemas con una operación de números compatibles a menudo pueden ser resueltos calculando mentalmente. Cuando los números no son compatibles, intenta adivinar y verificar. Los resultados incorrectos te servirán de ayuda al volver a adivinar. Puedes usar tu calculadora para adivinar y verificar más fácilmente.

Ejemplo

Resuelve: $n \rightarrow 76 = 182$

Intenta 96. → $96 + 76 = 172$ Demasiado bajo. Intenta más alto.
Intenta 116. → $116 + 76 = 192$ Demasiado alto. Intenta más bajo.
Intenta 106. → $106 + 76 = 182$ Correcto.

La solución es $n = 106$.

INTÉNTALO

Calcula mentalmente o adivina y verifica para esolver. Puedes usar la calculadora si quieres.

1. $h + 68 = 145$ **2.** $34 \times n = 408$ **3.** $k - 35 = 65$ **4.** $17 \cdot d = 306$

PRACTÍCALO

Calcula mentalmente o adivina y verifica para resolver. Puedes usar la calculadora si quieres.

1. $c + 13 = 71$	**2.** $14 \times n = 98$	**3.** $a \cdot 25 = 100$	**4.** $r - 38 = 95$
5. $78 + x = 104$	**6.** $p - 50 = 50$	**7.** $y \times 7 = 364$	**8.** $d - 7.5 = 8.7$
9. $q + 67 = 70$	**10.** $211 - s = 174$	**11.** $n \cdot 38 = 114$	**12.** $r + 25 = 100$
13. $y - 1.9 = 3.7$	**14.** $50 \cdot b = 100$	**15.** $f + 26 = 71$	**16.** $h \times 9 = 99$
17. $38 + k = 46.5$	**18.** $j - 1.8 = 7.3$	**19.** $m \times 6 = 480$	**20.** $27 \times g = 162$

APLÍCALO

RAZONAMIENTO MATEMÁTICO

Estima para indicar qué número sería un buen primer intento para resolver la ecuación.

21. $m - 54 = 112$	**a.** 60	**b.** 250	**c.** 160
22. $28 \cdot r = 532$	**a.** 10	**b.** 20	**c.** 30
23. $n + 287 = 402$	**a.** 25	**b.** 225	**c.** 125

RESOLUCIÓN DE PROBLEMAS

Entiende la operación Di qué ecuación usarías para resolver los problemas siguientes.

24. Mike compró 6 cajas de creyones. Había la misma cantidad en cada caja. Si compró 96 creyones, ¿cuántos había en cada caja?

a. $6 + n = 96$ **b.** $6 \times n = 96$
c. $6 - n = 96$ **d.** $6 \div n = 96$

25. Pina tenía 34 lápices de colores en una caja. Se llevó a la escuela todos menos 18. ¿Cuántos se llevó a la escuela?

a. $34 + n = 18$ **b.** $34 \times n = 18$
c. $34 - n = 18$ **d.** $34 \div n = 18$

CALCULADORA

Adivina y verifica con una calculadora para resolver este problema.

26. Ordena los dígitos 1, 2, 7, 8 y 9 para hacer la ecuación verdadera:

Más práctica, página 521, grupo C

Resuelve ecuaciones
Suma y resta

APRÉNDELO

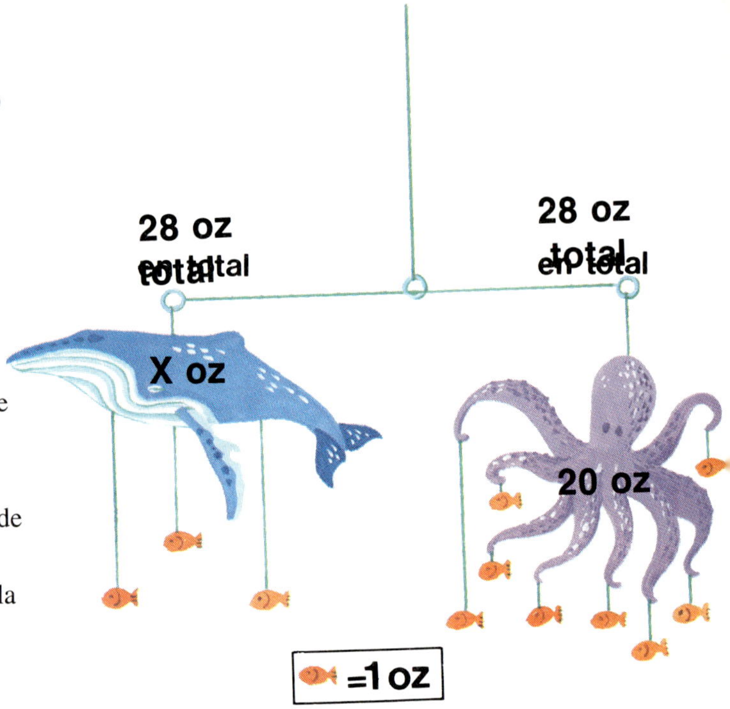

EXPLORA **Estudia el dibujo**

Este móvil está en equilibrio cuando el peso de cada lado es igual. El móvil permanecerá en equilibrio si sumas o restas la misma cantidad en ambos lados. Como hay el mismo número de onzas en ambos lados, puedes pensar que el móvil es como una ecuación. ¿Puedes escribirla y resolverla?

COMÉNTALO

1. ¿Qué expresión puedes escribir para el lado izquierdo?
2. ¿Cuántas onzas hay en cada lado?
3. Si quitas 3 onzas de cada lado, ¿permanecerá el móvil en equilibrio? ¿Cuánto pesa la ballena?

Puedes resolver ecuaciones de suma y resta sumando o restando el mismo número en ambos lados del signo de igualdad. La idea es usar **operaciones inversas** de manera que pongas la variable sola en un lado de la ecuación.

- Dos operaciones son inversas si se "deshacen" mutuamente. Restar 28 es lo inverso de sumar 28. Sumar 19 es lo inverso de restar 19.

Deshace la resta de 19. | Haz lo mismo en ambos lados.

Resuelve: $x - 19 = 84 \rightarrow x - 19 + 19 = 84 + 19$

$x = 103$

Verifica: $103 - 19 = 84$

INTÉNTALO

Resuelve y verifica.

1. $h + 123 = 309$ **2.** $34 = j - 18$ **3.** $23.8 = f + 9.08$ **4.** $m - 45.1 = 29.7$

PRACTÍCALO

Escribe lo que harías a ambos lados de la ecuación para resolverla. No resuelvas.

1. $x + 19 = 56$ **2.** $a - 56 = 128$ **3.** $7.8 + f = 12.3$ **4.** $n - 3\frac{5}{8} = 6\frac{1}{2}$

Resuelve y verifica.

5. $c - 75 = 128$ **6.** $29 + s = 46$ **7.** $r + 92 = 92$ **8.** $z - 128 = 27$

9. $156 + n = 200$ **10.** $d - 85 = 34$ **11.** $p + 26 = 43$ **12.** $g + 0 = 47$

13. $y + 7.5 = 10.5$ **14.** $d - 3.8 = 1.2$ **15.** $j + \frac{1}{8} = \frac{3}{4}$ **16.** $9 - k = \frac{1}{2}$

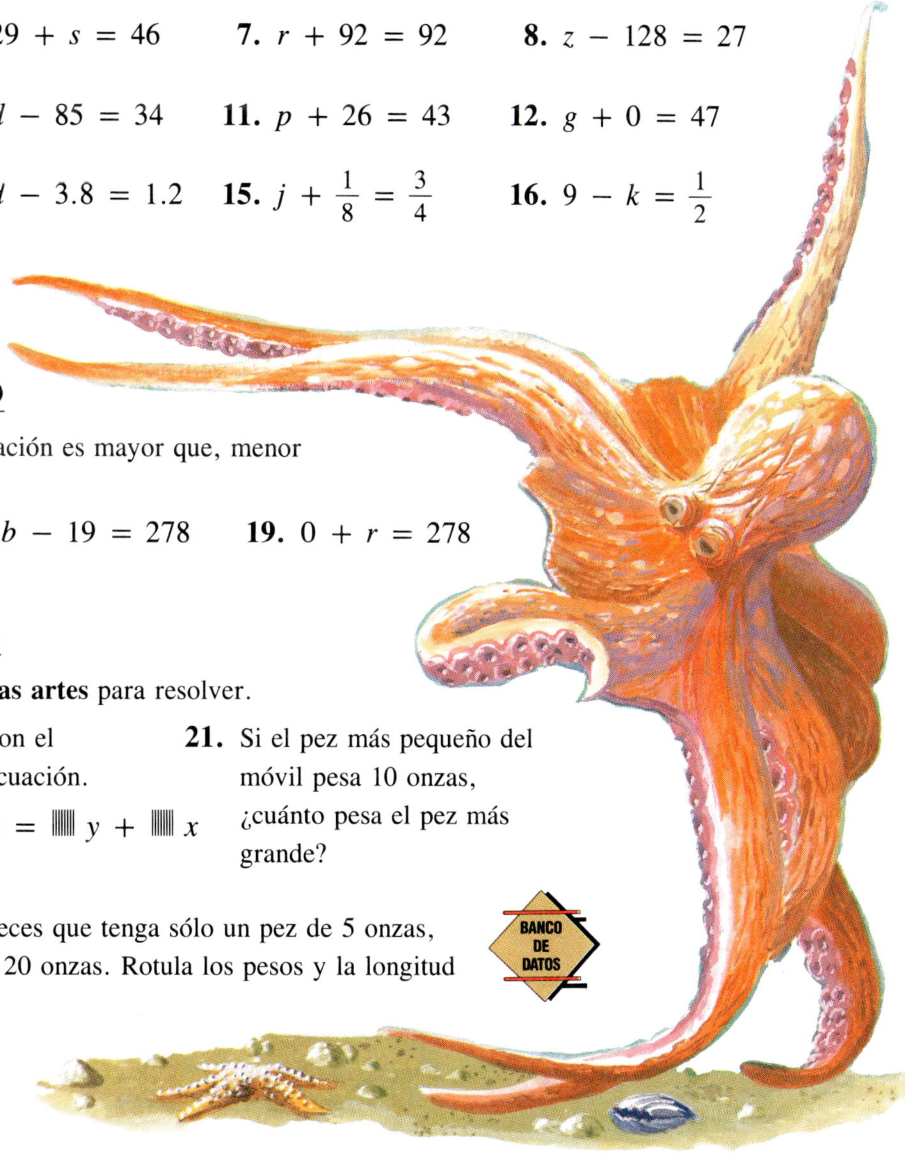

APLÍCALO

RAZONAMIENTO MATEMÁTICO

No resuelvas. Sólo di si la ecuación es mayor que, menor que o igual a 278.

17. $a + 19 = 278$ **18.** $b - 19 = 278$ **19.** $0 + r = 278$

RESOLUCIÓN DE PROBLEMAS

Usa el **Banco de datos de bellas artes** para resolver.

20. Mira el móvil de peces. Pon el número que completa la ecuación.

$y = ▒\ x$ $z = ▒\ y + ▒\ x$

21. Si el pez más pequeño del móvil pesa 10 onzas, ¿cuánto pesa el pez más grande?

22. Diseña un móvil de tres peces que tenga sólo un pez de 5 onzas, uno de 10 onzas y uno de 20 onzas. Rotula los pesos y la longitud de las varas.

BANCO DE DATOS

REPASO COMBINADO

Halla la circunferencia y el área de los círculos cuyos diámetros se indican. Usa 3.14 para π.

23. $d = 12$ cm **24.** $d = 20$ plg **25.** $d = 100$ pies **26.** $d = 15$ mm

Halla el precio de venta con el descuento dado en paréntesis.

27. \$28.98 (10%) **28.** \$25.99 (30%) **29.** \$18.99 $(\frac{1}{3})$

Pensamiento crítico

APRÉNDELO

Courtney dijo: "Mi huerto es un rectángulo con un lado 6 yardas más largo que el otro". Darren le aseguró que si ella le decía la longitud de cualquier lado, él podría hallar el otro lado y el perímetro. ¿Estás de acuerdo?

COMÉNTALO

1. Si Courtney le dice la longitud del lado corto, ¿cómo puede hallar Darren la del lado largo? ¿Y si sólo le dice la del lado largo?
2. ¿Podría Darren encontrar los lados si Courtney dice el perímetro? ¿Cómo?

INTÉNTALO

Resuelve.

1. El lado más corto del triángulo isósceles es de 9 unidades. ¿Cuán largos son los otros lados?

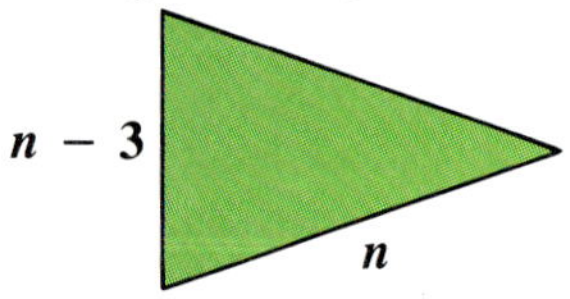

2. ¿Cuál es el perímetro del triángulo si el lado más largo es de 12 unidades?

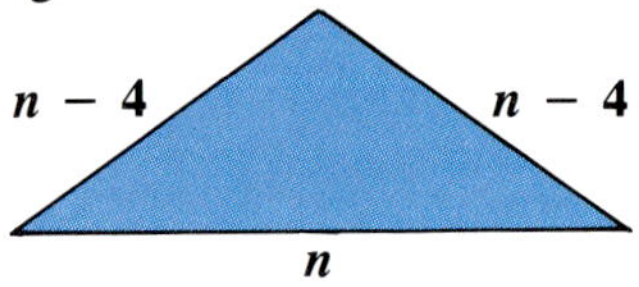

3. El lado más corto del triángulo es de 7 unidades. ¿Cuáles son las longitudes de los otros lados?

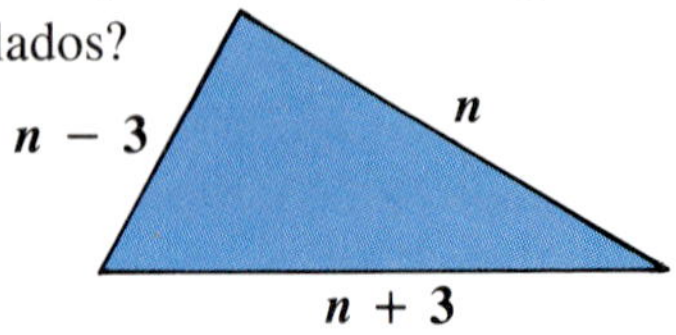

4. Los lados más largos del rectángulo son de 15 unidades. ¿Cuál es el perímetro?

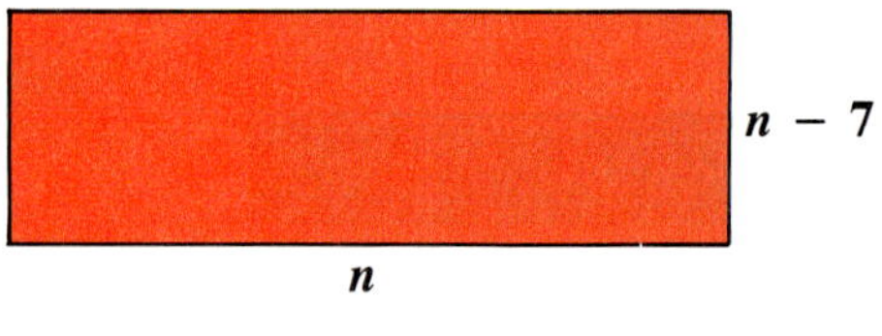

5. El lado más largo del triángulo es de 15 unidades. ¿Cuán largos son los otros lados?

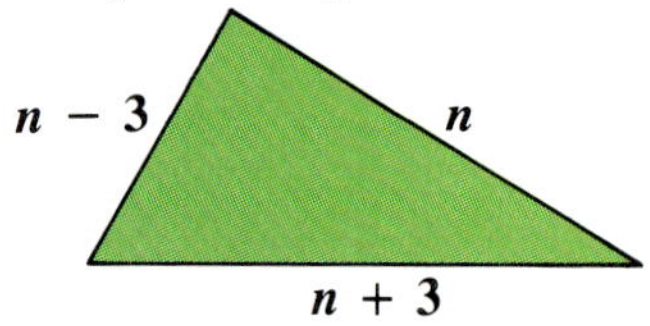

6. El lado más largo del hexágono es de 8 unidades. ¿Cuál es el perímetro?

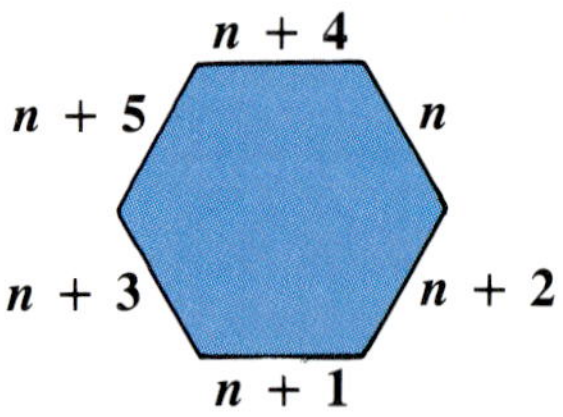

REPASO PARCIAL/EXAMEN

Ambos lados de la red son iguales. ¿Cuántas fichas hay en cada casillero?

1.

$c + 5 = 11$

$c = ▒$

2.

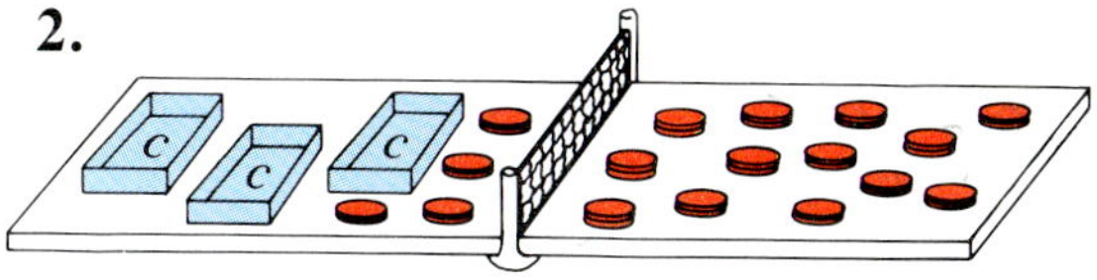

$3c + 4 = 13$

$c = ▒$

Resuelve. Calcula mentalmente.

3. $7 \times n = 21$ **4.** $c + 5 = 30$ **5.** $9 - m = 3$ **6.** $j \cdot 8 = 64$

7. $14f = 140$ **8.** $y - 17 = 27$ **9.** $12 + n = 24$ **10.** $k \times 25 = 100$

Escribe lo que harías en ambos lados de la ecuación para resolverla. No la resuelvas.

11. $17 + x = 75$ **12.** $14 + j = 87$ **13.** $g - 8 = 154$ **14.** $6.3 + h = 14.67$

Resuelve y verifica.

15. $x + 27 = 106$ **16.** $125 - f = 48$ **17.** $p - 485 = 587$ **18.** $y - \frac{1}{2} = \frac{2}{3}$

19. $18.75 + j = 46.1$ **20.** $85 - h = 44$ **21.** $z - \frac{2}{5} = \frac{1}{5}$ **22.** $n + 13 = 48$

RESOLUCIÓN DE PROBLEMAS

23. Una bolsa de manzanas y 2 naranjas pesan lo mismo que 10 naranjas. Si cada naranja pesa 5 onzas, ¿cuánto pesa la bolsa de manzanas?

24. Después de depositar $5 en su cuenta de ahorros, Melanie tiene $172 en su cuenta. ¿Cuánto había en la cuenta antes de este depósito?

25. Larry corrió 10 millas en 3 días. Si corrió 3.6 millas el primer día y 2.4 millas el segundo día, ¿cuán lejos corrió el tercer día?

Resolución de problemas
Usa ecuaciones de suma y resta

ENTIENDE
ANALIZA DATOS
PLANEA
ESTIMA
RESUELVE
EXAMINA

APRÉNDELO

Muchas situaciones de la vida real se pueden convetir en una ecuación. Tala compró una serie de discos compactos en venta por \$6 menos del precio normal. Pagó \$18 por la serie. ¿Cuál era el precio normal?

Para convertir esta situación a una ecuación, piensa en el significado de cada frase. Luego, determina qué representa la variable. Después, escribe y resuelve una ecuación y verifica.

Paso 1: Elige la variable. Supón que p es el precio regular de la serie de discos compactos.

\$6 menos que | el precio regular | es | \$18.

Paso 2: Convierte a una ecuación.

$$p - 6 = 18$$

Paso 3: Resuelve la ecuación y verifica.

$$p - 6 = 18$$
$$(p - 6) + 6 = (18) + 6$$
$$p = 24$$

Verifica: $24 - 6 = 18$, $18 = 18$

INTÉNTALO

El precio de un boleto era \$3.00 más de lo que Jared creía. Si un boleto costaba \$11.50, ¿cuánto creía Jared que costaba?

Supón que t es la cantidad que Jared creía que costaba el boleto.

1. Escribe un enunciado con t que muestre cuánto pagó.

2. ¿Cuánto pagó por un boleto?

3. Escribe una ecuación de la situación.

4. Resuelve la ecuación y el problema.

5. Verifica la respuesta.

PRÁCTICA COMBINADA

Resuelve.

El impuesto de una camiseta era de $0.77. El precio total, con el impuesto era de $13.52. ¿Cuánto costaba la camiseta sin el impuesto?

Supón que *c* es el precio sin impuesto.

1. Escribe un enunciado con c que muestre el precio con impuesto.

2. ¿Cuál era el precio con impuesto?

3. Escribe una ecuación de la situación.

4. Resuelve la ecuación y el problema.

5. Verifica la respuesta.

Dieciocho alumnos de sexto año van a casa para almorzar y el resto come en la cafetería. Si hay un total de 107 alumnos de sexto, ¿cuántos comen en la cafetería?

Supón que *c* es el número de alumnos de sexto que come en la cafetería.

6. Escribe un enunciado con *c* que muestre el número total de alumnos de sexto.

7. ¿Cuál es el número total de alumnos de sexto?

8. Escribe una ecuación de la situación.

9. Resuelve la ecuación y el problema.

10. Verifica tu respuesta.

Se llevaron de la escuela cinco libros de la colección Los Valles Gemelos para encuadernarlos. Quedaron 12 en el estante. ¿De cuántos libros consta esta colección de la escuela?

Supón que *n* es el número total de libros.

11. Escribe un enunciado con *n* que muestre el número de libros que quedaron en el estante.

12. ¿Cuántos quedaron en el estante?

13. Escribe una ecuación de la situación.

14. Resuelve la ecuación y el problema.

15. Verifica tu respuesta.

16. La tienda de arte tenía una oferta del 20% de descuento. Meryl compró plumas de colores, normalmente a $6.95 y papel de dibujo, normalmente a $4.35. El cajero le dio $0.96 de cambio. ¿Cuánto dinero le había dado Meryl al cajero?

17. Un árbol da una sombra de 10 m de largo. Un poste cercano de 1.5 m de altura da una sombra de 4 m de largo. ¿Cuán alto es el árbol?

18. **Formula un problema por escrito** Supón que *c* es el precio de un disco. Escribe una pregunta que se pueda contestar escribiendo y resolviendo la ecuación $c - \$2 = \$12$.

Resuelve ecuaciones
Multiplicación y división

EXPLORA **Estudia el dibujo**

La misma técnica que usaste para resolver ecuaciones de suma y de resta se puede aplicar en ecuaciones de multiplicación y de división. El móvil está equilibrado. El peso de ambos lados es el mismo. El móvil permanecerá en equilibrio si lo que se hace en un lado se hace también en el otro.

COMÉNTALO

1. ¿Qué expresión algebraica puedes escribir para el peso del lado izquierdo?
2. Para tener sólo un pájaro grande en el lado izquierdo, ¿duplicarías el número de pájaros grandes o reducirías a la mitad (dividir entre 2) el número de pájaros grandes?
3. Si quitaras la mitad de los pájaros pequeños de la derecha, ¿cuál sería el peso del grupo restante de pájaros pequeños?

Puedes resolver ecuaciones de multiplicación y de división, multiplicando o dividiendo por el mismo número a ambos lados del signo de igualdad. La idea es usar operaciones inversas de manera que pongas la variable sola en un lado de la ecuación. Multiplicar por 12 es lo inverso a dividir entre 12. Dividir entre 4 es lo inverso a multiplicar por 4.

Deshace la multiplicación por 4.

Haz lo mismo en ambos lados.

Resuelve: $4n = 96$ → $4n \div 4 = 96 \div 4$ ó $\frac{4n}{4} = \frac{96}{4}$

Verifica: $n = 24$

$4 \times 24 = 24$

INTÉNTALO

Resuelve y verifica.

1. $7 \cdot x = 87.5$ **2.** $a \div 8 = 2.5$ **3.** $5.8d = 21.46$ **4.** $\frac{k}{14} = 336$

PRACTÍCALO

Escribe lo que harías en ambos lados de la ecuación para resolverla. No la resuelvas.

1. $8y = 520$ **2.** $\frac{n}{6} = 17$ **3.** $r \div 5 = 28$ **4.** $9 \cdot z = 207$

5. $\frac{b}{2.3} = 8.6$ **6.** $5.4x = 32.4$ **7.** $m \times 8 = 728$ **8.** $\frac{s}{57} = 2$

Resuelve y verifica.

9. $d \times 9 = 108$ **10.** $\frac{n}{3} = 48$ **11.** $\frac{t}{7} = 128$ **12.** $7b = 245$

13. $3g = 282$ **14.** $\frac{w}{4} = 72$ **15.** $4 \cdot f = 724$ **16.** $\frac{y}{8} = 39$

17. $0.5e = 45.4$ **18.** $\frac{u}{3.7} = 2$ **19.** $s \div 4 = 27$ **20.** $c \times 8 = 504$

APLÍCALO

RAZONAMIENTO MATEMÁTICO

No resuelvas. Di si la solución se va haciendo mayor o menor.

21. $\frac{t}{2} = 87, \frac{t}{3} = 87, \frac{t}{4} = 87, \frac{t}{5} = 87, \ldots$

22. $2r = 60, 3r = 60, 4r = 60, 5r = 60, \ldots$

RESOLUCIÓN DE PROBLEMAS

Usa el **Banco de datos de bellas artes** para resolver.

23. Mira el móvil de los pájaros. Pon el número que complete la ecuación.

$2g = \square\, r$ $\square\, y = 2g + \square\, r$ $\square\, b = \square\, g + \square\, r + \square\, y$

24. Diseña un móvil de 5 pájaros que tenga sólo dos pájaros de 5 onzas, dos de 10 onzas y uno de 20 onzas. Rotula los pesos y la longitud de las varas.

▶ PENSAMIENTO CRÍTICO Analiza la situación

En un cuadrado mágico, la suma de cada hilera, columna o diagonal es la misma.

x	7	19
17	14	y
z	21	12

25. Escribe y resuelve las ecuaciones que sean necesarias para hallar x, y y z.

Resolución de problemas
Usa ecuaciones de multiplicación y división

ENTIENDE
ANALIZA DATOS
PLANEA
ESTIMA
RESUELVE
EXAMINA

APRÉNDELO

Has convertido situaciones de la vida real a ecuaciones de suma o resta. Otras pueden ser convertidas a ecuaciones de multiplicación o división.

Gary vendió el doble de boletos para la obra de teatro de la escuela que el récord anterior establecido. Si vendió 210 boletos, ¿cuál era el récord anterior?

Para convertir esta situación a una ecuación, piensa en el significado de cada frase. Luego, determina qué representa la variable. Después, escribe y resuelve una ecuación y verifícala.

Paso 1: Elige la variable. r es el valor del número de boletos del récord anterior.

2 veces más que | el récord anterior | es | 210.

Paso 2: Convierte a una ecuación.

$$2 \times r = 210$$

Paso 3: Resuelve la ecuación y verifica.

$$2 \times r = 210$$
$$(2 \times r) \div 2 = (210) \div 2 \text{ ó } \frac{2 \times r}{2} = \frac{210}{2}$$
$$r = 105$$

Verifica: $2 \times 105 = 210$, $210 = 210$

INTÉNTALO

Los alumnos de sexto año fueron divididos entre 7 salones. Cada salón tenía 27 alumnos. ¿Cuál es el número de alumnos de sexto?

Supón que t es el número total de alumnos de sexto.

1. Escribe una expresión con t que muestre el número de alumnos de cada salón.
2. ¿Cuántos había en cada salón?
3. Escribe una ecuación de la situación.
4. Resuelve la ecuación y el problema.
5. Verifica tu respuesta.

PRÁCTICA COMBINADA

Resuelve.

Willie decoró 3 veces más huevos que Keiko en el concurso de decoración de huevos. Si Willie decoró 54 huevos, ¿cuántos decoró Keiko?

Supón que *n* es el número de huevos que decoró Keiko.

1. Escribe un enunciado con *n* que muestre los que decoró Willie.
2. ¿Cuántos huevos decoró Willie?
3. Escribe una ecuación de la situación.
4. Resuelve la ecuación y el problema.
5. Verifica la respuesta.

La longitud de un jardín rectangular es 5 veces la anchura. La longitud es 62.5 pies. ¿Cuál es la anchura?

Supón que *a* es la anchura del jardín.

6. Escribe un enunciado con *a* como la longitud del jardín.
7. ¿Cuál es la longitud del jardín?
8. Escribe una ecuación de la situación.
9. Resuelve la ecuación y el problema.
10. Verifica tu respuesta.

Una olla de palomitas se dividió en 12 cubetas, con 8 onzas en cada una. ¿Cuántas onzas caben en la olla?

Supón que *p* es el número de onzas de palomitas que caben en la olla.

11. Escribe un enunciado con *p* que muestre cuántas onzas se pusieron dentro de cada cubeta.
12. ¿Cuántas onzas había en cada cubeta?
13. Escribe una ecuación de la situación.
14. Resuelve la ecuación y el problema.
15. Verifica la respuesta.

16. Un caracol caminó en este orden: 3 dm al oriente, 1 dm al sur, 2 dm al oriente, 3 dm al sur, 5 dm al occidente y 4 dm al norte. Haz el dibujo de su recorrido. ¿Cuál es el perímetro de la figura? ¿Cuál es el área delimitada por ella?

17. En un móvil hay 40 conchas. ¿Cerca de cuántas de cada tipo hay en el móvil?

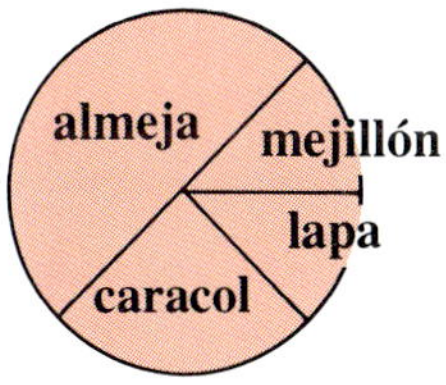

18. **Encuentra un problema relacionado** Escribe una ecuación para resolver el problema siguiente. Indica cuál de los problemas de esta página se puede resolver de la misma manera.

    Problema: Juana puso todas sus calcomanías de animales en 12 páginas de un álbum. Si cada página tenía 15 calcomanías, ¿cuántas calcomanías tenía en total?

Recopilación y análisis de datos
Decisión de grupo

ENTIENDE
ANALIZA DATOS
PLANEA
ESTIMA
RESUELVE
EXAMINA

Haz una simulación
Destreza de grupo:
Opina para llegar a un acuerdo

Este laberinto de túneles conduce a dos cavernas. En una hay escondido un rubí gigante y en la otra una piedra sin valor. Sólo puedes hacer un viaje por los túneles. Si descubres el rubí, te puedes quedar con él. En cada cruce de los túneles usarás un método al azar para decidir qué ruta tomar. Si pudieras escoger en qué caverna poner el rubí, ¿cuál escogerías? Lleva a cabo una simulación para averiguar si esto hace alguna diferencia.

Recopila los datos

1. Haz un laberinto como éste en una hoja de papel. Escoge tres cubos, cada uno de un color distinto. (O escribe los nombres de tres colores diferentes en cubos en blanco.) Colorea los túneles igual que los cubos, tal como se indica.

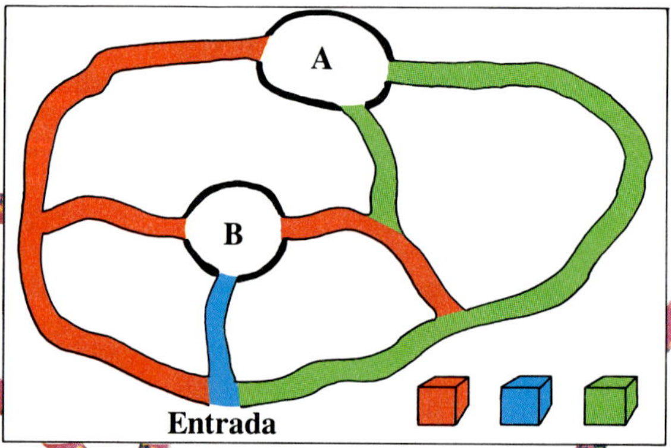

2. Pon una marca a la entrada. Como hay tres rutas posibles, decidirás cuál tomar al escoger uno de los cubos. Pon los cubos en una bolsa. Escoge un cubo sin mirar y toma el túnel del mismo color hasta el cruce más cercano. Pon el cubo de nuevo en la bolsa. En cada cruce escoge un cubo que te indique qué ruta tomar. Escoge sólo entre dos cubos si el cruce ofrece dos opciones. Cuando llegues a la caverna A o B, haz una marca en una tabla. Luego empieza de nuevo en la entrada. Haz esto al menos 100 veces. Organiza los datos

Organiza los datos

3. Cuenta las veces que llegaste a la caverna A y a la B. ¿Qué porcentaje del total de veces llegaste a cada caverna?

4. Haz una gráfica de barras que muestre el porcentaje de veces que llegaste a cada caverna.

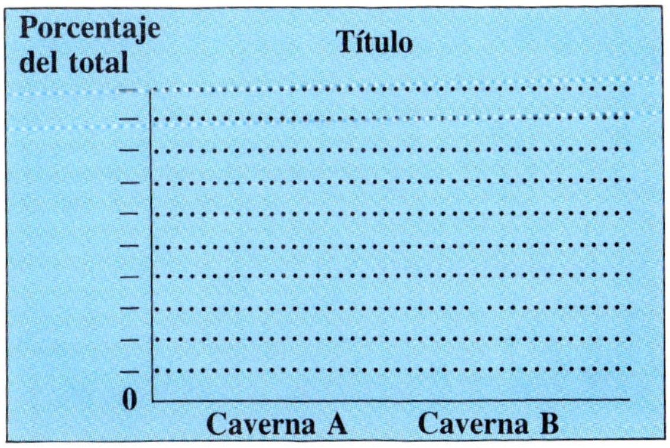

Presenta tu análisis

5. ¿Tienes más oportunidades de encontrar el rubí en una caverna que en la otra? Explica por qué lo crees así.

RESUMEN

Usa lenguaje algebraico

Escribe cada enunciado como una ecuación o expresión algebraica. Usa la variable *n*.

1. Dawn anotó 15 puntos más de los que anotó la semana pasada.

2. El precio es seis veces más de lo que era en 1950.

3. Cuatro alumnos se fueron y el número disminuyó a 18.

4. Cinco discos compactos se venden por \$35 en Discos Dick.

5. Después de devolver 3 cintas, a Joel le quedan 2.

6. Suzanne tiene que hacer 25 abdominales más para completar 60.

7. Tanya corrió 12 minutos más de lo que corrió el lunes.

8. La fila es un tercio del largo de lo que era el sábado.

Algunas veces, siempre, nunca

Determina cuál completa mejor las oraciones: *algunas veces, siempre* o *nunca.* Explica tus elecciones.

9. _____ multiplicas ambos lados de una ecuación por un mismo número.

10. Si n es un número entero, entonces $n + 8$ _____ es mayor que n.

11. Si x es un entero, entonces $x + 4$ _____ es mayor que 4.

12. Si n es un entero negativo y p un entero positivo, entonces $n + p$ _____ es 0.

Proyecto

Inventa un crucigrama que tenga números en vez de letras. Las respuestas serán números enteros. Cada clave tiene que estar en forma de una ecuación para resolver. Por ejemplo, una clave podría ser $n + 6 = 20$. La respuesta 14 se escribiría en los cuadrados del crucigrama. Enseña tu crucigrama a un compañero para que lo resuelva.

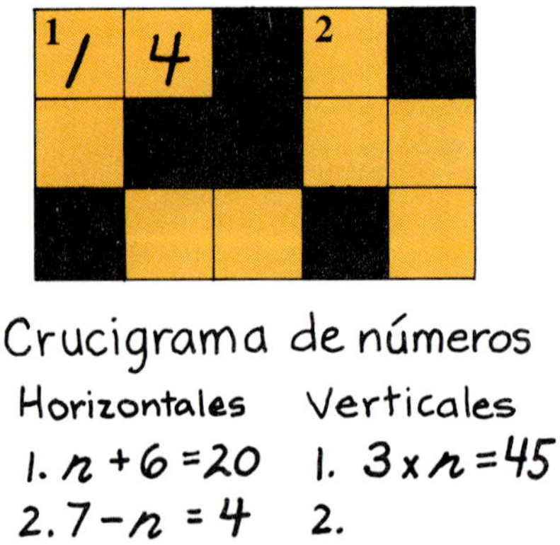

Repaso del capítulo/Examen

1ª parte Entendimiento

No resuelvas. Sólo di cuál es mayor: *a, b* o *c*.

1. $2a + 60 = 100$ $2b + 40 = 100$ $2c = 100$

No resuelvas. Sólo di si *n* es mayor que, menor que o igual a 216.

2. $n + 12 = 216$ **3.** $n + 0 = 216$

2ª parte Destrezas

Calcula mentalmente o adivina y verifica para resolver.

4. $24 + w = 36$ **5.** $k \times 5 = 350$ **6.** $47r = 188$ **7.** $p - 12 = 12$

Resuelve y verifica.

8. $142 + p = 300$ **9.** $d - 6.8 = 4.2$ **10.** $7 - j = \frac{3}{4}$

11. $m \div 4 = 3.6$ **12.** $8 \cdot f = 352$ **13.** $\frac{d}{16} = 7.6$

3ª parte Aplicaciones

El costo de una camiseta era $4.00 más de lo que Kay pensaba. Costaba $14.98. Supón que *t* es la cantidad que Kay esperaba pagar por ella.

14. Escribe una expresión con *t* que muestre cuánto pagó.

15. ¿Cuánto pagó por la camiseta?

16. Escribe una ecuación para esta situación.

17. Resuelve la ecuación y el problema.

18. Verifica la respuesta.

19. Tres veces un mismo número más 4 es 40. ¿Qué número es?

20. **Desafío** Este año Kara vendió 420 boletos, lo cual es 3 veces más de lo que vendió el año pasado. ¿Cuántos boletos vendió el año pasado? Resuelve el problema con una ecuación algebraica.

ENRIQUECIMIENTO
Aritmética modular

He aquí una adivinanza: ¿En dónde ves $9 + 5 = 2$ y $4 - 9 = 7$?
Respuesta: En un reloj. Éstas son las sumas y diferencias en un reloj.
Cinco horas después de las 9 son las 2; 9 horas antes de las 4 son las 7.

Halla las sumas o diferencias usando la aritmética de reloj. Puedes usar tu reloj.

1. $8 + 5$ **2.** $5 - 8$ **3.** $9 + 6$ **4.** $6 - 9$

5. $7 - 4$ **6.** $8 + 8$ **7.** $9 - 3$ **8.** $3 - 9$

9. ¿Qué observas en las respuestas a los ejercicios 7 y 8?

10. En este sistema, ¿qué número se puede sumar o restar a cualquier otro número sin que cambie?

En nuestro planeta tenemos un reloj de 12 horas. En el planeta Pentuno, el día tiene 5 horas.

Puedes usar el dibujo para hallar la suma de $4 + 3$ en este reloj.

Al computar con un reloj de 5 horas, usamos las palabras **mod 5**. La suma *mod 5* de 4 y 3 es 2.

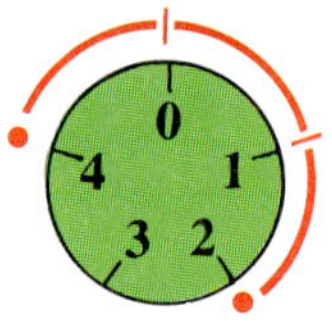

$4 + 3 = 2$

La suma *mod 5* de 4 y 3 es 2. Escribimos $(4 + 3)$ *mod 5* $= 2$.
He aquí más ejemplos:

$(3 + 3)$ *mod 5* $= 1$ $(1 - 2)$ *mod 5* $= 4$ $(0 - 4)$ *mod 5* $= 1$

Usa el reloj de 5 horas para verificar. Empieza en 0. Mueve las manecillas cada número de horas para hallar las respuestas.

Resuelve.

11. $(2 + 2)$ mod 5 **12.** $(4 + 2)$ *mod 5* **13.** $(0 - 1)$ *mod 5* **14.** $(2 + 4)$ *mod 5*

15. $(3 + 4)$ *mod 5* **16.** $(2 - 2)$ *mod 5* **17.** $(0 + 4)$ *mod 5* **18.** $(3 - 4)$ *mod 5*

19. Observa las respuestas a los ejercicios del 16 al 18. Formula una regla para hallar cualquier número *mod 5*.

REPASO GENERAL

1. ¿Cuánto sería una estimación razonable de la altura del techo del salón de clases?

A. 25 m **B.** 5 m

C. 15 cm **D.** 15 m

2. El diámetro de una bandeja circular es de 30 cm. ¿Cuál es la circunferencia?

A. 33.14 cm **B.** 94.2 cm

C. 9.5 cm **D.** 47.1 cm

3. ¿Cuántos números para el buzón, de 4 dígitos distintos, se pueden hacer con estos 4 dígitos: 2, 4, 7 y 9? Supón que cada dígito se usa sólo una vez.

A. 16 **B.** 24

C. 6 **D.** 4

4. Tú y un compañero juegan a lanzar 3 monedas. Si salen 3 cruces, ganas. Si no, gana tu compañero. ¿Quién tiene mayor probabilidad de ganar este juego?

A. ninguno **B.** tú

C. tu compañero **D.** no se puede saber

5. Lanzas una moneda de un centavo dos veces. ¿Cuál es la P (cara, cruz)?

A. $\frac{1}{2}$ **B.** $\frac{1}{4}$

C. $\frac{0}{4}$ **D.** $\frac{3}{4}$

6. Halla el valor esperado: 250 intentos con una probabilidad de $\frac{2}{5}$.

A. 200 **B.** 50

C. 100 **D.** 150

7. ¿Cuál es la P (ganador) cuando hay 15 resultados igualmente probables y 5 resultados ganadores?

A. $\frac{3}{1}$ **B.** $\frac{1}{5}$

C. $\frac{1}{3}$ **D.** $\frac{10}{15}$

8. ¿Cuál es la probabilidad matemática de sacar un 4 ó un 6 al lanzar un cubo numerado del 1 al 6?

A. $\frac{1}{6}$ **B.** $\frac{2}{3}$

C. $\frac{3}{2}$ **D.** $\frac{1}{3}$

9. Una muestra de 35 frijoles obtenida de un saco tenía 4 frijoles marcados. Predice el total de frijoles en el saco si el número de frijoles marcados es 28.

A. 195 **B.** 5

C. 245 **D.** 140

10. Resuelve: $\frac{y}{4.5} = 6$.

A. $y = 30$ **B.** $y = 27$

C. $y = 1.5$ **D.** $y = 10.5$

11. El impuesto sobre una comida fue de \$1.28. El costo total, con el impuesto, fue de \$26.88. ¿Cuánto costó la comida sin el impuesto?

A. \$24.34 **B.** \$28.16

C. \$26.88 **D.** \$25.60

12. El largo de un jardín rectangular es 4 veces el ancho. El largo es de 50 pies. ¿Cuál es el ancho?

A. 12.5 pies **B.** 200 pies

C. 10 pies **D.** 46 pies

BANCO DE RECURSOS Y APÉNDICE

BANCO DE RECURSOS

APÉNDICE

REPASO DE DESTREZAS

Suma números enteros

Lynda Novachek es candidata a presidenta del consejo estudiantil de la escuela La Entrada. Para poder hacerles insignias a todos los estudiantes, le pregunta a la secretaria de la escuela cuántos hay. Le contesta que hay 128 estudiantes en sexto año, 94 en séptimo y 102 en octavo. ¿Cuántas insignias debe hacer Lynda?

Lynda suma 128 + 94 + 102.

Suma las unidades.
Cambia si es necesario.

$$\begin{array}{r} {}^{1} \\ 128 \\ 94 \\ +\ 102 \\ \hline 4 \end{array}$$

Busca números compatibles. 8 + 2 = 10

Suma las decenas.
Cambia si es necesario.

$$\begin{array}{r} {}^{11} \\ 128 \\ 94 \\ +\ 102 \\ \hline 24 \end{array}$$

Suma las centenas.

$$\begin{array}{r} {}^{11} \\ 128 \\ 94 \\ +\ 102 \\ \hline 324 \end{array}$$

Hay un total de 324 estudiantes en la escuela La Entrada. Esta respuesta es razonable, dado que el total estimado es de 300.

Estima para determinar si la respuesta es razonable.

128 → 100
94 → 100
102 → + 100
300

INTÉNTALO

Suma.

1. $\begin{array}{r} 975 \\ +\ 76 \\ \hline \end{array}$

2. $\begin{array}{r} 1{,}497 \\ +\ 7{,}108 \\ \hline \end{array}$

3. $\begin{array}{r} 56{,}387 \\ +\ 90{,}783 \\ \hline \end{array}$

4. 6,874 + 876

REPASO DE DESTREZAS

Resta números enteros

El lago Michigan, el lago de agua dulce más grande de los Estados Unidos, tiene una superficie de 22,300 millas cuadradas. El lago Winnebago, el lago más grande de Wisconsin, tiene una superficie de 215 millas cuadradas. ¿Cuánto más grande es el lago Michigan?

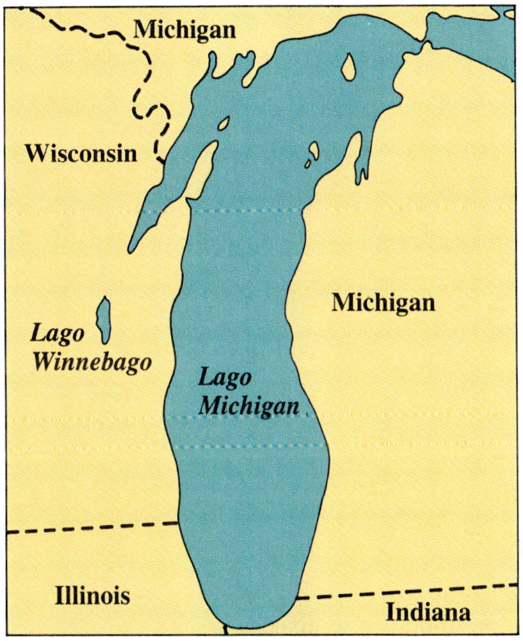

Ya que queremos saber cuánto más que la superficie del lago Winnebago mide la del lago Michigan, restamos. 22,300 − 215

Resta las unidades. Vuelve a agrupar, si es necesario.	Resta las decenas. Vuelve a agrupar, si es necesario.	Resta las centenas. Vuelve a agrupar, si es necesario.	Resta las unidades de millar, etc. Vuelve a agrupar, si es necesario.
2 9 10	2 9 10	2 9 10	2 9 10
22,~~300~~	22,~~300~~	22,~~300~~	22,~~300~~
− 215	− 215	− 215	− 215
5	85	085	22,085

El lago Michigan tiene 22,085 millas cuadradas más que el lago Winnebago. La respuesta es razonable, dado que la respuesta estimada es 22,000 millas cuadradas.

Estima para determinar si la respuesta es razonable.

22,300	→	22,200
215	→	− 200
		22,000

INTÉNTALO

Resta.

1. 607 − 348	**2.** 800 − 416	**3.** 7,008 − 4,209	**4.** 45,000 − 26,327	**5.** 10,000 − 842

REPASO DE DESTREZAS

Multiplica números enteros

Brandon se toma el pulso y descubre que su corazón late 72 veces por minuto. ¿Cuántas veces late su corazón en un día?

Primero, Brandon tiene que determinar cuántos minutos hay en un día, multiplicando 60 minutos por hora por 24 horas al día.

$$60 \times 24$$

$$\begin{array}{rl} {}^{2} & \\ 24 & \\ \times\ 60 & \\ \hline 00 & \leftarrow \text{Multiplica las unidades. Reagrupa, si es necesario.} \\ 1\ 440 & \leftarrow \text{Multiplica las decenas. Reagrupa, si es necesario.} \\ \hline 1{,}440 & \leftarrow \text{Suma los productos.} \end{array}$$

Después de determinar que hay 1,440 minutos en un día, Brandon multiplica este número por 72 para determinar cuántas veces late su corazón en un día.

$$\begin{array}{rl} {}^{3\ 2} & \\ 1{,}440 & \\ \times\ \ 72 & \\ \hline 2\ 880 & \leftarrow \text{Multiplica las unidades. Reagrupa, si es necesario.} \\ 100\ 800 & \leftarrow \text{Multiplica las decenas. Reagrupa, si es necesario.} \\ \hline 103{,}680 & \leftarrow \text{Suma los productos.} \end{array}$$

El corazón de Brandon late 103,680 veces por día.

INTÉNTALO

1. 721×38

2. 506×41

3. $2{,}004 \times 421$

4. 278×360

5. $7{,}291 \times 109$

REPASO DE DESTREZAS

Suma y resta decimales

Keiko observó que la televisión a colores, el foco y el horno estuvieron prendidos durante una hora. Usó la gráfica siguiente para determinar cuántos kilovatios de electricidad se usaron en esa hora.

Aparatos eléctricos	**Kilovatios por hora**
Radio con reloj	0.5
Foco	0.075
Televisión a colores	0.33
Horno de microondas	0.6
Tostadora	1.5
Horno eléctrico	2.4

Keiko suma 0.075 + 0.33 + 2.4.

Escribe el problema con los puntos decimales alineados.	Suma (o resta) como con números enteros.	Alinea el punto decimal con los demás puntos.
0.075 0.33 + 2.4	1 0.075 0.330 + 2.400 2 805	0.075 0.330 + 2.400 2.805

El total de kilovatios de electricidad usados es de 2.805. Esto es razonable, dado que el total estimado es de 2.8 kilovatios.

Determina si tu respuesta es razonable.

0.075 → 0.1

0.33 → 0.3

2.4 + 0.1 + 0.3 = 2.8

INTÉNTALO

1. 10.2 + 8.6

2. 25.38 − 14.1

3. \$2.41 + \$8.92 + \$3

4. \$15 − \$2.45

5. 13 + 2.56 + 0.01

6. 241.5 − 180.72

REPASO DE DESTREZAS

Multiplica y divide entre potencias de diez

Al usar la calculadora Luis observa las series siguientes.

34.12 × 10 = 341.2
34.12 × 100 = 3,412
34.12 × 1,000 = 34,120
34.12 ÷ 10 = 3.412
34.12 ÷ 100 = 0.3412
34.12 ÷ 1,000 = 0.03412

Luis ve que puede calcular mentalmente estos productos y cocientes.

Para **multiplicar** por una potencia de diez	Cuenta el número de ceros.	Mueve el punto decimal 1 lugar a la **derecha** por cada cero.
	67.21 × 10 =	672.1
	13.147 × 100 =	1,314.7
	8.12 × 1,000 =	8,120. ← Agrega cero para 3 lugares.
	14 × 100	1400 El punto decimal va a la derecha del lugar de las unidades.

Para **dividir** entre una potencia de diez	Cuenta el número de ceros.	Mueve el punto decimal 1 lugar a la **izquierda** por cada cero.
	67.21 ÷ 10 =	6.721
	13.147 ÷ 100 =	0.13147
	8.12 ÷ 100 =	0.0812 ← Agrega cero para 2 lugares.
	14 ÷ 10 =	1.4
	1,500 ÷ 100 =	15.00 = 15

INTÉNTALO

1. 5.12 × 10 **2.** 5.12 ÷ 10 **3.** 172.8 × 100 **4.** 172.8 ÷ 100

5. 23.18 × 1,000 **6.** 23.16 ÷ 1,000 **7.** 32 ÷ 100 **8.** 410 ÷ 10

REPASO DE DESTREZAS

Divide números enteros
Divisores de 1 dígito

Cuando jugaba en el equipo de baloncesto de sexto año, Marissa hizo un total de 135 puntos en 9 partidos. Quiere calcular el promedio de los puntos que hizo por partido.

Divide el número total de puntos entre el número de partidos.

$$135 \div 9$$

Determina por dónde empezar.

$$\begin{array}{r} 1 \\ 9\overline{)135} \\ \underline{9} \\ 4 \end{array}$$

1 ← Divide.

9 ← Multiplica.

4 ← Resta y compara. $4 < 9$?

Estima: $13 \div 9$ da cerca de 1.

$$\begin{array}{r} 15 \\ 9\overline{)135} \\ \underline{9} \\ 45 \\ \underline{45} \\ 0 \end{array}$$

15 ← Divide.

45 ← Multiplica.

0 ← Resta y compara.

$$135 \div 9 = 15$$

Marissa hizo un promedio de 15 puntos por partido. Esto es razonable dado que la estimación es 10.

Estima para determinar si la respuesta es razonable.

135 → 100

9 → 10

$100 \div 10 = 10$

INTÉNTALO

1. $5\overline{)325}$ **2.** $8\overline{)3,322}$ **3.** $6\overline{)628}$ **4.** $9\overline{)6,319}$

REPASO DE DESTREZAS

Divide números enteros
Divisores de 2 dígitos

La familia de Rosalie va en auto al Bosque de secoyas para acampar. Rosalie observa un letrero que dice "Bosque de secoyas a 136 millas". Están avanzando a 45 millas por hora por la carretera de la montaña. Rosalie quiere saber cuánto tiempo más tendrán que seguir viajando en el auto.

Rosalie puede dividir el número de millas, 136, entre la velocidad de 45 millas por hora para hallar el tiempo que demorarán en llegar al Bosque de secoyas.

$$136 \div 45$$

Determina por dónde empezar.	Redondea el divisor y el cociente y estima.	Divide. Multiplica. Resta y compara.
$\begin{array}{r} 3 \\ 45\overline{)136} \\ \underline{135} \\ 1 \end{array}$ 3 ←Divide. 135 ←Divide. 1 ←Multiplica. Resta y compara.	Estima: $\frac{140}{50} = \frac{14}{5}$ 3	

$136 \div 45 = 3$ R1

Después de haber viajado 3 horas, a la familia de Rosalie le quedará 1 milla por viajar.

INTÉNTALO

1. $47\overline{)2{,}447}$ **2.** $22\overline{)9{,}102}$ **3.** $36\overline{)3{,}782}$ **4.** $81\overline{)40{,}651}$ **5.** $68\overline{)46{,}517}$

6. $68\overline{)9{,}658}$ **7.** $29\overline{)7{,}016}$ **8.** $23\overline{)488}$ **9.** $58\overline{)2{,}700}$ **10.** $27\overline{)1{,}975}$

REPASO DE DESTREZAS

Divide números enteros
Divisores de 3 dígitos

Se ha invitado a la banda de la escuela en la cual toca Eric, a participar en el Desfile de las rosas en Los Angeles. Un vuelo chárter a Los Angeles para los 113 miembros de la banda cuesta $9,831. Eric necesita saber cuánto tendrá que pagar.

Para determinar el costo por persona, Eric puede dividir el costo total entre el número de miembros de la banda.

Determina por dónde empezar.	Redondea el divisor y el cociente y luego estima.	Divide. Multiplica. Resta y compara.
9 ← Divide. 113)9,831 10 17 ← Multiplica.	Estima: $\frac{900}{100} = 9$	

La primera estimación de Eric es alta. Puede intentar con menos de 9, es decir, 8.

```
      8  ← Divide.
113)9,831
    9 04  ← Multiplica.
      79  ← Resta y compara.
```

```
     87  ← Divide.
113)9,831
    9 04
     791
     791  ← Multiplica.
       0  ← Resta y compara.
```

Estima: $\frac{800}{100} = 8$; intenta 7

9,831 ÷ 113 = 87

Cada uno de los miembros de la banda pagará $87.

INTÉNTALO

1. 402)2,412 **2.** 764)767,896 **3.** 215)38,724 **4.** 688)53,714 **5.** 365)74,095

Matemáticas y estudios sociales

Desarrollo de los sistemas numéricos

Años atrás	Eventos
6,000	Los sumerios desarrollan el primer sistema numérico escrito ▼
5,500	
5,000	Los babilonios desarrollan un sistema numérico basado en el de los sumerios ◄
	Los egipcios desarrollan un sistema numérico
4,500	
4,000	
3,500	
3,000	
2,500	Los griegos desarrollan un sistema numérico
	Los romanos desarrollan un sistema numérico VI
2,000	Los chinos desarrollan un sistema numérico
	Los mayas desarrollan un sistema numérico
1,500	Los hindúes desarrollan un sistema numérico con el cero como valor de orden 6
1,000	Los árabes desarrollan un sistema numérico basado en el de los hindúes 6
500	El sistema numérico indo-arábigo sustituye al sistema romano en Europa 6
0	El sistema numérico indo-arábigo es adoptado en todo el mundo 6

Matemáticas y estudios sociales

Sistema numérico de los egipcios

Los antiguos egipcios tenían un sistema de rayas para escribir los números. Escribían los numerales en cualquier orden y luego los sumaban para determinar el número. Usaban un sistema basado en el 10, pero no tenían valor de orden ni cero. Usaban los siguientes signos jeroglíficos en su sistema numérico.

1 (*palo*): 

10 (*arco*): 

100 (*cuerda en espiral*): 

1,000 (*flor del loto*): 

10,000 (*dedo doblado*): 

100,000 (*pez*): 

1,000,000 (*persona sorprendida*): 

Ejemplos: 11: 

209: 

Sistema numérico de los hindúes

Los antiguos hindúes (de la India) tenían un sistema de códigos para escribir sus números. También usaban el valor de orden y, más adelante, el cero. Su sistema estaba basado en el 10 y usaba 10 numerales. Los numerales se colocaban en lugares fijos para formar números. El valor del numeral y su lugar determinaban el número. El cero se usaba para indicar un lugar vacío. Los hindúes usaban los siguientes numerales.

Ejemplos: 1,600: 

41: 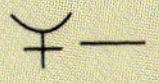

209: 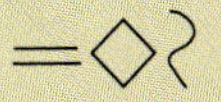

Los ríos más largos de Texas

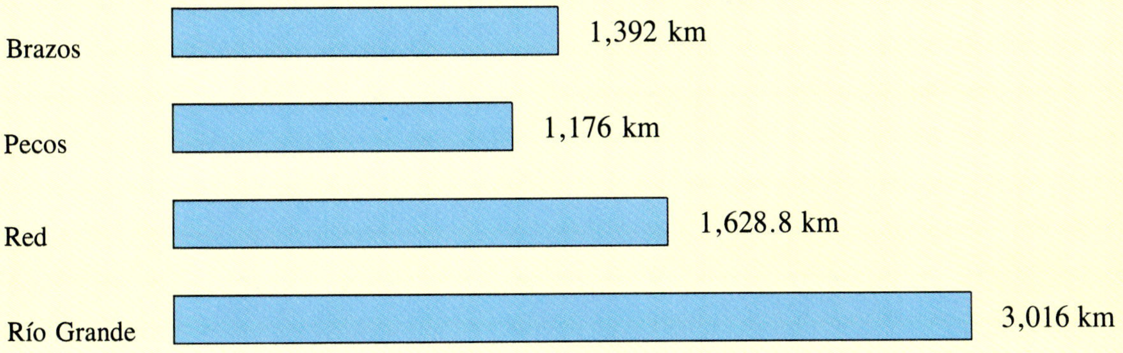

Matemáticas y estudios sociales

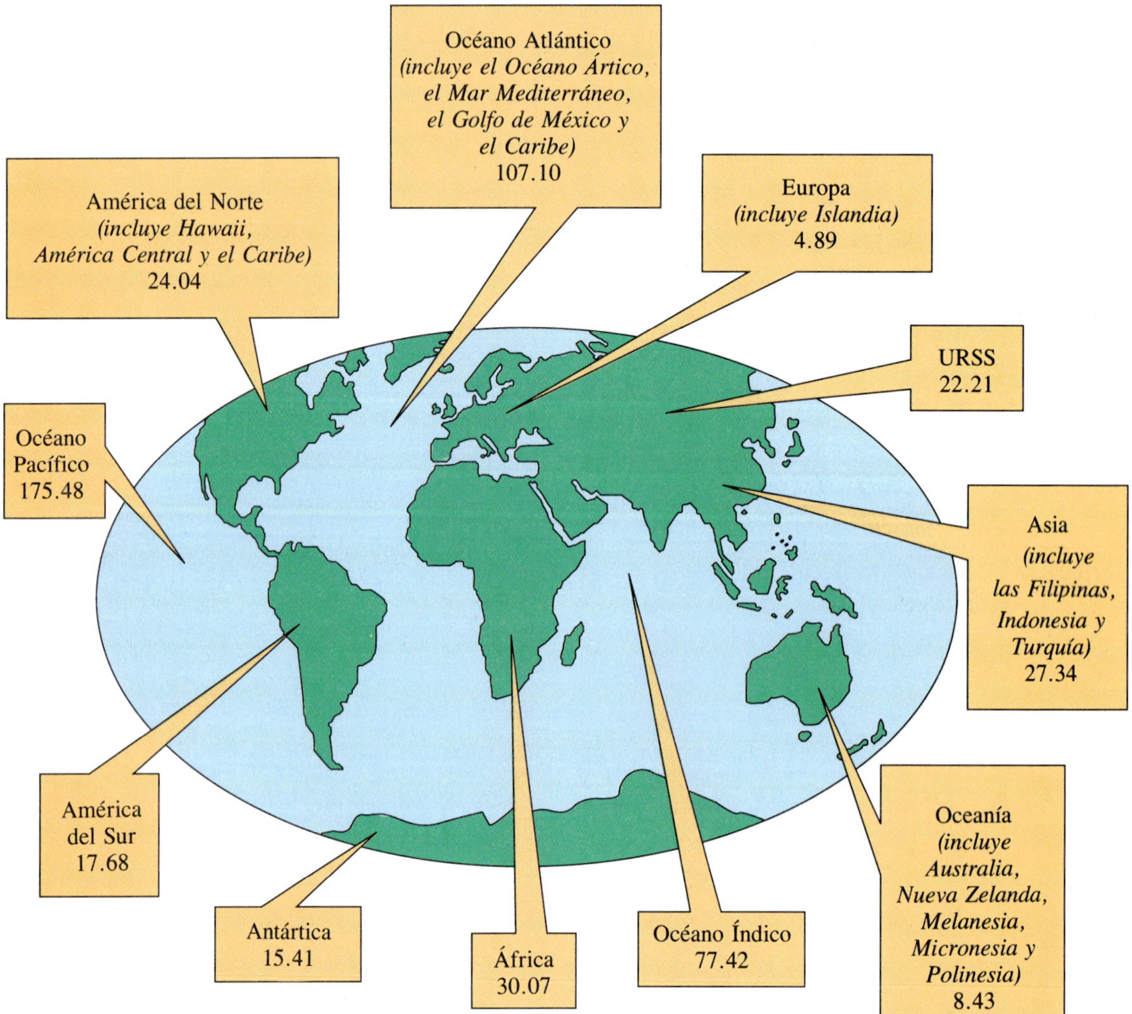

Superficies de territorio y de mar

(en millones de kilómetros cuadrados)

Superficie de territorio ▬ Océano ▭

Superficie total de la Tierra: 510.07 millones de km^2

- Superficie total de territorio: 150.07 millones de km^2
- Superficie total de océano: 360.00 millones de km^2

Matemáticas y estudios sociales

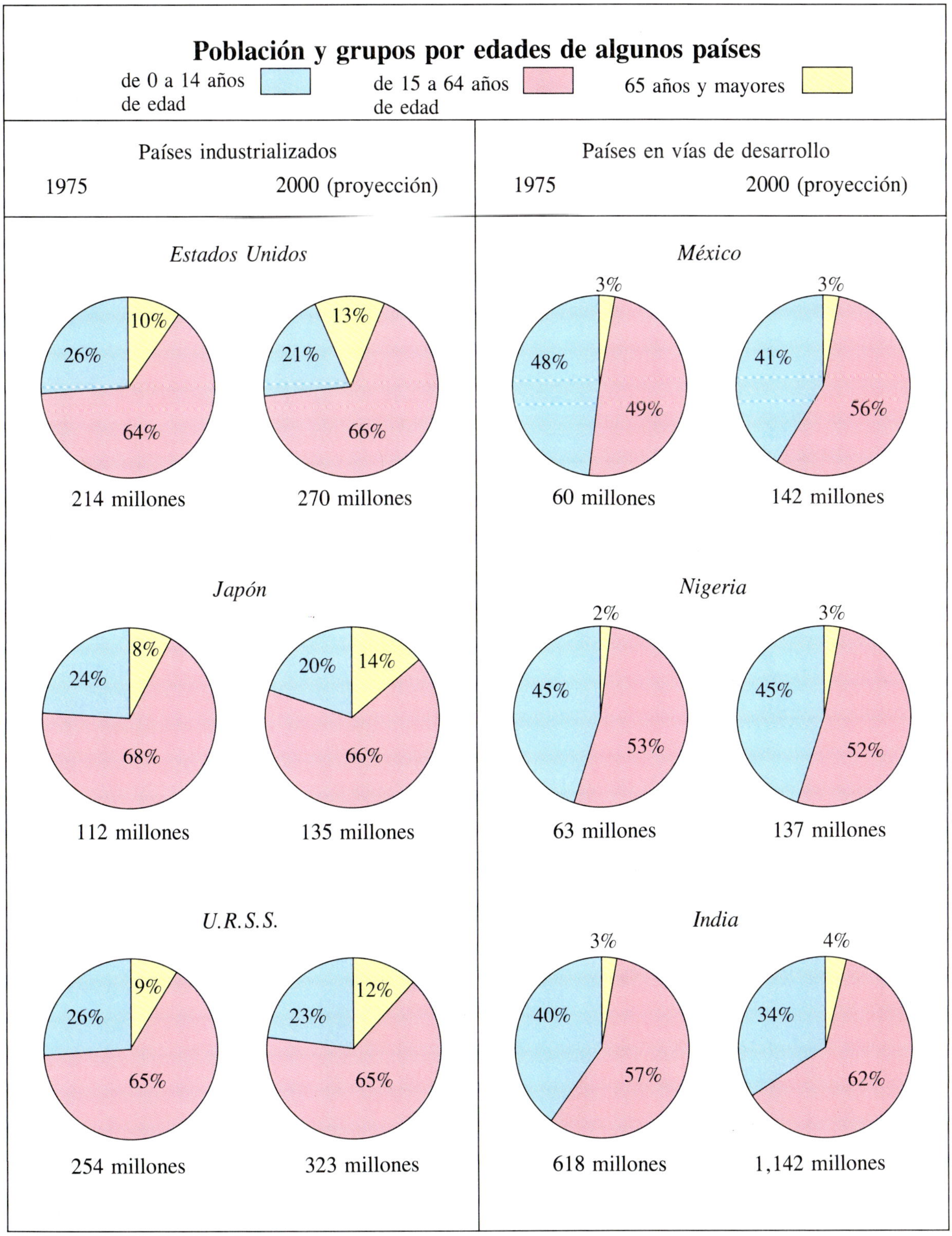

Matemáticas y estudios sociales

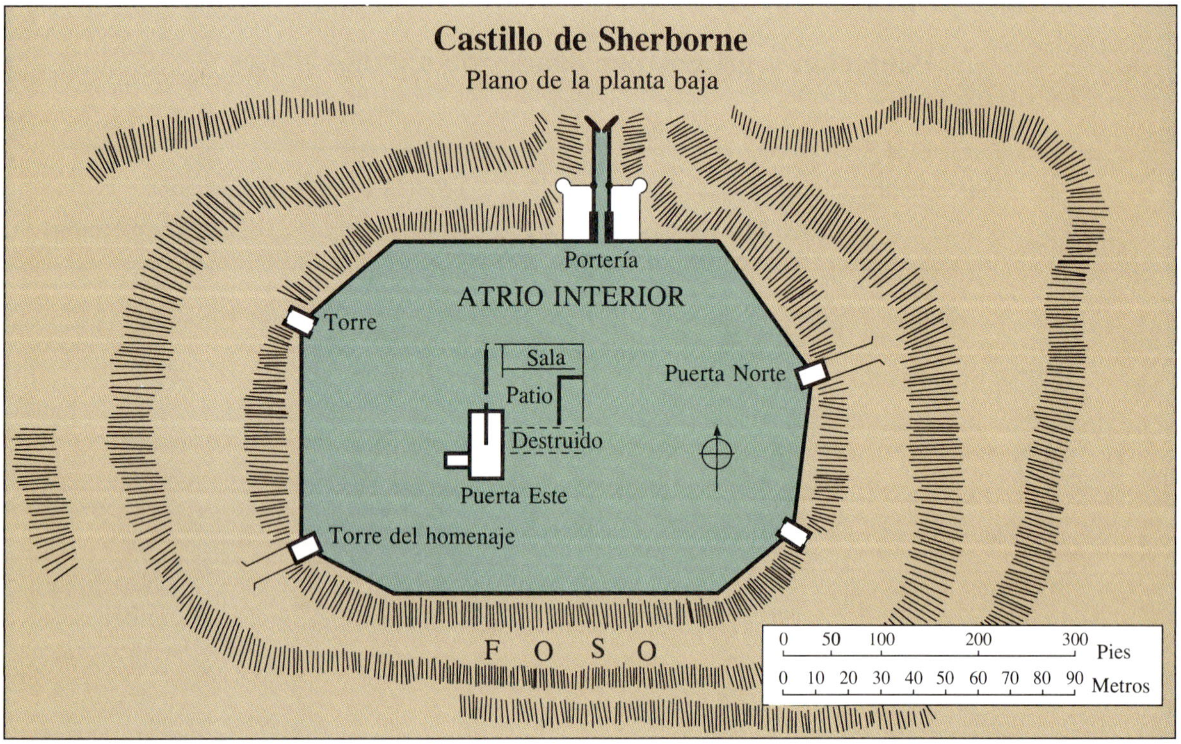

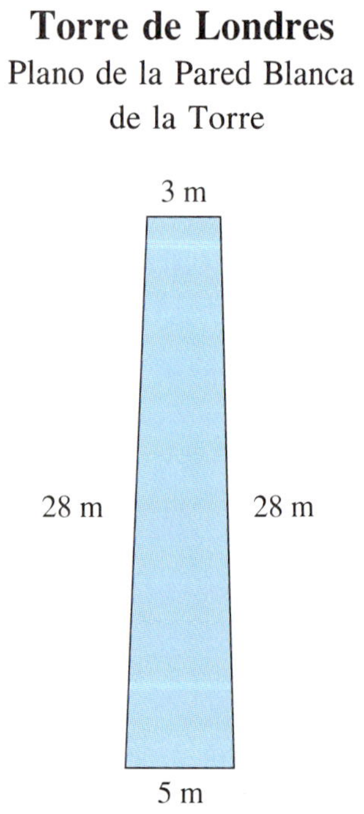

Matemáticas y salud y aptitud física

Deportes de equipo populares

Deporte	Número máximo de jugadores en el campo	Equipo	Circunferencia máxima	Peso máximo
Béisbol	9	Pelota	23.5 cm	160 g
Baloncesto	5	Balón	78.0 cm	650 g
Hockey	11	Pelota	23.5 cm	163 g
Fútbol americano	11	Balón	(largo) 72.4 cm (corto) 54.6 cm	425 g
Hockey sobre hielo	6	Disco de goma	(circun) 23.9 cm (ancho) 2.5 cm	650 g
Fútbol	11	Balón	71.1 cm	454 g
Softball	9	Pelota	30.8 cm	198 g
Vóleibol	6	Balón	67.0 cm	280 g
Water polo	7	Balón	71.1 cm	450 g

Promedio de bateo del campeonato de Stan Musial

Año	*Promedio*
1943	0.357
1946	0.365
1948	0.376
1950	0.346
1951	0.355
1952	0.336
1957	0.351

Matemáticas y salud y aptitud física

Número aproximado de calorías gastadas por hora en algunas actividades*

dormir	60	baloncesto	300
permanecer sentado	80	ráquetbol	300
estar de pie	100	hockey	300
béisbol	130	fútbol	400
patineta	150	correr despacio	400
ping-pong	180	minitrampolín	400
badminton	200	escalar montañas	420
vóleibol	200	nadar	450
caminar	220	squash	450
patinar	250	esquiar	500
bailar	250	saltar a la cuerda	600
tenis	250	correr rápidamente	650
caminar de prisa	300	nadar en competición	650
montar en bicicleta	300	water polo	650
correr moderadamente	300	subir escaleras	1,200

*El número real de calorías gastadas depende de la edad, del sexo, de la figura y de la intensidad de la persona que participa en la actividad.

Grupos sanguineos de la población de algunas regiones del mundo
(fracción estimada de la población total a la centésima más cercana)

	O	A	B	AB
Estados Unidos	0.46	0.39	0.11	0.04
Europa occidental	0.45	0.40	0.11	0.04
India	0.33	0.23	0.38	0.06
África	0.51	0.25	0.20	0.04
Asia	0.33	0.36	0.22	0.09
América del Sur	0.50	0.37	0.10	0.03

La tabla muestra la fracción de población que se supone tiene cada uno de los cuatro grupos sanguineos principales.

Matemáticas y ciencias

Planeta	Superficie	Distancia del Sol (UA)*	Velocidad del planeta alrededor del Sol (km por s)	Tiempo que se demora en dar la vuelta alrededor del Sol
Mercurio	75 millones de km^2	0.39	48	90.0 días terrestres
Venus	460 millones de km^2	0.72	35	225 días terrestres
La Tierra	510 millones de km^2	1.00	30	365.25 días terrestres
Marte	145 millones de km^2	1.52	24	687.0 días terrestres
Júpiter	64,017 millones de km^2	5.20	13	11.9 años terrestres
Saturno	45,281 millones de km^2	9.54	10	29.5 años terrestres
Urano	8,436 millones de km^2	19.18	7	84.0 años terrestres
Neptuno	7,719 millones de km^2	30.06	6	164.8 años terrestres
Plutón	111 millones de km^2	39.79	5	248.5 años terrestres

*UA representa unidad astronómica. Una unidad astronómica es aproximadamente 150,000,000 km, o la distancia de la Tierra al Sol.

Matemáticas y ciencias

Condiciones climáticas normales de Miami, Florida				
	Primavera (*marzo, abril, mayo*)	Verano (*junio, julio, agosto*)	Otoño (*septiembre, octubre, noviembre*)	Invierno (*diciembre, enero, febrero*)
Condición atmosférica				
días despejados	23	8	16	28
días parcialmente nublados	44	49	43	36
días nublados	25	35	32	26
Temperatura	74.8° F	82.0° F	77.4° F	67.8° F
Precipitación	11.95 plg	22.49 plg	18.52 plg	5.94 plg

Promedio de precipitación de los Estados Unidos continentales

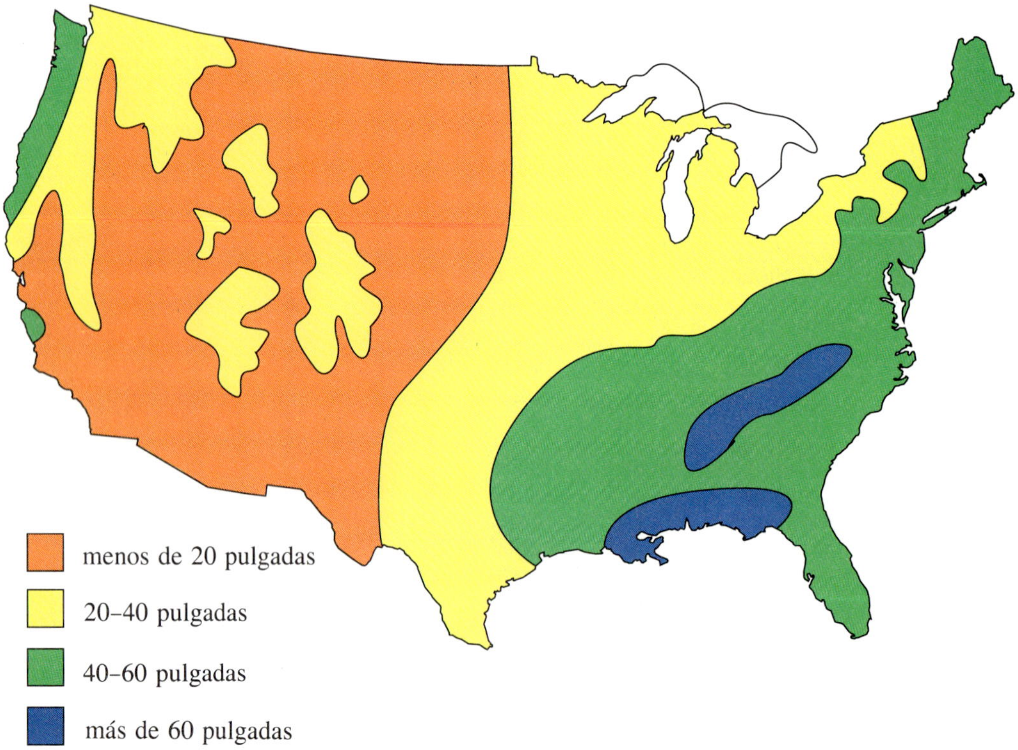

Matemáticas y ciencias

Cristales

Los cristales son estructuras que aparecen en distintas formas en la naturaleza. Tienen caras planas que se unen en aristas. Pueden describirse y clasificarse con ideas y términos de la geometría. A continuación hay dibujos de algunas formas de cristales minerales.

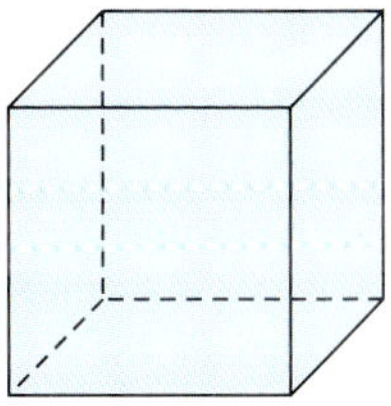

Cristal perfecto de sal

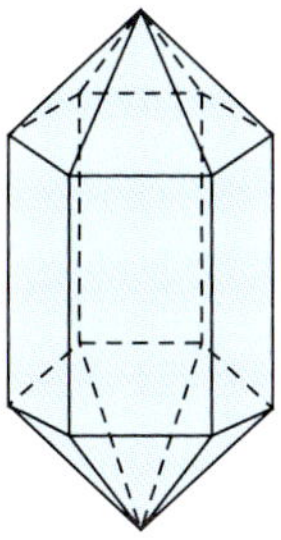

Cristal perfecto de cuarzo

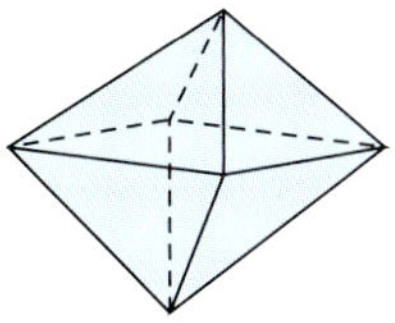

Cristal perfecto de diamante

Fechas de inventos importantes selectivos

Instrumentos: compás (1101); lentes (1286); reloj mecánico (1300); telescopio (1590); microscopio (1590); termómetro (1593); reloj de péndulo (1657); reloj marino (1761); computadora (1946); reloj digital (1970)

Comunicaciones: telégrafo (1838); teléfono (1876); fonógrafo (1877); radio (1895); grabadora de cinta magnética (1898); televisión (1923); grabadora de cinta de video (1956); satélite artificial (1957); grabadora de videocassette (1961); disco compacto (1982)

Transporte: submarino (1776); globo aerostático (1783); buque de vapor (1807); tren de vapor (1830); bicicleta (1839); automóvil (1885); auto eléctrico (1898); aeroplano (1903); avión a propulsión (1939); barco de energía nuclear (1950)

Matemáticas y artes del lenguaje

Composición de una página de revista

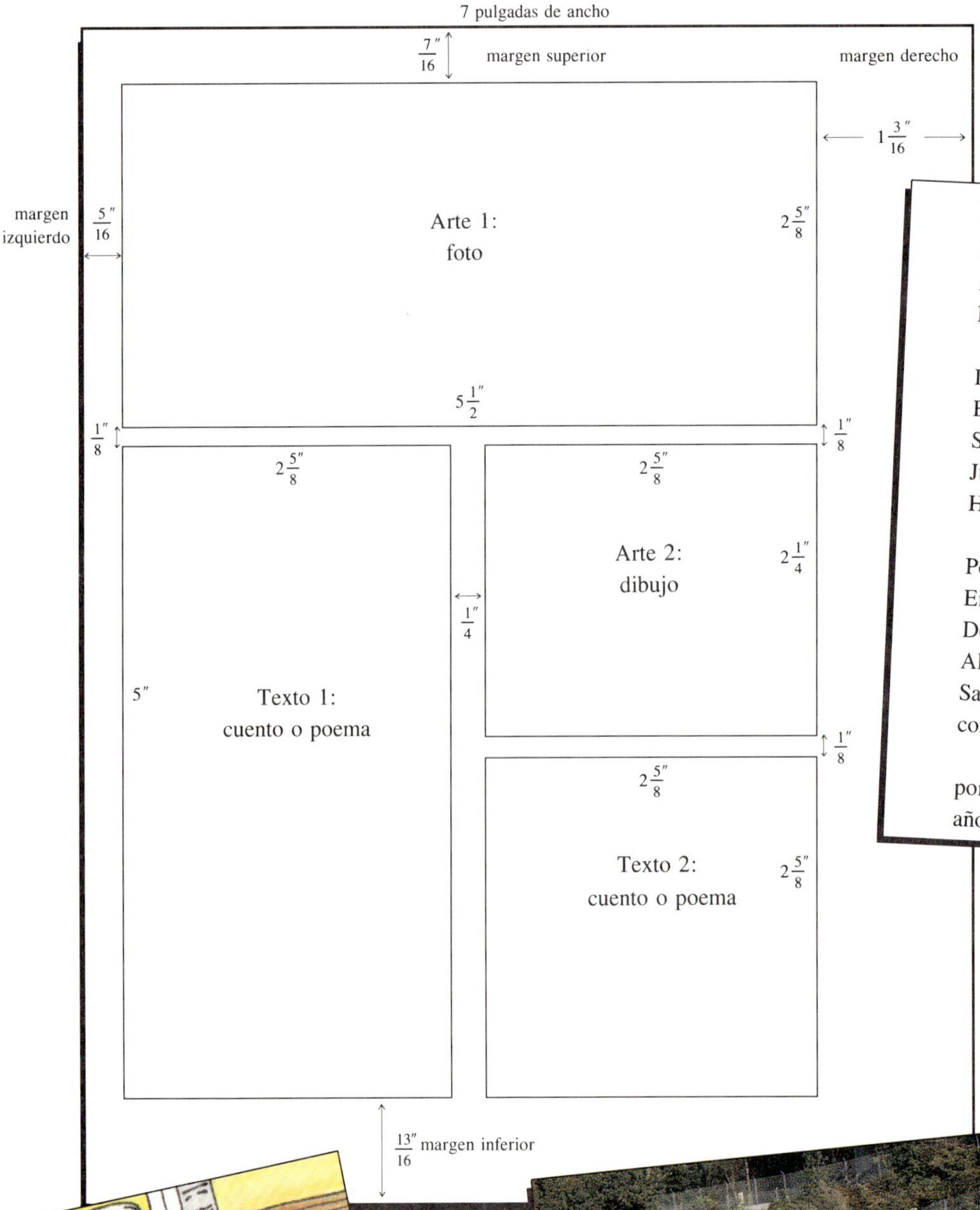

La búsqueda

Por la noche
Antes de acostarte
Buscas,

Debajo de la mesa
En la alfombra
Sobre la silla
Junto al lavamanos
Hasta irte a la cama.

Por la mañana
En la mesa
De los ojos
Al cereal
Saltan los lentes de
contacto.

por Emmy Ploplys
año 6

Matemáticas y artes del lenguaje

Viñetas para un anuncio comercial de 30 segundos

Cliente: Sopa Yummy — Duración: 30 segundos

Título: Es mía

Matemáticas y artes del lenguaje

La televisión en los Estados Unidos

- 98 por ciento de los hogares tienen por lo menos un televisor.
- Un hogar típico tiene prendido el televisor 50 horas a la semana.
- Se estima que un niño típico ve cerca de 20,000 anuncios al año.

Publicidad en televisión en los Estados Unidos

- En 1988, los dos anunciantes más importantes gastaron su dinero de la siguiente manera:

	Total de dólares en publicidad	*Dólares en publicidad para televisión*
Compañía 1	\$1,435,000,000	\$717,929
Compañía 2	\$1,399,999,000	\$508,512

- Por lo general, las cadenas y estaciones reservan para publicidad de 10 a 12 minutos de la programación de las horas más importantes.
- Tres cuartos de todos los anuncios son de medio minuto de duración (30 segundos).
- La quinta parte de todos los anuncios son de $\frac{1}{4}$ de minuto de duración (15 segundos).
- La duracin de todos los demás anuncios está dividida entre $\frac{1}{3}$ de minuto, $\frac{3}{4}$ de minuto, 1 minuto y $1\frac{1}{2}$ minutos (20, 45, 60, ó 90 segundos).

Orígenes de algunos prefijos numéricos

Prefijo	Descripción		Origen/significado
tera-	trillón	(10^{12})	griego: "monstruo"
giga-	billón	(10^{9})	griego: "gigante"
mega-	millón	(10^{6})	griego: "grande"
kilo-	mil	(10^{3})	griego: "mil"
hecto-	cien	(10^{2})	griego: "cien"
deca-	diez	(10^{1})	griego: "diez"
deci-	décima	$\frac{1}{10}$	latín: "diez"
centi-	centésima	${\frac{1}{10}}^{2}$	latín: "cien"
mili-	milésima	${\frac{1}{10}}^{3}$	latín: "mil"
micro-	millonésima	${\frac{1}{10}}^{6}$	latín: "pequeño"
nano-	billonésima	${\frac{1}{10}}^{9}$	griego: "enano"
pico-	trillonésima	${\frac{1}{10}}^{12}$	español: "pequeño"

Matemáticas y bellas artes

Estatuas famosas de gran tamaño

La Esfinge
2550 A.C., Giza, Egipto
Piedra caliza, 20.1 m de altura

1 cm : 3.35 m

Lincoln Memorial
1922, Washington, D.C., EE.UU.
Mármol, 5.8 m de altura

1 cm : 0.967 m

La Estatua de la Libertad
1886, New York, EE.UU.
Cobre repujado,
46.1 m de altura

1 cm : 7.675

El gran Buda
1252, Kamakura, Japón
Bronce, 12.8 m de altura

1 cm : 2.13 m

La Madre Patria
1967, Volgogrado, U.R.S.S.
Cemento armado,
82.3 m de altura

1 cm : 13.72 m

Matemáticas y bellas artes

Móviles

La palabra *móvil* significa que se puede mover. Las esculturas móviles están diseñadas para que sus partes se muevan con las corrientes de aire. Esta forma de arte moderno la empezó el artista americano Alexander Calder. Se exhibió por primera vez en París en 1932.

Cuando una escultura móvil se equilibra horizontalmente, se establece una relación especial.

(peso del objeto X) $\times$ (longitud x) $=$ (peso del objeto Y) $\times$ (longitud y)

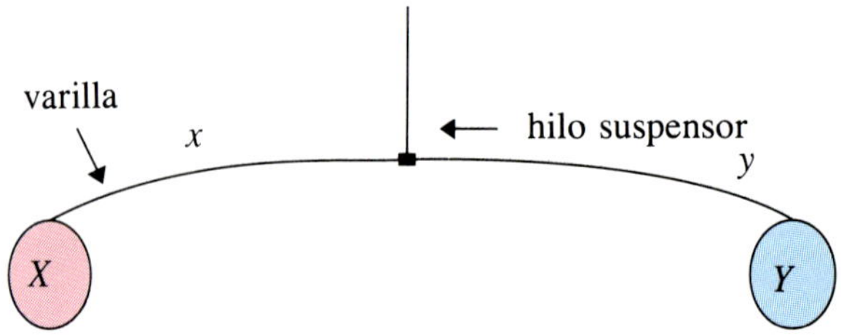

Cuatro formas de equilibrar pesos de un total de 18 onzas:

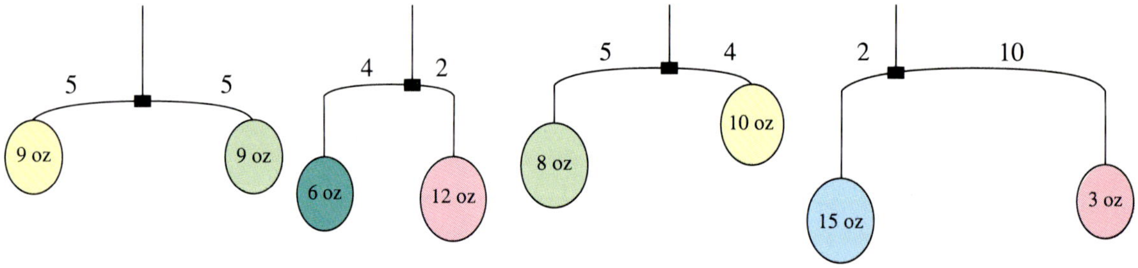

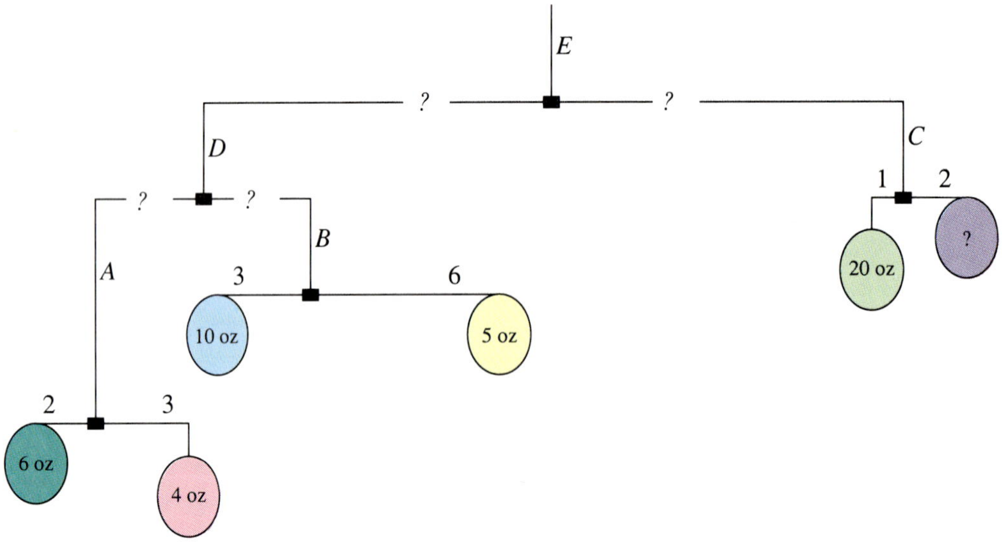

Matemáticas y bellas artes

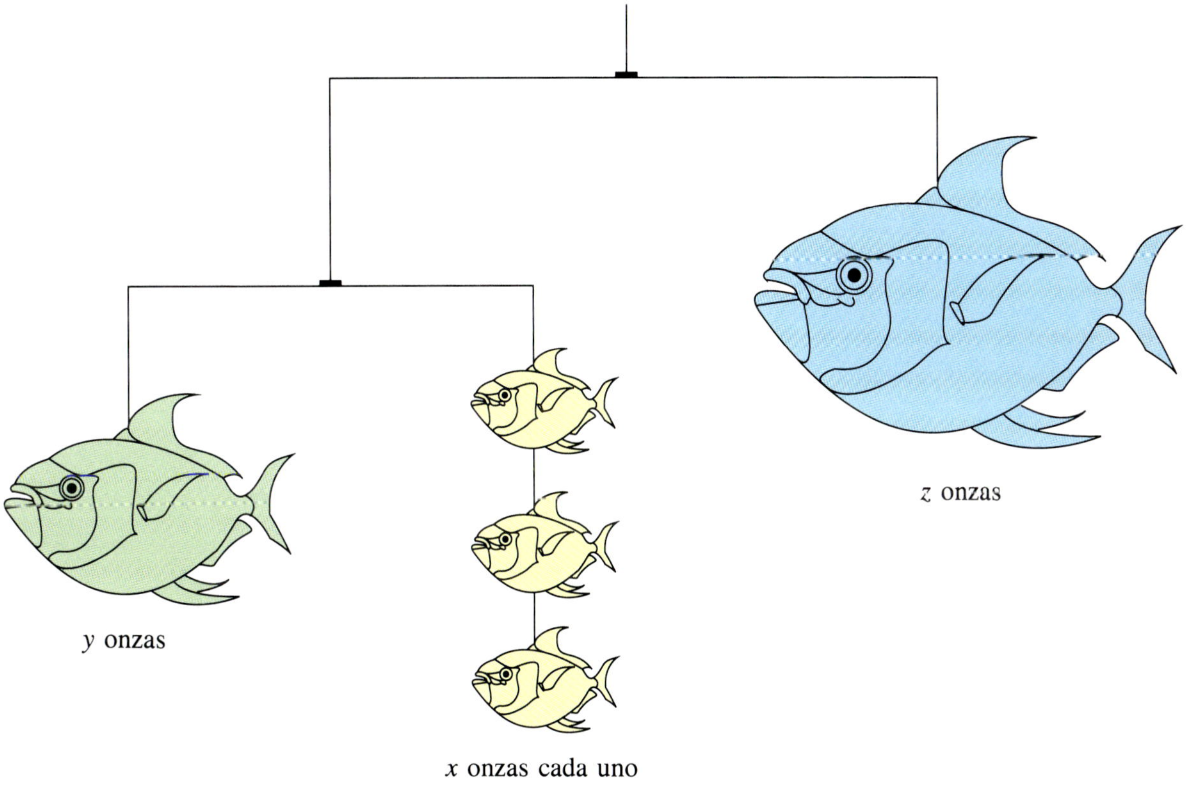

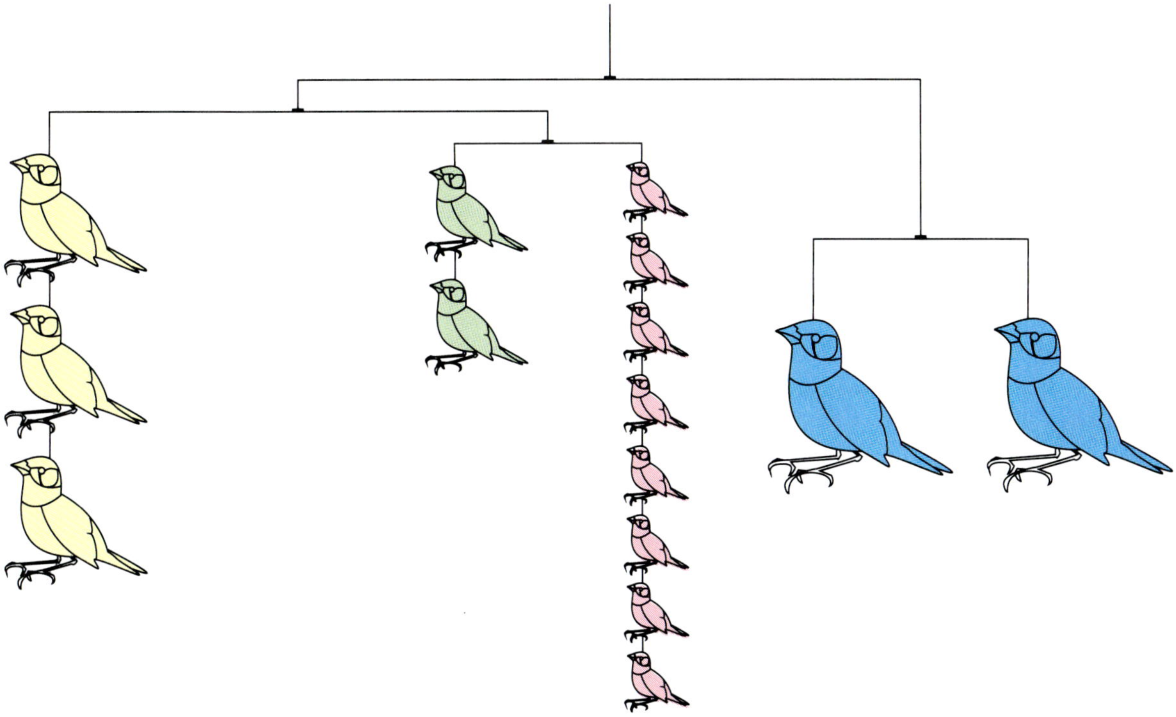

Operaciones básicas

Entra el número más grande que puedas en la calculadora. Luego bórralo. Al presionar [CE/C] se borra el último dígito, las condiciones de error y las constantes. Con [CE/C] se borran los datos en pantalla y la operación. [ON/AC] borra la memoria, la pantalla y la operación.

Para resolver problemas con las operaciones básicas (+, −, × y ÷), entra esta secuencia de teclas de la misma forma en que se dicen.

Di	Entra	En pantalla
Nueve mil por cuatro décimas da	9000 [×] .4 [=]	3600
Doce millones dividido entre 250 da	12000000 [÷] 250 [=]	48000
Nueve dividido entre cero da	9 [÷] 0 [=]	Error
Cinco millones por cien da	5000000 [×] 100	Error
Una milésima dividida entre cinco millones es	.001 [÷] 5000000 [=]	Error

En los últimos tres problemas aparece un **error** en la pantalla. Al intentar dividir entre cero se crea un **error aritmético** o **de lógica.** En muchas calculadoras, cuando un número es demasiado grande, aparece **error de exceso** (Error O). Cuando un número es demasiado pequeño, aparece **error de insuficiencia** (Error U).

Con la calculadora Math Explorer también puedes dividir con residuos.

Problema	Secuencia de teclas	En pantalla
172 ÷ 5	172 [INT ÷] 5 [=]	34 (Q) 2 (R)

Actividad

Juega con un compañero. Cada uno entra 4 millones en la calculadora. Túrnense para lanzar al aire una moneda de 1¢ y una de 10¢, según estas reglas:

1¢	10¢	Haz esta operación con el número en pantalla
Ca	Cr	Multiplica por 5.
Ca	Ca	Divide entre 2.
Cr	Cr	Suma 5000.
Cr	Ca	Resta 1000.

Gana el primer jugador que saque un error de tamaño. (Ca = Cara, Cr = Cruz)

Series para contar

Usa la calculadora para contar de dos en dos a partir del 15.

[ON/AC] 15 [+] 2 [=] [=] [=] . . .

[ON/AC] [+] 2 [Cons] 15 [Cons] [Cons] [Cons] . . .

La pantalla debe mostrar 17, 19, 21, 23 y así sucesivamente.

Al entrar [+] 2 ó [+] 2 [Cons] se establece una **constante.**

Cada vez que presionas [=] ó [Cons], la calculadora suma 2 al número en la pantalla.

Ahora cuenta al revés de 2.5 en 2.5, empezando desde 76.

[ON/AC] 76 [−] 2.5 [=] [=] [=] . . .

[ON/AC] [−] 2.5 [Cons] 76 [Cons] [Cons] [Cons] . . .

La pantalla debe mostrar 73.5, 71, 68.5, 66 y así sucesivamente.

Usa la **constante de multiplicación** para multiplicar 11 por 4, 7, 11, 14 y 22. Entra esta secuencia de teclas:

[ON/AC] [×] 11 [Cons] 4 [Cons] 7 [Cons] 11 [Cons] 14 [Cons] 22 [Cons]

ó [ON/AC] 4 [×] 11 [=] 7 [=] 11 [=] 14 [=] 22 [=]

La calculadora debe mostrar 44, 77, 121, 154 y 242.

Usa la **constante de división** para dividir 81, 72, 45 y 36 entre 9.

Entra [ON/AC] [÷] 9 [Cons] 81 [Cons] 72 [Cons] 45 [Cons] 36 [Cons]

ó [ON/AC] 81 [÷] 9 [=] 72 [=] 45 [=] 36 [=].

La pantalla debe mostrar 9, 8, 5 y 4.

Actividad

Relaciona cada serie con su descripción.

1. Divide 192, 96, 64, 48 y 24 entre 8.

2. Multiplica 24 por 1, 0.5, 0.25, 0.75, y 0.875.

3. Cuenta al revés de 5 en 5 desde 24.

a. 24, 12, 8, 6, 3

b. 24, 19, 14, 9, 4

c. 24, 12, 6, 18, 21

CALCULADORA

Orden de las operaciones

Para resolver un problema de varias operaciones, resuelve primero las que estén entre paréntesis. Luego multiplica y divide de izquierda a derecha. Después suma y resta de izquierda a derecha. La calculadora Math Explorer sigue el orden de las operaciones. Entra la secuencia de teclas para cada problema.

Problema	Secuencia de teclas	En pantalla
$6 + 4 \times 7$	6 [+] 4 [×] 7 [=]	34
$(6 + 4) \times 7$	[(] 6 [+] 4 [)] [×] 7 [=]	70
$124 \div 4 - 2 \times 15$	124 [÷] 4 [−] 2 [×] 15 [=]	1
$124 \div (4 - 2) \times 15$	124 [÷] [(] 4 [−] 2 [)] [×] 15 [=]	930

Las **teclas de memoria** de la calculadora permiten que se recuerde el resultado de un cálculo mientras se hace otro.

[M +]	Suma los datos en pantalla a la memoria	[MR]	Recupera el total de la memoria
[M −]	Resta los datos en pantalla de la memoria	[ON/AC]	Borra la memoria y los datos en pantalla

Si $20 \div 4 + 72 \div 6 = a$, halla a. Luego evalúa $(83 + a) \times (a - 2)$.

Entra	En pantalla
[ON/AC] 20 [÷] 4 [+] 72 [÷] 6 [=] [M+]	17
[(] 83 [+] [MR] [)] [×] [(] [MR] [−] 2 [)] [=]	1500

Actividad

Usa únicamente estos números y símbolos: 12 6 + − 4 3 × ÷ ( )

Coloca los números en los cuadrados y los símbolos en los círculos. ¿Puedes hallar por lo menos una ecuación verdadera para cada suma?

TOTALES: 21, 14, 30, 33 y 15

□ ○ □ ○ □ ○ □ =

Cálcula con números enteros

La tecla [±] cambia el símbolo del número en pantalla. Intenta estos.

	Entra	En pantalla
	[ON/AC] 7 [±]	− 7
	Presiona [±] otra vez.	7

Suma un número negativo y un número positivo.

$7 + {}^-7$	7 [+] 7 [±] [=]	0
${}^-7 + {}^-7$	7 [±] [+] 7 [±] [=]	− 14

Resta números negativos y positivos.

$14 - {}^-7$	14 [−] 7 [±] [=]	21
${}^-14 - 7$	14 [±] [−] 7 [=]	− 21
${}^-14 - {}^-7$	14 [±] [−] 7 [±] [=]	− 7

Multiplica números negativos y positivos.

${}^-14 \times 7$	14 [±] [×] 7 [=]	− 98
${}^-14 \times {}^-7$	14 [±] [×] 7 [±] [=]	98

Divide números negativos y positivos.

$14 \div {}^-7$	14 [÷] 7 [±] [=]	− 2
${}^-14 \div {}^-7$	14 [±] [÷] 7 [±] [=]	2

Actividad

Halla la suma, la diferencia, el producto o el cociente. Luego representa los puntos en una gráfica y conecta los puntos en orden.

	Horizontales	Verticales
1.	${}^-8 + 3$	$5 - 7$
2.	${}^-12 \div {}^-3$	${}^-5 - {}^-4$
3.	${}^-6 \div {}^-2$	${}^-55 + 53$
4.	${}^-32 \div {}^-16$	$84 \div {}^-21$
5.	${}^-2 \times 2$	${}^-16 - {}^-12$

	Horizontales	Verticales
6.	$25 \div {}^-5$	$17 + {}^-19$
7.	$2 \times {}^-2$	${}^-15 \div {}^-5$
8.	${}^-25 + 22$	$13 + {}^-9$
9.	${}^-14 - {}^-12$	$28 \div 4$
10.	${}^-80 \div {}^-20$	$0 + {}^-1$

CALCULADORA

Porcentaje

La tecla de porcentaje [%] convierte el número en pantalla en un decimal, al dividirlo entre 100. Intenta esto.

Entra [ON/AC] 25 [%]. Aparecerá 0.25 en pantalla.

Intenta estos cálculos de porcentajes en tu calculadora. ¿Corresponde la pantalla con la que se muestra? Si no, ¿qué cambios puedes hacer en las secuencias de teclas para que funcionen en la calculadora?

	En pantalla
El porcentaje de un número Halla el 6% de 20.	
[ON/AC] 6 [%] [×] 20 [=]	1.2
ó 20 [×] 6 [%] [=]	1.2
El porcentaje de aumento El valor de una acción de $48 subió un 25%. El nuevo valor es $48 más el 25% de $48.	
[ON/AC] 48 [+] 25 [%] [=]	60
ó 48 [×] 25 [%] [=] [+] 48 [=]	60
ó 48 [M+] [×] 25 [%] [=] [M+] [MR]	60
ó 48 [×] 125 [%] [=]	60
El porcentaje de descuento Una cámara de $168 está rebajada en un 20%. El precio de venta es $168 menos el 20% de $168.	
[ON/AC] 168 [−] 20 [%] [=]	134.4
ó 168 [×] 20 [%] [=] [+/−] [+] 168 [=]	134.4
ó 168 [×] 80 [%] [=]	134.4

Actividad

Juega con un compañero. Cada persona entra 100 en la calculadora. Túrnense para lanzar 2 cubos numerados, según las siguientes reglas. Gana el primero en llegar a 500. Después de cada turno, puede que quieras anotar el total.

Si lanzas:	Haz esto:
4, 7 ó 11	Aumenta el número en pantalla en un 40%.
5, 6, 8 ó 9	Desuenta un 15% del número en pantalla.
2, 3, 10 ó 12	¿El número en pantalla es el 50% de qué número?

Exponentes, potencias y raíces

Aquí tienes algunas maneras en que puedes hallar el valor de 4^5, es decir, el número 4 elevado a la quinta potencia. En cada caso, la pantalla mostrará 1024.

[CE/C] 4 [×] 4 [×] 4 [×] 4 [×] 4 [=]

[CE/C] 4 [×] 4 [=] [=] [=] [=]

Usa **la tecla de potencia** [y^x]. [ON/AC] 4 [y^x] 5 [=]

Halla 16^2.	En pantalla
[ON/AC] 16 [×] 16 [=]	256
[ON/AC] 16 [x^2]	256

Con la tecla de **raíz cuadrada** [$\sqrt{\ }$] se halla el número que, multiplicado por sí mismo, es igual al número que se ha entrado. La tecla [$\sqrt{\ }$] "deshace" la función de la tecla [x^2].

[ON/AC] 256 [$\sqrt{\ }$] 16

Cuenta el número de veces que divides entre 9 para hallar la potencia de la ecuación $9^e = 531441$.

[ON/AC] 531441 [÷] 9 [=] [=] [=] [=] [=] [=]

Actividad

Halla los valores que completan la tabla. Usa la tabla como ayuda para determinar la forma de multiplicar números con exponentes.

$5^2 =$	$5^5 =$	$6^2 =$	$6^5 =$	$7^2 =$	$7^5 =$
$5^3 =$	$5^6 =$	$6^3 =$	$6^6 =$	$7^3 =$	$7^6 =$
$5^4 =$	$5^7 =$	$6^4 =$	$6^7 =$	$7^4 =$	$7^7 =$

1. $5^2 \times 5^3 =$ $\quad$ $6^2 \times 6^3 =$ $\quad$ $7^2 \times 7^3 =$

2. $5^4 \times 5^2 =$ $\quad$ $6^4 \times 6^2 =$ $\quad$ $7^4 \times 7^2 =$

3. $5^6 \times 5^3 = 5^{\square}$ $\quad$ $6^6 \times 6^3 = 6^{\square}$ $\quad$ $7^6 \times 7^3 = 7^{\square}$

CALCULADORA

Fracciones y decimales

Para hallar el decimal de una fracción, divide el numerador entre el denominador. Halla el decimal de $\frac{3}{4}$.

Entra [ON/AC] 3 [÷] 4 [=]. Aparece en pantalla 0.75.

Halla los decimales de $\frac{5}{8}$, $\frac{27}{12}$, $\frac{5}{11}$ y $\frac{4}{3}$. Deben aparecer 0.625, 2.25, 0.4545455 y 1.3333333 en pantalla.

Puedes sumar o restar las fracciones, al sumar o restar los decimales equivalentes. Suma $\frac{5}{8} + \frac{3}{4}$.

	En pantalla
[ON/AC] 5 [÷] 8 [=] [M+] 3 [÷] 4 [=] [M+] [MR]	1.375

Usa esta secuencia de teclas para restar $\frac{6}{5} - \frac{1}{2}$.

[ON/AC] 6 [÷] 5 [=] [M+] 1 [÷] 2 [=] [M−] [MR]	0.7

Puedes multiplicar las fracciones, al multiplicar los decimales equivalentes. Para $\frac{1}{4} \times \frac{5}{8}$, usa esta secuencia de teclas.

[ON/AC] 1 [÷] 4 [=] [M+] 5 [÷] 8 [=] [×] [MR] [=]	0.15625

Multiplica $\frac{9}{8} \times \frac{1}{2}$. Debe aparecer 0.5625 en pantalla.

Puedes dividir las fracciones al dividir los decimales equivalentes. Intenta esta secuencia de teclas para $\frac{7}{8} \div \frac{1}{5}$.

[ON/AC] 1 [÷] 5 [=] [M+] 7 [÷] 8 [=] [÷] [MR] [=]	4.375

Divide $\frac{9}{10}$ entre $\frac{1}{4}$. Debe aparecer 3.6 en pantalla.

Actividad

Usa la calculadora para resolver estos problemas. Da las respuestas en forma decimal.

1. $\frac{7}{10} \div \frac{4}{5} =$

2. $\frac{2}{10} \div \frac{2}{5} =$

3. $\frac{2}{5} \div \frac{1}{4} =$

4. $\frac{3}{8} \div \frac{1}{2} =$

5. $\frac{14}{5} \times \frac{6}{8} =$

6. $\frac{3}{2} \times \frac{3}{8} =$

7. $\frac{9}{10} \times \frac{3}{2} =$

8. $\frac{5}{16} + \frac{6}{8} =$

9. $\frac{1}{2} + \frac{5}{8} =$

10. $\frac{15}{16} - \frac{1}{2} =$

11. $\frac{1}{4} - \frac{1}{8} =$

12. $\frac{5}{7} \div \frac{5}{7} =$

Calcula con fracciones

Usa la tecla de conversión fracción/decimal [F⟷D] en la calculadora Math Explorer para convertir 0.75 a una fracción.

Entra	En pantalla
[ON/AC] [.] 75 [F⟷D]	75/100

N/D→n/d en pantalla significa que la fracción no está en forma irreducible. Para simplificarla, entra [Simp] [=] hasta que N/D→n/d desaparezca de la pantalla. También puedes simplificar el numerador y el denominador por cualquier número que escojas. Por ejemplo, halla la fracción irreducible de 1.35.

1 [.] 35 [F⟷D] 1 u 35/100   [Simp] 5 [=] 1 u 7/20

La u en pantalla indica que 1 es el número entero o la parte unitaria de un número mixto.

Para resolver problemas con la Math Explorer, entra la secuencia de teclas de la misma forma en que escribes el problema. La tecla [Ab/c] convierte las fracciones a números mixtos. Intenta estos problemas.

Problema	Secuencia de teclas	En pantalla
$\frac{7}{12} - \frac{1}{3}$	7 [/] 12 [−] 1 [/] 3 [=]	3/12
$\frac{7}{8} \div \frac{1}{3}$	7 [/] 8 [÷] 1 [/] 3 [=]	21/8
	[Ab/c]	2 u 5/8
$1\frac{5}{8} \times 2\frac{1}{2}$	1 [Unit] 5 [/] 8 [×] 2 [Unit] 1 [/] 2 [=]	65/16
	[Ab/c]	4 u 1/16

Actividad

Escribe cada uno de los cuatro números en un cuadrado y un símbolo de la operación en el triángulo. Haz una ecuación verdadera.

1. Usa 5, 4, 3 y 2. $A = \frac{5}{6}$

2. Usa 3, 4, 8 y 15. $A = 4\frac{1}{8}$

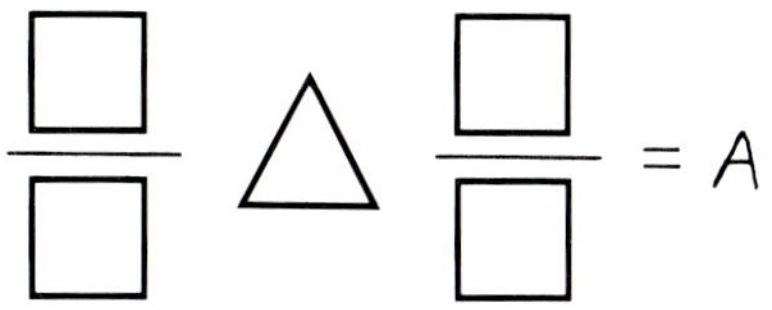

COMPUTADORA

Cuenta las estrellas

Estás a bordo de la nave espacial Comandante, viajando a $\frac{1}{4}$ de la velocidad de la luz. Las estrellas pasan a la velocidad de un rayo. Intentas determinar el momento en que ves pasar 50 estrellas. ¿Crees que puedes hacerlo? ¿Cuántas estrellas estimas que están en el grupo de la derecha? ¿Más de 50 o menos de 50?

El siguiente programa de computadora simula la nave espacial que pasa por las estrellas. Tienes que estimar en qué momento crees que has visto pasar 50 estrellas. La computadora indicará cuán acertada estuvo tu estimación en relación a la cantidad verdadera de estrellas.

```
10 G = 0
20 PRINT:PRINT:PRINT"CUENTA DE ESTRELLAS":PRINT"INTENTA DETERMINAR
EL NUMERO DE ESTRELLAS QUE VES":PRINT"PASAR. PARA EMPEZAR, ESCRIBE
'COMIENZA' Y"
30 INPUT "PRESIONA <RETURN>. ";G$
40 N = 0:PRINT:PRINT
50 Z = INT (10000*RND (1) + 1)
60 K = INT (70*RND (1) + 1)
70 PRINT TAB(K)"*":N = N + 1
80 IF N > SQR (Z) THEN 100
90 GOTO 60
100 PRINT:PRINT:PRINT:INPUT"ESTIMA EL NUMERO DE ESTRELLAS. ";E
110 PRINT"HABIA "; N;" ESTRELLAS."
120 IF N = E THEN GOSUB 180:GOTO 140
130 PRINT "LA DIFERENCIA ENTRE TU ESTIMACION Y EL NUMERO VERDADERO
ES ";ABS (N - E);" ESTRELLAS.":G = G + 1
140 PRINT:PRINT"FIN DEL JUEGO"
150 INPUT "QUIERES INTENTARLO DE NUEVO? (S/N) "Y$
160 IF LEFT$ (Y$,1) = "S" THEN GOTO 20
170 END
180 PRINT:PRINT"GANAS 100 ESTRELLAS POR HABER ADIVINADO LA":
PRINT"CANTIDAD CORRECTA.":PRINT
190 FOR P = 1 TO 5
200 FOR N = 1 TO 20:PRINT"*";:NEXT N
210 PRINT:NEXT P
220 RETURN
```

Estima promedios

¿Qué estado de los Estados Unidos tiene una superficie que se aproxima a la superficie promedio? Dado que hay 50 estados, no es fácil contestar esta pregunta. La lista muestra la superficie de los primeros 8 estados en orden alfabético. ¿Cuánto estimas será la superficie promedio de los 8 estados? ¿Qué estado se acerca más este promedio?

Tardarías mucho en sacar el promedio de superficie de los 50 estados de los Estados Unidos con papel y lápiz. Con el siguiente programa de computadora y los datos que encuentres respecto a la superficie de los diferentes estados, puedes hallar rápidamente la solución al problema.

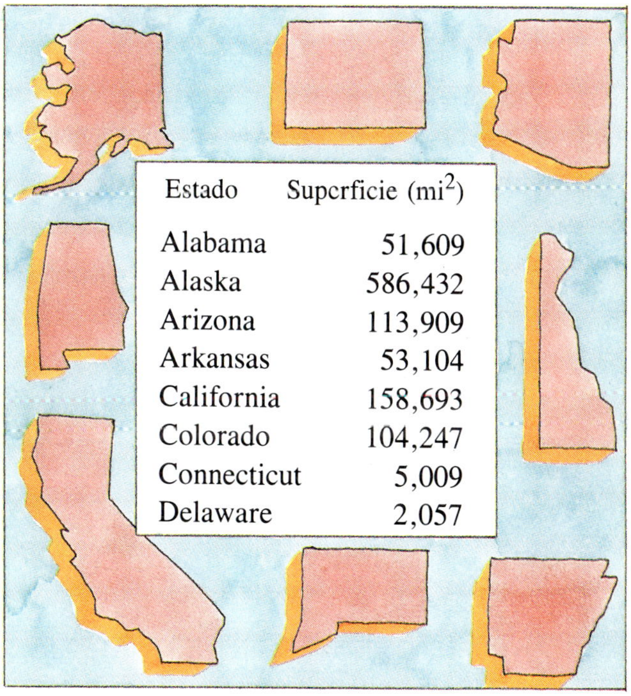

Estado	Superficie (mi^2)
Alabama	51,609
Alaska	586,432
Arizona	113,909
Arkansas	53,104
California	158,693
Colorado	104,247
Connecticut	5,009
Delaware	2,057

```
10 GOSUB 110
20 PRINT:PRINT"¿DE CUANTOS NUMEROS QUIERES SACAR":INPUT"EL
PROMEDIO? ";N
30 PRINT"ESCRIBE CADA NUMERO Y PRESIONA <RETURN>."
40 T = 0:C = 0
50 FOR X = 1 TO N:INPUT E: T = T + E:NEXT X
55 PRINT:INPUT"¿PROMEDIO ESTIMADO? ";A:PRINT
60 PRINT"ESTIMACION";TAB( 12)"PROMEDIO";TAB( 24)"DIFERENCIA"
65 PRINT A;TAB( 12)T/N; TAB( 24) ABS (T/N - A)
70 PRINT:INPUT"¿QUIERES SACAR EL PROMEDIO DE MAS NUMEROS? (S/N) ";Y$
80 IF LEFT$(Y$,1) = "S" THEN 20
100 END
110 PRINT"ESTIMA PROMEDIOS"
120 PRINT"ESCRIBE DE CUANTOS NUMEROS QUIERES":PRINT"SACAR EL
PROMEDIO. LUEGO ESCRIBE CADA NUMERO. LA":PRINT"COMPUTADORA
CALCULARA EL PROMEDIO."
130 RETURN
```

COMPUTADORA

Adivina y verifica

Roxie pensó en dos números. Le dijo a Larry que la suma de los dos números era 21 y su producto era 108. Larry intentó usar la estrategia de Adivina y verifica para hallar los dos números.

Él pensó: $10 + 11 = 21$, pero $10 \times 11 = 110$. La suma era correcta pero el producto era demasiado grande. Pensó que estaba cerca de los dos números, así que tendría que intentar adivinar otra vez y verificar.

¿Cuáles crees que eran los dos números de Roxie?

Puedes usar el siguiente programa de computadora para practicar la estrategia de Adivina y verifica.

```
10 PRINT:PRINT:PRINT"ESTRATEGIA DE ADIVINA Y VERIFICA"
20 A = INT (10*RND(1) + 1):B = INT(20*RND(1) + 1)
30 PRINT"LA SUMA DE DOS NUMEROS ES ";A + B;"."
40 PRINT"EL PRODUCTO DE LOS DOS NUMEROS ES" ;A * B;"."
50 PRINT"USA LA ESTRATEGIA DE ADIVINA Y VERIFICA PARA":PRINT"HALLAR
LOS DOS NUMEROS."
60 PRINT:INPUT"EL PRIMER NUMERO = ";F:INPUT"EL SEGUNDO NUMERO = ";S
70 PRINT:PRINT"LA SUMA = ";F + S,"EL PRODUCTO = ";F*S
80 IF A = F AND B = S OR A = S AND B = F THEN GOTO 110
90 PRINT:PRINT"NO ES CORRECTO.":INPUT"¿QUIERES INTENTAR DE NUEVO?
(S/N) ";Y$:IF LEFT$(Y$,1) = "Y" THEN PRINT:PRINT:GOTO 30
100 GOTO 120
110 PRINT:PRINT"HALLASTE LOS DOS NUMEROS."
120 INPUT"¿QUIERES INTENTAR OTRO PROBLEMA? (S/N) ";Y$
130 IF LEFT$(Y$,1) = "S" THEN 10
140 END
```

Estima la longitud

Estima en pies la longitud y el ancho de tu salón de clases. Mide la longitud y el ancho para obtener las medidas exactas. ¿Son acertadas tus estimaciones?

Es importante desarrollar destrezas de estimación. Con el siguiente programa de computadora podras practicar cómo estimar usando el largo de segmentos que no están marcados con una medida unitaria.

```
10 U = INT (6*RND(1) + 3)
20 S = INT (78*RND(1) + 1)
30 IF S < U THEN 10
40 L = INT (S/U * 10)/10
50 PRINT:PRINT:FOR N = 1 TO U:PRINT ";:NEXT N:PRINT" 1 UNIDAD":PRINT:
PRINT:FOR N = 1 TO S:PRINT"—";:NEXT N
60 PRINT:PRINT:GOSUB 150:PRINT:INPUT"¿CUANTO ESTIMAS? ";E
70 PRINT:PRINT"LONGITUD","EST.","DIF."
80 PRINT L,E,ABS (L - E)
90 PRINT:INPUT"¿INTENTAS DE NUEVO? (S/N) "Y$
100 IF LEFT$ (Y$,1) = "S" THEN 10
130 END
150 PRINT"ESTIMA EL LARGO":PRINT"USA EL SEGMENTO UNITARIO
MOSTRADO PARA ESTIMAR"
160 PRINT "LA LONGITUD DEL SEGMENTO NO MARCADO A":PRINT"LA
DECIMA DE UNIDAD MAS CERCANA."
170 RETURN
```

COMPUTADORA

Fracciones irreducibles

Había 93,279 personas en el estadio para el partido de fútbol americano. Se repartieron 186 entradas gratis. ¿Qué parte del número total de concurrentes recibió entradas gratis?

Estima con una fracción simple qué parte del total de concurrentes recibió entradas gratis. Luego intenta hallar la fracción irreducible.

Para hallar la fracción irreducible, puedes dividir el numerador y el denominador por su máximo común divisor (mcd). Para números grandes, el mcd podría resultar difícil de hallar. Tendrías que dividir repetidas veces entre factores más pequeños. El siguiente programa de computadora ejecuta la operación con rapidez y exactitud.

```
10 GOSUB 200
20 PRINT:INPUT"ENTRA EL NUMERADOR ";N
30 PRINT:INPUT"ENTRA EL DENOMINADOR ";D
40 PRINT:PRINT"¿POR QUE NUMERO PUEDEN DIVIDIRSE AMBOS "N:PRINT"Y "D
" EXACTAMENTE?":INPUT X
50 A = N/X: IF INT(A) < > N/X THEN PRINT X"NO ES DIVISIBLE POR "N
"EXACTAMENTE.":PRINT"INTENTA DE NUEVO.":GOTO 40
60 B = D/X: IF INT (B) < > D/X THEN PRINT X" NO ES DIVISIBLE ENTRE "D
"EXACTAMENTE.":PRINT"INTENTA DE NUEVO.":GOTO 40
70 PRINT:PRINT:PRINT"LA NUEVA FRACCION ES "A"/"B"."
80 PRINT"¿QUIERES SIMPLIFICAR "A"/"B" OTRA VEZ? (S/N) ":INPUT Y$
90 N = A:D = B: IF LEFT$ (Y$,1) = "S" THEN 40
100 PRINT:INPUT"¿SIMPLIFICA UNA NUEVA FRACCION? (S/N) ";Y$
110 IF LEFT$(Y$,1) ="S" THEN GOTO 20:PRINT
120 END
200 PRINT"FRACCIONES IRREDUCIBLES"
210 PRINT"USA ESTE PROGRAMA COMO AYUDA PARA HALLAR FRACCIONES"
220 PRINT"IRREDUCIBLES. NO TE OLVIDES DE CONTINUAR"
230 PRINT"DIVIDE HASTA QUE EL NUMERADOR Y"
240 PRINT"EL DENOMINADOR SOLO TENGAN 1 COMO FACTOR":PRINT"COMUN."
250 RETURN
```

Medianas

A Mary Ann le gustaba leer sobre equipos y jugadores de béisbol. Encontró esta lista de estadios de la Liga Nacional que muestra capacidad en asientos. Podía seleccionar los números para hallar el estadio más grande y el más pequeño. Hallar un estadio de capacidad mediana requería ordenar los números de menor a mayor para determinar el número en el medio.

¿Cuál es la mediana de capacidad de los estadios de béisbol?

A veces es difícil agrupar una lista larga de números y colocarlos en orden por tamaño. El siguiente programa de computadora agrupará los números y calculará con rapidez y exactitud la mediana de los números.

Estadios de la Liga Nacional

Estadio	Lugares
Atlanta Stadium	52,744
Wrigley Field	37,741
Riverfront Stadium	51,786
Astrodome	45,000
Dodger Stadium	56,000
Olympic Stadium	60,000
Shea Stadium	55,300
Veterans Stadium	56,581
Three Rivers Stadium	50,230
Busch Memorial Sta.	50,101
San Diego Stadium	48,460
Candlestick Park	58,000

```
10 PRINT:PRINT:PRINT"MEDIANAS":PRINT"DA CUANTOS NUMEROS QUIERES Y
ESCRIBELOS:"PRINT"EN CUALQUIER ORDEN. LA COMPUTADORA":PRINT
"AGRUPARA LOS NUMEROS Y DARA LA MEDIANA."
20 PRINT:INPUT"¿CUANTOS NUMEROS QUIERES? ";N:DIM X(N)
30 PRINT"ESCRIBE CADA NUMERO Y PRESIONA <RETURN>."
40 FOR I = 1 TO N:PRINT I;:INPUT X(I):NEXT I:PRINT
50 FOR I = 1 TO N - 1
60 FOR J = 1 TO N -1
70 IF X(J) < = X(J + 1) THEN GOTO 90
80 T = X(J):X(J) = X(J + 1):X(J + 1) = T
90 NEXT J
100 NEXT I
110 PRINT"LOS "N" NUMEROS EN ORDEN SON:"
120 FOR I = 1 TO N:PRINT I,:PRINT X(I):NEXT I
130 PRINT:IF INT (N/2) < > N/2 THEN PRINT"LA MEDIANA ES";X(INT (N/2) + 1):
GOTO 150
140 PRINT"LA MEDIANA ES "(X(N/2) + X((N/2) + 1))/2
150 END
```

Simula un experimento de probabilidad

Carlos quería usar una ruleta dividida 10 secciones iguales para resolver un problema de probabilidad. Quería hallar cuántas veces cada número del 1 al 10 saldría en 100 vueltas. No tenía ruleta y pensaba que este experimento tardaría mucho en terminarse.

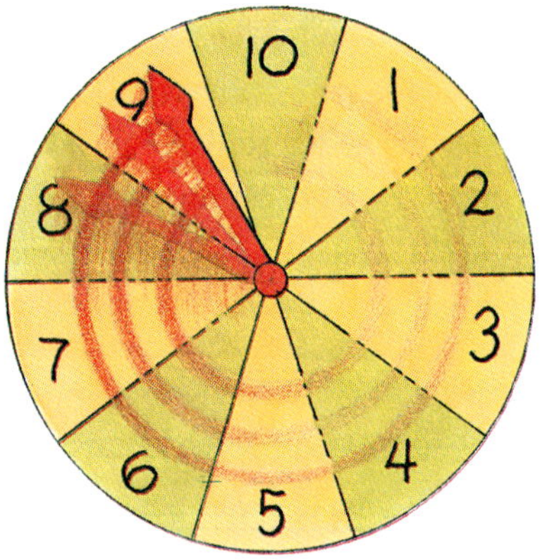

¿Cuántas veces predices que saldría cada número?

Las computadoras pueden ser programadas para simular problemas de probabilidad. El programa siguiente puede usarse para simular una ruleta con cualquier cantidad de secciones de tamaño igual. Al escoger una ruleta con 2 secciones, se simula el lanzamiento de una moneda. Al escoger una con 6 secciones, se simula el lanzamiento de un dado. Se pueden fijar cualquier número de pruebas.

```
10 PRINT"RULETA DE PROBABILIDADES":PRINT"ESTE ES UN EXPERIMENTO DE
PROBABILIDAD.":PRINT"ESCOGE UNA RULETA CON CUALQUIER NUMERO
DE":PRINT"SECCIONES IGUALES. ESCOGE CUALQUIER NUMERO DE":PRINT"
VUELTAS. LA COMPUTADORA DARA RAPIDAMENTE":PRINT"EL RESULTADO."
20 PRINT:INPUT"¿CUANTOS SECTORES DE TAMAÑO IGUAL? ";X
30 DIM D(X)
40 FOR N = 1 TO X:D(N) = 0:NEXT N
50 INPUT"¿CUANTAS VECES QUIERES HACERLA GIRAR? ";Y:PRINT
60 FOR I = 1 TO Y:R = INT (X * RND(1)) + 1
70 LET D(R) = D(R) + 1:NEXT I
80 PRINT"NUMERO","FRECUENCIA"
90 FOR N = 1 TO X:PRINT N,D(N):NEXT N
100 PRINT:INPUT"¿QUIERES INTENTAR DE NUEVO? (S/N) ";Y$
110 IF LEFT$ (Y$,1) ="S" THEN PRINT:GOTO 10
120 END
```

COMPUTADORA

Descomposición en factores primos

Una empresa grande pensaba dar un premio a su millonésimo cliente. El número de Rita era el que seguía. Rita dijo: “Creo que 1,000,001 era un número primo, así que yo también debo recibir un premio”. ¿Tenía razón Rita al decir que 1,000,001 era un número primo?

Puede ser difícil determinar si un número grande como 1,000,001 es un número primo. El siguiente programa de computadora hallará los factores primos de cualquier número que elijas. Puedes verificar 1,000,001 con el programa.

```
10 GOSUB 200
20 INPUT“HALLA LOS FACTORES PRIMOS DE UN NUMERO. ”X:X1 = X
30 PRINT:PRINT“DIVIDE “X” POR UN NUMERO PRIMO.”
40 INPUT D:IF D = 1 THEN 160
50 IF D = 2 THEN 70
60 GOSUB 120
70 Q = X/D
80 IF Q < > INT (Q) THEN PRINT D“ NO ES DIVISIBLE ENTRE ”X:GOTO 30
90 N = N + 1:F(N) = D
100 PRINT X“/”D“ = ”Q:IF Q = 1 THEN 170
110 X = Q : GOTO 30
120 FOR C = 2 TO D − 1
130 IF D/C = INT (D/C) THEN 160
140 NEXT C
150 RETURN
160 PRINT D“NO ES UN NUMERO PRIMO.”:GOTO 30
170 PRINT:PRINT“FACTORES PRIMOS DE “X1” SON:”:FOR J = 1 TO N−1:PRINT
F(J)“,”;:NEXT J:PRINT F(N): PRINT:INPUT”¿QUIERES INTENTAR DE NUEVO? (S/N) ”;Y$
180 IF LEFT$(Y$,1) = “S” THEN PRINT:GOTO 10
190 END
200 PRINT:PRINT:PRINT“DESCOMPON EN NUMEROS PRIMOS”
210 PRINT“USA ESTE PROGRAMA COMO AYUDA PARA HALLAR LOS FACTORES”
220 PRINT“PRIMOS DE UN NUMERO. USA LAS REGLAS DE”
230 PRINT“DIVISIBILIDAD PARA ESCOGER LOS DIVISORES PRIMOS.”:PRINT “LAS
MEJORES ELECCIONES SON 2 O 3.”:PRINT
240 RETURN
```

BANCO DE MÁS PRÁCTICA

Grupo A   Para usar después de la página 5

Escribe los números en forma desarrollada.

1. 748   **2.** 3,602   **3.** 4,500   **4.** 7,468

Da cada número en la forma usual.

5. 8,000 + 500 + 30 + 8   **6.** 9,000 + 600 + 20 + 7

Grupo B   Para usar después de la página 7

Escribe los números en la forma usual.

1. 3,000,000,000 + 800,000,000 + 40,000,000 + 6,000,000

2. seiscientos cuarenta y nueve millones, trescientos cincuenta y cuatro mil

Grupo C   Para usar después de la página 9

Escribe >, < o = en cada ▒.

1. 1,043 ▒ 1,403   **2.** 36,455 ▒ 36,455   **3.** 9,003 ▒ 8,973

Ordena de mayor a menor.

4. 408,577; 488,700; 48,980

Ordena de menor a mayor.

5. 98,501; 10,999; 103,275

Grupo D   Para usar después de la página 13

Usa números compatibles para calcular mentalmente.

1. 25 + 16 + 6   **2.** 40 + 58 + 80   **3.** 15 + 55 + 35

Descompón los números para resolver mentalmente.

4. 4 × 14   **5.** 3 × 19   **6.** 18 × 5   **7.** 64 × 6

Grupo E   Para usar después de la página 14

Resuelve.

1. 21 ÷ (8 − 1)   **2.** 5 + 15 ÷ 3   **3.** 36 − 4 × 8   **4.** 6 ÷ 3 × 2

BANCO DE MÁS PRÁCTICA

Grupo A Para usar después de la página 17

Redondea para estimar al millar más cercano.

1. 1,050 + 3,760	**2.** 2,500 + 1,431	**3.** 1,329 + 6,727	**4.** 6,117 + 5,089	**5.** 7,277 + 3,941

Redondea para estimar al dólar más cercano.

6. $1.48 + 6.72	**7.** $7.75 + 3.25	**8.** $3.80 + 4.50	**9.** $1.85 + 9.17	**10.** $4.27 + 1.88

Grupo B Para usar después de la página 19

Halla las sumas o las diferencias.

1. 7,264 + 1,966	**2.** 18,426 + 54,219	**3.** 33,427 + 18,916	**4.** 7,563 − 2,088	**5.** 4,920 − 1,377

Grupo C Para usar después de la página 33

Escribe el decimal.

1. siete décimas

2. uno y tres décimas

3. veintiuna centésimas

Pon en palabras cada uno de los siguientes decimales.

4. 0.6 **5.** 3.7 **6.** 32.6 **7.** 40.16

Grupo D Para usar después de la página 35

Escribe el decimal.

1. quinientos ochenta y nueve milésimas

2. dos y quinientas seis milésimas

Pon en palabras cada uno de los siguientes decimales.

3. 3.678 **4.** 0.525 **5.** 0.402 **6.** 8.005

BANCO DE MÁS PRÁCTICA

Grupo A Para usar después de la página 37

Indica los números que faltan.

1. 2 cm = ▥ m **2.** 7,500 cm = ▥ m **3.** 350 cm = ▥ m

4. 4,500 m = ▥ km **5.** 4.3 km = ▥ m **6.** 2,400 dm = ▥ m

Grupo B Para usar después de la página 41

Escribe el decimal.

1. siete y seiscientas veintitrés cienmilésimas

2. veinticuatro y siete mil sesenta y dos diezmilésimas

3. novecientos setenta y cinco cienmilésimas

4. ochocientos cincuenta y seis milésimas

5. cinco y veintisiete diezmilésimas

Grupo C Para usar después de la página 43

Escribe >, < o = para cada ▥.

1. 0.44 ▥ 0.43 **2.** 3.98 ▥ 3.89 **3.** 1.99 ▥ 1.0 **4.** 7 ▥ 8.7 **5.** 1.6 ▥ 1.4999

Ordena de mayor a menor.

6. 3.206; 3.026; 2.930; 1.500; 4.086 **7.** 0.677; 0.855; 0.760; 0.078; 0.541

Grupo D Para usar después de la página 44

Redondea a la décima más cercana.

1. 6.25 **2.** 0.19 **3.** 5.917 **4.** 0.08 **5.** 0.459

Grupo E Para usar después de la página 49

Redondea al número entero más cercano para estimar.

1. $\begin{array}{r} 20.35 \\ +\ 8.76 \\ \hline \end{array}$ **2.** $\begin{array}{r} 9.768 \\ +\ 6.547 \\ \hline \end{array}$ **3.** $\begin{array}{r} 16.3 \\ -\ 8.9 \\ \hline \end{array}$ **4.** $\begin{array}{r} 14.7 \\ -\ 6.8 \\ \hline \end{array}$ **5.** $\begin{array}{r} 17.89 \\ -\ 9.42 \\ \hline \end{array}$

BANCO DE MÁS PRÁCTICA

Grupo A Para usar después de la página 51

Suma o resta.

1. $\begin{array}{r} 17.2 \\ 11.8 \\ +\ 9.5 \\ \hline \end{array}$

2. $\begin{array}{r} 42.1 \\ 118.06 \\ +\ 1.97 \\ \hline \end{array}$

3. $\begin{array}{r} 7.335 \\ 0.862 \\ 9.577 \\ +\ 1.086 \\ \hline \end{array}$

4. $\begin{array}{r} 1{,}546.12 \\ -\ 996.85 \\ \hline \end{array}$

5. $\begin{array}{r} \$798.05 \\ -\ 36.54 \\ \hline \end{array}$

Grupo B Para usar después de la página 63

Halla los productos.

1. 9×10
2. 300×4
3. $6 \times 2{,}000$
4. 7×100
5. $4{,}000 \times 9$

Redondea y calcula mentalmente para estimar cada producto.

6. $\begin{array}{r} 267 \\ \times\ 3 \\ \hline \end{array}$

7. $\begin{array}{r} 195 \\ \times\ 4 \\ \hline \end{array}$

8. $\begin{array}{r} 55 \\ \times\ 54 \\ \hline \end{array}$

9. $\begin{array}{r} 366 \\ \times\ 42 \\ \hline \end{array}$

10. $\begin{array}{r} 92 \\ \times\ 45 \\ \hline \end{array}$

Grupo C Para usar después de la página 75

Multiplica.

1. $\begin{array}{r} 0.03 \\ \times\ 0.2 \\ \hline \end{array}$

2. $\begin{array}{r} 0.004 \\ \times\ 8 \\ \hline \end{array}$

3. $\begin{array}{r} 0.05 \\ \times\ 0.6 \\ \hline \end{array}$

4. $\begin{array}{r} 15 \\ \times\ 0.003 \\ \hline \end{array}$

5. $\begin{array}{r} 0.6 \\ \times\ 0.02 \\ \hline \end{array}$

Grupo D Para usar después de la página 77

Multiplica.

1. $\begin{array}{r} 3.4 \\ \times\ 0.6 \\ \hline \end{array}$

2. $\begin{array}{r} 0.005 \\ \times\ 6 \\ \hline \end{array}$

3. $\begin{array}{r} 0.04 \\ \times\ 0.03 \\ \hline \end{array}$

4. $\begin{array}{r} 1.5 \\ \times\ 0.6 \\ \hline \end{array}$

5. $\begin{array}{r} 0.4 \\ \times\ 0.04 \\ \hline \end{array}$

Multiplica.

6. 424×0.006
7. 0.67×10
8. 40×0.06
9. 0.009×8
10. 1.28×0.70

Grupo E Para usar después de la página 81

Halla la forma usual de los números.

1. 3^5
2. 11^5
3. 23^2
4. 34^3
5. 5^4

Banco de Más práctica

Grupo A Para usar después de la página 83

Escribe todos los factores de cada número. Luego indica si es *primo* o *compuesto.*

1. 7 **2.** 36

3. 23 **4.** 87

Grupo B Para usar después de la página 95

Divide y verifica.

1. 630 ÷ 9 **2.** 450 ÷ 5 **3.** 360 ÷ 4 **4.** 540 ÷ 6

5. 1,200 ÷ 3 **6.** 2,400 ÷ 8 **7.** 4,200 ÷ 6 **8.** 3,000 ÷ 5

Grupo C Para usar después de la página 97

Estima los cocientes. Escoge números compatibles.

1. $4\overline{)172}$ **2.** $5\overline{)361}$ **3.** $7\overline{)222}$ **4.** $9\overline{)537}$ **5.** $8\overline{)423}$ **6.** $3\overline{)266}$

Grupo D Para usar después de la página 99

Divide y verifica.

1. $4\overline{)184}$ **2.** $7\overline{)457}$ **3.** $2\overline{)130}$ **4.** $3\overline{)232}$ **5.** $5\overline{)194}$

Grupo E Para usar después de la página 103

Halla los promedios al entero más cercano.

1. 34, 22, 29 **2.** 17, 11, 25, 26 **3.** 43, 26, 25, 33

4. 48, 26, 15, 34, 60 **5.** 23, 19, 71, 22, 42

Grupo F Para usar después de la página 107

Halla los cocientes.

1. $75\overline{)11{,}400}$ **2.** $43\overline{)23{,}944}$ **3.** $67\overline{)385}$

4. $25\overline{)28{,}591}$ **5.** $52\overline{)18{,}627}$ **6.** $34\overline{)43{,}207}$

BANCO DE MÁS PRÁCTICA

Grupo A Para usar después de la página 108

Redondea para estimar cada cociente.

1. $41.98 \div 7.16$ **2.** $16.43 \div 3.98$ **3.** $19.997 \div 5.08$

4. $62.76 \div 6.84$ **5.** $48.11 \div 6.43$ **6.** $26.50 \div 2.84$

Grupo B Para usar después de la página 113

Divide.

1. $2\overline{)1.888}$ **2.** $5\overline{)15.6}$ **3.** $3\overline{)20.4}$ **4.** $4\overline{)217.2}$ **5.** $6\overline{)14.88}$

6. $7\overline{)9.59}$ **7.** $9\overline{)4.41}$ **8.** $2\overline{)17.04}$ **9.** $9\overline{)248.4}$ **10.** $4\overline{)6.92}$

Grupo C Para usar después de la página 117

Halla los cocientes. Redondea a la décima más cercana.

1. $3\overline{)14}$ **2.** $6\overline{)17}$ **3.** $17\overline{)6.35}$ **4.** $23\overline{)85}$

Redondea a la centésima o al centavo más cercano.

5. $7\overline{)36}$ **6.** $17\overline{)5}$ **7.** $5\overline{)\$2.17}$ **8.** $28\overline{)\$78.22}$

Grupo D Para usar después de la página 121

Divide. Redondea a la centésima más cercana cuando sea necesario.

1. $4.3\overline{)14.85}$ **2.** $0.5\overline{)28.06}$ **3.** $0.53\overline{)3.352}$

4. $3.4\overline{)108}$ **5.** $0.75\overline{)8}$ **6.** $0.64\overline{)5.893}$

Grupo E Para usar después de la página 135

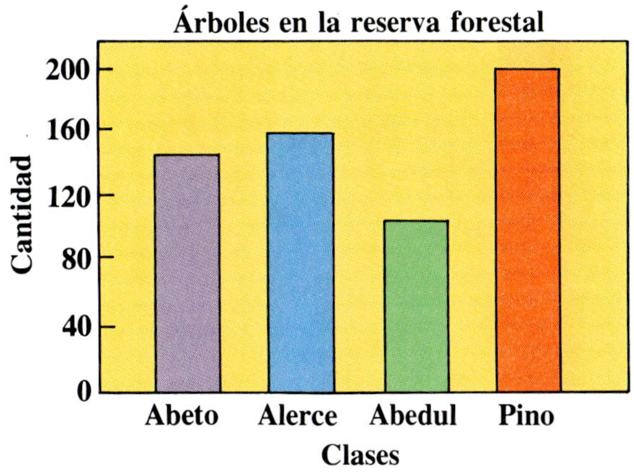

1. ¿Cuál es el rango aproximado de los números representado en esta gráfica?

2. ¿Cuántos intervalos hay?

3. ¿Cuál es el número de unidades en cada intervalo?

4. Crea una escala para los datos de esta gráfica en la que se omitan los números menores de 80.

Grupo A Para usar después de la página 137

Semana	Abdominales
0	0
1	6
2	18
3	22
4	31
5	21

1. La tabla muestra el numero de abdominales que hizo Anne en cinco semanas. Usa los datos para hacer una gráfica lineal.

2. ¿En qué semana mejoró más Anne en comparación con la anterior?

Grupo B Para usar después de la página 139

Actividad	Tiempo
jugar con el perro	0.24
leer	0.38
escuchar música	0.13
jugar a patear un bote	0.25

1. Esta tabla muestra cuánto tiempo pasó Juan el martes en sus actividades fuera de clases. Usa los datos para hacer una gráfica circular.

2. ¿En qué actividad pasó Juan más tiempo? ¿En cuáles pasó aproximadamente la misma cantidad de tiempo?

Grupo C Para usar después de la página 147

Halla la media, la mediana y la moda de los siguientes grupos de números.

1. 42, 54, 31, 33, 54 **2.** 23, 19, 14, 23 **3.** 25, 30, 29, 18, 22, 29

Grupo D Para usar después de la página 163

Indica las próximas tres fracciones equivalentes.

1. $\frac{3}{5}$ **2.** $\frac{1}{6}$ **3.** $\frac{2}{7}$ **4.** $\frac{1}{5}$

Halla el numerador que falta.

5. $\frac{1}{3} = \frac{▥}{18}$ **6.** $\frac{3}{8} = \frac{▥}{16}$ **7.** $\frac{1}{4} = \frac{▥}{20}$ **8.** $\frac{3}{5} = \frac{▥}{15}$

BANCO DE MÁS PRÁCTICA

Grupo A Para usar después de la página 165

Halla el máximo común divisor.

1. 9, 18 **2.** 12, 21 **3.** 5, 30 **4.** 9, 16 **5.** 12, 18

6. 32, 36 **7.** 20, 30 **8.** 7, 21 **9.** 36, 48 **10.** 15, 27

Grupo B Para usar después de la página 167

Reduce a forma irreducible.

1. $\frac{9}{12}$ **2.** $\frac{10}{12}$ **3.** $\frac{3}{24}$ **4.** $\frac{10}{15}$ **5.** $\frac{14}{21}$ **6.** $\frac{4}{16}$

Grupo C Para usar después de la página 169

Halla el mínimo común denominador de cada par de fracciones.

1. $\frac{1}{6}, \frac{2}{3}$ **2.** $\frac{1}{4}, \frac{1}{12}$ **3.** $\frac{1}{10}, \frac{4}{15}$ **4.** $\frac{2}{3}, \frac{4}{8}$ **5.** $\frac{1}{3}, \frac{3}{5}$ **6.** $\frac{2}{3}, \frac{1}{4}$

Grupo D Para usar después de la página 171

Escribe el símbolo correcto, >, < o = para cada ▒.

1. $\frac{3}{9}$ ▒ $\frac{3}{4}$ **2.** $\frac{3}{4}$ ▒ $\frac{1}{16}$ **3.** $\frac{2}{6}$ ▒ $\frac{3}{9}$ **4.** $\frac{2}{5}$ ▒ $\frac{3}{4}$

Ordena de menor a mayor.

5. $\frac{2}{3}, \frac{3}{4}, \frac{2}{5}$ **6.** $\frac{2}{5}, \frac{1}{3}, \frac{5}{9}$ **7.** $\frac{6}{7}, \frac{3}{5}, \frac{2}{3}$

Grupo E Para usar después de la página 172

Escribe como número entero o mixto. Reduce a forma irreducible.

1. $\frac{9}{4}$ **2.** $\frac{15}{2}$ **3.** $\frac{12}{10}$ **4.** $\frac{11}{4}$ **5.** $\frac{10}{3}$ **6.** $\frac{6}{2}$

Escribe cada número mixto como una fracción impropia.

7. $5\frac{1}{6}$ **8.** $1\frac{3}{10}$ **9.** $8\frac{3}{5}$ **10.** $9\frac{1}{3}$ **11.** $6\frac{2}{7}$ **12.** $3\frac{4}{9}$

BANCO DE MÁS PRÁCTICA

Grupo A Para usar después de la página 179

Escribe estas fracciones como decimales.

1. $\frac{1}{2}$ 2. $\frac{1}{4}$ 3. $\frac{1}{5}$ 4. $\frac{1}{8}$ 5. $\frac{2}{5}$

6. $\frac{3}{5}$ 7. $\frac{4}{5}$ 8. $\frac{3}{8}$ 9. $\frac{5}{8}$ 10. $\frac{7}{8}$

Grupo B Para usar después de la página 191

Halla las sumas y las diferencias. Reduce a forma irreducible.

1. $2\frac{1}{3} + \frac{1}{3}$

2. $3\frac{2}{10} + \frac{1}{10}$

3. $\frac{2}{8} + \frac{4}{8}$

4. $\frac{1}{6} + \frac{3}{6}$

5. $4\frac{5}{12} - 2\frac{1}{12}$

6. $6\frac{4}{5} - 1\frac{2}{5}$

7. $1\frac{7}{8} - \frac{3}{8}$

8. $2\frac{1}{6} + 1\frac{5}{6}$

Grupo C Para usar después de la página 195

Estima cada suma y diferencia.

1. $1\frac{1}{4} + 2\frac{1}{5}$ 2. $6\frac{2}{5} + 4\frac{3}{10}$ 3. $10\frac{1}{2} + 1\frac{7}{8}$

4. $5\frac{2}{3} - 3\frac{1}{4}$ 5. $8\frac{1}{3} - 2\frac{1}{12}$

Grupo D Para usar después de la página 199

Suma o resta.

1. $\frac{1}{6} + \frac{1}{3}$

2. $\frac{3}{4} + \frac{1}{2}$

3. $\frac{1}{4} + \frac{3}{8}$

4. $\frac{7}{8} - \frac{5}{6}$

5. $\frac{7}{10} - \frac{33}{100}$

BANCO DE MÁS PRÁCTICA

Grupo A Para usar después de la página 203

Suma. Reduce a forma irreducible.

1. $3\frac{1}{10} + 2\frac{3}{5}$

2. $8\frac{1}{6} + 2$

3. $21\frac{7}{10} + 19\frac{1}{5}$

4. $8\frac{3}{10} + 62\frac{1}{4}$

5. $20\frac{1}{6} + 40\frac{1}{4}$

Grupo B Para usar después de la página 205

Resta. Reduce a forma irreducible.

1. $35\frac{2}{3} - 1\frac{1}{12}$

2. $37\frac{7}{10} - 24\frac{1}{2}$

3. $26\frac{4}{5} - 12\frac{1}{2}$

4. $20\frac{5}{8} - 14\frac{3}{16}$

5. $67\frac{5}{8} - 14\frac{1}{3}$

Grupo C Para usar después de la página 207

Calcula mentalmente las sumas y diferencias.

1. $2\frac{3}{5} + \frac{1}{5} + 7\frac{2}{5}$

2. $6\frac{3}{4} + 6\frac{5}{8} + \frac{1}{8}$

3. $\frac{7}{12} + 2\frac{1}{6} + 5\frac{2}{3}$

4. $6 - 5\frac{5}{6}$

5. $15 - 4\frac{7}{10}$

6. $22 - 10\frac{5}{8}$

Grupo D Para usar después de la página 219

Calcula mentalmente cada respuesta.

1. $\frac{2}{3}$ de 9

2. $\frac{3}{5}$ de 25

3. $\frac{1}{8}$ de 32

4. $\frac{3}{8}$ de 72

5. $\frac{5}{6}$ de 36

6. $\frac{3}{4}$ de 36

7. $\frac{1}{4}$ de 20

8. $\frac{1}{2}$ de 50

9. $\frac{3}{8}$ de 24

BANCO DE MÁS PRÁCTICA

Grupo A Para usar después de la página 223

Multiplica. Escribe el producto como fracción irreducible.

1. $\frac{2}{3} \times \frac{1}{4}$ **2.** $4 \times \frac{1}{2}$ **3.** $\frac{2}{5} \times \frac{5}{8}$ **4.** $\frac{2}{3} \times 6$

5. $\frac{3}{5} \times \frac{5}{3}$ **6.** $5 \times \frac{3}{10}$ **7.** $\frac{4}{7} \times \frac{7}{4}$ **8.** $\frac{5}{8} \times 24$

Grupo B Para usar después de la página 226

Redondea para estimar cada producto.

1. $19\frac{7}{8} \times 4\frac{5}{6}$ **2.** $8\frac{3}{4} \times 5\frac{1}{2}$ **3.** $7\frac{5}{8} \times 5\frac{5}{7}$

4. $31\frac{9}{12} \times 4\frac{3}{7}$ **5.** $1\frac{9}{10} \times 8\frac{1}{8}$ **6.** $16\frac{7}{9} \times 12\frac{6}{11}$

Grupo C Para usar después de la página 229

Multiplica.

1. $1\frac{1}{2} \times 3\frac{1}{2}$ **2.** $2\frac{1}{3} \times 2\frac{1}{2}$ **3.** $\frac{2}{3} \times 1\frac{1}{4}$ **4.** $1\frac{1}{2} \times 3\frac{2}{3}$

5. $4 \times 1\frac{2}{5}$ **6.** $3\frac{1}{3} \times 1\frac{1}{5}$ **7.** $2\frac{2}{5} \times 1\frac{1}{9}$ **8.** $1\frac{2}{3} \times 3\frac{1}{5}$

Grupo D Para usar después de la página 233

Divide.

1. $\frac{1}{6} \div \frac{1}{8}$ **2.** $\frac{1}{2} \div \frac{2}{3}$ **3.** $\frac{3}{4} \div \frac{1}{3}$

4. $6 \div \frac{5}{8}$ **5.** $\frac{7}{10} \div 8$ **6.** $\frac{9}{10} \div \frac{2}{5}$

Grupo E Para usar después de la página 235

Divide.

1. $3\frac{3}{5} \div 2$ **2.** $5\frac{3}{4} \div 2\frac{2}{3}$ **3.** $4\frac{1}{2} \div 1\frac{1}{3}$

4. $8\frac{1}{2} \div 3\frac{1}{5}$ **5.** $\frac{1}{8} \div 3\frac{1}{6}$ **6.** $7\frac{1}{5} \div 1\frac{1}{5}$

BANCO DE MÁS PRÁCTICA

Grupo A Para usar después de la página 249

Da el número de caras, aristas y vértices.

1.

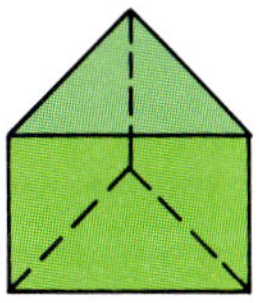

Prisma triangular
- ____ caras
- ____ vértices
- ____ aristas

2.

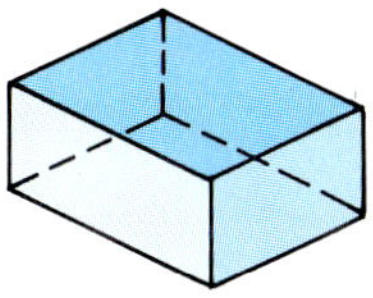

Prisma rectangular
- ____ caras
- ____ vértices
- ____ aristas

3.

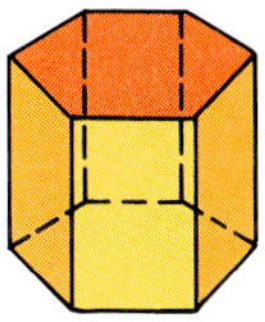

Prisma hexagonal
- ____ caras
- ____ vértices
- ____ aristas

Grupo B Para usar después de la página 251

Dibuja las siguientes figuras sólidas. Da el número de caras, aristas y vértices.

1. pirámide triangular
- ____ caras
- ____ vértices
- ____ aristas

2. prisma rectangular
- ____ caras
- ____ vértices
- ____ aristas

3. prisma hexagonal
- ____ caras
- ____ vértices
- ____ aristas

Grupo C Para usar después de la página 253

Dibuja las vistas frontal, superior y lateral de las siguientes figuras sólidas.

1. prisma triangular **2.** cilindro **3.** prisma hexagonal

Grupo D Para usar después de la página 255

¿Qué figura plana sugieren los objetos a continuación?

1. señal de alto **2.** caja **3.** punta de un clavo

Grupo E Para usar después de la página 257

Nombra estas figuras.

1.

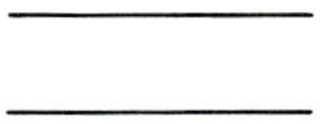

2.

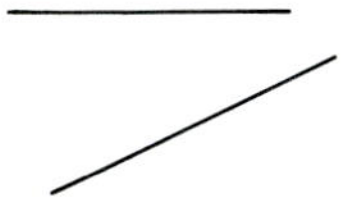

3.

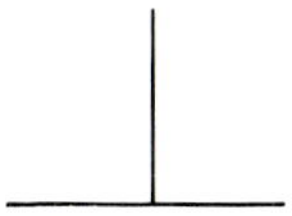

Banco de más práctica

Grupo A Para usar después de la página 259

Primero estima la medida de cada ángulo. Después mide para verificar tu estimación. ¿Es el ángulo recto, agudo u obtuso?

1. 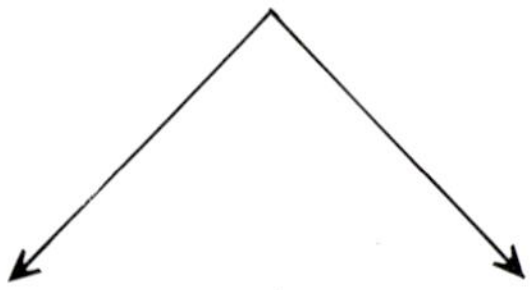

2. 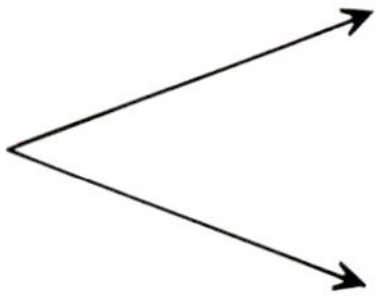

3. 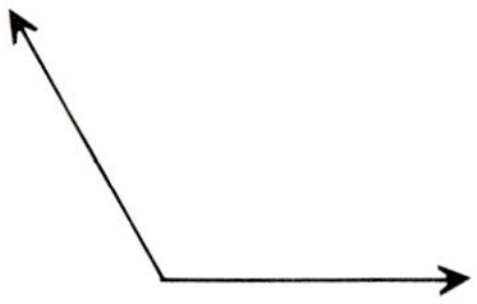

Grupo B Para usar después de la página 261

Escribe *cuadrado, rectángulo, paralelogramo, rombo* o *trapecio* para describir cada uno de los cuadriláteros a continuación.

1. 

2. 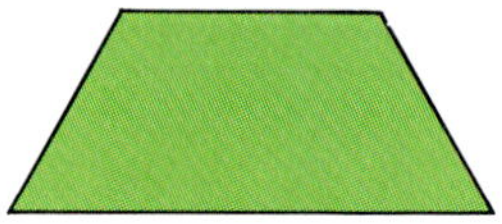

3. 

Grupo C Para usar después de la página 265

¿Qué figuras son congruentes? Calca una figura y rótala, voltéala o trasládala, si es necesario, para ver si coincide con otra figura.

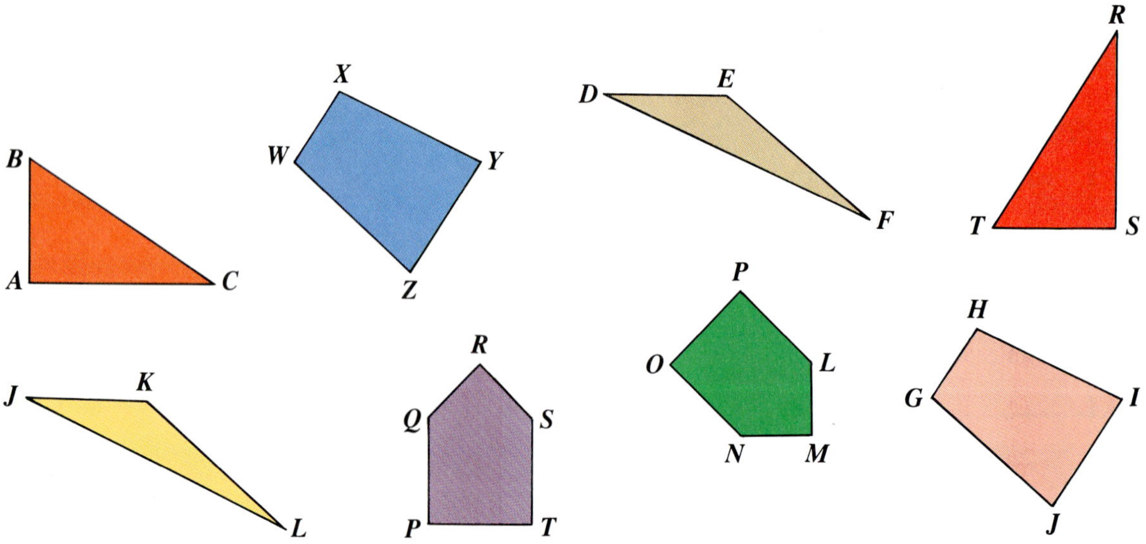

BANCO DE MÁS PRÁCTICA

Grupo A Para usar después de la página 267

¿Son semejantes las figuras? Escribe *sí* o *no*.

1. 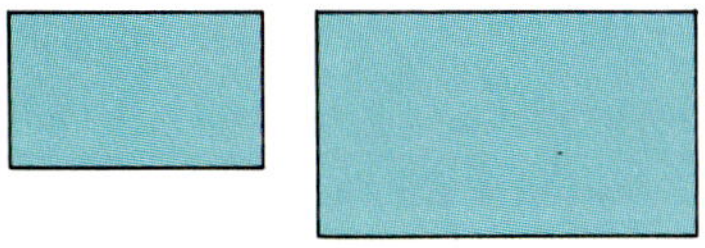

2. 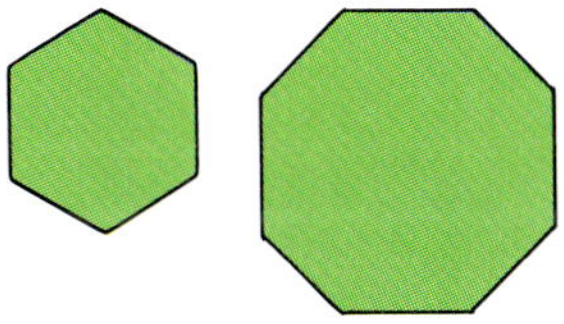

3. 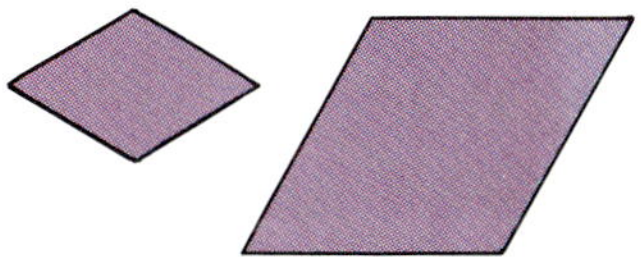

Grupo B Para usar después de la página 269

Las figuras formadas al conectar estos puntos son simétricas. Representa cada figura en papel cuadriculado y traza su eje (o sus ejes) de simetría.

1. (1, 2), (3, 9), (5, 2), (1, 2)

2. (4, 8), (10, 8), (9, 4), (5, 4), (4, 8)

Grupo C Para usar después de la página 281

Usa esta tabla de rayas de las actividades favoritas del campamento. Escribe cada razón en sus tres formas.

1. natación a vóleibol

2. artesanías a pesca

3. pesca a artensanías

4. excursiones al total de votos

Natación	卌 |||
Artesanías	卌 ||||
Excursiones	卌 卌 卌
Vóleibol	||||
Pesca	卌 |

Grupo D Para usar después de la página 283

Copia y completa cada tabla de razones.

1. 12 a 1

12	24				
1					

2. 7 a 3

7				35	42
3				15	18

BANCO DE MÁS PRÁCTICA

Grupo A Para usar después de la página 289

Usa una escala de 1 m : 1 cm para hacer un dibujo a escala de los objetos a continuación.

la puerta de tu salón de clases

tu escritorio en la clase de matemáticas

Grupo B Para usar después de la página 295

Escribe cada razón como porcentaje.

1. 32 : 100 **2.** $\frac{63}{100}$ **3.** 27 a 100 **4.** $\frac{98}{100}$ **5.** 56 de 100

Escribe cada porcentaje como razón.

6. 31% **7.** 17% **8.** 48% **9.** 67% **10.** 94%

Escribe cada porcentaje como fracción irreducible.

11. 75% **12.** 20% **13.** 45% **14.** 24% **15.** 60%

Grupo C Para usar después de la página 297

Sustituye el porcentaje por otro compatible y calcula mentalmente para estimar la respuesta.

1. 26% de 24 **2.** 19% de 25 **3.** 48% de 82

4. 35% de 27 **5.** 52% de 98 **6.** 21% de 150

Grupo D Para usar después de la página 299

Escribe cada decimal como porcentaje.

1. 0.15 **2.** 0.29 **3.** 0.75 **4.** 0.62 **5.** 0.20

Escribe cada porcentaje como decimal y como fracción irreducible.

6. 75% **7.** 20% **8.** 45% **9.** 24% **10.** 60%

Banco de más práctica

Grupo A Para usar después de la página 301

Halla el porcentaje de cada fracción.

1. $\frac{1}{2}$ **2.** $\frac{3}{5}$ **3.** $\frac{1}{4}$ **4.** $\frac{9}{10}$ **5.** $\frac{1}{20}$

6. $\frac{7}{10}$ **7.** $\frac{36}{50}$ **8.** $\frac{2}{5}$ **9.** $\frac{9}{20}$ **10.** $\frac{3}{50}$

Grupo B Para usar después de la página 303

Escribe estas fracciones como porcentajes. Redondea al porcentaje más cercano.

1. $\frac{5}{8}$ **2.** $\frac{2}{3}$ **3.** $\frac{5}{6}$ **4.** $\frac{7}{16}$

Grupo C Para usar después de la página 313

Halla el porcentaje de cada número.

1. 10% de 90 **2.** 50% de 60 **3.** 18% de 300 **4.** 25% de 84

5. 20% de 80 **6.** 75% de 200 **7.** 23% de 400 **8.** 5% de 90

Grupo D Para usar después de la página 315

Calcula mentalmente el porcentaje de cada número.

1. 10% de 60 **2.** 25% de 28 **3.** $33\frac{1}{3}$% de 300 **4.** $12\frac{1}{2}$ de 48

5. 75% de 24 **6.** 25% de 96 **7.** 10% de 850 **8.** 15% de 200

Grupo E Para usar después de la página 317

Calcula mentalmente para estimar el porcentaje de los números.

1. 21% de 45 **2.** 24% de 44 **3.** 9% de 80

4. 53% de 124 **5.** 21% de 55 **6.** 32% de 150

BANCO DE MÁS PRÁCTICA

Grupo A Para usar después de la página 323

Halla el interés.

1. Préstamo: $550
   Tasa: 11% al año
   Plazo: 1 año
2. Préstamo: $275
   Tasa: 7% al año
   Plazo: 1.5 años
3. Préstamo: $1,300
   Tasa: 17% al año
   Plazo: 3.3 años

Grupo B Para usar después de la página 325

Di cuánto ha sido descontado del precio original.

1. $150 con 30% de descuento
2. $32 con 10% de descuento
3. $7.98 con $\frac{1}{4}$ de descuento
4. $16 con 15% de descuento

Grupo C Para usar después de la página 337

Da el opuesto de cada entero.

1. $^{-}18$
2. $^{+}75$
3. $^{+}327$
4. $^{-}1$
5. $^{+}92$
6. 0

Grupo D Para usar después de la página 339

Escribe $>$ o $<$ para cada ▒..

1. $^{+}12$ ▒ $^{+}2$
2. $^{+}18$ ▒ $^{-}12$
3. $^{-}17$ ▒ $^{-}16$
4. $^{-}6$ ▒ $^{+}1$

Ordena de mayor a menor.

5. $^{+}12$, $^{-}2$, $^{-}7$, $^{+}6$, $^{+}8$

Ordena de menor a mayor.

6. $^{+}22$, $^{-}16$, $^{-}7$, $^{+}18$, 0

Grupo E Para usar después de la página 340

Copia las ecuaciones de cada columna. Sigue la serie de arriba a abajo para hacer cada suma o diferencia.

1. $7 + 3$
   $7 + 2$
   $7 + 1$
   $7 + 0$
   $7 + {^{-}1}$
   $7 + {^{-}2}$
   $7 + {^{-}3}$
2. $6 - 2$
   $6 - 1$
   $6 - 0$
   $6 - {^{-}1}$
   $6 - {^{-}2}$
   $6 - {^{-}3}$
   $6 - {^{-}4}$

BANCO DE MÁS PRÁCTICA

Grupo A Para usar después de la página 343

Halla las sumas.

1. $^{+}16 + {}^{-}4 = n$ **2.** $^{-}8 + {}^{+}3 = n$ **3.** $^{+}12 + {}^{-}6 = n$

4. $^{-}11 + {}^{+}12 = n$ **5.** $^{+}20 + {}^{-}13 = n$ **6.** $^{-}5 + {}^{-}15 = n$

7. $^{+}4 + {}^{+}3 = n$ **8.** $^{-}9 + {}^{-}8 = n$ **9.** $^{-}6 + {}^{+}3 = n$

Grupo B Para usar después de la página 345

Halla las diferencias.

1. $^{+}5 - {}^{-}8 = n$ **2.** $^{-}6 - {}^{+}6 = n$ **3.** $^{-}8 - {}^{-}10 = n$

4. $^{+}11 - {}^{-}8 = n$ **5.** $^{+}2 - {}^{-}6 = n$ **6.** $^{-}11 - {}^{-}10 = n$

7. $^{-}9 - {}^{-}8 = n$ **8.** $^{+}6 - {}^{+}9 = n$ **9.** $^{-}7 - {}^{-}7 = n$

Grupo C Para usar después de la página 349

Indica las coordenadas de cada punto de la gráfica.

1. A **2.** B

3. C **4.** D

5. E **6.** F

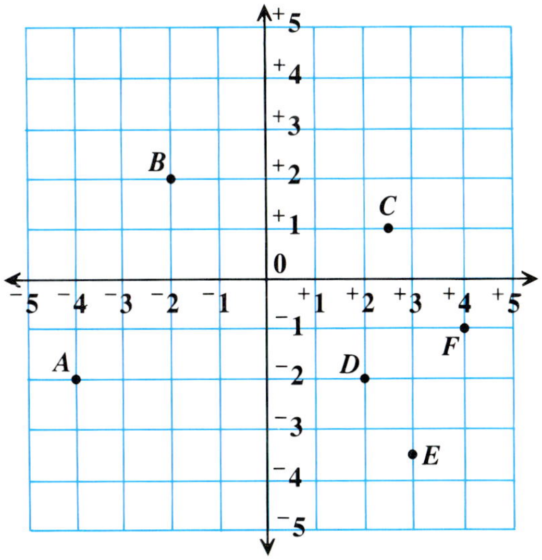

Grupo D Para usar después de la página 361

Da el número para cada unidad cambiada.

1. 6.3 m = $\square$ dm **2.** 86 dm = $\square$ m **3.** 4.63 m = $\square$ dm

4. 693 cm = $\square$ m **5.** 347 mm = $\square$ m **6.** 6.336 m = $\square$ mm

BANCO DE MÁS PRÁCTICA

Grupo A Para usar después de la página 367

Halla el volumen. Usa centímetros cúbicos (cm^3).

1.

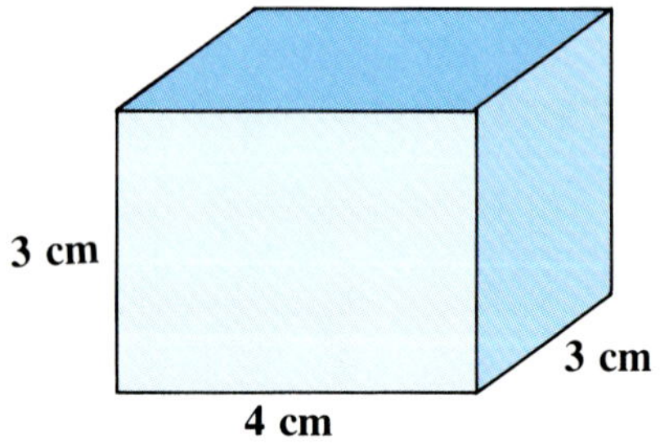

2.

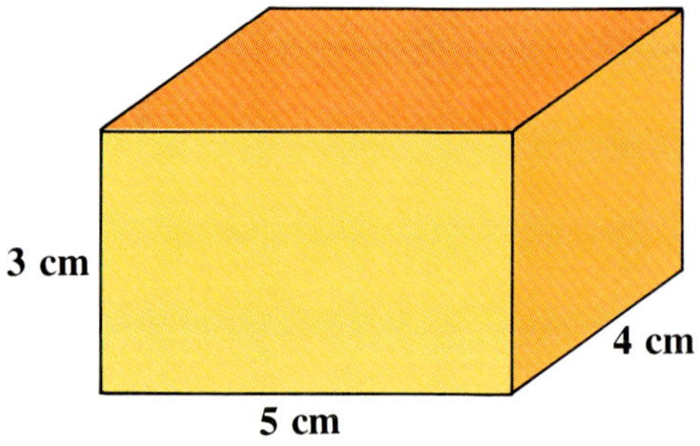

3. 1,000 ml = ▮ l

4. 2,000 ml = ▮ l

5. 8,000 ml = ▮ l

Da el peso en gramos.

6. 2 kg

7. 23 kg

8. 475 kg

Da el peso en kilogramos.

9. 8 g

10. 67 g

11. 999 g

Grupo B Para usar después de la página 375

Da los números que faltan.

1. 8 cto = ▮

2. 4 t = ▮ cto

3. $\frac{1}{2}$ cto = ▮ pta

4. 4 pta = ▮ cto

5. 16 t = ▮

6. $\frac{1}{2}$ pta = ▮ t

7. 3 lb = ▮ oz

8. 48 oz = ▮ lb

9. 6,000 lb = ▮ T

Grupo C Para usar después de la página 377

Halla la suma, la diferencia o el producto.

1. 8 pies 2 plg
+ 3 pies 6 plg

2. 3 pies 4 plg
− 2 pies 8 plg

3. 6 pies 9 plg
× 3

4. 7 lb 3 oz
× 4

5. 6 oz
× 20

6. 2 lb 15 oz
+ 3 lb 9 oz

BANCO DE MÁS PRÁCTICA

Grupo A Para usar después de la página 391

Halla el área de cada figura.

1.

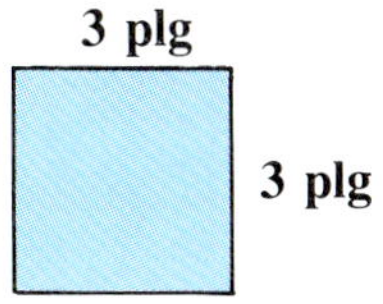

2.

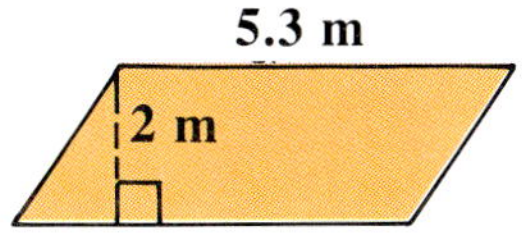

3.

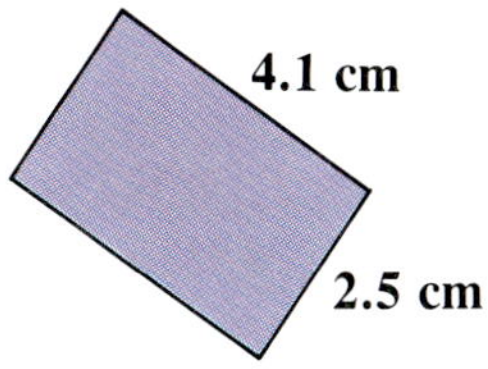

Grupo B Para usar después de la página 393

Halla el área de cada figura.

1.

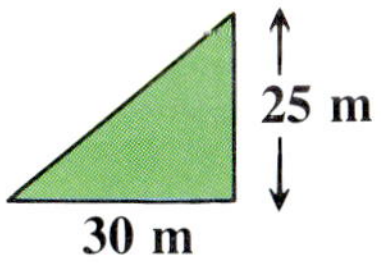

2.

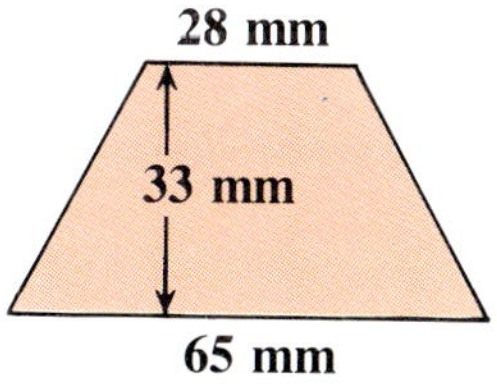

Grupo C Para usar después de la página 394

Halla el área de la parte sombreada de cada figura.

1.

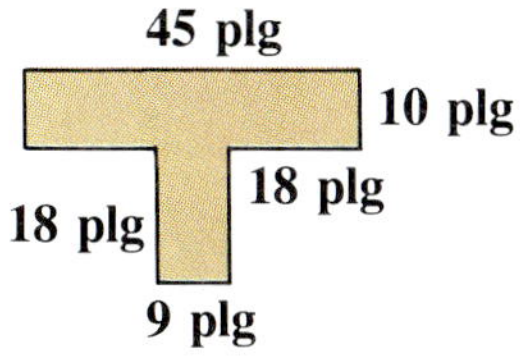

2.

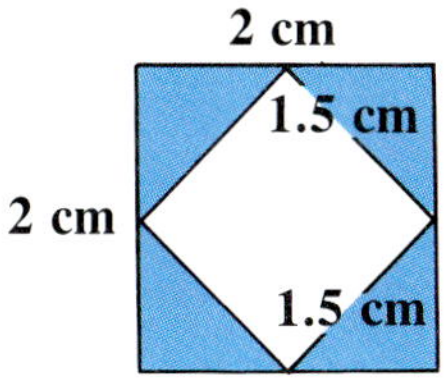

Grupo D Para usar después de la página 397

Estima en centímetros cuadrados el área de cada figura. Luego calcula para verificar tu estimación.

1.

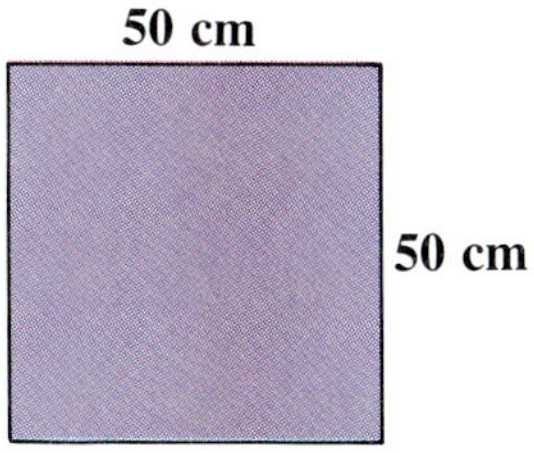

2.

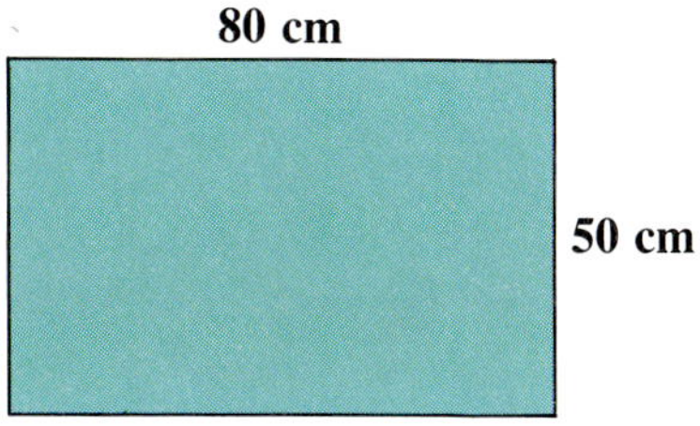

BANCO DE MÁS PRÁCTICA

Grupo A Para usar después de la página 399

Halla la circunferencia. Usa 3.14 para π.

1.

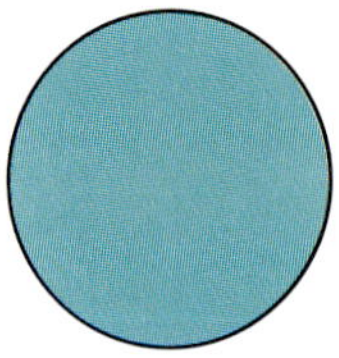

$d = 5$ plg

2.

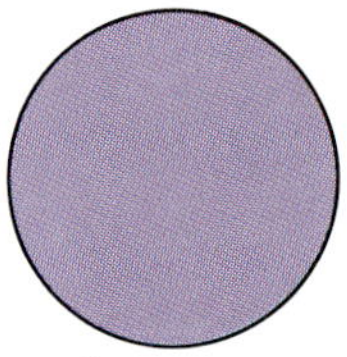

$d = 12$ m

Grupo B Para usar después de la página 401

Halla el área de cada círculo. Usa 3.14 para π. Redondea a la centésima más cercana cuando sea necesario.

1.

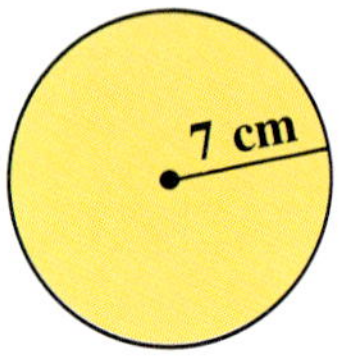

2.

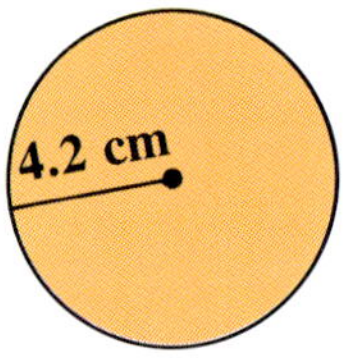

Grupo C Para usar después de la página 403

Halla el volumen y la superficie de cada caja.

1.

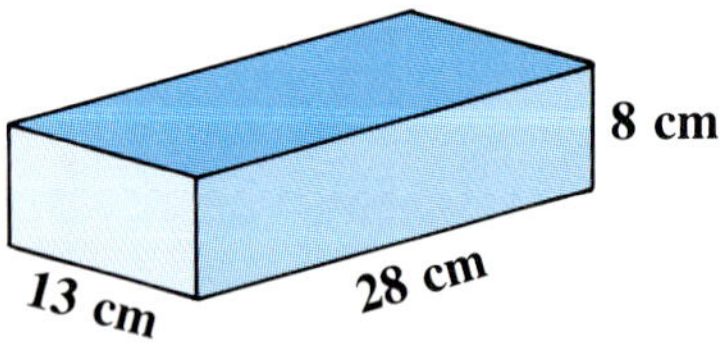

2.

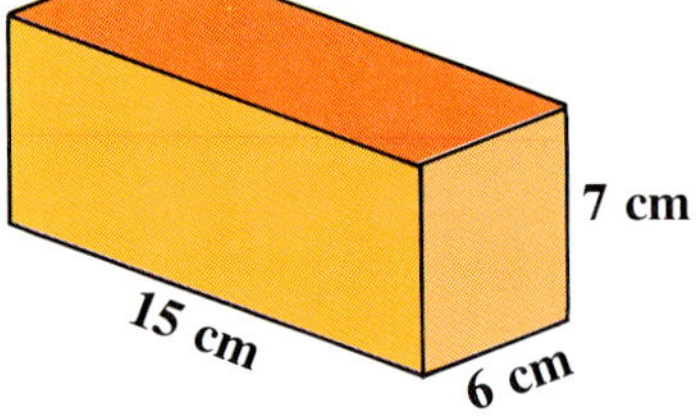

Grupo D Para usar después de la página 419

Haz una lista de todos los resultados y da la probabilidad de cada uno.

1. Haz girar una ruleta.

2. Lanza un cubo con estas caras.

3. Haz girar una ruleta.

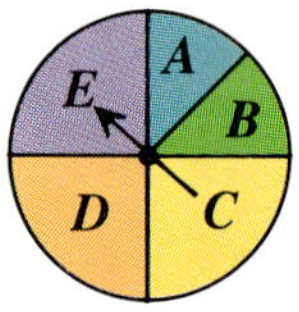

BANCO DE MÁS PRÁCTICA

Grupo A Para usar después de la página 425

Halla el valor esperado.

1. Intentos: 200
Probabilidad: $\frac{3}{5}$

2. Intentos: 956
Probabilidad: 0.25

3. Intentos: 1,612
Probabilidad: $\frac{1}{2}$

4. Intentos: 25,000
Probabilidad: 0.14

Grupo B Para usar después de la página 427

Usa estas muestras para predecir.

1. Muestra: 5 de 50 están marcados
Total: 50 de n están marcados

2. Muestra: 2 de 60 están marcados
Total: 30 de n están marcados

3. Muestra: 8 de 320 están marcados
Total: 40 de n están marcados

4. Muestra: 10 de 40 están marcados
Total: 40 de n están marcados

Grupo C Para usar después de la página 441

Adivina y verifica para resolver.

1. $a - 25 = 32$

2. $25 \times k = 125$

3. $m + 82 = 645$

4. $3 \times n = 96$

5. $r - 62 = 131$

6. $p - 8 = 112$

Grupo D Para usar después de la página 443

Resuelve y verifica.

1. $d - 18.5 = 36.2$

2. $r + 3 = 259$

3. $67 + m = 385$

4. $b + \frac{3}{4} = \frac{7}{8}$

5. $a + 25 = 100$

6. $0.5 + n = 0.5$

7. $s - 17 = 28$

8. $9 - k = \frac{3}{8}$

Grupo E Para usar después de la página 449

Resuelve y verifica.

1. $6y = 522$

2. $\frac{n}{4} = 18$

3. $r \div 3 = 99$

4. $4 \cdot x = 96$

5. $a \times 6 = 90$

6. $7b = 63$

7. $\frac{g}{25} = 4$

8. $h \div 24 = 1$

BANCO DE MÁS PRÁCTICA

Grupo A Para usar después de la página 11

Nombra la operación que tienes que usar. Después resuelve.

1. Brenda plantó 16 plantas de maíz, 5 de ejotes, 2 de pimientos, 2 de tomates y 3 de pepinos. ¿Cuántas plantas plantó Brenda?

2. Jason convenció a 15 personas de que contribuyeran con $1.50 cada una por cada milla que él recorriera en la carrera de bicicletas. Recorrió 12 millas. ¿Cuánto dinero recaudó Jason?

Grupo B Para usar después de la página 21

Resuelve. Consulta la lista de 6 puntos.

1. A las 7:00, llegaron 5 amigos de Tina a su fiesta. A las 8:00, llegaron 7 amigos más. ¿Cuántas personas había en la fiesta al final?

2. Jeff tenía $14 para comprarles regalos a 3 amigos. Gastó $5 en un disco para un amigo. ¿Cuánto dinero le quedaba para comprarles regalos a sus otros 2 amigos?

Grupo C Para usar después de la página 39

Resuelve. Haz un dibujo si necesitas ayuda.

1. Alton, Benton, Clinton y Dunlap son pueblos sobre la misma carretera. Dunlap está entre Alton y Clinton. Dunlap queda a 189 km de Alton. Clinton está entre Dunlap y Benton. Clinton queda a 237 km de Benton. Alton y Benton están a 671 km uno del otro. ¿A qué distancia están Dunlap y Clinton uno del otro?

Grupo D Para usar después de la página 47

Resuelve.

1. En 1978, Richard J. DeBarnardis recorrió los Estados Unidos en bicicleta. Su viaje duró 180 días. ¿Cuántas semanas, que no pasen de un año, duró su viaje? Redondea al número entero de semanas más cercano.

BANCO DE MÁS PRÁCTICA

Grupo A Para usar después de la página 53

Di qué método de cálculo escogerías. Luego resuelve.

1. Boyd debe colocar 10 latas en cada sección de una repisa. ¿Cuántas latas necesita para 35 secciones?

Grupo B Para usar después de la página 67

Resuelve.

1. Les vendió 3 boletos menos que Nico para la obra de teatro escolar. Los dos juntos vendieron 17 boletos. ¿Cuántos boletos vendió cada uno?

2. Marla dijo a Sandy: "Si me das una moneda de 5 centavos, tendremos cada una la misma cantidad de dinero". Juntas tienen 36. ¿Cuánto dinero tenía Marla al principio?

Grupo C Para usar después de la página 79

Resuelve.

1. En 1939 Tommy Godwin se propuso avanzar un promedio de 1,500 millas por semana en un recorrido ciclista de un año. Sin embargo, hizo 1,444 por semana. Si hubiera hecho un promedio de 356 millas más por semana, habría alcanzado su meta. ¿Cuánto recorrió?

2. El recorrido ciclista por los Estados Unidos es de casi 3,000 millas. En promedio, ¿cuántas millas necesitarías recorrer cada día para completar en 4 semanas un recorrido de 2,660 millas?

Grupo D Para usar después de la página 105

Resuelve. Copia y completa cada tabla. Luego da la respuesta.

1. Darrel necesita 4 tazas de harina para panqueques, por cada 3 tazas de leche. ¿Cuántas tazas de harina necesita para 15 tazas de leche?

Tazas de harina	4	8	▮	▮	▮
Tazas de leche	3	6	9	12	15

2. Marsha puede comprar 2 entradas para el teatro por $7. Necesita 10 entradas. ¿Cuánto le costarán?

Entradas	▮	▮	▮	▮	▮
Costo	▮	▮	▮	▮	▮

Banco de Más práctica

Grupo A Para usar después de la página 119

Resuelve.

1. Armando gastó $40 en patines de pista y $35 en otros para la calle. ¿Cuál fue el costo total si el impuesto fue de $4.50? ¿Y sin impuesto?

2. El entrenador de patinaje compró 24 rodilleras y 30 coderas. ¿Cuántas rodilleras y coderas compró en total? Si cada artículo costó $6, ¿cuánto pagó antes de que se agregara el impuesto?

Grupo B Para usar después de la página 123

Resuelve. Usa la calculadora.

1. En el supermercado Bill's, puedes comprar 5 naranjas por $1.95. En Maximart las consigues 3 por $1.29. ¿Dónde son más baratas las naranjas?

2. Puedes comprar 3 latas de sopa marca Bell a $1.23 y 2 de marca Mom a $0.84. ¿Qué marca de sopa cuesta menos por lata?

Grupo C Para usar después de la página 143

Resuelve.

1. Hay 8 equipos inscritos en las finales de tenis escolar. Si cada equipo juega con todos los demás, ¿después de cuántos partidos se decidirá cuáles competirán en el campeonato?

2. Los equipos de tenis seleccionados para las finales compiten uno contra otro hasta que queden sólo dos. Esos dos equipos disputarán el campeonato. ¿Cuántos partidos habrá jugado el campeón desde el principio del torneo?

Grupo D Para usar después de la página 175

Resuelve.

1. Jan trabaja en una pequeña tienda de emparedados. Un cliente puede pedir pan de centeno o integral y un tipo de carne: pollo, res, jamón o pavo. ¿Cuántos tipos de emparedados de una sola carne pueden pedirse?

2. En una región de un estado únicamente pueden usarse las letras J, K, L, M y N para las primeras 2 letras de las placas de los automóviles. ¿Cuántas maneras diferentes de comenzar con 2 letras son posibles?

BANCO DE MÁS PRÁCTICA

Grupo A Para usar después de la página 181

No resuelvas el problema. Determina si la respuesta que se da es razonable. Si no lo es, explica por qué.

1. El promedio de la temperatura máxima diaria de Londres es de 64°F y el de la mínima es de 35°F. Un lunes la temperatura máxima registrada en Londres fue de 64°F. El lunes siguiente, la temperatura máxima fue de 48°F. ¿Cuál fue la temperatura promedio de los dos días lunes?
   Respuesta: La temperatura promedio de los dos días fue de 50°F.

Grupo B Para usar después de la página 209

Resuelve.

1. Si Gary multiplica la edad de su perro por 5 y resta 37, obtendrá 28. ¿Cuántos años tiene el perro?

2. Joyce compró algunas tarjetas postales a $0.29 y un bolígrafo que costaba 3 veces el precio de las postales. Le quedan $3.18. ¿Cuánto dinero tenía al principio?

Grupo C Para usar después de la página 225

Resuelve.

1. Cada uno de los 8 amigos en la fiesta se saludan. ¿Cuántos saludos hay? (Nota: Cuando se encuentran 2 amigos, hay 2 saludos.)

2. Se necesita 1 bloque para hacer 1 peldaño, 3 bloques para hacer 2 peldaños, etc. ¿Cuántos peldaños pueden hacerse con 36 bloques?

Grupo D Para usar después de la página 239

Antes de resolver el problema, escribe tu estimación. Luego resuelve y determina si la respuesta es razonable.

1. Un periódico local recibió $4,867 por anuncios clasificados, $25,543 por anuncios de alimentos y $58,425 por anuncios diversos. ¿Cuánto más recibió por anuncios diversos que por anuncios clasificados y de alimentos combinados?

Banco de Más práctica

Grupo A Para usar después de la página 271

Resuelve.

1. Mel y Dan tienen dos pasatiempos cada uno. Ninguno tiene el mismo pasatiempo que el otro. Los pasatiempos son el dibujo, la colección de piedras, la fotografía y armar modelos de autos de carrera. Mel no colecciona piedras. Dan no dibuja. Al que dibuja no le gusta la fotografía. ¿Qué pasatiempos tiene cada uno?

Grupo B Para usar después de la página 287

Resuelve.

1. Un árbol mide 4.5 m de altura y tiene una sombra de 5.4 m. ¿Cuánto mide un arbusto con una sombra de 1.5 m?

2. Un camión que mide 3.5 m de altura tiene una sombra de 4 m. ¿Qué altura tiene un auto con una sombra de 1.6 m?

Grupo C Para usar después de la página 327

Halla el costo total de cada compra.

1. Compra: \$7.50
   Tasa de impuesto: $6\frac{1}{2}\%$

2. Compra: \$8.79
   Tasa de impuesto: 5.5%

3. Compra: \$23.69
   Tasa de impuesto: 6.3%

Grupo D Para usar después de la página 350

Para cada problema haz una lista de por lo menos 2 estrategias que creas que pueden ayudarte a resolverlo. Luego resuélvelo.

1. Una clase de 28 alumnos va a salir de excursión. Si 4 alumnos caben en un auto y 8 en una camioneta, ¿cuál es el menor número de autos y camionetas que se necesita, para que cada asiento esté ocupado?

Grupo E Para usar después de la página 365

En las situaciones a continuación, di si necesitas una medida exacta o si es suficiente una estimación.

1. Vas a correr un kilómetro para hacer deporte. Vas a correr un kilómetro en una carrera por tiempo.

2. Compras una cantidad de rosbif en la tienda de comestibles. Pones al emparedado cierta cantidad de rosbif.

Banco de más práctica

Grupo A Para usar después de la página 379

Resuelve.

1. Un equipo anotó 44 puntos en el partido de fútbol americano. Anotaron 3 puntos por cada gol y 7 por cada tanto. ¿Cuántos anotaron de cada uno?

Grupo B Para usar después de la página 389

Resuelve.

1. Un patio rectangular mide 36.7 m de largo. El ancho es 12.9 m menos que el largo. ¿Cuántos metros de alambre se necesitan para cercarlo?
2. El largo de una plaza rectangular es 26.5 m más que el ancho. El ancho es 137.8 m. ¿Cuánto mide el perímetro de la plaza?

Grupo C Para usar después de la página 429

Resuelve.

1. Hay 4,647 millas de Tokio a Moscú. Hay 5,871 millas de San Francisco a Moscú. La señora Huffman voló de San Francisco a Tokio con una escala en Moscú. ¿Cuántas millas recorrió?

Grupo D Para usar después de la página 447

Lee el siguiente problema. Después sigue las instrucciones para resolverlo.

Veinticinco niños de 11 años, pertenecientes al club de esquí, quieren esquiar este fin de semana. En el club hay un total de 123 niños de 11 años. ¿Cuántos no quieren ir a esquiar?

1. Supón que c es el número de niños que no quieren ir a esquiar este fin de semana.
2. Escribe un enunciado con c que muestre el número total de niños de 11 años que son miembros del club.
3. ¿Cuántos niños de 11 años de edad son miembros del club de esquí?
4. Escribe una ecuación de la situación.
5. Resuelve el problema.

TABLA DE MEDIDAS

Sistema métrico		Sistema usual	
Longitud			
1 centímetro (cm)	10 milímetros (mm)	1 pie	12 pulgadas (plg)
1 decímetro (dm)	100 milímetros (mm) 10 centímetros (cm)	1 yarda (yd)	36 pulgadas (plg) 3 pies
1 metro (m)	1,000 milímetros (mm) 100 centímetros (cm) 10 decímetros (dm)	1 milla (mi)	5,280 pies 1,760 yardas (yd)
1 kilómetro (km)	1,000 metros (m)		
Área			
1 metro cuadrado (m^2)	100 decímetros cuadrados (dm^2) 10,000 centímetros cuadrados (cm^2)	1 pie cuadrado (pie^2)	144 pulgadas cuadradas (plg^2)
Volumen			
1 decímetro cúbico (dm^3)	1,000 centímetros cúbicos (cm^3) 1 litro (l)	1 pie cúbico (pie^3)	1,728 pulgadas cúbicas (plg^3)
Capacidad			
1 cucharadita	5 mililitros (ml)	1 taza (t)	8 onzas fluidas (oz fl)
1 cucharada	12.5 mililitros (ml)	1 pinta (pta)	16 onzas fluidas (oz fl) 2 tazas (t)
1 litro (l)	1,000 mililitros (ml) 1,000 centímetros cúbicos (cm^3) 1 decímetro cúbico (dm^3) 4 tazas métricas	1 cuarto (cto)	32 onzas fluidas (oz fl) 4 tazas (t) 2 pintas (pta)
		1 galón (gal)	128 onzas fluidas (oz fl) 16 tazas (t) 8 pintas (pta) 4 cuartos (cto)
Masa		**Peso**	
1 gramo (g)	1,000 miligramos (mg)	1 libra (lb)	16 onzas (oz)
1 kilogramo (kg)	1,000 gramos (g)		
Tiempo			
1 minuto (min)	60 segundos (s)	1 año	365 días 52 semanas 12 meses
1 hora (h)	60 minutos (min)		
1 día (d)	24 horas (h)		
1 semana (sem)	7 días (d)	1 década	10 años
1 mes	cerca de 4 semanas	1 siglo	100 años

GLOSARIO

a.m. Abreviatura que indica las horas de medianoche a mediodía.

adición Operación que expresa el total al juntar dos o más números en uno solo.

agrupar El hallar sumandos o factores que son casi iguales para facilitar la estimación.
Ejemplo: $28 + 31 + 29 + 32 \rightarrow 4 \times 30 = 120$

álgebra Una rama de las matemáticas que estudia las relaciones aritméticas y usa letras para representar números.

ángulo Dos semirrectas que parten de un mismo punto. Los ángulos pueden ser agudos, obtusos y rectos.

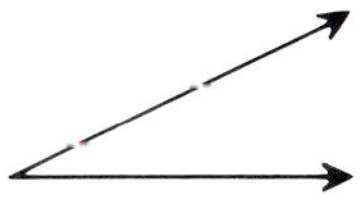

ángulo agudo Ángulo que mide menos de 90°.

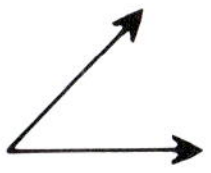

ángulo obtuso Ángulo que mide más de 90°, pero menos de 180°.

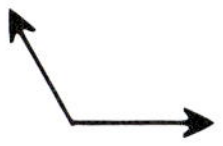

ángulo recto Ángulo que mide 90°.

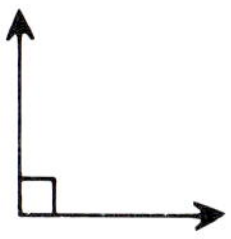

árbol de factores Diagrama usado para hallar los factores primos de un número.
Ejemplo:

```
      42
     /  \
    6  ×  7
   / \    |
  3 × 2 × 7
```

área La medida de una superficie expresada en unidades cuadradas.

arista Uno de los segmentos que forma o limita cualquiera de las caras de una figura sólida.

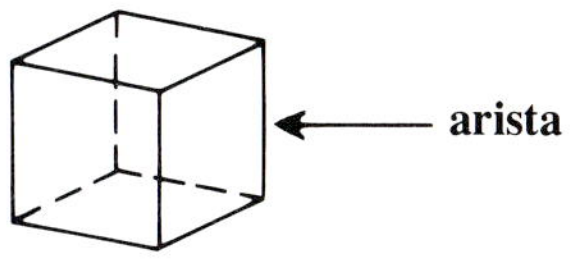

banco de datos Lugar en el que se guarda la información de una manera organizada.

base Un número que se usa varias veces como factor.
Ejemplo:
$7 \times 7 \times 7 = 7^3$ ← exponente ← base

base cinco Un sistema de números basado en agrupaciones de cinco. En base cinco se expresan los dígitos 0, 1, 2, 3 y 4.

bisectriz Semirrecta que se origina en el vértice de un ángulo, dividiéndolo en dos ángulos iguales.

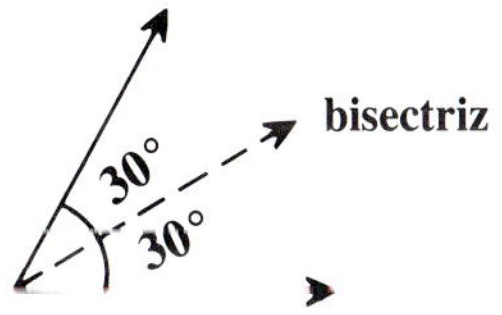

calculadora Máquina que sirve para hacer operaciones aritméticas.

cálculo mental Calcular mentalmente sin usar calculadora o papel y lápiz.

cambiar Convertir diez unidades menores en una mayor, o descomponer una unidad mayor en diez unidades menores.
Ejemplos: se puede cambiar una centena a diez decenas; se pueden cambiar diez unidades a una decena.

capacidad El volumen de una figura sólida que se expresa en medidas de un líquido.

cara Una de las figuras planas (regiones) que forma o limita una figura del espacio.

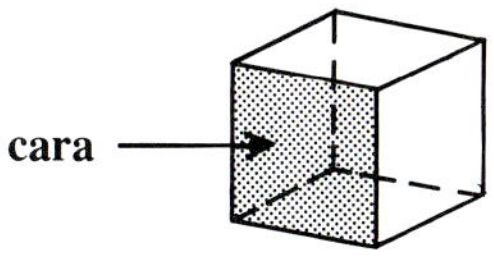

centro El punto desde el cual todos los demás puntos de un círculo son equidistantes.

cilindro Figura sólida con dos círculos congruentes por caras.

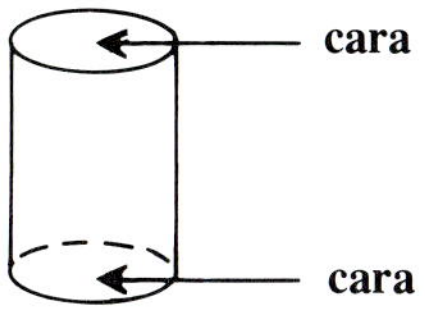

círculo Figura plana en que todos sus puntos son equidistantes del punto llamado centro.

circunferencia La distancia alrededor de un círculo.

GLOSARIO

cociente Número (excluyendo el residuo) que resulta de la operación de división.

codo Medida de longitud usada en la antigüedad; la distancia entre el codo y el dedo más largo.

compás Instrumento que sirve para trazar círculos.

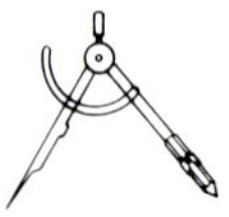

conjunto Grupo.

cono Figura sólida que tiene una cara circular y un vértice.

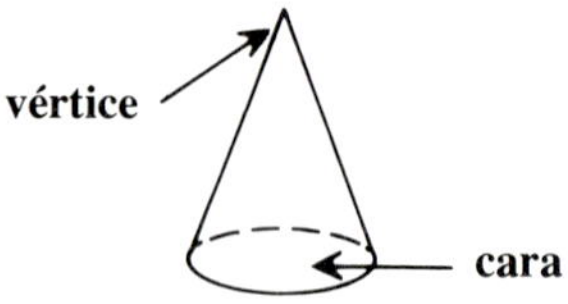

coordenadas Par de números ordenados que se usa en las gráficas.

corte transversal Vista de una figura sólida que se obtiene al cortar la figura con un plano.

cuadrado Cuadrilátero de lados iguales cuyos cuatro ángulos son rectos. Un cuadrado es un rectángulo.

cuadrilátero Polígono de cuatro lados.

cubo Figura sólida de 6 caras en forma de cuadrados.

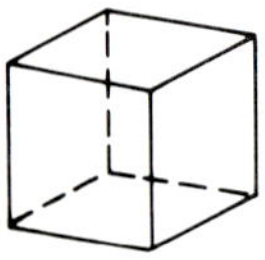

cuestionario Lista de preguntas escritas que se usa para obtener información acerca de un tópico.

datos Información.

decimal Cualquier número que tenga por base al número 10 y que se escriba con un punto decimal.

3.2 ← decimal
↑
punto decimal

decimal exacto Decimal en el que los dígitos a la derecha del punto decimal no se repiten. Esto sucede cuando la división de un numerador de fracción entre el denominador da un residuo de cero.

decimal mixto Combinación de un decimal y de una fracción, por ejemplo, $0.4\frac{1}{3}$.

decimal periódico Decimal en el que un grupo de dígitos se repite periódicamente. 6.2835835... y 0.33333... son decimales periódicos. Estos números se pueden escribir, respectivamente, $6.\overline{2835}$ y $0.\overline{3}$.

denominador Número que se escribe debajo de la raya cuando se escribe una fracción.

$\frac{3}{4}$ denominador

descomponer Dividir un número entre sus sumandos o factores para facilitar el cálculo mental.

Ejemplo: $7\frac{5}{8} - 3\frac{2}{8} = 7 - 3$ más $\frac{5}{8} - \frac{2}{8}$

descomposición de números primos Expresar un número compuesto como producto de sus factores primos.

descuento Cantidad de dinero que se resta del precio regular de la mercancía en rebaja.

desigualdad Enunciado matemático que indica que una expresión es mayor (>) ó menor (<), pero no igual a otra expresión.

Ejemplos: $9 > 7 \quad 7 < 9$

diagonal Segmento, que no es un lado, que une dos vértices no contiguos de un polígono.

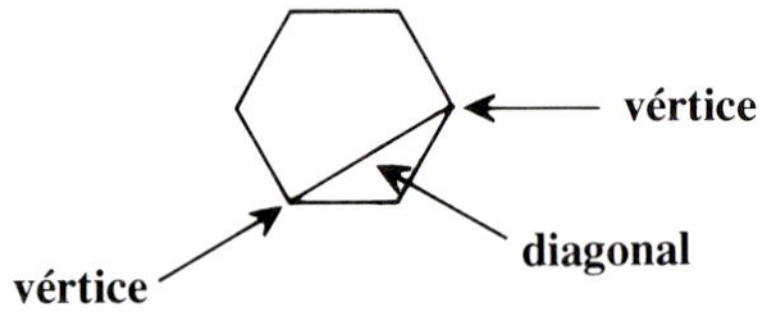

diagrama de árbol Diagrama que, al mostrar el número de resultados igualmente probables, sirve de ayuda para determinar la probabilidad.

Selección 1	1	2	3
Selección 2	2 3	1 3	1 2
Resultados	(1,2)(1,3)	(2,1)(2,3)	(3,1)(3,2)

diámetro Segmento que une dos puntos de un círculo y atraviesa su centro.

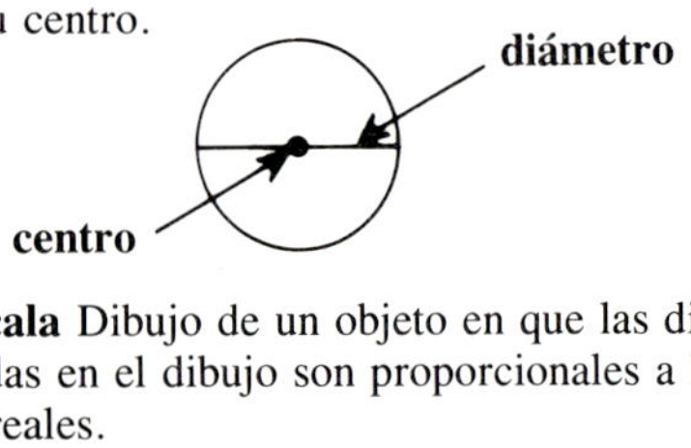

dibujo a escala Dibujo de un objeto en que las distancias representadas en el dibujo son proporcionales a las distancias reales.

diferencia Número que se obtiene al restar un número de otro.

dígitos Símbolos que representan los numerales 0, 1, 2, 3, 4, 5, 6, 7, 8 y 9.

GLOSARIO

dividendo Número que ha de dividirse.

división Operación que se usa para saber cuántos grupos hay o cuántos elementos hay en cada grupo.

divisor Número entre el cual se divide el dividendo.

ecuación Enunciado matemático que requiere el uso del símbolo de igualdad (=) para mostrar que dos expresiones tienen el mismo valor.
Ejemplo: $9 + 2 = 11$

eje de simetría Recta que divide una figura en dos partes iguales.

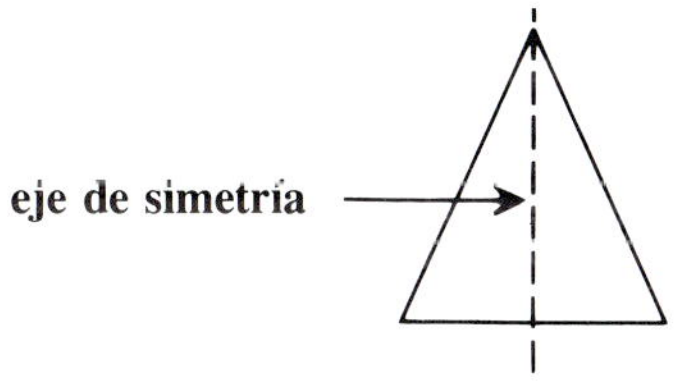

encuesta Método usado para obtener información de hechos u opiniones de un número determinado de personas.

escala Numeración que está a un lado o debajo de la gráfica. También una razón que muestra la relación entre un dibujo a escala y el objeto real o entre las distancias en un mapa y las distancias reales.

esfera Figura sólida en la que todos los puntos de la superficie están equidistantes del centro.

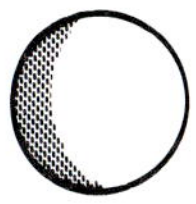

estimar Hallar un número que se acerque a la respuesta exacta.

evaluar Hallar un número que nombre una expresión algebraica.

exponente Número que indica cuántas veces se ha de usar otro número como factor.
$5 \cdot 5 \cdot 5 = 5^3$ ← exponente ← base

expresión algebraica Expresión (nombre de un número) que contiene, por lo menos, una variable.
Ejemplo: $n + 5$

expresión numérica Expresión (nombre de un número) que contiene dos o más números.
Ejemplo: $4 + 5$

factor común Un número que es un factor de dos números distintos es factor común de ambos números.

factores Números que al multiplicarse entre sí dan un número llamado producto.
$6 \times 7 = 42$
↑ ↑
factores

figura plana Figura que tiene todos sus puntos en un plano.
Ejemplos:

cuadrado **triángulo** **círculo**

figura simétrica Figura plana que se puede doblar por la mitad de manera que coincidan sus dos mitades.

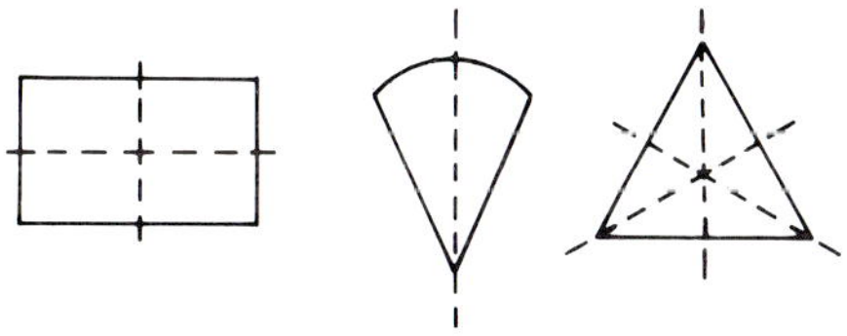

figura sólida Figura que tiene volumen.
Ejemplos:

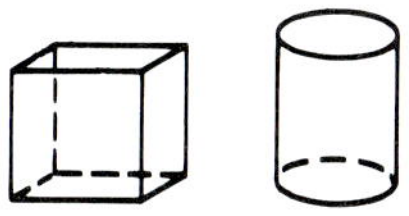

cubo **cilindro**

figuras congruentes Figuras que tienen el mismo tamaño y la misma forma.

figuras similares (figuras semejantes) Dos figuras que tienen la misma forma.

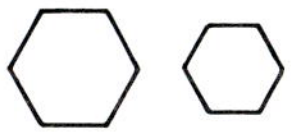

forma desarrollada Forma de escribir los números en la que se muestra el valor de orden de cada dígito.
Ejemplo: $9{,}000 + 300 + 20 + 5$

forma usual Forma corriente de escribir los números.
Ejemplo: 794,502

fórmula Regla general expresada en símbolos. Por ejemplo, la fórmula del área (A) de un paralelogramo con base b y altura h, es $A = bh$.

fórmula de Euler Fórmula que describe la relación entre las aristas, las caras y vértices de los poliedros: $A = C + V - 2$.

fracción Número que expresa las partes de una región o de un conjunto.
Ejemplo: $\frac{3}{4}$

fracción impropia Fracción cuyo numerador es igual o mayor que su denominador.

GLOSARIO

fracción irreducible Una fracción es irreducible si el numerador y el denominador no tienen ningún factor común que sea más de 1.

fracción unitaria Fracción que tiene el numerador igual a 1.
Ejemplos: $\frac{1}{4}, \frac{1}{3}, \frac{1}{2}$

fracciones equivalentes Fracciones que representan la misma cantidad. Sus productos cruzados son iguales.
Ejemplo: $\frac{1}{2} = \frac{2}{4}$ $(1 \times 4) = (2 \times 2)$

grado Unidad de medida de los ángulos.

grado Centígrado (°C) Unidad de temperatura del sistema métrico.

grado Fahrenheit (°F) Unidad de temperatura del sistema usual.

gráfica Diagrama en el que se da información en forma organizada. Las gráficas pueden ser de barras, circulares, lineales y de dibujos.

gráfica circular Gráfica en forma de círculo, dividida en sectores, que representa cómo se descompone el entero en sus partes.

gráfica de barras Gráfica que utiliza barras verticales u horizontales para mostrar información.

gráfica de dibujos Una clase de gráfica en la que los dibujos o símbolos representan cantidades.

gráfica de doble barra Gráfica de barras que utiliza pares de barras para comparar datos.

gráfica de puntos dispersos Gráfica de un conjunto de puntos que representa la información de dos variables. La relación entre la variables se puede conocer por la manera en que los puntos están dispersos.

gráfica lineal Gráfica que utiliza una línea ascendente o descendente para mostrar aumentos o disminuciones a lo largo del tiempo.

igualdad (es igual a, =) Relación matemática que indica un mismo valor.

imagen de reflexión Figura nueva que se produce al trasladar y voltear una figura.

imagen de rotación Figura nueva que se produce al trasladar y rotar una figura.

imagen de traslación Figura nueva que se produce al trasladar una figura sin voltearla ni rotarla.

impuesto sobre la venta Porcentaje del precio de venta que se debe pagar al gobierno.

infinito Que no tiene fin. El símbolo de infinito es ∞.
Ejemplo: Algunos decimales como 0.333 repiten el mismo dígito (3) al infinito.

interés Cuota que se paga por el uso del dinero prestado. El monto del interés depende de la cantidad del dinero prestado, de la tasa de interés y de la duración del préstamo.

intersecar Rectas (o líneas) que se intersecan son rectas que se cruzan.

intervalo El número de unidades entre los espacios de la escala de una gráfica.

investigación Estudio o experimento cuyo propósito es descubrir nueva información.

juego justo Un juego en el cual cada jugador tiene la misma probabilidad de ganar.

líneas (rectas) oblicuas Líneas (rectas) que no son paralelas y que no se intersecan.

líneas (rectas) paralelas Líneas (rectas) que están en el mismo plano, pero que no se intersecan.

líneas (rectas) perpendiculares Dos líneas (rectas) que, al intersecarse, forman ángulos rectos.

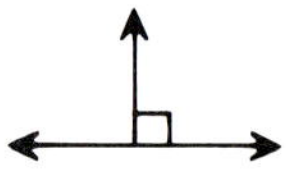

masa La cantidad de materia que contiene una cosa.

máximo común divisor (mcd) El mayor de los divisores comunes a dos números.

mayor que (>) Relación en que el primer número es mayor que el segundo.
Ejemplo: 6 > 5, se lee "6 es mayor que 5".

media Cociente que se obtiene al dividir la suma de dos o más números entre el número de sumandos.

mediana Número del medio en un grupo de números que se ha ordenado. Si no hay número en el medio, entonces la mediana es el promedio (la media) de los dos números que están en el medio.

menor que (<) Relación en que el primer número es menor que el segundo.
Ejemplo: 5 < 6; se lee "5 es menor que 6".

micrón Medida de longitud igual a la diezmilésima parte de un centímetro (0.0001 cm).

mínimo común denominador (MCD) El mínimo común múltiplo de dos denominadores.

mínimo común múltiplo (mcm) Si se excluye el cero, el menor de los múltiplos comunes de dos números.

moda El número u objeto que se repite con más frecuencia en un conjunto de datos. Puede haber más de una moda.

muestra Grupo pequeño de personas u objetos que forma parte representativa de un grupo mucho mayor. La información recopilada de una muestra se usa para hacer predicciones sobre el grupo mayor.

multiplicación Operación que combina dos números llamados factores para dar un número llamado producto.

múltiplo Producto del número dado y de un número entero.

múltiplo común Si un número es múltiplo de dos números diferentes, se dice que es múltiplo común de ambos números.

notación científica Sistema de representar un número como el producto de una potencia de 10 y de un número que esté entre 1 y 10.
Ejemplo: $2{,}300{,}000 = 2.3 \times 10^6$

numerador El número que se escribe sobre la raya cuando se escribe una fracción.
$\frac{3}{4}$ ← numerador

numeral Símbolo de un número.

número compuesto Número entero que es más de 1 y que tiene más de dos factores diferentes.

número entero Cualquier de los números positivos o negativos.

número entero negativo Cualquier número que pertenezca al conjunto ($^-1$, $^-2$, $^-3$, ...).

número entero positivo Cualquier número que pertenezca al conjunto (1, 2, 3, ...).

número impar Número entero que tiene 1, 3, 5, 7, ó 9 en el lugar de las unidades.

número mixto Número que consta de un número entero y de una parte fraccionaria, por ejemplo, $2\frac{3}{4}$.

número par Número entero que tiene 0, 2, 4, 6 u 8 en el lugar de las unidades.

número primo Número que tiene exactamente 2 factores (el número mismo y el 1).

números compatibles Dos números que, al ponerlos juntos, facilitan el cálculo mental.
Ejemplo: **2** + **8** + 4 = **10** + 4

números primos gemelos Dos números primos cuya diferencia es igual a 2.
Ejemplos: 3 y 5 11 y 13

números recíprocos Dos números cuyo producto es 1.
Ejemplo: $\frac{5}{1}$ y $\frac{1}{5}$

o Cuando la letra *o* conecta dos enunciados, el enunciado combinado es siempre verdadero, a no ser que los dos enunciados sean falsos.

operación Procedimiento matemático. La suma, la resta, la multiplicación y la división son operaciones.

operaciones inversas Operaciones de signo opuesto. La resta de 3 es inversa a la suma de 3.

orden de operaciones Reglas que establecen el orden en que se deben hacer las operaciones. Primero calcula la operación entre paréntesis. Luego mutiplica y divide, de izquierda a derecha. Al final, suma y resta, de izquierda a derecha.

p.m. Abreviatura que indica las horas de mediodía a medianoche.

paralelogramo Cuadrilátero cuyos lados opuestos son paralelos.

pares ordenados Ver *coordenadas*.

patrón Un objeto cuya medida es conocida y se usa para estimar la medida de otro objeto.

perímetro Distancia alrededor de una figura.

período En números grandes, es el grupo de tres dígitos que se separa de otros grupos por medio de comas.

peso Medida de la fuerza con que la gravedad atrae a un cuerpo.

pi (π) La razón de la circunferencia de un círculo, a su diámetro. π es aproximadamente $3\frac{1}{7}$ ó 3.14.

pirámide Figura sólida cuya base es un polígono y cuyas caras son triángulos que tienen un vértice común.

poliedro Figura sólida cuyas caras son polígonos.

polígono Figura cerrada, limitada por segmentos rectilíneos.

polígono regular Polígono que tiene todos los lados del mismo largo y todos los ángulos de la misma medida.

por ciento (%) Por 100; manera de comparar un número con 100.

posibilidad La probabilidad de que ocurra un evento determinado.

precio por unidad Precio que se paga por una unidad (onza, libra, etc.).

precio rebajado Precio más bajo que el normal, que se obtiene al restar el descuento del precio normal.

predicción Conjetura bien fundada sobre lo que podría ocurrir.

pregunta de evaluación Pregunta de un cuestionario que requiere que la persona que responda utilice una escala de valores, por ejemplo, de 1 a 5.

primeros dígitos Dígitos que forman el número entero de un número mixto. Se usan para estimar sumas y diferencias.

Ejemplo: **62**.38
+ **78**.76

130

prisma Figura sólida cuyas bases son polígonos congruentes que están en planos paralelos y cuyas caras son paralelogramos.

probabilidad La razón del número de veces que cierto resultado puede ocurrir en relación al número total de posibles resultados. La probabilidad puede ser matemática (teórica) o experimental.

probabilidad experimental El número de veces que cierto resultado ocurre, dividido entre el número de pruebas.

probabilidad matemática La probabilidad de que ocurra de cierto resultado, si se intenta un gran número de pruebas.

producto Resultado de la operación de multiplicación.

productos cruzados Productos que se obtienen al multiplicar el numerador de una fracción por el denominador de una segunda fracción y el denominador de la primera fracción por el numerador de la segunda. Los productos cruzados pueden usarse para comparar fracciones y razones o para resolver proporciones.

Ejemplos: 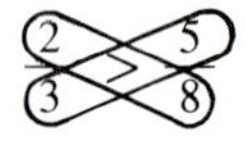

15 > 16

promedio La media. Ver *media.*

propiedad asociativa Al sumar (o al multiplicar) tres o más números, se puede cambiar la agrupación de los sumandos (o los factores) sin cambiar la suma o el producto.

Ejemplos: $2 + (8 + 6) = (2 + 8) + 6$
$3 \times (4 \times 2) = (3 \times 4) \times 2$

propiedad conmutativa Al sumar (o al multiplicar) dos o más números, se puede cambiar el orden de los sumandos (o de los factores), sin cambiar la suma o el producto.

Ejemplos: $4 + 5 = 5 + 4$
$2 \times 3 = 3 \times 2$

propiedad del cero en la multiplicación El producto de un número y el cero es igual al cero.

Ejemplo: $94 \times 0 = 0$

propiedad del cero en la suma La suma de un número y el cero es el mismo número.

Ejemplo: $21 + 0 = 21$

propiedad del uno En la multiplicación, si uno de los factores es 1, el otro factor es igual al producto.

propiedad distributiva Multiplicar una suma por un número es igual a multiplicar cada sumando por el número y luego sumar los productos.

Ejemplo: $3 \times (2 + 4) = 18$
$(3 \times 2) + (3 \times 4) = 18$

propiedades de los números Las propiedades de los números son: la asociativa (de agrupación), la conmutativa (de orden), la distributiva, la del uno en la multiplicación, la del cero en la suma y la del cero en la multiplicación.

proporción Enunciado que muestra la igualdad de dos razones.

Ejemplo: $\frac{6}{9} = \frac{2}{3}$

prueba Un intento en un experimento de probabilidad.

punto Un solo lugar exacto representado por una señal diminuta.

radio Segmento que une el centro de un círculo con cualquiera de los puntos de la circunferencia.

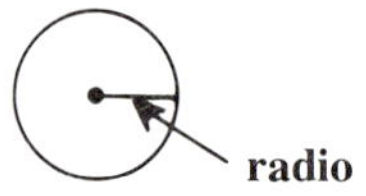

rango La diferencia entre el valor máximo y el valor mínimo de un conjunto de valores.

raya Marca que facilita el registro de una cantidad al contar. Las rayas se juntan en grupos de cinco; la quinta raya atraviesa a las primeras cuatro.

Ejemplo: 

razón Par de números que se usa para hacer comparaciones. La razón de 3 a 4 puede escribirse 3 es a 4, 3:4 ó $\frac{3}{4}$.

razones iguales Razones que dan la misma comparación. $\frac{9}{27}$ y $\frac{1}{3}$ son razones iguales.

recta Línea formada por una sucesión de puntos que se extiende sin fin en dos direcciones.

recta numérica Recta que muestra los números en orden.
Ejemplo:

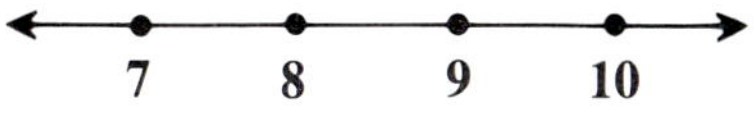

rectángulo Cuadrilátero que tiene cuatro ángulos rectos.

redondear Sustituir números específicos por números expresados en decenas, centenas o millares.
Ejemplo: 23, redondeado a la decena más próxima, es 20.

región Un área específica.

representar el punto Marcar un punto en papel cuadriculado para indicar las coordenadas.

residuo Número menor que el divisor. Queda después de completar el proceso de división.

resta Operación que muestra la diferencia entre dos números o que muestra cuántos quedan al quitarse algunos.

resultado Posible solución en un experimento de probabilidad.

resultados igualmente probables Resultados que tienen la misma probabilidad de ocurrir.

rombo Cuadrilátero cuyos lados tienen la misma longitud. Un rombo es un paralelogramo.

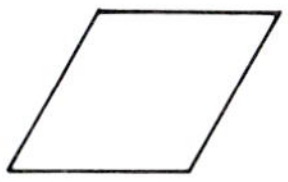

rotar Desplazar una figura en un círculo para obtener una figura nueva. El resultado de una rotación es una imagen de rotación.

secuencia Conjunto de números expresado en serie o en cierto orden.

segmento Parte de una recta que se extiende de un punto a otro.

selección múltiple Tipo de pregunta que proporciona la opción de varias respuestas.

semirrecta Parte de una línea que tiene solamente el punto de origen.

simulación Representación de una situación similar a la vida real con el fin de estudiar qué pasaría en una situación real.

sistema métrico Sistema de medidas con base 10, como en el sistema de valor de lugar. Facilita el cambio de una unidad de medida a otra.

solución Hallar la solución significa encontrar el valor de la variable de la ecuación, de manera que ambos lados de la ecuación sean iguales.

suma Número que se obtiene al sumar dos o más números.

sumando Uno de los números que se ha de sumar.

superficie En una figura sólida, el área total de todas las caras.

tabla Forma de presentar información en hileras y columnas.

tabla de razones Tabla que muestra un conjunto de razones iguales.

transportador Instrumento que se usa para medir ángulos.

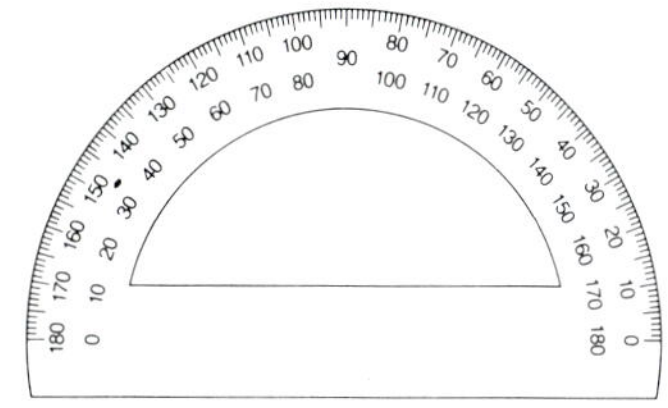

trapecio Cuadrilátero que tiene solamente dos de sus lados paralelos.

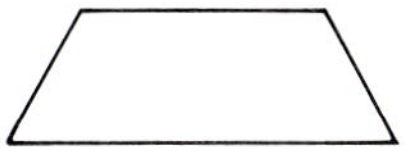

trasladar Mover una figura sin voltearla ni rotarla para obtener otra figura. Este movimiento produce una imagen de traslación.

triángulo Polígono de tres lados.

triángulo acutángulo Triángulo en el que cada uno de los ángulos mide menos de 90°

triángulo equilátero Triángulo donde cada uno de sus 3 lados tiene la misma longitud y cada uno de sus ángulos tiene la misma medida.

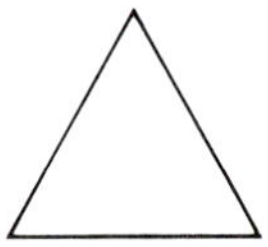

triángulo escaleno Triángulo cuyos lados y ángulos son desiguales.

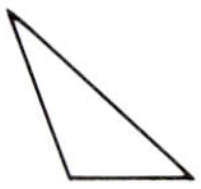

triángulo isósceles Triángulo que tiene por lo menos 2 lados de la misma longitud y 2 ángulos de la misma medida.

triángulo obtusángulo Triángulo en que uno de los ángulos mide más de 90°.

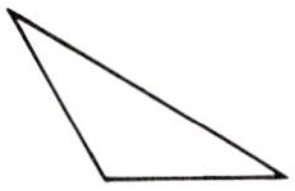

triángulo rectángulo Triángulo que tiene un ángulo recto.

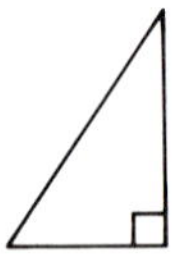

unidad Una sola cosa. Cantidad que se adopta como medida básica. Ver la Tabla de Medidas, página 528.

unidades métricas de medida Ver la Tabla de Medidas, página 528.

unidades usuales de medida Ver la Tabla de Medidas, página 528.

valor absoluto El número de unidades desde un punto en la recta númerica hasta el punto de origen. El valor absoluto de un número nunca es negativo y se muestra con rectas verticales. $|^{-}3| = 3$; $|^{+}6| = 6$; $|0| = 0$

valor de orden Valor dado al lugar que ocupa cada dígito de un número.
Ejemplo:

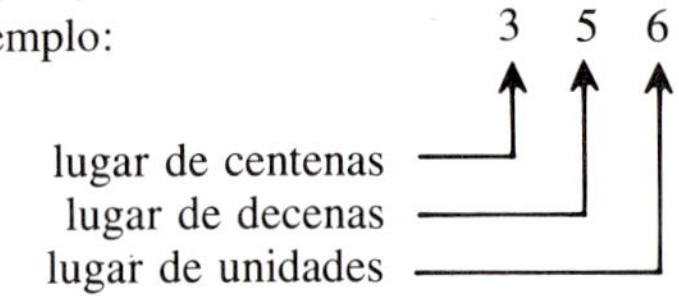

valor probable Resultado pronosticado que se basa en la probabilidad y en un número conocido de pruebas.

variable Una letra, como *n* o *x*, que representa un número o un rango de números en una expresión algebraica.

vértice Punto de intersección de las dos semirrectas que forman un ángulo. También, punto de intersección de los lados de un polígono.

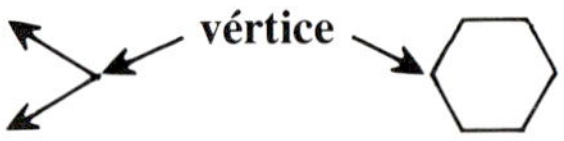

voltear Dar vuelta a una figura. Al voltear y trasladar una figura se produce una imagen reflejada.

volumen Número de unidades cúbicas que contiene una figura sólida.

y Cuando la letra *y* conecta dos enunciados, ambos deben ser verdaderos, para que la combinación de enunciados sea verdadera.

ÍNDICE

ÍNDICE

ÍNDICE

ÍNDICE

ÍNDICE

ACKNOWLEDGMENTS

Illustration Acknowledgments

Dave Blanchette p. 8T, 18, 19M, 64, 65, 83, 112M, 190, 199, 208T, 212, 224, 242, 252M, 255T, 274B, 287R, 288, 292, 308, 315, 324, 325, 327, 330, 338, 339, 360, 362, 364, 367, 368, 376, 377, 379, 389, 393, 398, 399T, 401, 403T, 404B, 418, 442, 443, 447, 451, 456, 466, 489, 492, 497

Alex Bloch p. 68, 231, 238, 270B, 271, 340, 382, 384, 394, 414, 416, 420, 440, 441, 446, 448, 449, 450T

Bill Colrus p. 56, 88, 164T, 165, 239, 268, 326

Rick Cooley p. 467, 491, 495, 496

Don Dyen p. 128, 143, 202T/(Background), 202B, 203, 225, 344, 345, 346, 347, 400, 404T, 485, 488

Andrea J. Fong p. 478, 479, 481

Simon Galkin p. 184, 208B, 244, 274T, 306, 380, 381, 399B, 410, 419, 422, 423, 429, 432, 460, 462, 499

Betty Gee p. 468, 469, 470, 471, 472, 476, 477, 482, 483

Ignacio Gomez p. 14, 19T, 20, 22, 39, 43, 69, 76, 95, 102, 103, 122T, 136, 140, 151, 164B, 171, 193, 195, 200, 214, 222, 223, 226, 280M, 293, 365, 371T, 373, 465, 494

Celeste Henriquez p. 38, 46T, 52, 179, 191, 204, 205, 206, 218, 234, 284, 285, 300, 302, 303

Arlan Jewell p. 132, 142, 144T, 146, 150

Kay Life p. 36, 49, 80, 81, 82, 126, 154

Ruth Linstromberg p. 45, 110M, 111, 133, 141, 148, 152, 175, 259T, 280T, 281, 286, 287L, 297, 316, 317, 370

Jane McCreary p. 26, 192B, 323, 363, 372B

Deborah Morse p. 473

Michael O'Reilly p. 46M, 228, 314

Bill Ogden p. 8B, 9, 12, 13, 17, 28, 33, 51, 66, 70, 72, 77, 79, 94, 104T, 110B, 112T, 113, 116, 121, 160B, 161, 162, 168, 169, 192T, 196, 219, 220, 241, 354, 374, 375B, 408, 426, 427, 428T, 444, 450B, 454, 463, 464, 484, 487, 490, 493, 498

Frederick Porter p. 58, 90, 144B, 145, 160T, 198, 207, 209, 236, 237, 322, 378

Eileen Rosen p. 73, 235, 375M

Ed Sauk p. 75, 104B, 110T, 122B, 123, 172

Sally Schaedler p. 270T, 318, 371B, 403B

Dennis Schofield p. 134, 229, 336, 337, 372T, 405

Nancy Spier p. 475

Lazlo Vespremi p. 6, 16, 42, 48, 74

All other artwork by PC&F, Inc.

Photo Acknowledgments

Chapter 1: 4 Bill Gallery/Stock, Boston; 5 John G. Ross/Photo Researchers; 7 Brian Brake/Photo Researchers; 11 Lawrence Migdale/Stock, Boston; 13 Carol Palmer/Andrew Brilliant*; 23 The Granger Collection; 24–25 Carol Palmer/Andrew Brilliant*

Chapter 2: 34 John Walsh/Photo Researchers; 35 Arthur M. Siegelman; 40 Cary Wolinsky/Stock, Boston; 41 (pot): Jack Spratt/The Image Works; 41 (box): Charles George/H. Armstrong Roberts; 41B: Sam Sweezy/Stock, Boston; 44 NASA; 47 Peter Fronk/TSW-CLICK, Chicago; 53 Carol Palmer/Andrew Brilliant*; 54–55 Carol Palmer/Andrew Brilliant*

Chapter 3: 62 NASA; 63 Cosmos-Kubasik/Photo Researchers; 66 Animals Animals/Ray Richardson; 67 Animals Animals/C. Baldwin; 72 Carol Palmer/Andrew Brilliant*; 78T: Francois Gohier/Photo Researchers; 78B: (c) Kent Wood/Peter Arnold, Inc.; 79 NASA; 84 A. Geisser/H. Armstrong Roberts; 85 David Schaefer/The Picture Cube; 86–87 Carol Palmer/Andrew Brilliant*

Chapter 4: 96T: Don Eastman Photo/The Stock Solution; 96B: Bob Daemmrich; 97 Charles Gupton/Stock, Boston; 98 Jeffrey C. Marienthal/ASK Design; 99 E. Simonson/H. Armstrong Roberts; 100T: Fredrik D. Bodin/Stock, Boston; 100B: James P. Rowan/Tony Stone Worldwide; 101 Ken Cole/The Stock Solution; 106 Scott Ransom/Taurus Photos; 107 Francois Duhamel/Sygma; 108T: Bob Daemmrich/Stock, Boston; 108B: Mikki Ansin/The Picture Cube; 114T: Don and Pat Valenti/Taurus Photos; 114–115B: Carol Palmer/Andrew Brilliant*; 118T/B: (c) Jan L. Wassink/Pintler Photos; 119 COMSTOCK, Inc./Bruce Hands; 124–125 Carol Palmer/Andrew Brilliant*

Chapter 5: 148 Carol Palmer/Andrew Brilliant*; 152–153 Carol Palmer/Andrew Brilliant*

Chapter 6: 166T: (c) Ralph Wetmore/Photo Researchers; 166B: (c) Gregory K. Scott/Photo Researchers; 167 (c) Bob Daemmrich/The Image Works; 174T: (c) Joe Sohm/The Image Works; 174B: COMSTOCK, Inc./David Lokey; 175 Carol Palmer/Andrew Brilliant*; 180 Grant Heilman/Grant Heilman Photography, Inc.; 181 Carol Palmer/Andrew Brilliant*; 182–183 Carol Palmer/Andrew Brilliant*

Chapter 7: 196 Carol Palmer/Andrew Brilliant*; 210–211 Carol Palmer/Andrew Brilliant*

Chapter 8: 220 Carol Palmer/Andrew Brilliant*; 232T/B: Carol Palmer/Andrew Brilliant*; 236 Carol Palmer/Andrew Brilliant*; 240–241 Carol Palmer/Andrew Brilliant*

Chapter 9: 248 Lenore Weber/Taurus Photos; 250 (c) Kip Peticolas/Fundamental Photographs, New York; 252 (c) Manfred Kage/Peter Arnold, Inc.; 254 (c) Paul Silverman/Fundamental Photographs, New York; 266 Dr. David Schwimmer/Bruce Coleman, Inc.; 272 (apartment): (c) Steve Allen/Peter Arnold, Inc.; 273L: Jon Feingersh/Stock, Boston; 273R: Pam Hasegawa/Taurus Photos; 272–273 (composite): Carol Palmer/Andrew Brilliant*

Chapter 10: 282T: Don and Pat Valenti/Taurus Photos; 282B: Eric Neurath/Stock, Boston; 283 Milton Feinberg/Stock, Boston; 288 William Floyd Holdman/The Stock Solution; 290 (c) Tom Till/TSW-CLICK/Chicago Ltd.; 294 Carol Palmer/Andrew Brilliant*; 298 Donald Dietz/Stock, Boston; 299 Royce Bair/The Stock Solution; 303 Carol Palmer/Andrew Brilliant*; 304–305 Carol Palmer/Andrew Brilliant*

Acknowledgments

Chapter 11: 312 (c) Mitchell Bleier/Peter Arnold, Inc.; 316 Dick Durrance/Woodfin Camp & Associates, Inc.; 321 L.L.T. Rhodes/Taurus Photos; 328–329 Carol Palmer/Andrew Brilliant*; inset photo on pg. 329 by Gerald Gitlitz

Chapter 12: 340 Carol Palmer/Andrew Brilliant*; 349 (c) Wolfgang Kaehler; 350 Animals Animals/G.L. Cooyman; 351 (c) Wolfgang Kaehler; 352–353 Carol Palmer/Andrew Brilliant*; 356 Carol Palmer/Andrew Brilliant*

Chapter 13: 380 Carol Palmer/Andrew Brilliant*

Chapter 14: 388 Photo Researchers; 389 Patrick Montagne/Photo Researchers; 406–407 Carol Palmer/Andrew Brilliant*

Chapter 15: 424 Barbara Alper/Stock, Boston; 425T: M. Murayama, Murayama Research Lab./BPS; 425B: Carol Palmer/Andrew Brilliant*; 430L: Animals Animals/C. Roessler; 430R: Animals Animals/W. Gregory Brown; 431L: Animals Animals/Zig Leszczynski; 431R: D.J. Wrobel, Monterey Bay Aquarium/BPS; 430–431 (composite): Carol Palmer/Andrew Brilliant*

Chapter 16: 438 Carol Palmer/Andrew Brilliant*; 439L/R Carol Palmer/Andrew Brilliant*; 452–453 Carol Palmer/Andrew Brilliant*

Chapter Opener and Data Bank: 2–3 Giraudon/Art Resource; 30–31 David Cannon (Allsport)/West Light; 60–61 NASA; 92–93 NASA; 130–131 Kevin Horan; 134–135 Culver Pictures; 158–159 R.F. Head/Earth Scenes; 188–189 Janice Sheldon*; 216–217 Ted Horowitz/The Stock Market; 278–279 Craig Aurness/West Light; 246–247 Barry L. Runk/Grant Heilman Photography; 310–311 Stephen Frisch*; 358–359 West Light; 386–387 Robert Harding Picture Library Ltd.; 412–413 (c) Lennart Nilsson from BEHOLD MAN/Little, Brown & Co.; 436–437 John G. Ross/Robert Harding Picture Library; 472 Eric Crichton/Bruce Coleman, Inc.; 477T E.R. Degginger/Earth Scenes; 477M Barry L. Runk/Grant Heilman Photography; 477B C.L. Heyer/Grant Heilman Photography; 478 Janice Sheldon*

*Photos provided expressly for the publisher.

Production/Art and Photo Direction by PC&F, Inc.

Special thanks to Ruggles Mine in Grafton, NH for use of their facilities for the photos on pages 452–453.